实操篇

电工操作证考证上岗
一点通

吴 江 编著

中国电力出版社
CHINA ELECTRIC POWER PRESS

内 容 提 要

本书采用通俗易懂与理论联系实际的方式进行指导，用日常生活和工厂企业内的常见现象和实际案例来讲述电工技能，旨在改变现在依靠死记硬背应付考试的局面，使广大的电工新手学习到实用性的知识。

本书是依据国家《电工作业人员安全技术培训大纲和考核标准》的实训学习内容，以适用于工厂实际的新式教学方式为主，为电工新手提供更全面的学习帮助和辅导，分为电工操作证实训的学习，电工常用工具及使用方法，电工常用仪表及使用方法，常用低压电器，电动机与变压器，电气线路的敷设与安装，照明灯具及电路的安装，电工的基本技能，电气控制电路图，电气控制电路的实训及操作，共十章。

本书适合广大电工新手以及有志于学习电工知识，有志于从事电工作业的群体学习阅读，也可供大中专院校相关专业师生参考阅读，还可作为相关职业培训的辅导材料。

图书在版编目（CIP）数据

电工操作证考证上岗一点通．实操篇/吴江编著．—北京：中国电力出版社，2016.5（2018.6重印）
ISBN 978-7-5123-8847-5

Ⅰ.①电… Ⅱ.①吴… Ⅲ.①电工技术-岗前培训-教材 Ⅳ.①TM

中国版本图书馆 CIP 数据核字（2016）第 017054 号

中国电力出版社出版、发行
（北京市东城区北京站西街 19 号　100005　http://www.cepp.sgcc.com.cn）
三河市航远印刷有限公司印刷
各地新华书店经销

*

2016 年 5 月第一版　2018 年 6 月北京第二次印刷
710 毫米×980 毫米　16 开本　25 印张　505 千字
印数 3001—5000 册　定价 49.80 元

版 权 专 有　侵 仅 必 究

本书如有印装质量问题，我社发行部负责退换

前 言

本书是依据国家《电工作业人员安全技术培训大纲和考核标准》中,低压电工的电工操作证实训部分的学习内容,并综合了各地考试内容的特点,使之适用于不同地域电工操作证实训部分的考试范围的需求。

本书的一个重要特点,就是强调学习方法的重要性。笔者认为,电工新手能够快速、正确、可靠地完成电气控制电路的接线方法,并能够与工厂企业实际的接线方法与维修同步的方法,就是电气控制电路先进和正确的接线方法。

有的培训机构,为了获得较高的通过率,只要求学生掌握需要考试的几个电气控制电路,采用最保守的死记硬背的方式教学,结果造成很多人通过了考试,拿到了证,但一旦踏上工作岗位,却是两眼一抹黑,根本就适应不了。

这便是没有采用正确的学习方法,没有真正地理解电气控制电路实训知识的内涵,没有从电路的原理上进行学习,而只是被动地依靠死记硬背的方式进行练习,将脑力配合体力的操作,变为了纯体力的重复操作,花费了大量的时间、精力和体力,到头来只是记住了一些固定的操作过程,没有真正学习到有用的操作技能。如果掌握了正确的接线方法,最多只要半个月左右的时间就能够完全熟练地掌握其要领,如果是使用较差的接线方法,那你几年能够将线路连接操作熟练就不错了。

本书能够最大程度地改变现在电工新手死记硬背的学习方式,采用了原理图与实物图相结合的同步教学模式,为了让电工新手掌握和加深对电路的理解,在每个典型的电路中,增加及设置了:电路的工作原理、电路的用途、电路线路连接前元器件的检查、电路的线路连接步骤、线路连接完毕后的测量、电路连接中容易出现的错误等,为电工新手提供更全面的学习帮助和辅导。

电工的电气控制电路实训,并没有很多电工新手想象的那么难学,笔者在低压电工的技能学习培训时,常对电工新手讲的一句话是:常用的电工器件不会超过10个,常用的电气控制的电路不会超过10个,你们学习的电气控制电路实训的内容就这么多。学习的重点是你们怎么样去理解这些电路?用什么方式去连接这些电路?怎么样举一反三地联系这些电路?这些才是你们学习时要考虑的重点,也是到了工厂企业后你是否能胜任你的工作,能否在短时间内进入角色的关键。

本书除了讲述电工实用的基本操作技能外,还介绍了笔者吸取前辈电工的经验,经过多年摸索总结出来的"五步接线法"进行的线路连接。"五步接线法"优点在于与工厂企业内的电气线路，在线路的连接、线路的走线、线路的标号习惯是完全相同的，是按照生产第一线的实际工作来进行学习的。这种"五步接线法"的接线过程，与工厂企业内的线路是一致的，在进行线路检查的时候，特别是在今后的维修的过程中，比采用别的接线方法来说，可以节约大量的时间，并能够减少线路连接中的错误率，更贴近实际操作的现实情况。

通过本书的学习，可以不需要老师的指导，就能使自己接线的水平，达到一个较高的水准，不管是多么复杂的控制电路，只要你认识元件和电路图，你都能做到一次接线成功。

本书适合广大的电工新手和有志于学习电工知识的群体，特别是进行电工操作证学习和考试的电工新手。电学专业的中专、职高的学生，职业培训学习的学员，正在从事电工作业的电工。

本书在编写的过程中，笔者参考了很多书籍的相关知识，还参考了网上的部分资料，在此表示由衷的感谢。

由于笔者水平有限，书中难免有错误和不妥之处，还请读者批评指正，并请发至 kgdia928@163.com。谢谢！

编 者

目 录

前言

第一章 电工操作证实训的学习 …… 1
一、电工特种作业操作证实训的目的和要求 …… 1
二、电工特种作业操作证实训学习的内容 …… 2
三、电工特种作业操作证实训学习的方法 …… 4
四、电工特种作业操作证实训学习的注意事项 …… 5

第二章 电工常用工具及使用方法 …… 7
第一节 电工常用工具的分类 …… 7
第二节 通用电工工具 …… 8
一、高压验电器 …… 8
二、低压验电器 …… 9
三、螺钉旋具 …… 12
四、钢丝钳 …… 14
五、尖嘴钳 …… 15
六、斜嘴钳 …… 16
七、弯嘴钳 …… 17
八、剥线钳 …… 17
九、电工刀 …… 18
十、活扳手 …… 19
十一、锤子 …… 20
十二、手锯 …… 22

第三节 线路装修工具 …… 23
一、錾子 …… 23
二、电动工具 …… 24
三、管子扳手 …… 30
四、套螺纹工具（板牙与板牙架） …… 31

五、攻螺纹工具（丝锥与绞杠） ································ 33
　　　六、压线钳 ·· 35
　第四节　设备装修工具 ·· 38
　　　一、固定扳手 ·· 38
　　　二、梅花扳手 ·· 38
　　　三、两用扳手 ·· 39
　　　四、内六角扳手 ··· 39
　　　五、套筒扳手 ·· 40
　　　六、锉刀 ·· 42
　　　七、拉具 ·· 44
　　　八、喷灯 ·· 45
　第五节　专用工具 ·· 46
　　　一、外热式电烙铁 ··· 47
　　　二、内热式电烙铁 ··· 48
　　　三、恒温电烙铁 ·· 48
　　　四、吸锡电烙铁 ·· 49
　　　五、感应式电烙铁 ··· 49
　　　六、半自动电烙铁 ··· 50

第三章　电工常用仪表及使用方法 ·································· 52
　第一节　电工测量仪表的基本知识 ································ 52
　　　一、电工仪表的测量方式 ···································· 52
　　　二、测量方法的分类 ·· 53
　　　三、仪表的误差及分类 ······································· 54
　　　四、仪表的准确度及等级 ···································· 54
　　　五、仪表的型号与符号分类 ································· 55
　　　六、仪表的原理与结构分类 ································· 60
　第二节　电工常用仪表 ·· 69
　　　一、万用表 ··· 70
　　　二、钳形电流表 ·· 78
　　　三、绝缘电阻表 ·· 81
　　　四、其他测量仪表 ··· 85

第四章　常用的高低压电器 ·· 92
　第一节　常用高压电器 ·· 92

    一、常用高压电器的分类 ……………………………………… 92
    二、高压断路器 ………………………………………………… 93
    三、高压隔离开关 ……………………………………………… 94
    四、高压隔离开关与断路器的配合使用 ……………………… 95
    五、高压负载开关 ……………………………………………… 96
    六、户外高压跌落式熔断器 …………………………………… 97
    七、高压避雷器 ………………………………………………… 99
 第二节 常用低压电器 …………………………………………… 101
    一、低压电器的分类 …………………………………………… 101
    二、刀开关 ……………………………………………………… 103
    三、断路器 ……………………………………………………… 105
    四、组合开关 …………………………………………………… 107
    五、熔断器 ……………………………………………………… 109
    六、接触器 ……………………………………………………… 118
    七、继电器 ……………………………………………………… 129
    八、主令电器 …………………………………………………… 145

第五章 电动机与变压器 ……………………………………………… 154
 第一节 电动机 …………………………………………………… 154
    一、电动机的分类 ……………………………………………… 154
    二、笼型三相异步电动机 ……………………………………… 155
    三、笼型三相异步电动机结构 ………………………………… 156
    四、笼型三相异步电动机的旋转原理 ………………………… 157
    五、笼型三相异步电动机的接线 ……………………………… 159
    六、笼型三相异步电动机的铭牌 ……………………………… 161
    七、笼型三相异步电动机的起动方式 ………………………… 165
    八、笼型三相异步电动机的调速 ……………………………… 166
    九、笼型三相异步电动机的制动 ……………………………… 167
    十、笼型三相异步电动机绕组首尾端的判别 ………………… 167
    十一、绕线式三相异步电动机 ………………………………… 168
 第二节 单相交流异步电动机 …………………………………… 170
    一、单相交流异步电动机的分类 ……………………………… 170
    二、单相交流异步电动机的工作原理 ………………………… 170
    三、单相异步电动机的结构 …………………………………… 173
    四、单相异步电动机的类型 …………………………………… 175

第三节　变压器……………………………………………… 182
　　一、变压器的分类 ………………………………………… 182
　　二、常用变压器的型号 …………………………………… 184
　　三、电力变压器的用途 …………………………………… 186
　　四、变压器的技术参数 …………………………………… 187

第六章　电气线路的敷设与安装 …………………………… 194
第一节　电气线路 ……………………………………………… 194
　　一、导线的分类 …………………………………………… 194
　　二、裸导线 ………………………………………………… 195
　　三、绝缘导线 ……………………………………………… 196
　　四、电力电缆 ……………………………………………… 197
　　五、橡套软电缆 …………………………………………… 198
第二节　室内线路的敷设与安装 ……………………………… 199
　　一、室内线路安装敷设的要求 …………………………… 199
　　二、室内线路的敷设方式 ………………………………… 200
　　三、室内线路敷设施工前的准备工作 …………………… 201
　　四、电气线路敷设的原则 ………………………………… 202
　　五、常用的室内线路敷设 ………………………………… 202
第三节　架空线路的敷设与安装 ……………………………… 219
　　一、架空线路的组成结构 ………………………………… 220
　　二、低压架空接户线与进户线 …………………………… 223
　　三、登杆操作技能 ………………………………………… 225
第四节　电缆线路的敷设与安装 ……………………………… 232
　　一、电力电缆的分类 ……………………………………… 233
　　二、电力电缆的结构 ……………………………………… 233
　　三、电缆敷设的选择要求 ………………………………… 234
　　四、电缆的敷设方式 ……………………………………… 235

第七章　照明灯具及电路的安装 …………………………… 240
第一节　照明灯具的分类 ……………………………………… 240
第二节　常用照明的电光源 …………………………………… 241
　　一、白炽灯 ………………………………………………… 241
　　二、荧光灯 ………………………………………………… 242

三、节能灯 …………………………………………………… 246
　　四、LED灯 …………………………………………………… 247
　　五、高压汞灯 ………………………………………………… 248
　　六、碘钨灯 …………………………………………………… 250
  第三节　照明灯具安装及控制的配件 …………………………… 252
　　一、各类灯座 ………………………………………………… 252
　　二、灯罩 ……………………………………………………… 253
　　三、开关 ……………………………………………………… 253
　　四、阻燃性塑料台及吊盒 …………………………………… 254
　　五、照明调光开关 …………………………………………… 255
　　六、数码分段开关 …………………………………………… 256
　　七、触摸式延时开关 ………………………………………… 257
　　八、声光控延时开关 ………………………………………… 258
　　九、插座 ……………………………………………………… 259
　　十、格栅式荧光灯盘 ………………………………………… 260
  第四节　照明灯具与线路安装的要求 …………………………… 260
　　一、国家规范对照明电路安装及敷设的要求 ……………… 260
　　二、照明线路的供电方式 …………………………………… 264
　　三、照明电路对电源的要求 ………………………………… 265
　　四、照明灯具及线路安装的技术要求 ……………………… 266
  第五节　电气照明工程图的符号与识图 ………………………… 267
　　一、电气照明工程图 ………………………………………… 267
　　二、电气照明平面布置图的图形符号 ……………………… 268
　　三、电气照明平面布置图的标注形式 ……………………… 270
  第六节　照明灯具的安装 ………………………………………… 273
　　一、白炽灯的控制方式 ……………………………………… 274
　　二、白炽灯具的吊式安装 …………………………………… 275
　　三、吸顶式灯具的安装 ……………………………………… 278
　　四、壁式灯具的安装 ………………………………………… 279
　　五、荧光灯的安装 …………………………………………… 280
  第七节　照明电路的故障检修 …………………………………… 282
　　一、断路故障的检修 ………………………………………… 282
　　二、短路故障的检修 ………………………………………… 284
　　三、漏电故障的检修 ………………………………………… 285
　　四、荧光灯电路故障的检修 ………………………………… 286

第八章 电工的基本技能 …… 287

第一节 常用导线连接的基本要求 …… 287
一、导线与导线之间连接的基本要求 …… 287
二、导线的各种连接方式 …… 288

第二节 绝缘导线绝缘层的剖削 …… 288
一、单股塑料绝缘导线绝缘层终端的剥削 …… 288
二、单股塑料绝缘导线中间绝缘层的剖削 …… 289
三、多股塑料软线绝缘层的剥削方法 …… 290
四、塑料护套线绝缘层的剖削方法 …… 291

第三节 单股铜芯导线的直接连接 …… 291
一、单股铜芯导线的绞接法 …… 291
二、单股铜芯导线的缠绕法 …… 292
三、不同截面单股铜导线连接方法 …… 292
四、单股铜芯导线的 T 字形连接 …… 293
五、单股铜芯导线的十字形连接 …… 293
六、两根单股铜芯导线的终端连接 …… 294
七、多根单股铜芯导线的终端连接 …… 294

第四节 多股铜芯导线的连接 …… 295
一、7 股铜芯导线的直接连接 …… 295
二、7 股铜芯导线的 T 形连接 …… 296
三、19 股铜芯导线的连接 …… 297
四、多股铜导线与多股铜导线的终端连接 …… 298
五、塑料压线帽的终端压接 …… 298

第五节 单股铜芯导线与多股铜芯导线的连接 …… 299
一、单股铜芯导线与多股铜芯导线的直接连接 …… 299
二、单股铜芯导线与多股铜芯导线的 T 字形分支连接 …… 299
三、单股铜导线与多股铜导线的终端连接 …… 300

第六节 双芯或多芯护套线或电缆的连接 …… 300

第七节 导线绝缘层的恢复 …… 301
一、一字形导线连接接头绝缘层的恢复 …… 302
二、T 字形导线分支连接接头绝缘层的恢复 …… 302
三、十字形导线分支连接接头绝缘层的恢复 …… 303

第八节 大截面铜、铝导线的压接 …… 303
一、铜、铝圆形截面压接套管的压接 …… 304
二、铜、铝椭圆形截面压接套管的压接 …… 304
三、金属并沟线夹连接 …… 304

四、U形轧的连接 …………………………………… 306
第九节　铜、铝导线及端子的连接 ………………………… 306
　　一、铜、铝导线过渡压接套管的压接 ……………… 307
　　二、铝导线与铜铝过渡接线端子的连接 …………… 307
第十节　导线与接线端的连接方式 ………………………… 308
　　一、铜、铝导线的螺钉式压接 ……………………… 308
　　二、铜、铝导线的平压式压接 ……………………… 309
　　三、瓦形接线桩与导线的连接 ……………………… 310
第十一节　铝导线的焊接连接 ……………………………… 311
第十二节　电能表的选择与安装 …………………………… 312
　　一、电能表的种类 …………………………………… 312
　　二、电能表的型号 …………………………………… 313
　　三、常用电能表的结构类型 ………………………… 314
　　四、单相电能表常用接线的方式 …………………… 317
　　五、三相电能表常用的接线方式 …………………… 318
　　六、电子式电能表的辅助接线 ……………………… 319
　　七、电能表安装注意事项 …………………………… 320

第九章　电气控制电路图 ………………………………… 322
　　一、电气控制电路图的画法及其特点 ……………… 323
　　二、电气图的种类和用途 …………………………… 325
　　三、学看电气控制电路图 …………………………… 325
　　四、学会电气控制电路的分析 ……………………… 329

第十章　电气控制电路的实训及操作 …………………… 331
第一节　电气控制是电工学习的关键 ……………………… 331
第二节　选择正确接线方法的重要性 ……………………… 333
第三节　电气控制电路的接线方法 ………………………… 335
第四节　五步接线法 ………………………………………… 337
第五节　常用典型电路图的实训及操作 …………………… 340
　　一、点动电路 ………………………………………… 341
　　二、单向连续运转电路 ……………………………… 347
　　三、多地控制电路 …………………………………… 356
　　四、正反转控制电路 ………………………………… 361
　　五、顺序控制电路 …………………………………… 372
　　六、Y-△降压起动控制电路 ………………………… 378
　　七、自动往返控制电路 ……………………………… 387

第一章

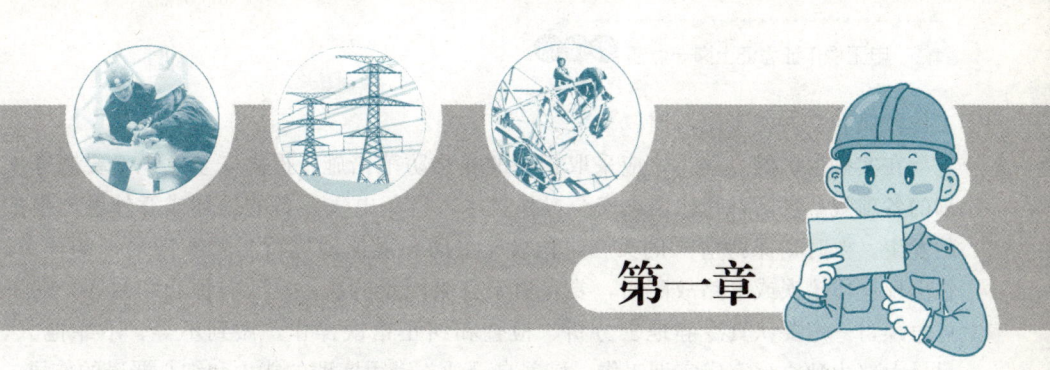

电工操作证实训的学习

电工的实训就是操作技能的学习，是对学习的理论知识加以巩固，就是我们常说的理论联系实际，将书本上抽象的电气原理图通过自己动手连接与安装，组成能够实际工作和运行的电力拖动电路。

一、电工特种作业操作证实训的目的和要求

电工特种作业操作证实操培训的学习要求是：依据国家《电工作业人员安全技术培训大纲和考核标准》中，低压电工操作证实操培训部分的学习内容进行实操培训，规定应由具备资格的教师任教，并应有足够的教学场地、设备和器材等条件；要求理论与实际相结合，提高电工新手的实际操作动手能力，独立完成国家《电工作业人员安全技术培训大纲和考核标准》中规定的基本操作技能和基本电路组成。

如果不将在培训课堂或书本上学到的理论知识应用到实际的实践当中去，那么所学习的理论知识就等于零。电工新手不仅要在培训课堂或书本上学到电工基础原理、基本概念等基础的理论知识，还要深刻地认识到基本理论知识和实际操作能力的综合培养的重要性，它是培养电工新手操作技能的重要环节，是巩固基本理论并获得实践技能的重要手段。实操培训可培养电工新手的独立工作能力，提高其操作技能水平，这些能力与水平是通过在实训中反复观察、练习、领悟、实践而实现的，在实训的过程中培养发现问题、思考问题、分析问题、解决问题的能力，是平时在课堂理论学习中无法学到的。将培训课堂或书本上学习的理论知识应用到实践中，是将理性的理论知识与感性的实训知识充分地结合，只有通过实操培训才能培养、锻炼和提高自己实际动手操作的能力，才能不断积累实践中的经验，使自己不仅具有专业的理论知识，还有实用的专业操作技能知识。通过实操培训可提高电工新手的实践能力，巩固和加深对电工基础理论知识的理解。

在实操培训的过程中，要以严肃认真的精神、实事求是的态度、踏实细致的作风对待实操培训。在保证安全操作的前提下，要有积极的工作热情和踏实的工作作风，培养自己善于动手、勇于动手和敢于动手的精神，不能有胆小怕事的心态，不能什么操作都依靠其他人，或跟在别人的后面走，要培养自己胆大、心细、谨慎的

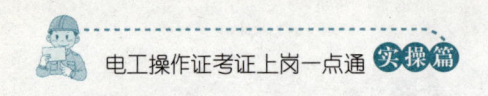

工作作风和良好的工作习惯。

　　在实操培训的过程中，应采取相应的安全防范措施，提高安全意识，要遵守实训的各项规章制度，掌握用电安全操作技术，避免电气设备的损坏或意外触电事故的发生。要时刻保持清醒的头脑，积极、主动和谨慎地进行各项实操培训的任务。在出现操作错误或电路故障时，要有勇于克服困难的决心，要有恒心和耐心，切不可急躁，一定要认真冷静地去分析、检查和纠正错误操作，做到不等、不靠他人，尽最大努力独立地完成实训工作，培养自己独立动手实践的能力和细心严谨的作风。

　　通过实操的培训，要有意识地培养电工新手的自我实践的能力、独立思考的能力、分析问题的能力、解决问题的能力，采用勇于开拓创新的精神，拓展自己的实践视野，培养自己严谨的科学态度和实事求是的工作作风，既使电工新手提高了观察能力、动手能力、思维能力和创新能力，又为今后的学习创新和水平提高打下扎实的实践基础。

　　在实操培训的过程中，除了要培养和提高自己的独立操作能力外，还要注重职业道德的学习，增强集体和团队之间密切配合的精神，共同合作、共同探讨、共同前进，团队之间紧密配合和群策群力可在电工实操培训工作中少走弯路，不断地共同学习和提高，成为适应新时期和新形势下需要的高素质实用型技术人才。

　　二、电工特种作业操作证实训学习的内容

　　电工特种作业操作证实操培训的学习内容是依据国家《电工作业人员安全技术培训大纲和考核标准》分为安全基本知识、安全技术基础知识、安全技术专业知识、实际操作技能四个部分，其中安全基本知识、安全技术基础知识、安全技术专业知识的大部分内容在《电工操作证考证上岗一点通》（基础篇）中已有介绍，本书主要是讲述余下的实训部分和实际操作技能部分。

　　本书包括的实训内容主要有如下：

　　1. 电工仪表及测量

　　(1) 电工仪表分类。

　　(2) 电压和电流的测量。

　　(3) 功率与电能的测量。

　　(4) 电压表、电流表、钳形电流表、绝缘电阻表、接地电阻测试仪、半导体点温计、直流单臂电桥、模拟万用表、数字万用表等电工仪表的结构及工作原理。

　　2. 电工工具及移动电气设备

　　(1) 各种电工钳、电工刀、各种螺钉旋具、电烙铁等常用电工工具的规格及使用范围。

　　(2) 常用手持式电动工具的种类与性能。

　　(3) 移动式电气设备种类与使用注意事项。

3. 低压电气设备

（1）控制电器一般安全要求。

（2）刀开关、低压断路器、交流接触器、主令电器等开关电器的结构、工作原理及用途。

（3）低压熔断器、热继电器、电流继电器、漏电断路器等保护电器的结构、工作原理及用途。

（4）低压配电屏的结构特点、运行及检查。

（5）低压电气设备安全工作的基本要求。

（6）低压带电作业的安全要求。

4. 异步电动机

（1）异步电动机的结构与工作原理。

（2）异步电动机的运行特性。

（3）异步电动机的起动、制动和调速方法。

（4）异步电动机的维护及常见故障处理。

5. 电气线路

（1）导线类别。

（2）架空线路、电缆线路、室内配线等配电线路的使用场所及特点。

（3）电气线路保护与故障分析。

（4）导线连接方式。

（5）接线端头、热缩管、连接器、扎带、缠绕管、绝缘子等电工辅料的用途。

6. 照明设备

（1）照明的种类。

（2）照明设备的安装要求。

（3）照明电路维护及常见故障处理。

7. 实际操作技能：低压配电及电气照明安装操作

（1）灯具、插座安装及接线。

（2）导线识别与选用。

（3）导线连接。

8. 低压电气设备安装与调试操作

（1）各种电工钳、电工刀、各种螺钉旋具、典型手持电动工具及移动电器的使用。

（2）常用低压断路器、热继电器、低压熔断器、漏电保护装置安装和接线。

（3）异步电动机检查、异步电动机点动和单方向运行、可逆运行等接触器控制系统安装与调试。

（4）异步电动机丫-△减压起动、自耦减压起动控制系统安装与调试。

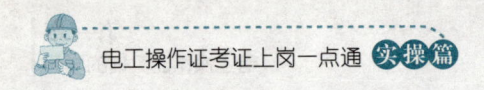

9. 电工测量操作

（1）互感器的安装与接线。

（2）电能表的安装与接线。

（3）钳形电流表、万用表、绝缘电阻表、接地电阻测试仪、单臂电桥等测量仪表的使用。

在本书实训的内容中，因受学习场地、条件、设备等的限制，实训的内容会有侧重。所以，有的实训内容会作为重点来学习，如各类常用的电工工具、电工测量仪表、常用的低压电器、常用的低压电气设备安装与调试操作等，其中以低压电气设备安装与调试操作为重中之重，这也是低压电工走向社会和工厂企业必备的操作技能，同时此项操作技能的完成，包含了其他多种技能的操作，这也是本书中的重点之一。

三、电工特种作业操作证实训学习的方法

电工新手在进行电工实训知识的学习时，要注意实训学习的方法，千万不能有什么都想搞懂的想法，不能采取大而全的学习方式，也不能采取死记硬背的方式，否则，学习将会变得举步维艰，无法将实训的学习进行下去，或者造成实训学习的进度很慢。所以，在进行实操训练前，就要先选择一种较先进的学习方法，这样在实训学习时才能够做到事半功倍，真正学到实用的操作技能的技巧，使实训学习不仅仅是单纯地为了应付考试拿证，而是为了今后走向社会进入工厂企业打下良好的基础。

电工新手在实训练习时，不能打无准备之仗，如要连接电气控制电路，不能一上来就开始实训的练习，首先要选择一个较先进的接线实训练习的方法，并要做完备的接线前的准备工作，不管什么样的实训工作都是有一定的操作技巧的。

例如，现在要进行电动机正反转电路的实训练习，在进行电气控制线路的连接前，就要进行理论知识和实操训练的准备工作，要掌握正确的实训学习方法，具体的步骤有如下几个方面：

（1）掌握电气控制线路图相关的一些知识，要能看得懂电气控制原理图，知道电气控制原理图的符号、结构和画法，熟悉电气控制原理图的作用和特点，能够通过电气原理图来了解电路的工作原理和动作原理，对电动机正反转电路有一个较全面的理解。

（2）要对所用电器元器件的工作原理、结构配置、图形符号、文字符号、技术参数、型号规格、安装使用等有一定的了解。

（3）准备接线用的工具和测量用的仪表，并要求能够正确熟练地使用。

（4）最后一条也是最重要的一条，就是选择一种最先进的接线方法，电路的电气线路连接，特别是电路的控制线路的连接，国家现在还没有做强制性的规定，现在电路的主电路线路连接没有多大的差别，但是电路的控制电路线路的连接方式，

因各人的文化水平的不同、培训学校的不同、教学方式的不同、工作性质的不同、学习时间的不同等诸多的因素，会造成接线方法的多样化。虽说很多人都可以将电路接出来，但每个人所接电路的成功率、花费的时间、所用材料的多少、线路的美观是各不相同的。所以，这就体现出了电路接线方法的重要性。掌握一个完善、实用、严谨的接线方法，对今后的电气控制电路的连接、控制电路的维修、控制理论的提高是大有帮助的。本书中所采用的电路接线方法是现在工厂企业内使用的"五步接线法"。

当然，电气控制线路连接的成功还与接线的工艺、导线的类型、连接的熟练程度等因素有关，但这都不是主要的因素，随着实操训练的熟练，这些问题会逐步解决的。

但请切记！电工新手不要将动脑筋思考的能力和巩固实训技能的技术采用死记硬背的方法，使其变为机械性和重复性的体力劳动，要发挥自己的主观能动性，要采取主动训练或练习的学习方法。

四、电工特种作业操作证实训学习的注意事项

因电工新手还没有取得电工特种作业操作证，所以，在电路的实训练习时要听从实训指导教师的指挥，按照实训指导教师的要求进行实训操作，进行电路实训时禁止带电进行操作，电路接线完成后也不能独立通电试机。必须在实训指导教师的指导下，才能够通电进行电路试机及调试，在电路通电后不得接触其带电部分。在实训中要充分地认识到电气安全的重要性，始终将安全放在第一位，要按照电气安全技术规程进行操作，不得使用绝缘已经破损的电器或导线，要时时刻刻做到"三不伤害"，即不伤害自己，不伤害别人，不被别人伤害。

实操练习时要按照实训指导老师要求的步骤进行练习，不能一到实训场地就不管三七二十一地急于求成地开始接线，不能一味地讲究图快赶进度。在接线开始前一定要先检查电路原器件的好坏，如果电路的原器件是坏的，你就是水平再高、接得再快，电路肯定是不能正常工作的。接线时一定要稳扎稳打，要按照接线的程序一步步地进行，千万不要养成急于通电的毛病。

在实训电路安装的过程中，要尽量采用国家规定的导线颜色，主电路的相线导线采用黄色、绿色和红色；中性线导线（N）采用蓝色或浅蓝色；接地保护导线（PE）必须采用黄绿相间的双色线。控制电路尽量按照同电位的导线采用一种颜色，这样便于今后的维修检查。因控制电路较为复杂，也可按照控制的区域或电压等级进行颜色的划分，但不要前后的导线颜色混合使用。指示灯与按钮的颜色，可按照红颜色停止，绿颜色启动的原则；如果还有其他的功能时，可选择其他颜色。

电路接线完成以后，不是急于地去给电路通电，而是要先对电路的线路进行检查，检查电路是否全部完成，电气元件及线路是否全部安装到位，工具和导线头是否遗漏在安装部位等；还要用仪表对电路进行检查，检查电路各种状态的通断是否

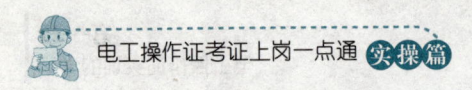

正常。在测量的数据全部正确后，方可通知实训指导教师来进行电路的通电试机，这个步骤对于电工新手来说是相当重要的，有很多的电工新手电路通电试机失败，就是省略了这个检查和测量的步骤。

完成本次实操练习的全部内容后，经指导教师认可后方可拆除接线，要按照指导教师的要求整理好操作用的连接导线、工具、仪器等，并清理干净实操练习的场地才可退出实训的现场。

在每次电路实训结束后，要及时地总结此次实训中的经验和教训，如在哪些方面出现过错误或不足，以保证下次实训时不再犯同样的错误。

第二章

电工常用工具及使用方法

俗话说"欲善其事，先利其器"，电工要想做好电气的操作与安装工作，就要先了解电工的常用工具，没有得心应手的工具，是不可能做好电工相关操作的，所以要熟练掌握和使用电工常用工具。正确地使用电工工具，不但能提高工作效率和施工质量，还能减轻劳动强度，保证操作安全和延长工具的使用寿命。本章学习的要点是要能熟练地掌握电工常用工具的使用方法，重点是电工常用工具使用中应注意的事项内容。

第一节 电工常用工具的分类

电工常用工具是电气操作的基本工具，电气操作人员必须掌握电工常用工具的结构、性能和正确的使用方法。电工常用的工具种类繁多，按照工具使用的范围，可分为电工通用工具和电工的专用工具。

1. 通用电工工具

指电工随时都可能使用的常备工具。主要有高压验电器、低压验电器、螺钉旋具、钢丝钳、尖嘴钳、斜嘴钳、弯嘴钳、剥线钳、电工刀、活动扳手、锤子、手锯等。

2. 线路装修工具

指电力内外线装修必备的工具。它包括用于打孔、紧线、钳夹、切割、剥线、弯管、登高的工具及设备。主要有各类电工用凿、冲击电钻、管子钳、剥线钳、紧线器、弯管器、切割工具、套丝器具等。

3. 设备装修工具

指设备安装、拆卸、紧固及管线焊接加热的工具。主要有各类用于拆卸轴承、联轴器、带轮等紧固件的拉具，以及安装用的各类套筒扳手及加热用的喷灯等。

4. 专用工具

指专门用于电子整机装配加工的工具。包括电烙铁、成形钳、压接钳、绕线工具、热熔胶枪、手枪式线扣钳、元器件引线成形夹具、特殊开口螺钉旋具、无感的

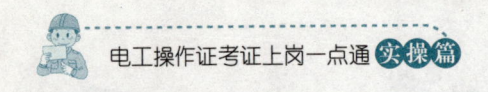

小旋具及钟表螺钉旋具等。

第二节 通用电工工具

通用电工工具，也就是指电工经常使用的常备工具，是电工进行安装与维修的常用性的工具，有一定的专用性。

一、高压验电器

高压验电器按照电压等级可分为：220～500V、6kV、10kV、35kV、66kV、110kV、220kV、500kV等验电器，适用于交流输配电线路和设备的验电。

高压验电器按照型号可分为：GDY声光型高压验电器、GD声光型高压验电器、GSY声光型高压验电器、YD语言型高压验电器、GDY-F防雨型高压验电器、GDY-C风车式高压验电器、GDY-S绳式高压验电器、GSY棒状伸缩型验电棒等型号。

现在国内电力行业生产的高压验电器，产品的更新换代迅速，基本上都是由电子集成电路制成的，设计先进、结构合理、性能完善、性能可靠、使用方便、性能稳定、抗干扰性强、内设过电压保护、温度自动补偿、有声光指示、验电灵敏度高、不受阳光和噪声影响，适用于户内或户外良好天气下使用，是电力系统和工矿企业电气部门必备的安全用具。高压验电器如图2-1所示。

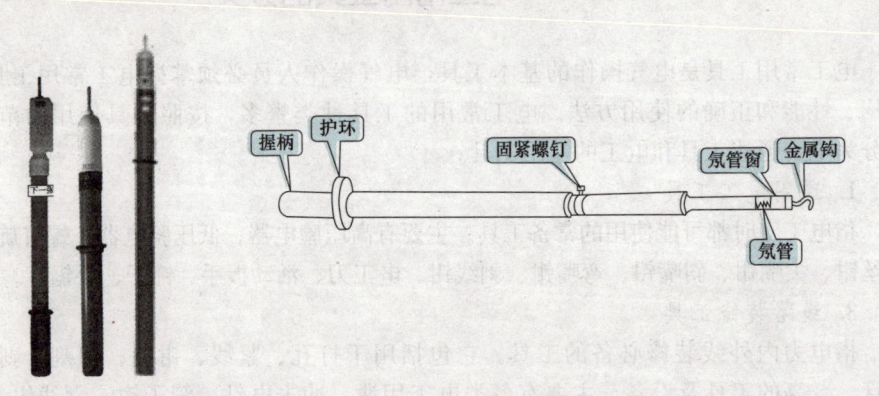

图2-1 高压验电器

在使用高压验电器进行验电时，首先应检查高压验电器的额定电压与被检验电气设备的电压等级是否相适应，验电时操作人员必须戴上符合要求的绝缘手套，操作人员的手应握在罩护环以下的握手部位，手握部位不得超过护环。如图2-2所示。

在使用高压验电器验电前，应先在有电的设备上进行检验，检验时应渐渐地将验电器移近带电设备至发光或发声时为止，以确认验电器性能是否完好。有自检系统的验电器应先揿动自检钮确认验电器完好，然后再在需要进行验电的设备上检测。

检测时必须要有专人监护，站在绝缘垫上，一人监护，一人测试，测量时要防止发生相间或对地短路事故。检测时应手握验电器逐渐移近带电设备，直至触及设备带电部位，若此过程中验电器一直无发光或发声指示，则可判定该设备不带电。反之，在验电器渐渐向设备移近过程中，若突然有发光或发声指示，则应停止验电立即撤回，可判定该设备是带电的。

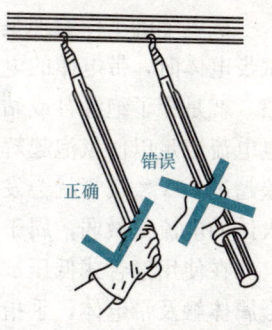

图 2-2 高压验电器手握部位的握法

在验电的过程中，人与带电体应保持足够的安全距离，如 10kV 高压的安全距离为 0.7m 以上。在室外使用高压验电器时，必须在气候条件良好的情况下进行，在下雪、雨天、雾天、湿度较大的情况下应停止使用，以确保验电人员的人身安全。高压验电器应存放在空气流通、环境干燥、无腐蚀性气体的场所，验电器应每隔半年进行一次试验，试验应分发光试验和绝缘耐压试验两部分，凡试验合格的验电器应贴上合格标记，不合格的验电器不得继续使用。

二、低压验电器

低压验电器又称为测电笔、试电笔、低压试电笔等，简称电笔，是用来检查低压导体或电气设备外壳是否带电的一种常用辅助安全用具，其检测的电压范围为 60～500V，高于 500V 的电压则不能用普通低压验电器来测量。常用的试电笔外形有钢笔式、螺钉旋具式和采用微型晶体管作为机芯，用发光二极管或液晶屏作显示的新型数字式显示感应测电器。

1. 氖管式低压试电笔

氖管式低压试电笔：通常有笔式和螺钉旋具式两种，是用来检测低压线路和电气设备是否带电的低压试电笔，检测的电压范围为 60～500V。它由壳体、探头、电阻、氖管、弹簧、笔尾金属体等组成。检测时，氖管亮表示被测物体带电。氖管式低压验电笔结构如图 2-3 所示。

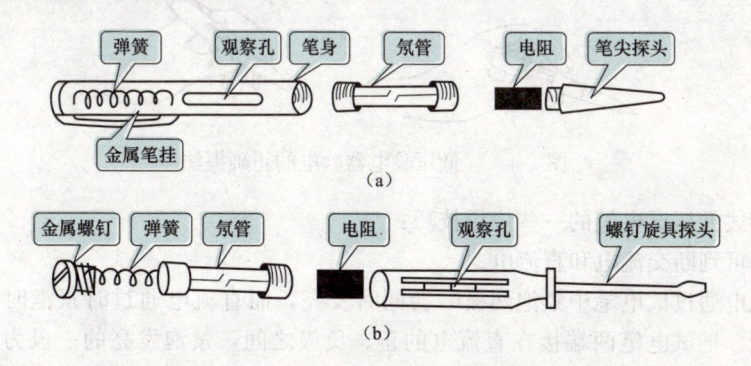

图 2-3 氖管式低压试电笔结构图

试电笔的工作原理是：手指触及试电笔尾端的金属体，当手拿着试电笔尖端测试带电体时，带电体的电流流向为带电体→试电笔→人体→大地，电流就形成了回路。就是穿了绝缘鞋或站在绝缘物上，也认为是形成了回路，因为绝缘物微弱的漏电电流也足以使氖泡起辉，只是辉光要弱一点而已，只要带电体与大地之间的电位差超过60V，氖管就会发光。由于试电笔内的降压电阻的阻值很大，在试电时流过人体的电流很微弱，属于安全电流，不会对使用者造成危险。

在使用氖管式低压试电笔验电时，测量时手指握住低压验电器笔身，笔头探头金属体触及带电体，手指应触及笔身尾部的金属体，使氖管小窗背光朝向自己以便观察氖管的亮暗程度，防止因光线太强而造成误判断，当带电体与大地之间的电位差超过一定数值时，电笔中的氖泡就能发出橘红色的辉光。

氖管式低压试电笔有结构简单、使用方便、价格低廉、携带便利等特点。电工只要使用这样一支普通的低压试电笔，掌握试电笔的原理，结合熟知的电工原理，就可在维修中灵活地运用，并有很多的应用技巧。

但在使用氖管式低压试电笔之前，一定要首先检查氖管式低压试电笔有无破损或损坏，并在确定带电的物体上检查其是否可以正常发光，检查合格后方可使用。在使用的过程中，如遇验电笔有受潮、重击、振动、跌落等情况后，验电笔要重新进行试电并确定正常后，才可继续使用。

螺钉旋具式试电笔的刀体与螺钉旋具的形状相似，但它只能承受很小的转矩，所以，电笔当作旋具在拧力矩较小的螺钉时用力不可过猛，并不可作为专用的螺钉旋具来使用，使用时应特别注意以防损坏。试电笔的正确使用方式如图2-4所示。

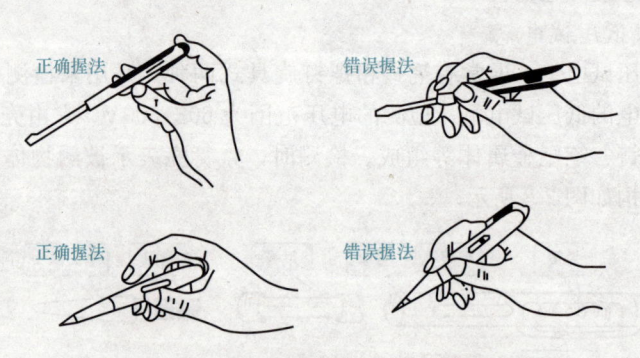

图2-4　低压验电器验电的正确握法

氖管式低压试电笔的一些应用技巧：
（1）可判断交流电和直流电。

交流电通过试电笔中氖泡两极时会同时发亮，而直流电通过时氖泡时，只有一个极发光。把试电笔两端接在直流电的正、负极之间，氖泡发亮的一极为负极，不发亮的一极为正极。人站在地上用试电笔接触直流电，如果氖泡发光，说明直流装置存在接地现象,当试电笔尖端一极发亮时,说明正极接地,若手握的一极发亮,则是负极接地。如果氖泡不发光,则说明直流装置对地绝缘。在进行直流电的测试时,要注意直流电的起辉电压。

(2) 可判断相线与中性线及电压的高低。

在交流电路中,低压验电器可用来区分相线和中性线,当验电器触及导线时,氖管发光的即为相线,正常情况下,触及中性线是不会发光的。在测试时可根据氖管发光的强弱来判断电压的高低,氖管辉光越暗,则表明电压越低;氖管辉光越亮,则表明电压越高。在用氖管式试电笔进行测试时,要注意所处的位置不要有大的变化,最好是在同一个位置进行测试,以免造成测试时的误差。若氖泡光源闪烁,则表明某线头松动,接触不良或电压不稳定。在使用试电笔时,要注意氖泡两极的亮度变化,要注意感应电和静电的现象。

(3) 判断交流电的同相和异相。

先确定两条导线是带电的,然后两只手各持一支试电笔,并站在绝缘体上,将两支试电笔同时触及待测的两条导线上,若均不太亮,则表明两条导线是同相;若两支试电笔的氖泡有辉光,则说明两条导线是异相。

2. 数字式试电笔

数字式试电笔是一个新型的验电工具,它可以直接显示电压的数字,比较直观。数字式试电笔的一个优势就是它的灵敏度较高。数字式试电笔主要由输入保护电路、稳压源供电电路、A/D模数转换电路等组成。

但在数字式试电笔的使用中发现,数字式试电笔对电压太敏感了,有时线路上只有微弱的感应电压,但用数字式试电笔测试时,它会显示出一定的电压数值,在感觉上没有氖管式试电笔可靠,电工新手在使用中应引起注意。数字式试电笔的外形如图2-5所示。

图 2-5 数字式试电笔的外形

数字式试电笔的使用:

(1) 按钮说明:(A键) DIRECT,直接测量按键(离液晶屏较远),也就是用笔头直接去接触线路时,请按此按钮;(B键) INDUCTANCE,感应测量按键(离液晶屏较近),也就是用笔头感应接触线路时,请按此按钮。注:不管电笔上如何印字,请认明离液晶屏较远的为直接测量键;离液晶较近的为感应键即可。

(2) 本试电笔适用于直接检测 12~250V 的交直流电和间接检测交流电的中性线、相线和断点。

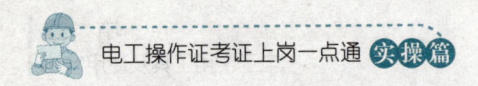

(3) 直接检测：①最后数字为所测电压值；②未到高断显示值70%时，显示低断值；③测量直流电时，应手碰另一极。

(4) 间接检测：按住B键，将批头靠近电源线，如果电源线带电的话，数显电笔的显示器上将显示高压符号。

(5) 断点检测：按住B键，沿电线纵向移动时，显示窗内无显示处即为断点处。

三、螺钉旋具

螺钉旋具是一种用来拧紧或旋松各种尺寸的槽形机用螺钉、木螺钉及自攻螺钉的手工工具。螺钉旋具是我们电工维修使用得最多的常用工具，它由刀柄和刀体组成。刀口部分一般用碳素工具钢经过淬硬处理，耐磨性强。刀柄由木柄、塑料和有机玻璃等制成。

螺钉旋具的作用主要是紧固或拆卸螺钉，安装或拆卸电气元件。螺钉旋具按旋杆头部形状的不同，旋杆顶端的刀口形状分为一字形、十字形、六角形和花形等数种，其中以一字形和十字形最为常用，如图2-6所示。电工用的螺钉旋具的刀体部分一般有绝缘管套住。螺钉旋具的具体操作为：将螺钉旋具头部拥有特殊形状的端头对准螺钉的顶部凹坑，螺钉旋具头部与螺钉顶部凹坑紧密压紧，然后开始旋转螺钉旋具手柄，顺时针方向旋转为嵌紧，逆时针方向旋转则为松出。

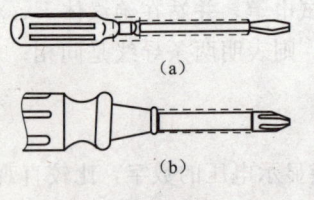

图2-6 绝缘套管
(a) 一字形；(b) 十字形

一字形螺钉旋具用来紧固或拆卸一字槽形状的螺钉，其常用规格用柄部以外的长度来表示，螺钉旋具旋杆的直径和长度与刀口的厚薄和宽度成正比。一字形螺钉旋具常用的规格有两种单位：一是以英寸（in）为单位的，如2in、3in、4in、6in、8in、12in等；二是以毫米为单位的，如50mm、75mm、100mm、150mm、200mm和300mm等。

十字形螺钉旋具用来紧固或拆卸带十字槽的螺钉，其常用的规格有四个：Ⅰ号适用于螺钉直径为2～2.5mm的，Ⅱ号适用于为3～5mm的，Ⅲ号适用于为6～8mm的，Ⅳ号适用于为10～12mm的。

我们现在用的普通螺钉旋具，它的结构简单，但由于螺钉有很多种，有时就需要准备多支不同的螺钉旋具。根据这种情况，就有了不同类型的螺钉旋具品种，如组合型螺钉旋具。有一种把螺钉旋具头和柄分开的螺钉旋具，要安装不同类型的螺钉时，只需把螺钉旋具头换掉就可以，不需要备带多支螺钉旋具。其好处是可以节省空间，缺点是容易遗失螺钉旋具头。钟表螺钉旋具，属于精密螺钉旋具，常用在修理手表、钟表时。电动螺钉旋具就是用直流电动机来代替人手力来安装和移除螺钉，通常是组合螺钉旋具。还有一些自成规格的螺钉旋具、多用途的螺钉旋具等。

螺钉旋具的使用是很简单的，但有很多的人并不会真正地使用它。在使用螺钉旋具拧螺钉时，一定要注意螺钉旋具的头部要和螺纹紧密接触，加力时接触面不可有松动，否则就要更换螺钉旋具的规格。螺钉旋具在使用时，要掌握其正确使用方法，大螺钉旋具一般是用来旋紧或旋松大螺钉的，使用时，除大拇指、食指和中指要夹住螺钉旋具手柄外，还要用手掌面顶住螺钉旋具手柄的顶部，这样就可防止螺钉旋具转动时滑脱，用手指握住螺钉旋具的手柄的前端，并施加适当地旋转力，如图2-7（a）所示。小螺钉旋具一般是用来旋紧或旋松小螺钉的，可用食指压在螺钉旋具手柄的顶部，大拇指和中指夹住螺钉旋具并施加适当的旋转力，如图2-7（b）所示。较长螺钉旋具的使用：可用右手压紧并转动手柄，左手握住螺钉旋具中间部分，以防止螺钉滑脱，此时左手不得放在螺钉的周围，以免螺钉旋具滑出时将手划伤。

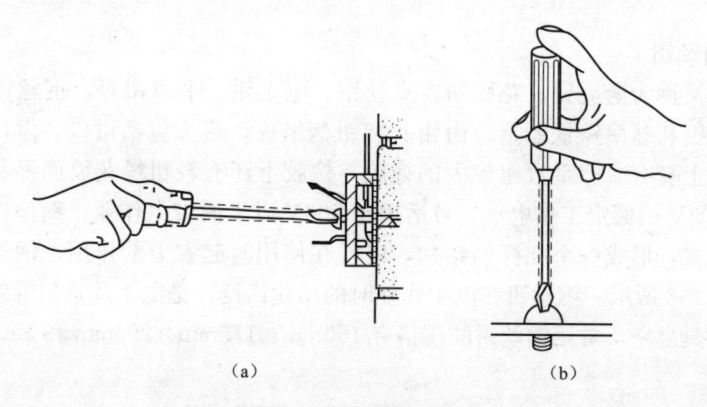

图 2-7 螺钉旋具的使用
（a）大螺钉旋具的使用；（b）小螺钉旋具的使用

现在很多的螺钉旋具金属杆的刀口端有磁性，可以吸住待拧紧的螺钉，并能够准确将螺钉定位、拧紧，使用很方便，目前使用的较广泛。螺钉旋具应根据螺钉沟槽的宽度选用相应的规格，应使螺钉旋具头部的长短和宽窄与螺钉槽相适应。不能用小规格的螺钉旋具来拧大规格的螺钉，那样容易损坏螺钉旋具和螺钉。螺钉旋具的头部要对准螺钉的端部并要压紧并使其严密，使螺钉旋具与螺钉处于一条直线上，压与拧要同时进行，用力要平稳。特别是对于进口的电器，千万不可将就使用，应使螺钉旋具头部的长短和宽窄与螺钉槽相适应，若螺钉旋具头部宽度超过螺钉槽的长度，在旋沉头螺钉时容易损坏安装件的表面；如果头部宽度过小，则不但不能将螺钉旋紧，还容易损坏螺钉槽。螺钉旋具头部的厚度比螺钉槽过厚或过薄，否则极易损坏螺钉槽，使用时旋具不能斜插在螺钉槽内。螺钉口损坏后会给维修造成很大的困难，严重时可能造成电器的报废。

所以，在维修的过程中，一定要注意国内有部分厂家生产的螺钉旋具的硬度比螺钉还低，螺钉还没有拧动，螺钉旋具就出问题了，而且最怕的就是损坏螺钉的得

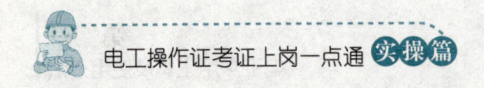

力角，哪怕是一个螺钉拧不出来，设备就没有办法修，特别是一些操作不便的场所。所以对于进口的设备或一些操作不便的场所，最好选用进口的工具，以免造成不必要的麻烦和损失。

在实际使用过程中，尽量不要使螺钉旋具的金属杆部分触及带电体，为防止金属杆触到人体或邻近带电体，可以在金属杆上套上绝缘塑料管，以免造成触电或短路事故。使用螺钉旋具紧固和拆卸带电的螺钉时，手不得触及螺钉旋具的金属杆，以免发生触电事故。不应使用金属杆直通握柄顶部的螺钉旋具，不能用锤子或其他工具敲击螺钉旋具的手柄，将螺钉旋具当作錾子来使用。也不可用螺钉旋具来当撬棒或錾子来使用。螺钉旋具的手柄应该保持干燥、清洁、无破损并且绝缘完好。

四、钢丝钳

钢丝钳又称为老虎钳、花腮钳、克丝钳、电工钳、平口钳等，钢丝钳一般用铬钒钢、高碳钢和球墨铸铁制造，由钳头和钳柄组成，钳头包括钳口、齿口、刀口和铡口，钳柄上套有摩擦系数比较大的橡胶，橡胶上还有较粗糙花纹而不易打滑，橡胶可承受500V的额定工作电压，可适用于500V以下的带电作业。钢丝钳的钳柄比钳口要长很多，形成一个杠杆的结构，以便在使用时起省力的作用。钢丝钳的外形与结构如图2-8所示。钢丝钳在电工作业时的用途广泛，是电工及其他维修人员使用最频繁的工具之一，常用钢丝钳的规格有150mm、175mm、200mm和250mm几种。

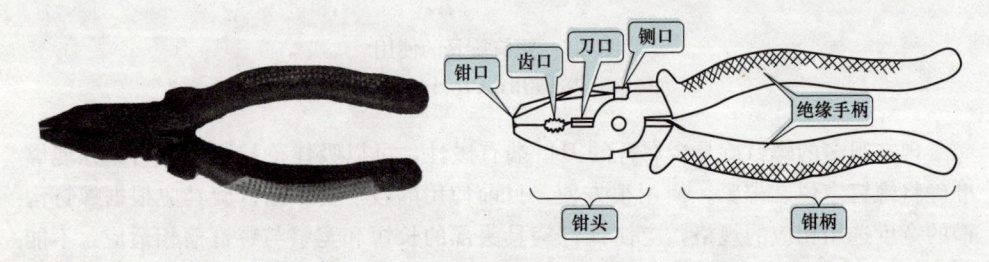

图2-8 钢丝钳的外形与结构

钢丝钳主要用于剪切、绞弯、夹持、弯曲金属导线，钢丝钳的钳口用于夹持和弯绞导线。钢丝钳的齿口用于紧固或拧松螺母，还可用来弯绞或钳夹导线线头。钢丝钳的刀口用于剪切导线、铁丝，也可以用来剖切软电线的橡皮或塑料绝缘层。钢丝钳的铡口用于铡断切导线线芯、钢丝等较硬的金属线。钢丝钳的使用如图2-9所示。

钢丝钳在使用前，特别是在带电作业时，首先应该检查绝缘手柄的绝缘是否完好，要注意保护其绝缘护套管，以免划伤失去绝缘作用。保持绝缘手柄的绝缘性能良好，是带电作业时人身安全的保证。在带电操作时，手与钢丝钳的金属部分保持

2cm以上的距离，用钢丝钳剪切带电导线时，必须单根地进行剪切，不得用刀口同时剪切相线和中性线或者两根相线，以避免短路事故的发生。若发现绝缘柄绝缘破损或潮湿时，不允许带电操作，以免发生触电事故。

齿口：紧固螺母　　　钳口：弯绞导线　　　刀口：剪切导线　　　铡口：铡切钢丝

图 2-9　钢丝钳的使用方法

严禁用钢丝钳代替扳手来紧固或拧松大螺母，否则将会损坏螺栓、螺母等工件的棱角，导致螺栓、螺母等无法正常地使用。不可将钢丝钳当作锤子来作为敲打工具使用，否则容易引起钳头变形，并造成刀口的错位、转动轴失圆、转动不灵活等故障。钢丝钳不可在高温下使用，以防产生退火现象，使钢材产生软化或损坏钳柄的绝缘层。

使用电工钳时要注意其剪切的能力，不可以超负载使用，不得把钢丝钳当作锤子敲打使用，也不能在剪切导线或金属丝时，用锤子或其他工具敲击钳头部分。在切断铁丝或钢丝时，切忌在切不断的情况下扭动钳子，否则容易引起刀口崩牙或在刀口留下咬痕，剪切时钳口的凹槽方向应避免朝向眼睛，以防止废线弹跳伤及眼睛。钢丝钳钳头的轴销应经常加机油润滑以防生锈，保证其能够灵活开闭。

五、尖嘴钳

尖嘴钳，俗称细嘴钳、尖头钳、修口钳，也是电工常用的工具之一，主要用来剪切线径较细的单股与多股线。尖嘴钳由尖头、刀口、钳柄等部分组成，电工使用的是带绝缘手柄的，其绝缘手柄的绝缘耐压为500V，尖嘴钳的外形与结构如图2-10所示。尖嘴钳因其头部尖细，适用于在狭小的工作空间操作，可用来夹持较小的螺钉、螺母、垫圈、导线、零件等，也可用来给单股导线整形，如平直、弯曲、接头弯圈、剥塑料绝缘层等。尖嘴钳按其全长分为125mm、140mm、160mm、180mm、200mm等。

图 2-10　尖嘴钳的外形与结构

若使用尖嘴钳带电作业，为确保使用者的人身安全，应检查其绝缘是否良好，并在作业时金属部分不要触及人体或邻近的带电体，严禁使用塑料套破损、开裂的尖嘴钳带电操作。尖嘴钳的头部是经过淬火处理的，钳头不要在高温的地方使用，以保持钳头部分的硬度。不宜在80℃以上的温度环境中使用尖嘴钳，以防止塑料套柄熔化或老化。尖嘴钳的钳口较尖，不能承受太大的力量，不能将尖嘴钳当作钢丝钳来使用。为保持钳头部分的硬度，防止尖嘴钳端头断裂，尖嘴钳的钳头不能用力去夹持较大的物件，不允许用尖嘴钳去装拆螺母，不宜用它夹持较硬、较粗的金属导线及其他硬物，以免钳头弯曲或者造成钳头合不严密。尖嘴钳不能用锤子或其他工具敲击，不能将尖嘴钳当作夹扁物体的钳子来使用，也不可将尖嘴钳当撬棒或錾子使用。

六、斜嘴钳

斜嘴钳，又俗称为断线钳、斜口钳、平口斜嘴钳、水口钳等，斜嘴钳的特点是剪切口与钳柄成一定角度，由钳头、钳柄构成，斜嘴钳的外形与结构如图2-11所示。钳柄的结构有铁柄、管柄、绝缘柄三种类型，斜嘴钳还有刃口有剥线孔和平口的两种形式，电工使用的斜嘴钳柄上带有耐压为1000V的绝缘套，其规格以斜嘴钳长度表示，公制（mm）有125、140、160、180、200等规格。英制有5″、6″、7″、8″等规格，小于4″和大于8″的斜嘴钳使用得就比较少了。现在随着金属材料加工处理技术的进步，斜嘴钳又分为很多的类别，如专业电子斜嘴钳、不锈钢电子斜嘴钳、VDE耐高压大头斜嘴钳、德式省力斜嘴钳、镍铁合金欧式斜嘴钳、精抛美式斜嘴钳、省力斜嘴钳等。

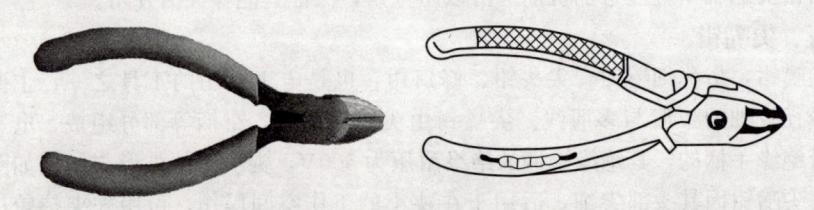

图2-11 斜嘴钳的外形与结构

斜嘴钳是专门用于剪断较粗的金属丝、电线、线材及电缆常用工具；适用于印制电路板元件焊接后，剪断细导线或修剪各多余的焊接线头及元件剪脚，特别适用于在狭窄的空间断线，还可方便地贴面剪断导线、金属丝、电线等。斜嘴钳还常用来代替一般剪刀剪切绝缘套管、塑料绑线、尼龙扎线卡等。

在断线的过程中，对粗细不同、硬度不同的材料，应选用大小合适的斜嘴钳。使用斜嘴钳的人员，必须熟知斜嘴钳的性能、特点、使用、保管、维修及保养方法。一定要注意所断导线或线材的硬度，特别要注意有的钢线虽说线径较细，但它的硬度是很高的，对于这类的线材不可用普通的或较小规格的斜嘴钳来切断，以免损坏斜嘴钳的钳口。有的电工新手只图斜嘴钳剪断导线的方便，在进行安装与维修工作时，只配置了斜嘴钳，而没有配置尖嘴钳，在夹持或弯折导线时只能用斜嘴钳来完成，或用来紧固或拧松螺母，结果极容易造成斜嘴钳钳口的缺损，也很容易将导线损伤。所以，每一种工具都有它的不同作用，不能怕麻烦而用不适应的工具代用，工具要准备齐全，这样才能完成不同的操作工艺。

七、弯嘴钳

弯嘴钳又可称为弯头钳，其形状似尖嘴钳，但弯嘴钳的头部成一弯曲的角度，不带刃口并且钳嘴向一侧弯曲，其弯曲的头部是经过淬火处理的，其他的结构与尖嘴钳相同，弯嘴钳分为柄部带塑料套的和不带塑料套的，电工使用时因经常需要与带电导体接触，故其手柄上一般都套有以聚氯乙烯等绝缘材料制成的护管，以确保操作者的安全。弯嘴钳的外形如图 2-12 所示。弯嘴钳的规格长度有 125mm、140mm、160mm、180mm、200mm 等。

图 2-12　弯嘴钳的外形

弯嘴钳适用于夹持平面的内部，适合在狭窄或者是凹下的空间里，有一定角度并有一定深度内夹持细小的零件，故灵活应用于狭窄和弯曲的空间。使用弯嘴钳时要注意，不可用弯钳头用力去夹持较大的物件，不可用力太大，也不要用弯钳头去夹紧螺钉，以免造成钳头的弯曲变形，或者造成钳头合不严密。

作为电工新手来说，弯嘴钳的使用场合虽然不多，但弯嘴钳还是能起到尖嘴钳不能达到的作用，如果能够配置，还是能够在很多的场合发挥作用的，特别是在维修工作中，有时没有还真的是不方便。

八、剥线钳

剥线钳是电工应用比较广泛的工具，它是内线电工、电动机修理、仪器仪表电工常用的工具之一，适宜于剥塑料、橡胶绝缘电线、电缆芯线的绝缘皮。剥线钳由刀口、压线口和钳柄组成。剥线钳的手柄采用优质塑料，符合人体力学，舒适耐用，钳柄上套有额定工作电压为 500V 的绝缘套管。剥线钳的规格有 140mm、160mm、180mm 等。

剥线钳的使用要点：要根据导线直径选用剥线钳刀片的孔径，当剥线时，剥线钳利用杠杆原理，先握紧钳柄，使钳头的一侧夹紧导线的另一侧，通过刀片的不同刃孔可剥除不同导线的绝缘层。剥线钳用于剥除线芯截面为 6mm^2 以下的塑料或橡胶绝缘导线的绝缘层。剥线钳的刀口有 0.5～3mm 的多个孔径不同的切口，以便剥削不同规格芯线的绝缘层。切口的刃部由特殊机械精细加工，且经高频淬火处理，以适应不同规格的线芯剥削。剥线钳在使用时要注意选择相应的剥线刀刃孔径，当刀刃孔径选大时难以剥离绝缘层，若刀刃孔径选小时又会切断芯线，只有选择合适的孔径才能达到剥线的目的。

现在常用的剥线钳有两种类型，即手动的和自动的，剥线钳的使用方法如下：

自动剥线的剥线钳，使用时根据绝缘导线的粗细型号，选择相应的剥线刀刃孔径，将待剥绝缘皮的导线线芯置于略大于其芯线直径的钳头刃口中间，选择好要剥线的长度，剥削的线头不宜过长，右手握住剥线钳的手柄，将绝缘导线放入剥线钳与之相适应的切口中，用剥线钳的刃口将导线夹住，右手将两钳柄缓缓用力收紧，绝缘导线的外表绝缘皮就会慢慢地剥落，随即松开，绝缘皮便与芯线分离。自动剥线钳的结构与外形如图 2-13 所示。

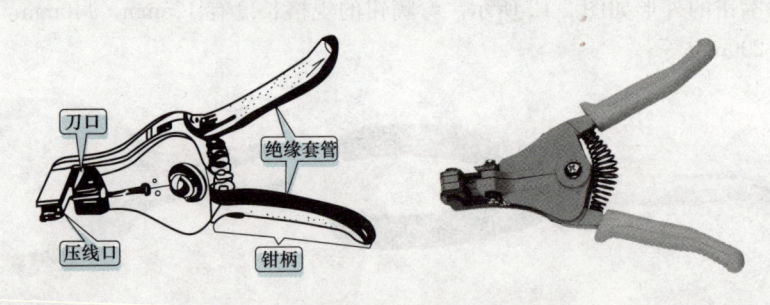

图 2-13　自动剥线钳的结构与外形

手动剥线的剥线钳，使用时根据绝缘导线的粗细型号，选择相应的剥线刀口，将待剥绝缘皮的导线线芯置于略大于其芯线直径的钳头刃口中间，选择好要剥线的长度，剥削的线头不宜过长，右手握住剥线钳的手柄，将绝缘导线放入剥线钳与之相适应的切口中，用剥线钳的刃口将导线夹住，用手将两钳柄握紧，再向剥线的方向端缓缓用力，使导线的绝缘层慢慢地剥落。手动剥线钳的外形如图 2-14 所示。

图 2-14　手动剥线钳的外形

九、电工刀

电工刀是电工常用的一种切削工具，普通的电工刀由刀片、刀刃、刀把、刀挂等构成。在不用时，可以把刀片收缩到刀把内。电工刀是用来剖削和切割导线绝缘层的常用工具，其规格有大号、小号之分，按用途可分为单用电工刀（A 型）和多用电工刀（B 型），分为单用、二用、三用、四用等形式。单用式的电工刀只有刀片，多用电工刀除了刀片外，还附有锯片、锥子、扩孔锥等，锯片可用来锯割各类槽线板等，锥子可用来在种类材料上钻孔，旋具可临时用来紧固或拆卸带槽螺钉、木螺钉等。电工刀的外形如图 2-15 所示。

图 2-15 电工刀的外形

电工新手在使用电工刀时，要特别注意由于电工刀的刀柄是没有绝缘保护的，是不能在带电导线或器材上剖削绝缘的，以免造成触电事故的发生。

用电工刀来剖削电线的绝缘层时，切忌面向人体切削，可把刀刃略微翘起一点，用刀刃的圆角抵住线芯，刀口应朝外剖削，不要把刀刃垂直对着导线切割绝缘层，因为这样很容易割伤电线的线芯，使用完毕随即把刀口折入刀柄内，并注意避免伤手。

要注意保护好电工刀的刀口，刀刃部分要磨得锋利才好剥削电线，但不可太锋利，太锋利很容易削伤线芯，刀刃部分磨得太钝，则无法剥削绝缘层。刀口用钝后，可用油磨石或磨刀石来进行修磨。如果刀刃部分损坏较重，可用砂轮磨，但须防止刀刃退火。应避免在过硬物体上划损或碰缺，要经常保持刀口的锋利。

多用电工刀除了刀片外，还有锯片、锥子、尺子、剪子、扩孔锥等，可以用削制木榫、竹榫，还可用来锯割木条、竹条等。

十、活扳手

活扳手的开口宽度可以调节，是利用杠杆原理来拧紧或旋松一定尺寸范围内的六角头或方头螺栓、螺钉、螺母等螺纹紧固件的专用开口手工工具，使用时应根据螺栓、螺钉、螺母的规格来进行选择，电工常用的有 100mm、150mm、200mm、250mm、300mm 等规格。活扳手通常用碳素结构钢或铬合金结构钢制成。活扳手的结构与外形如图 2-16 所示。活扳手是由头部和手柄两个部分构成的。头部又由活扳唇、呆扳唇、扳口、蜗轮、轴销等构成，旋动蜗轮可以调节扳口大小，其开口尺寸能在一定的范围内任意调整。

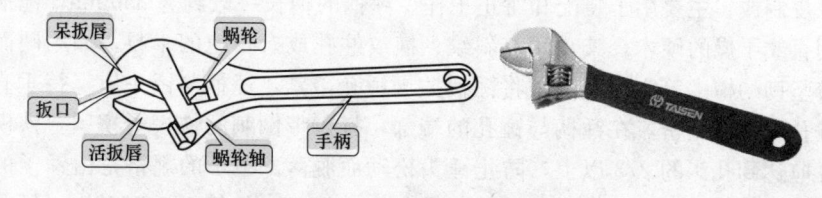

图 2-16 活扳手的结构与外形

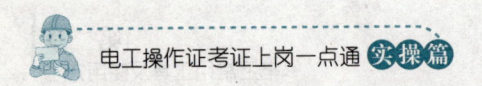

活扳手的扳口在夹持螺母时,要呆扳唇在上,活扳唇在下,切不可反过来使用。活扳手在扳动小螺母时,因需要不断地转动蜗轮,调节扳口的大小,所以手应握在靠近呆扳唇处,并用大拇指调节蜗轮,以适应螺母的大小。在使用活扳手旋动螺杆或螺母时,要使扳口与活动唇的二平面与螺杆或螺母的两侧平面紧密接触,以免损坏螺杆或螺母的棱角。在扳动生锈的螺母时,可在螺母上滴几滴煤油或机油,过一段时间再去拧,这样就好拧动了。在活扳手的使用过程中,不能将活扳手作为撬杠或锤子使用。

在用活扳手扳动较大的螺杆或螺母时,所需要使用的力矩较大,使用时右手握扳手的手柄,手应握在活扳手手柄的后端,手越靠近活扳手手柄的后端,扳动起来就越省力。但不可采用钢管套在活扳手的手柄上来增加扭力,因为这样极易损伤活扳唇,如图2-17(a)所示。

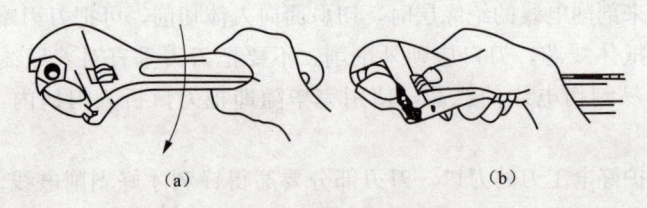

图2-17 活扳手扳动螺杆或螺母时
(a)活扳手扳动较大的螺杆或螺母时;(b)活扳手扳动较小的螺杆或螺母时

在用活扳手扳动较小的螺杆或螺母时,因需要不断地转动蜗轮,调节扳口的大小,所以手应握在靠近扳手头部蜗轮的位置,并用大拇指调节蜗轮,以适应螺杆或螺母的大小。同时为防止扳口处与螺杆或螺母打滑,要用大拇指调节和稳定蜗杆,并施加一定的力量,也可避免损坏螺杆或螺母的钝角,如图2-17(b)所示。

使用时,右手握手柄。手越靠后,扳动起来越省力。

十一、锤子

锤子是用于敲击物体使其移动或变形的击打工具,锤子的结构由锤柄、锤头和楔子组成,锤子按照功能常用的有奶头锤、羊角锤、木工锤、检验锤、八角锤、电焊锤、斩口锤、防爆锤等。锤子的锤头有软锤头和硬锤头之分,硬锤头一般用碳素工具钢制成,电工和钳工用的主要是这种硬锤头,软锤头一般用铅、铜、硬木、牛皮或橡皮制成,主要用于装配和矫正工作。锤柄的柄长一般约为350mm,锤柄的材料需用直纹干燥的硬木,禁止用有斜纹、横纹蛀孔或有疖疤的木料,如用硬而不脆和比较坚韧的檀木等木材制成。将锤柄插入锤孔敲紧,锤柄与锤头应保持垂直,锤柄与锤孔配合应紧密,在锤柄与锤孔的端部,打入带倒刺的铁楔子楔紧,铁楔的楔入深度应达到孔深的2/3以上,防止锤头松动而脱落。锤子的规格是由锤子的锤头质量来确定的,是以英制的磅来表示质量的,一磅(P)约等于0.4545kg。锤子的常用规格有：0.5P（0.23kg）、0.75P（0.34kg）、1P（0.45kg）、1.5P（0.68kg）、2P（0.91kg）、2.5P（1.13kg）、3P（1.35kg）、4P（1.8kg）、5P（2.3kg）、6P（2.7kg）、8P（3.6kg）、10P（4.5kg）、12P（5.4kg）、14P（6.3kg）、16P（7.2kg）、18P（8.1kg）、20P（9kg）、22P（9.9kg）等。锤子的外形如图2-18所示。

电工常用的锤子为奶头锤和斩口锤，使用的规格为0.5P（0.23kg）、0.75P（0.34kg）、1P（0.45kg）等，在个别场所才使用较大磅数的锤子。另外，在工厂企业有喷漆、涂层烘干、丝印等使用危险化学品的易燃易爆场所使用的是防爆锤子，防爆锤的材质是铍青铜和铝青

图2-18 锤子的外形

铜等铜合金，具有良好的导电性、导热性、延展性和耐蚀性。由于铜合金有良好导热性能及几乎不含碳的特性，在防爆锤子和物体摩擦或撞击时，短时间内产生的热量会被吸收及传导；另一方面由于铜合金本身相对较软，摩擦和撞击时有很好的延展性，不易产生微小的金属颗粒和不易产生火花。所以，防爆锤在易燃易爆的环境中能有效地防止因相互摩擦、撞击迸发火星而引起的爆炸事故，确保人身和财产的安全。

使用锤子的注意事项：

工作前要根据敲击工件的材料、环境和工作性质，合理选择锤子合适的规格及形状，锤子的质量太重和过轻，都会引起使用上的不便，在使用中稍有不慎，就容易砸伤手指或损坏工件。锤子手柄的长短必须合适，使用前应仔细检查锤头与锤柄的连接是否紧密牢固，有松动时应及时地加楔紧固，在锤头与锤柄的安装孔加楔时，以加金属楔为佳，楔子的长度应不大于安装孔深的2/3，锤柄有劈裂和裂纹时，必须重新更换锤柄。锤头不允许淬火，锤头前端边缘不得有裂纹和卷边毛刺，发现有卷边毛刺应及时打磨修整，以免破裂时造成工件损伤及人员的伤害。

应注意锤击面的平整完好，以防碎屑飞出或锤子滑脱伤人，为了防止操作时溅出的碎屑对操作者眼部和手部造成伤害，工作时要配备相应的防护用具，操作时要佩戴护目镜。使用大锤时，必须注意前后、左右、上下间距，在大锤运动范围内严禁站人，防止锤头飞出伤及自己或他人。不允许用大锤与小锤互打。为了操作人员的安全，使用锤子时不允许戴手套，以免锤子滑脱伤人，必须正确选用锤子和掌握击打时的速度。

操作时要精力集中，在使用较小的击打力时采用手挥法，要依靠手腕部位的运动带动锤子，大拇指应抵住锤柄，其余四指紧握住锤柄，前臂的长度与锤子的长度相等，以保证敲击的力度和准确性。需要较强的击打力时，可以采用臂挥法，手一定要将大锤的锤柄握紧，先对准需要击打的部位轻轻击打两下，然后再挥臂膀和抡锤用力击打，应注意锤头的运动弧线，挥臂击打的路径上不可有障碍物。

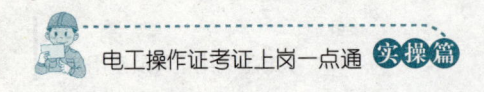

十二、手锯

手锯又称为手工锯、锯弓等，手锯是对材料或工件进行锯断或锯槽等加工的锯削工具，手锯是手工锯割的主要工具。手锯由锯弓（弓架）和锯条组成，锯弓根据安装锯条的方式分为固定式和可调式两种，固定式的锯弓是整体的，只能安装一种长度规格的锯条；可调式的锯弓有可以调节长度的部分，能安装几种长度规格的锯条，锯弓夹头上的销子插入锯条的安装孔后，可以通过旋转翼形螺母来调节锯条的张紧程度。锯条的张紧程度要合适，太紧会失去锯条应有的弹性，预拉的伸力太大，稍有阻力锯条就容易崩断；太松会使锯条扭曲，锯削时会引起锯缝的歪斜，锯条也容易崩断。

锯条是用来直接锯削型材或工件的刃具，锯削时起切削的作用，一般用渗碳软钢冷轧制造而成，也可以用经过热处理淬硬的碳素工具钢或合金钢制作，常用的锯条规格为两端安装孔的中心距为300mm。锯条的锯齿左右错开排列成一定形状，锯条的形状有交叉形和波浪形，能使锯缝锯路的宽度大于锯条背部的厚度，防止锯条在锯割时被锯缝夹住，减少锯条与锯缝的摩擦阻力，便于顺利地排屑及锯割时省力，减轻锯条的发热与磨损，延长锯条的使用寿命。

锯条的锯齿有粗细之分，锯条的长度以两端安装孔的中心距离来表示，电工和钳工常用的是300mm的锯条，锯齿的粗细用每25mm长度内锯齿的个数来表示，常用的有14、18、24和32等几种，齿数越多，锯齿就越细。锯条锯齿粗细的选择，应根据被锯材料的硬度和厚薄来确定，粗齿锯条适用于锯软材料、厚材料和较大表面的材料，因为粗齿锯条锯屑较多，需要较大的容屑空间。细齿锯条适用于锯硬材料及薄管或薄壁材料，因材料硬锯齿不易切入，锯条锯屑量少，不需要大的容屑空间，同时因锯薄材料时，锯齿易被工件勾住而崩齿。锯条同时锯削的齿数多，会使锯齿承受的力量减少，使得锯削时既省力又不易崩齿。粗锯齿的锯条应选用每25mm长度内的锯齿数为14～18，适用于锯削软钢、合金钢、黄铜、铝、铝合金、纯铜、人造胶质等材料。中锯齿锯条应选用每25mm长度内的锯齿数为22～24，适用于锯削中等硬度的普通钢、铸铁、厚壁的钢管、铜管等材料。细锯齿锯条应选用每25mm长度内的锯齿数为32，适用于锯削薄片金属、薄壁管子等材料。手锯安装锯条时要注意，锯条锯齿尖的方向要朝向前面，如图2-19（a）所示。不能将锯条反过来安装，如图2-19（b）所示。安装时锯条的张紧程度要适当，锯条安装得过紧，容易在使用时崩断；锯条安装得过松，容易在使用时扭曲、摆动，使锯缝歪斜，也容易使锯条折断。

在用手锯锯割时，左脚向前半步，右脚稍微朝后，右手握住锯弓的手柄，左手扶住锯弓的前端，推锯时右手施力时身体稍微向前倾，重心偏于右脚要站稳伸直，左脚膝盖关节应稍微自然弯曲，向前锯削时的压力和推力均由右手控制，左手只施加较小压力，主要起一个扶正导向的作用，向前锯削的行程约为锯条长度的2/3，手锯向前推进时进行切割。回锯时不施加压力，此空行程回拉时速度可以快一些，手锯在向后拉回时是不进行切削的。

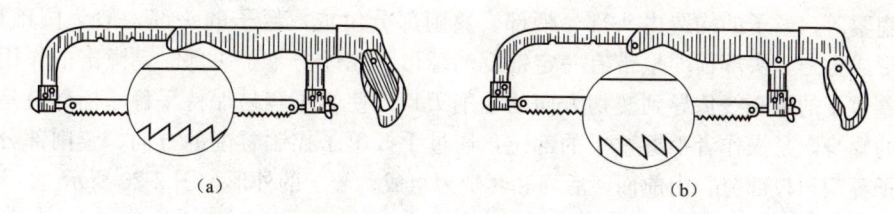

图 2-19 锯条的安装方式
(a) 锯条的正确安装方式；(b) 锯条的错误安装方式

锯割时不要突然用力过猛，锯割时速度不宜过快，防止锯条突然折断，以每分钟 30～60 次为宜。手锯起锯的方式有远起锯和近起锯两种，一般情况采用远起锯。因为此时锯齿是逐步切入材料的，锯齿不易卡住，起锯比较方便。锯割时起锯的角度一般不大于 15°，起锯的角度太小不易锯割切入，锯条容易在工件表面打滑；起锯的角度太大不易平稳，锯齿易被工件的棱边崩断。

握锯一般以右手为主，握住锯柄，加压力并向前推锯；以左手为辅，扶正锯弓。根据加工材料的状态（如板料、管材或圆棒），可以做直线式或上下摆动式的往复运动，向前推锯时应均匀用力，向后拉锯时双手自然放松。快要锯断时，应注意轻轻用力。

对于锯的使用来说，要看：①不同的加工对象，如何选择不同的锯；②锯割的准确性如何；③如何正确固定被锯割的零件。

第三节 线路装修工具

指电力内外线装修必备的工具。它包括用于打孔、紧线、钳夹、切割、剥线、弯管、登高的工具及设备。主要有各类电工用錾子、电动工具、管子钳、剥线钳、紧线器、弯管器、切割工具、套丝器具等。

线路装修工具中，虽说有一部分的工具是钳工的常用工具，但现在工厂企业生产的工作中，这些工具也是电工经常要使用到的，电工也要熟悉和掌握这类工具。所以，这里就将低压电工接触到的工具进行介绍，其他低压电工较少接触的工具，就只做简单介绍。

一、錾子

錾子也称为钳工錾、电工錾、电工扁铲等，是用于凿、刻、旋、削加工材料的手加工的工具，虽说现在各式各样的电动工具得到了高速的发展，并进入到了电工的日常工作中，但在有的场所或有的时候，工作场所没有电动工具或使用电动工具

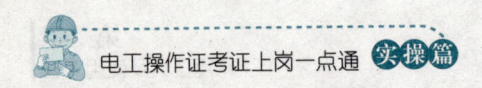

不方便时，电工还是要用到各类钢錾进行人工打孔、修补等各类安装或维修工作。按照錾子的作用可分为扁錾、窄錾、麻线錾、油槽錾、小扁錾、大扁錾、尖头錾、长扁錾等。錾子的构造由头部、柄部、錾削部分组成，錾子的头部一般为圆锥形、扁形或方形，头部顶端呈带有一定锥度的球形，在锤击錾子头部时，锤击的作用力沿着錾子的中心线传导到錾切方向的錾削刃口，使錾子容易保持平稳。柄部就是錾子的錾身，是操作者手握錾子的部位，通过手握錾子控制錾削的方向。錾削部分是錾子錾削刃口部分，由前面、后面和錾削刃组成。錾子的外形如图2-20所示。

图2-20 錾子的外形

錾子一般由工具钢或合金工具钢锻造加工，錾子经过热处理，可保证錾子錾削部分的硬度和韧性。錾子的作用是指人用锤子敲击錾子对金属进行錾削加工的操作，錾子是最简单的一种刀刃具，錾削一般用来錾掉零部件边缘凸出或多余的凸缘、飞边和錾切板料等，常用于不便于机械加工的场合。

电工使用的钢錾与钳工使用的錾子，从作用上、材料上和外形上很相似，区别是钳工使用的錾子主要是针对金属物体，而电工使用的钢錾主要是针对非金属物体，它们只是在叫法上不同而已。电工使用的钢錾按照用途来分有麻线錾、小扁錾、大扁錾、长扁錾等。电工使用的钢錾主要是在砖墙或混凝土墙的墙壁上錾凿安装孔、墙孔孔和穿线孔，作为穿越线路导线的通孔；而用于电工布线时，电工使用的钢錾主要用来在墙上錾剔线槽暗敷设预埋导线，以及将电气设备或电器上的飞边錾除等。

电工在用各类钢錾进行打孔錾削操作时，要注意钢錾的使用方法，錾子因由硬质的脆性材料制造，使用前要先检查錾子尾部是否有裂纹，并及时去掉錾子尾部飞边，操作时錾子不要正面对着人，以免碎屑飞进伤人。用锤子击打钢錾时，要防止锤子用力过大或击偏时，对握钢錾的手部造成伤害。还要戴防护用的护目眼镜，防止钢錾凿击墙壁等物体时飞溅碎屑伤害到眼睛。在高处作业时还要采用相应的安全防护措施，防止锤子或钢錾意外跌落时，对下面的操作人员造成人身的伤害。操作时不能戴手套，锤子敲击錾子錾削时，锤击的力量要均匀，不能用力过猛以免伤手。

二、电动工具

在电动工具没有出现以前，电工很多的錾凿打孔作业基本上是依靠錾子人工完成的，劳动强度大、灰尘大、效率低。电动工具具有结构轻巧、携带方便、操作简单等特点，电动工具的高速发展及使用，提高了电工作业的工作效率和减轻了劳动的强度。电动工具主要分为金属切削电动工具、研磨电动工具、装配电动工具和铁道用电动工具。电动工具电源频率有单相和三相工频（50Hz）的，电源频率为150~200Hz的中频较少见。

电动工具安全防护分为：Ⅰ类电动工具、Ⅱ类电动工具、Ⅲ类电动工具。Ⅰ类安全防护电动工具为在防止触电的保护方面除了依靠基本绝缘外，还采用接零保护；Ⅱ类安全防护电动工具为工具本身具有双重绝缘或加强绝缘，不采取保护接地等措施；Ⅲ类安全防护电动工具为由安全特低电压电源供电，工具内部不产生比安全特低电压高的电压。随着科学技术的发展，还有可以电子调速的电动工具，以及可以充电无电源线的电池供电式电动工具。

说得明白简单一点，就是Ⅰ类电动工具在使用时，其金属外壳是要接地的，电动工具电源的软电缆要使用三芯插头。Ⅱ类电动工具在其外壳上标有"回"符号，使用时金属外壳是不需要再接地的，电动工具电源的软电缆可使用二芯插头。Ⅲ类电动工具因是使用安全电压就不需要接地了。现在市场上使用的基本都是Ⅱ类电动工具，并以塑料外壳的居多，正规产品没有破损时，安全性还是有保障的。

电工常用的电动工具主要有电钻、冲击电钻、电锤、电动砂轮机、电动扳手、电动螺钉旋具等，这里主要介绍电工使用得最多的电钻、冲击电钻和电锤。电钻、冲击钻、电锤都是用来钻孔的，但电钻是使用普通麻花钻头，只能在有色金属、木材、塑料等有韧性的物体上钻孔；冲击钻兼有电钻和电锤功能，它既能当电钻用，又能当电锤用；电锤是用在混凝土等比较坚硬的物体上钻孔的。

1. 电钻

电钻也称为手电钻，电钻就是以交流电源或直流电池为动力的钻孔工具，是手持式电动工具的一种，是电动工具中最早开发的产品。电钻是依靠电磁旋转的力量，使麻花钻头在金属、塑料、木材等材料上切削钻孔的工具，当装有正反转开关和电子调速装置后，可用来作电螺钉旋具。

电钻的工作原理是，电磁旋转式或电磁往复式小容量电动机在磁场切割做功而运转，通过传动机构驱动转动装置，带动齿轮加大钻头的动力，从而使钻头刮削物体表面，在金属、塑料、木材等材料上切削钻孔。电工常用的手电钻的规格有6mm、13mm、16mm，当然还有10mm、19mm、23mm、32mm、38mm、49mm等规格。单相串励式电钻最大的规格为23mm，规格大于23mm的基本上是三相工频电钻。单相串励式电动机驱动的电钻，额定功率为40～80W，转速可达10000r/min以上；三相工频电钻的额定功率可达约1kW，额定转速为1200～2600r/min。

电钻的主要由串励式电动机、减速箱、钻夹头、机壳、电源开关、软电缆线和电源插头等组成。串励式电动机的定子和转子绕组均采用高强度聚酯漆包圆铜线绕制，绝缘材料均采用E级绝缘，机壳、手柄采用工程塑料，自行通风防护结构，电钻内装有塑料衬套组成双重绝缘结构。减速箱采用工程塑料或铝合金压铸制成，齿轮为经高频热处理的修正齿轮，齿轮传递转矩大、噪声低，转动平稳。常用的钻夹头为钥匙扳手式钻夹头，新式的钻夹头有手紧式钻夹头和自紧式钻夹头。电源开关为手揿式快速切断并具有自锁装置的自动复位开关，有的开关还具有正反转和无级

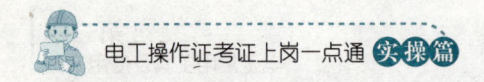

调速功能，直接装在手柄上使用方便、可靠、安全。软电缆线与插头压制成一体，为不可拆卸的电源插头，具有加强绝缘的性能，可提高使用的安全性。抗干扰的电钻手柄内装有一电容器，能抑制工具对无线电和电视机的干扰。电钻及钻头的外形如图 2-21 所示。

图 2-21　电钻及钻头的外形

电钻使用时的操作注意事项如下：

电钻钻头使用的是麻花钻头，一般以碳钢或高速钢等材料经铣制或滚制，再经淬火、回火、热处理后磨制而成。麻花钻头是不能用来在砖墙或混凝土墙上钻孔的，否则，会损坏麻花钻头或造成电动机过载。不得使用迟钝或弯曲的钻头，钻夹头与钻花应适配，安装钻头时要使用专用的钥匙扳手，不允许用锤子或其他金属物体敲击。钻孔时产生的钻屑严禁用手直接进行清理或用嘴去吹，应用专用工具清理。

电钻使用前要做安全检查，线路上要安装剩余电流保护装置，电源软电缆线不能有破损，电钻的电源软电缆线不得加长使用。电钻移动时必须握持工具的手柄，不能手提电钻的软电缆线。钻孔时应掌握正确的操作姿势，要双手紧握电钻，尽量不要单手操作，钻孔时不宜用力过大过猛，以防止工具过载。

检查电钻的外壳有无裂纹或损伤，电钻的传动部分是否灵活，有无异常声音，换向火花是否正常。电刷磨耗度一旦超出极限，电刷与换向器火花就会太大，应及时更换磨耗的电刷，以免损坏换向器或烧损电枢。电钻外壳的通风口（孔）必须保持畅通，还要防止灰屑等杂物进入到电钻的壳体内。

2. 冲击电钻

冲击钻是一种携带式依靠旋转并带冲击的特殊电钻，冲击电钻与电钻的区别在于，冲击电钻有犬牙式或滚珠式的冲击机构，冲击电钻由电动机、齿轮减速器、齿轮冲击装置（或钢球冲击装置）、调节环、钻夹头、电源开关、电源软电缆线等组成。冲击钻适用于钻 25mm 左右的小口径孔，如安装膨胀胶塞、螺栓等，也可用于钻墙壁上的通孔，用于墙壁处导线的穿入，钻孔时对周边构筑物的破坏作用甚小。

冲击钻的功率一般为 600～700W，冲击电钻的规格一般分为 10mm、12mm、16mm、20mm 等。冲击钻的钻头规格有 6mm、8mm、10mm、12mm、14mm、16mm、18mm、20mm 等，大于 20mm 的就是电锤使用的了。钻头的长度常用的有 60mm、

70mm、75mm、85mm、95mm、100mm、110mm、115mm、120mm、150mm、160mm、200mm、210mm、260mm、300mm、310mm、350mm等，500mm以上的就用的较少了。冲击电钻的外形如图2-22所示。

图2-22 冲击电钻的外形

现在使用的大多数冲击电钻是滚珠式冲击机构的，它由动盘、定盘、钢球等组成，动盘通过螺纹与主轴相连，并带有12个钢球，定盘利用销钉固定在机壳上。将调节开关调到标记为"单钻"模式的位置，固定在机壳上的定盘脱开销钉，使定盘随动盘一起转动，不产生冲击，安装上麻花钻头就可作为普通电钻使用，能在金属、塑料、木材等材料上钻孔。将调节开关调到标记为"冲击钻"模式的位置时，机壳上的销钉将定盘固定，定盘带有的4个钢球在推力作用下，使动盘12个钢球沿着定盘4个钢球滚动，产生旋转的冲击动力，安装在钻夹头上头部中央镶嵌有片状硬质合金的钻头，能在砖墙、轻质混凝土、建筑构件等脆性材料上钻凿孔。

但冲击电钻是依靠钢球滚动使齿轮相互跳动产生的冲击动力，是非常轻微的单一冲击，冲击频率为每分钟40000左右，可产生连续频率的冲击力，冲击电钻是依靠旋转和冲击来工作的。它的冲击频率远远高于电锤，冲击力远远不及电锤，它不适合在钻钢筋混凝土上钻凿孔。

电工使用冲击电钻在墙壁上钻电气设备的安装孔或导线的穿墙通孔时，要注意冲击电钻上安装的镶嵌有片状硬质合金的钻头有两种安装规格，国内规格型号冲击钻的钻头一般为方柄四坑的，方柄四坑冲击钻头的外形如图2-23（a）所示。国外规格型号冲击钻的钻头一般为圆柄两坑两槽的，圆柄两坑两槽冲击钻头的外形如图2-23（b）所示。

图2-23 冲击钻头外形
(a) 方柄四坑冲击钻头外形；(b) 圆柄两坑两槽冲击钻头外形

电工在使用冲击电钻时，虽说冲击电钻的设计为双重绝缘，使用时不需要采用接地保护，但因操作者在操作时是紧握住冲击电钻手柄的，万一出现绝缘损坏漏电的故障时，不可能很容易地快速脱离，就会对操作者的人身安全带来危害，所以，冲击电钻的电源端必须要配备剩余电流保护装置。使用时应特别注意保护电源的橡套电缆，不能手提冲击电钻的橡套电缆来移动，软电缆线不可放置在地面使用，以免被车轮轧辗、重物挤压、尖锐物体刺破和踩踏而破损。使用前冲击电钻电压要与电源电压相符，冲击电钻不宜在空气中含有易燃易爆成分的场所使用。

冲击电钻在使用前，要对冲击电钻进行安全检查，要仔细检查外壳、软电缆、有无破损，冲击电钻的钻头要安装或更换钻头时，应用专用扳手或钻头锁紧钥匙，不得使用非专用工具敲打冲击电钻。

在使用冲击电钻钻凿孔时，使用前应先使冲击电钻空转一会，检查电源开关、转动部分和冲击结构转动是否灵活和运行正常。在使用冲击电钻钻凿孔时，需戴护目镜进行防护，严禁戴手套，要均匀地施力，不可用力过猛或歪斜地操作，以免折断钻头或烧坏电动机。在干燥处使用电钻时，要防止钻头绞住发生意外。在潮湿的地方使用电钻时，必须站在橡胶垫或干燥的木板上，以防触电。停电、休息或离开工作地点时，应立即切断电源。登高或在防爆区域内使用冲击电钻，必须采取相应防护措施取得许可证后方可施工。要保障冲击电钻机身整体完好及清洁，以保证冲击电钻动转顺畅。定期检查传动部分的轴承、齿轮及冷却风叶是否灵活完好，适时对转动部位加注润滑油，以延长电钻的使用寿命。由专业电工定期更换冲击钻的电刷及检查弹簧压力。注意工作时的站立姿势，不可掉以轻心。操作机器时要确保立足稳固，并要随时保持平衡。电钻未完全停止转动时，不能卸、换钻头，出现异常时其他任何人不得自行拆卸、装配，应交专人及时修理。穿好合适的工作服，不可穿过于宽松的工作服，更不要戴首饰或留长发，严禁戴手套及不扣袖口操作电动工具。要注意防止铁屑、沙土等杂物进入电钻内部。

3. 电锤

电锤又称为电锤钻，电锤的体积和质量要大于冲动电钻，所以，电锤的捶击冲击力比冲击电钻更大。电锤是在电钻的基础上，增加了一个由电动机旋转带动齿轮减速器，减速齿轮带动偏心轮转动，偏心轮轴带动曲轴连杆的活塞，在气缸内往复地压缩空气，就如同发动机的曲柄连杆冲程，气缸内的空气压力呈周期变化，带动气缸中的击锤往复地击打锤头的顶部，产生一个方向垂直于钻头的往复锤击运动的强大冲击力，就好像我们用锤子敲击锤头上的钻头，所以，电锤的冲击力远大于冲击钻。电锤旋转机构的形式有很多，但用得最多的旋转机构是曲柄连杆气垫锤。电锤的结构与外形如图 2-24 所示。

电锤由串励式电动机、齿轮变速器、偏心轮、曲柄连杆、往复式活塞、气锤冲击装置、转动套、快速钻夹头、过载保护机构、电源开关、电源软电缆线等组成。

电锤使用的钻头与冲动电钻相似，钻头的头部中央镶嵌有片状的硬质合金，硬质合金的外缘直径要稍大于钻身的直径，电锤的钻头无刃口，其两侧面只作倒角。电锤生产的规格因有国产、进口和仿进口之分，使用的钻头尾部也有多种形状，如方柄四坑钻头、圆柄二坑两槽、圆柄五坑钻头、长六角钻头和空心钻头等。

图 2-24　电锤的结构与外形

电锤的冲击功率较大，打凿孔有较高的生产效率，电锤适合于大口径的钻孔，除了冲击电钻所能打孔的材料外，也适用于在水泥混凝土、楼板、顶面、墙面、地面、砖混、岩石等脆性大的坚硬性材料上快速钻孔和凿孔。因电锤是依靠旋转和捶击来工作的，电锤的单个捶击力非常高，并具有每分钟 1000～3000 的捶击频率，可产生显著的捶击力。使用时与冲击电钻不同的是，冲击电钻主要是靠人施加较大的外力来进行打孔，而电锤只需要施加很小的外力，电锤的钻头就会自动往前钻凿，可提高电气安装的速度。高挡电锤可以利用转换开关，使电锤的钻头处于不同的工作状态，即只转动不冲击、只冲击不转动及既冲击又转动。电锤适合 30mm 以上大口径的钻孔，其特点是效率高，孔径大，钻进深度长。缺点是振动大，对周边构筑物有一定程度的破坏作用。

电锤常用的钻头规格直径有 6mm、8mm、10mm、12mm、14mm、16mm、18mm、20mm、22mm、25mm、28mm、30mm、32mm 等，直径大于 32mm 的就较少使用了，电锤常用的钻头长度与冲击电钻相似。

使用电锤注意的事项如下：

电锤在使用前要确认现场所接电源与电锤铭牌是否相符，检查电锤的外壳、手柄、软电缆线及插头等是否完好无损，如有裂缝及破损现象时不得继续使用。检查转动部位是否运转灵活正常，电刷接触部位火花是否正常，各部位防护罩是否齐全牢固，钻头与钻夹头是否接触紧密可靠，保护接零线是否连接牢固可靠。若作业场所在远离电源的地点，移动电锤时不得提拉软电缆线或电锤的转动部分，需延伸线缆时，应使用容量足够、安装合格的延伸线缆。延伸线缆如通过人行过道，应高架或做好防止线缆被碾压损坏的措施。

操作者要戴好防护眼镜，以保护眼睛，当面部朝上作业时，要戴上防护面罩，长期作业时要塞好耳塞，以减轻噪声的影响。站在梯子上工作或高处作业时应做好防高处坠落措施，梯子应由地面人员扶持。在高处作业时，要充分注意下面的物体和行人安全，必要时设警戒标志。作业时应使用侧柄，双手操作，以免在堵转时反作用力扭伤胳膊，在使用时要确认电锤上开关是否切断，若电源开关接通，则插头插入电源插座时电动工具将出其不意地立刻转动，从而可能导致人员伤害危险。

作业时应紧握手柄，勿以单手操作，施加力量时应平稳，切勿用力过猛或强施

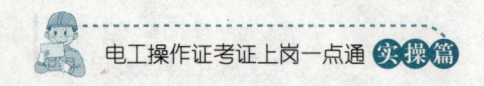

蛮力。转子换向环火花大或转速急剧下降，应减少用力，以防止电动机过载，严禁用木杠加压。钻孔时应注意避开混凝土中的钢筋。严禁超载使用。作业中应注意音响及温升，发现异常应立即停机检查。在作业时间过长，机具温升超过60℃时应停机，待其自然冷却后再进行作业。电锤在旋转时不得用手触摸钻头，发现钻头有磨钝、破损情况时，应立即停机修整或更换。

连接电动机及工具的电气回路应单独设开关或插座，电锤使用时要安装剩余电流动作保护装置，电流型漏电保护器的额定漏电动作电流不得大于30mA，动作时间不得大于0.1s，严禁一个开关连接多台电气设备。电动工具的绝缘电阻应定期用500V的绝缘电阻表进行测量，当带电部件与外壳之间绝缘电阻值达不到2MΩ时，必须进行维修处理。电动工具因有火花产生，不得在有可燃液体、气体或粉尘的火灾或爆炸危险的环境使用。当休息、下班或工作中突然停电时，应切断电动工具电源侧的开关。

三、管子扳手

管子扳手又称为管钳、管钳子、管子钳，它是一种专门用于扭转管子、圆棒形工件，紧固或拆卸金属管件或其他圆柱形零件，以及其他扳手难以夹持、扭转的光滑圆柱形工件的工具，广泛用于各类管道的安装和维修。管子扳手的钳口锥度通常在3°～8°，通过管子扳手的钳口锥度来增加转矩，依靠摩擦力和两边所产生的夹力，便于咬紧管状物而施加转矩力，转矩力将使管钳钳得更紧而不打滑。在进行管道和管件连接时，使用管子扳手时，应使扳口咬紧工件后再用力扳动，否则容易滑脱和损坏管子的表面。管子扳手的规格是用长度和相应夹持管子最大工件外径尺寸表示的，如 6″、150mm×20mm，8″、200mm×25mm，10″、250mm×30mm，12″、300mm×40mm，14″、350mm×50mm，18″、450mm×60mm，24″、600mm×75mm，36″、900mm×85mm，48″、1200mm×110mm 等。乘号前的数字表示管子扳手的长度，乘号后的数字表示管子扳手的扳口可夹持最大工件的外径。管子扳手的外形与结构如图2-25所示。

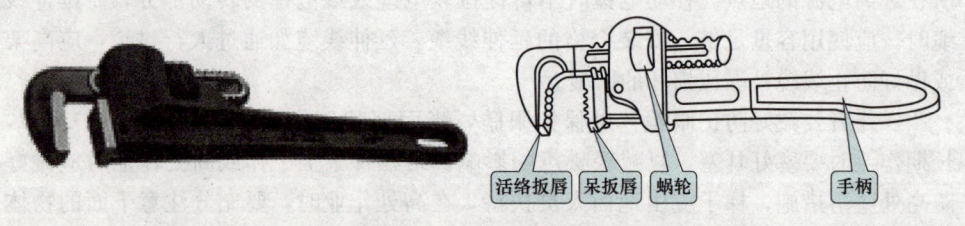

图2-25 管子扳手的外形与结构

在使用管子扳手前，应先检查固定销钉是否牢固，钳头、钳柄有无裂痕和破损，不能使用有缺损的管子扳手。在使用管子扳手扭转管子、圆棒形工件时，管子扳手规格的选用，应与所要拧动的管子、圆棒形工件的直径相适应，将管子扳手调到合适的钳口开度，就是开口时的尺寸要和管子的直径基本一样，当管子扳手卡到管子上时，要用一只手握住管子扳手，另一只手调整管子扳手的调节蜗轮，将扳口调至适当的开口尺寸，在管子扳手卡到管子上时，稍用一点"冲击力"而卡住管子。还要注意一点，就是管子扳手只能按照顺时针方向用力，因为管子扳手板唇上的"牙齿形状"是向一个方向倒的，当管子的拧紧或者拧松的方向相反时，将管子扳手翻过来换个方向就可以了。

  管子扳手的钳口要卡紧管子、圆棒形工件后才可施加扳力，两手动作应协调，不能用力过猛，否则容易打滑伤人。在使用管子扳手时，不可用套管接长手柄作为加力杆使用，以免超过管子扳手的允许强度而造成损坏。管子扳手不能作为撬杠或锤子来使用，不能夹持温度超过300℃的工件，由于管子扳手的扳口上有齿槽，使用时应尽量避免将工件表面咬出齿痕，同时还应注意，不能用管子扳手拆装螺母、螺栓或其他有棱角的工件，以防损坏其棱角。管子扳手使用后要保持清洁，活动部位应涂抹黄油，防止旋转部位生锈。

  除了上面所述的扳手外，还有各类的专用扳手，如方形扳手、勾形扳手、叉形扳手、火花塞套筒扳手、轮胎气门芯扳手和其他专用套筒扳手等。

  在使用以上各种扳手时还应注意：

  (1) 在选用各种类型的扳手开口尺寸时，其开口量必须与螺母、螺栓或工件相符合，扳手开口过大就容易滑脱，还会损坏扳手和螺母、螺纹及工件的棱角，严重时还有可能伤人。

  (2) 普通扳手是按人手的力量来设计的，遇到较紧的螺纹联接件时，不能使用锤击的方法敲打扳手。除套筒扳手外，其他扳手都不能套装加力杆，以防损坏扳手或螺纹联接件。

  (3) 不论使用何种扳手，要想得到最大的扭力，拉力的方向一定要和扳手成直角。

  (4) 在使用扳手用力时，最好是用拉力而不要用推力，如必须要使用推力时，只能用手掌来推动，手指不能握住板手的手柄，以防扳手突然滑脱时碰伤手指。

四、套螺纹工具（板牙与板牙架）

  套螺纹工具也称为板牙与板牙架，它们是组合起来使用的套螺纹的工具，套螺纹就是用板牙在金属或非金属的圆杆或管子等表面上切削出螺旋线形外螺纹的加工操作方法。公制的螺纹是用螺距来表示的，用公制单位（如 mm），是 60°等边的牙型。美英制的螺纹用每英寸内的螺纹牙数来表示，用英制的单位（如 in），英制的螺纹是等腰 55°的牙型，美制的螺纹为等腰 60°的牙型。

  我们国内基本上都是用公制的螺纹，常用的螺纹规格为：M3×0.5（M3×0.35）；M4×0.7（M4×0.5）；M5×0.8（M5×0.5）；M6×1（M6×0.75）；M8×

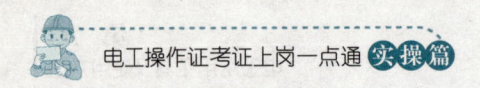

1.25（M8×1、M8×0.75）；M10×1.5（M10×0.75、M10×1、M10×1.25）；M12×1.75（M12×1、M12×1.25、M12×1.5）；M14×2（M14×1、M14×1.25、M14×1.5）；M16×2（M16×1、M16×1.5）；M18×2.5（M18×1、M18×1.5、M18×2）；M20×2.5（M20×1、M20×1.5、M20×2）等。例如，单标 M10 表示公称直径为 10mm。螺距为 1.5mm 的单线粗牙普通螺纹；M6×0.75 表示公称直径为 6mm。螺距为 0.75mm 的单线细牙普通螺纹。

1. 板牙

板牙也称为丝板、圆板牙等，圆板牙的构造由切削部分、校准部分和排屑孔组成。圆板牙丝板的外形就像一个圆螺母，在其外圆上有四个锥坑和一条 V 形深槽，其中的两个锥坑，其轴线与板牙直径方向一致，借助绞手上的两个相应位置的紧固螺钉紧固定位后，用以在套螺纹时传递转矩，另外两个与板牙中心偏心的锥坑起调节丝板板牙尺寸的作用。板牙的外形如图 2-26（a）所示。

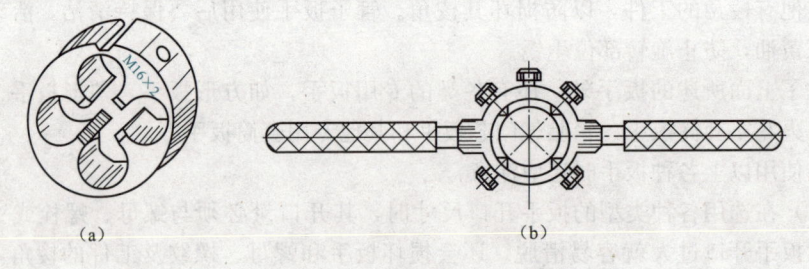

图 2-26 板牙与板牙架外形图
（a）板牙的外形图；（b）板牙架的外形图

切削部分的板牙两端有 40°的切削锥角刀刃，刀刃是用合金工具钢或高速钢制造的，并经淬火硬化。丝板的前刀面为曲线形，切削部分不是圆锥面，而是经过铲磨而成的阿基米德螺旋面。板牙的中间一段为校准部分，也是套螺纹时的导向部分。在圆形的丝板上面钻有 3~4 个排屑孔，将套螺纹时切削下来的碎屑排出。

2. 板牙架

板牙架也称为板牙绞杠、丝板架等，板牙架是装夹圆板牙的工具，用来夹持圆板牙，并在调整 V 形槽时，通过调节上面的紧固螺钉和调整螺钉，可使板牙螺纹直径在一定范围内变动。使用时，紧固螺钉将圆板牙紧固在绞杠中，并传递套螺纹时的转矩。板牙架的外形如图 2-26（b）所示。

圆板牙架分为固定式和可调式两种，板牙架一般只有圆板牙在 M4、M5、M6 时可以通用外，其他的圆板牙架是不能通用的，不同外径的板牙应选用不同的板牙架。另外，对于要板较大直径的圆柱体或圆管时，就不能使用圆板牙与圆板牙架，要使用活络管子板牙，活络管子板牙是由四块刀刃为一组，镶嵌在可调的管子板牙架内，用来套管子外螺纹的板牙，有手动和电动之分。

在进行套螺纹的加工操作时必须注意以下几点：

在套螺纹前，为了使板牙容易对准工件和切入工件，要将圆杆或圆管的端部倒成15°～20°的圆锥斜角，夹持紧固时不能损伤圆杆，圆杆直径应稍小于螺纹直径的尺寸，以便于板牙刀刃的切入，螺纹端部不应出现锋口和卷边而影响螺母的套入。

在开始套螺纹时板牙要放正，可用右手手掌按住板牙中心部位，沿圆杆的轴向施加压力，左手适当地施加压力并使绞杠转动，转动板牙架时压力要均匀，配合使板牙架顺向旋进，保证板牙端面与圆杆垂直、不歪斜。当板牙切工件1～2圈时，应目测检查和校正板牙的位置。当板牙切入圆杆2～3圈，进入正常套螺纹后，应停止施加压力而平稳地转动板牙架，控制两手的用力要均匀，要掌握好最大的用力限度，板牙转动一圈左右要倒转1/2圈进行断屑和排屑，如图2-27所示。必要时加入切削液润滑，使切削更加省力，以延长板牙的使用寿命，减小加工螺纹表面的粗糙度，保证螺纹加工的质量。

图2-27 用圆板牙架套螺纹的加工

五、攻螺纹工具（丝锥与绞杠）

攻螺纹的工具为丝锥与绞杠，它们是组合起来使用的攻螺纹的工具。

1. 丝锥

丝锥也称为丝攻、螺丝攻等，是用来加工较小直径内螺纹的成形刀具，用丝锥加工工件内螺纹的方法称为攻螺纹。丝锥根据其形状分为直槽丝锥、螺旋槽丝锥和螺尖丝锥。根据丝锥使用的种类可分为手用丝锥、机用丝锥、螺母丝锥、挤压丝锥等。根据丝锥加工螺纹的种类可分为普通三角螺纹丝锥、英制螺纹丝锥、圆柱螺纹丝锥、圆锥管螺纹丝锥、板牙丝锥、螺母丝锥、校准丝锥、特殊螺纹丝锥等。根据丝锥加工的形式可分为机用丝锥、手用丝锥。丝锥一般选用高速钢、碳素工具钢或合金工具钢制成，并经热处理制成。它结构简单，使用方便，既可手工操作，也可以在机床上工作，在生产中应用得非常广泛。丝锥的结构与外形如图2-28所示。

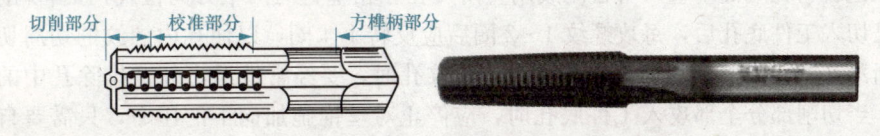

图2-28 丝锥的结构与外形

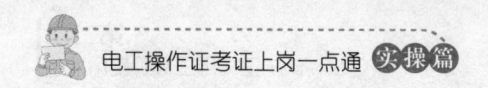

丝锥由切削部分、校准部分和方榫柄部分组成，切削部分是切削螺纹的重要部分，常磨成圆锥形，以便使切削负载分配在几个刀齿上。校准部分具有完整的切齿，用于修光螺纹和引导丝锥沿着轴向运动。方榫柄部分是与铰杠相配合并传递切削攻螺纹转矩的。丝锥沿轴向有三条或四条容屑沟槽，相应地形成几瓣刀刃（切削刃）和切削前角。机用丝锥一般为一支，手用丝锥通常 M6～M24 的丝锥一套为两支，分为头锥、二锥，M6 以下及 M24 以上的丝锥一套为 3 支，分为头锥、二锥和三锥。丝锥的规格可参考本节"套螺纹"中介绍的常用的螺纹规格，这里就不再重复了。

在攻螺纹时先用头锥，后用二锥，丝锥的头锥锥角小一些，头锥切削部分的前部锥体斜度较长便于导向，先锥出螺纹的轮廓，头锥有 5～7 个不完整牙形，二锥前部锥体较短，锥角也大一些，只有 1～2 个不完整牙形。头锥与二锥的区别在于，头锥其前端多了一小段锥形的不完全螺纹部分，在攻螺纹过程中起导向和降低切削力的作用，二锥是在头锥的基础上把螺纹做得更圆滑，使螺钉能够轻易地拧进去。可以认为头锥是用来攻螺纹粗加工的，二锥是用来攻螺纹精加工的。

2. 铰杠

铰杠也称为丝锥架、丝手架等，是用来夹持和转动丝锥进行攻螺纹的，手动丝锥常用的为可调式铰杠，铰杠的手柄旋转可调节方孔的大小，以便夹持不同规格尺寸的丝锥。丝锥的外形如图 2-29 所示。

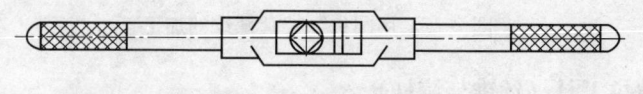

图 2-29 丝锥的外形

攻螺纹的操作要点及注意事项如下：

攻螺纹前要确定螺纹底孔的直径，根据工件上螺纹孔的规格，正确地选择合适的丝锥。攻螺纹前螺纹底两端孔口要倒角，以便使丝锥容易切入，并防止攻螺纹后孔口的螺纹崩裂。攻螺纹时工件的装夹位置要正确，应尽量使螺纹孔的中心线位于水平位置，防止丝锥攻螺纹时攻歪。

开始攻螺纹时，要先用头锥攻螺纹，后用二锥和三锥攻螺纹，不可颠倒来使用，以减轻头锥切削部分的负载，防止丝锥在攻螺纹时折断。用头锥攻螺纹时丝锥要放正，用右手掌按住铰杠的中部沿丝锥中心线用力施压，同时左手配合做顺向旋进，并保持丝锥中心线与孔中心重合，保证丝锥不会歪斜。丝锥旋入 1～2 圈后，要检查丝锥是否与孔端面垂直（可目测或用直角尺在互相垂直的两个方向检查）。当切削部分已切入工件底孔后，每攻螺纹 1～2 圈后应反转 1/4 圈，以便孔内螺纹的切屑切断后断落并容易排出，尤其是攻不通孔的螺纹孔时，要经常地退出丝锥排除孔中的切屑。当切削部分全部攻入工件底孔时，应停止对丝锥施加向下的压力，只需要自然地旋转铰杠，靠丝锥上的螺纹自然旋进。用锥攻和铰杠攻螺纹的过程如图 2-30 所示。

当头锥攻螺纹结束后，丝锥退出时，应先用绞杠带动丝锥平稳地反向转动，当能用手直接旋动丝锥时，应停止使用绞杠，以防止绞杠带动丝锥退出时产生的摇摆和振动破坏已经成形螺纹的表面粗糙度。在换用二锥和三锥继续攻螺纹时，应先用手握住丝锥旋入已攻出的螺孔中，直到用手旋不动时，再用绞杠进行攻螺纹。

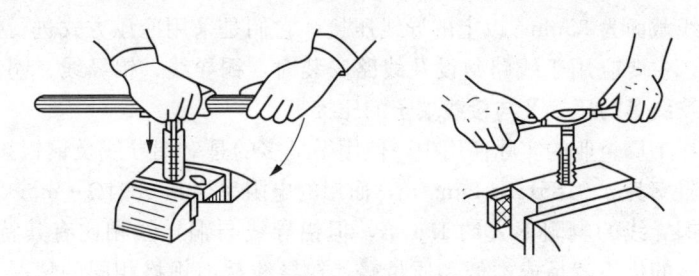

图 2-30　用锥攻和绞杠攻螺纹的过程

在丝锥攻螺纹的过程中，不可用嘴直接吹攻螺纹产生的切屑，以防切屑飞入眼睛内。攻较硬的钢质或较软的纯铜质等工件的内螺纹时，要加机油、煤油或乳化液润滑，可以减少切削的阻力和提高螺孔的表面质量，延长丝锥的使用寿命。

六、压线钳

电工接触的压线钳有三种不同的类型，第一种是用来压制水晶头的压线钳，也称为压接钳、驳线钳等，是用于 2P 或 4P 的 RJ11 型电话线水晶接头和 8P 的 RJ45 型网线水晶接头的压接。压线钳规格型号较多，有单一压制电话线接头或单一压制网线接头的，也有电话和网线接头两用的。压线钳的作用，是将水晶头内 2 个、4 个或 8 个呈齿状的铜片触点压入并插进水晶头内的单、双绞线内的铜芯之上。压线钳的一个有空隙的刃口是用来剥导线绝缘皮的；中间"凸"字形状的空间是用来压水晶头内线的；另一个没空隙的刃口是用来剪断导线的。压线钳的结构如图 2-31 所示。

图 2-31　压线钳的外形

第二种为小截面导线压接绝缘端子的压线钳，主要是针对电气设备、电气线路和电器上接线端子排、电器端子、电气元器件端子等的冷压端子（也称为端头或接头），如 O 形端子、U 圆形接线端子、UT 叉形裸端子、RV 圆型预绝缘端子、GTJ 形管状预绝缘端子、ITJ 形插针预绝缘端子、SV 叉型预绝缘端子、PTV 针型预绝缘端子、RV 闭合端子、OT 圆型裸端子、DT 形长柄铜接线端子、GT 形管状端子等，还有中接端子、接线帽、铜接头等。大家从正规的电气控制箱、屏、柜内的端子排上也都能常看

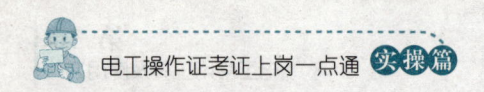

到，它们的规格型号是相当多的，它们的端子是采用专用的小型套管压线钳进行压接的，压接能力一般为 0.5～6.0mm²。因上面两种的压线钳及操作较为简单，这里就不做详细介绍了，下面主要讲工厂企业及线路安装使用较多的机械式压线钳和液压式压线钳。

机械式压线钳主要是用于导线截面为 35mm² 以下的导线压接，液压式压线钳主要是用于导线截面为 35mm² 以上的导线压接，它们是采用冷压方式进行铜、铝导线压接的工具，主要应用于线路敷设及线路安装时，铜导线、铝导线、铜绞线、铝绞线、钢芯铝绞线等的压接及与接线端子的压接。

压接钳在工厂企业的实际使用中，使用得最多的是对铝导线及铜铝接头的压接，虽说铜的电阻率为 0.01851Ω·mm²/m，而铝的电阻率为 0.0294Ω·mm²/m，铝导线的电阻率比铜导线的电阻率大约 1.6 倍，但铝导线与铜导线相比有其特有的优势，其中最为明显的优势就是成本低和质量轻，在导线截面规格相同的情况下，铜导线的价格要比铝导线贵 1 倍以上，而铜导线的质量约为铝导线的 3 倍左右。虽然铝的导电率只相当于铜的 60%左右，但考虑到线路的安装成本，铜资源相对匮乏及科学技术的不断成熟等因素的影响，铝导线的使用量有逐步上升的趋势。

在实际的工作中，在室内电流不是很大的小截面、短距离的电气线路，基本还是采用铜导线。但在室外、大电流及较远距离的电气线路，大部分还是采用的铝导线。但铝导线也有它的缺点，铝导线的机械强度低，因铝是活泼金属，铝导线很容易氧化，直接连接容易引起接触不良，而且铝导线易氧化不容易焊接。铝导线与铜导线连接时，因铜和铝是两种电化学性质不同的金属，会引起电化学反应（腐蚀），电流通过时会造成连接处的接触电阻增大而发热，发热会加速接头处的腐蚀，接触电阻增加更快，引起连接处的恶性循环，直至连接处导线的烧毁，甚至还会引起火灾的发生。所以，压接钳除了进行铜导线连接处的压接外，最主要的就是进行铝导线之间、铝导线与铝接头之间、铝导线与铜铝过渡接头等处的压接。

机械式压线钳可用于铜、铝导线的接线端子、中间连接和封端等的压接，机械式压线钳由钳柄、钳头、压模等组成，具有价格低廉、体积小、质量轻、结构灵巧、手柄可伸缩、操作简单、松扣脱模方便、携带方便等特点，压接的方式有围压、叠压和点压，导线压接的范围一般为 6～240mm²。机械式压线钳在工厂企业内现在还在使用，但使用得没有液压式压线钳广泛，机械式压线钳的结构及外形如图 2-32（a）所示。

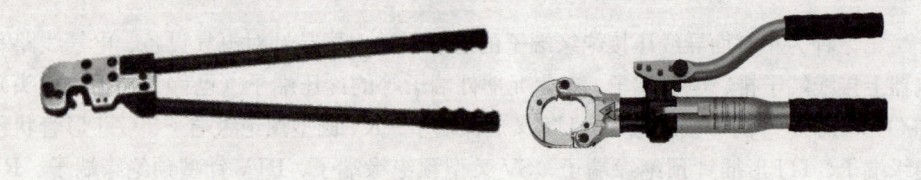

（a）　　　　　　　　　　（b）

图 2-32　机械式与液压式压线钳的结构与外形

(a) 机械式；(b) 液压式

液压式压线钳也称为油压钳、快速液压钳、手动液压钳、手动压接钳等,是利用帕斯卡原理以液压油为工作介质,采用杠杆的工作原理,操作省力的液压工具。液压式压线钳由左右手柄、液压泵体、柱塞、钳头、泄压阀和模具等构成。液压式压线钳的结构及外形如图2-32(b)所示。液压式压线钳在压接时,双手对手柄施加机械力,带动泵体压缩液压油,压缩的液压油通过泵体进入到油缸中,利用帕斯卡原理推动模具施压,完成对导线端子接头、线夹和接续管等的压接,导线压接的范围一般为 $10\sim240mm^2$,模具的形状有六角形、圆形、点压形、梯形、椭圆形、环形和凹形等,有的型号还配有转换模具。液压式压线钳具有外表美观、结构精巧、操作轻便等到优点,有的钳头可在180°范围内旋转,便于在狭窄的空间进行操作。

液压式压线钳要根据导线的规格,选择适配的接线端子、中间连接套管和封端等,再选择及安装压接的模具,多少平方的模具就压接多少平方的端子,围压及六角式模具配置(mm^2)一般有:10、16、25、35、50、70、95、120、150、185、240等。点压钳的配置(mm^2)一般有:母模16、25、35、50、70、95、120、150、185、200;公模16-25-35、50-70-95、120-150、185、200等。并将模具各装入活塞与模具固定座中,最常用的模具有六角形压膜、U形压膜、点形压膜、圆形压模等。检查导线、端子、模具均安装及放置到位后,将进回油旋转手柄以顺时针方向拧紧,反复摇压手柄,当模具上下模两者碰在一处时就表示压接完毕,若使用者未注意继续摇压时,则会明显感觉手柄压力会减轻或泵浦有"咔嚓"声音,此为安全保护装置打开,活塞停止前进。此时应将回油旋转手柄以逆时针方向转动,活塞回到原来位置。液压式压线钳在没有安装模具时,不允许进行压紧操作,以免造成活塞或钳口的损坏。

在铝芯单、多股导线直线连接时,应根据导线的截面选择合适的压膜或椭圆形铝套管,根据铝套管的长度多剥除 $5\sim10mm$ 的导线绝缘层,去除导线及套管内壁的表面氧化层,最好涂上凡士林锌粉膏,再将两根导线相对地插入铝套管,使两个线头恰好在铝套管的正中衔接。根据铝套管的规格选择适当的模具安装在压接钳上,拧紧定位螺钉后,把套有铝套管的芯线嵌入压接模具内。然后开始压接的操作,先压铝套管两端的两个坑,再压中间的两个坑,压坑应在一条直线上。

在铝芯单、多股导线与设备的螺栓压接式接线端子(接线鼻子)时,要注意接线端子是与什么材质连接,如果是用铝材料连接就可使用铝接线端子,如果是与铜材料连接就要使用铜铝过渡的接线端子。清理的步骤同上,根据导线的规格选用合适的铝质接线端子或铜铝过渡的接线端子,将导线插入接线端子,并要插到接线端子的孔底。根据铝套管的规格选择适当的模具安装在压接钳上,拧紧定位螺钉后,把套有铝套管的芯线嵌入压接模具内。然后开始压接的操作,在接线端子耳上的正面压两个坑,要先压接线端子耳外的坑,再压接线端子耳里的坑,两个压坑要在一条直线上。

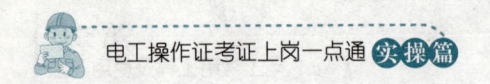

第四节 设备装修工具

设备装修工具指设备安装、拆卸、紧固及管线焊接加热的工具,主要有各类用于拆卸轴承、联轴器、带轮等紧固件的拉具,以及安装用的各类套筒扳手及加热用的喷灯等。

电工在工厂企业内经常要进行设备的安装与维修,就会时常地接触与使用这些设备的装修工具,有些工具虽说用得不是很多,但每年还是要使用的。所以,电工对于这些设备的装修工具,还是要有一定的了解,不然会给安装与维修工作带来不便,这里也是只介绍电工常用的设备装修工具。

一、固定扳手

固定扳手也称为呆扳手、开口扳手、双头扳手、双头呆扳头、死扳子等,用以紧固或拆卸六角头或方头的螺栓或螺母,通常用碳素结构钢或合金钢锻造,并经热处理而成。它有单头和双头两种形式,其一端或两端带有固定尺寸的开口,按其开口角度又可分为15°、45°和90°三种,这样既能适应人手的操作方向,又可降低对操作空间的要求。其规格是以两端开口的宽度S来表示的,如8~10mm、12~14mm等。呆扳手的外形如图2-33所示。

图 2-33 固定扳手的外形

因一把呆扳手的开口大小一般是根据标准螺母相邻的两个对边宽度尺寸而定的,最多只能拧动两种相邻规格的六角头或方头螺栓、螺母,故使用范围较活扳手要小。但它的开口为固定口径而不能调整,所以在使用时不易打滑。

呆扳手主要用于拆装一般标准规格的螺栓或螺母。使用时可上下套入或直接插入,使用方便。其开口是与螺钉头、螺母尺寸相适应的,并根据标准尺寸做成一套。其适用的范围在6~24mm。呆扳手可以单独使用,但通常是以成组套形式配置的,常用的开口扳手有6件套、8件套、10件套等。

二、梅花扳手

梅花扳手也称为眼镜扳手、闭口扳手等,通常用45钢或40Cr锻造,并经过热处理而成。梅花扳手的用途与双头呆扳手相同,但它只适用于六角头螺栓或螺母,而不适用于方头的螺栓或螺母。梅花扳手的两端是呈梅花套筒式的空心圆环状,梅花扳手两端的圆环内具有带六角或十二角梅花形孔的工作端面,能将螺母或螺栓的六角部分全部围住,并且两端分别弯成一定的角度,工作时承受较大转矩不易滑脱,使用安全可靠。常见的梅花扳手有乙字型(又称调匙型)、扁梗型和短颈型 3 种。梅花扳手的规格是以闭口尺寸 S 来表示的,如 10～12mm、12～14mm 等。梅花扳手的外形如图 2-34 所示。

图 2-34 梅花扳手的外形

由于梅花扳手具有扳口壁薄和摆动角度小的特点,在工作空间狭窄、稍凹陷的部位、摆动角度小于 60°、拆装部位受到限制、活扳手和呆扳手操作不便的场所,可使用梅花扳手进行操作,梅花扳手只要扳动转过 30°角度后,就可改变梅花扳手扳动的方向,在狭窄的地方操作,使用时转矩大、方便、快捷、安全,一般能用梅花扳手的地方就不用呆扳手和活扳手。梅花扳手可以是单件使用,但通常是成套配置的,有 6 件套、8 件套、10 件套、11 件套等,其适用范围为 5.5～27mm。

三、两用扳手

两用扳手是呆扳手与梅花扳手的组合体,与呆扳手不同的是其扳手的两端分别为呆扳手的开口和梅花扳手的梅花空心圆套环,一把两用扳手只能拧转一种尺寸的螺栓或螺母。两用扳手的外形如图 2-35 所示。

图 2-35 两用扳手的外形

两用扳手的特点在于,可以根据工作现场操作的环境,直接用扳手的开口插入到六角或方头的螺栓或螺母上,也可以用扳手的梅花空心圆套环套在六角头螺栓或螺母上,可灵活地根据需要的转矩大小来进行选择。特别适用于安装现场有大量相同规格螺栓或螺母的紧固或拆卸操作,这在实际的现场安装与维修时是经常遇到的。只用一把扳手就可以兼有呆扳手和梅花扳手两者的优点,操作人员使用时更便利,即提高了安装或维修的质量,又可提高螺栓或螺母的紧固或拆卸的效率。

四、内六角扳手

内六角扳手也称为艾伦扳手、六角扳手等,是一根呈圆形六角截面的正六边形棒状金属扳手,它的一端具有 L 形弯曲部的正六边形金属棒,是作用于一个六角插口形状螺钉的工具，也是紧固或拆卸内六角螺钉的专用工具。内六角扳手是一种结构简单、价格低廉、体积轻巧、质量极轻的手动工具，其外形与截面如图2-36所示。

图2-36　内六角扳手的外形与截面

内六角扳手的L形两端都可以使用，都可以用来传递转矩，可用于转矩、长度和厚度受到限制的场合，内六角螺栓使用量最多的地方就是用于凹陷在工作面内进行结合面的紧固，这是与其他螺栓最大的不同之处。所以，内六角扳手在工业设备和机械安装等行业中得到越来越多地应用，广泛用于机床、家具、车辆、机电产品、钢架结构、机械设备上的紧固或拆卸。

有的内六角扳手L形弯曲部还带球头，可以以倾斜的角度来进入拧螺钉，方便在各种狭小空间角度使用，而没有球头的内六角扳手，只能垂直地插入内六角螺钉的孔中来拧螺钉。内六角扳手的型号是按照六方的对边尺寸来规定的，内六角扳手的规格有：2、2.5、3、4、5、6、7、8、10、12、14、17、18、22、24、27、32、36。内六角扳手的型号与螺栓的型号对照为：3号，M4；4号，M5；5号，M6；6号，M8；8号，M10；10号、M12；12号、M14；14号、M16；M18；17号、M20；M22；19号、M24；22号、M30；27号、M36。但使用时要注意内六角的外形规格不同，如圆柱头（杯头）、沉头（平头）、盘头（圆头）等，扳手与螺栓的对应规格略有不同，内六角扳手一般为成套配置使用。

内六角扳手体现了与其他常见工具之间最重要的"扭"动作差别，扳手的两端都可以使用，内六角扳手可以伸入到六角螺钉的深孔中来扭拧，并且因内六角螺钉与内六角扳手之间有六个接触面，故受力充分均匀且不容易损坏扳手，内六角扳手的直径和长度决定了它的扭转力。它通过转矩施加对螺钉的作用力，大大降低了使用者的用力强度，使用时手感比较轻巧舒适，有明显提高用力效果的特点。内六角扳手以它自身所具有的独特之处和诸多优点，在当今工业制造业中应用得越来越广泛。

五、套筒扳手

套筒扳手是一种组合型工具，通常也将套筒扳手称为套筒，是用于紧固和拆卸六角头的螺栓和螺母的专用工具，特别适用于拆装空间位置狭小、螺母端或螺栓端低于被连接面、其他扳手操作伸入不便、凹陷较深或不易接近的部位、需要一定力矩的螺栓和螺母的紧固或拆卸。套筒扳手在这类场所，具有使用方便、防滑性能好、安全可靠、力矩较大、工作效率较高的特点，一般能用套筒扳手的地方就不用梅花扳手、呆扳手和活扳手。

常用的套筒扳手，一般由多个各种规格内六棱形的套筒头、一种或多种连接附件和一种或多种传动附件等组成，一般很少单个使用，可根据需要选用不同规格的套筒，与各种连接附件和传动附件进行组合使用，操作时可根据需要更换附件、接长或缩短手柄。常用的套筒扳手有13件、17件、20件和24件一套等多种规格，套筒的规格为六角形对边尺寸的3～32mm等。

套筒也称为套筒头、梅花筒，是由一套数量及尺寸不等的梅花筒组成，套筒头的一端带有内凹六角孔形状或内凹十二角孔的形状，是用来套入六角螺栓或螺母的，它与梅花扳手的端头很相似。套筒头的另一端为带内凹的方孔或外凸的方柱，与传动附件（如快速摇柄、滑行头手柄、棘轮手柄等）的内凹方榫或外凸方柱相连接。套筒头的外形如图2-37所示。

图2-37 套筒的外形

连接附件有直接头、接杆、旋具接头、万向接头等，是套筒头与传动附件（快速摇柄、滑行头手柄、如棘轮手柄等）之间的连接件，它的作用是将套筒头与传动附件连接为一体。直接头、接杆、旋具接头、万向接头等的外形如图2-38所示。

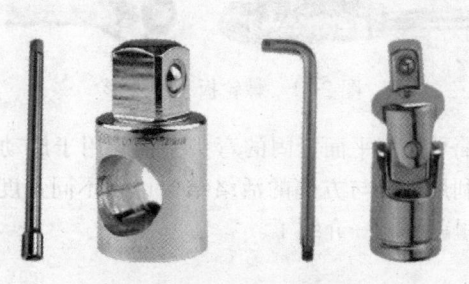

图2-38 连接附件的外形

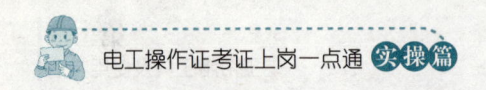

传动附件有套筒滑行头手柄、快速摇柄、棘轮手柄、弯头手柄、旋柄、转向手柄等形式，它的作用是提供紧固或拆卸六角头螺栓和螺母的旋转力矩。套筒滑行头手柄也称为滑行柄、T形手柄等，是旋动套筒头用的一种传动附件。其特点是滑行头可以移动，以便调整旋动时的力臂大小，套筒滑行头手柄的外形如图2-39所示。

图2-39　套筒滑行头手柄的外形

快速摇柄也称为弓形手柄、快速手柄、摇手柄等，其特点是操作时利用弓形柄部可以快速、连续地旋转转动，适用于快速拆装螺母和螺栓，工作效率较高。快速摇柄的外形如图2-40所示。

图2-40　快速摇柄的外形

棘轮扳手也称为棘轮扳柄、棘轮柄等，是旋动套筒头用的一种传动附件。其特点为只能单方向用力，当扳手沿着顺时针方向转动时，棘轮上的止动牙带动套筒一起转动，对螺钉或螺母进行紧固。当扳手沿着逆时针方向转动时，方形的套筒上装有一只撑杆，撑杆在棘轮齿的斜面中滑出，止动牙便在棘轮上空转，因而螺栓或螺母不会跟随着反转。如果是需要松开螺钉或螺母时，只需将棘轮扳手翻转过来，棘轮扳手朝逆时针方向转动即可。带有棘轮装的置套筒扳手除了省力以外，利用棘轮机构可在工作位置空间狭窄处以小角度来转动，不受摆动角度的限制，进行拧紧或拆卸螺钉螺母的操作。棘轮扳手的外形如图2-41所示。

图2-41　棘轮扳手的外形

另外，还有结构简单用于平面紧固的弯头手柄、用于旋动位于深凹部位的螺栓或螺母的旋动手柄、利用手柄与方榫的活络结构可在不同角度范围内旋动螺栓或螺母的活络手柄等，这里就不一一介绍了。

六、锉刀

锉刀又称为锉子、手锉、钳工锉、钢锉等，锉刀是通过锉纹锉削的方式，对工件进行锉削加工，使工件达到所要求的尺寸、形状和表面粗糙度。锉刀按类别不同可分为普通锉、异形锉和整形锉等。

锉刀以锉纹号来表示锉齿的粗细，钳工锉按照每 10mm 轴向长度内主锉纹的条数来划分，锉纹号越小，锉齿就越粗。工件的加工精度低、加工余量大、材质较软、表面粗糙度大的粗加工工件应选择粗齿锉刀。工件的加工精度高、加工余量小、材质较硬、表面粗糙度小的精加工工件应选择细齿锉刀。光锉刀也称油光锉，主要用于最后表面的修光。锉刀常用的材料有碳素工具钢 T12、T12A、T13A，并经淬火硬度达到 62HRC 以上。

锉刀由锉身、锉肩、梢部、锉柄等组成，锉刀的结构及外形如图 2-42（a）所示。锉刀的形式有普通型、薄型、厚型、窄型、特窄型、螺旋型等。锉刀有很多不同的截面形状，要根据加工工件表面的形状，决定锉刀的断面形状，常用的截面形状有扁锉、方锉、三角锉、半圆锉、圆锉等，扁锉用来锉平面、外圆面和凸弧面；方锉用来锉方孔、长方孔和窄平面；三角锉用来锉内角、三角孔和平面；半圆锉用来锉凹弧面和平面；圆锉用来锉圆孔、半径较小的凹弧面和椭圆面。锉刀的常用截断面形状外形如图 2-42（b）所示。当然还有异型的棱形锉、单面三角锉、刀形锉、双半圆、椭圆、圆肚锉等，异型锉用来锉削工件的特殊表面，整形锉适用来修整工件的细小部位。

图 2-42 锉刀
(a) 锉刀的结构及外形；(b) 锉刀的常用截断面形状外形

电工使用锉刀，主要是针对接触器、断路器、刀开关等的动、静触头。因电火花或电弧的电蚀而严重烧损，表面会出现凹凸不平，会造成触头的接触不良；银及银合金触头表面在分断电弧时触头被烧毛、烧坏，严重时电弧会使触头熔化造成触头熔焊，使动静触头熔焊在一起。用锉刀可对这些受损的触点进行修整，修整时不允许使用砂纸，应使用整形锉刀将触点进行整形，将烧毛或变形的触头表面细心地用锉刀将触点表面锉平，恢复触点表面原来的形状。

使用锉刀锉削加工工件时，要根据工件的加工精度、加工余量、工件材质、表面粗糙度来选择锉刀的大小和粗齿的规格。加工时锉刀的握法要根据锉刀大小的规格，采用不同的握法和锉削姿势，锉削时人的站立位置与錾削相似。锉削时用右手的拇指压在锉刀的手柄上，用掌心顶住锉刀手柄的端面，其余手指由上而下握住手柄。左手手掌轻压锉刀端部的上面，拇指轻压在锉刀的刀面上，其余各指自然平放。锉削加工时用右手向前推，左手引导前进方向，用锉刀锉削时要运用两个力，一个是锉刀锉削的水平推力，一个是刀锉削的垂直压力，其中锉削的水平推力由右手控制，锉削的垂直压力由两手控制，其作用力是使锉齿深入金属表面。锉削时为了锉出平直的表面，锉刀在锉削时，用力要平稳而有力，要保证锉刀前后两端所受的力矩要相等，保持锉刀的力矩平衡，使两手在锉削过程中始终保持水平。锉刀只在推进时进行锉削，锉刀返回时不加力和不锉削，将锉刀返回原位置即可。锉刀的锉削方向有顺向锉、交叉锉、推锉等，加工过程中锉刀往复的距离越长越好，锉削时要充分利用锉刀的全长，用锉刀的全部锉齿进行工作，否则容易造成锉刀的过早磨损。

　　锉刀使用后如锉面堵塞，应及时用钢丝刷顺着齿纹方向清理锉刀，不能用手摸锉刀的表面，更不能用嘴吹锉刀上的铁屑，防止铁屑飞进眼睛内，不能用锉刀作为装拆、敲击和撬物的工具，防止因锉刀的材质较脆而折断。锉刀锉削时应先用锉刀的一面，待这个面用钝后再用另外一面，要充分利用锉刀的有效工作面，避免锉刀锉削时的局部磨损。锉刀要防水防油，锉刀沾水后容易生锈，沾油后锉刀在锉削时容易打滑。不使用无锉柄或锉柄已裂开的锉刀，防止锉刀的尖端刺伤手腕。

七、拉具

　　拉具是电工拆卸带轮、联轴器、电动机轴承等的专用工具，拉具按拉抓不同又分为二抓拉具和三抓拉具，拉具按照结构和用途又分为内、外、分体等。拉具的结构一般由丝杆、拉座、拉脚、连接片、螺栓、螺母、顶尖等组成。二抓拉具的外形如图2-43（a）所示，三抓拉具的外形如图2-43（b）所示。

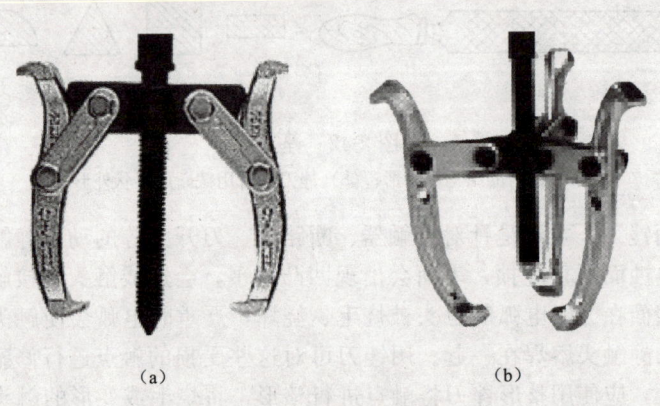

（a）　　　　　　　　（b）

图2-43　二抓拉具与三抓拉具的外形
(a) 二抓拉具的外形；(b) 三抓拉具与外形

　　在用拉具拆卸带轮、联轴器、电动机轴承等时，有条件或场地允许时，最好采用三抓的拉具，这样拆卸时的拉具可以均匀一些。在拆卸电动机的滚动轴承时，要用拉具的二抓或三抓勾住轴承的内圈环上，再将带螺纹顶杆顶尖的尖锥端正对着转子轴的中心孔后，用扳手或手柄将螺纹顶杆的螺栓顺时针向里拧，滚动轴承就会慢慢地拉出来了。注意在用力拧螺栓或手柄时，要保证拉具的二抓或三抓要同时得力，用力要均匀，要保证拉出轴承时，保持拉具上的丝杠与轴的中心一致。在用拉具往外拉轴承时，拉具拉脚（抓脚）不得碰触到电动机的其他部位，特别是电动机的线圈部位，以免造成线圈绝缘的损坏。在用拉具拆卸带轮、联轴器时过程基本一样。二抓或三抓拉具拆卸轴承的位置如图 2-44 所示。

图 2-44 二抓拉具与三抓拉具拆卸轴承
(a) 二抓拉具拆卸轴承；(b) 三抓拉具拆卸轴承

拉具使用时的注意事项：

在用拉具拆卸带轮、联轴器、电动机轴承等时，如有紧固的螺栓或销子应先拆卸掉，拉具的拉抓位置要摆放正确，不要碰伤轴上的螺纹、轴径和轴肩等。开始拉动时动作要缓慢，要保持用力均匀，避免产生偏斜，不要过急过猛，为防止拉具的拉抓脱落，可用铁丝或扎带等将拉杆绑在一起。

如果所拉的带轮、联轴器、电动机轴承等，与机轴间锈死拆卸困难时，可沿着轴缝处注入煤油、汽油等熔剂，将轴缝处浸泡松动后再拉。如果仍然拉不出来，可用铁锤敲击带轮或联轴器的外圈或螺栓的顶端，如果还是拉不出来，可再注入煤油、汽油等熔剂，间隔一段时间后，等锈死处浸泡松动后再拉，切忌硬拉或用铁锤用力敲打。如果是带轮或联轴器，可用喷灯或气焊枪进行外表加热，在带轮或联轴器受热膨胀时，将带轮或联轴器拉出来。对带轮或联轴器加热时，温度不能过高，时间不能过长，以免造成带轮或联轴器的损坏，轴承加热法不适用，除非轴承报废不用了。

八、喷灯

喷灯又称为喷火灯、冲灯等，喷灯是利用汽油或煤油等做燃料，喷射很高温度的火焰对工件进行加热的一种工具，喷灯的火焰温度可达 1000℃ 左右，因喷出的火焰具有很高的温度，电工常用来焊接铅包电缆的铅包层、大截面铜导线连接处的搪锡，以及其他电连接表面的防氧化镀锡、加热烙铁、通信电缆的焊接等。

喷灯的主要由油罐、手柄、打气筒、放气阀、加油螺塞、油量调节阀（节气门）、喷嘴、喷管、预热盆等构成。喷灯的外形与结构如图 2-45 所示。

常用的喷灯按照使用燃料的不同分为酒精喷灯、煤油喷灯和汽油喷灯等，电工最常用的为煤油喷灯（MD）和汽油喷灯（QD）两种，酒精喷灯主要是用于实验室做实验及玻璃加工等。煤油喷灯与汽油喷灯的区别在于，煤油喷灯的出油口在罐顶

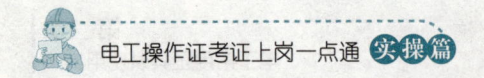

的中心，调节阀在喷嘴的下方，喷管是弯曲的，会受到加热加速汽化燃烧；汽油喷灯的出油口偏离罐顶的中心，调节阀在喷嘴的后部，喷管是直的，不用加热，而且有针状关闭阀。除了使用酒精、煤油和汽油燃料的喷灯外，现在还有使用柴油、液化气、天然气燃料的喷灯。

图 2-45 喷灯的外形与结构

煤油喷灯在使用前，先要检查所注油的类型不要搞错，油类是不能混用的，罐体油量不应超过 3/4，保留 1/4 空间储存压缩空气，以维持必要的空气压力；并检查油罐是否变形外凸、是否漏气或漏油、气道是否畅通、喷嘴是否堵塞、泄压阀是否有效等。如发现喷油口堵塞，可用通针进行疏通。

先在预热盆中注入煤油并适当打气，将预热盆中的煤油点燃，待预热盆中的煤油将近燃烧完喷管烧热后，逆时针方向逐渐打开油量调节阀，来自储油罐的煤油在喷管内受热汽化喷出油雾，与来自气孔的空气混合，就会产生高温火焰，继续打气直至有较强火焰喷出。使用完毕后顺时针方向关闭油阀门，应及时旋开放气阀将剩余的压缩气体放掉，等喷管慢慢完全冷却后，将喷灯擦拭干净，放到阴凉安全的地方储藏。

喷灯应在避风处点火，要远离带电设备，在易燃物附近，不准使用喷灯。人应站在喷灯的一侧，灯与灯之间不能互相点火，在使用的过程中不得加油。火力正常时，不宜多打气。喷灯是封焊电缆等的专用工具，不准用于烧水、烧饭或做它用。喷灯连续使用时间为 30～40min 为宜，以免油罐内的温度逐渐升高，引起油罐内部压强过大而有崩裂的危险。如发现油罐底部凸起时应立刻停止使用，查找原因并做相应处理后方可继续使用。

第五节 专 用 工 具

指专门用于电子整机装配加工的工具。包括电烙铁、成形钳、压接钳、绕接工具、热熔胶枪、手枪式线扣钳、元器件引线成形夹具、特殊开口螺钉旋具、无感的小旋具及钟表螺钉旋具等。因专用工具基本上是用于电子电路及电路板上的,考虑到我们一般的低压电工接触得不是很多,所以,在这里只介绍电工接触较多的各类电烙铁,其他的工具这里就不多介绍了。

电烙铁是电工常用的手工施焊的焊接工具,主要用来锡焊及焊接印制电路板,一般由烙铁头、烙铁心(发热元件)、外壳、手柄、接线柱、电源线和插头等部分组成。烙铁头的主要作用是储存热量和传导热量用于焊接,烙铁头的温度必须要比被焊接焊锡的温度高很多,一般用纯铜或铜合金制造,焊接的温度与烙铁头的体积、形状、长短等都有一定的关系。在长时间的焊接后因高温、氧化和焊剂的腐蚀,焊接头的表面会变得凸凹不平,需要经常地修整和挂锡。烙铁心是电烙铁的关键部件,烙铁心(发热元件)的作用是将电能转换为热能,发热的镍铬丝缠绕在云母、陶瓷等耐热的绝缘材料或瓷管上。电烙铁内有三个接线柱与插头相连接,其中与电烙铁金属外壳连接的接线柱要与电源的保护中性线相连接。电烙铁分为内热式、外热式、快热式(或称感应式)、恒温式等几种。电烙铁是一种锡焊和塑料烫焊的常用的电热工具,每次使用之前必须经过外观检查和电气检查,并定期进行安全检查,使其绝缘强度保持在合格状态。使用的场所应是干燥、无腐蚀性气体、无导电灰尘的,用完后应及时切断电源。

一、外热式电烙铁

外热式电烙铁的电阻丝平行地绕制在一根空心瓷管上,用薄云母片绝缘组成烙铁心,并引出两根导线到接线柱,与220V的交流电源连接。烙铁头安装在发热的烙铁心里面,电阻丝通电后产生的热量传送到烙铁头上,使烙铁头温度升高,故称为外热式电烙铁。外热式电烙铁的体积、质量、耗电量都要大于内热式电烙铁,发热的效率也较低,但它的结构简单、经济耐用,寿命较长。常用的规格有25W、50W、75W、100W等几种。外热式电烙铁的结构如图2-46所示。

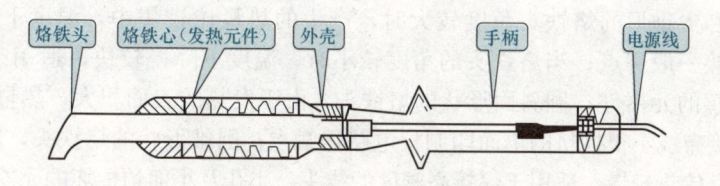

图 2-46 外热式电烙铁的结构

另外,外热式电烙铁的烙铁头插入烙铁心的深度将直接影响到烙铁头的表面温度,一般焊接体积较大的物体时,烙铁头应插入得深一些,焊接小而薄的物体时应插入得浅一些。外热式的电烙铁在使用一段时间后,要将固定烙铁头的螺钉松开,将烙铁头抽出来,将因发热在铜质烙铁头氧化产生的铜屑倒出清理干净,以免因铜质烙铁头发热氧化而产生过多的铜屑后,轻则烙铁头抽不出来,重则会因铜屑膨胀而胀破发热元件。外热式电烙铁一般用于焊接面积较大的元件,电烙铁额定功率的选择一般由焊接点的面积大小来决定，焊接点的面积大，焊点的散热速度也越快，所选用的电烙铁功率就应该大些。外热式电烙铁的热效率较低，升温较慢，体积较内热式电烙铁的大。

二、内热式电烙铁

内热式电烙铁的发热芯子装在烙铁头里面，是用比较细的镍铬电阻丝绕在瓷管上制成的，故称为内热式电烙铁。芯子是采用极细的镍铬电阻丝绕在瓷管上制成的，在外面套上耐高温绝缘管。烙铁头的一端是空心的，它套在芯子外面，用弹簧来紧固。由于芯子装在烙铁头内部，热量能完全传到烙铁头上，它发热快，热量利用率高达90%，烙铁头部温度达350℃左右。20W内热式电烙铁的实用功率相当于30~40W的外热式电烙铁。内热式电烙铁具有体积小、质量轻、发热快和耗电低等优点，因而得到广泛应用。由于其连接杆的管壁厚度只有0.2mm，而且发热元件是用瓷管制成的，所以更应注意不要敲击，不要用钳子夹连接杆。其常用规格有20W、25W、30W、50W等几种。内热式电烙铁的结构如图2-47所示。

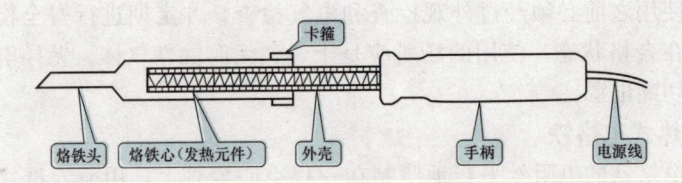

图2-47 内热式电烙铁的结构

电烙铁的标称功率越大，其发热量就越大，烙铁头的温度就会越高，合理地选择和使用电烙铁是保证焊接质量的关键。同时，在焊接印制电路板组件时，通常选用功率为25~30W的内热式电烙铁。另外，烙铁头的外形有很多不同的形状，以适应不同焊接物及对焊接温度的要求，常见的有圆锥形、尖凿形、圆斜面形等。例如，凿形和尖锥形的烙铁头角度较大时，产生的热量比较集中，温度下降得较慢，适用于焊接一般焊点；当烙铁头的角度较小时，温度下降得较快，适用于焊接对温度比较敏感的元器件；圆斜面形状的烙铁头，由于发热的表面积大，热量传热较快，适用于焊接布线不很拥挤的单面印制板电路焊触点；圆锥形状的烙铁头，发热的表面积小，热量传热较慢，适用于焊接高密度的线头、小孔及小而怕烫坏的元器件。

三、恒温电烙铁

目前使用的外热式和内热式电烙铁的烙铁头温度都超过300℃，这对焊接晶体管、集成电路等是不利的，一是焊锡容易被氧化而造成虚焊；二是烙铁头的温度过高，若烙铁头与焊点接触时间长，就会造成元器件的损坏。在焊接要求较高的场合，通常采用恒温的电烙铁，恒温电烙铁主要用于对集成电路和晶体管等元器件的焊接。恒温电烙铁比普通电烙铁省电约1/2，焊接时焊料不易氧化，能防止元器件因温度过高而损坏。

恒温电烙铁是指其内部装有电控式或磁控式的温度控制器，通过控制通电时间而实现温度控制。电控式的恒温电烙铁是用热电偶作为传感元件来检测烙铁头温度的，再通过电子电路来调整烙铁头的温度。当烙铁头的温度低于规定数值时，温控装置就接通电源，对电烙铁加热，使温度上升。当达到预定温度时，温控装置就自动切断电源。通过这样的反复动作，使烙铁头基本保持在设定的恒定温度。

磁控式恒温电烙铁是在烙铁头上装一个强磁性体传感器，通过吸附磁性开关（控制加热器开关）中的永久磁铁来控制温度。升温时，通过磁力作用，带动机械运动的触点，闭合加热器的控制开关，烙铁被迅速加热。当烙铁头达到预定温度时，强磁性体传感器到达居里点（铁磁物质完全失去磁性的温度）而失去磁性，从而使磁性开关的触点断开，加热器断电，于是烙铁头的温度下降。当温度下降至低于强磁性体传感器的居里点时，强磁性体恢复磁性，又继续给烙铁供电加热。如此不断地循环，达到控制烙铁温度的目的。

烙铁头如果需要控制在不同的温度时，只需要更换不同居里点的软磁金属传感器的烙铁头即可。因不同温度的烙铁头，装有不同规格的强磁性体传感器，软磁金属材料的居里点不同，失去磁性的温度就会不同，烙铁头的工作温度可在260～450℃内任意调整。

因恒温式电烙铁的烙铁头不会产生过热现象，烙铁头始终保持在适于焊接的温度范围内，加上采用渗镀铁镍等先进工艺，焊接时烙铁头不易氧化，减少虚焊的现象，也能防止因焊接时温度过高，引起被焊接元器件的损坏，同时也提高了焊接的质量，延长了电烙铁使用寿命。恒温式电烙铁是断续通电加热，烙铁头始终基本保持在某一设定的温度，不受电源电压和环境温度变化的影响。

四、吸锡电烙铁

吸锡电烙铁是将活塞吸锡器与电烙铁组合融为一体的拆焊工具，它具有使用方便、运用灵活、适用范围宽等特点。在拆卸印制电路板上的元器件或部件时，使用吸锡电烙铁能够很方便地吸附焊触点上的焊锡，使焊接件与印制电路板脱离，从而可以方便地进行检查和修理，拆焊时具有使用灵活方便的特点。

吸锡电烙铁由烙铁体、烙铁头、橡皮囊和支架等几部分组成。使用时先缩紧橡皮囊，然后将烙铁头的空心口子对准焊点，待焊锡熔化时按动按钮放松橡皮囊，焊锡就被吸入电烙铁内；移开烙铁头，再按下橡皮囊，焊锡便被挤出。这种组合式吸锡电烙铁的不足之处，是每次只能对一个焊点进行拆焊。

五、感应式电烙铁

感应式电烙铁也称为速热烙铁、快速加热电烙铁、焊枪等，其最大的特点是加热速度快，通电几秒后，烙铁头就能迅速达到焊接所需要的温度，适用于断续通电的工作。感应式电烙铁主要由变压器、烙铁头、外壳、电源线、插头等组成。感应式电烙铁的工作原理是，用变压器将220V的电压降为0.5V左右的低电压，其二次侧绕组一般只有一匝或几匝，烙铁头其实就是一段较粗的裸铜导体，连接在二次侧

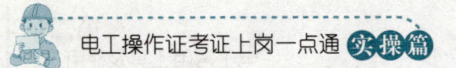

的绕组上。在用裸铜导体制作烙铁头的部分时，特意将烙铁头部分的电阻做得比其他部分大，电阻大的部分消耗电能就多、温度就高，以便于焊接。而其他的部分电阻较小，这样其他部分发热就较小，这样电烙铁的手柄部分就不会过热。当变压器一次侧线圈通电后，会在二次侧线圈感应出较低的电压，将电阻较小的裸铜导体两端连接在二次侧线圈两端，按下开关后裸铜导体（烙铁头）就会有大电流通过，几秒后裸铜导体（烙铁头）就会迅速达到焊接所需要的温度。图2-48所示为感应式电烙铁头。

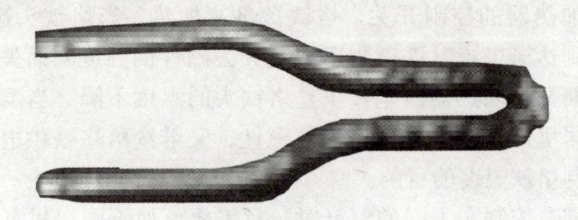

图 2-48 感应式电烙铁

感应式电烙铁上的电源开关为自动复位式的，手一松开就会断电，所以，感应式电烙铁不像一般的电烙铁那样持续通电，它是在焊接时断续通电工作的，因是采用间歇工作的方式，故其耗电较省。因感应式电烙铁构成为变压器的结构，有一定的感应电压存在，故不能用于对感应电压敏感器件的焊接，如容易被静电或感应电荷击穿的绝缘栅型的 MOS 电路等的焊接，以免因静电或感应电荷的作用而损坏器件。感应式电烙铁因使用了变压器，故较其他的电烙铁质量上要重一些。

六、半自动电烙铁

半自动电烙铁如图 2-49 所示。与普通电烙铁不同的是，增加了焊锡丝送料机构。按动扳机，带动枪内齿轮转动，借助于齿轮和焊接丝之间的摩擦力，把焊接丝向前推进，焊锡丝通过导向嘴到达烙铁头尖端，从而实现半自动送料。这种烙铁的优点是用单手操作焊接，使用灵活方便。目前，这种电烙铁主要是应用于流水生产线。

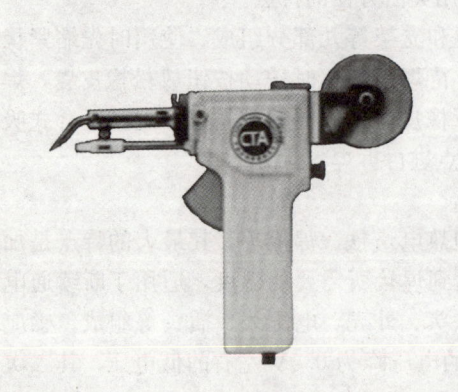

图 2-49 半自动电烙铁

第二章
电工常用工具及使用方法

使用电烙铁时应注意如下事项：

（1）必须用有三线的电源插头。一般电烙铁有三个接线柱，其中，一个与烙铁壳相通，是接地端，另两个与烙铁心相通，接220V交流电压。电烙铁的外壳与烙铁心是不相通的，如果接错就会造成烙铁外壳带电，人触及烙铁外壳就会触电。若用于焊接，还会损坏电路上的元器件。因此，在使用前或更换烙铁心时，必须检查电源线与地线的接头以防止接错。

（2）烙铁头一般用纯铜制成，电烙铁在初次使用或经过长时间使用后，由于温度较高，烙铁的头部会生成一层氧化物。同时，在使用的过程中，烙铁头部易被焊料浸蚀而失去原有形状，烙铁头这时就不容易吃锡。所以，初次使用或经过修整后的烙铁头都必须及时挂锡，挂锡时将电烙铁通电后，待烙铁头部发热时插入松香内，直到烙铁头挂上锡就可使用，这样有利于提高电烙铁的可焊性和延长使用寿命。目前也有合金烙铁头，使用时切忌用锉刀修理。

（3）使用过程中不能任意敲击电烙铁，以免损坏内部发热器件而影响使用寿命。

（4）电烙铁在使用一段时间后，应及时将烙铁头取出，去掉氧化物再重新装配使用。这样可以避免烙铁心与烙铁头卡住而不能更换烙铁头。

（5）焊接完毕后，应拔掉电烙铁电源插头，将电烙铁放置在金属的烙铁架上，要防止人体的烫伤或引起火灾。

第三章

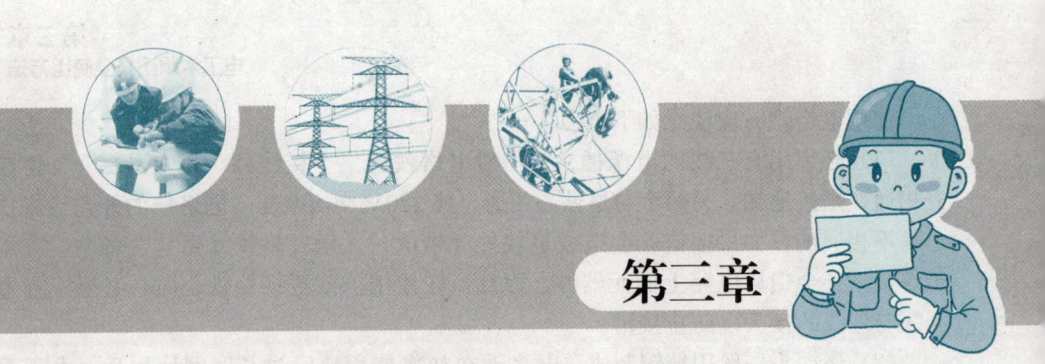

电工常用仪表及使用方法

电的使用已经深入到我们生产和生活中的每个角落,在电能的生产、传输、变配电及使用的过程中,必须使用各种电工仪表对电能的运行和使用中的各种参数进行测量,以保证供电及用电线路和设备的安全、可靠、经济地运行和工作。

第一节 电工测量仪表的基本知识

电工仪表是用于测量电压、电流、电能、频率、相位、电功率、功率因数等电量和电阻、电感、电容等电路参数的仪表,在电气设备安全、经济、合理运行及监测与故障检修中起着十分重要的作用,电工仪表制造技术也在不断发展,从最初的模拟式仪表,到现在已经普及的数字式仪表,现在正朝着智能化仪表的方向发展。电工仪表的结构性能及使用方法会影响电工测量的精确度,电工必须能合理选用电工仪表,而且要了解常用电工仪表的基本工作原理及使用方法。

一、电工仪表的测量方式

1. 直接测量

直接测量就是在测量的过程中,能直接将被测量的数值与其同类标准量进行直接比较,或能够直接用指针指示测量仪表对被测量对象的测量结果,从而直接获得被测量数值的测量方式。例如,在实际的测量中用电压表测量电压、用电流表测量电流、用电能表测量电能及用直流电桥测量电阻等都是直接测量。直接测量的仪表在实际测量应用中使用最广泛。

2. 间接测量

当被测量的数据由于某种原因限制不能直接测量时,可以通过直接测量与被测量数据有一定函数关系的某种测量数据,然后按函数关系计算出所需被测量的数值,这种用间接测量获得测量结果的方式称为间接测量。例如,我们需要测量某集成电路的工作电流,但因线路紧凑等原因限制,就可以测量此线路中电阻上的电压,用已知的电阻阻值和电压数值,以及欧姆定律就可计算出集成电路的工作电流。又如通过测量晶体三极管发射极电阻的电压,再用欧姆定律计算放大器静态工作点等。间接测量方式广泛应用于科研、实验和工程测量中。

二、测量方法的分类

常用电工仪表从测量的方式上分有:直读指示仪表、比较测量仪表。用直接指示被测量数值的指示仪表进行测量的方法。称为直读法。直读法测量时,度量器不直接参与测量过程,而是间接地参与测量过程。例如,用欧姆表测量电阻时,从指针在刻度尺上指示的刻度可以直接读出被测电阻的数值。这一读数被认为是可信的,因为欧姆表刻度尺的刻度事先用标准电阻进行了校验,标准电阻已将它的量值和单位传递给欧姆表,间接地参与了测量过程。直读法测量的过程简单,操作容易,读数迅速,但其测量的准确度不高。

1. 直读指示仪表

直读指示的仪表是将电量的大小直接转换成指针偏转角,直读指示仪表在测量时,将被测电量或非电量转换成测量机构能直接测量的电量,测量机构的活动部分(一般为线圈),在线圈电流产生的偏转力矩作用下偏转。同时,测量机构产生反作用力矩的部件所产生的反作用力矩也作用在活动部件上,当转动力矩与反作用力矩相等时,可动部分便停止下来,直接从仪表刻度盘上读取指针偏转的测量数值,如指针式的电压表、电流表、万用表等。直接测量的仪表有价格低廉、安装简便、读数迅速的优点。但因是直接接入到被测量的电路中,仪表的准确度除受到仪表基本误差的影响外,还会因测量仪表内阻的接入,使电路的工作状态发生一定的变化,因而这种直接测量的方法,测量的准确度不高。

2. 比较测量仪表

比较测量的仪表在测量的过程中,需要将被测量的数值与同类已知标准量的数值在仪表的内部进行比较,根据比较两数值比值的结果,再确定被测量的数值的大小。比较测量仪表又分为直流比较仪表和交流比较仪表,比较测量仪表具有很高的测量准确度。缺点是价格比较昂贵,测量时操作比较麻烦和测量速度较慢,通常适用于测量要求准确度较高的场合。往往用来作为精确测量一些电学量及检验其他仪器或仪表用。根据被测量与标准量比较方式的不同,比较测量法又分为以下3种。

(1)零值法。零值法又称为指零法、平衡法。在测量的过程中,利用被测量对仪器的作用,与标准量对仪器的作用相互抵消,通过改变指零仪表进行比较的方法。当调整指零仪表指为零位时,表明被测量与已知量相等,仪表达到平衡状态,此时按一定的关系可计算出被测量的数值,从而确定被测量的数值。例如,我们用电桥(惠斯登电桥)测量精密电阻就是用的零值法,用零值法测量的准确度取决于测量仪表的准确度和指零仪表的灵敏度。

(2)差值法。差值法又称为较差法。是利用被测量与已知标准量的差值,作用于测量仪表,从而根据标准量来确定被测量的数值,实现测量目的的一种测量方法。

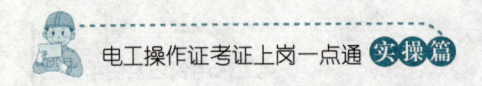

差值法可以达到较高的测量准确度，例如，用不平衡电桥测电阻就属于这种方法。

(3) 代替法。代替法是在测量的过程中，用已知的标准量来代替被测量，调节标准量，使仪器的工作状态在替代前后保持一致，然后根据已知标准量来确定被测量数值的方法。替代法可有效地克服所有外界因素对测量结果的影响，测量的准确度主要取决于仪表的准确度和仪器的灵敏度。

3. 图示仪表

图示仪表专门用来显示两个相关量的变化关系，这类仪表直观效果好，但只能作为粗测。常用的有图示仪表有示波仪、扫频图示仪、半导体特性图示仪等。

4. 数字仪表

数字仪表是采用数字测量技术将被测的模拟量转换成为数字量，以数字的形式直接显示出被测量的大小。常用的数字仪表有数字电压表、数字频率表、数字万用表等。

三、仪表的误差及分类

1. 仪表的误差

仪表的误差是指仪表实际测量的数值与被测量的真实数值之间所存在的一定的差值，它有 3 种表示形式：

(1) 绝对误差：是仪表指示值与被测量的真实值之差。

(2) 相对误差：是绝对误差对被测量的真实值的百分比。

(3) 引用误差：是绝对误差对仪表量程的百分比。

2. 仪表误差的分类

仪表的误差分为基本误差和附加误差两部分。

(1) 基本误差。基本误差是仪表在正常工作条件下，由于仪表的结构、本身特性、制造工艺、装配缺陷等方面的不完善所引起的误差，基本误差是仪表本身所固有的误差。

(2) 附加误差。附加误差是由于仪表使用时因外界因素的影响，测量环境超过了规定的工作要求的条件所引起的误差，如外界温度、外来电磁场、仪表工作位置等。

四、仪表的准确度及等级

1. 仪表的准确度

电工仪表的准确度是指在规定条件下使用时，由仪表本身可能产生的最大基本绝对误差占满刻度的百分数，就是仪表的测量结果与实际值的接近程度，它反映了该仪表本身误差的大小。测量准确度一般有 7 个误差等级，其中数字越小者，仪表的精确度越高，基本误差就越小，仪表的制造成本就越高。仪表的准确度太低，基本误差就越大，虽说仪表的制造成本低，但可能达不到测量的要求。所以，要按照测量的实际需要来选择合适准确度的仪表。

2. 仪表的准确度等级

仪表的准确度等级共分为7级，见表3-1。

表 3-1 　　　　　　　　仪 表 准 确 度 等 级

准确度等级	0.1	0.2	0.5	1.0	1.5	2.5	5.0
基本误差/%	±0.1	±0.2	±0.5	±1.0	±1.5	±2.5	±5.0

要根据实际需要合理地选择仪表的准确度等级，通常0.1级和0.2级的仪表，因准确度高，价格昂贵，一般作为标准仪表使用；0.5级至1.0级的仪表，价格较高，一般作为需要较精确的测量及实验室使用；1.5级至5.0级的仪表，因价格较低廉，一般用于电工的电气工程测量。

但要引起注意的是，不要盲目地追求高的准确度仪表，并不是说使用准确度高的仪表测量，就能够得到精确度高的测量结果。要得到高精确度的测量结果，除了与仪表的准确度等级有关外，还与选择仪表的量程满刻度数值有关。在正常的情况下，仪表的最大基本误差基本是不变的，所以在被测量值与量程满刻度值相差越小时，测量的相对误差就越小。例如，需要测量的电压为25V，选用准确度为±0.5级、量程为150V的电压表，最大绝对误差＝±0.5%×150＝±0.75（V），测量25V时的最大相对误差＝±0.75/25×100%＝±3%。如果选用准确度差两个等级的±1.5级、量程为30V的电压表，最大绝对误差＝±1.5%×30＝±0.45（V），测量25V时的最大相对误差＝±0.45/25×100%＝±1.8%，可以看出选择不同量程满刻度数值的仪表，仪表测量结果的精确度是大不相同的。所以，要得到高精确度的测量结果，除了要选择准确度高的仪表外，还要选择与测量数值适应的量程满刻度数值的仪表，通常选择仪表的量程满刻度数值时，应尽可能使读数占到满刻度的2/3以上。

电工在选择仪表的准确度时，要从实际测量的需要去考虑，因仪表准确度等级越高价格也越贵，准确度高的仪表在使用不合理或使用环境有影响时，产生的相对误差可能还会大于准确度低的仪表。因为准确度越高的仪表，抗环境各类干扰的能力会差一些，有的仪表还要求在恒温、恒湿、无尘的环境中使用。所以，要选择能够满足实际工作需要测量要求的仪表。

五、仪表的型号与符号分类

在我们日常使用的仪表的表盘上或仪表的外壳上，可以看到印着很多的标志符号，这些标志符号都有其特定的含意或使用的要求，不同类型的电工仪表，具有不同的技术特性。如表示仪表的结构和工作原理的系列、测电的种类、测量单位、使用条件组别、测量的准确度、测量时的放置方式、绝缘强度试验电压、防御外电场或磁场的级别、使用环境的条件及绝缘的水平等。根据国家标准的规定，每只仪表必须要有这些标志符号，在购买和使用仪表时，必须首先看清这些标志符号，以确

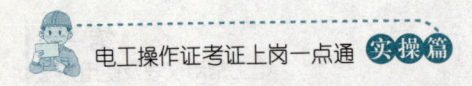

定该仪表是否符合测量的要求。下面简略地将常用仪表的型号编制、标志符号与分类及其各种技术性能的说明做一简单地介绍。

1. 电工仪表的型号编制

从电工仪表的产品型号上,就可以很直观地反映出仪表的工作原理和用途,产品的型号是按照规定的标准进行编制的,电工仪表分为安装式仪表和可携式仪表,仪表的型号有不同的编制规定。

(1) 安装式仪表的型号编制。安装式仪表的型号编制规定的组合形式如图3-1所示。

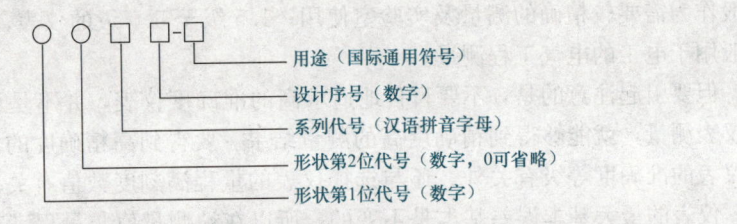

```
○○□-□ ── 用途(国际通用符号)
          ── 设计序号(数字)
          ── 系列代号(汉语拼音字母)
          ── 形状第2位代号(数字,0可省略)
          ── 形状第1位代号(数字)
```

图 3-1　安装式仪表型号的编制规则

安装式仪表的型号组成含义如下:型号的前两位为形状代号,形状代号的前第1位代号(用数字表示)按仪表面板形状最大尺寸编制,形状代号的第2位代号(用数字表示,如为0,则可省略)按外壳形状尺寸特征编制;第三位为系列代号(用汉语拼音字母表示),按测量仪表的系列编制,仪表的系列编制如表3-2所示;第四位为设计序号(用数字表示),由厂家给定;第五位为仪表测量用途对象编制(国际通用符号),如电流表代号为"A",电压表代号为"V",功率表代号为"W"。

表 3-2　　　　　　仪表的系列编制

符号	C	T	D	G	L	Q	B	S	P	U	Z
组别	磁电	电磁	电动	感应	整流	静电	谐振	双金属	补偿	光电	电子

例如,安装式仪表的型号编制为"42C3-A型",前两位42为形状代号,可以从有关标准中查出该表的外形和面板尺寸;第三位"C"表示该表是磁电式类型的仪表;第四位"3"为厂家的设计序号;第五位"A"为国际通用的电量符号,说明是测量直流的电流表。

(2) 便携式仪表的型号编制。便携式仪表的型号编制与安装式仪表的型号编制最大的不同就是没有前面两位的形状代号,后面三位的型号编制与安装式仪表的型号编制相同。第一位为仪表类型组别号的不同系列,如"T"表示电磁式仪表、"D"表示为感应式电能表、Q表示为电桥、P表示为数字表等。第二位为厂家的设计序号;第三位为国际通用的电量符号。例如,便携式仪表的型号编制为"T62-V型",

第一位"T"表示该表是电磁式类型的仪表;第二位"62"为厂家的设计序号;第三位"V"为国际通用的电量符号,说明此表是测量电压表的仪表。

另外,电能表的型号编制略有不同,还是以三位编制的,其型号编制中的第1位类别号的字母为"D"表示是测量电能的仪表;编制中的第2位组别号的字母为"D"表示单相、"T"表示三相四线、"S"表示三相三线、"X"表示无功;数字为厂家的设计序号。例如,DD28型电能表,第1位类别号的字母为"D"表示是测量电能的仪表;编制中的第2位组别号的字母为"D"表示单相;"28"为厂家的设计序号。以此类推DS表示三相电能表、DX表示无功电能表。

2. 仪表的标志符号和含义分类

(1) 电工常用的仪表上有很多的标志符号,这些符号代表着各自的含意,按照仪表的结构和工作原理标志符号的分类如表3-3所示。

(2) 按照仪表测量电量种类不同的标志符号的分类如表3-4所示。

(3) 按照仪表的准确度标志符号的分类如表3-5所示。

(4) 按照仪表的工作位置标志符号的分类如表3-6所示。

(5) 按照仪表的外界工作环境条件标志符号的分类如表3-7所示。

(6) 端钮、调零器、调零器、止动器、注意符等标志符号的分类如表3-8所示。

表3-3 按照仪表的结构和工作原理分类

名　称	标志符号	用　　途
磁电式仪表		适用组成直流电表、电流表、电压表、阻抗测量仪表、绝缘电阻表和检流计等
电磁式仪表		适用组成交、直流电表、电压表、电流表、频率表、cosφ仪表等
电动式仪表		适用组成交、直流电表、电流表、电压表、功率表、频率表、cosφ、同步仪表等
感应式仪表		适用组成工频交流电能计量表、交流电能表
整流系仪表		带变换器的磁电系整流式适用组成专用表仪等
静电系仪表		适用组成高电压测量仪表

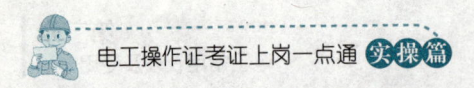

表 3-4 按照仪表测量电量种类不同的标志符号分类

名　称	标志符号	用　途
单相交流表	∼	测量交流信号（一般指正弦波交流）
对称三相交流表	≋	测量三相平衡负载的电表
三相交流表	⋙	测量不平衡负载的电表
三相交流表	⋙	测量三相四线制不平衡负载的电表
直流表	—	测量直流信号
交直流两用表	⌒	测量交、直流信号

表 3-5 按照仪表的准确度标志符号的分类

名　称	标志符号	用　途
1.5 级表	1.5	以标度尺上量限百分数表示的准确度
1.5 级表	∨1.5	以标度尺长度百分数表示的准确度
1.5 级表	ⓘ1.5	以指示值的百分数表示的准确度

表 3-6 按照仪表的工作位置标志符号的分类

名　称	标志符号	用　途
水平使用	— 或 ⊓	仪表水平放置使用
垂直使用	↑ 或 ⊥	仪表垂直设置使用
倾斜使用	∠60° 或 ∠30°	表盘或仪表本身与水平成 60°或 30°放置使用

表 3-7 按照仪表的外界工作环境条件标志符号分类

名　称	标志符号	用　途
绝缘强度	☆	仪表不进行绝缘强度试验
绝缘强度	☆	仪表绝缘经 500V 的耐压试验

续表

名 称	标志符号	用 途
绝缘强度	2kV 或 ☆	仪表绝缘经 2kV 的耐压试验
环境温度	不标注	A组仪表（工作环境温度为 0~+40℃）
环境温度	▲B	B组仪表（工作环境温度为-20~+50℃）
环境温度	▲C	C组仪表（工作环境温度为-40~+60℃）
防御性能	I	I级防外磁场和防外电场
防御性能	II	II级防外磁场和防外电场
防御性能	∪	I级防外磁场（电磁式）
防御性能		级防电场（静电式）

表 3-8 端钮、调零器、调零器、止动器、注意符等标志符号的分类

名 称	标志符号	用 途
端钮和调零器	+	正端钮
端钮和调零器	-	负端钮
端钮和调零器	✳	公共端钮（多量程仪表）
端钮和调零器	∼	交流端钮
端钮和调零器	⏚	接地用的端钮
端钮和调零器		与外壳相连接的端钮
端钮和调零器		与屏蔽相连接的端钮

续表

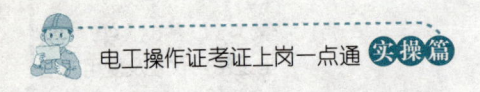

名　　称	标志符号	用　　途
端钮和调零器		与仪表可动线圈相连接的端钮
调零器		调整零位时用
止动器		止动器
止动器		止动方向
注意符		要遵照使用说明书及质量合格证书规定

六、仪表的原理与结构分类

电工的常用测量仪表，因其工作原理、内部结构、使用环境、测量精度、测量方式、使用方法等都不相同，作为电工要掌握电工测量仪表的基本技能，真正做到合理地选择仪表，正确地使用仪表。

1. 仪表的分类

电工使用的仪表品种繁多，分类方法也各不相同，可以按照仪表的结构、用途、工作方式、工作原理的不同进行分类。

按照仪表的结构和用途分类有：指示式仪表、比较式仪表和扩展式等。指示式仪表是指利用电磁力使其机械机构动作带动指针或光标，在刻度盘上直接指示及读出被测量值大小的直读式仪表；比较式仪表是指将在的测量过程中，被测量与其标准量进行比较后，再得到确定测量值大小的仪表；扩展式仪表是指利用分流器、分压器、测量用互感器等来扩大仪表使用量程和范围的仪表；智能仪表是带微处理器控制和计算功能，实现程控、记忆、自动校正、自诊断故障、数据处理和分析运算等功能，自动测试系统的智能化仪表。

按照仪表的工作原理分类有：磁电式、电磁式、电动式、感应式、热电式、整流式、铁磁电动式、静电式和数字式等。

按照仪表的测量性质分类有：电流表、电压表、功率表、欧姆表、电能表、相位表、功率因数表、频率表等，多用途的万用表、钳形表等仪表。

按照仪表的工作电流分类有：直流仪表、交流仪表、交直流两用仪表3种。

按照仪表的使用方式分类有：安装式和便携式两种。

按照仪表的显示方式分类有：指针指示式、光标显示式、图形显示式、数字显示式、介质记录式等。

按照仪表的准确度等级方式分类有：0.1、0.2、0.5、1.0、1.5、2.5、5.0七级。

按照仪表的基本误差方式分类有：±0.1、±0.2、±0.5、±1.0、±1.5、±2.5、±5.0七级。

按照仪表的防御外界磁场或电场的方式分类有：Ⅰ、Ⅱ、Ⅲ、Ⅳ四个等级。

按照仪表的使用条件方式分类有：A、A1、B、B1和C五组。

按照仪表的外壳防护性能方式分类有：普通式、防尘式、防溅式、防水式、水密式、气密式、隔爆式等7种。

2. 磁电式仪表

磁电式的仪表有准确度高、灵敏度高、刻度均匀、阻尼强、功率消耗小等优点，在直流仪表中其准确度和灵敏度是最高的；但它有结构复杂、过载能力小、价格较贵、只能测量直流的缺点。磁电式的仪表问世较早，在电工仪表中占有相当重要的地位，它广泛地被应用于直流电压和直流电流的测量，在工业上应用十分广泛。磁电系仪表与整流元件配合，可以将交流量变换成交流电压与电流的测量，与变换电路配合，还可以用于功率、频率、相位等其他电量的测量，还可以用来测量多种非电量，如温度仪表、压力仪表、分析仪、液位计等。当采用特殊结构时，可制成检流计。由于近年来磁性材料制造技术的发展，磁电式仪表的性能得到提高，已经成为最有发展前景和使用最多的测量指示仪表，在电气测量指示仪表中占有极为重要的地位。

磁电式仪表的结构分为固定的磁路部分和可动部分，固定部分由永久磁铁、极靴、圆柱形铁心等组成。按照永久磁铁的磁路结构又分为内磁式、外磁式和内外磁式3种，内磁式的结构是永久磁铁在可动线圈的内部；外磁式的结构是永久磁铁在可动线圈的外部；内外磁式的结构是在可动线圈的内、外部都有永久磁铁，产生均匀、恒定的磁场，可使仪表的结构尺寸更为紧凑。

可动部分由绕在铝框上的可动线圈、线圈两端的转轴、指针、平衡重物、游丝等组成。整个可动部分的转轴被固定在支架的轴承上。马蹄形的永久磁铁位于可动线圈外面，圆柱形的可动线圈位于永久磁铁两块半圆形的极靴之中。磁电式仪表的外形与结构如图3-2所示。

磁电式仪表的用途工作原理为：当被测的电流流过可动线圈时，通电的可动线圈会受到磁场力的作用，可动线圈产生电磁力矩，此电磁力矩就会产生绕中心轴转动的偏转力矩，线圈两端的轴就会带动指针偏转，线圈中通过的电流越大，产生的转动力矩也越大，因此指针转动的角度也大。转轴偏转时游丝也会发生弹性的形变，当可动线圈偏转的电磁力矩，与游丝形变产生的反作用力矩相平衡时，指针便停在相应位置，在面板刻度标尺上指示出被测数据。因极靴与可动铁心之间空气隙的长度是均匀的，产生磁场密度和方向也是均匀的，所以指针偏转的角度与流经线圈的电流成正比。

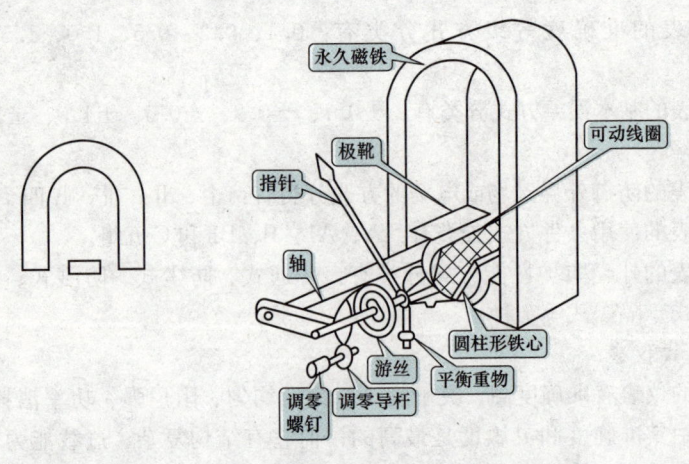

图 3-2 磁电式仪表的标志符号、结构与外形

3. 电磁式仪表

电磁系仪表是一种交直流两用的电工测量仪表，电磁式仪表与磁电式仪表，它们的区别在于磁电式仪表反映的是平均值，直接的被测量是直流电流或电压，仪表的指示刻度盘数值基本上是均匀的；而电磁式仪表反映的是有效值，直接的被测量为直流和交流，以及非正弦电流、电压的测量，仪表的指示刻度盘数值是由密变疏的；但电磁式仪表的测量灵敏度和精度都不及磁电式仪表高，而功耗却大于磁电式仪表。

电磁式仪表主要由固定部分的圆形线圈、线圈内部有固定的铁片、可动部分固定在转轴上的可动铁片、转动轴、指针、游丝、零位调整装置等组成。当圆形线圈中有电流通过时产生较强的磁场，固定和可动的两片软磁性材料铁片同时被磁化并呈现同一极性，由于两铁片磁极同性相斥的磁场作用力，线圈与铁心（吸引型）或铁心与铁心（排斥型）相互作用产生转动力矩，动铁片便带动转轴（指针）产生偏转。当偏转力矩与游丝形变的反作用力矩平衡静止时，通过指针在刻度盘上获得电流值的数据。

吸引型的转动力矩取决于固定线圈的磁场和可动铁片被磁化后的磁场强弱，而它们磁场的强弱又都与被测电流有关。转轴转动力矩的大小应与线圈磁势的平方成正比。排斥型的转动力矩取决于固定铁片和可动铁片被磁化后磁场的强弱，而它们的磁场也都与被测电流有关。转轴转动力矩的大小也应与线圈产生磁势的平方成正比。不管是吸引型或排斥型的电磁式仪表，其转轴的转动力矩与线圈磁势的平方成正比。吸引型或排斥型的电磁式仪表的结构如图 3-3 所示。

电磁式仪表按其工作原理，常用的有圆线圈排斥型和扁线圈吸入型两种类型，一般固定线圈是用粗导线绕制的，可以直接测量大电流，在未采用分流器时，其本身可以测量的最大电流约为200A，如需测量200A以上的电流，一般采用电流互感器来扩大量程。电磁式仪表适用于交、直电流的测量，还可以测量非正弦量的电流有效值。由于电磁式电流表的固定线圈是直接串联在被测电路中的，所以，要制造不同量程的电流表时，只要改变线圈的线径和匝数即可。电磁式仪表在测量电压时，测量机构是与分压电阻串联构成的，一般最大量程不会超过600V，如果要测量更高的交流电压时，仪表要采用电压互感器配合来扩大量程。电磁式仪表是测量交流电流与电压最常见的一种仪表，它具有结构简单、过载能力强、造价低廉及可交直流两用等一系列优点，因此电磁式仪表在电力工程，尤其是固定安装的测量中得到了广泛的应用。

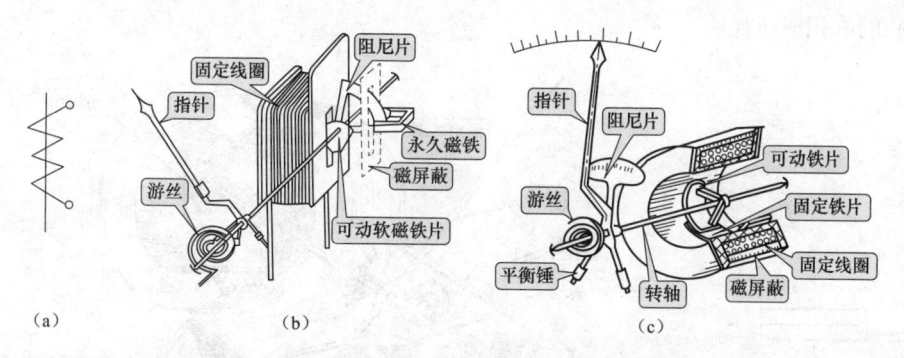

图 3-3 电磁式仪表符号与结构
(a) 电磁式仪表符号；(b) 电磁式吸引型结构；(c) 电磁式排斥型结构

电磁式仪表的优点为：价格低廉、过载能力较强、可以直接测量较大的电流，既可测量直流，又可测量交流。

电磁式仪表的缺点为：因指针的偏转角度与直流电流或交流有效值的平方成正比，为非线性的关系，所以，仪表标度尺上的刻度是不均匀的，易受外界磁场的影响，在直流测量时有铁片的磁滞损耗，在交流测量时有涡流效应，因此仪表的准确度较低。电磁系电流表通常分为安装式和可携式两种。

电磁式仪表的准确度不高，主要是由于电磁式仪表铁磁材料的磁滞损耗和涡流效应等原因造成的。随着科学技术的进步，各类新材料的应用，电磁式仪表的精度在逐步地提高，仪表的量程在不断地增加，仪表消耗的功率在逐渐地下降，频率扩展的范围越来越宽，在有的领域有替代电动式仪表的趋势。由于电磁式仪表的构造简单、成本低廉，在电工电气的测量中获得了广泛的应用，如各类开关板式的交流电流、电压表，基本上都采用这种仪表。

4. 电动式仪表

电动式仪表是利用通有电流的固定线圈产生磁场，来代替磁电式仪表中的永久磁铁，或电磁式仪表中的磁化材料的铁片。其固定线圈不仅可以通过直流电流，也可以通过交流电流,基本上消除了磁滞和涡流对仪表的影响,使电动式仪表的准确度得到了提高,可用于交流精密测量及作为标准表使用。所以,现在需要测量精确的电流、电压和功率时,大多采用电动式的仪表。

电动式仪表由固定线圈、可动线圈、空气阻尼密封箱、阻尼翼片、游丝、转轴、指针等组成。电动式仪表的符号与结构如图3-4所示。装在转轴上的可动线圈置于固定线圈之内,固定线圈和可动线圈在通过电流时,两个通电线圈之间产生磁场,两个线圈的磁场之间产生电动力,磁场电动力相互作用产生转动力矩,装在转轴上的可动线圈带动指针偏转,转动力矩与游丝产生的反作用力矩相平衡时,指针将停在某一位置,指示出被测电量值的大小,指针偏转的角度与两个电流(对交流为有效值)的乘积成正比。

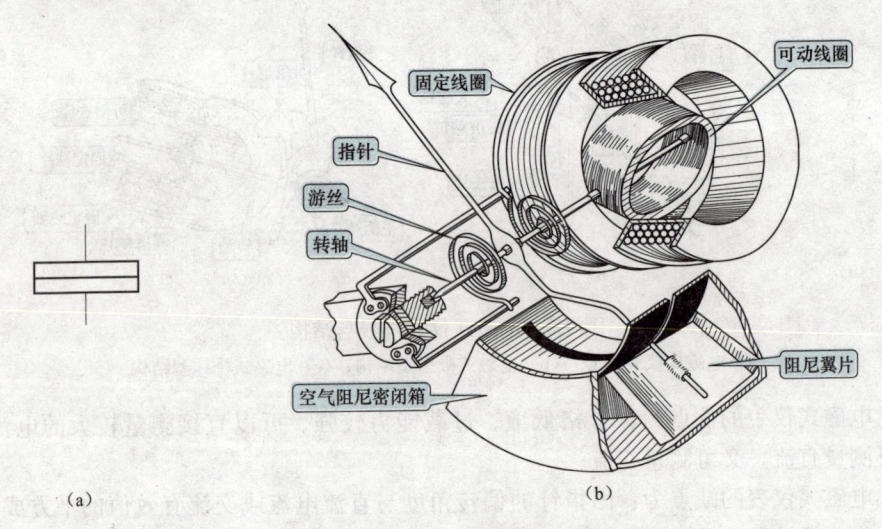

图3-4 电动式仪表的符号与结构
(a) 符号;(b) 结构

电动式仪表具有准确度高(可达到0.1级)、频率范围较宽(交流45～2500Hz)、可交直流两用、使用范围广等优点,电动式仪表不但能精确地测量电流、电压和功率,而且还可以测量功率因数、相位及频率等。电动式仪表正朝着提高灵敏度、降低功耗、扩大量程、降低成本和扩展频率范围的方向发展,所以,电动式仪表的用途广泛,在精密指示仪表中保持着明显的优势。

电动式仪表的缺点是自身功率损耗较大、过载能力差、价格较贵、刻度指示标尺不均匀、读数受外磁场影响大。

5. 整流式仪表

磁电式仪表在测量时具有灵敏度高和准确度高的优点,但它只能测量直流电量,而不能测量交流电量,这使它的应用受到限制。整流式仪表的工作原理为,利用整流电路的整流元件二极管的单向导电性能,将正弦交流的电量变为直流的电量,这样就可以用磁电式的仪表进行测量了。常用的整流电路有半波整流电路和全波整流电路两种。整流式仪表其实就是磁电式仪表与整流电路两部分的组合体,我们将这种由磁电式仪表与整流电路组成的仪表称为整流式仪表。整流式仪表的结构及与半波整流电路和全波整流电路的连接如图3-5所示。

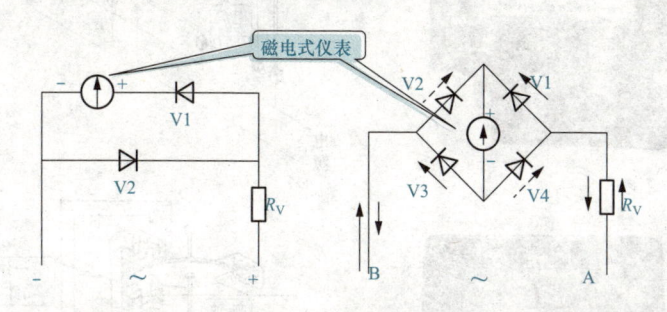

图 3-5　整流式仪表的结构及与半波整流电路和全波整流电路的连接

整流式仪表在测量交流时频率范围较宽,可以测量较高频率的正弦交流电流或电压,一般情况下,测量频率可达几千赫兹。整流式仪表的灵敏度高、功耗小、标度尺分度均匀。

因整流式仪表是按照正弦交流电量的有效值进行标度尺的刻度,所以,它适用于测量正弦交流的电量。如果用整流式仪表去测量非正弦交流的电量时,会产生"波形误差",将会对测量的数据产生较大的误差。同时,因为整流式仪表中整流二极管的特性受温度的影响较大,所以,整流式仪表的准确度会随着温度的升高而降低。

6. 感应式仪表

感应式仪表最常用的就是我们日常工作常见的电能表,电能表能够测量在某一段时间内,用电负载所消耗电能量的多少,现在普遍还是应用感应式的电能表。电能表由电压线圈、电压元件铁心、电流线圈、电流元件铁心、铝盘、永久磁铁、转轴、蜗轮、蜗杆、齿轮、计数器、校正装置轴承、支架、接线端子、盖板和表外壳等组成。单相电能表和三相电能表结构与外形如图3-6所示。

感应式电能表按照电源的相数分为单相电能表和三相电能表;按照计量电能的类型分为有功电能表和无功电能表;按照电源的接入方式分为直接接入式和经互感器接入式。

这里以单相电能表为例,单相电能表由驱动部分、转动部分、制动部分、积算部分等几个主要部分组成。电能表的驱动部分由硅钢片叠压而成的铁心、由匝数较多而截面较小的绝缘导线绕制的电压线圈、由匝数较少而截面较大的绝缘粗导线绕

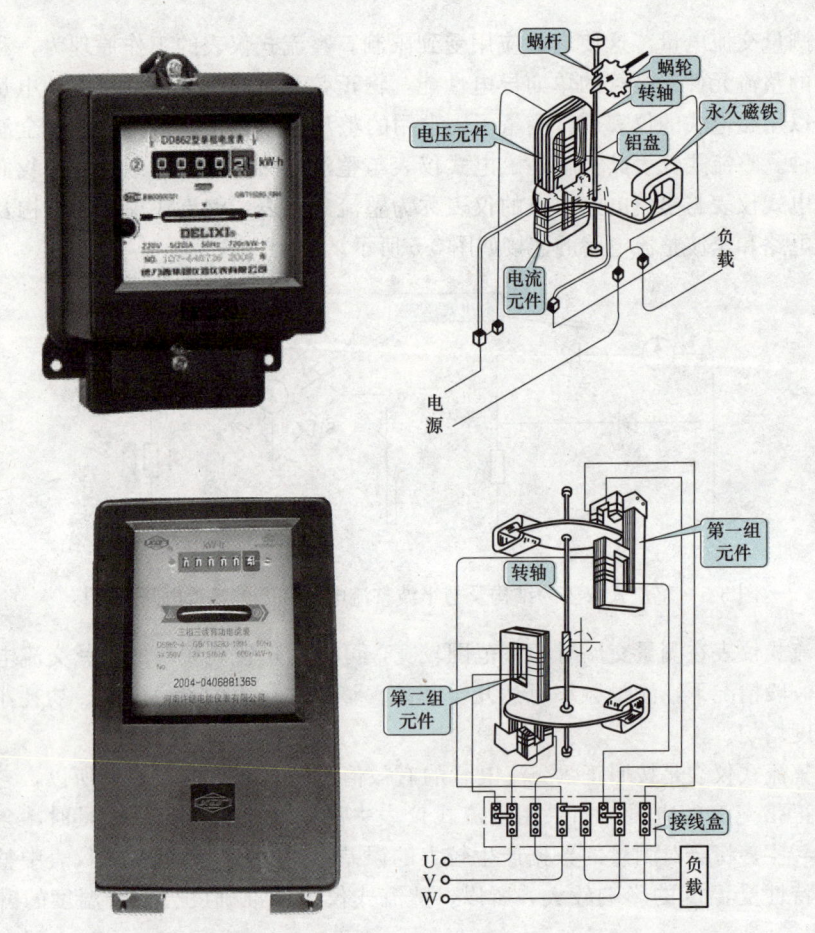

图 3-6 单相电能表和三相电能表结构与外形

制的电流线圈等组成,当电流线圈中通过交流电流时,与处在电压线圈与电流线圈铁心气隙中的铝盘构成磁回路,交变的磁通穿过铝盘,在交变磁通的作用下,会在铝盘上感应产生涡流,并产生电磁转动的力矩,推动铝盘转动。负载消耗的功率越大,通过电流线圈的电流就越大,铝盘中感应出的涡流也越大,使铝盘转动的力矩就越大,铝盘转动得也越快。转动部分由可转动的铝盘和装有传递转速的蜗杆转轴组成,其主要作用是在电压线圈和电流线圈产生电磁转动力矩,作用于铝盘产生转动的力矩而使其连续转动,电路中的负载电流越大,铝盘就旋转得越快,并通过蜗杆将铝盘转数传递给计数器记录。制动部分由磁铁和铝盘组成,为了防止铝盘因惯性而不断地加速转动,使得铝盘在不同转动力矩下产生不同的转速,铝盘必须有一个与速度成一定比例的制动力矩,铝盘在永久磁铁的磁场中转动,产生阻尼力矩,铝盘转动愈快,阻尼力矩愈大,只有阻尼力矩与转动力矩平衡时,铝盘才能匀速转动，使铝盘所受的平均转动力矩与负载消耗的有功功率成正比。积算部分由铝盘转轴上的蜗杆、蜗轮及计数器组成，用于累积铝盘的转数，最终通过计数器直接显示出被测电能的数值。这就是电能表计量电能消耗数值的工作原理。

三相电能表与单相电能表除电压线圈、电流线圈、接线端子的数量和接线方式不同外，其工作原理和内部结构均基本相同。电能表只能用于一定频率的交流电计量，规格有2A、4A、5A、10A、20A、40A等，还有电流扩展的电能表，如5A（10A）、10A（20A）、10A（20A）、20A（40A）等，括号内的安培数字就是其扩展量，表示为电能表的通过最大电流。

随着科学技术的发展与进步，现在又出现了电子式的电能表，其内部的工作原理和结构，与感应式的电能表完全不同，只是电能表的接线没有改变。电子式电能表由电压变换器、电流变换器、乘法器、U/F转换器、计数器、显示器等部分组成。因其作用是一样的，这里就不做过多的解释。另外，由上述类型仪表原理制造的测量频率、相位、电功率、功率因数、电阻、电感、电容等电量及参数的电工仪表，根据需要会在其他的章节内做相应的介绍。

7. 普通数字式显示仪表

数字式仪表就是用数字式显示的仪表，其内部电路分为模拟和数字两大部分。数字式仪表的模拟部分一般设有信号转换和前置放大电路、模拟切换开关等，其作用是将来自各种传感器或变换器被测量的输入信号，转换及放大成一定范围和幅值的电压值，提供给后级的数字电路。数字式显示仪表的核心部件一般由计数器、译码器、时钟脉冲发生器、驱动显示电路以及逻辑控制电路等组成。经放大后成一定函数关系的连续变化模拟量信号，经模拟/数字（A/D）转换器转换成为断续的数字量信号，经非线性补偿及标度变换电路，自动进行补偿和处理，再经译码器、驱动显示电路，送到显示器件去进行数字显示。常用的数字显示器件有发光二极管（LED）、液晶（LCD）显示器等。

数字式显示的仪表是将模拟信号转变为数字信号，再用数字逻辑集成电路中的计数器、译码器、驱动器和脉冲分配器等，将数字电路的二进制数转变为十进制数，最后用十进制数来使八段数码式的发光二极管（LED）或液晶（LCD）显示器显示。八段数码式显示器能够显示"0~9"的数字，此数字位称为"满位"；仅能显示"1"或不显示的数字位，称为"半位"或"1/2位"，在选择八段数码时要注意是否有小数点位。如我们常用的数字式万用表和工业用数字温度控制仪表，显示的位数多为3又1/2位，即可显示3个满位数和1个半位数，数字显示的范围为000~1999。

普通数字式仪表的种类繁多，有专用测量电量类型的数字式仪表，如数字式万用表、数字式电压表、数字式电流表、数字式频率表、数字式功率表、数字式电容表等；也有测量非电量类型的数字式仪表，与各种传感器或变送器配套后（如数字式温度表、数字式转速表、数字式压力表等），还可用于显示某种物质的流量、物质

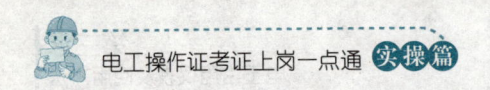

的位置变化、某种物体的浓度、某种物质成分的变化等不同的参数。

数字式显示仪表与模拟式（机械式）仪表比较有下列的特点：

（1）数字式显示仪表是以数字直接进行显示，读数直观、清晰、方便、准确，不会因读表时所处位置不同而产生视差，也不容易产生读数时的误差。

（2）数字式显示仪表从输入到输出都没有机械传动部分，是采用脉冲数字技术，测量的速度快，利于高速度的自动控制，测量时的准确度高、分辨率高、抗干扰能力、灵敏度高、接近于理想型的仪表。

（3）因数字式显示仪表内部无机械的转动装置，环境适应能力强，所以，在耐过载、耐冲击、耐高温、耐振动等方面要比其他仪表好。

（4）因数字式显示仪表是采用数字技术，很容易进行数字信号的扩展应用，便于进行数值信号的控制、数值信号的传输和数字的打印。因其本身是数字信号，也便于与计算机进行输入联机，进行更高层次及范围的控制。

（5）数字式显示仪表可以方便地实现多点测量，可对被测参数自动测量、显示、报警、输出控制信号等。

（6）数字式显示仪表的信号可以将测量结果进行远距离传输，因模拟量的信号进行远距离传输易受到干扰，对信号的传输质量有比较严重影响。但数字信号的抗干扰能力强，在传输中不易受到外界的干扰。

（7）数字式显示仪表的内阻很大，是属于兆欧级的，有的仪表输入阻抗可达到25000MΩ，在测量时对被测电路影响很小，但仪表消耗的功率较小。

因数字式显示仪表具有上面的这些优势，加上半导体器件生产的日益成熟，以及超大规模的集成电路的大量运用，使数字式显示仪表的功能越来越齐全而价格也在逐年地下降，所以，近年来数字式显示仪表应用领域越来越广泛，大有取代模拟式（机械式）仪表的势头。

但数字式显示仪表也有它的缺点，因数字式显示仪表的内阻很大，这极高的输入阻抗极易使其受外界感应信号的干扰，在一些电磁干扰比较强的场合测出的数据可能是虚的。在测量变化的信号时，数字显示变化的过程看起来很杂乱，不太容易看清楚，特别是有接触不良现象时，不容易判断出是因为哪种原因造成的，有的时候还会引起误判。另外，因数字式显示仪表是由非线性的半导体材料制造的，在测量非线性元件（如晶体管、集成电路等）时，会产生很大的测量误差［与模拟式（机械式）仪表比较］，没有模拟式（机械式）仪表准确，这也是数字式显示仪表较大的不足之处。

8. 智能式数字显示仪表

随着普通数字式显示仪表的不断普及，数字式显示仪表的应用领域起来越广泛，近年来数字技术和微计算机技术得到高速的发展，以微处理器（单片机）为核心的智能式数字显示仪表正越来越广泛地应用到工业生产、民用家居、军事建设、交通运输等领域中，实现操作自动化和动作的程序化控制。智能式数字显示仪表凭借其体积小、功能强、低功耗等优势，迅速地在工业控制、民用电器和科研单位中得到了广泛的使用。

智能式数字显示仪表与普通数字式显示仪表最大区别在于它可以通过预先设定、现场输入、现场采集等多种方式，或与各种传感器、变送器相互配合，对电量、压力、物位、液位、流量、温度等参数进行测量，经过微处理器对测量到的数据自动进行分析与处理，再通过总线对各部件进行智能化控制，并最终直接以数字形式显示被测结果。智能数字显示仪表的显示分为 LED 发光二极管显示和 LCD 液晶显示两种类型。

智能式数字显示仪表主要由工业专用微处理器、模数（A/D）转换器、EEPROM 存储器、显示控制器、液晶显示器、键盘控制器、传感器、通信接口、开关电源、电源开关、机壳、输入和输出端子等部分组成。智能式数字显示仪表的工作原理是将各类传感器、变送器传输的测量信号，经前级处理送至模拟开关，在微处理器的控制下分别送至调理电路变换成适当的电压信号，经 A/D 转换后成为数字信号，经过微处理器中设定的软件运行程序，进而控制各种各样的执行对象，实现对工业、民用等电气设备的智能化控制。

智能式数字显示仪表的优势是，采用了高集成度的 IC 芯片和先进的 SMT 表面元件贴装工艺及独特的电路屏蔽技术，使仪表具有超强的抗干扰能力和可靠性，可在有电磁干扰环境下长期稳定工作；采用模块化的通用电路结构，通过简便的模块卡入式组合结构，实现仪表的各种控制功能的变换，使仪表的通用性和灵活性显著增强；具有掉电保护功能，存储器掉电后数据可保存 10 年，实现超大容量信息存储，并可随时在仪表上重现各种现场数据；具有超量程、短断线、传感器等故障的自诊断功能；配有 RS-232/RS-485 或 RS-422 通信接口，可以通过通信接口与上位计算机联网组成控制系统；采用万能输入跳线设置，可以输入多功能的各类信号，具有故障自检信号输出功能，以及冷端补偿、满度修正、数字滤波、动态校零技术、打印接口、自动温度补偿和自动校零时系统。智能式数字显示仪表拓宽了其在应用方面的范围，能应用到许多以前传统仪表所不能的地方，是今后仪表发展的趋势。

第二节 电工常用仪表

电工在进行实际操作时，经常要对电气设备或线路的各种电气数据进行测量，这就要求电工要掌握和熟悉常用电工仪表的原理和使用。电工学习常用仪表的内容时，首先要了解常用电工仪表的基本结构，如在学习常用仪表的结构时，只要知道常用仪表怎么样进行工作，即常用仪表的工作原理就可以了，特别是常用仪表内部

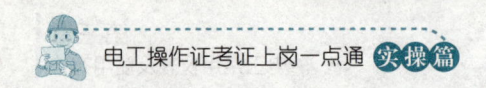

制造的结构知识，开始时不要过多地去了解，以免分散学习的精力，可放在以后有时间再去学习也不晚。要将学习的重点放在常用电工仪表的测量与使用的实际知识上，如常用电工仪表如何进行校表，工作中具体的测量方法，怎样保证测量的准确性和测量精确度，怎样保证不造成仪表的损坏等实际使用知识。

一、万用表

万用表是一种多功能、多量程的便携式电工仪表，是测量电压、电流、电阻3大参数的仪表，所以，也称为万用表，一般的万用表可以测量直流电流、直流电压、交流电压和电阻等。有些万用表还可测量电容、电感、温度、二极管导通电压、晶体管共射极直流放大系数 h_{FE} 等。所以万用表是电工必备的仪表之一。万用表可分为指针式万用表和数字式万用表。但要注意作为电工新手，先主要是学习万用表的正确使用，而不是万用表的维修。

1. 指针式万用表

指针式万用表主要由表头、电子电路、转换开关、调零旋钮、外壳、刻度盘、表笔、插口及干电池等部分组成。指针式万用表的外形与结构如图3-7所示。高灵敏度的磁电式直流微安表是指针式万用表最关键的部件，它直接关系到指针式万用表的制造价格、测量的灵敏度和准确度，表头满刻度电流为十几微安至几百微安，表头的满刻度电流越小，其灵敏度越高，表头的价格就越高，表头特性也就越好。转换开关的作用是，根据测量时不同类型和大小的信号输入量，切换到不同的电子测量电路，以实现测量多种电量和多种量程的切换选择。

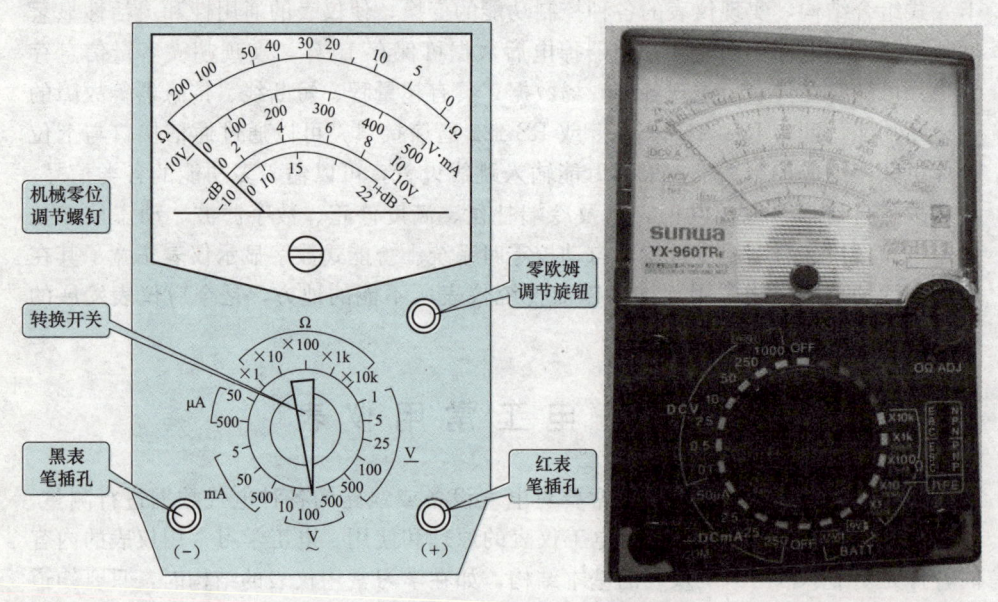

图3-7　指针式万用表的外形与结构

指针式万用表与数字式万用表相比，指针式万用表的精度要差一些，但指针式万用表指针摆动的过程比较直观，其摆动速度与幅度有时也能比较客观地反映被测量的大小。在测量电压时指针式万用表的内阻相对数字式万用表来说比较小，在测量电流时指针表式万用表的内阻相对数字式万用表来说比较大，所以，测量的精度相对来说要差一些。现在常用的普及型指针式万用表型号有 MF-10、MF-14、MF-20、MF-30、MF-35、MF-47、MF-500 等，精度较高的 MF-18、MF-12 已经极少见了。市场上现有很多日本、中国台湾等的型号，如 DE、SK、SP、SH、CX、CS、YX 等，型号规格较多这里就不多述了。

随着数字万用表的普及，指针式万用表现在使用的人越来越少了，但有的电工不知道，指针式万用表有一个优点是数字式万用表无法替代的，就是指针式万用表在测量非线性元件（如晶体管、集成电路等）时，它的准确度较高，并且可模拟测量管子的好坏，误判率相当低，这一点是数字式万用表无法比拟的。所以，我们测量这类元件时，用指针式万用表要准确得多。但在测量时要特别注意，测量非线性元件时，红表笔与黑表笔所显示的极性与实际的极性刚好相反。

指针式万用表在测量电阻、电压、电流等参数时，对测量的数据要进行一定的换算，没有数字式万用表显示得直观。指针式万用表的内阻相对数字式万用表来说比较小，测量的数据误差较大，最大时可达到 10% 左右，并且测量的参数类型有限。指针式万用表还有一个优势，就是测量时指针摆动的过程比较直观，特别是有脉动的电压或电流时，指针轻微抖动的幅度反映了被测量幅度的大小，绝对不会出现感应电压的误判，这一点是数字式万用表无法做到的，数字式万用表只能看到数字杂乱地跳动，与接触不良的结果很相似。指针式万用表以上的两个优势也是数字式万用表无法替代指针式万用表的关键所在。建议电工新手先配一块价格低廉、使用方便的数字式万用表，待以后学习电子电路时，再配一块价格较高、性能较佳的指针式万用表。

指针式万用表内一般有两块电池，一块是低电压的（1.5V），一块是高电压的（9V 或 15V），在电阻挡时指针式万用表输出电流相对数字式万用表来说要大很多，用 $R\times 1\Omega$ 挡可以使扬声器发出响亮的"哒"声，可以方便地测试晶闸管、发光二极管等，用 $R\times 10k\Omega$ 挡甚至可以点亮发光二极管（LED）。

指针式万用表的表头是灵敏电流计。表头上的表盘印有多种符号、刻度线和数值。符号 A-V-Ω 表示这只电表是可以测量电流、电压和电阻的多用表。表盘上印有多条刻度线，其中右端标有"Ω"的是电阻刻度线，其右端为零，左端为∞，刻度值分布是不均匀的。符号"—"或"DC"表示直流，"～"或"AC"表示交流，"≃"表示交流和直流共用的刻度线。刻度线下的几行数字是与选择开关的不同挡位相对应的刻度值。

万用表的表笔分为红、黑两支。使用时应将红表笔插入标有"+"号的插孔，

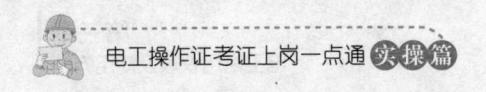

黑表笔插入标有"—"号的插孔。

指针式万用表的使用注意事项如下：

1）在测量较高电压或大电流时，不能带电转动转换开关，避免转换开关的触头因转动产生的电弧而被损坏。如需要换挡，应先断开表笔，再去换挡然后进行测量。在测量直流量时，要注意表笔的正、负极性，以免指针反转。

2）在使用万用表的过程中，不能用手去接触表笔的金属部分，以免影响测量的准确性，另一方面要确保人身安全。

3）万用表在使用时，必须按要求放置，"Π"表示水平放置，"⊥"表示垂直使用，以免造成误差。同时，还要注意到避免外界磁场对万用表的影响。

4）测量前要对万用表进行机械调零，测量电阻时要进行表笔短路欧姆校零，挡位变换时要重新进行欧姆校零。

5）使用前应充分了解万用表的性能和各条标度尺的读法及转换开关等部件的用法，要注意各条标度尺与测量时的换算关系。应根据被测量的大小选择合适的量程，应使指针位于满刻度的 2/3 左右。当被测量的大小无法判断时，应从最大量程位置逐渐减小到合适的测量挡位。

6）万用表使用完毕，应将转换开关置于空挡或交流电压的最高挡。如果长期不使用，还应将万用表内部的电池取出来，以免电池流液腐蚀表内器件。

7）应在干燥、无振动、无强磁场、环境温度适宜的条件下使用和保存万用表。

（1）欧姆挡的使用。用万用表测量电阻时，要注意不能带电测量。先要选择合适的倍率，使指针指示在 1/3～2/3 的位置，不要指示在表盘的左右两边，以免造成较大的误差，将测量时指针所标识的读数乘以量程的倍率，这才是所测的电阻值。在使用前要机械调零和欧姆校零，每次换挡后，都要进行欧姆校零，在线测量时被测电阻不能有并串联支路，以免影响测量的数据。在测量电阻时，不可将手指捏在电阻两端，这样人体电阻会使测量结果偏小。

测量晶体管、电解电容等有极性和非线性元件的等效电阻时，必须注意两支表笔的极性。用万用表不同倍率的欧姆挡测量非线性元件的等效电阻时，测出的电阻值是不相同的。这是由于各挡位的中值电阻和满度电流各不相同造成的，对于指针式万用表，一般倍率越小，测出的阻值越小。

（2）万用表测直流电压时。测量前先进行机械调零，再根据实际测量的电压值选择合适的量程挡位。当不知测量的电压值时，从万用表的最大电压量程开始测量，逐步递减挡位。测量时注意万用表红、黑表笔要与被测电压的极性相符，避免指针反打而损坏表头。

测量电压时，万用表的指针指示在 1/3～2/3 的位置。在测量万用表的扩展挡时，黑表笔不动，红表笔插入电压扩展挡的孔内，但测量完后，一定要记住将红表笔复位。

（3）万用表测直流电流时。测量前先进行机械调零，再根据实际测量的电流值选择合适的量程挡位。当不知测量的电流值时，从万用表的最大电流量程开始测量，逐步递减挡位。应将万用表串联在被测电路中，即将万用表红、黑表笔串接在被断开的两点之间，因为只有串联才会使流过电流表的电流与被测支路的电流相同。测量时注意万用表红、黑表笔要与被测电流的极性相符，避免指针反打而损坏表头。

测量电流时，万用表的指针指示在 1/3～2/3 的位置。在测量万用表的扩展挡时，黑表笔不动，红表笔插入电流扩展挡的孔内，但测量完后，一定要记住将红表笔复位。

（4）万用表测交流电压、电流时。用万用表测量交流电压、电流时，与上面测量直流电压、电流的程序是一样。所不同的是，测量交流电时，挡位要打到交流的相应挡位上。另外一个不同的是，在交流电压、电流测量时，万用表的红、黑表笔没有极性之分。

（5）万用表测电容时。测量电容时要用电阻挡，主要是看万用表内的电池对电容的充电电流的大小，来判断电容的容量。但要注意对于 1000pF 以下的电容，因电容量太小，指针式万用表一般测量不出来，如 1000pF 的电容，万用表的表针只有轻微的摆动。所以，指针式万用表只能测量 1000pF 以上的电容。

在测量时要注意对于电解电容红表笔要接电容负极，黑表笔要接电容正极。对于电容的容量，也是凭经验或参照相同容量的标准电容，根据指针摆动的最大幅度来判定，一般用对比法来进行比较。例如，估测一个 $100\mu F/250V$ 的电容可用一个 $100\mu F/25V$ 的电容来参照，只要它们指针摆动最大幅度基本一样，即可断定容量基本一样，所参照电容的耐压值不考虑，只要容量相同即可。电阻的挡位越小，充电的速度越快，对于大容量的电容可先用小挡位，然后再用高阻挡位来测量，看指针是否停在或十分接近∞处。如果有一定的电阻，指针不能回返接近∞处，说明电容有漏电就不能使用。对于有极性的电容，表笔不能接反，否则万用表的指针不能返回接近∞处。

（6）万用表测二极管时。二极管最明显的特性就是它的单向导电特性，电流只能从二极管的正极流向负极，而不能从负极流向正负极。二极管按其用途不同可分为整流二极管、检波二极管、稳压二极管、变容二极管、光敏二极管。二极管的三角形箭头符号可指示出其极性，二极管的符号如图3-8所示。

二极管按其制作材料的不同可分为锗二极管和硅二极管；按其制作工艺的不同可分为点接触二极管和面接触二极管；按封装形式有玻璃封装的、塑料封装的和金属封装的等几种。

图3-8 二极管的符号

二极管的极性一般会用不同颜色的"点"或"环"来表示，有的直接标上"—"号。

用机械式万用表来对二极管进行测量时，红表笔接二极管的负极，黑表笔接二极管的正极时，将黑表笔接二极管负极，红表笔接二极管正极，这时万用表会显示反向截止。如果万用表二次测量均显示电阻很小，说明二极管已经击穿了；如果万用表二次测量均显示电阻很大，说明二极管已经断路了。注意：机械式万用表的内部，黑表笔接的是内部电池的正极，红表笔接的是内部电池的负极。但数字式万用表的内部，黑表笔接的是内部电池的负极，红表笔接的是内部电池的正极，这在二极管、晶体管的测量中要加以注意。用数字式万用表来测量发光二极管，因表内的电池电压较高，大部分万用表都可使发光二极管发光（发光二极管的导通电压约为2V），其引脚长的一端为正极。但因数字式万用表由非线性元器件组成，所以在测量在二极管、晶体管时，不是很方便和准确，这在使用中要加以注意，最好还是用机械式万用表进行测量。

用机械式万用表欧姆挡"Ω"判断二极管的极性时，注意"+"插孔是接表内电池的负极，"−"插孔是接表内电池的正极。要选用"$R\times 100$"挡，或"$R\times 1k$"挡测量，将万用表的两支表笔分别接于二极管的两引脚，二极管的正向电阻很小，一般为几十欧至几百欧，而反向电阻很大，一般为几十千欧至几百千欧。若测量二极管的正、反向电阻相差很大，则说明二极管的单向导电性能良好。如果测量二极管的正、反向电阻的阻值均很大或很小，就说明二极管有问题，不能使用了。

利用二极管单向导电的特性，常将二极管作为整流器，把交流电变为直流电。二极管也可用来做检波器，把高频信号中的有用信号"检出来"。用于稳压电路的稳压二极管，可作为基准电压使用。还有许多用于数字电路的开关二极管、用于调谐电路的变容二极管、用于显示电路的光电二极管等。

二极管的主要参数有：最大整流电流（指二极管长期运行时允许通过的最大正向平均电流）、最大反向工作电压（指正常使用时允许加在二极管两端的最大反向电压）、最高工作频率（指二极管的最高使用频率）。

（7）万用表测晶体管时。半导体晶体管也称为晶体管，可以说它是电子电路中最重要的器件。它最主要的功能是电流放大和开关作用。晶体管有3个电极。二极管是由一个PN结构成的，而晶体管由两个PN结构成，共用的一个电极称为晶体管的基极（用字母b表示），其他的两个电极成为集电极（用字母c表示）和发射极（用字母e表示）。由于不同的组合方式，形成了一种是NPN型的晶体管，另一种是PNP型的晶体管，如图3-9所示。晶体管的种类很多，并且有不同的型号，各有不同的用途。晶体管大多是塑料封装或金属封装，其电路符号有两种：有一个箭头的电极是发射极，箭头朝外的是NPN型晶体管，而箭头朝内的是PNP型。实际上箭头所指的方向就是电流的方向。

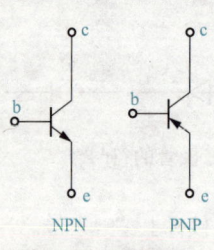

图3-9 晶体管

晶体管的重要参数就是电流放大系数 β。当晶体管的基极上加一个微小的电流时，在集电极上可以得到一个是注入电流 β 倍的电流，即集电极电流。集电极电流随基极电流的变化而变化，并且基极电流很小的变化可以引起集电极电流很大的变化，这就是晶体管的放大作用。晶体管有 3 个工作区，分别是截止区、放大区、饱和区。晶体管在截止区时，其发射结、集电结反偏，晶体管没有电流放大作用，$I_C\approx0$，晶体管 C、E 间相当于开路；晶体管在放大区时，其发射结正偏、集电结反偏，晶体管有电流放大作用，$I_C=\beta I_B$，输出曲线具有恒流特性；晶体管在饱和区时，其发射结、集电结处于正偏，晶体管失去放大作用，晶体管的 C、E 之间相当于通路。还要注意的一点是，晶体管的基极有一死区电压，硅晶体管为 0.7V 左右，锗晶体管为 0.3V 左右，即不是在基极上加了电压就能够使晶体管导通，在晶体管基极所加的电压必须要大于上述的电压才行。

晶体管按其用途又分为低频管、中频管、高频管、超高频管；按功率可分为小功率管（功率小于 1W）、中功率管、大功率管和开关管等；按封装形式分有玻璃壳封装管、金属壳封装管、塑料封装管等。

晶体管的测量，用万用表的 $R\times100$ 或 $R\times1k$ 挡，因晶体管的 b、e 极与 b、c 极之间是一个 PN 结，就先测量出晶体管的基极 b 极，将万用表的任意一表笔先固定在晶体管的某一个极上，对另两个极进行测量，反复地进行测量后，如果固定在晶体管的某一个极上，测量另外两个极的阻值是同时大或同时小的，那固定的这个极就是基极 b 极。

找出基极 b 极后，就要确定晶体管是 PNP 型，还是 NPN 型的。如果用红表笔放在基极 b 极上，黑表笔分别测量另外两个极，如果同时是小阻值，晶体管就是 PNP 类型的；如果同时是大阻值，晶体管就是 NPN 类型的。

确定晶体管是 PNP 型，还是 NPN 型的类型后，就要确定晶体管的发射极与集电极。现举例已经确定晶体管是 NPN 型的，基极 b 极也确定了。这时将红表笔和黑表笔放在另外的两极上，这时手指的皮肤掐在黑表笔上，同时用手指的皮肤去碰触基极 b 极，这时要记住表针的摆动幅度。交换红表笔和黑表笔继续测量另外的两极，还是手指的皮肤掐在黑表笔上，同时用手指的皮肤去碰触基极 b 极，这时又要记住表针的摆动幅度。选择万用表的表针摆动幅度大的一次，红表笔是晶体管的发射极 e 极，黑表笔就是集电极 c 极了。

如果测量晶体管的数据与上面的数据不符，如测量基极与另外的两极，阻值不是同时大或同时小，而是一大一小，那就是晶体管已经损坏了或测量不正确。如果正向的电阻为零的话，则是晶体管已经击穿了。如果正向的电阻为无穷大的话，则是晶体管已经击断了。晶体管的发射极 e 极与集电极 c 极电阻很小，也说明晶体管已经击穿损坏了。

2. 数字式万用表

数字式万用表也称为数字式多用表，随着大规模集成电路、数字技术、液晶及LED显示技术的高速发展，近年来数字式万用表的使用量在某些领域有取代机械式万用表之势。数字式万用表具有显示清晰、数据直观、读数方便、高准确度、功能齐全、分辨率高、输入阻抗高、过载能力强、测量速率快、自动判别极性、自动调零等优点，基本接近为理想型仪表。有的数字式万用表还增加了二极管正向导通电压测量、晶体管放大倍数及性能测量、电容容量测量、频率测量、温度测量、数据记忆及语音报数等功能，给实际测量工作带来很大的方便，已被广泛应用于电工及电子的测量。

数字式万用表主要由LCD液晶显示屏、大规模集成电路芯片ICL7106或7107、外围电子电路、转换开关、电源开关、背光开关、电容测量插孔、COM（公共地）插孔、电流插孔、V/Ω插孔、外壳、表笔等组成。数字式万用表的核心部件大都是采用ICL7106、7107、7129、7135等大规模集成电路为主芯片，该芯片内部包含有双斜积分A/D转换器、显示锁存器、七段译码器、显示驱动器等。数字式万用表的外形如图3-10所示。

数字式万用表的工作原理与指针式万用表有根本的不同，指针式万用表的表头指针的摆动，主要是依据通过表头线圈直流电流值的大小；而数字式万用表显示的数值，是依据测量时的直流电压值的大小。数字式电压表的测量原理，是其内部有一个基准电压（100mV或200mV），将测量的各类信号的数据全部转换为直流的电压量信号，再与表内的基准电压进行比较，最后将比较后的结果用数字在显示屏上显示出来。

图3-10 数字式万用表的外形

数字式万用表的核心是由集成电路芯片将双积分A/D转换器、显示逻辑控制器集成在一起，配以其他电子器件及液晶显示器组成单一量程的直流数字式电压表，它相当于指针式万用表中的磁电系表头，数字式万用表的整体性能主要是由此数字表头的性能决定的，A/D转换电路的性能从根本上决定了数字式万用表所有的特点。数字式万用表是由数字电压表配上相应的功能转换电路构成的，很多普及型的数字式万用表都是用基本量程为200mV的直流数字电压表作表头扩展而成的。

所以，数字式电压表是数字式万用表的核心，A/D转换器是数字式电压表的核心，不同的A/D转换器可构成不同类型的数字式万用表，数字式万用表是在数字电压表的基础上扩展而成的。数字式电压表只测量直流电压的数字信号，其他的测量参数必须转换成和其自身大小成一定比例关系的直流电压后才能被测量，对于测量的连续变化的模拟量参数，采用数字化转换技术（双斜积分A/D转换器）将直流模拟电压量转换为数字电压量，A/D 转换电路按照与基准电压比较的原理，可分为直接比较型和间接比较型两大类。但从比较的本质上来讲，A/D 转换的过程实际上都是模拟输入电压与电压表的参考电压（或称基准电压）的比较过程。在直接比较型 A/D 转换电路中，这一比较过程是直接完成的，而间接比较型 A/D 转换电路则要首先将模拟输入量与基准电压转换成某种中间量（如时间、频率等），然后再通过中间量的比较完成转换过程。将它转换为不连续、离散的电压数字信号，然后通过电子计数器计数，最后把测量的结果用数字直接显示在显示屏上。数字式万用表就可以对交、直流电压，交、直流电流，电阻，电容及频率等多种参数进行直接测量。数字式万用表的测量过程如图 3-11 所示。

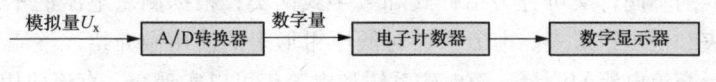

模拟量 U_x → A/D 转换器 → 数字量 → 电子计数器 → 数字显示器

图 3-11 数字式万用表的测量过程

　　数字式万用表与指针式万用表相比，其各项性能指标均有大幅度的提高。数字式万用表电压挡的内阻很大，至少在兆欧级，对被测电路影响很小。但其极高的输出阻抗使其易受感应电压的影响，在一些电磁干扰比较强的场合测出的数据可能是虚的。数字式万用表读数直观，但在测量时数字变化的过程看起来很杂乱，不太容易看清楚。数字式万用表内部常用一块 9V 的电池。

　　数字式万用表的红表笔应插入标有"＋"的插孔，黑表笔插入"－"的插孔。数字式万用表与指针式万用表不同，数字式万用表的红表笔接内电池的正极，黑表笔接内部电池的负极。数字式万用表测量电阻、电压、电流时，与指针式万用表的测量一样，没有什么区别。但它有一些功能是指针式万用表没有的，例如，专用的电容测量挡可以直接测量出电容的容量；二极管及通断测试挡测量二极管时，可以显示二极管的正向压降值，单位为 V，若二极管接反，则显示为"1"；测量线路的通断时，将表笔连接在待测线路的两端，如蜂鸣器响则电路为通，反之电路为断开。

　　数字式万用表的类型和型号多达上百种，按测量时量程的转换方式分类，可分为手动量程数字式万用表、自动量程数字式万用表和自动/手动量程数字式万用表；按用途和功能分类，可分为低挡普及型数字式万用表、中挡数字式万用表、智能数字式万用表、多重显示数字式万用表和专用数字式仪表等；按形状大小分，可分为袖珍式和台式两种。

　　但有一点要注意，就是万用表在显示为"1"时，就说明测量的数值太大，无法显示，要换大的挡位进行测量。要注意电池使用情况。当欧姆挡不能调零（指针表）或屏幕显示缺电符号（数字表）时，应及时更换电池，虽然任何标准 9V 叠层电池都能使用，但为延长使用时间，最好使用碱性电池。另外，因数字式万用表是依靠内部电池工作的，9V 叠层能量有限，只能工作 40h 左右，所以，一定要记住在使用完

77

结后，要将数字式万用表的电源开关断开，否则，电池内的电很快就用光了，这一点与指针式万用表不一样。数字式万用表要使用质量较好的电池，以避免电池待久了或电池电量用完了产生漏液，腐蚀表内的部件，这就会因小失大了，记住！

电工新手在使用数字式万用表时，最容易犯的错误就是在测量电压时，没有注意电压的类型。数字式万用表对交流常用 AC 来表示，对直流常用 DC 来表示，电工新手在测量是往往只注意了电压的挡位，没有注意电压的类型，在测量中经常出现测量的数据误差很大或没有数据显示的情况，这时就要注意是否是电压的类型搞错了。

二、钳形电流表

钳形电流表按结构和工作原理的不同，分为整流系和电磁系两类；根据测量结果显示形式的不同，又可分为指针式和数字式两类；根据测量电压的不同，又分为高压钳形表和低压钳形表。本节只针对低压钳形表的使用做介绍。整流系钳形电流表只能用于交流电流的测量。而电磁系钳形电流表可以实现交、直流两用测量。

通常用普通电流表测量电流时，需要将电路切断与电流表串接后，才能进行电流的测量，这样测量是很麻烦和不方便的。现在使用钳形电流表就方便多了，它的最大特点是无需断开被测电路，就能够实现对被测导体中电流的测量。该表结构简单、携带方便，在电气工作中得到广泛应用。

1. 指针式钳形电流表

指针式钳形电流表也称为机械式钳形电流表，简称为钳型电流表或钳形表。指针式钳形电流表的测量精度不高，使用的时间已经很长了，也可以说是一种老式的钳形电流表了，现在使用得越来越少了。指针式钳形电流表由一只能开合的穿心式电流互感器、量程转换旋钮、钳形扳手和一只整流式或电磁式反作用力仪表组成。其结构与外形如图 3-12 所示。

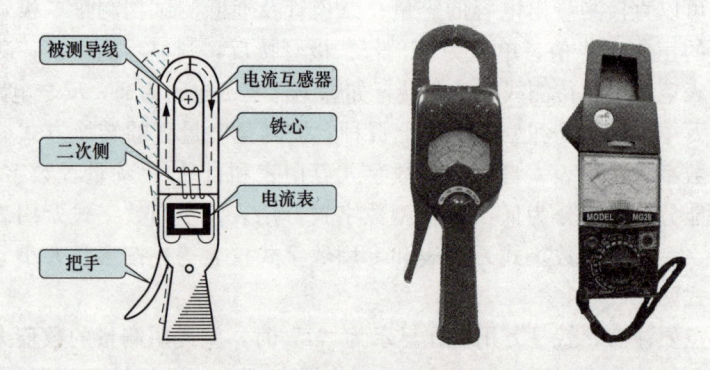

图 3-12 指针式钳形电流表的结构与外形

指针式钳形电流表的准确度较低（通常为 2.5 级或 5 级），其最基本的作用是测量交流电流，最大的特点是在测量电流时无须切断电路，是在不切断电路情况下测量导线电流的可携式仪表，如在不切断电路的情况下，测量运行中的交流异步电动机的工作电流，从而很方便地了解电动机的工作状态。进行交流电流的测量时，可选用（整流系）的指针式钳形电流表，如需进行直流电流的测量，则应选用交直流两用（电磁系）钳形表。

指针式钳形电流表由穿心式电流互感器铁心制成钳形活动开口，其互感器的铁心有一活动部分在钳形表的上端并与钳形手柄相连，在捏紧铁心钳形扳手时可以张开，将待测量电流的导线放入到张开的活动钳口内，然后松开钳形扳手使铁心闭合。穿过铁心的被测电路导线就成为电流互感器的一次线圈（一匝），导线中通过电流时便在二次线圈中感应出电流，与二次线圈相连接的（整流系）电流表便可测量出被测导线中流过的电流值。在测量5A以下的小电流时，为了提高测量精度，在条件允许的情况下，可将被测导线多绕几圈，再放入钳口中进行测量，以改变互感器的电流比，此时实际电流应是仪表读数除以放入钳口中的导线圈数，这种钳形电流表一般用于测量5～1000A范围内的电流，量程范围由量程转换旋钮来进行转换。指针式钳形电流表测量导线电流如图3-13所示。

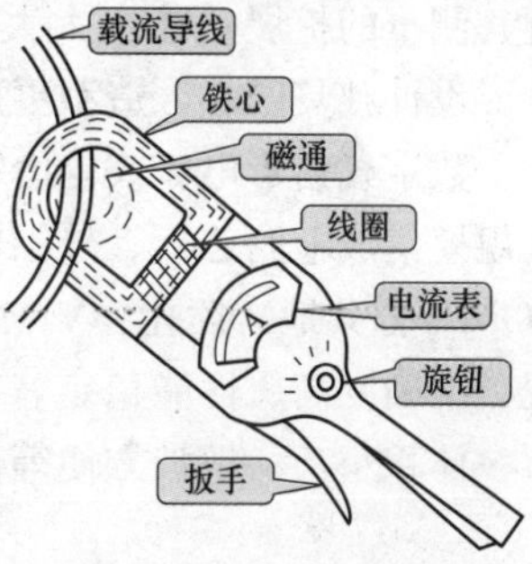

有的指针式钳形电流表是由能开合的穿心式电流互感器与指针式万用表组合而成的，这样指针式钳形电流表就有了其他的功能，可以测量交直流电压、电流、电阻、二极管、晶体管等。

指针式钳形电流表使用时的注意事项如下：

（1）为使测量读数准确，待测量的导线应放在钳口内的中心位置，应使铁心钳口的两个接触面保持接触良好和闭合紧密，如听到钳口发出电磁噪声，或把握钳形电流表的手有轻微振动的感觉，说明钳口端面结合不严密，此时应重新张、合一次钳口。如果噪声依然存在，应检查钳口端面有无污垢或锈迹，若有应将其清除干净，直至钳口结合良好为止。钳形表的钳口必须保持清洁、干燥。

图3-13　指针式钳形电流表测量导线电流

（2）在使用钳形表测量前，要正确选择表的量程，应先估计被测电流的大小，合理地选择正确的量程。如是无法估计其电流值，为防止损坏钳形电流表，将转换开关由最大量程逐步变换挡位，直到转换开关选择到适当的量程位置为止，改变量程时应将钳形电流表的钳口断开。转换开关在变换不同的量程时，应在不带电情况下进行，以免损坏钳形表。每次测量完毕后，应将量程转换开关拨到空挡或最大电流量程挡，防止下次使用时忘记选择量程，从而造成损坏仪表的可能。

（3）测量时，钳口每次只能钳入一相导线，不能同时钳入两相或三相导线。因为在三相平衡负载的线路中，每相的电流值相等。当钳口中放入一相导线时，钳形表指示的是该相的电流值；当钳口中放入两相导线时，该表所指示的数值实际上是两相电流的相量之和;如果三相同时放钳口,当三相负载平衡时,钳形电流表的读数为零。

(4) 使用钳形电流表测量时,钳口必须钳在有绝缘层的导线上,不得测量无绝缘层的导线,操作人员应注意与带电部位保持安全的距离,以防引起触电或发生短路事故。

(5) 使用钳形电流表时若指针没在零位,应进行机械调零。测量时应使读数超过刻度的1/2,以获得较准的测量数据。

2. 数字式钳形电流表

随着电子科技的高速发展,人们对于测量仪表的要求也越来越高,早期生产的测量电流的单一功能的测量仪表已经无法满足对测量精度及灵敏度的需要,体积小巧、准确度高、携带方便的多功能数字显示式仪表的出现,使测量变得更加方便。数字式钳形电流表的读数方便、清晰、直观、准确度和分辨率高,且体积小、价格也不高,得到比较广泛的使用。数字式钳形电流表测量的数据读数直观而方便,并且其测量的扩展功能也大大增加,如能够测量电阻、高阻抗、电压等参数,产品的外形设计独具匠心,造型更加美观,操作更加方便。

数字式钳形电流表,由钳形铁心、钳头扳手、电源开关、保持开关、转换开关、大规模集成电路芯片、外围电子电路、31/32位液晶显示屏、输入插孔、转换开关、COM(公共地)插孔、V/Ω插孔、外壳、表笔等组成。数字式钳形电流表有显示直观、准确度高、性能稳定、功能齐全、操作方便安全可靠、造型美观、过载保护能力、体积小巧、携带方便等优点。其结构与外形如图3-14所示。

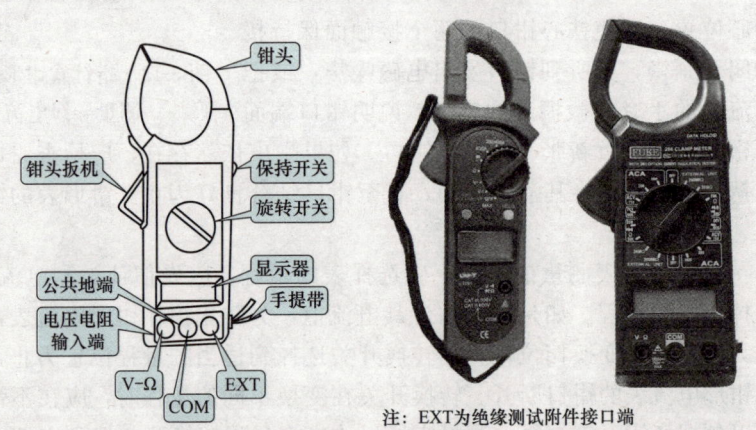

注:EXT为绝缘测试附件接口端

图3-14 数字式钳形电流表的结构与外形

数字式钳形表的显示虽然比较直观,但液晶屏的有效视角是很有限的,眼睛过于偏斜时很容易读错数字,特别要注意小数点所在的位置,这一点千万不能忽视。数字式钳形表有一个数据保持键,电工新手在使用时一定要注意,按下数据保持键

"HOCD"后，显示屏上将保持测量前显示的最后数据并被固定，并且在显示屏上有"H"符号显示。它的主要功能是方便测量时，在不便观察数据或测量现场光线较暗的情况下，将测量数据固定并拿到明亮处观察。数据保持键"HOCD"在按下后是不能再进行测量的，因显示屏上将保持测量前显示的最后数据，这时必须要再按一下数据保持键"HOCD"，仪表才可恢复到正常的测量状态。

每次测量完毕后一定要把调节开关放在最大电流量程的位置，以防下次使用时，由于未经选择量程而造成仪表损坏。数字式钳形电流表内部使用9V、6F22型的碳性叠层电池，但电池分为一次性不可充电的和二次性可充电的两种类型。在测量过程中，也应当随时关注电池的电量情况，若发现电池电压不足（如出现低电压提示符号），必须在更换电池后再继续测量，记住测量完毕一定要关掉数字式钳形表的电源开关，以免造成电池电量放完或漏液腐蚀器件的损失。如果测量现场存在电磁干扰，就必然会干扰测量的正常进行，故应设法排除干扰。能否正确地读取测量数据，也直接关系到测量的准确性。

数字式钳形电流表因采用的是数字式万用表的结构，虽说没有数字式万用表的测量功能齐全，但也具有一些测量电阻、电压、高阻抗、通断声响、二极管测试等功能。数字式钳形电流表的使用注意事项与指针式钳形电流表基本相同。

三、绝缘电阻表

绝缘电阻表又称兆欧表，有手摇发电机式和数字式两种类型。我们平时测量电阻最常用的是万用表，但万用表内的电池电压较低，最高的也只能达到15V。电气设备或线路的绝缘电阻在低电压测量时，只是显示低压下的绝缘电阻值，很难体现在承受其额定电压时真实的绝缘状态，有的绝缘材料在低电压时测量是正常的，但在高电压时就会呈现绝缘击穿的状态，不能真正反映在高压条件下工作时的绝缘性能。选择不同电压等级的绝缘电阻表，就可对电气设备或线路施加其额定的电压，测量到真实的绝缘材料状态。但也不必选择测量范围过多地超出被测的绝缘电阻电压等级，应按电压等级和测量范围来选择合适的绝缘电阻表，以免读数时产生较大的误差。

1. 指针式绝缘电阻表

指针式绝缘电阻表也称为手摇式绝缘电阻表，是用来测量被测设备的绝缘电阻和高值电阻的仪表。指针式绝缘电阻表由一个手摇直流发电机、磁电式流比计和3个接线柱［即L（电路端）、E（接地端）和G（屏蔽端）］组成。指针式绝缘电阻表的磁电式流比计有两个互成一定角度的可动线圈，装在一个有缺口的圆形铁心外面，并与指针一起固定在同一转轴上，被置于永久磁铁的磁场中，其中磁铁的磁极与圆柱形铁心之间的气隙是不均匀的。测量时摇动直流发电机的手柄，直流发电机向磁电式流比计的两个线圈及被测电阻输出电流，可动线圈在电磁转矩作用下带动指针偏转，指示出被测电阻的阻值。指针的偏转角度只与两个线圈中流过电流的比值有关，而与电源电压无关。由于指针式绝缘电阻表没有游丝，不能产生反作用力矩，所以其在不测量时，指针可以停留在任意位置，这是与其他指针式仪表的不同之处。指针式绝缘电阻表的结构与外形如图 3-15 所示。

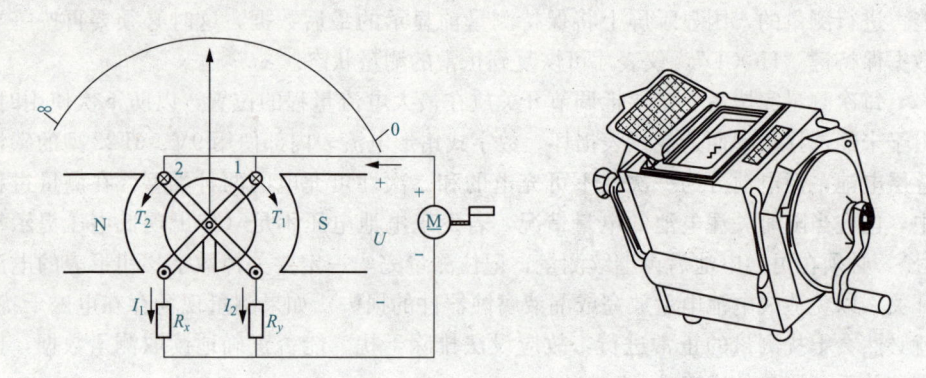

图 3-15　指针式绝缘电阻表的结构与外形

常用的指针式绝缘电阻表主要由磁电式流比计和手摇直流发电机组成，常用的输出电压有 500V、1000V、2500V、5000V 几种，要按照被测设备或线路的电压等级选用绝缘电阻表的规格，一般测量 100V 以下的低压电气设备或线路的绝缘电阻时，应使用 250V 电压等级的绝缘电阻表；测量额定电压为 100～500V 的电气设备或线路的绝缘电阻时，应采用 500V 电压等级的绝缘电阻表；测量额定电压为 500～3000V 的电气设备或线路的绝缘电阻时，应采用 1000V 的绝缘电阻表；测量额定电压为 1000～3000V 的电气设备或线路的绝缘电阻时，应采用 2500V 的绝缘电阻表；测量额定电压为 10000V 及以上电气设备或线路的绝缘电阻时，应采用 2500V 或 5000V 的绝缘电阻表。

指针式绝缘电阻表的测量范围（MΩ）是指仪表盘的指示范围，不同输出电压等级的绝缘电阻表，仪表盘的指示范围是不相同的。如 500V 电压等级的绝缘电阻表，仪表盘的指示数值范围为 0～500MΩ；1000V 电压等级的绝缘电阻表，仪表盘的指示数值范围为 0～1000MΩ。按国家检定规程的规定，仪表盘的数值指示值分为 Ⅰ、Ⅱ、Ⅲ 三个区段，如图 3-16 所示。Ⅰ 区段为起始刻度点到 Ⅱ 区段的起始点；Ⅱ 区段最长，一般不得小于标度尺全长的 50%；Ⅲ 区段为 Ⅱ 区段终点到标度尺的终点。通常 Ⅰ、Ⅲ 区段为低准确度区，Ⅱ 区段具有最高的测量准确度。兆欧表的测量范围是指标度尺 Ⅱ 区段示值的范围。图 3-16 所示的兆欧表测量范围为 10～500MΩ。

图 3-16　绝缘电阻表表盘标度尺

绝缘电阻表的使用注意事项：

（1）绝缘电阻表在使用前要校表，检查绝缘电阻表是否完好，绝缘电阻表使用时放置平稳,测量前绝缘电阻表应进行一次开路和短路试验,检查其是否良好。先将两连接线 E、L 开路,将手摇发电机摇到额定转速,指针应指在"∞"处,如图 3-17 (a) 所示。再将两连接线 L、E 短接,慢慢轻摇发电机手柄,指针应指在"0"处,如图 3-17 (b) 所示。若指针位置正确,说明绝缘电阻表是好的,否则绝缘电阻表不能使用。

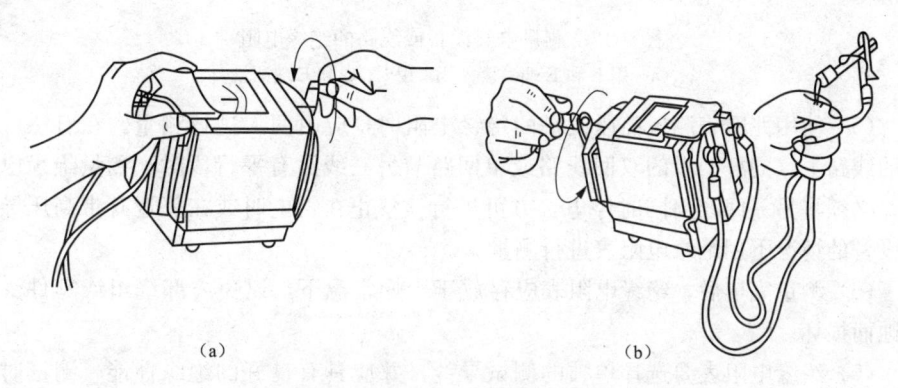

图 3-17 绝缘电阻表开路与短路试验
(a) 绝缘电阻表开路试验;(b) 绝缘电阻表短路试验

(2) 被测设备或线路要断电,不允许带电测量,以保证人身和设备安全。被测设备与电路要断开,对于大电容设备还要进行放电。测量大电容的线路或电缆时,在测量及读数完毕后,要边摇边拆线,立即将"L"端钮的连线断开,拆线后绝缘电阻表才可停止摇动,操作过程不可做反,以防止因电容放电而损坏绝缘电阻表。测量结束后,要对被测设备放电。应避免因被测设备向绝缘电阻表放电而损坏仪表。在手柄未完全停止转动及被测对象没有放电之前,切不可用手触及被测对象的测量部分及拆线,以免触电。

(3) 测量电气设备或线路的绝缘电阻时,一般只使用 L 和 E 端,如图 3-18 (a) 所示。但在测量电缆对地的绝缘电阻或被测设备的漏电流较严重时,为了准确地测出绝缘材料内部的绝缘电阻,应将被测设备的中间层(如电缆壳芯之间的内层绝缘物)接于保护环 G 端,以防止被测线路或设备表面泄漏电阻,对测量结果产生影响,如图 3-18 (b) 所示。电路接好后,可按顺时针方向摇动摇把,摇动的速度应由慢而快,当转速达到 120r/min 左右,保持匀速转动 1min 后读数,并且要边摇边读数,不能停止摇动后再来读数,因这时绝缘电阻表的指针是可以停在任何位置的。

(4) 在测量或在短路校表时,当指针已指向 0MΩ 时,不要再继续用力摇发电机的摇手,以免损坏测量机构内的线圈。在测量绝缘电阻时,应保持绝缘电阻表手摇发电机的额定转速为 120r/min。摇动手柄切忌忽快忽慢,也不能先快后慢,摇手柄时不能有甩表的动作,否则会造成指针摆动加大引起读数误差。

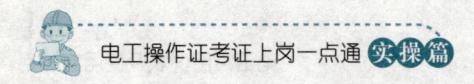

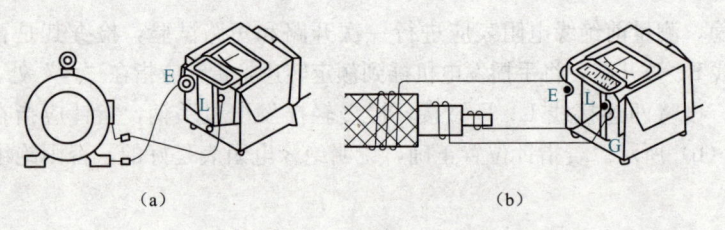

图 3-18 测量电气设备或线路的绝缘电阻
(a) 用 L 和 E 端测量；(b) 用 L、G 和 E 端测量

（5）使用兆欧表测量高压设备的绝缘电阻时，应由两人进行测量。在有感应电压的线路上（同杆架设的双回线路或单回路与另一线路有平行段时）测量绝缘电阻时，必须将另一回线路同时停电，方可进行。禁止在雷电时或在邻近有带高压导体的设备的情况下用绝缘电阻表进行测量。

（6）测量完毕后，绝缘电阻表应存放于干燥常温下，以免内部绕组或零件受潮腐蚀而损坏。

（7）绝缘电阻表要选择单独的测试导线，并应具有良好的绝缘性能，测量时两根导线不能绞合在一起，否则导线之间的绝缘电阻与被测对象的绝缘电阻相当于并联，会影响测量的结果。

（8）在带电设备附近测量绝缘电阻时，测量人员和兆欧表的安放位置必须选择适当，保持安全距离，以免兆欧表引线或引线支持物触碰带电部分。移动引线时，必须注意监护，防止工作人员触电。

2. 数字式绝缘电阻表

数字式绝缘电阻表也称为数字式兆欧表、数字式绝缘电阻测试仪、绝缘电阻测试仪等。随着电子技术的发展，数字式绝缘电阻表也得到迅速的发展，数字绝缘电阻表由中大规模集成电路、DC/DC 变换装置、LCD 液晶数字显示屏、挡位开关、电源开关、测试开关、电源指示灯、电池、L 高压端、G 屏蔽端、E 接地端等组成。数字式绝缘电阻表的结构与外形如图 3-19 所示。

图 3-19 数字式绝缘电阻表的结构与外形

数字式绝缘电阻表与手摇发电机兆欧表的不同之处是，本身由机内电池作为电源，经DC/DC变换就能够产生直流高压，电压为500～5000V。因此，用数字式绝缘电阻表测量绝缘电阻，能得到符合实际工作条件的绝缘电阻值。新式的数字式兆欧表，整机电路设计采用微机技术为核心，以大规模集成电路和数字电路相组合，配有强大的测量和数据处理软件。数字式绝缘电阻表的工作原理为，由机内电池作为电源，经DC/DC变换产生的直流高压，由E极输出，经被测量的电气设备或线路的绝缘电阻到达L极，从而产生一个从E到L极的电流，经过I/V变换器，再经过除法器完成运算，直接将被测的绝缘电阻值由LCD液晶数字显示屏显示出来。数字式绝缘电阻表的内部工作原理流程图如图3-20所示。

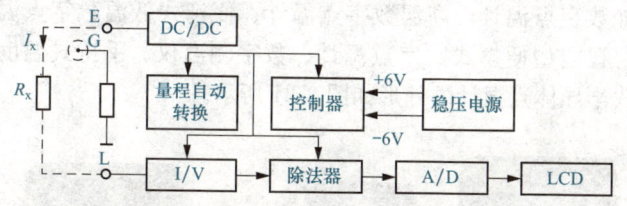

图3-20 数字式绝缘电阻表的内部工作原理流程图

数字绝缘电阻表适用于测量各种绝缘材料的电阻值及变压器、电动机、电缆及电气设备的绝缘电阻大小，测量范围可达0～19990MΩ；采用防振、防尘、防潮的结构，适应恶劣工作环境。

数字式绝缘电阻表具有分辨率高、读数方便、输出功率大、短路电流值高、输出电压等级多、带载能力强、抗干扰能力强、量程可自动转换、保护功能完善、性能稳定、操作简便、低耗电、能承受短路和被测电器残余电压冲击等优点。

数字式绝缘电阻表在测量前要先检查其是否完好，即在数字绝缘电阻表未接上被测物之前，打开电源开关，检测其电池情况，如果电池电压不足时，有欠电压标志符" "显示，应及时更换新电池，否则测量数据不可取。数字式绝缘电阻表一般为交、直流两用，不接交流电时，仪表使用电池供电；接入交流电时，优先使用交流电。仪表长期不用时，应将电池全部取出，以免锈蚀仪表。

数字式绝缘电阻表测量时，要确认被测试设备或线路已安全接地并不带电，确认仪表E端（接地端）已接地，按下测试开关按钮后，仪表E、L端就有高电压输出，请注意安全！测试完毕，请及时关闭高压和工作电源。数字式绝缘电阻表应经常保持外表清洁，必要时可用干净布擦拭，不得受潮、雨淋、暴晒、跌落等。因数字式绝缘电阻表的型号较多，其测量操作步骤要查看相关数字式绝缘电阻表的使用说明书。数字式绝缘电阻表使用时的注意事项与手摇发电机式绝缘电阻表基本相同，这里就不再重复了。

四、其他测量仪表

半导体点温计、功率表、直流单臂电桥、接地电阻测试仪这4种测量仪表，对

85

于刚接触电工行业的电工来说,在实际的使用中是很少接触的,很多地方是将此内容划在中级电工的学习范围内的。但在《电工作业人员安全技术培训大纲和考核标准》中,是将这3种测量仪表划在其中的,下面就简单地将这4种测量仪表做大概的介绍,具体使用及操作细节,请参见使用的3种测量仪表的使用说明书。

1. 半导体点温计

半导体点温计也称为半导体电阻温度计,原来有指针式的半导体点温计,但现在已经极少使用了,现在大量使用的是数字式半导体点温计,下面主要是介绍数字式半导体点温计。数字式半导体点温计在使用过程中,因温度的测量仪器与控制有着很大的相似之处,加上数字式半导体点温计的型号和用途较多,所以,有着较多的不同叫法,如数字点温计、高温数字点温计、便携式低温数字点温计、便携式数字表面温度计、智能型便携式数字点温计、数字测温仪、手持式温度仪、接触式温度计等。数字式半导体点温计的外形如图3-21所示。

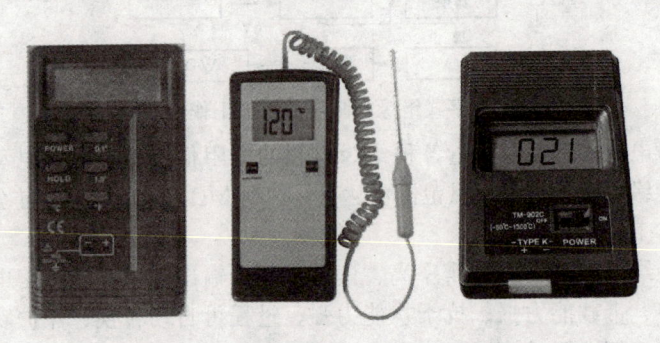

图3-21 数字式半导体点温计的外形

半导体点温计主要由半导体温度传感器和数字显示仪表构成。半导体材料的电阻率界于金属与绝缘材料之间,半导体材料在一定的温度范围内,会随着温度的升高或降低,其内部的电子或者空穴摆脱原子核对其控制的能力就会增大或减少,它的电阻值会随着温度的变化而产生剧烈的变化,导电能力就会增大或减少。半导体材料的PN结对温度的变化极为敏感,半导体温度传感器就是利用这个特性制造的。

半导体温度传感器是一种利用半导体二极管、晶体管的PN结特性与温度的关系制成的温度传感器,半导体PN结温度传感器是构成半导体点温计的关键性器件,其性能的优劣直接决定半导体点温计的性能优劣。半导体PN结构测温器件的半导体传感器具有灵敏度高、线性好、热响应快和体积小等特点,特别是在温度测量数字化、控温应用及用计算机进行温度实时采集和处理等方面,具有其他温度传感器所不能相比的优越性。因此,PN结的测温器件正逐步成为现代温度测量数字化的新型测温元件。

半导体点温计的温度传感器,其温度的测量范围为0～100℃、−50～+100℃、−50～+300℃、0～300℃、0～500℃、0～800℃、0～1000℃、0～1300℃等,半导

体点温计的分辨力可达到 0.1℃，可自带半导体温度传感器，具有测量数据保持功能。

半导体点温计是温度计中的一个分类，专门用于精确测量点式物体的温度，它具有灵敏度高、热惯性小、体积小、结构较简单，使用方便和便于远传测量的优点。半导体点温计广泛应用于航空、航天、化纤、冶金、纺织、能源、食品、电线电缆、电站、石油化工、家用电器，能源检测、设备检测等需要精确测量表面温度的科研和生产中。

2. 功率表

功率表也称为瓦特表或电力表，功率表在交流电路中，用来测量电功率的电工仪表，功率表可分为单相功率表和三相功率表，功率表大多采用电动式仪表结构，单相功率表可以直接测量单相有功功率和单相无功功率。三相功率可以利用三相功率表测量，可采用一表法、二表法和三表法测量三相有功功率和三相无功功率。

电动式功率表其测量机构由固定线圈与可动线圈组成，接线时固定线圈的匝数少、导线粗，与负载串联，称为功率表的电流线圈，反映负载中的电流；可动线圈的匝数多、导线细，与负载并联，串联后与负载并联，称为功率表的电压线圈，反映负载两端的电压。功率表指针的偏转角度与负载电流和电压的乘积成正比，故可测量负载的功率。

在使用功率表进行测量时，要注意指针转矩方向与两线圈的电流方向有关，在功率表的电流线圈的一个端钮和电压线圈的一个端钮上标有"﹡"的符号，此"﹡"符号的端钮分别称为电流线圈和电压线圈的发电机端，接线时必须将标有"﹡I"符号的电流端钮接至电源的一端，而另一个电流端钮接至负载端，这时电流线圈是串联接在电路中的。标有"﹡U"符号的电压端钮可以接至电流端钮的任一端，而另一个电压端钮则应该接至负载的另一端，功率表的电压线圈是并联接在电路中的。图 3-22（a）为电压线圈前接法，适用于负载电阻远比功率表串流线圈电阻大得多的情况；图 3-22（b）为电压线圈后接法，适用于负载电阻远比功率表电压线圈电阻小得多的情况。

图 3-22 电压线圈前接法与电压线圈后接法

功率表使用的注意事项：

（1）正确选择电流、电压的量限的铜片接法，要保证电压和电流的量程能够承受负载的电压和电流。例如，电流的量程有 0.5A 和 1A 两个电流量程，电压有 150、

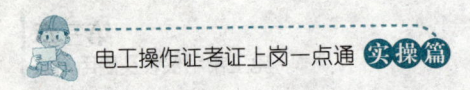

300V和600V三个电压量程，在测量时要根据实际的电压和电流进行选择，必须保证功率表的电流线圈和电压线圈都不过载。

（2）在多量程功率表中，刻度盘上只有一条标尺，功率表只标注有分格数，而不标出瓦特数，选用不同量限时，每一分格代表不同的瓦数，要根据被测量的实际值与指针读数之间的计算方法，换算得出被测功率。

（3）在交流电路中，在测量高电压、大电流时，应配用电压、电流互感器，实际功率应用功率表的读数乘以电流互感器和电压互感器的变比值。

功率表的星形和三角形，三相三线制，负载不对称三相四线制，对称三相四线制和利用单相功率表测量的一表法、二表法和三表法等测量方式，因篇幅的关系就不一一介绍了。

3. 直流单臂电桥

随着电子技术的高速发展，特别是大规模集成电路和数字技术的成熟和应用，各种数字式测量仪表大量地出现，测量的准确度和精度在不断地提高，并且价格在不断地下降，故被越来越广泛地得到普及。但在短时期内，电阻高精度测量的仪器还是要依靠直流单臂电桥和双臂电桥来测量的。

直流单臂电桥又称为惠斯登电桥，是对电阻进行高精度测量的直流电阻测量仪器，根据其测量范围的不同，又可分为单臂电桥和双臂电桥。单臂电桥的测量范围为1～9999000Ω，双臂电桥的测量范围为0.00001～11Ω，直流单臂电桥主要适合精确测量1Ω以上的电阻，所以使用较双臂电桥广泛。直流单臂电桥由标准电阻、高灵敏的磁电系检流计、检流计按钮式开关、锁扣开关、调零旋钮、电源开关、检流计连接片、比例臂旋钮盘、比较臂旋钮盘、外接电阻接线柱、外接电源接线柱、电池、外壳等组成。直流单臂电桥的结构与外形如图3-23所示。

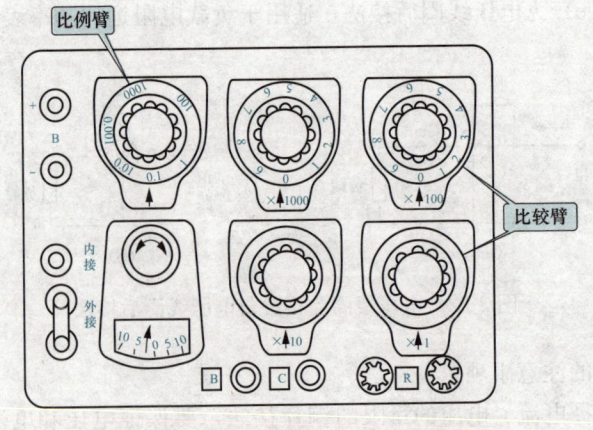

图3-23 直流单臂电桥的结构与外形

直流单臂电桥主要是通过调整比较臂的旋钮盘，比较臂旋钮盘上有 10^{-3}、10^{-2}、10^{-1}、10^0、10^1、10^2、10^3 七种比值，由四组电阻箱组成，第一组为 9 个 1Ω 电阻，第二组为 9 个 10Ω 电阻，第三组为 9 个 100Ω 电阻，第四组为 9 个 1000Ω 电阻，当全部电阻串联时，总电阻为 9999Ω。测量时只要将比较臂旋钮盘上的读数乘以比例臂的比值即等于待测量的外接电阻 R_x 的精确电阻值。

图 3-24（a）所示为单臂电桥的简化图，在 a、b 两端接直流电源，由标准电阻 R_1、R_2、R_3、R_4 接成四边形的桥式电阻臂，只要做到其电阻 $R_1R_4=R_2R_3$，根据电路的平衡条件，在四边形的对角线 c、d 两端连接高灵敏的磁电系检流计，就处于桥式电阻等电位的平衡，高灵敏的磁电系检流计中的电流为零。R_2、R_3 为电桥的比例臂，通常是配成固定的比例值，R_1 为电桥的比较臂，通过调节比较臂使电桥平衡，就可以使 c、d 两点的电位为零。图 3-24（b）为单臂电桥原理图，在四边形的另一个对角线上通过按钮式开关 K_2 接入直流电源 E，增加了电源开关和检流计按钮式开关，并将一条比例臂中的 R_4 用待测量的外接未知电阻 R_x 来代替，在桥式电阻不平衡时，检流计就有电流流过而指针会发生偏转，通过旋钮调节比较臂调整标准电阻 R_1 的阻值，使流过检流计的电流指示值为零，使标准电阻的电桥平衡。比例臂旋钮盘和比较臂旋钮盘上读数数值的乘积，就是待测量的外接电阻 R_x 的精确电阻值。

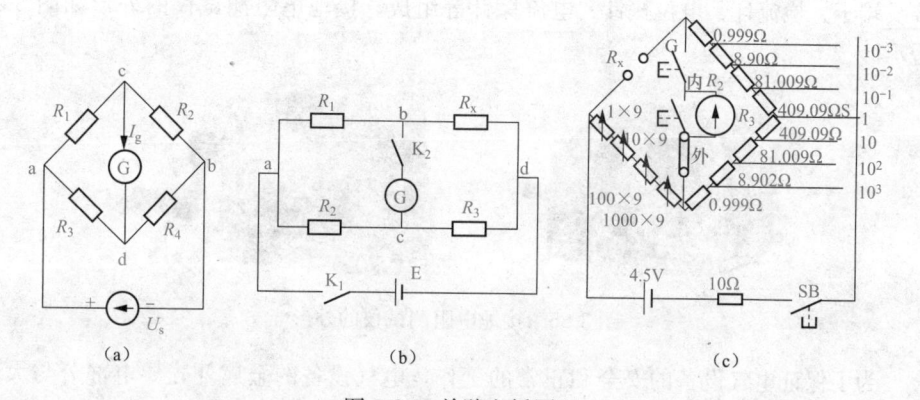

图 3-24 单臂电桥原理
(a) 单臂电桥简化原理图；(b) 单臂电桥原理图；(c) QJ23 型单臂电桥原理图

单臂电桥的使用方法与操作步骤：

先估计被测电阻的阻值或用万用表测量，根据被测电阻的阻值，初步设置比较臂旋钮盘的数值。R_x 接线柱是用来连接被测电阻的，不能直接连接时，要用较大截面的导线连接被测电阻，用外接电阻接线柱拧紧连接导线，使用前首先打开检流计锁扣开关，调节调零旋钮使指针指示到零位。检流计的连接片通常放在"外接"的位置，为提高在高阻值测量中的精度，需外接高灵敏度检流计时，应将连接片放在"内接"的位置，外接检流计接在"外接"两端钮上。

先接通电源开关，后点动式轻按检流计开关，电源开关和检流计检流计开关，旋转90°可锁住。指针向"+"的方向打，说明比较臂的电阻需要增大，反之，则需要将比较臂电阻减小，反复调节比较臂电阻的4个旋钮盘，在调节比较臂电阻的旋钮盘时，不要把检流计按钮按死，要每调节一次比较臂电阻的旋钮盘，按一次按钮观察检流计指针偏转的位置，直至检流计指针指到"0"的位置。读取数值结束后，先断开检流计开关，后断开电源开关，操作顺序不能搞反，以防被测元件具有电感时，不会由于电路的通断产生的自感电动势而损坏检流计。

电桥使用完毕后，检流计的锁扣应该锁上，防止在搬动时因振动而损坏悬丝。对于没有锁扣的电桥，则需要将其检流计按钮开关打开，电桥的可动部分摆动时，就会由于受到的强烈的阻尼作用而得到一定保护。

4. 接地电阻测试仪

接地电阻测试仪也称为接地绝缘电阻表、接地电阻绝缘电阻表、接地电阻表、接地电阻测量仪等。接地电阻测试仪按显示方式可分为指针式的和数字式的两种；按照结构可分为机械式的和电子式的；按照供电方式可分为手摇发电式的和电池供电式的；按照测量方式可分为两线法、三线法、四线法、单钳口式的和双钳口式的等。接地电阻测试仪主要由手摇交流发电机、电流互感器、电位器、测量标度盘、接线端子、检流计、电位探针、电流探针等组成。接地电阻测试仪的外形如图3-25所示。

图3-25 接地电阻测试仪的外形

为了保证电气设备的安全和正常的工作，电气设备的金属外壳导电部分与大地用金属的接地体进行连接就叫做接地，如果接地电阻不符合要求，不但安全得不到保证，而且还可能会造成严重的事故。因此，定期测量接地装置的接地电阻是安全用电的保障。金属的接地体与大地之间接触存在接地电阻，接地的电阻包含有接地线电阻、接地体电阻、接地体与土壤的流散电阻等。接地电阻不是用万用表测量中性线与接地线之间的电阻，而是要用接地电阻测试仪来测量接地体与土壤的接触电阻及接地体与零电位点（大地）之间的土壤电阻，主要是测量接地体与土壤的流散电阻。测量接地电阻的方法有电桥法、电流表-电压表法、补偿法等，这里主要是介绍指针式接地电阻测试仪。

指针式接地电阻测试仪采用补偿法测量接地电阻，图3-26所示为用指针式接地电阻测量仪测量接地电阻,其工作原理为:手摇交流发电机输出的电流 I 依次经测量仪内电流互感器 TA 的一次侧、接地体 E′、大地、电流探针 C′、发电机,构成一个闭合的回路。指针式接地电阻测试仪有两根接地探针,P′为电位探针,C′为电流探针,有3根导线(长5m的一根用于连接接地极,20m的一根用于连接电压探针,40m的一根用于连接电流探针)。被测接地电阻 R_x 位于接地体 E′和 P′之间,但不包括 P′与 C′之间的电阻 R_c。被测接地电阻 R_x 的值由电流互感器的变流比 K 及电位器的电阻 R_s 来确定,而与 R_c 无关。

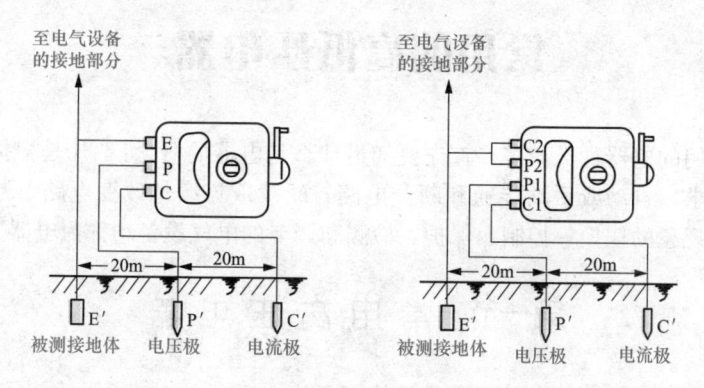

图 3-26 用指针式接地电阻测量仪测量接地电阻

测量时先将接地电阻测试仪放平,然后调零,将电位探针和电流探针插入地下,将导线与接地电阻测试仪的接线端子相连接。将倍率开关置于最大倍数上,缓慢摇动发电机手柄,同时转动"测量标度盘",使检流计指针处于中心线位置上。如果测量标度盘的读数小于1Ω,应将倍率开关减小一挡,再重新测量。当检流计接近平衡时,要加快摇动手柄,使发电机转速升至额定转速 120r/min,同时调节"测量标度盘",使检流计指针稳定指在中心线位置,此时即可读取 R_s 的数值。

接地电阻=倍率×测量标度盘读数(R_s)

接地电阻测试仪在运输及使用时应小心轻放,避免振动,以防轴尖宝石轴承受损而影响指示。每次测量完毕后,将探针拔出后擦拭干净,导线整理好以便下次使用,将仪表存放于干燥、避光、无振动的场合。

随着社会的发展和科学的进步,特别是计算机技术的飞速发展,接地电阻测试的仪器也更新换代了,新式的钳口式测量仪表已经不需要打桩放线,就可以直接进行测量,数显及智能型的精密接地电阻仪器已经达到很高的精度。

作为工厂的电工来说,因接地电阻的仪器暂时接触得很少,只要有个了解就可以了,不必花过多的精力去研究,知道其原理即可,到使用时按照说明书操作就可以了,这里就不做过多的描述了。

第四章

常用的高低压电器

电工使用的电器种类繁多，首先要知道什么是电器的概念："凡是根据外界特定的信号和要求，自动或手动接通和断开电路，断续或连续地改变电路参数，实现对电路或非电现象的切换、控制、保护、检测和调节的电气设备均称为电器"。

第一节 常用高压电器

作为工厂企业的电工，虽说主要是使用低压电器，但对高压电器也要有一定的了解。电器按其使用电压来分，可分为高压电器和低压电器。高压电器因电压的等级不同，它的种类和型号还是较多的，但高压电器的类型和用途并不多，因为它主要是起电力的传输作用。换句话说高压电器的作用是保证将电能安全、可靠、低损耗地从一个地方送到另一个地方，它本身并不需要消耗电能。高压电器的主要作用是电能的传输，低压电器的主要作用是通断或消耗电能。电力系统中常用的高压电器有高压断路器、高压隔离开关、高压负载开关、高压熔断器、避雷器等几种。

一、常用高压电器的分类

根据《电工术语 发电、输电及配电通用术语》（GB/T 2900.50—2008）的定义2.1中601.01.27，高［电］压通常指超过低压的电压等级。低［电］压是用于配电的交流电力系统中1000V及其以下的电压等级的规定，高于1000V的配电的交流电力系统就属于高压的电气设备。

高压电器在输配电系统中的使用量多、涉及面广，广泛用于电力系统的各级不同电压的电力网、配电线路、变电站、变配电所中，高压电器在电力系统中起着传输、控制、保护和测量的作用。

高压电器按照其在电力系统中所起的作用可分为：

(1) 开关电器，如断路器、隔离开关、负载开关、接地开关等。

(2) 保护电器，如熔断器、避雷器等。

(3) 测量电器，电压互感器、电流互感器等。

(4) 限流电器，如电抗器、电阻器等。

(5) 高压成套电器与组合电器，如箱式变电站、高压开关柜、SF_6绝缘开关柜等。

(6) 补偿电器，如高压无功自动补偿装置、高压线路无功补偿装置、变电所无功自动补偿装置等。

(7) 其他电器等。高压电器的种类繁多，而且同一类电器，有国产的、引进国外技术生产的、进口原装的等多种品牌的电器。但因为初级电工接触高压电器的机会少一些，所以对高压电器只作简单的介绍。

二、高压断路器

高压断路器又称为高压开关，它具有相当完善和可靠的灭弧结构和足够的断流能力，断路器可以在正常运行状态时，接通或断开高压线路的空载电流和负载电流，而且当电力系统发生故障时，通过继电保护装置的作用，可迅速切断高压线路的过负载电流、故障电流和短路电流，快速地切除故障电路，确保系统的安全运行。特殊情况下（如自动重合闸）能够可靠地接通高压线路。高压断路器在高压电路中起控制作用，在正常或故障的情况下，是接通或断开高压电路的专用电器，高压断路器是变、配电所中的主要电气设备之一。

高压断路器主要由主触头、辅助触头、导电部分、灭弧介质、灭弧室、中间传动机构、操动机构、绝缘支撑件、基座、绝缘子等组成。高压断路器的外形如图 4-1 所示。

图 4-1 高压断路器的外形

高压断路器的作用为：①控制。它能够根据电力系统运行的需要，将部分或全部电气设备，以及部分或全部线路投入或退出运行。②保护。高压断路器的最大优点是可以断开故障电流，但高压断路器本身并没有保护功能，而是依靠继电保护装置、自动控制装置相配合，当电力系统某一部分发生故障时，将故障部分的电路从系统中迅速切除，减少停电范围，防止事故扩大，保护系统中的各类电气设备不受损坏，保证电力系统无故障的部分继续安全运行。

高压断路器按照操作性质可分为：手动机构、电动机构、气动机构、液压机构、

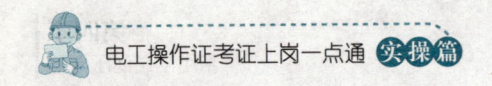

弹簧储能机构等。

高压断路器按照装设地点可分为：户内式高压断路器和户外式高压断路器。

高压断路器按照灭弧介质的不同可分为：多油灭弧断路器（利用变压器油来灭弧）、少油断路器（利用变压器油来灭弧）、真空断路器（将触头密封在高真空的灭弧室内，利用真空的高绝缘性能来灭弧）、六氟化硫断路器（利用惰性气体六氟化硫来灭弧）、空气断路器（利用高速流动的压缩空气来灭弧）、固体产气断路器（利用固体产气物质在电弧高温作用下分解出来的气体来灭弧）、磁吹断路器（利用本身流过的大电流产生的电磁力将电弧迅速拉长而吸入磁性灭弧室内冷却熄灭来灭弧）等。

三、高压隔离开关

高压隔离开关也称为高压隔离刀闸，高压隔离开关由于没有任何灭弧装置，隔离开关只能在电路有电压无电流的情况下，由操作机构驱动本体刀闸进行分、合闸操作，高压隔离开关的主要作用是，保证高压电器及装置在检修工作时，给检修或备用中的电气设备与其他正常运行的电气设备进行隔离。当电气设备需要停电进行检修时，用高压隔离开关来隔离电源电压，隔离开关的触头全部敞露在空气中，给工作人员以明显的可见的断开点，分闸后建立可靠的绝缘间隙，此断开点只能以手动的方式来完成，以确保检修人员和设备工作时的安全。高压隔离开关是电网中一种广泛使用的重要高压开关电器，起隔离电压作用的高压隔离开关广泛应用于发电厂、变电站、变电所、配电所及高压电网和超高压电网中。

高压隔离开关由导电闸刀片、左右静触头、压缩弹簧、导电部分、转动部分、机电部分、绝缘钩棒、操动机构、棒式支柱绝缘子、绝缘瓷瓶、底座、传动机构、辅助触点、传动箱开等组成。高压隔离开关的外形如图 4-2 所示。

图 4-2 高压隔离开关的外形

高压隔离开关按照类型有如下分类：

按照装设地点分类有：户内式高压隔离开关和户外式高压隔离开关；

按照操动机构分类有：手动式、电动式、液压式；

按照刀闸运动方式分类有：水平旋转式、垂直旋转式、插入式；

按照每相支柱绝缘子数目分类有：单柱式隔离开关、双柱式隔离开关、三柱式隔离开关；

按照操作特点分类有：单极式、三极式；

按照有无接地刀闸分类有：带接地刀闸的、不带接地刀闸的；

按照开关的结构分类有：分平装型、穿墙型、平装接地型、穿墙接地型，接地型又分动触头侧接地、静触头侧接地和动静触头双接地等。

高压隔离开关因没有专门的灭弧装置，它的灭弧能力很微弱，是不能带负载进行拉闸或合闸的，也不能单独使用，一般是与断路器配合使用。高压隔离开关除了在电路中起隔离的作用外，还可以拉、合正常时的电压互感器与避雷器回路；拉合电网没有接地故障时的变压器中性点；拉、合母线和直接与母线相连设备的电容电流；拉、合励磁电流不超过2A的空载变压器；拉、合电容电流不超过5A的空载控制线路；可以进行母线的倒换、线路从一组母线切换到另一组母线上等。高压隔离开关一般带有防止开关带负载时误操作的连锁装置，带有接地刀闸的隔离开关必须装设连锁机构，以保证隔离开关的正确操作。

四、高压隔离开关与断路器的配合使用

因隔离开关没有任何的灭弧装置，因此不能用来切断负载电流，更不能用来切断故障或短路电流，否则会在高电压的作用下，在隔离开关的断开点产生强烈的电弧，并很难自行熄灭，甚至可能造成飞弧（相对地或相间短路），烧损电气开关等设备，严重时将会危及人身的安全，这就是隔离开关的"带负载拉隔离开关"的严重事故。

所以，高压隔离开关与高压断路器是配合使用的，高压断路器具有相当完善和可靠的灭弧结构和足够的断流能力，可以切断负载电流和故障电流。高压隔离开关配置在主线路上，保证了线路及设备检修时形成明显可见的断口与带电部分隔离，将高压配电装置中需要停电的部分与带电部分可靠地隔离，以保证检修工作的安全。在高压电力系统中，高压断路器的前后两侧各安装配置一组高压隔离开关，目的均是要将断路器与电源隔离，防止其他环路、母线、互感器、电容器等的反送电，同时也利于油断路器经常需要的检修工作，以便在断路器检修时形成明显的断口与电源隔离。隔离开关与断路器是配合使用的，在接通负载时，应先合母线侧隔离开关，再合负载侧隔离开关，最后合断路器。在切断负载时，应先断开断路器，再断开负载侧隔离开关，最后断开母线侧隔离开关。次序绝对不能有错。如用符号来说明（图4-3）在接通负载时的操作过程为：QS1→QS2→QF；在切断负载时的操作过程为：QF→QS2→QS1。这就是我们常讲的倒闸操作，也是电工操作技能中重要的操作项目，现在说的是高压的倒闸操作，对于低压的倒闸操作过程是一样的，这是电工必须要掌握的操作技能。

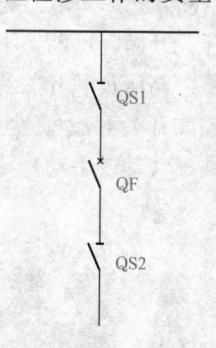

图4-3 符号说明

隔离开关与断路器的配合使用的规定，对高压的操作和低压的操作过程是一样

的，是没有区别的，所以操作的顺序是完全相同的。有人认为隔离开关所起的作用是一样的，那么哪个先操作、哪个后操作应该没有什么关系，为什么还分顺序呢？这是因为如果发生误操作时，按上述顺序可缩小事故范围，避免人为使事故扩大到母线，这主要是从缩小事故的范围来考虑的。例如，现在要停电，必须先断开断路器QF，但因断路器QF内部的原因或者误操作，断路器QF的触头并没有真正断开；这时不管你是断开母线侧隔离开关，还是断开负载侧隔离开关，都将引起隔离开关三相电弧短路（因隔离开关没有灭弧装置），从而造成隔离开关报废而发生事故。但我们修复负载侧隔离开关，只要断开本单位的开关就可以进行检修，只是本单位停电而已；但修复母线侧隔离开关只有断开本单位上一级的电源开关才可以进行检修，所以停电的范围就大得多了。所以为了尽量减少停电的损失，必须遵守上述的倒闸操作顺序。送电也是同样的道理，这里就不再重复了。

五、高压负载开关

高压负载开关是一种功能介于高压断路器和高压隔离开关之间的控制电器，负载开关的结构与隔离开关相似，是一种带有专用灭弧触头、灭弧装置和弹簧断路装置的分、合电路的开关，就相当于隔离开关装上简单的灭弧装置。高压负载开关具有简单的灭弧装置，有一定的灭弧能力，能在电路正常工作时，用来接通或切断正常的负载电流、励磁电流、充电电流和电容器组电流等，负载开关只能开断正常运行情况下的负载电流，负载开关由此而得名，但是它不能断开故障和短路电流。由于负载开关的灭弧装置和触头是按照切断和接通负载电流设计的，所以，高压负载开关在多数情况下，是与高压熔断器串联配合使用的，由高压熔断器来进行故障电流或短路电流的保护。当故障电流大于负载开关的开断能力时，必须保证熔断器先熔断，然后负载开关才能分闸。当故障电流小于负载开关的开断能力时，则用负载开关开断，熔断器不动作。

高压负载开关及组合电器一般由开关框架、隔离开关（组合器的限流熔断器在隔离开关上）、真空灭弧室、接地开关、机械联锁、弹簧操动机构（电动机、电磁铁、气动或手动）等组成。高压负载开关的外形如图4-4所示。

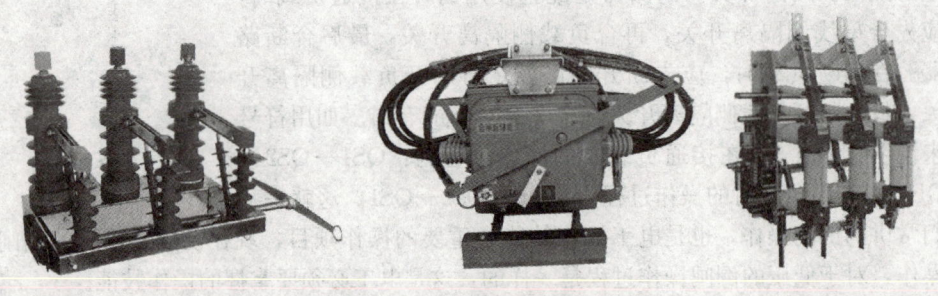

图4-4 高压负载开关的外形

高压负载开关的种类很多,按照开关结构和灭弧介质可分类如下:

(1) 真空式高压负载开关:利用真空介质灭弧,电寿命长,相对价格较高,适用于220kV及以下的产品。

(2) SF_6式高压负载开关:利用六氟化硫气体灭弧,其开断电流大,开断电容电流性能好,但结构较为复杂,适用于35kV及以上产品。

(3) 固体产气式高压负载开关:利用开断电弧本身的能量,使弧室的产气材料产生气体来吹灭电弧,其结构较为简单,适用于35kV及以下的产品。

(4) 油浸式高压负载开关:利用电弧本身能量,使电弧周围的油分解汽化并冷却熄灭电弧,其结构较为简单,但开关的质量大,适用于35kV及以下的户外产品。

(5) 压气式高压负载开关:利用开断过程中,活塞的气压吹灭电弧,其结构也较为简单,适用于35kV及以下产品。

(6) 压缩空气式高压负载开关:利用压缩空气吹灭电弧,能开断较大的电流,其结构较为复杂,适用于60kV及以上的产品。

按照高压负载开关安装的地点可分为:户内型高压负载开关及户外柱上型高压负载开关两种。

按照高压负载开关的操作方式可分为:手动操作高压负载开关和电动机(另配手动)弹簧储能操作高压负载开关两种。

负载开关有结构紧凑、价格较低、安全可靠、电寿命长、可频繁操作、结构紧凑、体积小、质量轻、能够远动远控、操作维护简便等优点。负载开关及组合电器多用于10kV以下的配电线路中,用于控制电力变压器或与成套配电设备及环网开关柜、组合式变电站等配套使用,广泛用于域网建设改造工程、工矿企业、高层建筑和公共设施等,可作为环网供电或终端,起着电能的分配、控制和保护的作用,是配电网中最关键的设备之一。

六、户外高压跌落式熔断器

户外高压跌落式熔断器就是我们常称的跌落式保险器、跌落保险,跌落式熔断器是配电线路分支线和配电变压器最常用的一种短路保护开关,它是10~35kV配电装置中的体积小、质量轻、安装灵活、构造简单、价格低廉、操作方便、适应户外环境性强、安装维护简便的一种高压设备。它安装在10~35kV配电线路分支线上,可缩小停电范围,因其有一个明显的断开点,具备了隔离开关的功能,给检修段线路和设备创造了一个安全作业环境,增加了检修人员的安全感。安装在配电变压器上,可以作为配电变压器的主保护,所以,被广泛应用于10~35kV配电线路和配电变压器一次侧作为过载和短路保护和进行设备投、切操作之用,在35kV配电线路和配电变压器中得到了普及。

户外高压跌落式熔断器由金属框架、绝缘支架、瓷绝缘子、上动静触头、下动静触头、消弧管、释压帽、外层环氧玻璃管、熔丝管组成,高压跌落式熔断器的外

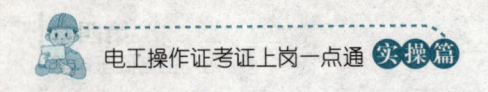

形如图4-5所示。

图4-5 高压跌落式熔断器的外形

户外高压跌落式熔断器是户外高压保护电器，主要由绝缘支架和熔丝管两大部分组成，静触头安装在绝缘支架的两端，动触头安装在熔丝管的两端，熔丝管由内层的消弧管和外层的酚醛纸管或环氧玻璃布管组成。跌落式熔断器在正常工作时，熔丝张紧后使熔丝管上的活动关节张紧，熔丝管的上触头在张紧的压力下处于合闸状态。当系统发生故障时，故障电流使熔丝迅速熔断，在熔丝管内产生电弧，熔丝管内衬的消弧管在电弧灼热的作用下分解出大量气体，使熔丝管内形成很高压力，并沿管道形成纵吹，电弧被迅速拉长而熄灭，或在电流过零时产生强烈的去游离作用而熄灭电弧。熔丝熔断后，活动关节因熔丝张力的消失，下部动触头失去张力而下翻，锁紧机构释放熔丝管，熔丝管下端装有可能转动的弹簧支架，在上、下触头的弹力和熔管自重的作用下，熔丝管迅速下垂跌落，形成明显的开断位置。当要人为断开户外高压跌落式熔断器时，使用绝缘杆拉开动触头，下端装有可能转动的弹簧支架，触头之间产生电弧，电弧在灭弧罩狭缝中被拉长，同时灭弧罩产生气体，在电流过零时，将电弧熄灭。

高压跌落式熔断器熔丝的选择应能保证配电变压器内部或高、低压出线套管发生短路时能迅速熔断。实践中常按以下原则选择：当配电变压器的容量在100kVA以上时，变压器熔丝的额定电流按变压器一次侧额定电流的2～3倍来配置；当配电变压器的容量在100kVA以下时，变压器熔丝的额定电流按变压器一次侧额定电流的1.5～2倍来配置。

高压跌落式熔断器操作时应注意下列事项：

安装高压跌落式熔断器时应稍倾斜，大致与垂直线保持25°～30°的夹角。要正确地选择适当的熔体，对于跌落式熔断器的熔体要按规定的要求来选择和安装，熔体的额定电流不得大于跌落式熔断器的额定电流，否则，不仅会导致熔丝管发热，甚至还可能引起熔丝管爆炸。拉、合闸操作尽量不要在有负载电流的情况下进行操作，必须采用专用的绝缘杆进行操作,操作杆有二节和三节之分,在雷雨天气禁止操作(有防雨措施的操作杆除外)。

跌落式熔断器的操作应由两人进行(一人监护,一人操作),必须戴绝缘手套、穿绝缘靴、戴护目眼镜,站在绝缘垫上,使用电压等级相匹配的合格绝缘棒操作。跌落式熔断器在拉闸时为防止窜弧,应先拉开中相,后拉开边上二相,合闸的顺序相反。在有风时的拉合闸要注意风的方向,从下风向侧位置开始逐个拉闸。操作时动作要迅速果断,拉闸时要先快后慢;合闸时要先慢后快,并注意不要击撞熔断器的底座。

选择跌落式熔断器的短路容量应在额定断流容量范围内,若超越断流容量的上限,则可能因电流过大、产气过多而使熔管爆炸,损坏电气设备或造成安全事故;若低于断流容量的下限,则有可能因电流过小、产气不足而无法熄灭电弧。

跌落式熔断器在一般的工厂企业都有使用,所以作为电工来说要能够正确使用、维护、操作。中小容量的变压器常采用跌落式熔断器作为有明显断开点的开关兼熔断器来使用,跌落式熔断器主要作为过载及短路保护之用。另外,跌落式熔断器属于高压电器,应由持有高压电工操作证的电工进行操作。

七、高压避雷器

高压避雷器也称为过电压保护器,过电压限制器。避雷器的作用是用来保护电力系统中各种电气设备的绝缘免受雷电过电压、操作过电压、工频暂态过电压冲击而损坏的一个电器。避雷器通常接在电网导线和地线之间,与被保护设备并联。当被保护设备在正常工作电压下运行时,避雷器不动作,呈现高电阻状态,流过避雷器的电流仅为微安级,即可视为对地是断路的。当遭受过电压且危及被保护设备绝缘时,避雷器优异的非线性特性发挥了作用,它便呈现低电阻导通状态,避雷器流过的电流可达数千安,释放过电压能量,从而限制了避雷器两端的残压,将高电压冲击电流导向大地,从而限制电压的幅值,防止了过电压对输变电的电气设备绝缘的破坏。当过电压消失后,绝缘强度在几毫秒内得到恢复,避雷器迅速恢复原状,保证了电网的正常运行。

(1)避雷器按照保护的类型可分为:保护间隙、管型避雷器、阀型避雷器和氧化锌避雷器等。其中,氧化锌避雷器按照品种可分为:金属氧化物避雷器、线路型金属氧化物避雷器、无间隙线路型金属氧化物避雷器、全绝缘复合外套金属氧化物避雷器、可卸式避雷器等。

按照结构性能可分为:无间隙(W)、带串联间隙(C)、带并联间隙(B)3类。

氧化锌避雷器按照额定电压值可分为3类:

高压类:指66kV以上等级的氧化锌避雷器系列产品,大致可划分为1000kV、750kV、500kV、330kV、220kV、110kV、66kV七个等级。

中压类:指3~66kV(不包括66kV系列的产品)范围内的氧化锌避雷器系列产

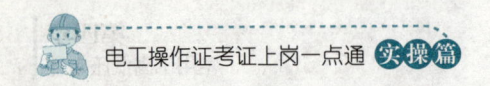

品，大致可划分为 3kV、6kV、10kV、35kV 四个电压等级。

低压类：指 3kV 以下（不包括 3kV 系列的产品）的氧化锌避雷器系列产品，大致可划分为 1kV、0.5kV、0.38kV、0.22kV 四个电压等级。

氧化锌避雷器按照标称放电电流可分为 20kA、10kA、5kA、2.5kA、1.5kA 五类。

（2）避雷器按照用途可分为：系统用线路型、系统用电站型、系统用配电型、并联补偿电容器组保护型、电气化铁道型、电动机及电动机中性点型、变压器中性点型 7 类。

（3）避雷器按照组合结构可分为：间隙类（开放式间隙、密闭式间隙）、放电管类（开放式放电管、密封式放电管）、压敏电阻类（单片、多片）、抑制二极管类、压敏电阻/气体放电管组合类（简单组合、复杂组合）、碳化硅类。

（4）避雷器按照保护性质可分为：开路式避雷器、短路式避雷器或开关型、限压型。

（5）避雷器按照安装形式可分为：并联式避雷器和串联式避雷器。

（6）避雷器按照污秽性能可分为：Ⅰ级为普通型、Ⅱ级为用于中等污秽地区（爬电比距 20mm/kV）、Ⅲ级为用于重污秽地区（爬电比距 25mm/kV）、Ⅳ级为用于特重污秽地区（爬电比距 31mm/kV）四个等级。

高压避雷器的外形如图 4-6 所示。

图 4-6　高压避雷器的外形

氧化锌避雷器是目前国际上理想的过电压保护器，它采用了氧化锌电阻为主要元件，与传统的碳化硅避雷器相比，大大改善了电阻片的伏安特性，提高了通流能力，可以做成无间隙避雷器。通过并联放电间隙或非线性电阻的作用，对入侵流动波进行削幅，限制线路雷电过电压，使雷电流流入大地，降低被保护设备所受过电压值。氧化锌避雷器是用于保护电气设备免受高瞬态过电压危害并限制续流时间也常限制续流赋值的一种电器，具有良好保护性能的避雷器。

氧化锌避雷器和传统避雷器的差异是它没有放电间隙，利用氧化锌的非线性特性起到泄流和开断的作用。氧化锌避雷器有设计合理、结构新颖、结构简单、安装灵活、外形小巧、通流容量大、响应特性好、寿命长、抗老化、无续流、残压低、质量轻、具有较大的过电压能量吸收能力的特点，广泛应用于变压器、输电线路、配电屏、开关柜、电力计量箱、真空开关、并联补偿电容器、旋转电动机及半导体器件等过电压保护。

第二节 常用低压电器

低压电器是机床电气控制系统的基本组成元件，也就是我们常说的电力拖动系统的基本组成元件。控制系统的可靠性、灵活性、通用性与低压电器的性能有直接的关系。所以我们作为电气的维修人员必须对常用低压电器的原理、用途、结构要有一定的了解，并能按电气的要求正确的选择和使用，要懂得一定的维护和维修的知识。

作为电工新手刚接触到电工这个行业，要学习的内容是相当多的，以低压电器的学习来说，也是很有技巧的。虽然低压电器的种类和型号繁多，但它们的作用与基本构造是基本相同的，只是外形与安装上各有不同，只要抓住这一点就能够在实际的操作中使用了。

电工才开始学习电工的相关知识，不要有心理上的负担，就拿我们常用的低压电器来说，说起来好像有很多的种类和型号，但静下心来想一下，其实常用的低压电器不会超过十种，就拿常用的按钮来说，它的型号是比较多的，安装的方式也是五花八门的，但是就按钮的内部结构来说，其实就是一个动合（常开）触点与一个动断（常闭）触点而已，不管是什么样的按钮，都是这样相同的构造，最多也是触点的数量与位置的区别而已。再就是行程开关，其结构与按钮基本相似，不同的一个是用手按的，一个是用机械碰撞的，但内部结构基本上是一模一样的。所以说，学习一定要掌握正确的方法和技巧，这样才能够举一反三地快速掌握这些知识。

所以，作为电工新手，开始时只要了解了常用的低压电器就可以了，以实际使用的知识为主，对于那些不常用的低压电器，可以先放一步来了解，但也只是了解使用与安装的知识就可以了。有的电工新手在了解低压电器时，总想将电器的内部结构全部了解清楚，这是没有必要的，因为是要你去使用电器，而不是制造电器，有的电器的相关内容，在开始学习时就不要去钻牛角尖，这样对学习不但没有帮助，反而会阻碍学习进度，有的知识是要一步步来的，要搞清楚先学习什么，然后有时间和精力后再去学习什么，一定要掌握好这个过程。

一、低压电器的分类

根据《电工术语 发电、输电及配电 通用术语》（GB/T 2900.50—2008）的定义2.1中601.01.27，低〔电〕压为1000V及其以下的电压等级。所以，1000V及其以下的电压等级的电器均为的低压电器，低压电器的种类繁多、功能各样、构造各异、用途广泛、工作原理各不相同，常用低压电器的分类方法也很多。

按照其用途或所控制的对象可分为：
(1) 低压配电电器：主要用于低压配电系统中和动力设备中，要求在系统发生故障时能够准确、可靠地动作，在规定条件下具有相应的动稳定性与热稳定性，使电器不会被损坏。常用的这类电器包括刀开关、转换开关、熔断器和自动开关等。
(2) 低压控制电器：主要用于电气传动系统中，要求寿命长、体积小、质量轻且动作迅速、准确、可靠。常用的控制电器包括接触器、继电器、起动器、控制器、主令电器、电阻器、变阻器和电磁铁等。主要用于电力拖动系统和自动控制系统中。

按照低压电器的动作方式可分为：
(1) 非自动切换电器：用手动直接操作来进行切换的电器，如刀开关、转换开关、按钮和主令电器等。
(2) 自动切换电器：依靠电器自身参数的变化或外来信号（如电、磁、光、热、压力等）的作用，自动完成接通或分断等动作，如接触器、继电器、自动开关等。

按照触点类型分类可分为：
(1) 有触点电器：利用触点的接通和分断来切换电路，如接触器、刀开关、按钮等。
(2) 无触点电器：没有可分离的触点。主要利用电子元件的开关效应，即导通和截止来实现电路的通、断控制，如接近开关、光电开关、霍尔开关、固态继电器等。

按照低压电器型号分类可分为：
为了便于了解文字符号和各种低压电器的特点，采用我国《国产低压电器产品型号编制办法》，将低压电器分为13个大类。每个大类用一位汉语拼音字母作为该产品型号的首字母，第二位汉语拼音字母表示该类电器的各种形式。
(1) 刀开关 H，例如，HS 为双投式刀开关（刀型转换开关），HZ 为组合开关。
(2) 熔断器 R，例如，RC 为瓷插式熔断器，RM 为密封式熔断器。
(3) 断路器 D，例如，DW 为万能式断路器，DZ 为塑壳式断路器。
(4) 控制器 K，例如，KT 为凸轮控制器，KG 为鼓型控制器。
(5) 接触器 C，例如，CJ 为交流接触器，CZ 为直流接触器。
(6) 起动器 Q，例如，QJ 为自耦变压器降压起动器，QX 为丫-△启动器。
(7) 控制继电器 J，例如，JR 为热继电器，JS 为时间继电器。
(8) 主令电器 L，例如，LA 为按钮，LX 为行程开关。
(9) 电阻器 Z，例如，ZG 为管型电阻器，ZT 为铸铁电阻器。
(10) 变阻器 B，例如，BP 为频敏变阻器，BT 为启动调速变阻器。
(11) 调整器 T，例如，TD 为单相调压器，TS 为三相调压器。
(12) 电磁铁 M，例如，MY 为液压电磁铁，MZ 为制动电磁铁。
(13) 其他 A，例如，AD 为信号灯，AL 为电铃。

以上电器的分类只是按其用途及控制的方式等进行的分类，其实各种电器在使用中都是混用的，也就是说配电电器和控制电器或自动电器和非自动电器在使用中并没有严格的区分，只是按照电路的原理或动作要求来选用的。所以不要有它们在使用中是两个不同类型电器的想法，不要以为配电电器只能用于配电系统，而控制电器只能用于控制系统的误导。如最简单的控制电动机正转的电路里有自动开关、熔断器、接触器、热继电器、按钮等组成。

对于刚进入这个行业的人来说，最主要的是先掌握我们常用的电器就可以了，这方面的知识要一步步地来进行学习。对于低压电器的产品型号和规格的具体规定，不要刻意去死记硬背，一是没有这个必要，二是就是死记硬背记住了，长时间地不使用也就很快就忘记了。而且现在电器的型号有国产的、合资的、进口的，各种品牌的太多了。所以在我们实际的工作中，只要先熟悉自己常用的电器，日后接触多了，使用的时间长了，就自然而然地了解和熟悉了，就是遇到了不熟悉的电器，可以去查相关的产品手册来了解。

二、刀开关

刀开关是一种手动电器，它的最主要的特点是有明显的、可见的、不能自动通断的断开点，但它没有灭弧装置。刀开关在结构上有单极、二极、三极等。

1. 瓷底胶盖刀开关

瓷底胶盖刀开关是一种手动控制电器，瓷底胶盖刀开关是由刀开关和熔断器组合而成的一种电器。主要用来隔离电源或手动接通与断开交直流电路，也可用于不频繁地接通与分断额定电流以下的负载，如小型电动机、电炉等。

瓷底胶盖刀开关由操作瓷手柄相连的动触刀、静触头夹座、熔丝座、进线接线座及出线接线座等组成。这些导电部分都固定在瓷底板座上，并用上、下胶盖进行隔离。瓷底胶盖刀开关的胶盖还具有下列保护作用：操作人员不会触及带电部分，将各电极隔开防止因极间飞弧导致电源短路，防止电弧飞出盖外灼伤操作人员，熔丝提供了短路保护功能。瓷底胶盖刀开关的结构与外形如图4-7所示。

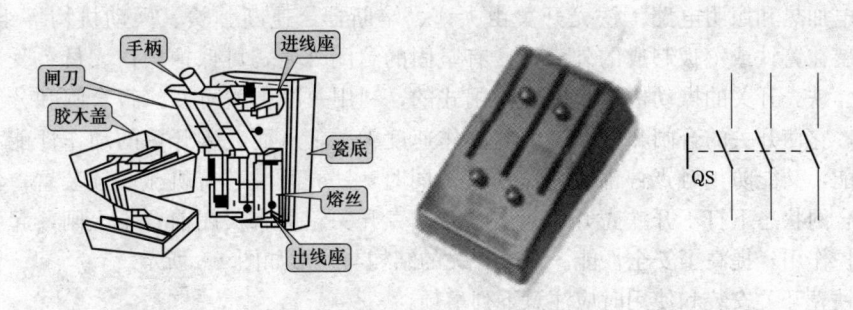

图4-7 瓷底胶盖刀开关的结构与外形

刀开关种类很多，有两极的（额定电压250V）和三极的（额定电压380V），额定电流由10A至100A不等。常用的刀开关型号有HK1、HK2系列。刀开关必须要垂直安装，进线座应在上方，接线时不能把它与出线座搞反，否则在更换熔丝时将会发生触电事故。更换熔丝必须先拉开闸刀，并换上与原用熔丝规格相同的新熔丝，同时还要防止新熔丝受到机械损伤。刀开关的瓷底座损坏、胶盖失落或缺损后，就不可再使用，以防止安全事故。

胶盖瓷底刀开关安装和使用时的注意事项：

（1）胶盖瓷底刀开关在安装时底板应垂直于地面，手柄向上时，应是合闸的位置。不得倒过来装和平行安装。如果倒装，当刀开关拉开后，会因受到某种振动或因闸刀的自重，使闸刀自然落下，引起误合闸，会使本已应该断电的设备或线路造成误送电，增加了不安全的因素。

（2）胶盖瓷底刀开关在接电源时，应接在开关上方的进线端上，负载的线路应接在开关的下方。这样当断开闸刀更换熔丝时，就不会发生触电事故。在接线时应将螺钉拧紧，不要产生接触不良的故障。当引线为铝线时，要对接触处进行处理，避免因电位差引起的接触过热问题。

（3）在安装熔丝的时候，一定要注意接触电阻。因熔丝多为铅锡材料，在与铜材料接触后，很容易在接触处，造成接触电阻大的现象。在实际工作中，经常出现因接触电阻而产生高温，造成螺钉烧死，从而造成开关报废或引起负载的故障。

（4）这种胶盖瓷底刀开关在发达地区已很少采用，如同板上另有熔断器，可在胶盖瓷底刀开关的装熔丝处用铜丝来进行连接，减少刀开关的烧坏概率。

（5）按相关的规程规定，对于动力负载，刀开关的额定电流应大于负载电流的3倍。胶盖瓷底刀开关只能操作3kW及以下的电动机。当作为隔离开关使用时，其额定电流应不小于负载电流的1.3倍。

2. 铁壳开关

铁壳开关也称为封闭式负载开关，它是一种手动的开关电器。铁壳开关可以用于不频繁地接通与分断电路，也可以直接用于异步电动机的不频繁全压起动控制，控制电加热和照明电路。铁壳开关由夹座、熔断器、速断弹簧、操动机构等组成，它安装在铸铁或钢板制成的外壳内，有坚固的封闭外壳，可保护操作人员免受电弧灼伤。铁壳开关的操动机构为储能合闸式的，利用一根弹簧可以执行合闸和分闸的功能，它使开关的合闸和分闸速度与操作速度无关，从而改善开关的动作性能和灭弧性能，又能防止触点停滞在中间位置。同时，铁壳开关还有机械联锁装置，保证了在合闸状态下打不开铁壳开关箱盖，在铁壳开关箱盖未关闭前合不上闸，起到安全保护作用，提高了安全性能。铁壳开关的结构与外形如图4-8所示。

铁壳开关安装和使用时应注意下列事项：

（1）铁壳开关必须垂直安装，安装高度以操作方便为原则，安装在离地面1.3~1.5m。

（2）铁壳开关的外壳接地螺钉必须可靠地接地或接零。

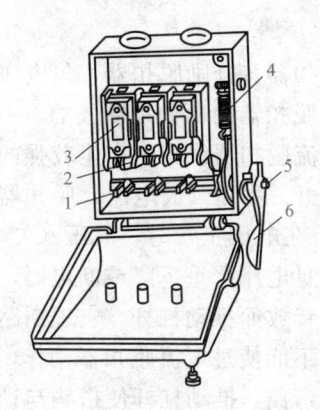

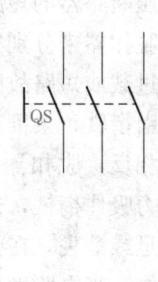

图 4-8 铁壳开关的结构与外形
1—刀式触头；2—夹座；3—熔断器；4—速断弹簧；5—转轴；6—手柄

（3）电源线和电气设备或电动机的进出线都必须穿过开关的进出线孔，进出线要穿过橡胶圈孔。导线穿过橡胶圈孔时要注意密封问题。

（4）100A 以上的铁壳开关，应将电源进线接在开关的上桩头，电气设备或电动机的出线接在下桩头。100A 以下的铁壳开关，则应将电源进线接在开关的下桩头，电气设备或电动机的出线接在上桩头。接线时应使电流要先经过刀开关，再经过熔断器，然后才能进入用电设备，以便检修。

（5）按规程规定，对于动力负载，铁壳开关只能操作 4.5kW 及以下的电动机。

三、断路器

低压断路器俗称自动开关或空气开关，它是一种既有手动开关作用，又能自动进行失压（欠电压）、过载和短路保护的电器，适用于不频繁地接通和切断电路或起动、停止电动机，并能在电路发生过负载、短路等情况下自动切断电路，它是低压交、直流配电系统中重要的控制和保护电器，在分断故障电流后，一般不需要更换零部件又可继续使用，在电气系统中得到了广泛的应用。为了电气线路和电气设备的安全，现在广泛使用带漏电保护功能的断路器，这种带漏电保护功能的断路器有单极、双极、三极、四极的。断路器带不带漏电保护功能，从断路器的外观上就可以看出来，因带漏电保护功能的断路器有一个漏电的试验按钮。

低压断路器按灭弧的不同可分为：油断路器（多油断路器、少油断路器）、六氟化硫断路器（SF_6 断路器）、真空断路器、空气断路器等。按结构分有：万能式和塑壳式的；按操作方式分有：电动操作、储能操作和手动操作的；按极数分有：单极、二极、三极和四极等；按动作速度分有：快速型和普通型；按安装方式分有：插入式、固定式和抽屉式等。

低压断路器主要由触头系统、灭弧装置、保护装置和传动机构等组成。保护装置和传动机构组成脱扣器，主要有过流脱扣器、分励脱扣器、失压（欠电压）脱扣

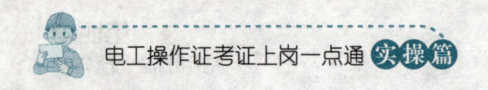

器和热脱扣器等。

低压断路器的短路及过载保护分别由过电流脱扣器、分励脱扣器、欠电压脱扣器和热脱扣器来分别完成。在正常情况下，过电流脱扣器的衔铁是释放的，一旦发生严重过载或短路故障时，与主电路相串连的过电流脱扣器线圈将产生较强的电磁吸力吸引衔铁，来推动杠杆顶开锁钩，使主触点断开。失压（欠电压）脱扣器的工作恰恰相反，脱扣器的线圈是直接接在电源上的，在电压正常时，失压（欠电压）电磁吸力吸住衔铁，这时断路器可以正常合闸。一旦电压严重下降或断电时，电磁吸力不足或消失，在弹簧的反作用力下，衔铁将被释放而推动杠杆，实现断路器的跳闸功能。当电路发生一般性过载时，过载电流虽不能使过电流脱扣器动作，但能使热元件产生一定的热量，促使双金属片受热向上弯曲，推动杠杆使搭钩与锁钩脱开，将主触点分开。分励脱扣器是用于远方控制跳闸的，当在远方按下按钮时，分励脱扣器得电产生电磁力，使其脱扣跳闸。

断路器的种类繁多，按其用途和结构特点可分为DW型框架式断路器、DZ型塑料外壳式断路器、DS型直流快速断路器和DWX型、DWZ型限流式断路器等。框架式断路器主要用作配电线路的保护开关，而塑料外壳式断路器除可用作配电线路的保护开关外，还可用作电动机、照明电路及电热电路的控制开关。

但我们在断路器的实际使用中，要注意断路器的过电流保护、欠电压保护和热保护等并不是每一种断路器都全部具备的。有的断路器可能具备全部的保护功能，有的断路器可能只具备两种保护功能，有的断路器可能只具备其中一种保护功能。例如，我们常用的断路器，大部分的只有过电流脱扣器，只能提供过电流保护，这是最基本的保护，也是我们使用最多的断路器。在使用中对于有欠电压脱扣器的断路器，它有欠电压保护功能，在没有通电的情况下，是不能将断路器的手柄推上去的，要在有电时才能将断路器正常合闸。

现在常用的断路器，有DZ系列塑壳式断路器，是全国统一设计的系列产品，3VE系列断路器是从德国西门子公司引进技术生产的产品，S0系列断路器是从德国BBC公司引进技术生产的产品。还有德力西、施耐德、富士、正泰、罗格朗、穆勒、三菱等品牌的断路器，可根据不同的要求和场合来进行选择和使用。常见的有DZ系列自动开关，其特点是结构紧凑、体积小、质量轻，使用安全可靠，适用于独立安装。它是将触头、灭弧系统、脱扣器及操动机构都安装在一个封闭的塑料外壳内，只有板前引出的接线导板和操作手柄露在壳外。

下面以塑壳断路器为例简单介绍断路器的结构、工作原理、使用与选用方法。断路器工作原理示意图、图形符号与外形如图4-9所示。

低压断路器的选择应从以下几方面考虑：

(1) 断路器类型的选择：应根据使用场合和保护要求来选择。如一般选用塑壳式；短路电流很大时选用限流型；额定电流比较大或有选择性保护要求时选用框架

第四章 常用的高低压电器

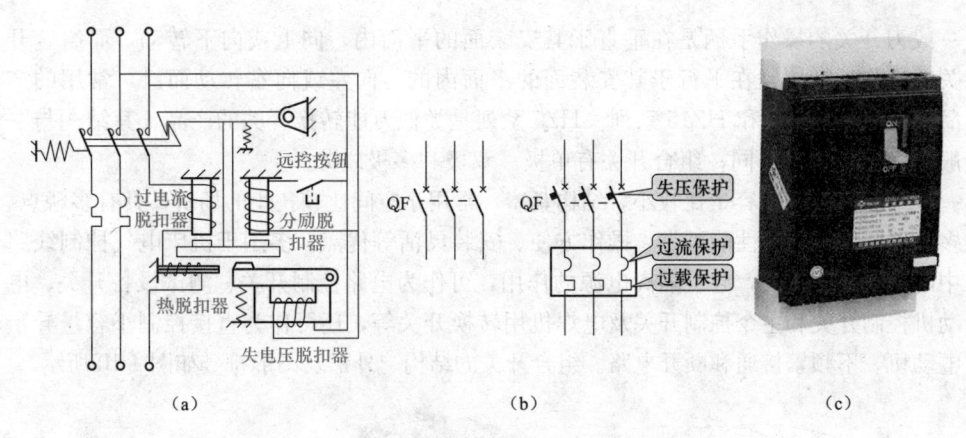

图 4-9 断路器工作原理示意图、图形符号与外形
(a) 工作原理图；(b) 图形符号；(c) 外形图

式；控制和保护含有半导体器件的直流电路时应选用直流快速断路器等。

（2）断路器额定电压、额定电流应大于或等于线路、设备的正常工作电压、工作电流。

（3）断路器极限通断能力应大于或等于电路最大短路电流。

（4）欠电压脱扣器额定电压应等于线路额定电压。

（5）过电流脱扣器的额定电流应大于或等于线路的最大负载电流。

（6）瞬时整定电流：对保护笼型感应电动机的断路器，其瞬时整定电流为 8～15 倍电动机额定电流；对于保护绕线转子电动机的断路器，其瞬时整定电流为 3～6 倍电动机额定电流。

（7）当断路器与熔断器配合使用时，熔断器应装于断路器之前，以保证使用安全。

（8）电磁脱扣器的整定值不允许随意更动，使用一段时间后应检查其动作的准确性。

（9）断路器在分断短路电流后，应在切除前级电源的情况下及时检查触头。如有严重的电灼痕迹，可用干布擦去；若发现触头烧毛，可用砂纸或细锉小心修整。

四、组合开关

组合开关又称转换开关，实质上是一种特殊的刀开关，组合开关由动触头、静触头、绝缘连杆转轴、手柄、储能弹簧、定位机构及外壳等部分组成。它的刀片是转动式的，操作比较轻巧，动触头（刀片）和静触头装在封装的绝缘件内，采用叠装式结构，其层数由动触头数量决定。其动、静触头分别叠装于数层绝缘壳内，动触头装在操作手柄的转轴上，当转动手柄时，每层的动触片随转轴一起转动，随转轴旋转而改变各对触头的通断状态。它的内部结构其实也是一种刀开关，不同的是

107

一般刀开关的操作手柄是在垂直于其安装面的平面内，向上或向下转动，而组合开关的操作手柄则是在平行于其安装面的平面内的，向左或向右转动而已，常用的产品有HZ5、HZ10和HZ15系列。HZ5系列是类似万能转换开关的产品，其结构与一般转换开关有所不同；组合开关有单极、双极和多极之分。

组合开关控制容量比较小，结构紧凑，常用于空间比较狭小的场所，具有多触点、多位置、体积小、性能可靠、操作方便、安装灵活等优点，多用于机床电气控制线路中电源的引入开关，起着隔离电源的作用，可作为电路控制开关、测试设备开关、电动机控制开关和主令控制开关及电焊机用转换开关等，还可作为直接控制小容量异步电动机，不频繁接通和断开电路。组合开关的结构、外形及图形符号如图4-10所示。

图4-10 组合开关的结构、外形及图形符号
1—手柄；2—转轴；3—弹簧；4—凸轮；5—绝缘垫板；6—静触头；7—动触头；
8—绝缘方轴；9—接线柱

组合开关的安装方式有3种：

一为底板安装，用螺钉直接固定在转换开关的下方的两个U形槽内，此安装方法一般为电气箱内安装或设备的内部安装居多。但也有个别的设备用长螺钉做面板安装的，如做设备的电源开关。

二为直接用转换开关的紧固螺钉做面板安装。这种方法主要用于小功率的三相负载的低频率的起动和停止的操作，如钻床、砂轮机、冷却泵等负载。

三为在转换开关的紧固螺钉上直接安装固定架，也为面板安装，少量的用于三相负载的起动和停止的操作，但主要是用于电源的隔离，常用于较大电流的转换开关，这种安装方法多作为设备的电源开关来使用。

这里要注意的是转换开关的6个接线端的方向受安装方式的影响，这也就是说螺钉旋具紧固螺钉的方向，如果是板前安装，紧固螺钉的螺面必须要背着面板；如果是底板安装，接线的紧固螺钉的螺面必须和底板螺钉同向。否则将无法进行转换

第四章
常用的高低压电器

开关的线路连接。如果在安装前进行线路的连接，然后再进行转换开关的固定安装，这将给今后的维修工作带来不便。紧固面的方向改变，不能简单的将螺钉和压片换面，因连接面只有一面，另一面为攻螺纹面，不能用来压接导线，只有拆开转换开关来进行静触头换面，6个静触头的面全部要换。

拆装时还要注意转换开关从上到下的每一层都有英文字母或数字进行区别，所以在拆的时候要注意它们的标号和方向，以免安装的时候装错。这里还要特别指出的是，拆上盖的时候，一定要注意弹簧和滑块的相对位置和它的安装方向，否则安装后将会从原来的有级（90°）转动变为无级转动了，也就是没有速断和定位功能，只有进行重新安装。

转换开关的维修工作不多，主要有：短路后造成粘连和动静触头上有烧蚀、缺口、铜渣等，要用细锉刀进行修整，动、静触头的修整，以尽量缩小修整面、保证转动灵活、触点接触可靠就可以了。

五、熔断器

熔断器由熔体和安装熔体的绝缘底座（或称熔管）组成，由易熔金属材料铅、锌、锡、铜、银及其合金制成，形状常为丝状或网状。由铅锡合金和锌等低熔点金属制成的熔体因不易灭弧，多用于小电流电路；由铜、银等高熔点金属制成的熔体，因易于灭弧，多用于大电流电路。

熔断器是低压电路和电动机控制电路中，用作短路保护和过载保护的电器。熔断器的熔体串接于被保护的电路中，当通过熔断器熔体的电流大于熔断电流时，熔体以其自身产生的热量，使熔体熔断，从而自动切断电路，实现短路保护或过载保护。电流通过熔体时产生的热量，与电流平方和电流通过的时间成正比，电流越大则熔体熔断时间越短，这种特性称为熔断器的反时限保护特性或安秒特性。由于熔体在用电设备过载时所通过的过载电流能积累热量，当用电设备连续过载一定时间后熔体积累的热量也能使其熔断，所以熔断器也可作过载保护。

熔断器具有结构简单、体积小、质量轻、使用维护方便、价格低廉、分断能力较高、限流能力良好等优点，因此在电路中得到广泛应用。

我们常用的低压熔断器，有半封闭瓷插式熔断器（RC）、螺旋式熔断器（RL）和封闭管式熔断器（RT0）、无填料封闭管式熔断器（RM）、有填料封闭管式熔断器，还有保护半导体器件的快速熔断器RLS、RS0、RS3及自复式熔断器（RZ）等。

1. RC1A系列瓷插式熔断器

RC1A系列瓷插式熔断器结构简单，是由瓷盖、瓷底、动触点、静触点及熔丝组成的。瓷盖和瓷底均用电工瓷制成，电源线与负载线分别接在瓷底两端的静触点上。瓷底座中间有一空腔，与瓷盖的突出部分构成灭弧室，其本身没有固定的熔体，对于熔量较大的熔断器，在灭弧室内还有编织的石棉用来帮助灭弧。熔丝用螺钉固定在瓷盖内的铜插片的端子上，使用时将瓷盖插入底座，拔下瓷盖便可更换熔丝。瓷

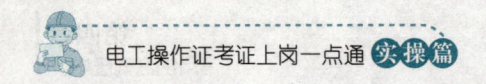

插式熔断器的结构、外形及图形符号如图4-11所示。

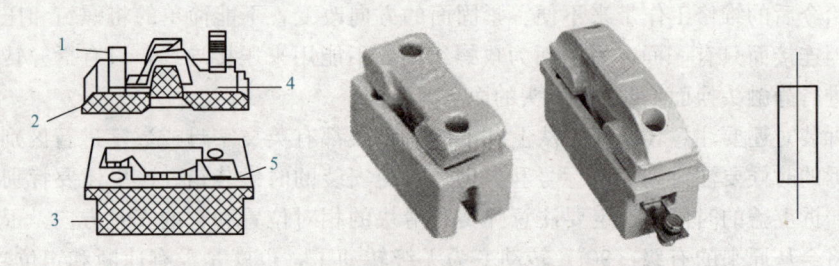

图4-11 瓷插式熔断器的结构、外形及图形符号
1—动触点；2—熔丝；3—瓷底座；4—瓷插件；5—静触点

瓷插式熔断器常用的产品有RC1A系列，由于该熔断器价格便宜，使用方便，主要用于交流380V及以下的电路末端作线路和用电设备的短路保护，在照明线路中还可起过载保护作用。低压分支电路的短路保护广泛用于照明电路和小容量电动机电路中。

RC1A系列熔断器额定电流为5～200A，但极限分断能力较差，熔体规格有0.5A、1A、1.5A、2A、3A、5A、7A、10A、15A、20A、25A、30A、35A、40A、45A、50A、60A、65A、70A、75A、80A、100A等。由于该熔断器为半封闭结构，并且其分断能力较小，熔体熔断时有声光现象，对易燃易爆的工作场所禁止使用。

2. RL1系列螺旋式熔断器

螺旋式熔断器额定电流为1～200A，熔管的额定电压为交流500V，主要用于短路电流大的分支电路或有易燃气体的场所。常用产品有RL1、RL6、RL7和RLS2等系列，其中RL6和RL7多用于机床配电电路中。RLS2为快速熔断器，主要用于保护半导体元件。

螺旋式熔断器熔体是一个瓷管，瓷管芯内装有熔丝，并填充石英砂，石英砂用于熔断时的消弧和散热，熔体熔断时，电弧喷向石英砂及其缝隙，可迅速降温而熄灭。瓷管头部上端盖装有一个染成红色或其他颜色的熔断指示器，一旦熔体熔断，指示器马上弹出脱落，当透过瓷帽的玻璃窗口观测到，带小红点的熔断指示器脱落时，就表示熔丝熔断了，起到熔断器熔体熔断指示的作用。螺旋式熔断器的结构与外形如图4-12所示。

RL1螺旋式熔断器的额定电流一般有15A、60A、100A、200A四种，熔断器的熔体有1～200A等20多种规格。电工新手要注意的是熔断器的额定电流，与熔断器熔体的额定电流是两种不同的概念，熔断器的额定电流，是指熔断器本身的规格。而熔断器熔体的额定电流是指熔断器熔体本身所能通过的额定电流。如螺旋式熔断器分为15A、60A、100A、200A四种规格，其中15A规格的熔体有1A、2A、3A、5A、10A、12A、15A的，都可以安装在15A规格的熔断器内。但20A、30A的熔

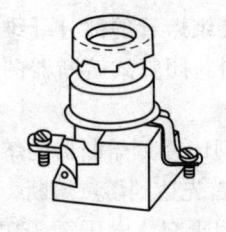

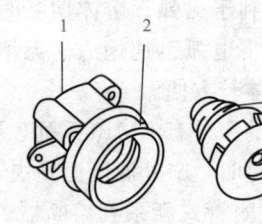

图 4-12 螺旋式熔断器的结构与外形
1—底座；2—瓷套；3—熔断管；4—瓷帽

体是不可能安装在 15A、100A、200A 规格的熔断器内的。同理，100A 的熔体是不可能安装在 15A、60A、200A 规格的熔断器内的。我们先按照线路或电气设备的额定电流来选择熔断器的规格，再在熔断器的规格范围内选择合适电流的熔体的额定电流，这一点在很多的断路器及电器上都是一样的，希望电工在使用及选择时不要搞混淆了。

在实际工作中，发现很多的电工初学者，还有很多的已经拿了操作证的电工，对于螺旋式熔断器的熔体更换时，连熔体的安装方向都搞不清楚，很多人在更换熔体时装反了，熔体的指示帽没有对应到观察孔的方向，造成熔体熔断时，熔体的指示帽弹出后无法观察到。

3. 无填料封闭管式熔断器

无填料封闭管式熔断器具有结构简单、保护性能好、使用方便等特点，主要用于供配电系统作为线路的短路保护及过载保护，一般均与刀开关组成熔断器刀开关组合使用。无填料封闭管式熔断器的极限分断能力比 RC1A 熔断器有提高，适用于交流 50Hz、额定电压为 220V、380V 的低压配电装置中，作短路和过负载保护。

无填料封闭管式熔断器比较简单，由熔断管、熔体及触插组成，具有结构简单、更换熔体方便等优点。无填料封闭管式熔断器的结构与外形如图 4-13 所示。熔断管是由钢纸或纤维物制成，两端为黄铜制成的可拆式管帽，管内使用的熔体为变截面的锌合金片，由于熔体较窄处的电阻小，在短路电流通过时产生的热量最大先熔断，

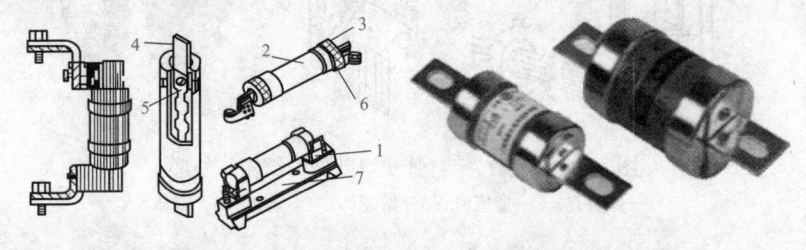

图 4-13 无填料封闭管式熔断器的结构与外形
1—弹簧夹；2—钢纸纤维管；3—黄铜帽；4—插刀；5—熔片；6—特种热圈；7—刀座

因而可产生多个熔断点使电弧分散以利于灭弧。熔体熔断时纤维熔管的部分纤维物因受热而分解，产生高压气体，以便将电弧迅速熄灭。无填料封闭管式熔断器的两端为黄铜制成的可拆式管帽，更换熔体较方便。

无填料封闭管式熔断器现在常用的型号有RM10系列，RM10系列熔断器的熔体用锌片制成，宽窄不同，当大电流通过时，窄处温度上升快，首先达到熔点熔断。

RM7系列熔断器是一种无填料封闭管式新系列熔断器，用于交流电压至380V、直流电压至440V、电流至600A的电力线路中，作导线、电缆及电气设备的短路和连续过载保护用，可以取代RM1、RM2、RM3、RM10等系列老产品。它是由插座、可拆卸的熔断管及熔体组成的，结构简单，使用维护方便，可自行更换熔体。其熔体由铜片冲制成变截面形状，中间加低熔点锡合金，具有显著的冶金效应。熔断器在插座上插拔500次后仍能使用。

4. 有填料封闭管式熔断器

有填料密封管式熔断器也称为填充料式熔断器、有填料封闭管式刀形触头熔断器等，有填料密封管式熔断器由熔断体、熔断器底座和载熔件组成。熔断器熔断体由纯铜箔（或铜丝、银丝、银片）冲制成的栅网状变截面熔片并联而成，其间用低熔点的锡桥连接，将熔片围成筒笼形卧入瓷管中，封装于由高强度白瓷质制成的方形熔管内，熔管中充满经化学处理过的高纯度石英砂作为灭弧介质，使填料与熔体充分接触，这样既能均匀分布电弧能量，提高分断能力，又可使管体受热较为均匀而不易断裂。熔体两端采用点焊与端板（或连接板）牢固电连接，组成方管闸刀形触头结构。熔断体可带有熔断指示器或撞击器，当熔断体熔断时能显示熔断（指示器）或转换成各种信号及自动切换电路（撞击器）。熔断器底座由耐高温树脂底板或高强度瓷底板、楔形静触头组合而成，呈敞开式结构，可作为相应尺码熔断体的支持件。有填料封闭管式熔断器的结构与外形如图4-14所示。

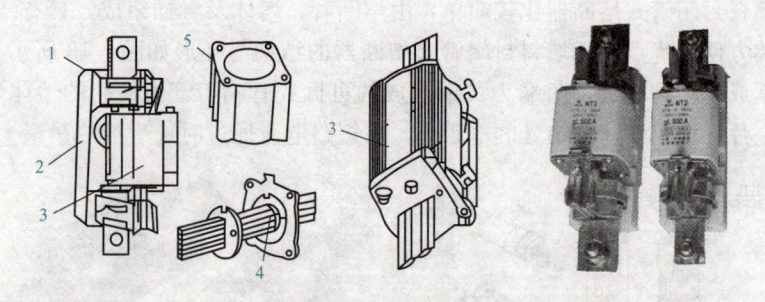

图4-14 有填料密封管式熔断器的结构与外形
1—弹簧夹；2—瓷底座；3—熔断体；4—熔体；5—管体

有填料封闭管式熔断器当发生短路时，锡桥迅速熔化，由石英砂将电弧冷却熄灭，铜片的作用是增大和石英砂的接触面积，让熔化时电弧的热量尽快散去，使电弧在短路电流达到最大值之前迅速熄灭，提高了灭弧的能力，可以限制短路电流，显著缩短了断电时间。熔断指示器是一个机械信号装置，熔断指示器和螺旋式熔断器中的相似，熔体采用冲制的网状熔装配时围成形，指示器上焊有一根很细的康铜丝与熔体并联。在正常情况下，由于康铜丝的电阻很大，电流基本上从熔体流过。当熔体熔断时，电流流过康铜丝，使其迅速熔断。此时，指示器在弹簧的作用力下立即向外弹出，显现醒目的红色指示信号。

有填料密封管式熔断器常用于大容量电力网或配电设备中，常用产品型号有RT0、RM10、RT12、RT14、RT15 和 RS3 等系列，RT0 系列熔断器的分断能力比同容量的 RM10 型大 2.5～4 倍。具有较高的断流能力，适用于交流 380V 及以下、短路电流大的配电装置中，配电变压器的低压侧出线可作为线路及电气设备的短路保护及过载保护。

5．有填料封闭管式快速熔断器

电力半导体器件的过载能力较差，要求熔断器过载或短路时必须快速熔断，使用普通的熔断器保护时，达不到保护半导体器件的要求，这就要使用快速熔断器进行保护。有填料封闭管式快速熔断器主要用于半导体器件保护，半导体器件的过载能力很低，只能在极短的时间（数毫秒至数十毫秒）内承受过载电流。而一般熔断器的熔断时间是以秒计的，所以不能用来保护半导体器件，为此，必须采用在过载时能迅速动作的快速熔断器。快速熔断器的结构与有填料封闭管式熔断器基本一致，所不同的是快速熔断器采用以银片冲制成的有 V 形深槽的狭窄截面或网状变截面熔体，快速熔断器的熔体在电流超过额定值时能快速熔断，熔体熔断所需的时间较短。

有填料封闭管式快速熔断器是一种快速动作型的熔断器，由盖板、衬垫、石英砂熔断管、石英砂、变截面熔体、触点底座、动作指示器、填料与外部连接的接线头等几部分组成。有填料封闭管式快速熔断器的外形如图 4-15 所示。

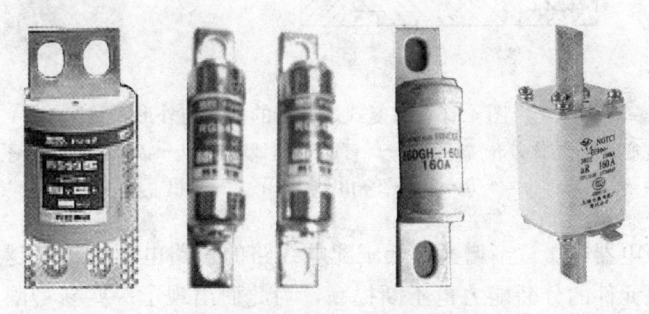

图 4-15　快速熔断器的外形

有填料封闭管式快速熔断器的熔体外形与同类型的有填料封闭管式熔断器的熔体基本相同，在使用要注意是否有"S"的符号。RS0 系列快速熔断器主要用于保护晶闸管或硅整流电路，外形结构和 RT0 有填料封闭管式熔断器系列相似，不同之处是它的熔体材料是用纯银制造的，它切断短路电流的速度更快，限流作用更好。RS2、RS3 系列为快速熔断器，主要用于保护半导体元件。快速熔断器主要有 RS 系列，其外形与 RT0 系列相似。

有填料封闭管式快速熔断器的熔断管内填充有石英砂，采用导热性能强、热容量小的窄截面或网状形式银片，熔体的熔化速度快，一般在 6 倍额定电流时，熔断时间不大于 20ms。有填料封闭管式快速熔断器的熔体为一次性使用，熔体熔断后只能进行更换。

6. 自复式熔断器

一般的熔断器的熔断管因过载或短路熔断后，就必须人工进行更换，给电路的正常运行带来一定的不便。自复式熔断器采用低熔点金属钠制作成熔体。当发生短路的故障时，依靠短路电流产生高温使金属钠迅速气化，从而大大增加了导通时的电阻，熔体呈现高阻状态，从而限制了短路电流的进一步增加。一旦电路的故障消失，熔体的温度就会下降，金属钠蒸气冷却并凝结，重新恢复原来的导电状态，为下一次动作做好准备，高压气体氩气使活塞恢复原位，钠电路也快速恢复原状，电阻也恢复到低阻状态，时间约 5ms。由于自复式熔断器只能限制短路电流，却不能真正切断电路，故常与断路器配合使用。它的优点是不必更换熔体，可重复使用。

自复式熔断器由陶瓷圆筒、熔体、氩气、螺钉、特殊陶瓷、进线端子、特殊玻璃、不锈钢、活塞、出线端子、软铅、金属外壳等组成。自复式熔断器的结构与外形如图 4-16 所示。

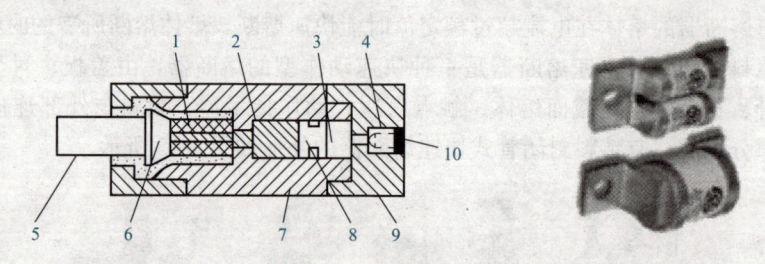

图 4-16 自复式熔断器的结构与外形

1—瓷心；2—熔体；3—氩气；4—螺钉；5—进线端子；6—特殊玻璃；7—不锈钢；8—活塞；9—出线端子；10—软铅

近来低压电器容量逐渐增大，低压配电线路的短路电流也越来越大，要求用于系统保护开关元件的分断能力也不断提高，为此而出现了一些新型限流元件，如自复熔断器、自恢复熔丝等。

还有一种由聚合物正温度系数材料（PPTC）构成的自恢复式小型熔断器，也称为自恢复熔丝，通过由元件内部的聚合物正温度系数材料，感测自恢复式小型熔断器自身及周边环境的温度，当自恢复式小型熔断器自身或周边环境温度上升时，其内阻值随着温度的上升而上升。当该元件所处的电路出现故障时，随着故障电流的增大，导致PPTC内部的发热增加，随之其内阻增大，当阻值达到足够大时使得电路被切断，从而保护电路不因故障电流而造成危险，是可复位式的电路保护元件。自恢复式小型熔断器，大量地应用在无线电产品、家用电器、音视频设备、通信设备、医疗设备、汽车电子、电动玩具等整机产品上。

7. 熔断器与断路器的配合问题

从现在电气线路或电气设备的安装来看，很多的电气线路和电气设备上都不见了熔断器的踪影，全部都用断路器来代替了，这是一个很不正常的现象。现在西欧等发达的国家，电气线路和电气设备上熔断器的使用量占有相当多的比例，这是为什么呢？现在重点强调一下熔断器的功能和作用，以及熔断器与断路器的配合使用问题。现在很多电工认为，随着断路器价格的下降，断路器的大量使用，熔断器的使用越来越少了，大有用断路器来取代熔断器的态势。其实这完全是一个误解，按断电后的恢复来说，断路器是快速和便捷一些，故障排除后只要将断路器的手柄一扳上去就可以用了，熔断器还需要换熔丝或熔体。因断路器经常会有过载或短路大电流的冲击，按规定是要定期对断路器进行动、静触头结合部位的检查和修复的，这个工作很多的人都没有去做，使用中的过载或短路的大电流的冲击后，很容易造成断路器的工作不正常，有很多断路器开始使用时是很正常的，但使用一段时间后，就会在使用中有跳闸的现象，这是因为断路器的触头在多次的短路大电流冲击后，没有得到及时的维护，触头的接触面接触不良，造成接触面过热而引起的跳闸。从这点来说，短路电流的保护完全依靠断路器来切断是得不偿失的。熔断器从切断短路等大电流的角度来说，切断电路的时间是小于断路器的，可靠的性能要优于断路器。如用熔断器来进行短路保护，无论是从保护的效果，还是从使用的成本来说，都是最佳的选择。所以，要根据现场实际情况来选择是使用断路器，还是熔断器来进行短路的保护，断路器是不可能取代熔断器的。

当然，熔断器的使用还有一个很重要的作用，就是在线路的维修和维护工作中，保证在线路上有一个明显的断开点，这个作用是断路器无法做到的。所以，熔断器有熔断器的作用，断路器有断路器的作用，熔断器与断路器是配合使用的，它们是互补的关系，而不是取代的关系。

8. 熔断器烧断后的具体的处理

熔断器熔体熔断的不同痕迹，也可以说明导致熔断器熔断的大致电流，在电气设备中经常采用熔体进行保护，在运行中熔体的熔断是经常发生的，但如果不认真分析原因就换上新的熔体，将有故障的电气设备重新投运，其结果可能是设备的故障更加严重，进一步扩大了事故范围。因此，判明熔体熔断的原因，正确地加以处理，是保证电气设备安全运行的重要措施。

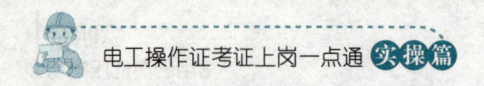

如果是按规定选择熔体的情况下，熔断器烧毁可检查熔体的熔断情况，一般有以下 3 种情况：

（1）短路熔断。熔丝完全烧没有了，是齐根全部烧没有了。严重的还造成熔断器内发黑、有蒸发的金属颗粒、瓷龟裂、留有电弧烧伤痕迹等现象，对于这类的熔体熔断，说明线路或电器有严重的短路故障。应对熔断器以后的所有设备和线路进行认真仔细的检查，也有可能是雷击过电压及高电压窜入低电压设备所致，在查出故障点并排除后，方可将更换的熔体重新投运。

（2）过负载熔断。有部分熔丝烧断，多发生在熔丝的中间位置，很少有电弧烧伤的痕迹。这种情况说明线路或电器中有一定的冲击电流，但没有短路的故障。遇到此类故障，要查明过负载原因，以防止过负载现象的再次发生。

（3）误断。熔丝只是在某一点上烧断，或熔丝熔断在压接处或其他部位上。这一般是因为熔丝选择得过小或过细、熔体质量不佳或机械强度差；在安装时熔丝时不慎损伤熔体，安装熔体时没有压紧造成接触不良等原因造成的。也可能是线路或电器中因短时的过载现象引起的。对于上述原因引起的熔体熔断，可在适当处理后，更换上合适的熔丝后，重新投入运行。

在处理熔断器烧毁的故障时，要根据具体的现象区别对待。对于熔丝完全烧毁的，要检查出故障点，否则绝对不允许在没有找到故障的原因下，就轻率的更换熔丝而通电。否则将会继续烧毁熔丝，而且还可能造成更大的事故。

对于部分熔丝烧毁的故障，要找出冲击电流的原因，如电动机起动电流、电热设备的局部短接、机械装置或电动机卡死等。

对于熔丝只是在某一点上烧断的故障时，要找出过载的原因，如电动机轴承有问题、机械设备有阻卡、电源电压太高或太低、机械的送料太快太多等原因。

短路故障的查找：在做好防火的准备工作的情况下，用灯泡或大功率的电器接在熔断器的两端，一般情况下可通过发热和冒烟点来确定。对于短路粘连紧密的故障，只有用钳形电流表来逐步进行测量，测量有电流的线路走向，以不该有电流的地方而有电流，或应该有电流的地方而没有电流来确定故障点。

如图 4-17 所示。图中 A、B 之间有短路点，通电后如果粘连的不紧密，接触点会有一定的阻值，就会产生发热和冒烟。如果短路点粘连紧密的话，通过钳形电流表来测量，在 A 点测量时有电流值，B 点测量时就会没有电流值，那么短路点就肯定就在 A、B 两点之间，查起来也就很容易了。

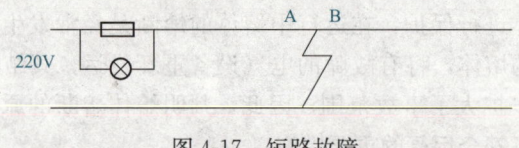

图 4-17　短路故障

9. 熔断器的主要技术参数

熔断器的主要技术参数包括额定电压、熔体额定电流、熔断器额定电流、极限分断能力等。

(1) 额定电压：指保证熔断器能长期正常工作时和分断后能够承受的电压，其值一般等于或大于电气设备的额定电压。

(2) 熔断器额定电流：指保证熔断器能长期正常工作时，设备部件温升不超过规定值时所能承受的电流。

(3) 熔体额定电流：指熔体长期通过而不会熔断的电流。

(4) 极限分断能力：指熔断器在额定电压下所能分断的最大短路电流值。在电路中出现的最大电流值一般是指短路电流值，所以，极限分断能力也反映了熔断器分断短路电流的能力。

10. 熔断器使用的注意事项

选择熔断器时，首先应根据使用场合和负载性质选择熔断器的类型，主要是正确选择熔断器的类型和熔体的额定电流。如容量较小的照明负载，可选 RC1 型熔断器，而用于防爆场合或电流较大时，可选 RL1 系列或 RT0 系列熔断器。对电力半导体器件的保护，要选择快速熔断器进行保护。

选择熔断器的熔体的额定电流时，对于照明与电热器等电阻性负载时，这类负载起动过程很短，运行电流较平稳，熔体的额定电流不小于所有电器的总额定电流之和，一般按负载额定电流的 1～1.1 倍选用熔体的额定电流，进而选定熔断器的额定电流。

对于三相异步电动机等感性负载，这类负载的起动电流为额定电流的 4～7 倍，对于单台电动机，熔体的额定电流≥(1.5～2.5)×电动机的额定电流，但最大不得大于 3 倍，大于 3 倍的就要考虑采用降压起动了。多台电动机，熔体的额定电流≥(1.5～2.5)×容量最大的一台电动机的额定电流＋其余电动机的额定电流。

熔断器最主要的部件是熔体（或熔丝、熔片），但熔断器的规格不代表熔体（或熔丝、熔片）的规格。如我们选择螺旋式熔断器（RL1-60A 系列），熔断器的额定电流为 60A，但熔体的额定电流有 20、25、30、35、40、50、60A 供选择，但是没有小于 15A 和大于 60A 的熔体，所以，我们要针对电路中的电流来选择熔断器。再如瓷插式熔断器的额定电流为 30A，如果我们熔丝只装 5A 的，那么这个熔断器能通过的额定电流就是 5A。我们在实际的工作中，是根据电路中的实际电流值，先选择熔断器的等级规格，然后再选择熔体（或熔丝、熔片）的额定电流。

熔断器的熔体在通过额定电流时，熔体的额定电流并不是熔体（或熔丝、熔片）的熔断电流，所以，熔体允许长期通过额定电流而不熔断。一般熔断电流大于额定电流的 1.3～2.1 倍，熔断器的种类不同，熔断电流的倍数也不相同。熔断器所能切断的最大电流，称为熔断器的断流能力。如果电流大于这个数值，熔体熔断时电弧

117

不能熄灭，可能引起爆炸或其他事故。带电装卸熔断器时，要戴防护眼镜和绝缘手套，必要时使用绝缘夹钳并站在绝缘垫上。必须在不带电的条件下更换熔体。管式熔断器的熔体应用专用的绝缘插拔器进行更换。更换熔体时，不可用多根小规格熔体代替一根大规格熔体使用。

选用熔断器时要有一定的余量，要比实际的电流大一点，但不得小于实际使用的电流。上一级的熔断器必须要大于下一级的熔断器，二者的比例应为1.6∶1或2∶1，上、下级间的过电流保护应相互协调配合，以防止发生越级动作的现象。在单相线路上，中性线必须安装熔断器，在三相四线制线路上，中性线绝对不允许安装熔断器。作为保护用的熔断器，熔断器必须装在开关后级。作为隔离用的熔断器，熔断器必须安装在开关的前面。当配电线路需要装设短路保护装置时，当保护装置为熔断器时，其熔体的额定电流应不大于线路长期容许负载电流的250％。过负载保护的线路，当保护装置为熔断器时，其导体长期容许的负载电流，应不小于熔体额定电流的125％。

六、接触器

接触器是用来频繁接通或切断较大负载电流的一种电磁式控制电器。接触器主要用于控制电动机、电热设备、照明、电焊机、电容器组等电气设备，它能频繁地接通或断开交直流主电路，并可实现远距离自动控制。当接触器的线圈失电或电压低于释放电压时，电磁力小于弹簧反作用力时，接触器就会自动断开，使电路具有失电压保护或欠电压保护。

1. 为什么要使用接触器

在讲接触器这个电器时，先说明一点，因电工新手对于继电-接触器控制系统不是很了解，我们在实际的工作中，接触器又是我们经常使用的主要电器。所以，在此节中对接触器的解释会多一点，这主要是要电工新手了解为什么要使用接触器，使用接触器有哪些便利和好处，在解释上文字上会多一点了。

为什么要使用接触器？在讲接触器这个电器之前，有必要对为什么在电路控制中，要使用接触器这个问题解释一下，这个问题对于初学者来说，不理解的人不在少数。

在我们的继电-接触控制电路中，接触器是最常用的电器之一，也是我们用得较多的电器。但在长期的教学过程中发现，有很多的初学者对为什么要用接触器不是很理解，有这种想法的人不在少数，问为什么要使用接触器来控制，用其他的开关不是一样能达到同样的目的吗，而且电路还相当的简单和实用。能用简单的方法来进行控制，为什么还要用复杂的方法来控制呢？

平常老师在教学中对我们说，在完成电气控制要求的前提下，电路的设计是越简单越好。所以，只要能控制电气设备就行了，非要搞得这么复杂干什么？对于这个问题的迷惑，我在职业教学和中专教学中，有相当数量的学生问到这个问题。这主要是对电气控制概念的理解问题,因为平常我们大部分的人在学习之前,所接触到的电路控制,都是以直接控制的见得比较多,如电灯、电风扇、电视机、电焊机、电动工具等,都是直接进行控制的,用起来也是很方便的,那为什么又要通过接触器来控制呢?直接控制的确有它的优点,如电路简单、价格低廉、安装方便、操作容易等。

但随着社会的进步和科学的发展,现在对电气控制的要求是越来越高,如远距离控制、大功率控制、异地控制、自动化的控制、高频率的频繁控制等。使用手动开关来进行控制既不方便,同时安全性也得不到保证,加上对电气设备的各种保护要求,如短路保护、失电压保护、欠电压保护、过载保护等,这靠简单的手动电气控制是根本做不到的,所以我们就引入了继电-接触器控制系统,就使用了接触器来进行控制。

接触器是一种自动化的控制电器,接触器适用于远距离频繁地接通或断开交直流主电路及大容量的电路。其主要的控制对象是电动机,也可用于控制其他电力负载,如电热器、照明、电焊机、电容器组等。配合继电器可以实现定时操作、联锁控制、各种定量控制和失电压及欠电压保护,而且具有控制容量大、工作可靠、操作频率高、使用寿命长等特点。广泛应用于自动控制电路。接触器不仅能实现远距离自动操作,还有欠电压和失电压保护功能。所以,我们现在使用继电-接触器的控制方式来达到和完成对电气控制的各种控制上的要求和保护上的要求。这就要求我们广大的初学者,改变长期形成的控制观念,从原来的直接控制模式,适应现在的间接控制模式。间接控制就是:我们先控制接触器线圈→线圈得电衔铁吸合→接触器的触头动作→触头,再去控制其他的电器。

电气控制技术经历了从手动到自动的发展过程,继电-接触控制技术以它的优势一直沿用到今天,但随着科学技术的不断发展,特别是计算机技术的发展,电气控制技术出现了革命性的重大进步,数控技术、可编程控制器、计算机控制已开始广泛应用到了电气设备控制的系统中。这就是电气控制的三部曲,手动控制→继电-接触控制→程序控制。

由于交流电路的使用场合比直流广泛,现在工厂中交流电动机的使用数量占绝大多数,所以直流接触器的使用量相对而言要少得多,所以,在这里我们主要是学习交流接触器的相关知识,对于直流接触器的内容只做简单的介绍。下面我们对交流接触器进行详细的学习。

2. 怎样认识和了解接触器

对于电工新手来说,在刚接触电气元件这么短的时间内,要了解那么多电气元件的型号、种类、用途、功能等,是不可能也是不现实的,这是要有一个过程的,主要是需要时间去了解和熟悉。但在实际的工作中,是有可能要接触到和用到的,这就要我们从另外的一个角度去考虑问题。做什么事情我们都要抓住要点,即找到它们的共同点。另外，做什么事情都有个轻重缓急，那就是我们现在急需要用什么，就先去学什么，现在不用的，就先放放到后面去学习，先解决眼前实际需要使用的。

就拿交流接触器一个电器来说，如果你想将交流接触器的知识都学到，那是要花大量的时间的，就是花了大量的时间和精力，你也不可能做到全面的了解，因现在交流接触器品种和规格是相当繁多的，市面上有我国自行生产的多种系列的交流接触器、合资厂生产的多种系列交流接触器，另外还有从各个国家进口原装的多系列交流接触器，每个国家又有多个品牌的交流接触器，等等，真是品种繁多、五花八门、琳琅满目。不要说是电工的新手，就是做了相当长时间的电工，也不可能完全搞清楚。

其实，对于电工新手来说，你最重要的就是，先要知道交流接触器的作用、结构和符号。

一是要知道接触器的工作原理，先要给它的线圈通电，线圈得电后产生磁力，衔铁吸合带动触点动作，主触点由断开变为闭合，用主触点来接通主电路，辅助触点用于控制电路。

二是知道它结构的最小配置，如常用的交流接触器最小配置为：1个吸引线圈、3个主常开触点、1个辅助常开触点（作为自锁用）。这就是说常用的交流接触器这些配置是必须要有的，所不同的是辅助触点的数量可能有不同，我们抓住这个要点就行了，特殊的接触器以后碰到了再去了解，只是触点的数量不同而已。

三就是认识和记住接触器的图形和文字符号，并要知道它在电路原理图、位置图上的具体画法，它们有一些什么区别，并做到符号与实物要能够对应，就是要看到符号就能联到实际的电器。有条件的要多动手，这样才能对电器的内部结构，有较全面的感性的认识。

知道以上的这些，就对常用的交流接触器有了基本的了解，这样就可以花较少的时间和精力对每一种电器进行大概的了解，每一种电器都有它的共性，在学习中要加以注意。对每种电器的了解不要想去大而全，那样是不实际和不可能的，望电工新手切记！

我国生产的常用的CJ系列交流接触器，一般具有三对常开主触点和常开、常闭辅助触点各两对。直流接触器常用的有CZ0系列，分单极和双极两大类，常开、常闭辅助触点各不超过两对。

上面已经说了，对于我们常用的接触器来说，不管是什么形式的接触器，它都要有吸合用的电磁线圈和接通主电路的常开型主触点，主触点的额定电流应不小于工作电流，这样才能正常接通电路。唯一不同的是辅助触点的数量，不同的型号可能会不同，但最少它要有一对常开辅助触点，这就是接触器的最小配置。所以，只要将接触器的线圈接上它标注的电压（线圈接线端处会标出），它就能动作了。

接触器的端子上一般都有端子标号，如接触器的线圈为A1、A2，有的接触器会有两个A1，这样在接触器的一面或二面均可对线圈进行接线。接触器的主触头接线

第四章
常用的高低压电器

端子标号有多种表示方式，如接触器的主触头 1、3、5 接电源侧，2、4、6 接负载侧；有的接触器的主触头 R、S、T 接电源侧，U、V、W 接负载侧；有的接触器的主触头 L1、L2、L3 接电源侧，TI、T2、T3 接负载侧。

辅助触头用两位数表示，前一位为辅助触头顺序号，后一位的 3、4 表示常开触头，1、2 表示常闭触头。这在使用中要加以注意，要观察它们的不同特点，再加以区分使用。至于辅助触点它主要是作为电路控制和自锁、互锁、顺序等功能控制的，不同型号的接触器它的数量是不一样的。如果没有标注辅助触点电流的大小，就都按 5A 电流来使用。

现在市场上接触器的品牌、种类、型号是相当繁杂的，如国产 CJ、国产天正、正泰 CJX2、日本三菱 S-K10S-K11、日本富士 SRC3631、日本日立 H10-H250、德国西门子 3TB/3TF、德力西、施耐德 LC1-D、欧普 MRC1、德国 BBC 的 B、法国 TE 公司 LC、韩国 LG、中国台湾士林、中国台湾台安 TAIAN、日本松下电工、韩国金钟穆勒 MOELLER 等。交流接触器的外形如图 4-18 所示。

图 4-18 交流接触器的外形

值得初学者注意的是，现在生产的交流接触器的安装方式和辅助触头组，与以前使用的接触器有较大的不同，如在安装上很多的都是采用导轨式的，或紧固式与导轨式双重的。辅助触头方面，很多的产品的功能是采用附加的，可以根据需要来增加辅助触头的数量，并可以附加延时头等。

按负载种类，一般分为一类、二类、三类和四类，分别记为 AC1、AC2、AC3 和 AC4。一类交流接触器对应的控制对象是无感或微感负载，如白炽灯、电阻炉等；二类交流接触器用于绕线转子异步电动机的起动和停止；三类交流接触器的典型用途是笼型异步电动机的运转和运行中分断；四类交流接触器用于笼型异步电动机的起动、反接制动、反转和点动。

对于初学者来说，不要担心选择接触器时有四种类型，怕在实际的工作中不好掌握。其实我们在实际使用的工作中，最常用的是三类（A3）交流接触器，工厂和市场上常见的也是这种类型，它的典型用途是笼型异步电动机的运转和运行中分断，这也是工厂大量使用的电动机。所以，只要会用这一种的就可以了，如果遇到

121

频繁起动、反接制动、频繁正反转的电动机时，只要降低接触器的使用电流量就可以了，如降低接触器电流的一个等级使用，在负载种类的选择上不能全看书本上的，在实际的使用中并没有这么复杂。

在这里有一点要提醒电工新手，在使用接触器时，还需要特别注意接触器品质的选择。由于现在的市场竞争激烈，各厂家和品牌都在打价格战，各生产厂家的生产规模和技术水平不一样，产品的质量也就有较大的差别，有些生产厂家为降低成本，在材料的使用上有以次代好和偷工减料的现象，例如，在触头上使用不符合国标的材料，触点的厚度和截面都达不到要求，在线圈的制作上减小线径甚至减少绕匝数，最主要的偷工减料集中在有色金属材料上。这些现象造成接触器在实际使用中，达不到实际的额定电流，如按额定电流来使用，就会出现接触器频繁地损坏，所以在使用这类产品时要降低等级来使用，以避免接触器的损坏，如额定电流 40A 的接触器，使用时工作电流不要超过 30A，现在有流行的说法是，用国产低端产品，要按其铭牌说明的额定容量打 7 折使用。现在这种情况不仅体现在接触器上，在其他很多的电气产品上都有这种现象，在使用中一定要加以注意。

根本的解决办法还是要使用正规厂家生产的接触器，俗语说便宜没好货，好货不便宜，那是一分价钱一分货，正规的产品在使用中还是有保证的。在更换一些正规设备上的接触器时，一定要选购和安装正品的接触器，这点一定要记住，不然的话，会使设备频繁地出现新的故障。选购和安装接触器时，不要只看包装和外观，也要看一下价格，正规的产品价格有时要比非标的要贵一倍以上，但使用的寿命就不是非标的一倍了，不要贪小便宜而吃大亏。

交流接触器的线圈在使用中，如线圈的额定电压为 220V，若误接入 380V 交流电源上，线圈工作一两分钟后就会烧毁。但如果误接入 110V 或 127V 的交流电源上，因电压太低动静衔铁吸合不好，对 E 型磁路的线圈，电流可达 10~15 倍，线圈中将流过很大的电流，也会使线圈过热烧毁。另外，不能将两个 110V 交流接触器的线圈串联后接到 220V 的电源上，因为衔铁气隙不同，线圈交流阻抗不同，两线圈的电压不能平均分配，也会导致接触器的线圈烧毁。

3. 交流接触器的工作原理和基本结构

接触器有交流接触器和直流接触器两大类型，交流接触器又可分为电磁式和真空式两种。一般直流电路用直流接触器控制，当直流电动机和直流负载容量较小时，也可用交流接触器控制，但触头的额定电流应适当选择大些。

交流接触器由电磁机构、触点系统、灭弧装置及其他部件四部分组成：

（1）电磁机构：电磁机构又称为磁路系统，它由吸引线圈、动铁心（衔铁）和静铁心组成，电磁机构的主要作用是将电磁能转换为机械能，交流接触器的动作动力来源于交流电磁铁，电磁铁由两个"山"字形的硅钢片叠合而成，以减少铁心中的铁损耗。其中一个是固定在上面套有线圈，另一半是活动铁心，构造和固定铁心一样，用以带动主触点和辅助触点接通或断开电路。交流接触器线圈失电后，依靠弹簧触点复位。

（2）触头系统：交流接触器的触头系统包括主触头和辅助触头。主触头用于通断电流较大的主电路，主触点一般比较大，接触电阻较小，我们常用的有3对常开触头，由银、银合金、银钨合金、银铁粉末冶金等制成，具有良好的导电性和耐高温烧蚀性。辅助触头常用于辅助电路（或称控制电路）中，辅助触点一般比较小，接触电阻稍大，接通或分断较小的电流，主要用于电气联锁或控制作用，国产的通常有两对常开和两对常闭触头，但进口和合资厂生产的国外系列的辅助触头的数量就不一定了，有的接触器还可根据需要附加一定数量的辅助触头。

（3）灭弧装置：灭弧装置的作用是熄灭由于主触点断开而产生的电弧，以防止烧坏触点。容量在10A及以下的接触器常采用桥形触头的双断口电动力灭弧；容量在10A以上的接触器都有灭弧装置。对于大容量的接触器，常采用纵缝灭弧罩及栅片灭弧结构。

（4）其他部件：包括反作用弹簧、缓冲弹簧、触头压力弹簧、传动机构及外壳等。交流接触器是利用电磁吸力进行操作的电磁开关，当接触器线圈两端加上额定电压时，动、静铁心间产生大于反作用弹簧弹力的电磁吸力，动、静铁心产生电磁吸力将使衔铁吸合，动衔铁带动触点系统动作，即常闭触点断开，常开触点闭合。当线圈断电时，电磁吸力消失，动衔铁在反作用弹簧力的作用下释放，触点系统恢复常态复位。

交流接触器的结构与外形如图4-19所示。

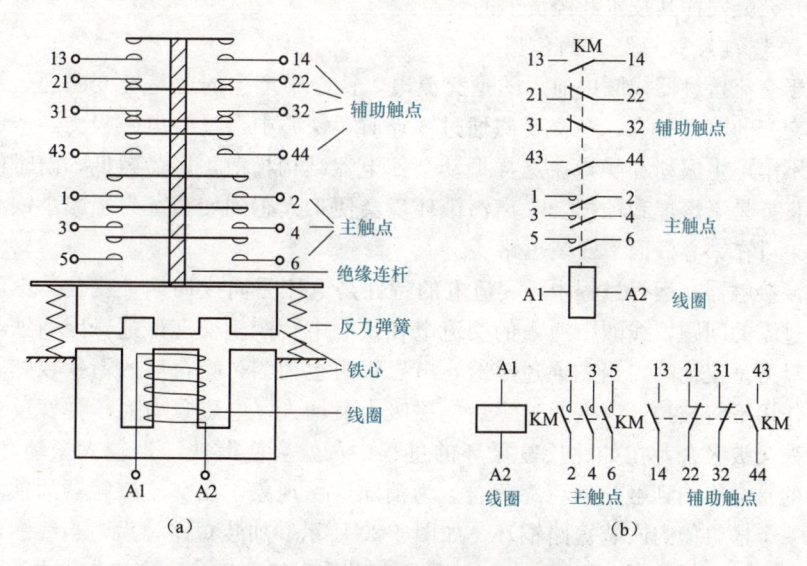

图4-19 交流接触器的结构与外形（一）
（a）接触器示意图；（b）接触器图形符号

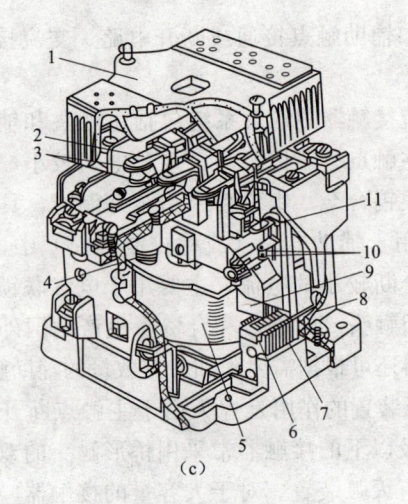

图 4-19 交流接触器的结构与外形（二）
(c) 接触器外形
1—灭弧罩；2—弹簧片；3—主触头；4—反作用力弹簧；5—线圈；6—短路环；7—静铁心；
8—弹簧；9—动铁心；10—辅助常开触头；11—辅助常闭触头

接触器在电力拖动的自动控制线路中被广泛应用，但因为使用场合及控制对象的不同，接触器的操作条件与工作繁重程度也不相同。因此，必须对控制对象的工作情况及接触器性能有一较全面的了解，这样才能做出正确的选择，保证接触器可靠运行并充分发挥其技术和经济上的效益。

4. 交流接触器短路环的作用

由于交流接触器线圈中通入的是交流电，铁心中产生的也是交变磁通，铁心中就形成交变的电磁吸力，在交变磁通过零点时，铁心中会没有电磁吸力，造成动铁心吸合不牢产生振动和噪声。这样振动会使电器结构松散，寿命减低，同时使触头接触不良，易于熔焊和蚀损。噪声污染环境会使工人感到疲劳。为了减小铁心振动和噪声，可在铁心极面下安装短路环。

交流接触器在运行过程中，交流电的特性是电流方向成周期性变化，也就会存在一个过零的问题，线圈中通入的交流电在铁心中会产生交变磁通，因而铁心与衔铁间的吸力是变化的，当磁通过零时，电磁吸力也为零，吸合后的衔铁在弹簧反作用力的作用下将被拉开。磁通过零后电磁吸力又增大，电磁吸力大于弹簧反作用力时，衔铁又被吸合，在如此反复循环的过程中，就会使衔铁产生较大振动和噪声，更主要的是会影响到触头的可靠闭合。为消除这一现象，在交流接触器的铁心两端面各开一个槽，槽内嵌装短路铜环，如图 4-20 所示。加装短路环后，当线圈通以交流电时，线圈电流 I_1 产生磁通 Φ_1，Φ_1 的一部分穿过短路环，环中感应出电流 I_2，I_2 又会产生一个磁通 Φ_2，两个磁通的相位不同，即 Φ_1、Φ_2 不同时为零，这两个磁通产生的电磁力就不会同时过零点了,这样就保证了动静铁心之间在任何时刻都具有一定吸力,使衔铁将始终被吸住,不会产生振动和噪声,这样就解决了振动和噪声的问题了。

在交流接触器和交流继电器的铁心上都要安装这样的短路环,以保证不发生振动和噪声的问题。直流接触器因是使用的直流电,不存在直流电过零的问题,所以铁心不安装短路环。

5. 交流接触器的主要技术参数

交流接触器的选择,一般主要考虑主触点的额定电压、额定电流、辅助触点的数量与种类、吸引线圈的电压等级、操作频率等参数。

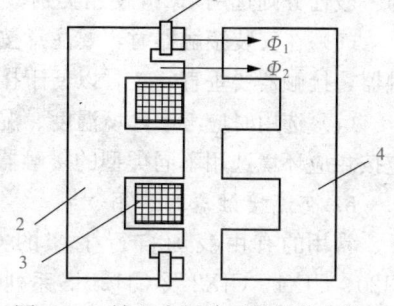

图 4-20 铁心中短路环的结构与外形
1—短路环;2—铁心;3—线圈;4—衔铁

(1) 额定电压:接触器的额定电压是指主触头的额定电压。接触器主触头的额定工作电压应大于或等于负载电路的电压。交流有 220V、380V 和 660V,在特殊场合应用的额定电压高达 1140V,直流主要有 110V、220V 和 440V。

(2) 额定电流:接触器的额定电流是指主触头的额定工作电流。接触器主触头的额定工作电流应大于或等于负载电路的电流。应注意,当所选择的接触器的使用类别与负载不一致时,若接触器的类别比负载类别低,接触器应降低一级容量使用。如果接触器控制的电动机起动、制动或正反转频繁,一般将接触器主触头的额定电流降一级使用。交流回路中的电容器投入电网或从电网中切除时,接触器选择应考虑电容器的合闸冲击电流。用接触器控制交流电弧焊机、电阻焊机等,一般可按变压器额定电流的 2 倍选取接触器,目前常用的电流等级为 10~800A。

(3) 吸引线圈的额定电压:接触器的线圈电压,一般应低一些为好,这样对接触器的绝缘要求可以降低,使用时也较安全。但为了方便和减少设备,常按实际电网电压选取。当线路简单、使用电器较少时,可选用 380V 或 220V 电压的线圈;若线路较复杂、使用电器超过 5 个时,应选用 110V 及以下电压等级的线圈。一般情况下,回路有 1~5 个接触器时,控制电压可采用 380V,当回路超过 5 个接触器时,控制电压采用 220V 或 110V,此时均需加装隔离用的控制变压器。交流有 36V、127V、220V 和 380V,直流有 24V、48V、220V 和 440V。

(4) 还应考虑接触器的主触头、辅助触头的数量必须满足控制要求。接触器加辅助模块可以满足一些特殊要求。加机械连锁可以构成可逆接触器,实现电动机正反可逆旋转,或者两个接触器加机械连锁实现主电路电气互锁,可用于变频器的变频/工频切换;加空气延时头和辅助触头组可以实现电动机Y-△起动;加空气延时头可以构成延时接触器。

(5) 根据接触器所控制负载的工作任务来选择相应使用类别的接触器。如负载

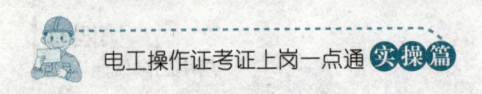

为一般任务则选用 AC-3 使用类别；负载为重任务时选用 AC-4 使用类别。

（6）在安装接触器时，要注意按接触器的字符顺向安装，特别是有散热孔的接触器，接触器要垂直安装，以便于接触器的散热。

（7）选用时应考虑环境温度、湿度，以及使用场所的振动、尘埃、化学腐蚀等，应按相应环境选用不同类型的接触器。

6. 交流接触器的选用

常用的有由我国自行生产的 CJ 系列交流接触器，如 CJ10、CJ12、CJ10X、CJ20、CJX1、CJX2 及 CJ12B-S 系列锁扣接触器等。CJ10 系列及其改型产品已逐步被 CJ20、CJX 系列产品取代。CJ20 系列为我国 20 世纪 70 年代后期到 80 年代完成的更新换代产品；CJ40 系列为 20 世纪 90 年代跟踪国外新技术、新产品自行开发、设计、试制的产品，达到国外 20 世纪 80 年代末 90 年代初水平，现已完成 63、80、100、125、160、200、250、315、400、500A 十个电流等级，最大容量可达 800A。

（1）CJ20 系列交流接触器。CJ20 系列交流接触器适用于交流 50Hz、电压至 660V、电流至 630A 的电力系统，供远距离接通和分断线路，以及频繁起动及控制电动机用。其机械寿命高达 1000 万次，电寿命为 120 万次，主回路电压可由 380V 至 660V，部分可达 1140V。

CJ20 系列交流接触器为直动式，主触头为双断点，磁系统为 U 形，采用优质吸振材料作为缓冲，动作可靠。接触器采用铝基座，陶土灭弧罩，性能可靠，辅助触头采用通用辅助触头，根据需要可制成各种不同组合以适应不同需要。该系列接触器的结构优点是体积小、质量轻、易于维修保养、安装面积小、噪声低等。

（2）B 系列交流接触器。这是一种新型的接触器，它是引进德国 BBC 公司生产线和生产技术而生产的交流接触器。该系列接触器的工作原理与我国现有的交流接触器相同，但因采用了合理的结构设计、合理的尺寸参数的配合和选择，各零件按其功能选用最合适的材料和采用先进的加工工艺，故产品具有较高的技术经济指标。B 系列接触器具有正装式结构与倒装式结构两种布置形式。

1）正装式结构，即触头系统在前面，磁系统在后面靠近安装面，属于这种结构形式的有 B9、B12、B16、B25、B30、B460 及 K 型七种。

2）倒装式结构，即触头系统在后面，磁系统在前面。这种布置由于磁系统在前面，便于更换线圈；由于主接线端靠近安装面，使接线距离短，能方便接线，便于安装多种附件，如辅助触头、TP 型气囊式延时继电器、VB 型机械联锁装置、WB 型自锁继电器及连接件，从而可扩大使用功能，本系列中型号 B37～B370 的八挡产品均属此种结构。

另外，接触器各零部件和组件的连接多采用卡装或用螺钉组件；接触器均有附件的卡装结构，而且 B 系列接触器通用件多，零部件基本通用，有多种电压线圈供用户选用。

所以，B系列交流接触器适用于交流50Hz或60Hz、额定电压至660V、额定电流至475A的电力线路，供远距离接通与分断电路或频繁控制交流电动机起动、停止之用，它具有失电压保护作用，常与T系列热继电器组成电磁启动器，此时具有过载及断相保护作用。

(3) 3TB系列空气电磁式交流接触器。该系列接触器是从德国西门子公司引进专有制造技术而生产的产品，适用于交流50Hz或60Hz，其中3TB40～3TB44额定工作电流为9～32A，额定绝缘电压至660V；3TB46～3TB58型额定工作电流为80～630A，额定绝缘电压为750～1000V。主要供远距离接通和分断电路用，并适用于频繁起动和控制交流电动机。该系列接触器可与3UA5系列热继电器组成电磁启动器。

3TB系列交流接触器为E形铁心、双断点触头的直动式运动结构。辅助触头有一常开、一常闭或二常开、二常闭。它们可直接装于接触器整体结构之中，也有做成辅助触头组件附于接触器整体两旁。接触器动作机构灵活，手动检查方便，结构设计紧凑。接线端处都有端子盖覆罩，可确保使用安全。接触器外形尺寸小巧，安装面积小，其安装方式可由螺钉紧固，也可借接触器底部的弹簧滑块扣装在35mm宽的卡轨上，或扣装在75mm宽的卡轨上。

主触头、辅助触头均为桥式双断点结构，因而具有高寿命的使用性能及良好的接触可靠性。灭弧室均呈封闭型，并由阻燃型材料阻挡电弧向外喷溅，以保证人身及邻近电器的安全。

磁系统是通用的，电磁铁工作可靠、损耗小、无噪声、机械强度高，线圈的接头处标有电压规格标志，接线方便。

(4) LC1-D系列交流接触器。LC1-D系列交流接触器、IA1-D系列辅助触头组、IA2-D与LA3-D系列空气延时头、LC2-D系列机械联锁交流接触器是由天水二一三机床电器厂引进制造技术而生产的电器产品。

LC1-D系列交流接触器适用于交流50Hz或60Hz，电压至660V电流至80A以下的电路，供远距离接通与分断电路及频繁起动、控制交流电动机，接触器还可与积木式辅助触头组、空气延时头、机械联锁机构等附件组合，组成延时接触器、机械联锁接触器、Y-△启动器，并且可以和LR1-D系列热继电器直接插接安装组成电磁启动器。

(5) CJ12B-S系列锁扣接触器用于交流50Hz、电压380V及以下、电流600A及以下的配电电路中，供远距离接通和分断电路用，并适宜于不频繁起动和停止的交流电动机。它具有正常工作时吸引线圈不通电、无噪声等特点。其锁扣机构位于电磁系统的下方，锁扣机构靠吸引线圈通电，吸引线圈断电后靠锁扣机构保持在锁住位置。由于线圈不通电，不仅无电力损耗，而且消除了磁噪声。

我国近年来还引进了一些生产线，生产了国外的交流接触器品牌有：由德国引进的西门子公司生产的3TB40～3TB44、3TB46～3TB58系列交流接触器，由德国

BBC 引进的公司生产线和生产技术而生产的 B9、B12、B16、B25、B30、B460 及 K、B37～B370 型系列交流接触器，由天水二一三机床电器厂引进的法国 TE 公司制造技术而生产的 LC1-D 系列交流接触器、IA1-D 系列辅助触头组、IA2-D 与 LA3-D 系列空气延时头、LC2-D 系列机械联锁交流接触器等。

由德国引进的西门子公司的 3TB 系列、BBC 公司的 B 系列交流接触器等具有 20 世纪 80 年代初水平。它们主要供远距离接通和分断电路，并适用于频繁起动及控制的交流电动机。3TB 系列产品具有结构紧凑、机械寿命和电气寿命长、安装方便、可靠性高等特点。额定电压为 220～660V，额定电流为 9～630A。

7. 直流接触器

直流接触器常用于远离接通和分断直流电压至 440V、直流电流至 1600A 的电力线路，并适用于直流电动机的频繁起动、停止、反转或反接制动，常用的有 CZ0 系列与 CZ18 系列直流接触器。

(1) CZ0 系列直流接触器。该系列直流接触器主要适用于冶金、机床等电气设备，供远距离接通与分断直流电力线路，适用直流电压 440V 及以下、电流 600A 及以下电路，还用于频繁起动、停止直流电动机及控制直流电动机的换向及反接制动等。其主触头额定电流有 40A、100A、150A、250A、400A 及 600A 六个等级。从结构上来看，150A 及以下的接触器为立体布置整体式结构。它具有沿棱角转动的拍合式电磁机构，主触头为双断点桥式结构并在其上镶了银块。主触头的灭弧装置由串联磁吹线圈和横隔板式陶土灭弧罩组成。组合式的辅助触头固定在主触头绝缘基座一端的两侧，并有透明的罩盖防尘。

额定电流为 250A 及以上的接触器为平面布置整体结构，主触头为单断点的指形触头，灭弧装置由串联磁吹线圈和纵隔板陶土灭弧罩组成，组合式的桥式双断点辅助触头固定在磁轭背上，并有透明的罩盖防尘。

(2) CZ18 系列直流接触器。该系列直流接触器用于接通与分断直流电压至 440V、直流电流至 1600A 的电力线路，并适用于直流电动机的频繁起动、停止及反转或反接制动。

CZ18 系列直流接触器采用了绕棱角转动的拍合式电磁机构，电磁线圈为带有骨架的单绕组线圈，主触头为转动式单断点指形触头，触头上镶有银或银合金材料，从而保证了触头的耐电磨损性和抗熔焊性。触头推杆为呈 S 形的滑动导轨，使触头在接触时相对滑动，保证了触头间的良好接触。额定电流为 40～80A 的接触器为板前接线，磁系统不带电。而额定电流为 160A 及以上的接触器为板后接线，磁系统是带电的，需安装在绝缘板上。

真空接触器以真空为灭弧介质，其主触点密封在特制的真空灭弧管内。当操作线圈通电时，衔铁吸合，在触点弹簧和真空管自闭力的作用下触点闭合；操作线圈断电时，反力弹簧克服真空管自闭力使衔铁释放，触点断开。接触器分断电流时，触点间隙中会形成由金属蒸气形成的铂垢,影响接触器的使用寿命。

七、继电器

继电器是一种根据输入信号的变化(输入的信号可以是电量,如电压、电流、频率、功率等,也可以是非电量,如温度、时间、压力、速度等),输出相应的接通或断开的触点动作来控制电路的电器。继电器一般由三个基本部分组成:检测机构、中间机构和执行机构。

继电器的种类很多,按输入信号的性质分为:电压继电器、电流继电器、时间继电器、温度继电器、速度继电器等。按工作原理可分为:电磁式继电器、感应式继电器、电动式继电器、热继电器、极化继电器、舌簧继电器等。

接触器有专门的灭弧装置,而继电器一般没有灭弧装置,所以继电器的触点不能接通和分断大电流的主电路,只能接通和分断小电流的辅助电路,这是继电器与接触器的最大的区别。继电器的输入信号既可以是电量,也可以是非电量,而接触器只能在一定的电压信号下才能工作。继电器广泛地应用于生产过程自动化、电力系统保护、仪表等装置,在电路中起着自动调节、安全保护、转换电路等作用,是现代自动控制系统中最基础的控制电气元件之一。

1. 电磁式继电器

电磁式继电器一般由铁心、线圈、衔铁、触点簧片等组成。只要在线圈两端加上一定的电压,线圈中就会流过一定的电流,从而产生电磁效应,衔铁就会在电磁力吸引的作用下克服返回弹簧的拉力吸向铁心,从而带动衔铁的动触点与静触点(常开触点)吸合。当线圈断电后,电磁的吸力也随之消失,衔铁就会在弹簧的反作用力下返回原来的位置,使动触点与原来的静触点(常闭触点)吸合。通过这样的吸合与释放,从而达到了在电路中的导通与断开的目的。

直流电磁式继电器当线圈通电后,会使中心的软铁核心产生磁性,将横向的摆臂吸下,而臂的右侧则迫使触点相接,使两触点形成通路。

电磁式继电器按吸引线圈电流的种类不同,有直流和交流两种。国产电磁式继电器有JL3、JL7、JL9、JL12、JL14、JL15、JT3、JT4、JT9、JT10、JZ1、JZ7、JZ8、JZ14、JZ15、JZ17等系列。

直流电磁式继电器的结构与外形如图4-21所示。

直流电磁式继电器由电磁机构和触头系统两个主要部分组成。电磁机构由线圈1、铁心2、衔铁7组成。触头系统由于其触点都接在控制电路中,且电流较小,故不装设灭弧装置。它的触点一般为桥式触点,有动合和动断两种形式。另外,为了实现继电器动作参数的改变,有的继电器还具有改变弹簧松紧和改变衔铁打开后气隙大小的装置,即反作用调节螺钉6。当通过线圈1的电流超过某一定值时,电磁吸力大于反作用弹簧力,衔铁7吸合并带动绝缘支架动作,使常闭触点9断开,常开触点10闭合。通过调节螺钉6来调节反作用力的大小,即调节继电器的动作参数值。

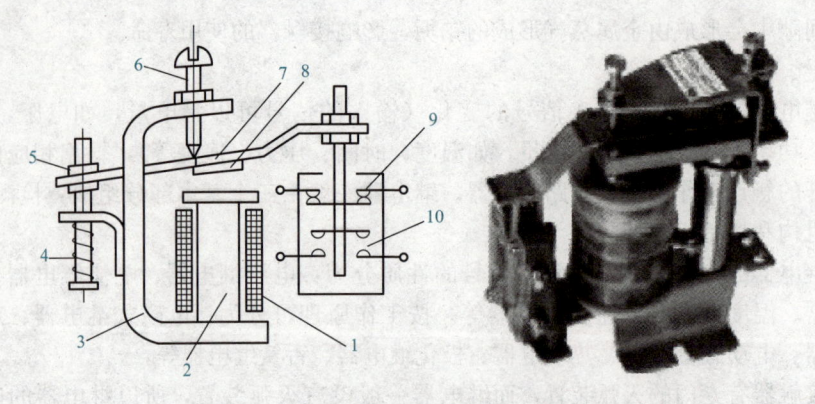

图 4-21 直流电磁式继电器的结构与外形
1—线圈；2—铁心；3—磁轭；4—弹簧；5—调节螺母；6—调节螺钉；7—衔铁；
8—非磁性垫片；9—动断触点；10—动合触点

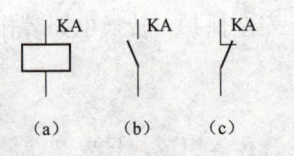

图 4-22 电磁式继电器的结构与外形
(a) 线圈；(b) 常开触点；(c) 常闭触点

电磁式继电器的结构与外形如图 4-22 所示。

现在科学技术在不断地进步，自动化的程度在不断地提高，按现在发展的趋势，直流继电器的使用量越来越大了，数量也在不断地增加，加上直流继电器的品种和规格相当繁多，我们在选择和使用时，要看清楚继电器上的符号与参数，如电压、电流的具体参数，线圈、常开触点、常闭触点的号码端子等。一般在继电器的规格中，继电器线圈的电流是不标的，在使用时可以用万用表测量线圈的电阻值，用欧姆定律就可换算出线圈的电流了。

在使用直流继电器时，要注意直流继电器的吸合电压与释放电压，这两个值相差是很大的，直流继电器吸合后，在很小的电压下还能保持继电器的吸合，在使用中一定要加以注意。

2. 中间继电器

中间继电器用于继电保护与自动控制系统中，中间继电器是一种电压继电器，它用于在控制电路中传递中间信号。中间继电器是根据线圈两端电压的大小来控制电路通断的控制电器，它的触点数量较多，容量较大，它在电路中的作用主要是扩展控制触点数和增加触点容量，将信号同时传给几个控制元件，起到中间转换和放大（触点数量和容量）作用。它具有动作快、工作稳定、使用寿命长、体积小等优点。中间继电器的外形如图 4-23 所示。

中间继电器的工作原理与交流接触器的工作原理基本相同，中间继电器与接触器的主要区别在于：接触器的主触头可以通过大电流，而中间继电器的触头只能通过小电流。中间继电器没有主触头，全部都是辅助触头，并且触头的数量比较多，

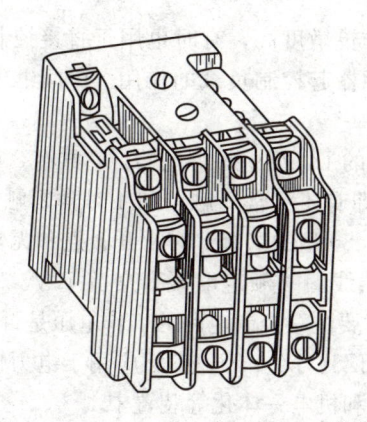

图 4-23 中间继电器的外形

因为触头的工作电流较小，只能用于控制电路中。

中间继电器由固定铁心、动铁心、弹簧、动触点、静触点、线圈、接线端子和外壳等组成。中间继电器的线圈通电，动铁心在电磁力作用下动作吸合，带动动触点动作，使常闭触点分开，常开触点闭合；中间继电器的线圈断电，动铁心在弹簧的作用力下带动动触点复位。中间继电器的结构与符号如图 4-24 所示。

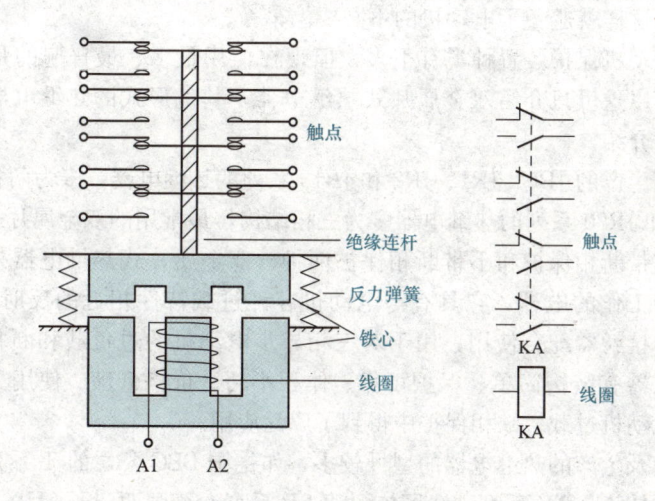

图 4-24 中间继电器的结构与符号

中间继电器是最常用的继电器之一，其主要作用有：一是起隔离的作用，二是增加辅助的控制触点。中间继电器是根据输入电压的有或无而动作的，一般触点对数多，以增加触点的数量及容量，用于在控制电路中传递中间信号或同时控制多个电路，触点的额定电流一般为 5A 左右，动作时间不大于 0.05s。继电器的触点电流应大于或等于被控制电路的额定电流，若是电感性负载，则应降低到额定电流的

50%以下使用。中间继电器体积小，动作灵敏度高，有时也用于直接控制小容量的电动机或其他电气执行元件，来代替接触器起控制负载的作用。中间继电器的电磁线圈所用电源有直流和交流两种。

中间继电器的触点较多，如我们常用的JZ7型中间继电器，它共有8对触点，按常开与常闭触点数量来分，有44型的（即有4对常开触点和4对常闭触点）、62型的（即有6对常开触点和2对常闭触点）、80型的（有8对常开触点和无常闭触点），在购买和选择上要加以注意。中间继电器线圈的额定电压有交流12V、24V、36V、110V、127V、220V、380V等，在使用时要注意控制电路的工作电压是否相符。

常用的中间继电器型号主要有JZ7、JZ8、JZ14等，广泛应用于电力保护、自动化、运动、遥控、通信、测量、自动控制和机电一体化等装置中。

3. 热继电器

热继电器主要用于电动机的过载、断相保护，也可用于其他电气设备、电气线路过载保护。但热继电器只适用于不频繁起动、轻载起动的电动机的过载保护。对于需要频繁起动的电动机或频繁正反转的电动机，不宜采用热继电器进行保护。热继电器不能作为短路保护，这是由于双金属片的热惯性不能迅速对短路电流进行反应，而这个热惯性也是我们需要的，因为在电动机起动或短时间过载时，热继电器才不会动作，这样就避免了电动机的不必要停车。

常用的电动机保护装置种类有很多，但现在使用最多、最普遍的是双金属片式热继电器。所以这里只介绍双金属片式热继电器，其他形式的热继电器可参考其他资料和书籍的介绍。

目前我国生产的JR0、JR1、JR2和JR15系列的热继电器，多为两相结构的热继电器，JR16和JR20系列的热继电器多为三相结构，最常用的双金属片式热继电器为三相式的，有带断相保护和不带断相保护两种。双金属片式热继电器是一种利用电流热效应原理工作的电器，它具有与电动机容许过载特性相近的反时限动作特性，热继电器要与接触器配合使用，用于对三相异步电动机的过负载和断相保护。双金属片式热继电器有结构简单、保护可靠、体积小巧、价格低廉、使用方便、寿命长等特点，在电动机过载、缺相保护中得到了广泛应用。

国外引进及生产的热继电器的型号较多，如德国BBC公司的T系列、日本三菱TH系列、日本富士TK系列、法国施耐德LR系列、德国西门子3UA、日本日立H系列、德国ABB公司TA系列等，除了具有国内热继电器的所有功能外，很多还有脱扣状态显示功能、测试按钮、调节范围宽、使用环境适应性强等优点，但是价格较高。

热继电器主要由双金属片、热元件、复位按钮、传动杆、拉簧、调节旋钮、复位螺钉、触点和接线端子等几部分组成。热继电器的外形与结构如图4-25所示。

热继电器的双金属片是一种将两种热膨胀系数不同的金属用机械辗压的方法使

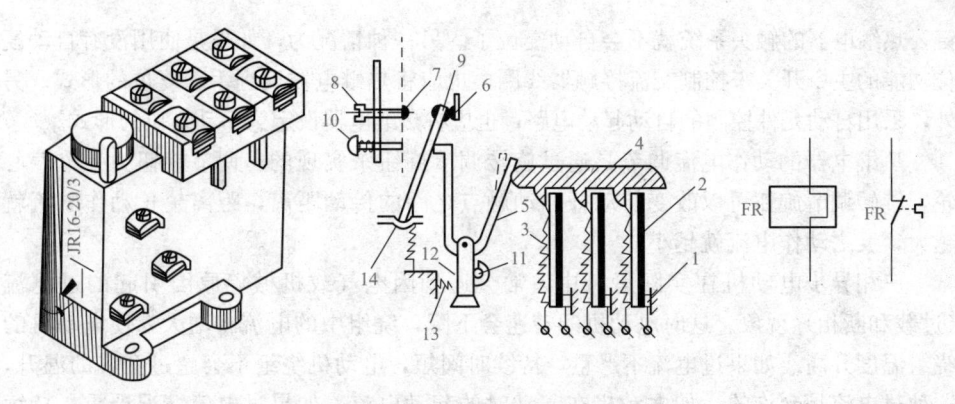

图 4-25 热继电器的外形与结构

1—接线端；2—双金属片；3—电热丝；4—导板；5—补偿双金属片；6—常闭静触点；7—常开静触点；
8—调节螺钉；9—公共动触点；10—复位按钮；11—调节旋钮；12—支撑；13—弹簧；14—推杆

之成为一体的金属片。膨胀系数大的（如铁镍铬合金、铜合金或高铝合金等）称为主动层，膨胀系数小的（如铁镍类合金）称为被动层。由于两种热膨胀系数不同的金属紧密地贴合在一起，当产生热效应时，会使得双金属片向膨胀系数小的一侧弯曲，由弯曲产生的位移带动触头动作。

热元件一般由铜镍合金、镍铬铁合金或铁铬铝等合金电阻材料制成，其形状有圆丝、扁丝、片状和带材等几种。热元件串接在电动机的绕组电路中，通过热元件的电流就是电动机的工作电流。当电动机正常运行时，其工作电流通过热元件时，所产生的热量不足以使双金属片有大的弯曲，热继电器不会动作。但是当电动机过载时，流过热元件的电流增大，加上时间效应，就会逐渐加大双金属片的弯曲程度，最终推动杠杆使常闭触点断开，通过控制电路再切断电动机的工作电源。同时，热元件也因失电而逐渐降温，经过一段时间的冷却，双金属片恢复到原来状态。

热继电器的触头系统有一对常开触头和一对常闭触头。在接入控制电路中时，对于只有3个接线端子的，要注意有一个端子是公共端，在接常开触头或常闭触头时都要使用。我们在控制电路中最常用的是常闭触头，一般是将常闭触头串联在交流接触器的电磁线圈的控制电路中。常开触头在一般情况下是很少用的，如果要求热继电器在过载后，需要灯光信号、声音信号进行报警或者作其他用途的特殊情况时才用。热继电器过载保护后，有自动复位和手动复位两种复位形式，自动复位时间不大于5min，手动复位时间不大于2min。可根据使用的需要自行调整。一般热继电器出厂时都设置为自动复位的状态。电动机因过载引起热继电器动作后，过一段时间后可以自动复位。如果设备要求在电动机因过载或其他原因引起热继电器过载跳闸时，必须要经过检查或检修后才能重新起动，就不允许热继电器自动复位了。这时可将热继电器右侧的小孔内的螺钉向外旋转几圈，就变为手动复位了，不按手动复位键，热继电器的触头系统就不会自动复位了。另一种情况为，如果是使用没有自动复位功能的主令开关来控制交流接触器线圈，也应将热继电器调到手动复位的形式。另外，采用自动元件控制的自动起动电路，也应将热继电器设定为手动复位的形式。

热继电器的动作电流调节是通过旋转调节旋钮来实现的。调节旋钮为一个偏心轮，旋转调节旋钮可以改变传动杆和动触点之间的传动距离，距离越长动作电流就越大，反之动作电流就越小。

三相异步电动机在实际运行中，常会遇到因电气或机械等原因引起的过电流（过载和断相）现象。这时电动机的转速会下降，绕组中的电流将增大，使电动机的绕组温度升高。如果过电流不严重，持续时间短，电动机绕组不会超过允许的温升，这种过电流是允许的，如电动机在起动时的起动电流。如果过电流情况严重，持续时间较长，电动机绕组的温升就会超过允许值，这会加快电动机绝缘老化，缩短电动机的使用寿命，严重时甚至烧毁电动机，因此，这就要在电动机的回路中设置电动机的保护装置，在出现电动机不能承受的过载电流时，及时地切断电动机电路，为电动机提供过载保护。

在使用热继电器对电动机进行过载保护时，要将热继电器的热元件与电动机的定子绕组串联，并调节整定电流调节旋钮，与电动机的额定电流相符。当电动机正常工作时，通过热元件的电流即为电动机的额定电流，热元件发热双金属片受热后弯曲，但不会弯曲到推动拨杆的位置，常闭触头还处于闭合状态，交流接触器保持吸合，电动机正常运行。若电动机出现过载情况，绕组中的电流增大，通过热继电器元件中的电流增大，使双金属片温度升高，双金属片弯曲程度加大，这时双金属片较大的弯曲就会推动拨杆，拨杆推动常闭触头，使常闭触头断开，从而断开交流接触器线圈的电路，使接触器释放、切断电动机的电源，电动机断电而得到保护。

热继电器的整定电流，在一般情况下，可按电动机的额定电流整定，热继电器整定电流为电动机额定电流的0.95～1.05倍。热继电器在使用前，必须对热继电器的整定电流进行调整，以保证热继电器的整定电流与被保护电动机的额定电流相匹配。例如，对于一台Y132S1-2-5.5kW，额定电流为11A的三相异步电动机，可选用JR16B-20/3D型、带断相保护的三相式热继电器，但按发热元件整定电流有两个选择，即热元件整定电流调节范围为6.8～11.0A的与10.0～16.0A的。这两个热继电器的热元件整定电流调节范围内都有11A这个挡位。这时选择热继电器就要看电动机的负载性质了。

4. 带断相保护的热继电器

一般的不带断相保护的三相式热继电器，只要整定电流调节合理，是可以对Y形接法的电动机实现断相保护的。对于△形接法的电动机，当三相中有一相断线时，流过未断相绕组的电流与流过热继电器的电流增加比例不同，也就是说，流过热继电器的电流不能反映断相后绕组的过载电流，因为断线那一相的双金属片不弯曲，而使热继电器不能及时动作。所以，必须采用带断相保护的热继电器，带断相保护的热继电器是在普通的热继电器上加一个差动机构。图4-26所示为带断相保护的热继电器工作原理。

带断相保护的热继电器，当电流为额定值时，3个热元件均正常发热，其端部均向左弯曲推动上、下导板同时左移，但不能到达动作的位置，热继电器的常闭触点就不会动作，当电流过载超过整定值时，双金属片弯曲较大，把导板和杠杆推到动作的位置时，继电器的常闭触点就会动作，使常闭触点立即断开控制电路的回路。假设为热继电器最右边的一相断路时，此相的双金属片逐渐降温冷却，其双金属片端部向右移动，推动上导板向右移动，而热继电器另外两相的双金属片温度上升，使端部向左移动，推动下导板继续向左移动，双导板产生的差动杠杆作用使杠杆扭转，热继电器的常闭触点动作，断开控制电路的回路，起到断相保护的作用（图4-26）。此系列带断相保护的热继电器，其主要区别在于将单导板改成了双导板的差动机构，带此类带断相保护的国产热继电器，均在其型号的最后面加有"D"符号的标记。

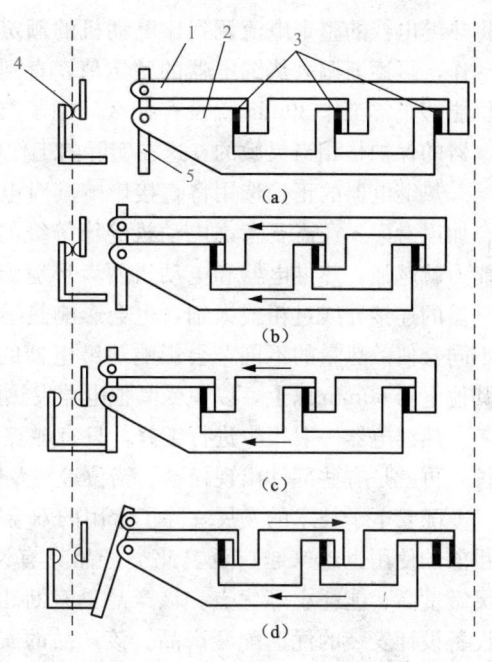

图4-26 带断相保护的热继电器工作原理
(a) 通电前；(b) 三相正常通电；
(c) 三相均匀过载；(d) L1相断线
1—上导板；2—下导板；3—双金属片；
4—常闭触点；5—杠杆

5. 热继电器的选用

对于机加工类的设备，要求电动机要能稳定地工作。如车床在切削工件的过程中是不允许电动机停止转动的，否则就会损坏刀具或工件。对于这类负载热继电器的热元件整定电流，就要按电动机的额定电流来调整了，要选择热元件整定电流调节范围为10.0～16.0A的热继电器。

但对于吸尘、通风等设备，这类设备工作的特点是：通风机是连续工作的，电动机起动的时间稍长，但起动后的负载量不大，电动机的实际工作电流只有额定电流的60%～80%，这时就要选择热元件整定电流调节范围为6.8～11.0A的热继电器。对于这类负载热继电器的热元件整定电流，可按略大于电动机的实际工作电流来调整。在实际的工作中，只要能保证电动机的正常地起动，电动机就肯定能正常地运行。当然，这要通过在现场的多次试验和调整，才能得到较可靠的保护。即先将热继电器的整定电流调到比电动机的额定电流小一些，运行时如果热继电器过载动作，再逐渐调大热继电器的整定值，直到电动机能够正常运行。一般情况下电动机能够正常工作 30min 就没有什么问题了。这样一旦电动机有不正常的阻力，热继电器的保护是相当灵敏的，这在实际的工作中已经检验过了。

热继电器的正确选用将直接影响其对电动机过载保护的可靠性。在选用时应综合加以考虑。还需要考虑电动机绝缘等级的不同，同样条件下，绝缘等级越高过载能力就越强。热继电器和电动机两者环境温度不同，也会影响热继电器调整。热继电器的连接导线太粗或太细，也会影响热继电器的正常工作，因为连接导线的粗细不同会使散热量的不同，会影响热继电器的电流热效应。热继电器在安装时，要离其他电器 50mm 以上，以免受其他电器发热的影响。

热继电器一般很少进行维修，只有触点出现在粘连故障时，才要进行触点的维护。再就是有些部件出现松动、错位等涉及的维护了。

随着电子技术的发展，除了常用的双金属片式继电器之外，电子式热继电器在目前的使用也越来越广泛。此类产品具有设计独特、工作可靠、电流调节范围广、灵敏度高、能耗小等优点。该产品具有断相、短路、过载的保护功能，是各类电气设备设计安装的优选配套产品。该产品的安装尺寸、接线方式、电流调整与同型号的双金属片式热继电器相同，大有取代传统的双金属片式热继电器之势。

6. 热继电器的主要技术参数

（1）热元件额定电流：热元件的最大整定电流值。

（2）整定电流：热元件能够长期通过而不致引起热继电器动作的最大电流值。

（3）热继电器额定电流：热继电器中，可以安装的热元件的最大整定电流值。

表 4-1 为 JR16B 系列热继电器技术参数。

表 4-1　　　　　　　　JR16B 系列热继电器技术参数

型号	额定电流/A	热元件等级	
		热元件额定电流/A	热元件整定电流调节范围/A
JR16B-60/3 JR16B-60/3D	60	22.0	14.0～22.0
		32.0	20.0～32.0
		45.0	28.0～45.0
		63.0	40.0～63.0
JR16B-150/3 JR16B-150/3D	150	63.0	40.0～63.0
		85.0	53.0～85.0
		120.0	75.0～120.0
		160.0	100.0～160.0
JR16B-20/3 JR16B-20/3D	20	0.35	0.25～0.35
		0.50	0.32～0.50
		0.72	0.45～0.72

续表

型号	额定电流/A	热元件等级 热元件额定电流/A	热元件整定电流调节范围/A
JR16B-20/3 JR16B-20/3D	20	1.1	0.68~1.1
		1.6	1.0~1.6
		2.4	1.5~2.4
		3.5	2.2~3.5
		5.0	3.2~5.0
		7.2	4.5~7.2
		11.0	6.8~11.0
		16.0	10.0~16.0
		22.0	14.0~22.0

在购买或使用热继电器时，一定要注意热继电器规格的选择，热继电器的电流规格虽不相同，但它们的价格是一样的。但在购买和选择热继电器时，要告诉或注明热继电器的电流规格，热继电器的电流规格是以最大值来标注的。如 4.5~7.2A 的热继电器，其外包装上一般只会标注为 7.2A。这一点在购买和报计划时，要注意热继电器的规格不要搞错，不然就无法正常地使用。

对于热继电器的保护，这里用得篇幅多一点，主要是因为在培训过程中和工厂实践中，发现很多人对于热继电器的保护知识知道得很少，包括很多经过培训的电工。很多人对于热继电器的认识只是装了热继电器后就算完成任务了，具体怎么样正确地使用热继电器，很多人根本就没有引起重视。希望通过以上的学习，真正学会使用热继电器，在工作中做到少烧电动机或不烧电动机。

对于丫形接法的电动机，使用普通的三相双金属片式热继电器，带不带断相保护的热继电器都可以，只要热继电器的整定电流调节合理，是可以对电动机进行可靠地保护的，因丫形接法的电动机的线电流与相电流相等，也就是通过热继电器的电流就是电动机绕组的电流，是完全可以对电动机进行过载和断相保护的。但对于△形接法的电动机，使用普通的三相双金属片式热继电器，就可能对电动机进行有效保护了。这时要选择带断相保护的热继电器，以对电动机在断相时的保护。

7. 时间继电器

时间继电器也是最常用的一种继电器，时间继电器是按照所整定时间间隔的长短，经过一段时间（延时时间）执行机构才来切换电路的自动电器，时间继电器的用途就是配合工艺要求执行延时指令。在自动控制系统中，有时需要继电器得到信号后不立即动作，而是要顺延一段时间后再动作并输出控制信号，以达到按时间顺序进行控制的目的，时间继电器就能实现这种功能。它通常可在交流 50Hz、60Hz、电压至 380V、直流至 220V 的控制电路中作延时元件，按预定的时间接通或分断电路。可广泛应用于电力拖动系统、自动程序控制系统及在各种生产工艺过程的自动控制系统中起时间控制作用。时间继电器在电气控制系统中是一个非常重要的元器件，按工作方式可分为通电延时时间继电器和断电延时时间继电器，一般具有瞬时触点和延时触点这两种触点。

对于通电延时型时间继电器，当线圈得电后，其延时常开触点要延时一段时间后才能闭合，延时常闭触点要延时一段时间后才能断开。当线圈失电时，其延时常开触点迅速断开，延时常闭触点迅速闭合。

对于断电延时型时间继电器，当线圈得电后，其延时常开触点迅速闭合，延时常闭触点迅速断开。当线圈失电时，其延时常开触点要延时一段时间再断开，延时常闭触点要延时一段时间再闭合。

时间继电器按工作原理分可分为：电磁式、空气阻尼式（气囊式）、电动式、数字式、电子管式、单片机控制式等。

(1) 直流电磁式时间继电器。直流电磁式时间继电器也称为直流电磁阻尼式时间继电器，直流电磁式时间继电器其结构与电压继电器相似，在直流电磁式电压继电器的铁心柱上增加一个阻尼铜套，利用电磁阻尼的原理产生延时，由电磁感应定律可知，在继电器的线圈通电和断电的过程中，铜套内将感应电动势，并流过感应电流，此电流产生的磁通总是阻止原磁通的变化。继电器的线圈通电时，由于衔铁处于释放位置，衔铁的气隙较大，磁阻大、磁通小、磁通的变化量小，铜套阻尼的作用也相对较小，因此衔铁吸合时的延时作用不明显，一般可以忽略不计。而当继电器的线圈断电时，由于线圈内的电流瞬间减小，此时衔铁的气隙严密，根据楞次定律，阻尼铜套中将产生一个感应电流，阻碍磁通的变化，维持衔铁不立即释放，使衔铁延时释放而起到延时的作用。通过阻尼铜套电阻的磁通在逐渐地消耗掉，铜套阻尼的作用逐渐消失，使电磁吸力不足以克服弹簧的反作用力时，动静衔铁释放，从而产生了断电的延时。直流电磁式时间继电器，只能用于断电的延时，并只能用于直流的电路。

直流电磁式时间继电器由阻尼线圈、铜套、动静铁心、支架、触点、外壳等组成。直流电磁式时间继电器的结构与外形如图 4-27 所示。

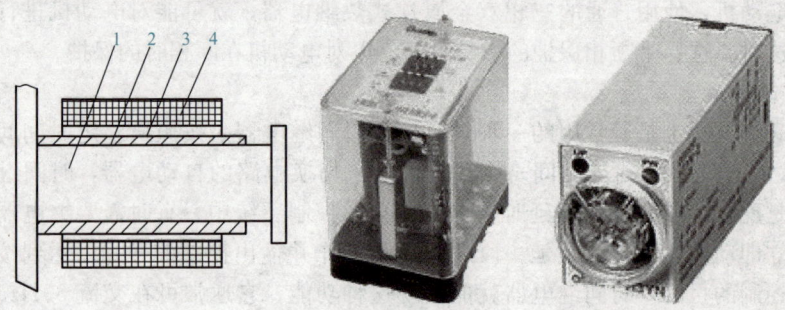

图 4-27　直流电磁式时间继电器的结构与外形
1—铁心；2—阻尼铜套；3—绝缘层；4—线圈

直流电磁式时间继电器的延时时间可以通过改变安装在衔铁上非磁性垫片的厚度来改变，衔铁上非磁性垫片的厚度增加，延时的时间会延长。也可通过改变释放弹簧的松紧程度，来调节延时时间的长短，弹簧的反作用力越大，释放的磁通就越大，延时的时间就缩短。可以将带阻尼套的时间继电器线圈短接，还可以在线圈的两端并接一个反向二极管，当电磁线圈断电时，立即将线圈的两端短接（或通过反向连接的二极管）自身短路，根据楞次定律，线圈中将产生一个阻碍磁通变化的感应电流，以维持动静衔铁不立即释放，来增加直流电磁式时间继电器的断电延时时间。

直流电磁式时间继电器的延时时间较短，如 JT3 系列最长不超过 5s，延时的准确度较低，只可用于对延时要求不高的场合，如电动机的延时起动等。

（2）空气阻尼式时间继电器。空气阻尼式时间继电器的优点是结构简单、延时范围大、寿命长、价格低廉，且不受电源电压及频率波动的影响，其缺点是延时误差大、无调节刻度指示，一般适用于延时精度要求不高的场合。常用的产品有 JS7-A、JS23 等系列，其中 JS7-A 系列的主要技术参数为延时范围，分 0.4～60s 和 0.4～180s 两种，操作频率为 600 次/h，触头容量为 5A，延时误差为 ±15％。

下面以 JS7 型空气阻尼式时间继电器为例，说明其工作原理。空气阻尼式时间继电器是利用调节空气通过小孔节流，利用空气阻尼的原理来获得延时动作的，它由电磁机构、延时机构和触头系统 3 部分组成。电磁机构为直动式双 E 型铁心，触头系统采用 LX5 型微动开关，延时机构采用气囊式阻尼器。空气阻尼式时间继电器的外形与结构如图 4-28 所示。

图 4-28 空气阻尼式时间继电器的外形与结构

当时间继电器线圈通电时，动铁心就被吸下，使铁心与活塞杆之间有一段距离，活塞杆在塔形弹簧的作用下，带动活塞及橡皮膜向上移动，但受进气孔进气速度的限制，橡胶膜上方形成空气稀薄的空间，与下方的空气形成压力差，对活塞杆下移产生阻尼作用。所以活塞杆和传动杆只能缓慢地上移。其移动的速度和进气孔的大小有关（通过调节螺钉可调节进气孔的大小，就可改变延时时间）。经过一段时间后，活塞杆移到最上端时，通过杠杆压动微动开关，使常闭触头断开、常开触头闭合，起通电延时作用。吸引线圈断电后，继电器依靠恢复弹簧的作用而复原，空气

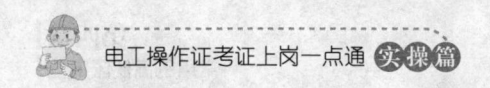

经出气孔被迅速排出。空气阻尼式时间继电器，既可由空气室中的气动机构带动延时触点，也可由电磁机构直接带动瞬动触点，可以做成通电延时型，也可做成断电延时型。只需调换电磁系统的方向，即可实现通电延时和断电延时的相互转换，延时时间的调整必须在断电的情况下进行。电磁机构可以是直流的，也可以是交流的。

在使用空气阻尼式时间继电器时，要注意时间继电器上有两对触头，即一对瞬动触头和一对延时触头，在使用的时候不要用错。在LX5型微动开关接线时，因为微动开关的接线端子较小，在安装时用力不可太大，一定要注意用力的手感，否则将会造成微动开关的损坏。在实际的工作中经常发生此类故障，要加以注意。在使用空气阻尼式时间继电器时，应保持延时机构的清洁，防止因进气孔被堵塞而失去延时的作用。

(3) 电子式时间继电器。电子式时间继电器的种类繁多，也称半导体时间继电器、晶体管时间继电器、数字式时间继电器等。电子式时间继电器常用的有阻容式时间继电器，它是利用电容对电压变化的阻尼作用来实现延时的。这类产品具有延时范围广、精度高、体积小、耐冲击、耐振动、调节方便及寿命长等优点，有JS13、JS14、JS15及JS20系列，以及JS14P系列数字式半导体继电器，其中JS20系列为全国推广的统一设计产品，与其他系列相比，具有体积小、寿命长、通用性、系列性强、工作稳定可靠、延时精度高、延时范围广、安装方便、输出触头容量大和产品规格全等特点。它的改进型产品采用了可编程定时器集成电路，且增加了脉动型产品，进一步提高了延时精度和延时范围，广泛用于电力拖动、顺序控制及各种生产过程的自动控制中。

电子式时间继电器适用于交流50Hz、电压380V及以下或直流110V及以下的控制电路，作为时间控制元件，按预定的时间延时，或周期性地接通或分断电路。

利用阻容原理来实现延时动作的电子式时间继电器，产品的性能及可靠性虽说比空气阻尼型时间继电器要好得多，但与采用大规模集成电路形成的时间继电器相比，产品的定时精度及可控性就要差很多。所以，现在生产的电子式时间继电器，基本上都是以集成电路作为核心器件，产品的定时精度及可控性会提高很多。

电子式时间继电器具有保护式外壳，全部元件装在印制电路板上，然后与插座用螺钉紧固，装入塑料壳中。外壳表面装有铭牌，其上有延时刻度，并有延时调节旋钮。它有装置式和面板式两种形式，装置式具有带接线端子的胶木底座，它与继电器本体部分采用插座连接，然后用底座上的两只尼龙锁扣锚紧。面板式采用的是通用的八大脚插座，可直接安装在控制台的面板上。JS20系列晶体管时间继电器有通电延时型、带瞬动触头的通电延时型、断电延时型和改进型等。电子式时间继电器的外形如图4-29所示。

电子式时间继电器在时间继电器中已成为主流产品，随着近年来微电子技术的

图 4-29　电子式时间继电器的外形

发展，新型的时间继电器大量面市，其大多采用集成电路、大规模数字集成电路、固态时间继电器和功率电路等构成。目前已有采用多种控制模式的单片机控制的时间继电器，使用户可以根据需要选择最合适的控制模式，它具有多种工作模式，正计时、倒计时任意设定，有多种延时时段，延时范围从 0.01s～999.9h 任意设定，可键盘设定，设定完成之后可以锁定按键，防止误操作。电子式时间继电器具有延时范围广、精度高、体积小、耐冲击和耐振动、调节方便及寿命长等优点，大大提高了电气控制的可靠性。随着单片机的普及，各厂家相继采用单片机为时间继电器的核心器件，而且产品的可控性及定时精度完全可以由软件来调整，所以，未来的时间继电器会完全由单片机来取代。电子式时间继电器的输出形式有两种，即有触点式和无触点式，前者是用晶体管驱动小型电磁式继电器，后者是采用晶体管或晶闸管输出。现在常用的还有数字式时间继电器，数字式时间继电器具有延时精度高、延时范围宽、触头容量大、调整方便、工作状态直观、指示清晰明确等特点，适应工业自动化控制水平越来越高的要求。

（4）电动机式时间继电器。电动机式时间继电器是由微型同步电动机拖动减速齿轮组，经减速齿轮带动触头经过一定的延时后动作的时间继电器。电动机式时间继电器是由微型同步电动机、离合电磁铁、减速齿轮组、差动轮泵、断电记忆杆、复位游丝、触头系统、脱扣机构、整定装置等部分组成。这种类型时间继电器的优点是延时调节范围大、延时精确度高、延时时间有指针指示、不受电压波动影响。但其缺点是机械结构复杂，不适于频繁操作，内部结构较为复杂，价格较高，延时误差受电源频率的影响。电动式时间继电器的价格较高，但它的延时精确度高，延时的时间可达到近百小时。所以，对不需要很高精确度的场合，没有必要使用电动式时间继电器。

电动式时间继电器常用的产品有 JS11 系列。根据延时触头的动作特点，电动式时间继电器又分为通电延时动作型 JS11-□1，断电延时动作型 JS11-□2，这二种延时动作型的电动式时间继电器，从外观上是分不出来的，在实际的作用中，要注意型号后面的 1 与 2 的标号区别。

电动式时间继电器的工作原理如下：为了保证延时的精确度，要先给同步电动机接通电源，这时同步电动机就以恒速旋转，带动减速齿轮与差动齿轮组一起转动，这时差动齿轮组只是在轴上空转。若这时给离合电磁铁的线圈通电，使它吸引衔铁并通过棘爪动作带动齿轮与轴一起转动，瞬时动作触点动作，则此时延时开始。当到了预定的延时时间时，脱扣机构动作使延时触点动作，并同时断开同步电动机的电源，延时动作完成。如果要进行第二次延时，只要断开离合电磁铁线圈的电源，然后再接通离合电磁铁线圈的电源，第二次延时就开始了。

在使用电动式时间继电器时要注意，在接线时要先给同步电动机接通电源，并将一延时常闭触点与离合电磁铁的线圈串联，以保证在延时完成时断开离合电磁铁的线圈的电源。如果要进行第二次延时，不要采用切断电动式时间继电器电源的方式，最好是只切断离合电磁铁的线圈的电源，这样可以保证电动式时间继电器延时的精确度。

在调节电动式时间继电器延时时间时，一定要注意电动式时间继电器延时动作的类型。如果是通电延时动作型的时间继电器，只能在时间继电器断电或离合电磁铁线圈断电的情况下，才能进行延时时间的调节。如果是断电延时动作型的时间继电器，只能在时间继电器断电或离合电磁铁线圈通电的情况下，才能进行延时时间的调节。这一点在操作时千万不能搞反，否则，时间继电器内部棘爪将会损坏齿轮，造成时间继电器的失灵和损坏。

随着科学技术的进步，时间继电器的更新换代是很快的。现在，由原来传统的空气阻尼式时间继电器、用RC充电电路及单结晶体管所完成的延时触发时间继电器、电动式时间继电器，至今已发展到广泛使用通用的CMOS集成电路、单片机控制电路及用专用延时集成芯片组成的多延时功能（通电延时、接通延时、断电延时、断开延时、往复延时、间隔定时等）、多设定方式（电位器设定、数字拨码开关、按键等）、多时基选择（0.01s、1s、1min、1h等）、多工作模式、LED显示的时间继电器。由于其具有延时精度高、延时范围广、在延时过程中延时显示直观等诸多优点，是传统时间继电器所不能比拟的，故在现今自动控制领域里已基本取代传统的时间继电器。

8. 其他继电器

继电器的种类较多，除了我们常用的中间继电器、热继电器、时间继电器以外，在有一些的场合还需要使用其他功能的继电器。下面就将一些其他功能的继电器简单地介绍一下。

(1) 电流继电器。根据线圈中电流大小而接通和分断电路的继电器叫做电流继电器。电流继电器的输入量是电流，电流继电器的线圈是串入电路中的，以反映电路电流的变化。电流继电器的线圈匝数少、导线粗、线圈阻抗小。电流继电器可分为欠电流继电器和过电流继电器。

当线圈电流低于整定的电流值时动作的继电器称为欠电流继电器，欠电流继电器主要用于欠电流的保护或控制，如直流电动机励磁绕组的弱磁保护、电磁吸盘中的欠电流或失电保护、绕线式异步电动机起动时电阻的切换控制等。欠电流继电器的动作电流整定范围为线圈额定电流的30%~65%。需要注意的是欠电流继电器在电路正常工作时，电流正常不欠电流时，欠电流继电器处于吸合动作状态，常开触点处于闭合状态，常闭触点处于断开状态；当电路出现不正常现象或故障现象导致电流下降或消失时，继电器中流过的电流小于释放电流而动作，所以欠电流继电器的动作电流为释放电流而不是吸合电流。

当线圈电流高于整定的电流值时动作的继电器称为过电流继电器，过电流继电器用于过电流、短路保护或控制，如起重机电路中的过电流保护。过电流继电器在电路正常工作时流过正常工作电流，正常工作电流小于继电器所整定的动作电流，继电器不动作，当电流超过动作电流整定值时才动作。过电流继电器动作时其常开触点闭合，常闭触点断开。过电流继电器整定范围为110%~400%额定电流，其中交流过电流继电器为110%~400%，直流过电流继电器为70%~300%。

常用的电流继电器的型号有JL4、JL12、JL15等。电流继电器作为保护电器时，电流继电器的结构与外形如图4-30所示。

图4-30 电流继电器的结构与外形
(a) 欠电流继电器；(b) 过电流继电器

(2) 电压继电器。根据线圈中电压大小而接通和分断电路的继电器，叫做电压继电器。电压继电器的输入量是电路的电压大小，其根据输入电压的大小而动作。与电流继电器类似，电压继电器也分为欠电压继电器和过电压继电器两种。过电压继电器电压范围为1.1~1.5倍额定电压以上时动作；欠电压继电器电压范围为0.4~0.7额定电压时动作；零电压继电器当电压降低至0.05~0.25额定电压时动作。它们分别起过电压、欠电压、零电压保护。电压继电器工作时并联在电路中，因此线圈匝数多、导线细、阻抗大，反映电路中电压的变化，用于电路的电压保护。电压继电器常用在电力系统继电保护中，在低压控制电路中使用较少。常用的有JT4P系列。电压继电器作为保护电器时，电压继电器的结构与外形如图4-31所示。

(3) 速度继电器。速度继电器的作用是依靠速度的大小为信号与接触器配合，实现对电动机的反接制动。速度继电器与电动机或机械转轴联在一起随轴转动，是利用转轴的一定转速来切换电路的自动电器，速度继电器又称反接制动继电器。它主要由转子、定子及触点3部分组成。其工作原理与异步电动机相似，转子是一块

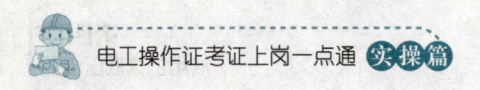

图 4-31 电压继电器的结构与外形
(a) 欠电压继电器；(b) 过电压继电器

永久磁铁，与电动机或机械轴连接，随着电动机旋转而旋转。它的外边有一个可以转动一定角度的环，装有笼型绕组。当转轴带永久磁铁旋转时，定子外环中的笼型绕组就切割磁力线而产生感应电动势和感应电流，该电流在转子磁场的作用下产生电磁力和电磁转矩，使定子外环跟随转子转动一个角度。若永久磁铁逆时针方向转动，则定子外环带着摆杆靠向右边，使右边的常闭触点断开，常开触点接通；当永久磁铁顺时针方向旋转时，会使左边的触点改变状态，当电动机转速较低时（如小于 100r/min），触点复位于中间位置。速度继电器的结构与外形如图 4-32 所示。

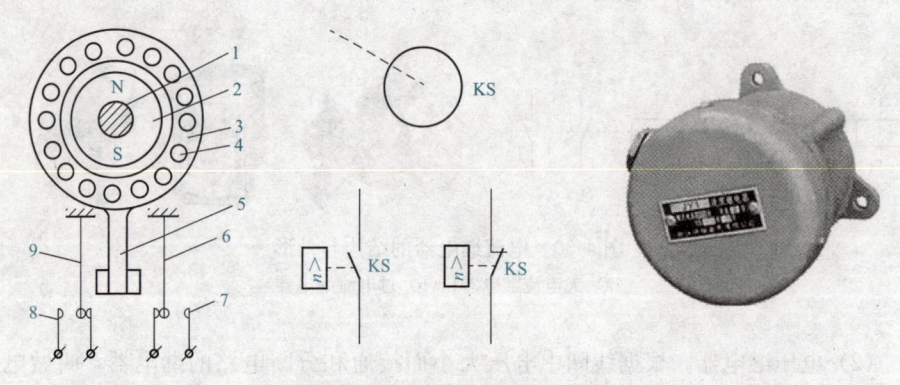

图 4-32 速度继电器的结构与外形
1—转轴；2—转子；3—定子；4—绕组；5—摆锤；6、9—簧片；7、8—静触点

当需要电动机在短时间内停止转动时，常采用异步电动机的反接制动，当三相电源的相序改变以后，将产生与实际转子转动方向相反的旋转磁场，从而产生制动力矩。因此，会使电动机在反接制动状态下迅速降低速度。在电动机转速接近零时，速度继电器的制动触点分断，切断电源使电动机停止转动，不然电动机就会反方向转动了。速度继电器主要用在三相异步电动机反接制动的控制电路中。

(4) 压力继电器。压力继电器主要用于对液体或气体的压力高低进行检测并发出接通与断开动作信号，以使电磁阀、液泵、空气压缩机等设备对压力的高低进行控制。压力继电器有柱塞式、膜片式、弹簧管式和波纹管式 4 种结构形式。柱塞式压力继电器是当从下端进油口进入液体，压力达到调定压力值时，推动柱塞上移，并通过杠杆放大后推动微动开关动作。改变弹簧的压缩量，可以调节继电器的动作压力。膜片式压力继电器主要由压力传送装置和微动开关等组成，液体或气体压力经压力入口推动橡胶膜和滑杆，克服弹簧反作用力向上运动，当压力达到给定压力时，触动微动开关，发出控制信号，旋转调压螺母可以改变给定压力。

（5）信号继电器。信号继电器又称为指示继电器，用来指示继电保护装置的动作。信号继电器动作后，一方面有机械掉牌指示，从外壳的指示窗可看见红色标志（掉牌前是白色的）；另一方面它的触点闭合，接通灯光和声响信号回路，以引起值班人员注意。

（6）瓦斯继电器。瓦斯继电器检测的是瓦斯气体，当变压器油箱内出现故障时，会产生的大量气体将聚集在瓦斯继电器的上部使油面降低。当油面降低到一定程度后，上浮筒便下沉，使汞触点接通，发出警告信号，称为轻瓦斯。如果是严重的故障，会迫使油位下降，使开口杯随油面下降，并使触点接通，发出重瓦斯动作信号，使断路器跳闸。

八、主令电器

主令电器用于在控制电路中以开关触点的通断形式来发出控制命令，使控制电路执行相对应的控制任务。主令电器应用广泛，种类繁多，常见的有按钮、行程开关、接近开关、万能转换开关、主令控制器、足踏开关等。

1. 按钮

按钮又称控制按钮，是一种最常用的小电流主令电器，按钮是一种手动电器，通常用来接通或断开小电流控制的电路，其结构简单，控制方便。它不直接控制主电路的通断，而是对电磁起动器、接触器、继电器及其他电气线路发出控制信号指令，再去控制接触器、继电器等电器，由这些电器去控制主电路。按钮由按钮帽、复位弹簧、桥式触头和外壳组成。触点采用桥式触点，额定电流在 5A 以下。触点又分常开（动断）触点和常闭（动合）触点两种。按钮的结构与外形如图 4-33 所示。

图 4-33 按钮的结构与外形

按钮要根据使用的场合和控制回路的需要正确。选择按钮的型号和形式，确定按钮的触点形式和触点组数。按钮从外形和操作方式上可以分为平按钮和急停按钮，急停按钮也叫蘑菇头按钮，除此之外还有钥匙钮、旋钮式、拉式钮、防水式、带指

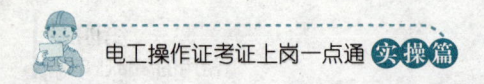

示灯式等多种类型。要根据控制回路的需要，确定不同的按钮数，如单钮、双钮、三钮、多钮等。一般用得最多的是复位式按钮，最常用的按钮为复位式平按钮，但也有自锁式按钮。

按钮的按钮帽有颜色之分，一般情况下红色按钮用于"停止"、"断电"或"急停"。绿色按钮优先用于"起动"或"通电"，但在多按钮使用时，也允许选用黑、白或灰色按钮，见表4-2。

表4-2　　　　　　　　　　按钮颜色的含义

颜色	含义	举例
红	"停止"或"断电"	处理事故 紧急停机 正常停机 停止一台或多台电动机 装置的局部停机 切断一个开关 带有"停止"或"断电"功能的复位
绿	"起动"或"通电"	正常起动 起动一台或多台电动机 装置的局部起动 接通一个开关装置（投入运行）
黄	参与	防止意外情况 参与抑制反常的状态 避免不需要的变化（事故）
蓝	上述颜色未包含的任何指定用意	凡红、黄和绿色未包含的用意，皆可用蓝色
黑、灰、白	无特定用意	除单功能的"停止"或"断电"按钮外的任何功能

2. 行程开关

行程开关又称位置开关或限位开关，是利用触点动作来发出控制指令的主令电器。行程开关的工作原理和按钮基本相同，其区别在于行程开关触头动作不是靠手动的按压操作，而是利用生产机械运动部件上的挡块碰撞或碰压使行程开关触头动作，将机械的位移信号转换为电信号，再通过其他电器间接控制机床运动部件的行程、顺序控制、定位控制、运动方向或进行限位保护等。

行程开关用于控制生产机械的运动方向、速度、行程大小或位置等，或使电动机运行状态发生改变，即按一定行程自动停车、反转、变速或循环等，从而控制机械运动或实现安全保护。在实际的生产和生活中，将行程开关安装在预先设定的位置，当运动部件上的模块碰撞到行程开关时，行程开关的常开触点或常闭触点动作，实现对电路状态的切换。行程开关广泛用于各类机床、起重机械、各类电梯、自动开关门、自动生产线、家用电器、安防系统及其他生产机械等，用以控制其行程、行程自动停止、反向运动、变速运动、进行终端限位保护或自动往返运动。行程开关触点的额定电流一般都不是很大，有的只有1A、2A的，如果没有标注触点的额定电流就可作为5A。

行程开关包括位置开关、限位开关、微动开关及由机械部件或机械操作的其他控制开关。行程开关的结构由操作头、传动系统、触头系统和外壳组成，其结构与外形如图4-34所示。

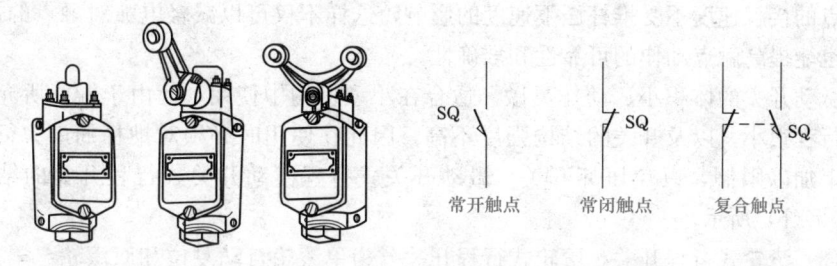

图 4-34　行程开关的结构与外形

行程开关的种类很多，由类似按钮的触头系统和接受机械部件发来信号的操作头组成。为了适应各种生产条件下的自动控制，行程开关有很多构造形式，按其碰撞机构（操作头）的结构不同，可分为单轮式、双轮式、直动式、直杆式、直杆滚轮式、微动式、转动式等，一般的行程开关都是自动复位的，只有双轮的行程开关有的不能自动复位。按触点性质可分为有触点和无触点式（接近开关），按运动形式可分为单向旋转式和双向旋转式等。

行程开关的触头动作方式有蠕动型和瞬动型两种，蠕动型的触头结构与按钮相似，这种行程开关的结构简单，价格便宜，但触头的分合速度取决于生产机械挡铁碰压的移动速度，易产生电弧灼伤触头，影响触头的使用寿命，也影响动作的可靠性及行程的控制精度。瞬动型触头具有弹簧储能的快速动作机构，触头的动作速度与挡铁的移动速度无关，性能优于蠕动型。

常用行程开关的碰撞机构（操作头）有3种形式：

（1）直动式行程开关。当运动机械的挡铁（撞块）压到行程开关的滚轮上时，传动杠连同转轴一同转动，使凸轮推动撞块，当撞块碰压到一定位置时，推动微动开关快速动作。当滚轮上的挡铁移开后，复位弹簧就使行程开关复位。直动式行程开关属于蠕动型的触头结构，其碰撞机构（操作头）一般为圆柱或单轮的结构。直动式行程开关的内部结构如图4-35（a）所示。

直动式行程开关的优点是结构简单，成本较低。但其触点的分断和闭合的速度取决于机械撞块移动的速度，如果撞块移动速度太慢，触点在分断或闭合的瞬间，会使电弧在触点的分断面上产生过长的时间，触点就不能瞬时切断电路，电弧很容易烧蚀触点。严重时会因电弧在触点间闪络时间太长，引起动静触点的熔焊，引起电路工作的异常。因此，直动式行程开关不宜用在撞块移动速度小于 0.4m/min 的场合。

(2) 微动开关式行程开关。为克服直动式结构的缺点，微动开关式行程开关内的微动开关采用具有弯片状弹簧的瞬动机构，当推杆被压下时，弹簧片发生变形，储存能量并产生位移，当达到预定的临界点时，弹簧片连同动触点产生瞬时跳跃，从而导致电路的接通、分断或转换。同样，减小操作力时，弹簧片释放能量并产生反向位移，当通过另一临界点时，弹簧片向相反方向跳跃。采用瞬动机构可以使开关触点的接触速度不受推杆压下速度的影响，这样不仅可以减轻电弧对触点的烧蚀，而且也能提高触点动作的可靠性和准确性。

微动开关的体积小、动作灵敏、适合在小型机构中使用，但由于推杆所允许的极限行程很小，以及开关的结构强度不高，因此在使用时必须对推杆的最大行程在机构上加以限制，以免压坏开关。微动开关式行程微动开关式行程开关的结构如图 4-35 (b) 所示。

(3) 滚轮式行程开关。滚轮式行程开关分为单滚轮自动复位和双滚轮（羊角式）非自动复位式两种，单滚轮式行程开关与其他类型的行程开关相似，当被控机械上的撞块撞击带有滚轮的撞杆时，撞杆转向右边，带动凸轮转动，顶下推杆，使微动开关中的触点迅速动作。当运动机械返回脱离滚轮时，在复位弹簧的作用下，微动开关中的触点部分动作复位。双滚轮行程开关具有两个稳态位置，在 U 形羊角式结构的摆杆上装有两个滚轮，在被控机械上的撞块撞击某一个滚轮时，撞杆转向右边，带动凸轮转动，顶下推杆，摆杆转过一定的角度，使微动开关中的触点迅速动作，这时这个被撞击的滚轮位置低于撞块的位置，而另一个滚轮位置高于撞块的位置。撞块离开行程开关后，行程开关的滚轮并不复位，触点保持被撞击后的状态，相当于是带有曾被压动过的"记忆"功能。双轮旋转式行程开关不能自动复原，当运动机械反方向返回移动时，在被控机械上的撞块会撞击到另一个处于高于撞块位置的滚轮，此滚轮的位置会变为低于撞块的位置，原来变为低位置的滚轮又会恢复到原来的高位置，使微动开关中的触点迅速动作，滚轮式行程开关回到原始时的位置。如果运动机械继续工作，滚轮式行程开关就会周而复始地重复上述的动作。根据被控机械行程的不同需要，行程开关的两个滚轮可以布置在同一个平面内或分别布置在两个平行平面内。滚轮式行程开关的内部结构如图 4-35 (c) 所示。

3. 接近开关

由于有触点的行程开关在接通或断开电路时，触点间会产生电弧及火花，所以这种有触点的机械式行程。开关存在触点的寿命短、动作的可靠性差、定位精度不高、操作响应的频率较低等缺点。为了克服有触点行程开关的缺点，现在工厂企业及很多行业广泛使用由电子器件组成的无触点的电子接近开关来代替有触点的行程开关。接近开关由晶体管、晶闸管、场效应管进行电路的输出，通过控制这些管子的控制极来改变其内部电路的通断，管子的内部无电弧及火花产生，是真正意义上的无触点式行程开关。

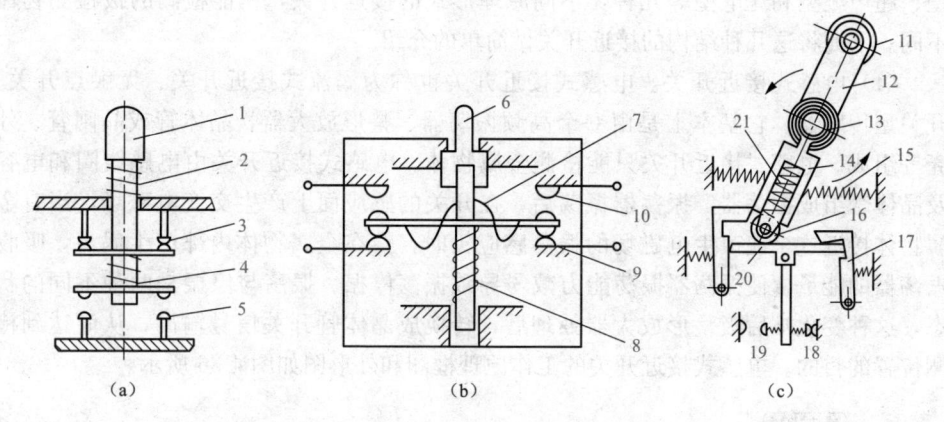

图 4-35 常用行程开关的碰撞机构
(a) 直动式行程开关；(b) 微动式行程开关；(c) 滚轮式行程开关
1—推杆；2、4—压缩弹簧；3—动断触点；5—动合触点
6—推杆；7—弯片状弹簧；8—压缩弹簧；9—动断触点；10—动合触点
11—滚轮；12—上转臂；13、15、21—弹簧；14—套架；16—滑轮；17—压板；18、19—触点；20—横板

接近开关又称无触点行程开关，可以代替有触头行程开关来完成行程控制和限位保护。接近开关的工作原理是，当某种物体移动接近到距离接近开关一定位置时，接近开关在无接触、无压力、无火花、不须施以机械力的状态下，其内的传感器就会感知到，并能准确地反应出运动机构的位置和行程，再通过内部的电子电路对感知进行处理，接近开关就会输出开关量的控制信号，进而迅速地发出电气指令，达到对电路控制开关通或断的目的。

无触点接近开关与有触点的机械式行程开关最大的区别在于，不需要与位移的机械碰挡块直接接触，也不需要对接近开关施加任何机械压力，位移的机械碰挡块距离接近开关的感应面还有一定的距离，通常把这个距离叫"检出距离"，不同类型和型号的接近开关检出距离也是不相同的。接近开关具有非接触式感应动作、电压范围宽、动作速度快、灵敏度高、频率响应快、操作频率高、重复定位精度高、安装调整方便、工作稳定可靠、抗干扰能力强、使用寿命长、可在不同的检测距离内动作及能适应恶劣的工作环境等优点，这是机械式行程开关所不能相比的。接近开关广泛地应用于机床、冶金、化工、轻纺和印刷等行业，在自动控制系统中已广泛应用于限位控制、计数信号拾取、定位控制和自动保护环节等。现在接近开关的用途已经远远超出一般的行程开关的行程和限位保护，它还可以用于位置检测、高速计数、测速、液面控制、零件尺寸检测、加工程序的自动衔接等，并在计算机或可编程控制器的传感器上获得广泛应用。

接近开关按照内部结构分为高频振荡型（电感式）、永磁型及磁敏元件型、电容型、超声波型和光电型等几种，不同原理形式的接近开关，所能检测的被检测物体不同。下面将这几种结构的接近开关做简单的介绍。

(1) 电感式接近开关。电感式接近开关也称为涡流式接近开关、无触点开关、开关型传感器，它基本上是由一个高频振荡器、整形放大器、晶体管或晶闸管、外壳等组成。电感式接近开关只能检测金属物体。电感式接近开关由电感线圈和电容及晶体管组成振荡器，振荡器振荡后，在开关的感应面上产生交变电磁场，当有金属物体接近这个能产生电磁场的振荡感应头时，会在金属物体内部产生涡流，吸收振荡器的能量，使振荡器振荡能力减弱导致振荡停振。振荡与停振是两种不同的状态，这种变化被后极整形放大器处理后，转换成晶体管开关信号输出，从而达到检测位置的目的。电感式接近开关的工作原理框图和外形图如图 4-36 所示。

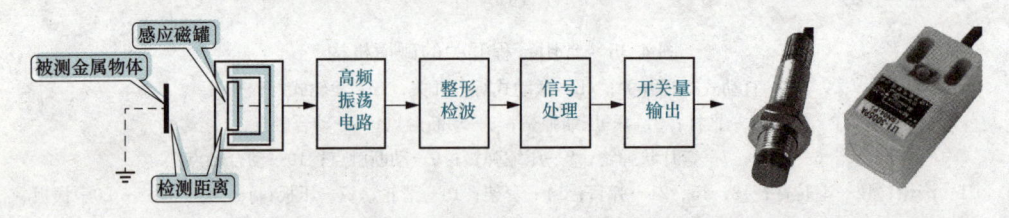

图 4-36 电感式接近开关的工作原理框图和外形图

电感式接近开关有通用型、所有金属型和有色金属型 3 种类型，通用型的电感式接近开关主要是检测黑色金属（铁）；所有金属型的电感式接近开关在相同的检测距离内可以检测任何金属；有色金属型电感式接近开关主要检测铝或铜之类的有色金属。电感式接近开关在实际使用过程中，既有行程开关、微动开关的特性，同时也具有传感性能。电感式接近开关具有动作可靠、性能稳定、使用寿命长、频率响应快、动作频率高、响应时间短、重复精度高、防水、防振、耐腐蚀、抗干扰能力强等特点。

(2) 电容式接近开关。电容式接近开关是具有开关量输出的位置传感器，电容式接近开关的感应头是利用电容器两块极板之间的距离变化时，电容器的电容量也会发生相应变化的特性原理而工作的。电容式接近开关的外壳构成电容器的一个极板，外壳在测量过程中通常是接地或与设备的金属外壳相连接的；电容器另外一个极板是被检测物体本身。

电容式接近开关由振荡器、开关电路及放大输出电路 3 大部分组成。振荡器产生一个交变磁场，当被检测物体移向接近开关这一磁场时，并达到电容式传感器感应距离时，会在金属目标内产生涡流，使振荡器振荡衰减及停振，以致停振物体和接近开关外壳的介电常数发生变化，使得和测量头相连的电路状态也随之发生变化，被后级放大电路处理并转换成开关信号，触发驱动控制器件，由此达到非接触式检测，并控制开关的接通和关断。电容式接近开关的工作流程框图和外形图如图 4-37 所示。

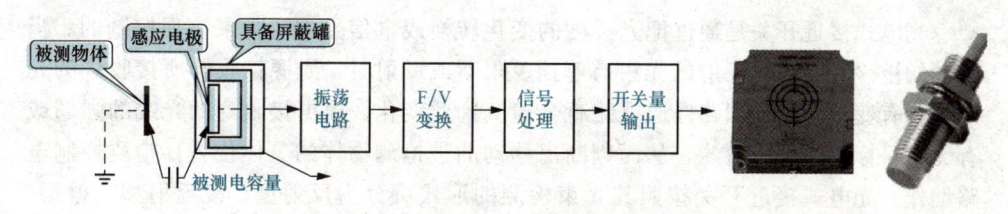

图 4-37　电容式接近开关的工作流程框图和外形图

电容式接近开关的检测物体并不限于金属导体和非金属物体，还可以检测绝缘的液体、颗粒状物体、粉状物体等的直接液位测量和流量控制监测，如木材、合成材料、纸张、玻璃、石油、沙子或水等。电容式接近开关的感应灵敏度可用多圈电位器进行调节，一般调节被检测物体距离电容式接近开关外壳（检测感应面），在 0.7～0.8Sn 的位置动作。

（3）光电式接近开关。机械式行程开关存在触点有火花容易损坏、寿命短、频率响应低、定位精度差等缺点，而感应接近开关动作距离短、不能直接检测非金属材料，光电式接近开关克服了它们的上述缺点。光电式接近开关的输入回路和输出回路对电是隔离和绝缘的，即输入和输出端只有光的联系，而没有电的联系，保证了光电式接近开关使用的安全性。

光电式接近开关也称为光电开关、红外线开关，是利用发射端和接收端之间光的强弱变化转化为电流的变化以达到探测的目的，是光电效应原理工作的接近开关。光电式接近开关由光源发射器、光源接收器和检测控制电路 3 部分组成，光电式接近开关的工作原理，是给发光二极管（LED）或激光二极管加入电信号，对准光源接收器不间断地发射光束或发射经受脉冲调制宽度的光束，光束的强度取决于激励电流的大小，多数光电式接近开关选用的是波长是接近可见光的红外线光波型。在光源接收器的前面，装有光学元件（如透镜和光圈等），受光器为光敏二极管、光敏晶体管等。在其后面的是检测控制电路，它能滤出有效信号和应用该信号，对信号的变化进行控制及输出。光电式接近开关的工作原理框图及外形如图 4-38 所示。

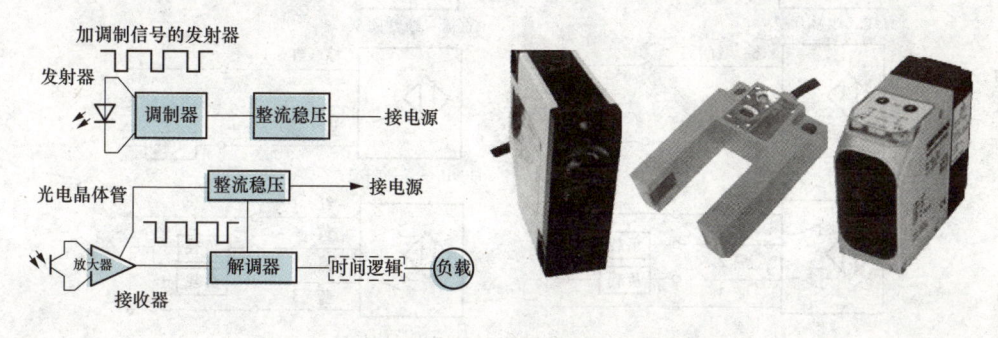

图 4-38　光电式接近开关的工作原理框图及外形

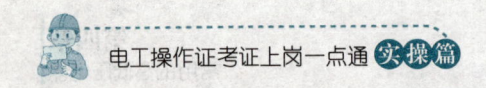

光电式接近开关是通过把光强度的变化转换成电信号的变化来实现控制的。当移动的被检测物体对发射的光束有遮挡、阻断或反射时，光源接收器所接收到的光束就会有变化，同步回路选通电路就会检测到此变化，根据接收到的光线的强弱或有无对目标物体进行探测，从而判断出移动的被检测物体的具体位置，检测控制电路动作。光电式接近开关按照其光束检测的形式可分为反射型、漫反射型、槽型、光纤型、对射型和镜面反射型几种类型；按照其结构可分为放大器分离型、放大器内藏型和电源内藏型 3 种形式。

光电式接近开关具有体积小、功能多、寿命长、检测精度高、抗相互干扰、频率响应快、可靠性高、工作区域稳定、检测距离远，以及抗光、电、磁干扰能力强的特点。光电式接近开关被广泛地应用于液位控制、产品计数、宽度判别、物位检测、色标检出、速度检测、定长剪切、孔洞识别、信号延时、自动门传感等领域；在工厂企业中被广泛地用于冲床、剪板机、切纸机等有伤害危险的机械，作为安全防护的保护装置；此外，利用光电开关红外线的隐蔽性，在银行、商店、仓库、办公室及其他需要的场合，可作为防盗报警的安保装置。

接近开关在我国工厂企业内的使用已经有几十年的历史了，只是开始使用接近开关时，品种相当得少，现在接近开关品和种类十分丰富繁多了。接近开关的线路连接有很多形式，我们现在常用的接近开关多为三线制和二线制的。常见接近开关的接线如图 4-39 所示。

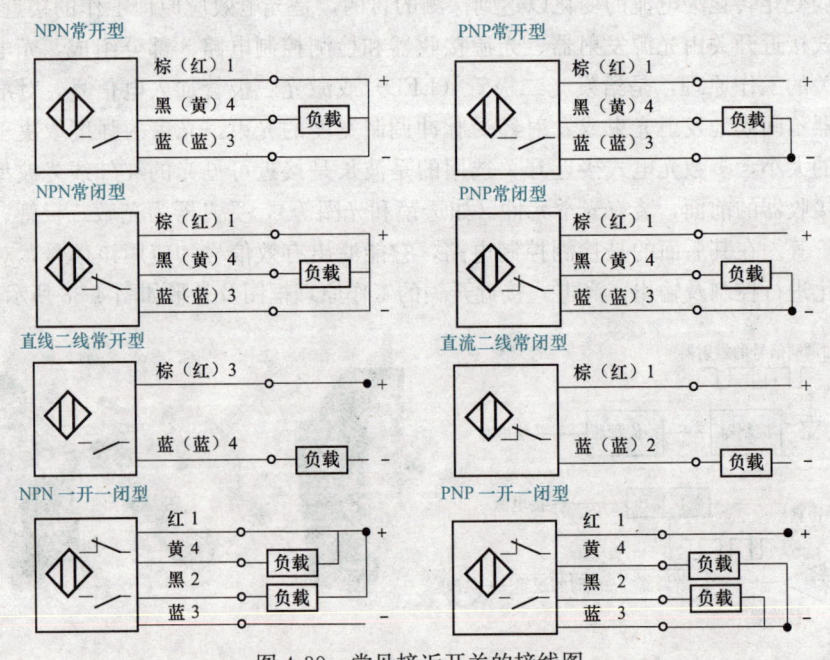

图 4-39　常见接近开关的接线图

三线制接近开关有两根电源线（通常为24V）和一根输出线，在使用中要注意输出线的连接，外接的继电器线圈的电压要与接近开关的电源电压相符。三线制接近开关因是采用的晶体管输出，所以三线制接近开关分为NPN和PNP两种，使用时要注意电源的极性。三线制接近开关在作用时要注意，它的输出有常开、常闭两种状态。

两线制接近开关一般在使用时的电压都较高，要注意接近开关有残余电压和漏电电流。两线制接近开关有常开型和常闭型两种类型，在购买和使用时不要用反了。

4. 万能转换开关

万能转换开关是一种多挡位、多段式、控制多回路的主令电器，当操作手柄转动时，带动开关内部的凸轮转动，从而使触点按规定顺序闭合或断开，可同时控制许多条（最多可达32条）通断要求不同的电路。万能转换开关是由多组相同结构的触点组件叠装而成的多回路控制电器，它由操作机构、定位装置和触点等3部分组成。万能转换开关按手柄的操作方式可分为复位式和定位式两种。复位式是指用转动手柄至某一挡位时，手松开后，手柄自动返回原位；定位式则是指转动手柄被置于某挡位时，它不能自动返回原位而是停在该挡位。万能转换开关的手柄操作位置是以角度表示的，不同型号的万能转换开关的手柄，有不同万能转换开关的触点分合状态的关系，但其触点的分合状态与操作手柄的位置有关。万能转换开关的结构、外形与符号如图4-40所示。

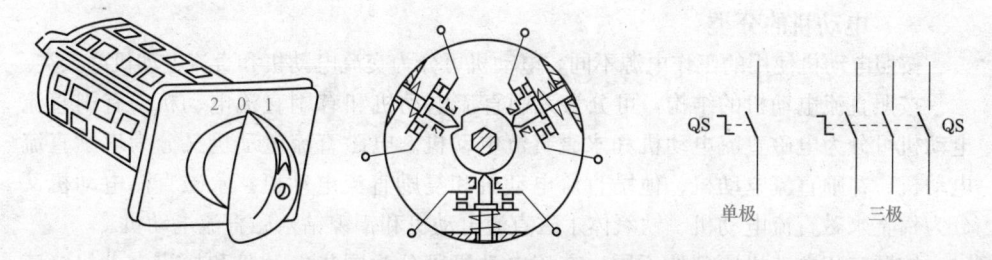

图4-40 万能转换开关的结构、外形与符号

万能转换开关主要用于各种控制线路的转换，电压表、电流表的换相测量控制，配电装置线路的转换和遥控等。万能转换开关还可以用于直接控制小容量电动机的起动、调速和换向，而且具有多个挡位，广泛应用于交直流控制电路、信号电路和测量电路，亦可用于小容量电动机的起动、反向和调速。由于其换接的电路多、用途广，故有"万能"之称。万能转换开关以手柄旋转的方式进行操作，操作位置有2～12个，分定位式和自动复位式两种。

第五章

电动机与变压器

电动机与变压器是工业生产和日常生活中应用得最广泛的电气设备，电动机与变压器已经应用在现代社会生活中的各个方面，作为电工要熟知这两种电气设备的工作原理和正常的使用方法。

第一节 电 动 机

电动机是工厂企业使用量最多的电气设备，电动机是一种将交流电能转换为机械能的电气设备，是各种加工机械和电气设备的动力源。

一、电动机的分类

按照电动机使用的工作电源不同，电动机可分为交流电动机和直流电动机两大类。

按照直流电动机的结构，可分为无刷直流电动机和有刷直流电动机。有刷直流电动机可分为电磁直流电动机和永磁直流电动机。电磁直流电动机又分为串励直流电动机、并励直流电动机、他励直流电动机和复励直流电动机。永磁直流电动机又分为稀土永磁直流电动机、铁氧体永磁直流电动机和铝镍钴永磁直流电动机。

按照三相电动机原理的不同，交流电动机可分为同步电动机和异步电动机（感应型电动机）两大类。

三相同步电动机可分为永磁同步电动机、磁阻同步电动机和磁滞同步电动机。同步电动机的旋转速度与交流电源的频率保持对应的关系，在运行中转速保持恒定不变；异步电动机的转速随着负载的变化稍有变化，电动机的旋转速度低于同步的转速。

按照三相异步电动机转子构造的不同，分为笼型三相异步电动机和绕线转子三相异步电动机两大类。

按照交流电动机使用电源相数的不同，又分为三相电动机和单相电动机两大类。

按照起动与运行方式的不同，单相电动机可分为电容起动式单相异步电动机、电容运转式单相异步电动机、电容起动运转式单相异步电动机和分相式单相异步电动机。

按照电动机用途的不同，可分为驱动用电动机和控制用电动机。

按照驱动用电动机用途的不同，又分为电动工具用电动机、家用电器用电动机、通用小型机械设备用电动机等。

按照控制用电动机用途的不同，又分为步进电动机和伺服电动机等。

按照电动机运转速度的不同，又分为高速电动机、低速电动机、恒速电动机、调速电动机。

按照电动机防护形式的不同，又分为开启式、防护式、防滴式、防溅式、网罩式、封闭式、防水式、水密式、潜水式、隔爆式等。

按照电动机通风冷却方式的不同，又分为自冷式、自扇冷式、他扇冷式、管道通风式、液体冷却式、闭路循环气体冷却式、表面冷却和内部冷却式等。

按照电动机安装结构形式的不同，又分为卧式安装、立式安装、带底脚安装、带凸缘安装、卧式和立式两用的安装。

按照电动机绝缘等级的不同，又分为 Y 级、A 级、E 级、B 级、F 级、H 级、C 级共 7 个等级。

按照电动机额定工作制的不同，又分为连续工作制、断续工作制、短时工作制 3 种。

二、笼型三相异步电动机

我们常用的笼型三相异步电动机，由于它的结构简单、工作可靠、坚固耐用、制造容易、价格低廉、效率高、使用维护方便，因而在工厂企业中得到了广泛的应用，是目前使用最广泛的电动机，生产企业中电动机消耗的电能占总能源耗量的 70% 以上。

笼型三相异步电动机，称为"鼠笼式"的三相异步电动机，是因为笼型三相异步电动机的转子铁心，由外圆周上冲有均匀线槽的硅钢片叠压而成，转子铁心的线槽中插入铜条作为导体，将线槽两端的铜条用铜环焊接起来，如果去掉硅钢片的转子铁心而只看焊接后的铜排转子，因其形状很像鼠笼而称之为笼型转子，这种笼型转子的三相异步电动机，就称为笼型三相异步电动机。现在中、小型笼型异步电动机转子铁心的槽内，均采用较便宜的铝来替代铜，都是用铸铝的方法，用铝液一次浇铸成笼型的转子，并同时铸出叶片作为冷却用的风扇，将转子导体、短路环和风扇等铸成一体，也称为铸铝转子。笼型转子的结构与外形如图 5-1 所示。

三相电动机的定子绕组内通入三相交流电，三相交流电是旋转磁场，如 2 极三相电动机的旋转磁场是 3000r/min，4 极三相电动机的旋转磁场是 1500r/min，如果三相电动机转子的转速与旋转磁场的转速相同，我们就称之为转速"同步"。笼型三相异步电动机称为"异步"的笼型三相电动机，就说明笼型三相异步电动机转子的转速低于旋转磁场的转速，笼型三相电动机就不是同步的电动机，而是"异步"的电动机。

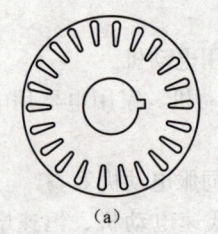

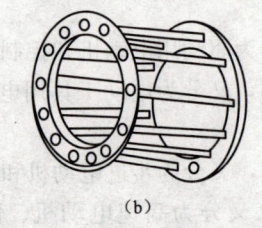

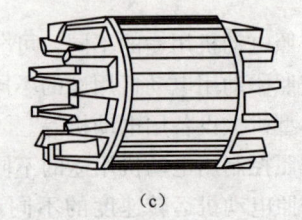

图 5-1 笼型转子的结构与外形
(a) 转子硅钢片；(b) 焊接后笼型铜排转子；(c) 铸铝转子

笼型三相异步电动机通入三相交流电，旋转磁场切割转子绕组，转子绕组与旋转磁场间就存在着相对运动而感生电动势和电流，转子绕组的电流与定子绕组产生的旋转磁场相互作用，产生电磁转矩，实现电能与机械能的能量变换，带动转子旋转，转子旋转的方向与定子的旋转磁场方向是一致的。如果转子绕组与旋转磁场的转速相同，则转子绕组与旋转磁场之间就没有相对运动，转子绕组就不可能切割旋转磁场的磁力线，转子绕组中的电动势、转子电流就不可能产生，转子上的旋转转矩也就不存在了。所以，转子的转速不可能达到旋转磁场的转速，这是异步电动机能产生电磁转矩的必要条件，转子的转速与磁场的转速之间必须是有一定的差别，这个转速之间的差别就是转速差，转子转速与磁场转速有转速差，旋转磁场与转子绕组才能够有磁力线的切割，才能维持电磁旋转转矩的存在，故转子绕组的实际转速总是低于旋转磁场的同步转速，这就是笼型"异步"三相电动机名称的由来。

旋转磁场的转速 n_1 与转子旋转 n 之差（n_1-n）称为转速差（简称为转差），如旋转磁场的转速为 3000r/min，笼型三相异步电动机转子的转速为 2880r/min，这台笼型三相异步电动机的转速差为 120r/min。电动机的转速差与旋转磁场的同步转速之比的百分数称为转差率，用符号 S 表示，同上文电动机的转速数据，即

$$S = \frac{n_1-n}{n_1} \times 100\% = \frac{3000-2880}{3000} \times 100\% = \frac{120}{3000} \times 100\% = 4\%$$

这台笼型三相异步电动机的转差率为 4%，转子电流频率随着电动机转速的增加而逐步降低，转差率受电源电压的影响，若负载较低，则转差率较小，如果电动机供电电压低于额定值，则转差率增大。

三、笼型三相异步电动机结构

笼型三相异步电动机的结构主要包括定子部分（固定部分）和转子部分（旋转部分）。笼型三相异步电动机的结构与外形如图 5-2 所示。

定子部分是指电动机中静止不动的部分，主要是用来产生旋转磁场的，定子部分由定子铁心、定子绕组、机座、前端盖、后端盖、轴承、轴承盖、接线盒、吊环、铭牌等部件组成。定子铁心是电动机磁路的一部分，由厚为 0.35~0.5mm，表面涂有绝缘漆的薄硅钢片叠压成圆筒形，以减少交变磁通引起的铁心涡流损耗，铁心内

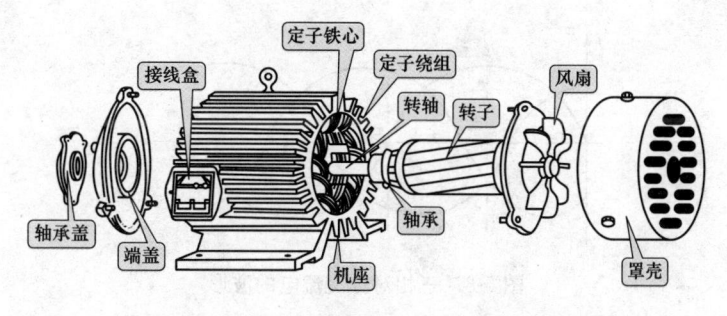

图 5-2 笼型三相异步电动机的结构与外形

圆有均匀分布的平行嵌线槽口，槽内用来嵌放三相定子绕组；定子绕组的三相绕组分布完全对称，绕组由绝缘铜导线或绝缘铝导线绕制，三组绕组间彼此相差120°，是三相电动机的电路部分，通入三相交流电，就会产生旋转的磁场；机座由铸铁或铸钢浇铸成形，它的作用是保护和固定三相电动机定子的铁心和绕组，机座两端端盖的轴承室支承着转子，机座的外壳一般都铸有散热筋；前后端盖是用铸铁或铸钢浇铸成形的，它的作用是支撑转子的转轴，把转子固定在定子内腔中心，使转子能够在定子空腔中均匀地旋转；轴承盖是由铸铁或铸钢浇铸成形的，它的作用是固定转子不能轴向移动，同时还起存放润滑油和保护轴承的作用，但有的小型的电动机没有轴承盖；吊环一般是由铸钢制造，安装在机座的上端，是用来起吊、搬抬三相电动机的。

转子部分是三相异步电动机的旋转部分，转子的作用是切割定子旋转磁场，产生感应电动势及电流，在转轴形成电磁转矩而使电动机的转轴旋转。转子部分由笼型转子铁心、转子绕组、转轴、轴承、风扇和风罩等部件组成。转子铁心与定子铁心一样，是电动机磁路的一部分，也是由0.5mm厚的硅钢片冲制、叠压而成，硅钢片的外圆周上有分布均匀的平行槽口，用于放置转子绕组；笼型转子绕组与定子绕组不同，一般为用铝铸而成的笼型转子；转子铁心固定在转轴上，转轴一般用中碳钢制成，在转轴的两端安装轴承，利用轴承在端盖的轴承室内支承转子，并起到传递转动力矩的作用。轴承的作用是固定和支撑旋转的转子部分，保持旋转转子部分轴的中心位置，减小传动过程中的机械载荷摩擦系数；转轴伸出的有键销的一端，用于安装带轮、联轴器、齿轮等，非伸出的一端用于安装电动机的通风冷却风扇。

四、笼型三相异步电动机的旋转原理

笼型三相异步电动机的定子铁心线槽内对称地嵌放着三相定子绕组，U1—U2、V1—V2、W1—W2绕组互差120°的电角度。当电动机的三相绕组通入三相对称交流电后，三相对称交流电的波形如图5-3所示。

当异步电动机互差120°电角度的三相定子绕组通入三相对称交流电后，定子绕组将产生一个旋转磁场，该旋转磁场切割转子绕组，根据电磁感应原理，在转子绕

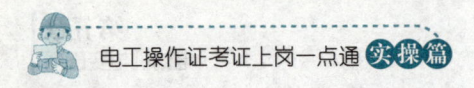

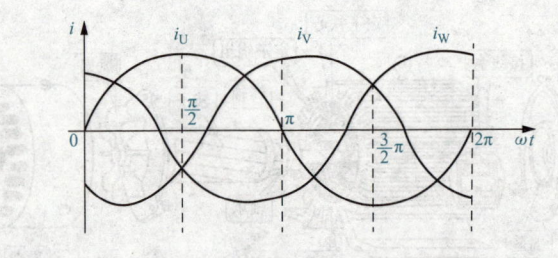

图 5-3 三相对称交流电的波形

组中产生感应电流（转子绕组是闭合通路），转子绕组在磁场中受到电磁力的作用，从而在电动机转轴上形成电磁转矩，驱动电动机转子旋转，并且电动机旋转方向与旋转磁场方向相同，转子输出机械能量，带动机械负载旋转起来。如图 5-4 所示为一个周期内三相异步电动机定子绕组的合成磁场分布图。

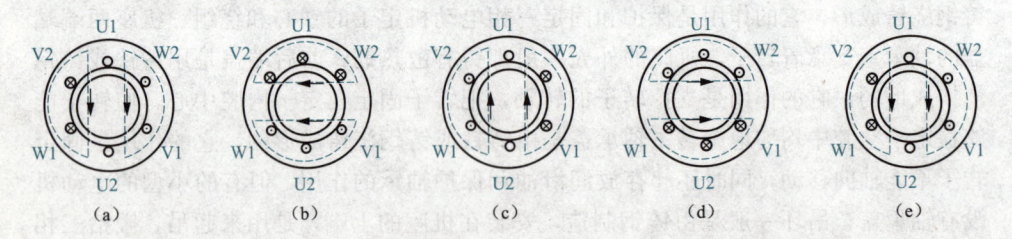

图 5-4 一个周期内三相异步电动机定子绕组的合成磁场分布图
(a) $\omega t=0°$；(b) $\omega t=90°$；(c) $\omega t=180°$；(d) $\omega t=270°$ (e) $\omega t=360°$

现假定电流瞬时值为正时，电流方向从绕组的首端流进，尾端流出。电流瞬时值为负时，则尾端流进，首端流出。电流的注入端用符号"⊗"表示，流出端用符号"⊙"表示。

当 $\omega t=0°$ 时，U 相绕组的电流瞬时值为 0；W 相绕组的电流瞬时值为正，电流从 W 相绕组的首端 W1 流入，用"⊗"表示，从 W 相绕组的尾端 W2 流出，用"⊙"表示；V 相绕组的电流瞬时值为负，电流从 V 相绕组的尾端 V2 流入，用"⊗"表示，从 V 相绕组的首端 V1 流出，用"⊙"表示。电流的合成磁场的轴线正好位于 U 相绕组的界面上，如图 5-4 (a) 所示。

当 $\omega t=90°$ 时，U 相绕组的电流瞬时值为正，电流从 U 相绕组的首端 U1 流入，用"⊗"表示，从 U 相绕组的尾端 U2 流出，用"⊙"表示；V 相和 W 相绕组的电流瞬时值为负，电流从 V、W 相绕组的尾端 V2、W2 流入，用"⊗"表示，从 V、W 相绕组的首端 V1、W1 流出，用"⊙"表示。电流的合成磁场如图 5-4 (b) 所示，通过图 5-4 (a) 与图 5-4 (b) 的比较，可以看出合成磁场的方向已由 $\omega t=0°$ 时，按照顺时针的方向旋转了 90°。

当 $\omega t=180°$ 时，U 相绕组的电流瞬时值为 0；V 相绕组的电流瞬时值为正，电流从 V 相绕组的首端 V1 流入,用"⊗"表示,从 V 相绕组的尾端 V2 流出,用"⊙"表示;W 相绕组的电流瞬时值为负,电流从 W 相绕组的尾端 W2 流入,用"⊗"表示,从 W 相绕组的首端 W1 流出,用"⊙"表示。通过图 5-4(b)与图 5-4(c)的比较,可以看出合成磁场的方向已由 $\omega t=90°$ 时,又按照顺时针的方向旋转了 90°。通过图 5-4(a)与图 5-4(c)的比较,合成磁场的方向已经按照顺时针的方向旋转了 180°。

当 $\omega t=270°$ 时,V 相和 W 相绕组的电流瞬时值为正,电流从 V、W 相绕组的首端 V1、W1 流入,用"⊗"表示,从 V、W 相绕组的尾端 V2、W2 流出,用"⊙"表示;U 相绕组的电流瞬时值为负,电流从 U 相绕组的尾端 U2 流入,用"⊗"表示,从 U 相绕组的首端 U2、U1 流出,用"⊙"表示。电流的合成磁场如图 5-4(d)所示,通过图 5-4(c)与图 5-4(d)的比较,可以看出合成磁场的方向已由 $\omega t=180°$ 时,又按照顺时针的方向旋转了 90°。通过图 5-4(a)与图 5-4(d)的比较,合成磁场的方向已经按照顺时针的方向旋转了 270°。

当 $\omega t=360°$ 时,U 相绕组的电流瞬时值为 0;V 相绕组的电流瞬时值为负,电流从 V 相绕组的尾端 V2 流入,用"⊗"表示,从 V 相绕组的首端 V1 流出,用"⊙"表示;W 相绕组的电流瞬时值为正,电流从 W 相绕组的首端 W1 流入,用"⊗"表示,从 W 相绕组的尾端 W2 流出,用"⊙"表示。通过图 5-4(d)与图 5-4(e)的比较,可以看出合成磁场的方向已由 $\omega t=270°$ 时,又按照顺时针的方向旋转了 90°。通过图 5-4(a)与图 5-4(e)的比较,合成磁场的方向已经按照顺时针的方向旋转了 360°。

笼型三相异步电动机就会按照上面合成磁场的方向旋转,如果需要改变电动机的旋转方向,改变三相电源的相序即可实现,只要改变通入到电动机的三相电源中的任意两相,就可以改变三相电动机的旋转方向。为什么改变三相电源中的任意两相,就可以改变三相电动机的旋转方向的原理,可以通过上面绕组合成磁场的方向进行分析。

五、笼型三相异步电动机的接线

笼型三相异步电动机的外壳上,有与外部电源线相连接的接线盒,接线盒一般是由铸铁浇铸,其作用是保护和固定绕组引出线的端子,有外来电源线的引入孔和接地端子,接线盒内都有一块接线板,接线板上有 6 个接线桩排成上、下两排,要注意接线盒内的排列其上、下端子号是不一样的,这样主要是为了在接线盒内的接线方便。上排的 3 个接线桩,从左至右排列的编号为 1(U1)、2(V1)、3(W1);下排的 3 个接线桩,从左至右排列的编号为 6(W2)、4(U2)、5(V2),U1 与 U2 为一相绕组,U1 为首端,U2 为末端,其他二相也是一样的。接线板上有 6 个接线桩,不管是电动机的制造还是维修,都是按这个序号排列的,可以将三相定子绕组接成星形(丫形)或三角形(△形),丫形接法将绕组的 3 个末端连接在一起,将绕组的 3 个首端连接在三相电源上,△形接法就是按照绕组 U、V、W 的顺序,依次地将绕组首尾相连或尾首相连。接线盒内具体的接线方式如图 5-5 所示。

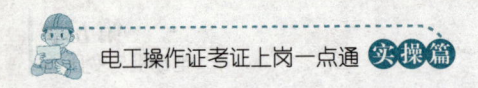

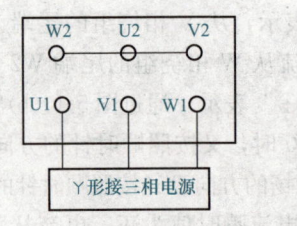

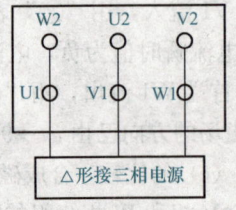

图 5-5　接线盒内具体的接线方式

一般情况下，3kW 以下的电动机为丫形接法，3kW 以上的电动机为△形接法。丫形连接时：相电流＝线电流，$\sqrt{3}$相电压＝线电压。△形连接时：相电压＝线电压，$\sqrt{3}$相电流＝线电流。还有一种解释比较清楚一点：线电压或线电流就是指电源线的电压或电流；相电压或相电流，就是指电动机某相绕组的电压或电流，因为电动机各相绕组的结构是相同的，如图 5-6 所示。

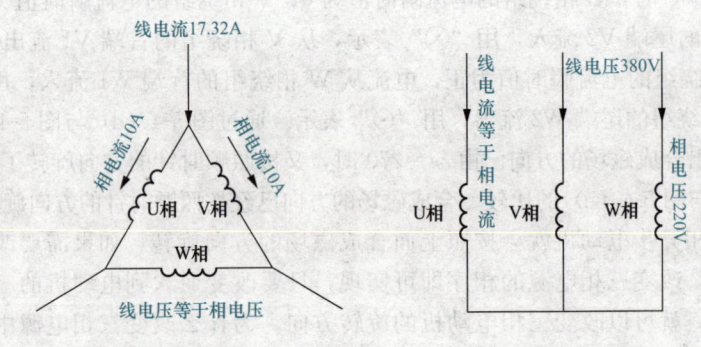

图 5-6

在使用中要注意电动机的接法，例如，将丫形接法的电动机，接成了△形接法，将会使电动机的电流增加 3 倍，会使电动机烧毁；将△形接法的电动机，接成了丫形接法，电动机的电流只有额定电流的 1/3，会使电动机带不动负载而堵转。对于恒转矩的三相异步电动机，不管是电压升高或降低，都将使电动机的电流增加。

有的三相异步电动机铭牌上的接法标示为"电压：220V/380V"、"接法：△/丫"。一定要注意，这里所指的 220V 是三相的 220V 的线电压。它是国外另外一种电网的 127V/220V 供电制，它的相电压是 127V，线电压是 220V，这在进口生产线上经常见到。我们常用的三相四线制的 220V/380V，220V 的电压是单相的 220V，而不是三相的 220V，这里不要误解了。电动机铭牌接法标示为"电压：220V/380V"、"接法：△/丫"，说明这台电动机的绕组电压为 220V 的，在线路连接时就要按照绕组电压为 220V 来连接，所以电源三相线电压为 220V 时就用丫形接法，电源三相线电压为 380V 时就用△形接法，以保证绕组电压始终为 220V，不致因绕组电压过高而烧毁。

六、笼型三相异步电动机的铭牌

笼型三相异步电动机的外壳上有一块电动机的铭牌，铭牌上注明这台三相电动机的主要技术数据，这是购买、选择、安装、使用和修理三相电动机的重要依据。电工要能够看得懂电动机的铭牌，并能理解铭牌上所标数据的含意，将电动机铭牌内容理解清楚了，就可以说对三相异步电动机也就基本了解了。笼型三相异步电动机的铭牌如图 5-7 所示。

三相异步电动机						
型　　号	Y132M2-4	额定功率	7.5kW	额定频率	50Hz
额定电压	380V	额定电流	15.4A	接　　法	△
转　　速	1440r/min	绝缘等级	E	工作方式	连续
温　　升	80℃	防护等级	IP44	质　　量	55kg
年　月　编号				××电机厂	

图 5-7　笼型三相异步电动机的铭牌

1. 型号：Y132M2-4

（1）第一部分汉语拼音字母"Y"表示为异步电动机。

Y 系列的全称为封闭式自扇冷式三相笼型异步电动机，是我国 Y 系列第一次统一设计的笼型交流三相异步电动机系列，为全封闭自扇风冷式笼型交流异步电动机，基本防护等级为 IP44，绝缘等级为 B 级。国产的三相异步电动机有十几个系列，原来的 J、JO、JB、JR 等老型号早已经淘汰，现在广泛使用的 Y 系列电动机是 20 世纪 80 年代定型的，根据中华人民共和国工业和信息化部公告《高耗能落后机电设备（产品）淘汰目录（第二批）》[2012 年第 14 号] 的有关要求，Y 系列电动机已列入淘汰产品目录（能耗 3 级以上的系列电机），该淘汰目录自 2012 年 10 月 1 日起执行，更新为 Y2 或 Y3 系列电动机系列产品。

Y2 系列电动机的技术性能指标符合国际电工委员会（IEC）标准，同时等同于德国 DIN42673 标准，具有国际互换性，可以广泛应用于世界上大多数国家和地区。是我国 Y 系列第二次统一设计的笼型交流三相异步电动机系列，为全封闭自扇冷式笼型交流三相异步电动机，基本防护等级为 IP54，绝缘等级为 F 级，电动机温升按 B 级考核，符合 JB/T 8680.1—2006 Y2 系列（1P54）三相异步电动机（机座号 63～355）技术条件。

Y3 系列电动机的技术性能指标等同于欧盟 EFF2 标准等级，达到出口欧盟等级。是我国 Y 系列第三次统一设计的笼型交流三相异步电动机系列，基本防护等级为 IP55，绝缘等级为 F 级，电动机温升按 B 级考核。Y3 系列电动机满足了《中小型三相异步电动机能效限定值及能效等级》（GB 18613—2002）的能效限定值的要求。

在现阶段历史悠久的 Y 系列的三相异步电动机等的应用仍十分广泛，在国家越来越重视节能环保，提倡高能效的今天，Y 系列等三相异步电动机即将被 Y2、Y3 系列高效节能电动机所升级取代，这也是电动机行业的发展趋势。但更新换代还有一个较漫长的时间过程，所以，本节中三相异步电动机还主要是以 Y 系列电动机为主。

三相异步电动机还有很多不同用途的系列，如 YD 系列（变极多速三相异步电动机）、YH 系列（高转差率三相异步电动机）、YX 系列（高效率三相异步电动机）、YB 系列（隔爆型三相异步电动机）、SG 系列（高防护等级三相异步电动机）、YT 系列（风机专用三相异步电动机）、YCT 系列（电磁调速电动机）、YP2 系列（变频调速三相异步电动机）、CXT 系列（稀土永磁三相同步电动机）等，如有需要可查询电动机的相关手册。

（2）第二部分的数字"132"表示机座中心高 132mm。

电动机的基座至输出转轴的中心高度，机座不带底脚时与机座带底脚时相同。机座中心高度大于 630mm 的为大型电动机，机座中心高度在 355～630mm 的为中型电动机，机座中心高度在 80～315mm 的为小型电动机，机座中心高度小于 71mm 的为微型电动机。

（3）第三部分英文字母"M2"表示机座长度类别为 M2，"M"表示电动机机座长度规格为中型机座，"2"为 M 型铁心的第二种规格的铁心长度。

机座长度的类别：S 为短型机座、M 为中型机座、L 为长型机座。

如果在英文字母后面有数字，则为铁心长度代号，在相同电动机中心高或同一机座号下制造出不同功率的电动机，采用不同的铁心长度并对其规范编号，这就是铁心长度代号的意思。铁心长度的代号，按照铁心长度由短至长的顺序，用数字 1、2、3 等来表示。

（4）第四部分的数字"2"表示电动机的磁极数为 2 极，磁极数为 2 极代表的是 1 对磁极，1 对磁极分为 S 极的 N 极。

电动机的转速与电源频率有关，我国规定的频率为 50Hz，电动机的同步转速为 60×50=3000r/min。三相异步电动机的转差率为 0.02～0.06，即三相异步电动机的转速比同步电动机的转速要慢 2%～6%。三相异步电动机的极数分为 2、4、6、8 极等，例如，2 极的同步转速为 3000r/min，4 极的同步转速为 1500r/min，6 极的同步转速为 1000r/min，8 极的同步转速为 750r/min，再减去 2%～6%就是三相异步电动机的转速了。电动机最常用的是 4 级的，同步转速为 1500r/min，异步转速为 1400r/min 左右。

2. 额定功率

额定功率是指三相电动机在满载运行时，电动机转轴上所输出的额定机械功率，单位用千瓦（kW）或瓦（W）来表示。电工还要注意的是，有的电动机的功率单位不是使用公制单位的千瓦（kW），而是使用英制单位的马力，英制的马力用符号 hp

表示，1hp＝0.736kW 或 1kW＝1.36hp，特别是进口和出口的电气设备上的电动机，都是用英制单位的马力来表示额定功率的。

3. 额定频率

额定频率是指电动机所接的交流电源每秒内周期变化的次数，单位用 Hz 来表示。交流电源的频率全世界有 50Hz 和 60Hz 两种，我国规定电源的频率为 50Hz。

4. 额定电压

额定电压是指接到三相电动机绕组上三相电源的线电压，我国低压电网三相电源的线电压为 380V。三相电动机要求所接的电源电压值的变化，一般不应超过额定电压的±5%。电压过高，电动机容易烧毁；电压过低，电动机难以起动，即使起动后电动机也可能带不动负载，造成堵转，也容易烧毁。

5. 额定电流

额定电流是指三相电动机在额定电源电压下，输出额定的功率时，每相电源流入定子绕组的线电流，而不是三相电动机定子绕组的电流，以安培（A）为单位。

6. 接法

三相异步电动机定子绕组的连接方法，只有Y形接法和△形接法两种。三相异步电动机具体要采用Y形接法，还是△形接法，不是由电工来确定的，而是由电动机的制造厂确定的，电动机三相绕组的额定电压是按照 220V 设计的，那电动机只能采用Y形接法，因为只有Y形接法，才能够使每相绕组得到 220V 的电压。如果电动机三相绕组的额定电压是按照 380V 设计的，那电动机只能采用△形接法，因为只有△形接法，才能够使每相绕组得到 380V 的电压。电动机的接法是不允许接错的，如将 380V 设计的绕组接成Y形接法，电动机三相绕组只能得到 220V 的电压，电动机的功率只有额定功率的 1/3，电动机会因电磁转矩不足而发生堵转，造成电动机发热而烧毁。如将 220V 设计的绕组接成△形接法，电动机三相绕组就会得到 380V 的电压，电动机的功率是原功率的 3 倍，电动机会因电流过大发热而烧毁。所以，电动机在出厂时，电动机内的接线盒，已经根据三相绕组设计的电压，按照Y形接法或△形接法连接好了，电工只要将三相交流电源连接上就可以了。

7. 转速

转速也称为额定转速，是表示三相电动机在额定工作情况下运行时每分钟的转速，是根据电动机的磁极数确定的。在上面电动机型号第四部分的数字——电动机的磁极数中已经介绍了电动机的转速概念。

8. 绝缘等级

绝缘等级是指三相电动机的绕组所采用绝缘材料的绝缘等级，也就是绝缘材料耐热性能的等级，它表明三相电动机所允许的最高工作温度。电动机的绝缘材料耐热性能容许的最高工作温度等级分为 7 级，即 Y、A、E、B、F、H、C，它们相对应的绝缘材料的最大允许工作温度分别为 90℃、105℃、120℃、130℃、155℃、

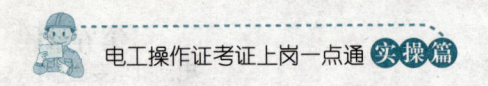

180℃、180℃以上。目前我国生产的三相异步电动机，常用的绝缘材料为 E 级、B 级和 F 级，发展趋势是采用 F 级和 H 级。

9. 工作方式

工作方式也称为工作制、定额、工作定额，是指三相电动机的运行方式，即三相电动机允许使用的时间，分为连续、短时、断续 3 种。连续是指电动机带额定负载运行的时间很长，运行时电动机的温升可以达到稳态温升，保证长期运行的工作方式；短时是指电动机带额定负载运行时，运行时间很短，只能在限定的时间内短时运行（短时运行的持续时间标准有 4 种，即 10min、30min、60min 及 90min），电动机的温升达不到稳态的温升，但可以下降到常温的工作方式；断续是指电动机带额定负载运行的时间很短（额定负载时间与整个周期之比称为负载持续率，用百分数表示，标准的负载持续率有 15%、25%、40%、60%，每个工作周期规定为 10min），电动机的温升达不到稳态温升，电动机周期性地断续工作（断续包括起动、断续电制动、连续周期、连续电制动、负载及转速相应变化等），电动机的温升下降不到常温的工作方式。

10. 温升

Y 系列电动机的最大允许温升是按周围环境温度为 40℃ 设计的，电动机的最大允许温升是电动机的最高允许温度与周围环境温度之差。三相异步电动机运行时的允许工作温度，也就是我们所说的三相异步电动机运行时的允许温升，是由电动机绝缘材料的绝缘等级决定的。电动机的允许温升主要取决于绝缘材料的允许最高工作温度，电动机的温升与内部的损耗、散热和通风的条件、负载的性质、工作的频率、工作制等有很大的关系。

11. 防护等级

防护等级是表示三相电动机外壳的防护等级，其中 IP 是防护等级形式的标志符号，其后面的两位数字分别表示电动机防固体和防水能力。数字越大，防护能力越强。例如，IP44 中第一位数字 "4" 表示电动机能防止直径或厚度大于 1mm 的固体进入电动机内壳；第二位数字 "4" 表示能承受任何方向的溅水。IP 后面第一位数字的意义，如表 5-1 所示，IP 后面第二位数字的意义，如表 5-2 所示。

表 5-1　　　　　　　　IP 后面第一位数字的意义

防护等级	简称	定义
0	无防护	没有专门的防护
1	防护大于 50mm 的固体	能防止直径大于 50mm 的固体异物进入壳内，能防止人体的大面积（如手）偶然触及壳内带电或运动部分，但不能防止有意识地接近这些部分
2	防护大于 12mm 的固体	能防止直径大于 12mm 的固体异物进入壳内，能防止手指触及壳内带电或运动部分

续表

防护等级	简称	定 义
3	防护大于 2.5mm 固体	能防止直径大于 2.5mm 的固体异物进入壳内,能防止厚度(或直径)大于 2.5mm 的工具、金属线等触及壳内带电或运动部分
4	防护大于 1mm 的固体	能防止直径大于 1mm 的固体异物进入壳内,能防止厚度(或直径)大于 1mm 的工具、金属线等触及壳内带电或运动部分
5	防尘	能防止灰尘进入达到影响产品正常运行的程度,完全防止触及壳内带电或运动部分
6	尘密	完全防止灰尘进入壳内,完全防止触及壳内带电或运动部分

表 5-2　　　　　　　　　IP 后面第二位数字的意义

防护等级	简称	定 义
0	无防护	有专门的防护
1	防滴	垂直的滴水应不能直接进入产品内部
2	15°防滴	与铅垂线成 15°角范围内的滴水应不能直接进入产品内部
3	防淋水	与铅垂线成 60°角范围内的淋水应不能直接进入产品内部
4	防洒水	任何方向的溅水对产品应无有害的影响
5	防喷水	任何方向的喷水对产品应无有害的影响
6	防海浪或强力喷水	猛烈的海浪或强力喷水对产品应无有害的影响
7	防浸水	产品在规定的压力和时间下浸在水中,进水量应无有害的影响
8	潜水	产品在规定的压力下长时间浸在水中,进水量应无有害的影响

12. 其他

有的笼型三相异步电动机的铭牌上还会标有质量、效率、功率因数、结构形式、出厂日期、生产厂名等参数的数据或信息。

效率是电动机的负载为满载时,电动机输出的机械功率与输入的电功率之比,通常用百分数来表示,它反映电动机运行时电能损耗的大小。

功率因数($\cos\varphi$)是电动机的输入有功功率与视在功率之比。它反映电动机在运行时,从电网吸收无功功率的大小。功率因数的大小由无功励磁电流的大小决定。一般相同转速的电动机,其容量越大,功率因数越高;相同容量的电动机,其转速越高,功率因数越高。

七、笼型三相异步电动机的起动方式

笼型三相异步电动机的起动方式分为直接起动和降压起动两种。

功率小于 14kW 的中小型笼型异步电动机,一般都可以用直接起动的方式,直接起动需要的设备简单,方法简便。

但因笼型三相异步电动机直接起动的电流为额定电流的 4~7 倍,直接起动的冲击电流较大,起动的转矩较小。按照电力规程的相关规定,对于大功率的电动机直

接起动，要视电网的容量和电网允许干扰的程度等因素来决定的。第一，对于由专用变压器供电的电动机起动时，其端子电压，对经常起动者不低于额定电压的90%，对于不经常起动者不低于额定电压的80%。第二，对于由公用变压器供电的电动机，单台容量大于14kW以上的要采取降压起动。功率大于14kW的中大容量的笼型三相异步电动机一般都不采用直接起动的方式，而是采用降压起动的方式，以减小笼型三相异步电动机的起动电流，但在降压起动时，电动机的转矩会减小。常用的三相异步电动机的降压起动的方式分为Y-△降压起动、自耦补偿（自耦变压器）降压起动两种，另外还有延边三角形降压起动。

Y-△降压起动是在电动机起动时，降低加在电动机定子绕组上的电压，待起动结束时再恢复额定电压运行。由于起动时的转矩将明显减小，所以降压起动适用于笼型三相异步电动机容量较大及对起动转矩要求不高的生产机械负载。Y-△起动只能用于△形接法的电动机，起动时的线电流为直接起动时线电流的1/3倍。这种Y-△降压起动方法一般只适用于轻载或空载下电动机的降压起动。Y-△降压起动的最大优点是起动的设备简单、起动的价格低廉，因此得到了较广泛的应用。缺点是降压起动的电压是固定比例的，并只能用于正常运行时为△形接法的电动机，不能满足各种不同的起动要求。

自耦补偿（自耦变压器）降压起动是利用自耦变压器来降低加在电动机定子绕组上的起动电压，并可近似于无级地调整到额定电压下运行，电动机起动后，切除自耦变压器，自耦降压起动分为手动控制和自动控制两种。起动时由于电压降低为$1/K$倍，电动机起动时的电流为直接起动时电流的$1/K^2$倍，所以电动机的转矩也降为$1/K^2$倍。因此自耦变压器降压起动，对限制电动机的起动电流很有效。自耦变压器降压起动的优点是，可以按照电动机允许的起动电流和所需的起动转矩来选择自耦变压器的不同抽头实现降压起动，并且不论电动机的定子绕组是采用Y形接法，还是采用△形接法都可以使用。（其抽头电压可以分别为一次电压的80%、65%和80%、60%、40%）。自耦变压器降压起动的缺点就是自耦变压器的体积较大，并且自耦降压起动器的价格较贵。

八、笼型三相异步电动机的调速

长期以来笼型三相异步电动机的调速是不容易的，笼型三相异步电动机常用的调速的方式有3种：变极调速、变频调速、转差率调速。

（1）变极调速。就是通过改变电动机定子绕组的接线方式来改变笼型电动机定子绕组的磁极对数，通过改变绕组磁极对数达到调速目的。变极调速属于有级调速，且调速的级差较大，不能获得平滑的调速。最常用的就是使用双速电动机或三速电动机，但双速电动机或三速电动机的造价较低，接线也较简单，一般使用得不是很多。变极调速适用于不需要无级调速的生产机械，如金属切削机床、升降机、起重设备、风机、水泵等。

(2) 变频调速。变频调速是通过改变电动机定子电源的频率，从而改变其同步转速的调速方法，变频调速就是通过供变频电源的变频器进行调速，达到改变电动机的转速和输出功率的目的，可用于笼型三相异步电动机的调速。变频器可分成交-直-交变频器和交-交变频器两大类，目前国内大都使用交-直-交变频器。随着电子技术的进步，变频器的价格。在不断地下降，使用变频器进行调速的电气设备越来越多。变频调速适用于调速范围大、要求精度高、调速性能较好的场合。

(3) 转差率调速。此种调速方式只适用于绕线转子三相异步电动机，通过在绕线式转子电路中接入与改变电阻，使转差功率以发热的形式消耗在电阻上，从而达到调速的目的，串入的电阻越大，电动机的转速便越低，此调速的方式调速范围不大，属于有级调速，机械特性较软，一般用于起重设备上。

除了以上常用的3种调速方式，还有其他一些调速方式。串级调速：通过在绕线转子电动机转子回路中串进可调节的附加电动势来改变电动机的转差，达到调速的目的；定子调压调速：通过改变电动机的定子电压，可以得到一组不同的机械特性曲线，从而获得不同的转速；电磁调速电动机调速：电磁调速电动机由笼型电动机、电磁转差离合器和直流励磁电源（控制器）3部分组成，这是一种转差调速方式，变动转差离合器的直流励磁电流，便可改变离合器的输出转矩和转速；液力耦合器调速：液力耦合器是一种液力传动装置，在工作过程中，通过改变充液率就可以改变耦合器的涡轮转速，做到无级调速。

九、笼型三相异步电动机的制动

我们常用的笼型三相异步电动机的电气制动方式有两种：能耗制动、反接制动。

能耗制动：是在笼型三相异步电动机断开三相交流电源后，迅速在定子绕组内加一直流电源，定子绕组便产生一个恒定磁场，转子感应电流与恒定磁场作用产生的电磁转矩为制动转矩，因此转速迅速下降，利用转子感应电流与恒定磁场的能量消耗作用，使转子的动能改变为电能耗费在转子回路的电阻上，达到电动机制动目的，故称为能耗制动。

反接制动：在笼型三相异步电动机断开三相交流电源后，立即给电动机接入反相序的三相交流电源，使定子旋转磁场的方向由原来的顺转向转变为逆转向，电动机电磁转矩方向与电动机旋转方向相反，起到制动作用。为了达到准确停止，常用速度继电器来控制反向的转速。此方式的冲击电流比较大，大型的机械设备禁用。

十、笼型三相异步电动机绕组首尾端的判别

三相异步电动机在使用中，有时会出现电动机绕组引出线分不清的情况。三相电动机的引出线共有6根，其中3根为三相绕组的首端U1、V1、W1，另外3根为三相绕组的尾端U2、V2、W2，一般情况下是分3根一组从电动机的内部引出的。如果从电动机的内部引出的两组线有对应的黄、绿、红的颜色，就先确定一组的3根线为首端，即黄颜色线为U1，绿颜色线为V1，红颜色线为W1；另外一组的3根线为尾端，即黄颜色线为U2，绿颜色线为V2，红颜色线为W2，这样电动机的绕组的6个接线端子就分出来了。

如果三相异步电动机的6根引出线没有颜色的区别，也没有分为两组线分开，这时就不能从引出线上分出绕组的首尾端了。这时，就要用另外的方法来确定绕组的首尾端，判断三相绕组首尾端的方法有万用表判断法、电池判断法、绕组串联判断法等，这里就用我们常用的万用表判断法来进行电动机三相绕组首尾端的判别。

用万用表判断法，主要是利用电动机的剩磁来判断，因为首尾端混乱的电动机都是使用过的，用万用表来判断比较方便。先用万用表找出三相绕组相通的同相绕组来，并做好相应的记号。注意要用指针式万用表来进行测量，将3个同相绕组的任意一端连接成一组，剩下的3个端子连接成另外一组。将万用表调到电流或电压的最小挡，红、黑表笔分别接到连接成的两组上，即按图5-8所示的连接进行测量。这时用手转动电动机的转轴，如果万用表的表针基本不摆动，说明三相绕组首尾端连接是正确的，如图5-8（a）所示。如果万用表的表针摆动，就说明三相绕组首尾端的连接是不正确的，这时就要对调某一相绕组的首尾端后，重新进行上述的测量，直到万用表的表针基本不摆动了，这时三相绕组的首尾端连接就正确了。

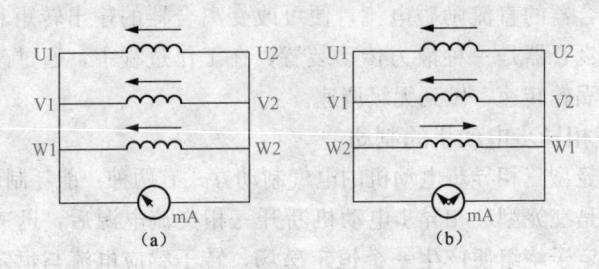

图5-8 用万用表判断法电动机绕组首尾端连接
(a) 表针基本不摆动时首尾端连接正确；(b) 表针来回地摆动时首尾端连接不正确

现在工厂企业内常用的三相异步电动机基本上就是两个结构形式，即封闭式的和隔爆式的。封闭式电动机的整个外壳是严密地封闭着的，特别适应于工厂企业及较复杂的环境。隔爆式电动机外壳较坚固和密闭，主要适用于工厂企业有易燃气体、粉尘的环境中，以避免因火花而引起的火灾或爆炸事故的发生。作为工厂企业的电工，要学会在有可燃性固体和可燃性气体的场所安装防爆电动机及其线路，不可将防爆电动机及其线路按照普通电动机及其线路来安装。

十一、绕线式三相异步电动机

三相异步电动机按照转子的结构不同，又可分为鼠笼式和绕线式两种，二者最大的不同就是鼠笼式的转子是用铝液一次浇铸成笼型的转子，其转子铁心线槽内成形的铸铝形状很像鼠笼；而绕线式的转子铁心线槽内是由绝缘导线绕制而成的，按一定规律嵌放在转子线槽中，组成对称的三相绕组，转子绕组的结构和定子绕组的结构很相似。3个绕组的末端连接在一起，呈Y形的连接；3个绕组的首端分别接到固定在转子轴上的3个互相绝缘的铜质集电环上，集电环与集电环、集电环与转轴之间都互相绝缘，转子绕组通过集电环摩擦接触的3个电刷与外加的三相变阻器连接，调节变阻器电阻可以改善绕线转子电动机的起动性能、制动性能和调速性能。绕线式转子的结构与外形如图5-9所示。

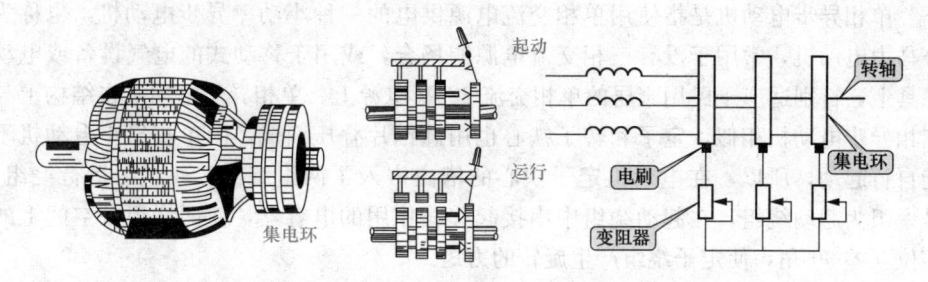

图5-9 绕线式转子的结构与外形

笼型和绕线转子三相异步电动机的工作原理相同，其差别仅在于转子绕组的结构不同，因绕线转子三相异步电动机的结构较复杂，故其应用不如笼型电动机广泛。

绕线转子三相异步电动机可以在转子回路中串入电阻进行起动，这样起动时就减小了起动电流，起动时将全部电阻串入转子电路中，随着电动机转速逐渐加快，利用控制器逐级切除起动电阻，最后将全部起动电阻从转子电路中切除。此方式适用于中小功率低压电动机。

也可以在转子回路串接频敏变阻器起动，电动机才起动时转差率最大，转子电流（即频敏电阻线圈通过的电流）的频率最高，等于电源的频率，频敏变阻器这时的电阻最大，相当于起动时在转子回路中串接一个较大电阻，从而使起动电流减小。随着电动机转速逐渐加快，转差率逐渐地减小，转子的电流频率也逐渐地降低，频敏变阻器的电阻也在逐渐地减小，最后相当于将电动机的转子绕组短接，频敏变阻器从转子电路中切除。此方式适用于中小功率低压电动机。

还有一种是在转子回路串接液体变阻器起动，是在特制的水箱内注入有电阻值的液体，液体一般用纯净水加入适量的电解粉按一定比例配制，在水箱的底部有一组静极板，水箱顶部有一组动极板，动极板在驱动装置的驱动下，在一定时间内下降到与静极板接触，接触后由外部接触器将水电阻切除，从而实现平滑起动。此方式适用于大功率高压电动机。

绕线转子三相异步电动机最大的优点就是起动转矩大，所以使用在起动转矩要求较高的场合。例如，适用于在某些需要在一定范围内进行平滑调速、频繁起动和起重的设备等，如在冶金、起重等行业的起重机、吊车、电梯、空气压缩机等电气设备上使用；也可用于电源容量不足以起动笼型电动机及要求起动电流小、起动转

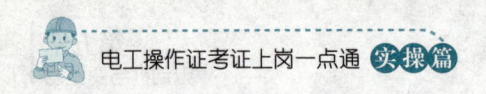

矩大的场合。因绕线转子电动机运行时，电刷会产生火花，故不能使用于有火灾和爆炸危险的场所。

第二节 单相交流异步电动机

单相异步电动机是指使用单相交流电源供电的一种小功率异步电动机，也称为分马力电动机，常用于没有三相交流电源的场合，或用于移动式的电气设备或电动工具上，特别适应于民用家居的单相交流 220V 电源上。单相异步电动机在结构上与三相异步电动机相似，定子和转子铁心也用硅钢片叠压而成，因单相异步电动机不能自行起动，所以，在电动机定子铁心的槽内嵌入了两组绕组，一组为运行绕组，另一组为起动绕组，在起动绕组中串接起移相作用的电容器，使两绕组在空间上的相位互差 90°角，使定子绕组产生旋转的力矩。

单相异步电动机具有结构简单、价格低廉、运行可靠、坚固耐用、维修方便、噪声小、干扰小、使用单相电源等一系列优点。所以，广泛的运用于各行各业和日常生活中，如运用在电动工具、家用电器、医疗器械、办公用具、小型机械、仪器仪表、农用机械、通风设备等领域，与人们的工作、学习和生活有着极为密切的关系。

但与同容量的三相异步电动机相比，单相异步电动机的体积较大、消耗有色金属较多、运行的性能较差、效率较低。所以，单相异步电动机通常只做成小功率的，其容量从几瓦到几百瓦，如果使用的条件允许，尽量地使用三相异步电动机。

一、单相交流异步电动机的分类

按照电动机起动与运行方式的特点，可将单相交流异步电动机分为以下几类：
（1）单相电阻起动异步电动机，又称为单相分相式异步电动机。
（2）单相电容起动异步电动机。
（3）单相电容运转异步电动机。
（4）单相电容起动和运转异步电动机，又称为双值电容单相异步电动机。
（5）单相罩极式异步电动机。

二、单相交流异步电动机的工作原理

工厂企业内常用的笼型三相交流异步电动机，其定子绕组通入三相交流电后，就会在电动机的定子绕组内产生旋转磁场，从而感应使转子产生电动势，并相互作用而形成转矩，使转子旋转。而单相交流异步电动机的定子绕组，在绕组通入 220V 的单相正弦交流电时，电动机的定子绕组就会产生一个交变磁场，这个磁场的强弱和方向随时间做正弦规律变化，只能产生大小相等而方向相反的脉动磁场，单相交流异步电动机绕组产生的脉动磁场如图 5-10 所示。

从图 5-10 中可以看出，这个交变的脉动磁场可分解为两个转速相同、旋转方向

第五章 电动机与变压器

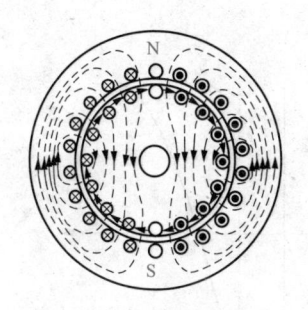

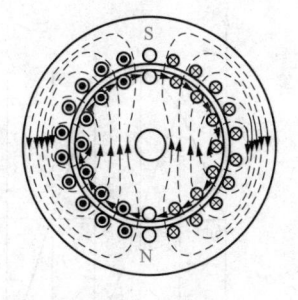

图 5-10 单相交流异步电动机定子绕组产生的脉动磁场

相反的旋转磁场，当转子处于静止状态时，这两个旋转磁场在转子中产生两个大小相等、方向相反的转矩，使得转子的合成转矩为零，所以电动机的转子无法旋转，电动机是不能自行起动的。单相异步电动机不能自行起动，需要用一个外力将转子往某个方向推动一下，改变电动机定子绕组中，两个旋转磁场在转子中产生的两个大小相等、方向相反的转矩的平衡，则转子就能沿着推动的方向继续转动下去。

在单相异步电动机定子铁心的线槽内，嵌放具有空间相位相差 90°电角度的两套绕组，一组为运行绕组，另一组为起动绕组。达到单相异步电动机起动的两个必要条件为：定子具有空间不同位置的两套绕组和两相绕组通入不同相位的两相电流。两个定子绕组的分布及供电情况的不同，可以产生不同的起动和运行性能。起动绕组串联电容或电阻后再接到单相交流电源上，使其中通过的电流和运行绕组中的电流有一定的相位差（90°），这样运行绕组与起动绕组电流所产生的合成磁场就不是脉振磁场，而是接近圆形的椭圆形旋转磁场，若设计合理则可能接近于圆形旋转磁场。因此，电动机可以获得起动和运行时的旋转转矩。

下面就以单相电容运行式异步电动机来解释电动机，是怎样获得旋转磁场的。单相电容式异步电动机的定子铁心线槽内嵌放有两套绕组，U 绕组为运行绕组，也称为工作绕组，U1、U2 为运行绕组的首端和尾端；Z 绕组为起动绕组，Z1、Z2 为起动绕组的首端和尾端，运行绕组与起动绕组在定子铁心的空间位置上互差 90°电角度。起动绕组在串入一个电容器（移相用）后，再与运行绕组并联接到单相的电源上。因运行绕组与起动绕组在空间位置上互差 90°电角度，起动绕组又串接了移相用的电容器，现假设运行绕组的电流 i_u 与起动绕组的电流 i_z 在相位上相差 90°电角度的波形图如图 5-11 所示。

现假定电流瞬时值为正时电流方向从绕组的首端流进，尾端流出。电流瞬时值为负时则尾端流进，首端流出。电流的注入端用符号"⊗"表示，流出端用符号"⊙"表示。一个周期内单相异步电动机定子绕组的合成磁场分布图如图 5-12 所示。

在 t_0 位置时，i_u 运行绕组的电流瞬时值为 0；i_z 起动绕组的电流瞬时值为正，电流从起动绕组的首端 Z1 流入，用"⊗"表示，从起动绕组的尾端 Z2 流出，用"⊙"

171

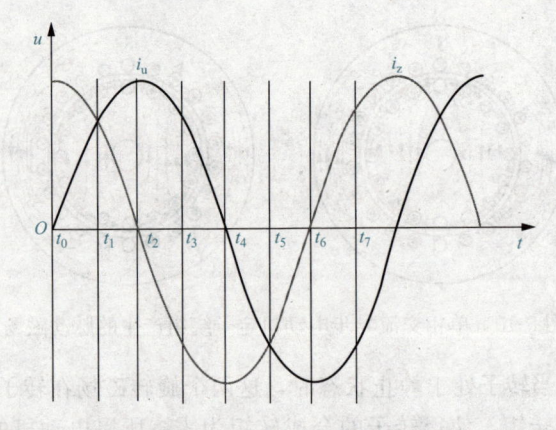

图 5-11　运行绕组的电流 i_z 与起动绕组的电流 i_u 的波形图

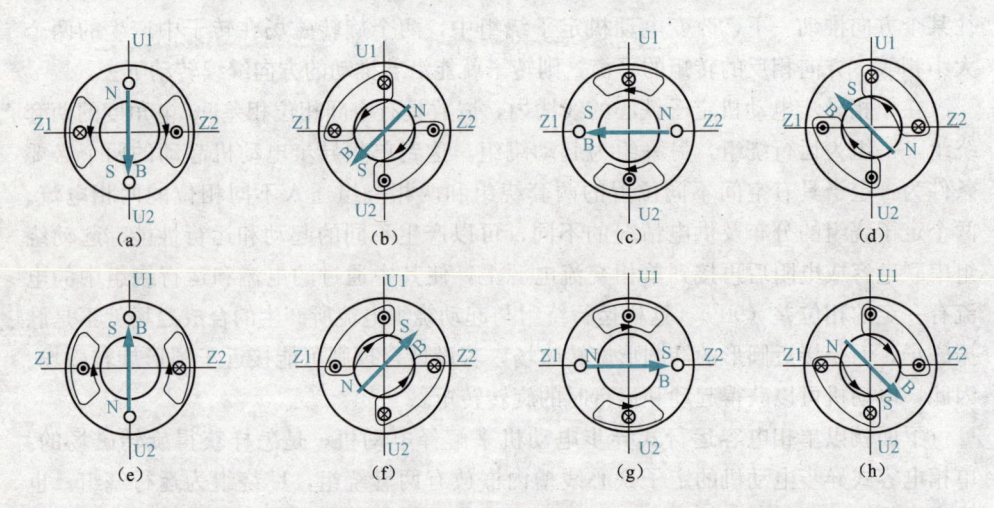

图 5-12　一个周期内单相异步电动机定子绕组的合成磁场分布图
(a) t_0；(b) t_1；(c) t_2；(d) t_3；(e) t_4；(f) t_5；(g) t_6；(h) t_7

表示；电流的合成磁场的轴线正好位于运行绕组 U 的界面上，如图 5-12（a）所示。

在 t_1 位置时，i_u 运行绕组与 i_z 起动绕组的电流瞬时值为正，电流从运行绕组与起动绕组的首端 U1、Z1 流入，用"⊗"表示；从运行绕组与起动绕组的尾端 U2、Z2 流出，用"⊙"表示，如图 5-12（b）所示。通过图 5-12（a）与图 5-12（b）的比较，可以看出合成磁场的方向已由 t_0 转向到 t_1，按照顺时针的方向旋转了 45°。

在 t_2 位置时，i_z 起动绕组的电流瞬时值为 0；i_u 运行绕组的电流瞬时值为正，电流从起动绕组的首端 U1 流入，用"⊗"表示，从起动绕组的尾端 U2 流出，用"⊙"表示；电流的合成磁场的轴线正好位于起动绕组 Z 的界面上，如图 5-12（c）所示。

第五章
电动机与变压器

在 t_3 位置时，i_u 运行绕组的电流瞬时值为正，电流从运行绕组的首端 U1 流入，用"⊗"表示，从运行绕组的尾端 U2 流出，用"⊙"表示；i_z 起动绕组的电流瞬时值为负，电流从起动绕组的尾端 Z2 流入，用"⊗"表示，从起动绕组的首端 Z1 流出，用"⊙"表示，如图 5-12（d）所示。通过图 5-12（c）与图 5-12（d）的比较，可以看出合成磁场的方向已由 t_2 转向到 t_3，按照顺时针的方向又旋转了 45°，从 t_0 到 t_3 已经旋转了 135°。

在 t_4 位置时，i_u 运行绕组的电流瞬时值为 0；i_z 起动绕组的电流瞬时值为负，电流从起动绕组的尾端 Z2 流入，用"⊗"表示，从起动绕组的首端 Z1 流出，用"⊙"表示；电流的合成磁场的轴线正好位于运行绕组 U 的界面上，如图 5-12（e）所示。通过图 5-12（d）与图 5-12（e）的比较，可以看出合成磁场的方向已由 t_3 转向到 t_4，按照顺时针的方向又旋转了 45°，从 t_0 到 t_4 已经旋转了 180°。

在 t_5 位置时，i_u 运行绕组与 i_z 起动绕组的电流瞬时值为负，电流从运行绕组与起动绕组的尾端 U2、Z2 流入，用"⊗"表示；从运行绕组与起动绕组的首端 U1、Z1 流出，用"⊙"表示，如图 5-12（f）所示。通过图 5-12（e）与图 5-12（f）的比较，可以看出合成磁场的方向已由 t_4 转向到 t_5，按照顺时针的方向又旋转了 45°，从 t_0 到 t_5 已经旋转了 225°。

在 t_6 位置时，i_z 起动绕组的电流瞬时值为 0；i_u 运行绕组的电流瞬时值为负，电流从起动绕组的尾端 U2 流入，用"⊗"表示，从起动绕组的首端 U1 流出，用"⊙"表示；电流的合成磁场的轴线正好位于起动绕组 Z 的界面上，如图 5-12（g）所示。通过图 5-12（f）与图 5-12（g）的比较，可以看出合成磁场的方向已由 t_5 转向到 t_6，按照顺时针的方向又旋转了 45°，从 t_0 到 t_6 已经旋转了 270°。

在 t_7 位置时，i_u 运行绕组的电流瞬时值为负，电流从运行绕组的尾端 U2 流入，用"⊗"表示，从运行绕组的首端 U1 流出，用"⊙"表示；i_z 起动绕组的电流瞬时值为正，电流从起动绕组的首端 Z1 流入，用"⊗"表示，从起动绕组的尾端 Z2 流出，用"⊙"表示；如图 5-12（h）所示。通过图 5-12（g）与图 5-12（h）的比较，可以看出合成磁场的方向已由 t_6 转向到 t_7，按照顺时针的方向又旋转了 45°，从 t_0 到 t_3 已经旋转了 315°。

再从 t_7 的位置到 t_8 的位置，t_8 的位置就是下一个周期的 t_0 的位置，就是从 t_0 到 t_0 的位置正好是一个周期，旋转的角度正好是一个团周 360°。随着正弦交流电周而复始地周期性地变化，电动机就这样不停地按照顺时针方向旋转下去了。单相异步电动机的旋转原理与三相异步电动机的旋转原理基本相同，通过上面绕组合成磁场的方向分析，相信你会慢慢地分析明白的。

三、单相异步电动机的结构

单相异步电动机的结构与三相异步电动机的结构有很多地方是相似的。如定子铁心由硅钢片叠压而成、转子也是笼型的结构、前后的端盖、轴承等，最大的不同

173

是定子只有两相绕组（运行绕组、起动绕组）。

单相异步电动机的结构也是分为固定不动的定子和旋转运转的转子两大部分。单相异步电动机的结构如图 5-13 所示。

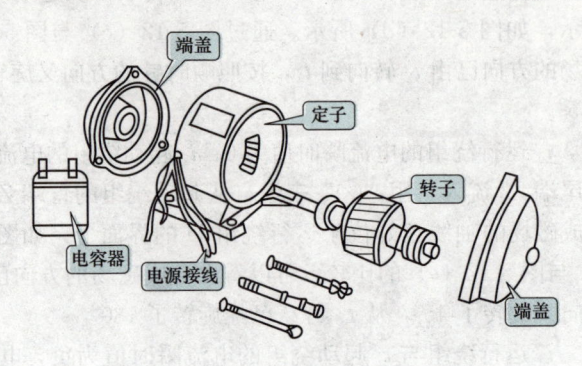

图 5-13 单相异步电动机的结构

(1) 单相异步电动机固定不动的定子部分由定子机座、定子铁心、定子绕组、前端盖、后端盖、铭牌、接线盒、电容器（或离心开关、起动继电器、PTC 起动器等）组成。

1) 定子机座。它的作用是保护和固定三相电动机的定子铁心和绕组，机座采用铸铁、铸铝或钢板制成。根据单相异步电动机使用环境和冷却方式的不同，机座结构形式有开启式、防护式、封闭式等几种。开启式结构的机座定子铁心和绕组有较大的外露空间，可利用周围空气的流动自然冷却；防护式结构的机座定子铁心和绕组被机座防护，但设计了一些必要的通风孔道；封闭式结构的机座定子铁心和绕组是被密闭的，电动机的内部与外部隔绝，以防止外界的浸蚀与污染。不管是哪种结构的机座，都可以通过金属的机座进行散热，在机座散热能力不足时，可在电动机的转轴上增加冷却风扇散热。有一些电动工具和小型加工机械不使用机座，将电动机直接安装在电动工具和小型加工机械内。

2) 定子铁心。定子铁心是电动机磁路的一部分，由厚度为 0.35～0.5mm 的表面涂有绝缘漆的薄硅钢片叠压成圆筒形，铁心内圆有均匀分布的平行嵌线槽口，槽内用来嵌放二相定子绕组。

3) 定子绕组。单相异步电动机的定子绕组多采用高强度聚酯漆包铜或铝导线绕制，定子绕组常做成运行绕组和起动绕组两相，为了改善起动性能和运行性能，一次侧、二次侧两个绕组在中轴线的空间相差 90°或一定的电角度。

4) 前后端盖。端盖由铸铁件、铸铝件或钢板冲压制成，端盖直接固定在定子铁心上，它的作用是用两端端盖的轴承室支撑转子的转轴，把转子固定在定子内腔中心，使转子能够在定子空腔中均匀地旋转。

5) 铭牌。铭牌的内容有电动机名称、型号、标准编号、制造厂名、出厂编号、额定电压、额定功率、额定电流、额定转速、绕组接法、绝缘等级等。

6) 电容器（或离心开关、起动继电器、PTC起动器等）。在下文"单相异步电动机的类型"中解释。

(2) 单相异步电动机运转的转子部分由转子铁心、转子绕组、转轴、轴承等组成。

1) 转子铁心。转子铁心与定子铁心一样，是电动机磁路的一部分，也是由0.5mm厚的硅钢片冲制、叠压而成，硅钢片的外圆周上有分布均匀的平行槽口，用于放置转子绕组。

2) 转子绕组。其作用是产生旋转的磁场，单相异步电动机的转子绕组，与三相异步电动机的转子绕组相似，分为鼠笼型转子绕组和电枢式转子绕组两种形式。鼠笼型转子绕组是用铝或者铝合金熔化后铸入转子铁心分布均匀的槽口内铸造而成，并一次性地铸出转子端环，使转子槽中铸入的铝导条短路成鼠笼型，它广泛应用于各种单相异步电动机；电枢式转子绕组则采用与直流电动机相同的分布式绕组形式，按叠绕或波绕的接法将线圈的首、尾端经换相器连接成一个整体的电枢绕组，电枢式转子绕组主要用于单相异步串励电动机。

3) 转轴。转轴用含碳轴钢车制而成，将冲有齿槽的转子铁心叠装后压入转轴，在转轴的两端安装用于转动的轴承，利用轴承在端盖的轴承室内支承转子，并起到传递转动力矩的作用。

4) 轴承。轴承的作用是固定和支撑旋转的转子部分，保持旋转转子部分轴的中心位置，减小传动过程中的机械载荷摩擦系数。单相异步电动机常用的轴承有滚珠式轴承和含油式轴承之分，一般功率较小的电动机采用含油滑动轴承，如家用落地扇、座扇、壁扇等。功率较大的电动机采用滚珠式轴承，如工厂企业内的排风扇、吊扇、水泵等。

四、单相异步电动机的类型

为了使单相异步电动机在起动时能产生一个旋转磁场，根据其起动方式的不同，可将其分成不同的类型。

1. 单相电阻起动式异步电动机

单相电阻起动式异步电动机又称为单相电阻分相起动异步电动机。其定子铁心内圆的槽口内嵌放有运行绕组（运行绕组U）和起动绕组（起动绕组Z），两相绕组的轴线在空间相差90°电角度。将运行绕组设计为匝数较多、导线较粗、电抗大而电阻小；将起动绕组设计为匝数少、用较细的漆包铜线绕制、电抗小而电阻大，有的绕组采用部分线圈反绕、用电阻率高的铝线或外加电阻的方法，使起动绕组得到较高的电阻对电抗的比值，使运行绕组与起动绕组中的电流的相位相差30°～40°，从而得到旋转磁场。电阻值较大的起动绕组串接离心开关S后，再与运行绕组并联接到电源上，当电动机的转速达到70%～80%同步转速时，通过离心开关将起动绕组切

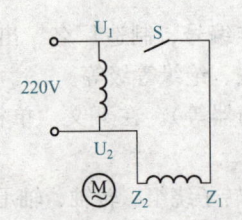

图 5-14　单相电阻起动式异步电动机（离心开关起动）的原理图

除，从电源电路断开，由运行绕组单独工作，这时电动机进入正常运行状况。单相电阻起动式异步电动机（离心开关起动）的原理图如图 5-14 所示。

在单相电阻起动、电容起动和电容起动及运转异步电动机中，因起动绕组只能短时间地工作，电动机起动完成后，必须立即与电源断开，如超过一定的时间，起动绕组就可能因发热而烧毁。所以，当电动机转子的转速达到额定转速的 70%～80% 时，都要利用开关的触点、起动继电器或电子器件，将起动绕组的电源切断，让电动机的运行绕组单独留在电源上正常运行。现将常用的几种断开起动绕组电源的器件做个简单的介绍。

（1）离心开关。离心开关包括旋转部分和固定部分，旋转部分装在电动机的转轴上，离心开关的 3 个指形铜触片受弹簧的拉力紧压在静止部分上。静止部分是由两个半圆形铜环组成的，这两个半圆形铜环中间用绝缘材料隔开，装在电动机轴伸前端盖的内侧。当电动机静止时，无论旋转部分在什么位置，总有一个铜触片与静止部分的两个半圆形铜环接通，使起动绕组接入电动机电路。离心开关的结构与外形如图 5-15 所示。

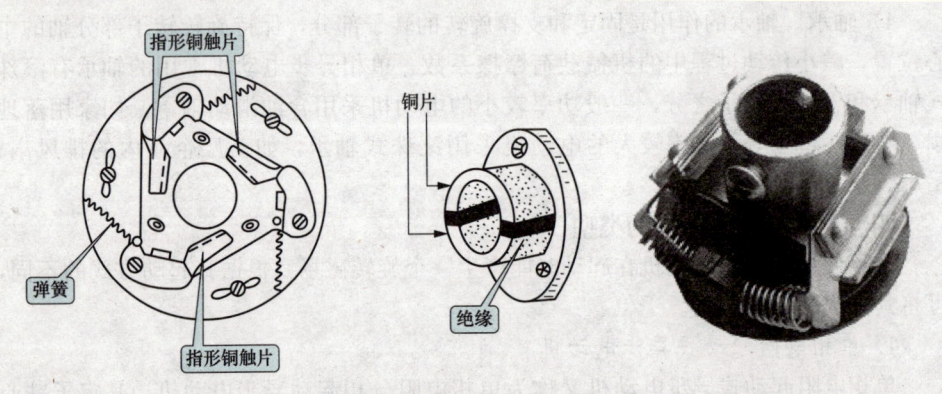

图 5-15　离心开关的结构与外形

当电动机转子的转速达到额定转速的 70%～80% 时，随转轴一起转动的离心块产生较大的离心力，离心块的离心力大于弹簧对动触点的压力时，将使动触点与静触点分离而脱开，切断与之串接起动绕组的电源。因离心开关的结构较为复杂，又是安装在电动机的内部，安装和出问题时检修不便利，故单相异步电动机现已较少使用。

（2）起动继电器。起动继电器是安装在单相异步电动机外部的，从安装与维修上考虑比离心开关方便，常用的起动继电器有电压型、电流型、差动型3种。

1) 电压型起动继电器。电压型起动继电器的电压线圈跨接在电动机的起动绕组上，继电器的常闭触点是串联接在起动绕组中的。电动机开始起动时，跨接在起动绕组上的电压线圈，其阻抗比起动绕组大，电动机在低速转动时，大部分电流流过起动绕组，流过电压线圈中的电流很小，继电器电压线圈不会吸合，常闭触点不会断开。随着电动机转速的升高，起动绕组中的反电动势逐渐增大，起动绕组流过的电流逐渐减小，而电压线圈中的电流在逐渐地增大，当电压线圈中的电流达到一定数值时，电压线圈产生的电磁力克服弹簧的拉力，继电器的常闭触点断开，断开与其串联的起动绕组的电源。由于起动绕组内的感应电动势，使电压线圈中仍有电流流过，使得常闭触点保持在断开状态，从而保证电动机在正常运行时，起动绕组保持与电源断开的状态。

2) 电流型起动继电器。电流型起动继电器的电流线圈与电动机的运行绕组串联，常开触点与电动机的起动绕组串联。当电动机起动时，比额定电流大几倍的起动电流流过继电器的电流线圈，使继电器的铁心产生较大的电磁力，足以克服弹簧拉力，继电器吸合使常开触点闭合，使起动绕组与电源接通。电动机起动后，随着电动机转速的上升，运行绕组的电流逐渐减小，当转速达到额定值的70%～80%时，运行绕组内电流减小到接近额定电流，这时继电器电流线圈产生的电磁力小于弹簧拉力，继电器的常开触点又被断开，起动绕组的电源被切断，电动机依靠运行绕组正常运行。

3) 差动型起动继电器。差动型起动继电器有电流和电压两个线圈，因而工作更为可靠，继电器的电流线圈与电动机的运行绕组串联，电压线圈经过常开触点后，再与电动机的起动绕组并联。当电动机接通电源时，运行绕组和电流线圈中的起动电流很大，使电流线圈产生的电磁力足以克服弹簧拉力，保证触点能可靠闭合。起动以后电流逐步减小，电流线圈产生的电磁力也随之减小。于是电压线圈的电磁力使触点断开，切除起动绕组的电源。

(3) PTC起动器。PTC器件是高分子聚合物正温度系数器件，PTC是Positive Temperature Coefficient的缩写，意思是正温度系数热敏电阻，泛指正温度系数很大的半导体材料或元器件。PTC热敏电阻由半导体陶瓷材料制成，PTC热敏电阻是一种典型的具有正温度敏感性的半导体电阻，也称为PTC热敏开关，是一种新型的半导体元件，可用作延时型起动开关。PTC热敏电阻在室温时，其电阻率大幅度地下降，呈现为较小的电阻，从某种意义上可认为呈现为导通状态。随着电阻上的温度升高，在很窄的温度范围（居里温度点）内，电阻呈阶跃性的剧增，电阻值的变化在3个数量级以上，从某种意义上可认为呈现为断开状态。PTC热敏电阻的特性与NTC负温度系数热敏电阻正好相反。

因PTC热敏电阻在居里温度点，上下两端温度范围内呈现的高阻和低阻的特性，将PTC热敏电阻与电动机的起动绕组相串联，在电动机起动时，因PTC热敏电阻尚未发热，阻值很低处于通路状态，起动绕组相当于直接接在电源上。电动机开始起动运转，随着时间的推移，电动机的转速在不断加快，PTC热敏电阻的温度因自身通过电流的焦耳热而上升，当温度超过居里温度点以后，PTC热敏电阻的电阻剧增，只有很小的维持电流，可认为呈现为断开状态，起动绕组相当于断开，只有运行绕组在工作。因PTC热敏电阻还有一个很小的维持电流，PTC热敏电阻的温度将维持在居里温度点以上，PTC热敏电阻在电动机运行时，将保持在高电阻的状态，保证起动绕组中基本无电流通过，电阻值可在0.1~100kΩ间任意选择。当电动机停止运行后，PTC热敏电阻的温度在2~3min后将下降到居里温度点以下，这时电动机又可以重新再起动。

PTC热敏电阻除用作加热元件外，还能起到"开关"的作用，同时还可作为敏感元件，PTC热敏电阻有灵敏度较高、体积小、工作温度范围宽、稳定性好、过载能力强、使用方便、易加工成复杂的形状等特点，故广泛应用于单相异步电动机、变压器、汽车、暖风器、电烙铁、烘衣柜、空调器等电器上。

除了上面的几种起动装置外，还有用时间继电器作为起动绕组开关的，将时间继电器的延时常闭触点串接在起动绕组中，将动作时间调为2~6s，在单相异步电动机起动后，2~6s时切断起动绕组的电源，达到单相异步电动机的起动目的。

单相电阻起动式异步电动机具有构造简单、价格低廉、故障率低、使用方便的特点，其起动转矩是满载转矩的两倍，适用于低惯性负载、不经常起动、负载可变而要求转速基本不变的场合，如小型车床、鼓风机、电冰箱压缩机、医疗器械等设备。

2. 单相电容起动式异步电动机

单相电容起动式异步电动机也称为单相电容分相起动异步电动机，它的运行绕组和起动绕组分布与单相电阻起动式异步电动机相同，但起动绕组的导线较粗，起动绕组与起动电容器、离心开关串联后，再与运行绕组一起并联于电源两端。由于起动绕组电路中串有电容器，故两个绕组中的电流相位不同，如果配备合适的电容器，可以使两个绕组中的电流相位差接近90°，起动时产生的旋转磁场接近圆形，因此有较大的起动转矩和较小的起动电流。当电动机的转速达到70%~80%额定转速时，随转轴一起转动的离心块会产生较大的离心力，离心块的离心力大于弹簧对动触点的压力时，将使动触点与静触点分离而脱开，切断与之串接的起动绕组的电源，由运行绕组单独工作。单相电容起动式异步电动机的原理图如图5-16所示。

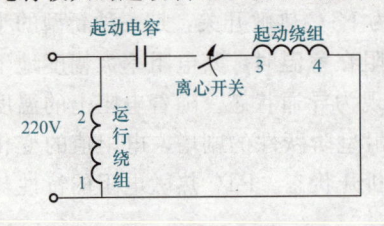

图5-16 单相电容起动式异步电动机的原理图

单相电容起动式异步电动机具有较高的起动

转矩，一般达到满载转矩的 3~5 倍，故能适用于满载起动的场合。适用于小型空气压缩机、电冰箱、往复式水泵及其他需要满载起动的小型机械。单相电容起动式异步电动机虽然有较高的起动转矩和较小的起动电流，运行绕组和起动绕组绕组匝数不受限制，两绕组匝数可以做成同样多，但运行时的效率和功率因数都较低。单相电容起动式异步电动机，由于其运行绕组分正、反相绕制设定，所以只要切换运行绕组和起动绕组的串接方向，即可方便实现电动机逆、顺方向运转。

3. 单相电容运转式异步电动机

单相电容运转式异步电动机同上面的单相异步电动机一样，运行和起动两相绕组的轴线在空间相差 90°电角度。不同的是单相电容运转异步电动机起动绕组是按照长期运行标准设计的，在起动绕组中没有串接各类的起动装置，起动绕组与电容器串连后，是与运行绕组一起连接在电源上的，运行时起动绕组与电容器始终是接在电源上的，所以，将这类电动机称为单相电容式运转异步电动机。单相电容运转式异步电动机要求电容器能长期耐受较高的电压，故必须使用价格较贵的纸介质或油浸纸介质电容器，而绝不允许使用有极性的电解电容器。单相电容运转式异步电动机的原理图如图 5-17 所示。

单相电容运转式异步电动机没有使用的起动装置，简化了电动机的整体结构，降低了成本，提高了运行可靠性。单相电容运转式异步电动机的起动性能不如电容起动式单相异步电动机，如果电容器电容量选择过大，则起动转矩大，而运行性能下降；如果电容器电容量选择过小，则起动转矩变小，运行性能转好。由于负载的阻抗随着转速变化，起动时圆形旋转磁场和运行时圆形旋转磁场难以兼顾。

单相电容运转式异步电动机可以通过串联电感、电容或用绕组抽头等方式进行调速，调换运行绕组和起动绕组中的任一绕组首末端，就可以改变电动机的转动方向，如洗衣机中的电动机，运行和起动绕组设计得完全相同，因此可以通过定时器，使电容交替接入运行绕组和起动绕组，从而不断改变电动机的转动方向。洗衣机控制正反转接线的电路原理图如图 5-18 所示。

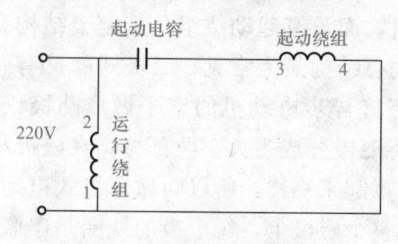

图 5-17 单相电容运转式异步电动机的原理图

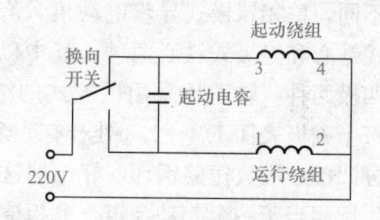

图 5-18 洗衣机控制正反转接线电路原理图

单相电容运转式异步电动机的起动转矩较低，但效率和功率因数都较高，它的结构简单、运行平稳、体积小、质量轻、振动与噪声小、可反转、能调速，广泛应用于电风扇、洗衣机、排风机、抽风机、抽油烟机、空调风扇电动机等要求起动力矩低的电器设备中。

4. 单相电容起动及运转式异步电动机

单相电容起动及运转式异步电动机兼有电容起动和电容运转这两种电动机的特点，能得到较好的起动和运行性能。单相电容起动及运转式异步电动机的起动绕组中，是将两个电容器并联后再与起动绕组串联的，电容容量较大的是起动电容器，是与离心开关串联的；电容容量较小的是运行电容器，它始终是与起动绕组连接的。当电动机接通电源时，因起动电容器与离心开关是导通的，起动电容器和运行电容器是并联后再串在起动绕组中的，这时起动绕组电容器的容量是起动电容器容量加运行电容器容量，电动机将获得较高的起动转矩和较好的起动性能。当电动机的转速达到额定转速为70%～80%时，离心开关常闭触点动作断开，将电容容量较大的起动电容器从起动绕组中断开，而电容容量较小的运行电容与起动绕组串联，继续留在电路中运行。单相电容起动及运转式异步电动机的原理图如图5-19所示。

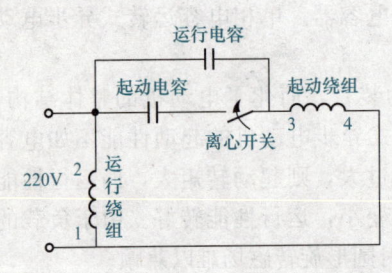

图5-19 单相电容起动及运转式异步电动机的原理图

单相电容起动及运转式异步电动机有较高的起动转矩、起动性能、功率因数、过载能力、运行效率和功率因数，适用于带负载起动和要求低噪声的场合，如小型机床、压缩泵、农业机械、木工机械等。单相电容起动及运转式异步电动机需要使用两个电容器，又要安装起动装置，因而内部的结构较其他电动机复杂，制造成本也相应地要高一些，这是此类电动机的缺点。

5. 单相罩极式异步电动机

在单相异步电动机中，还有一种用罩极法产生旋转磁场的单相异步电动机，称为单相罩极式异步电动机。单相罩极式异步电动机的结构与前面讲的异步电动机略有不同，单相罩极式异步电动机只有运行绕组，而没有起动绕组，其定子结构有凸极式铁心和隐极式铁心两种，其中以凸极式铁心结构最为常见，凸极式的又有两极和四极两种，转子均采用鼠笼式的结构。凸极式异步电动机的定子做成凸极铁心，在每个磁极表面1/4～1/3处开有一个凹槽，将磁极分成为大小两部分，在磁极小的部分凹槽中嵌放短路铜环，好像把这部分磁极罩起来一样，所以叫做罩极式电动机，其作用相当于一个起动绕组。单相绕组套装在整个磁极上，每个极的线圈是串联的，连接时必须使其产生的极性依次按N、S、N、S排列。单相罩极式异步电动机的原理图如图5-20所示。

当电动机定子绕组中接入单相交流电源后，磁极中将产生交变磁通，穿过短路铜环的磁通，在铜环内产生一个相位上滞后的感应电流。由于这个感应电流的作用，磁极被罩部分的磁通不但在密度上和未罩部分不同，而且在相位上也滞后于未罩部分的磁通。这两个磁通在空间位置上不一致，而在时间上又有一定相位差的交变磁通，就在电动机气隙中形成了旋转磁场。这个旋转磁场切割转子后，就使转子绕组中产生感应电流。产生感应电动势的转子绕组与定子旋转磁场相互作用，转子得到起动转矩，从而使转子由磁极未罩部分向被罩部分的方向旋转。

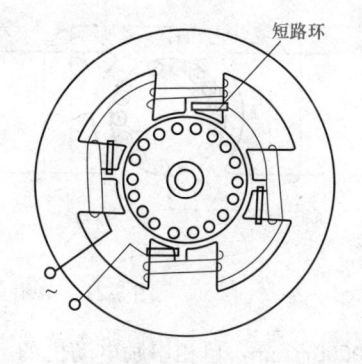

图 5-20　单相罩极式异步电动机的原理图

单相罩极式异步电动机由于有结构简单、造价低廉、使用可靠、故障率低、维护方便、制造方便、运行噪声小，对电器设备干扰小等特点，多用于轻载起动及单方向运转的设备上，如被广泛地应用在电风扇、电吹风、吸尘器、小型鼓风机、仪器用电动机等小型家用电器中。单相罩极式异步电动机起动性能和运行性能略差于其他单相电动机，主要缺点是效率低、起动转矩小、功率因数较低、过载能力小、反转困难等。

6. 单相交直流两用电动机

单相交直流两用电动机也就是单相串励电动机，它可以使用于交流电源，也可以使用于直流电源，所以又称为通用电动机，但它不属于异步电动机，电工使用的很多电动工具就是属于这类电动机。

单相交直流两用电动机的内部结构与直流电动机基本相似，相当于串励式直流电动机的工作方式，也是由电动机的电刷经换向器将电流输入电枢绕组，其励磁绕组与电枢绕组构成串联形式。为了充分减少转子高速运行时电刷与换向器间产生的电火花干扰，而将电动机的励磁线圈制成左右两只，分别串联在电枢两侧。两用电动机的转向切换很方便，只要用转换开关将励磁线圈反接，即能实现电动机的逆转或顺转。单相串励电动机在使用交流电时，用左手定则可以判断出图 5-21（a）所示电动机的转子是向逆时针方向旋转的，在改变了电源的极性以后，图 5-21（b）所示电动机的转子还是向逆时针方向旋转的。这就说明单相串励电动机在使用交流电时的旋转方向是相同的，转子是朝着一个方向旋转的。所以，单相串励电动机可以用于直流电源，也可以用于交流电源。罩极式电动机的抽头调速是在电动机的定子上放置两套绕组（即运行绕组和调速绕组），两套绕组串联后，将调速绕组与调速开关相接，通过调速开关改换抽头，即可改变定子的磁场强度，达到调速的目的。单相交直流两用电动机的工作原理如图 5-21 所示。

一般的单相异步电动机在 50Hz 的电源下运行时，电动机转速较高的也只能达到 3000r/min。但单相串励式电动机的转速却不受电源频率的限制，其电动机转速可高

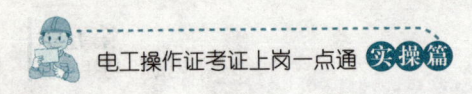

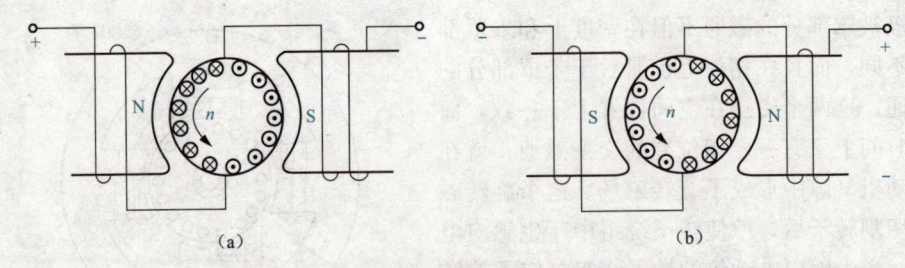

图 5-21 单相交直流两用电动机的工作原理

达 20000r/min，单相串励电动机的起动转矩很大，过载能力强，起动转矩比其他单相交流电机大 1 倍以上，在 12000r/min 时电动机的起动转矩高达额定转矩的 4~6 倍，8000r/min 的单相串励电动机的质量只有相同功率的 2800r/min 单相异步电动机的 1/2。单相串励电动机具有软的机械特性，转速随负载改变而改变，负载越大其转速越低，过载能力强，适用于电动工具时不易被卡住。由于转速高、输出功率大，因此交直流两用电动机在洗衣机、吸尘器、排风扇、电动工具等工业与家用电器中得以应用，也适宜于作重负载起动用的伺服电动机。

第三节 变 压 器

变压器的工作原理就是电磁感应原理，变压器的作用是变换交流电压与电流、安全隔离和阻抗匹配。变压器在我们的工作和生活中随处可见，是电力系统中不可缺少的重要设备之一。

一、变压器的分类

按照变压器的使用用途、冷却方式等的不同，变压器可做如下划分。

(1) 按照变压器的使用用途可以分为 4 类：

一类是大功率用途的电力变压器，如电力用的升压变压器、降压变压器、配电变压器、厂用或所用变压器、矿用变压器等。

二类是特种用途的专用变压器，如整流变压器、电炉变压器、联络变压器、试验变压器、调整变压器等。

三类是小功率用途的变压器，如电源变压器、控制变压器、调压变压器、隔离变压器、音频变压器、中频变压器、高频变压器、电子变压器、脉冲变压器、开关变压器等。

四类是有变压器结构的特殊变压器，如测量用的仪用变压器（电压互感器、电流互感器）、电焊变压器用的弧焊机（电焊机）等。

(2) 按照变压器的冷却方式分类：

一类是依靠空气对流进行冷却，如干式变压器和油浸式变压器，依靠空气的自然对流进行冷却、依靠排风扇强迫空气对流进行冷却。

二类是依靠变压器油作为冷却介质进行冷却,如依靠油浸变压器内的油自然对流进行冷却、依靠排风扇强迫油浸式变压器空气对流进行冷却、强迫油浸式变压器内油循环进行冷却、强迫变压器油循并用导向风进行冷却等。

以上两类变压器的冷却方式较为多用,但还有油浸水冷式变压器、水内冷式变压器、强迫油循环水冷式变压器、氟化物(蒸发冷却)变压器等。工厂企业的变配电所(室)大多采用油浸自冷式变压器。

(3)按照变压器的电源相数分类:可分为单相变压器、三相变压器、多相变压器。

(4)按照变压器线圈的数量分类:可分为单线圈的自耦变压器、单相的双绕组变压器、三绕组变压器及多电压输出的多绕组变压器等。大多采用双绕组的电力变压器。

(5)按照变压器铁心(磁芯)的形状分类:可分为 E 形铁心、EI 形铁心、C 形铁心、O 形铁心、R 形铁心、反 R 形铁心等。我国电力变压器正逐步地从叠片式铁心结构,朝着将电工钢带绕制成无接缝环形铁心(卷铁心)过渡。

(6)按照变压器绕组和铁心的组合方式分类:有适用于大容量变压器绕组包铁心的心式和适用于小容量变压器铁心包绕组的壳式。

(7)按照变压器电压变化的功能分为 3 类:升压变压器、降压变压器和隔离变压器,升压变压器的特点为初级匝数少而次级匝数多,变压器的变压比 $K<1$;降压变压器的特点为初级匝数多而次级匝数少,变压器的变压比 $K>1$;还有一种变压器的变压比 $K=1$,称为隔离变压器,隔离变压器的特点为初级匝数与次级匝数是一样的,它主要是为了安全作用的,它的次级是不允许接地的。工厂企业的变配电所(室)都是采用降压变压器,终端变电所的降压变压器也称配电变压器。

(8)按照变压器的防潮方式分类:可分为开放式变压器、灌封式变压器、密封式变压器。

(9)按照变压器的工作频率分类:可分为高频变压器、中频变压器、低频变压器和工频变压器。现在工厂企业内的电力变压器都是使用工频的变压器。

(10)按照变压器的使用功能和作用分类:可分为电力变压器、整流变压器、电炉变压器、联络变压器、试验变压器、调整变压器、电源变压器、控制变压器、仪用变压器、调压变压器、开关变压器、音频变压器、脉冲变压器、恒压变压器、耦合变压器、自耦变压器、升压变压器、降压变压器、隔离变压器、输入变压器、输出变压器等。

(11)按照变压器的调压方式分类:可分为无载调压变压器(又称无励磁调压)和有载调压变压器两大类。工厂企业的变配电所(室)大多数采用无载调压变压器。

(12)按照单台变压器的相数分类:可分为单相变压器和三相变压器两大类。工

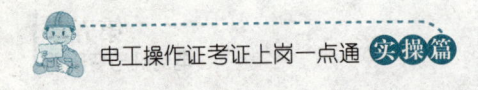

厂企业的变配电所（室）通常都采用的是三相电力变压器。

（13）按照变压器的容量分类：可分为 R8 容量系列和 R10 容量系列两大类。R8 容量系列指容量等级是按 R8≈1.33 倍数递增的，我国原来旧的变压器容量等级是采用此系列的，如 100kVA、135kVA、180kVA、240kVA、320kVA、420kVA、560kVA、750kVA、1000kVA 等。R10 容量系列指容量等级是按 R10≈1.26 倍数递增的，R10 系列的容量等级分得较密，便于合理地选择配置，是按照 IEC（国际电工委员会）推荐采用的。我国新的变压器容量等级是采用此系列的，如 100kVA、125kVA、160kVA、200kVA、250kVA、315kVA、400kVA、500kVA、630kVA、800kVA、1000kVA 等。

（14）按照变压器的导体材质分类：可分为铜导体绕组变压器和铝导体绕组变压器两大类，电力变压器以前有采用铝导体绕组变压器的，为了降低变压器的损耗，现在基本上都是使用铜导体绕组变压器。

二、常用变压器的型号

常用变压器的种类很多，变压器的使用用途和使用场所也各不相同，中华人民共和国机械行业标准《变压器类产品型号编制方法》（JBT 3837—2010）规定了电力变压器、特种变压器、互感器、调压器、电抗器及分接开关等产品型号的命名原则、组成形式等编制方法。其中标准第 3.1 条规定了产品型号的命名原则：产品型号采用汉语拼音大写字母（采用代表对象第一个、第二个汉字或某一个汉字的第一个拼音字母，必要时，也可采用其他的拼音字母）或其他合适字母来表示产品的主要特征，用阿拉伯数字表示产品性能、水平代号或设计序号和规格代号。

这里主要针对工厂企业内常用的变压器，如电力变压器的产品型号组成形式。电力变压器的型号通常由表示相数、冷却方式、调压方式、绕组线芯等材料的符号，以及变压器容量、额定电压、绕组连接方式等组成，电力变压器的型号和符号含义如图 5-22 所示。

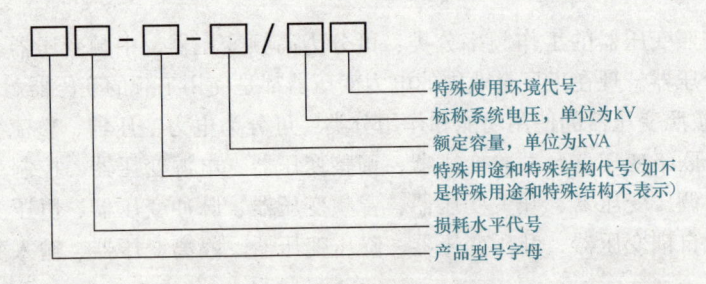

```
□□-□-□/□□
```

- 特殊使用环境代号
- 标称系统电压，单位为 kV
- 额定容量，单位为 kVA
- 特殊用途和特殊结构代号（如不是特殊用途和特殊结构不表示）
- 损耗水平代号
- 产品型号字母

图 5-22　电力变压器的型号和符号含义

从上面的变压器的型号和符号来看，变压器的型号好像是由很多的符号和数字组成的，但在变压器的实际应用中，你会注意到并没有这么多的符号和数字，因有些常用变压器的符号是不用标出来的,这从下面的变压器的型号和符号含义解释中可以看出来,除非是较特殊的变压器。电工新手要注意的是并不要牢记这些型号,只要了解自己工作范围内经常接触和使用的变压器就可以了,其他的到使用时可以看书或查表来找。

1. 电力变压器的产品型号组成形式

电力变压器产品型号组成形式字母排列顺序及含义如下:

(1) 绕组耦合方式:独立(不标);自耦(O 表示)。

(2) 相数:单相(D);三相(S)。

(3) 绕组外绝缘介质:变压器油(不标);空气(G);气体(Q);成形固体浇注式(C);包绕式(CR);难燃液体(R)。

(4) 绝缘耐热等级:油浸式,包括 A 级(不标);E 级(E);B 级(B);F 级(F);H 级(H);D 级(D);C 级(C)。干式,包括 F 级(不标);E 级(E);B 级(B);H 级(H);D 级(D);C 级(C)。"绝缘耐热等级"的字母表示应用括号括上(混合绝缘应用字母"M"连同所采用的最高绝缘耐热等级所对应的字母共同表示)。

(5) 冷却装置种类:自然循环冷却装置(不标);风冷却器(F);冷却器(S)。

(6) 油循环方式:自然循环(不标);强迫油循环(P)。

(7) 绕组数:双绕组(不标);三绕组(S);分裂绕组(F)。

(8) 调压方式:无励磁调压(不标);有载调压(Z)。

(9) 线圈导线材质:铜线(不标);铜箔(B);铝线(L);铝箔(LB);铜铝复合(TL);电缆(DL)。

(10) 铁心材质:电工钢片(不标);非晶合金(H)。

(11) 特殊用途或特殊结构:密封式(M);起动用(Q);防雷保护用(B);调容用(T);电缆引出(L);隔离用(G);电容补偿用(RB);油田动力照明用(Y);发电厂和变电所用(CY);全绝缘(J);同步电动机励磁用(LC);地下用(D);风力发电用(F);三相组合式(H);解体运输(JT);卷绕铁心一般结构(R);卷绕铁心立体结构(RL)。

2. 电力变压器的损耗水平代号

损耗水平代号也就是以前的性能水平代号、设计序号,是变压器节能减排的评价值,我国变压器节能技术发展历经了 S7、S9、S11、S13、S15 等系列,中华人民共和国国家质量监督检验检疫总局和中国国家标准化管理委员会发布的《三相配电变压器能效限定值及能效等级》(GB 20052—2013)中,已将 S7 型配电变压器淘汰,将 S9 型配电变压器作为淘汰目标,S11 型配电变压器作为合格目标,而 S13 型和 S15 型配电变压器作为高效节能目标。

另外,变压器的标称系统电压单位为 kV,变压器的额定容量单位为 kVA。

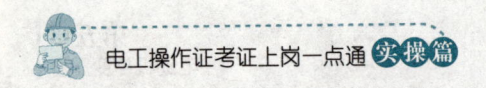

例如，S7-315/10变压器，表示为三相；绕组外绝缘介质为变压器油；A级绝缘耐热等级；冷却装置为油浸式变压器油自然循环冷却；双绕组无励磁调压；线圈导线材质为铜线；铁心材质为电工钢片；损耗水平代号为S7；变压器的额定容量为315kVA；变压器的标称系统电压为10kV。

三、电力变压器的用途

变压器是利用电磁感应原理传输电能或电信号的器件，变压器具有变压、变流和变换阻抗的作用。变压器的种类和品种很多，应用十分广泛。例如，在电力系统中用电力变压器把发电机发出的电压升高后进行远距离传输，到达用电目的地后再用变压器把电压降低以便供电力用户使用；在电子设备和电子仪器中，常用小功率的电源变压器将工频电压降低为较低的电压，再通过整流、滤波和稳压，得到电子电路所需要的直流电压；在放大电路中用耦合变压器传递信号时，进行前后级的阻抗匹配等。

虽然说变压器有以上的作用，但变压器最主要的作用还是用来升高或降低电压，作为电能的远距离传输，起此作用的变压器占到变压器总功率的95%以上。传输电能的变压器称为电力变压器，它是电力系统中的重要电力设备，电力变压器（简称变压器）是用来改变交流电电压大小的电气设备。它根据电磁感应的原理，把某一等级的交流电压交换成另一等级的交流电压，以满足不同负载的需要。因此变压器在电力系统和供用电系统中占有非常重要的地位。

各种类型发电厂内发电机发电所输出的电压，由于受到发电机绝缘材料及制造水平的限制，通常为6.3kV、10.5kV，最高不超过20kV。用这样低的电压进行远距离传输是较困难的。因为当输送一定功率的电能时，传输时的电压越低，则传输的电流就越大，传输的电能有可能大部分都会被消耗在输电线路的电阻上。所以只能将发电机发出的电压使用升压变压器升高到几万伏到几十万伏，在电力传输系统中，输送同样功率的电能，电压越高，电流就越小，输电线路上的功率损耗也越小，在不增大导线截面的情况下，将大量的电能远距离地传输出去。

输电线路将几万伏或几十万伏高电压的电能输送到负载区域后，再经过降压变压器将高电压降低到配电线路的6～10kV电压，输送给配电所（室）或6～10kV的高压用电设备，经过配电所（室）配电变压器的再次降压，送出适合用电设备使用的低电压。为此，在供用电系统中，需要降压变压器将输电线路输送的高电压变换成各种不同等级的电压，以满足各种用电单位或电气设备的需要。电力系统传输及使用电能过程如图5-23所示。

人们在日常工作和生活中到处可以用到变压器，现在各类的发电厂因为各种原因，都建设得距离电力用户较远，发电厂发出的电力就需要经过远距离的传输才能到达电力的用户地。在传输过程中就需要用到升压变压器和降压变压器。变压器是一种通过改变电压传输电能而不改变其频率的静止的电能转换器，在电力系统中所

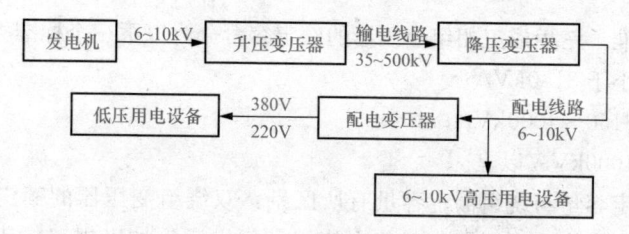

图 5-23 电力系统传输及使用电能过程

需数量多，故变压器的地位十分重要，电力变压器的总容量大约是发电机总容量的 9 倍以上，电力变压器在传输电能的时候，本身也有一些电能的损耗，但消耗的功能不大，因而传输的效率很高。中小型变压器的效率不低于 95％，大型变压器效率可达到 98％以上。因此，变压器对电力系统的经济输送、灵活分配及安全用电有着极其重要的意义。

变压器按其用途还有很多的类型，如配电变压器、电炉变压器、整流变压器、试验变压器、励磁变压器、卷铁心变压器、非晶合金变压器、全密封变压器、组合式变压器、干式变压器、单相变压器、箱式变电器、转角变压器、补偿电抗器、抗干扰变压器、防雷变压器、高燃点油变压器、SF_6 气体绝缘变压器、牵引变压器等。

四、变压器的技术参数

变压器的技术参数也就是变压器的额定值，不同类型变压器的技术参数会有差异。它是保证变压器能够长期可靠地运行时，有良好的工作性能的技术要求限额；也是变压器生产厂家设计、制造和试验变压器的依据。变压器的这些技术参数一般都标在变压器的主铭牌上，主铭牌上除了标出变压器的名称、型号、产品代号、标准代号、制造厂名、出厂序号、制造年月等参数外，还需标出变压器技术参数的数据。变压器除装设标有以上参数数据的主铭牌外，还应装设标有关于附件性能的铭牌，需分别按所用附件（套管、分接开关、电流互感器、冷却装置）的相应标准列出参数数据。

按照国家标准的规定，变压器需要标出的主要技术参数数据有以下几种：

1. 额定容量

是在变压器铭牌所规定的额定状态下，变压器二次侧在额定状态下的输出能力，单位以伏安（VA）、千伏安（kVA）或兆伏安（MVA）表示，符号为 S_e。

对于单相变压器是指额定电流和额定电压的乘积，即

$$S_e = U_{1e}I_{1e} = U_{2e}I_{2e}$$

对于三相变压器，是指三相容量之和，即

$$S_e = \sqrt{3}U_{1e}I_{1e} = \sqrt{3}U_{2e}I_{2e}$$

上述式中 U_{1e}、I_{1e} 和 U_{2e}、I_{2e} 分别为一次侧和二次侧的线电压和线电流。

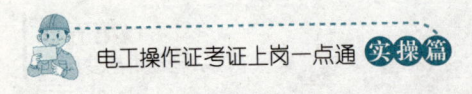

按国家标准,三相或三相组变压器的额定容量分为以下三个标准类别:

第一类:小于3150kVA;

第二类:3150~4000kVA;

第三类:4000kVA以上。

变压器额定容量与绕组额定容量有所区别:双绕组变压器的额定容量,即为绕组的额定容量;多绕组变压器应对每个绕组的额定容量加以规定,其额定容量为最大的绕组额定容量;当变压器容量由冷却方式而变更时,则额定容量是指最大的容量。

变压器额定容量的大小与电压等级也是密切相关的。电压低、容量大时电流大,损耗增大;电压高、容量小时绝缘比例过大,变压器尺寸相对增大。因此,电压低的容量必小,电压高的容量必大。

2. 额定电压

额定电压是指变压器长时间运行时,线圈上所能承受的工作电压的规定值,是变压器空载时端电压的保证值,电压的单位是伏(V)或千伏(kV),符号为U_{2e}、U_{1e}。

额定电压是指变压器的线电压(有效值),因此额定电压是重要数值之一,变压器的额定电压应与所连接的输变电线路电压相符合,为适应电网电压变化的需要,变压器高压侧都有分接抽头,通过调整高压绕组匝数来调节低压侧输出电压。我国输变电线路的电压等级(即线路的终端电压单位为kV)为

0.38、3、6、10、35、63、110、220、330、500

输变电线路电压等级就是线路终端的电压值,因此连接线路终端变压器一侧的额定电压与上列数值相同。考虑到线路的电压降,线路始端(电源端)电压将高于等级电压。35kV以下电压等级的始端电压比电压等级要高5%,而35kV及以上的要高10%。因此,连接于线路始端的变压器(即升压变压器),其二次侧空载状态时的额定电压值(kV)为

0.4、3.15、6.3、10.5、38.5、69、121、242、363、550

由此可知,高压额定电压等于线路始端电压的变压器为升压变压器,等于线路终端电压(电压等级)的变压器为降压变压器。

变压器的产品系列是以高压的电压等级而区分的,现在电力变压器的系列为:10kV及以下系列、35kV系列、63kV系列、110kV系列、220kV系列和500kV系列等。

在三相变压器中,额定电压是指线电压,且均以有效值表示。但是,组成三相组的单相变压器,如绕组为Y形连接,则绕组的额定电压以线电压为分子、$\sqrt{3}$为分母表示,如$380/\sqrt{3}$V。

变压器应能在105％的额定电压下输出额定电流,因为5％过电压下的较高空载损耗而引起的升温稍许增长可忽略不计。对于特殊的使用情况(如变压器的有功功率可以在任何方向流通),用户可以在不超过110％的额定电压下运行。

3. 额定电流

额定电流是指变压器在额定容量时,根据容许耐热的条件而规定的满载电流,单位为安倍(A),符号为I_N。

单相变压器额定电流为

$$I_N = \frac{S_N}{U_N}$$

三相变压器的额定电流指的是线电流,三相变压器额定电流为

$$I_N = \frac{S_N}{\sqrt{3}U_N}$$

三相变压器绕组为丫形连接时,线电流为绕组电流;为△形连接时线电流等于1.732倍绕组电流。

4. 空载损耗

空载损耗也叫铁损,是指变压器以额定电压施加在一次绕组,二次侧在空载开路时,在一次侧测得有功功率的损耗,单位为瓦(W)或千瓦(kW)。空载损耗与铁心硅钢片性能、制造工艺及施加的电压有关。

5. 空载电流

当变压器的二次绕组开路,一次绕组施加额定电压时,一次绕组仍有一定的电流,空载电流基本上等于磁化电流,空载电流以占额定电流的百分数表示。

6. 短路电压

短路电压是指将变压器的一侧绕组短路,另一侧绕组达到额定电流时所施加的电压与额定电压的百分比。

7. 短路损耗

短路损耗也称为负载损耗,是指将变压器的一侧绕组短路,另一侧绕组施以额定电压,使两侧绕组都达到额定电流时所消耗的有功损耗,单位为瓦(W)或千瓦(kW)。

8. 额定频率

变压器的额定频率即是变压器所设计的运行频率,我国的标准频率(f)为50Hz。

9. 连接组别

三相电力变压器绕组的连接组别是根据变压器一次绕组、二次绕组的相位关系,将变压器绕组连接成各种不同的组合,表示变压器一次绕组、二次绕组的连接方式及线电压之间的相位关系。

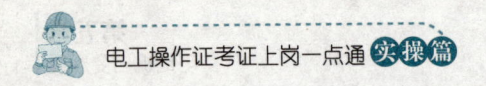

电工都知道，三相电力变压器的线圈，不论是高压绕组，还是低压绕组，只有两种连接的接法，即"Y形连接接线法"和"△形连接接线法"。Y形连接接线法是将三相绕组的末端U2、V2、W2连接在一起，而将它们的首端U1、V1、W1分别用导线引出，连接到三相电源上。三相电力变压器绕组Y形连接的连接方法如图5-24（a）所示。

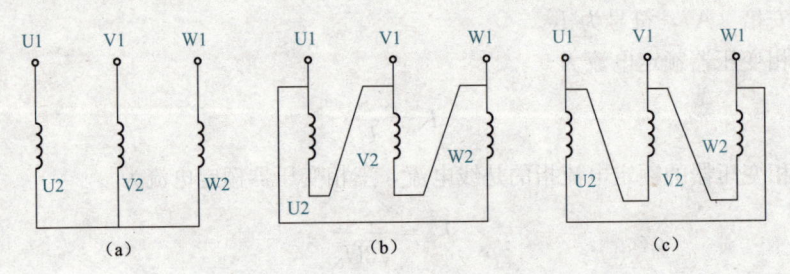

图 5-24　三相电力变压器绕组的连接方法
(a) Y形连接；(b) 顺序△形连接；(c) 逆序△形连接

△形连接的接线法是将三相变压器绕组的末端与首端或首端与末端按顺序依次地连接成一个闭合的回路。这就说明△形连接的接线法有两种连接方式，一为三相变压器绕组的顺序（顺时针）△形连接，就是按绕组的顺序进行末端与首端的连接，第一相绕组的末端U2连接第二相绕组的首端V1，第二相绕组的末端V2连接第三相绕组的首端W1，第三相绕组的末端W2连接第一相绕组的首端U1，如图5-24（b）所示；二为三相变压器绕组的逆序（逆时针）△形连接，就是按绕组的顺序进行首端与末端的连接，第一相绕组的首端U1连接第二相绕组的末端V2，第二相绕组的首端V1连接第三相绕组的末端W2，第三相绕组的首端W1连接第一相绕组的末端U2，如图5-24（c）所示。

三相电力变压器的一次侧有3个线圈为一次线圈，与三相的电源相连接，其首端分别用1U1、1V1、1W1，末端以1U2、1V2、1W2来表示；二次侧3个线圈为二次线圈，其首端和末端分别用2U1、2V1、2W1和2U2、2V2、2W2来表示。三相电力变压器的一次线圈和二次线圈如何连接，对变压器的运行性能有着很大的影响。

在三相电力变压器的连接组别中，按照新的国家标准规定：高压绕组一次侧用"D"表示为三角形接线法，"Y"表示星形接线法，中性线用N表示；低压绕组二次侧星形连接用y表示，三角形连接用d表示，中性线用n表示。变压器一次侧和二次侧的3个线圈组合起来，就可形成4种连接组别接线的方式：即"Y，y"、"D，y"、"Y，d"、"D，d"，我国只采用"Y，y"和"Y，d"连接组别接线的方式。

但三相电力变压器连接组别组合的表示方法并不能完全清楚地说明原、副边绕组的连接关系，还需要采用时钟数字表示法来进一步说明原、副边绕组间电动势的相位关系。时钟的圆周分为12格，每格为30°的角度，时钟的盘上有两个指针，将一次侧线电压的相量作为时钟的长针（分针），永远指向"12"点钟的位置，二次侧的线电压的相量作为短针（时针），根据一、二次侧线电压相位之间的关系，短针指向不同的钟点，来说明一、二次侧线电压的相位关系，根据一、二次侧线电压的相位差，来确定连接组别的标号。

如"Yn，d11"，表示当一次侧线电压相量作为分针指在时钟 12 点的位置时，二次侧的线电压相量在时钟的 11 点位置。也就是，二次侧的线电压 U_{ab} 滞后一次侧线电压 U_{AB} 的角度为 330°（或超前 30°）。

三相电力变压器的 Yy 连接，共有 Yy2、Yy4、Yy8、Yy6、Yy10、Yy0（Yy12）6 种连接组别，标号为偶数，如图 5-25 所示。

Yd 连接的三相变压器，共有 Yd1、Yd3、Yd5、Yd9、Yd7、Yd11 6 种连接组别，标号为奇数，如图 5-26 所示。

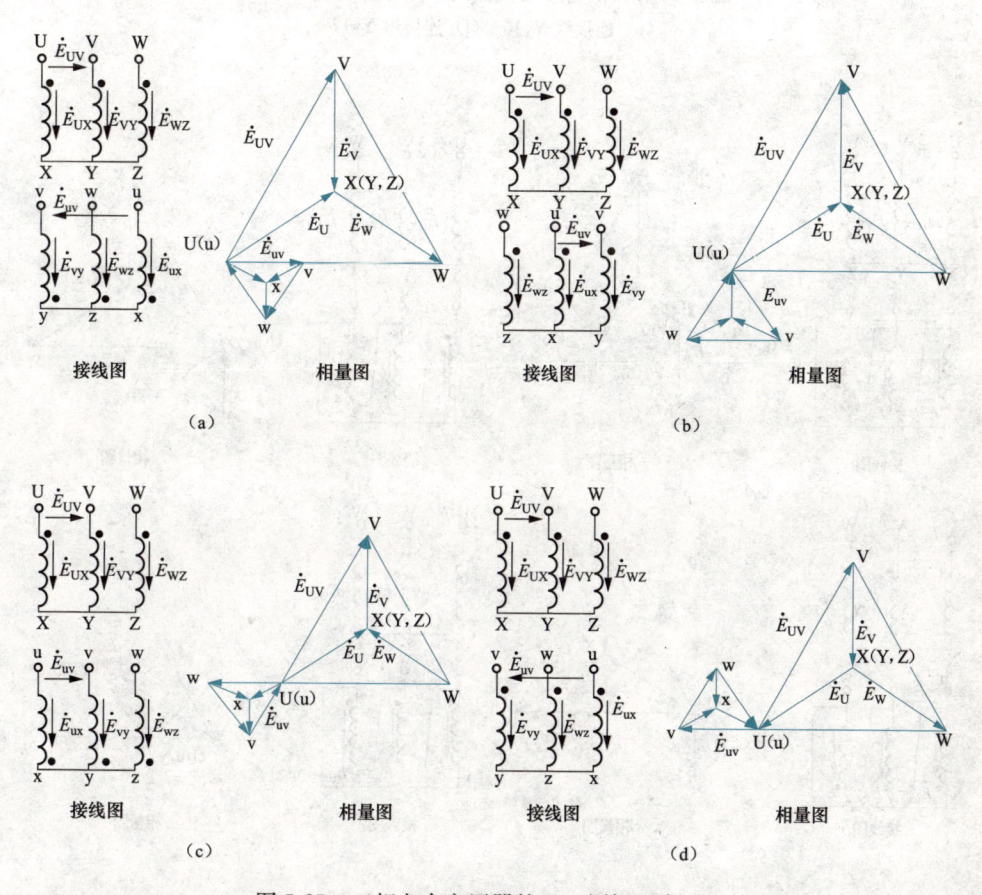

图 5-25 三相电力变压器的 Yy 连接组别（一）
(a) Yy2 连接组；(b) Yy4 连接组；(c) 连接组 Yy6；(d) 连接组 Yy8

接线图 　　　　　相量图　　　　　　接线图 　　　　　相量图

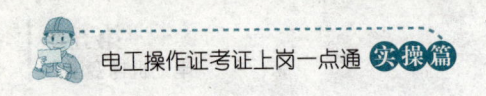

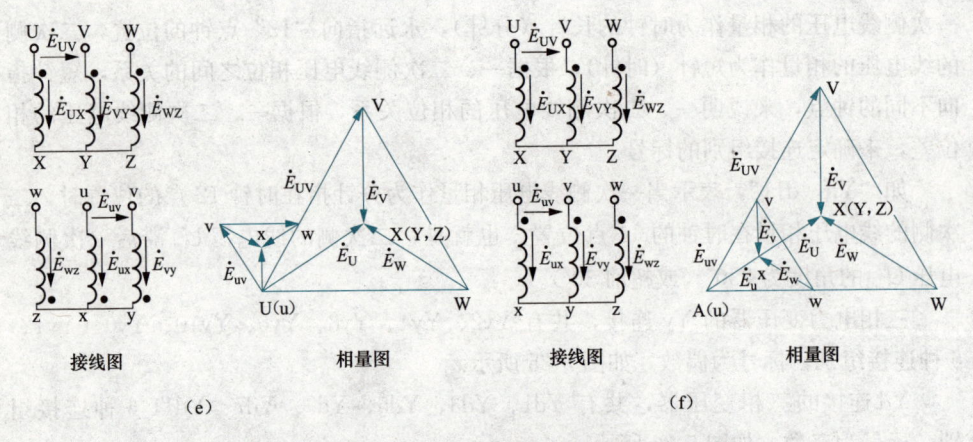

(e) 　　　　　　　　　　　　　　　　　(f)

图 5-25　三相电力变压器的 Yy 连接组别（二）

(e) 连接组 Yy10；(f) 连接组 Yy12

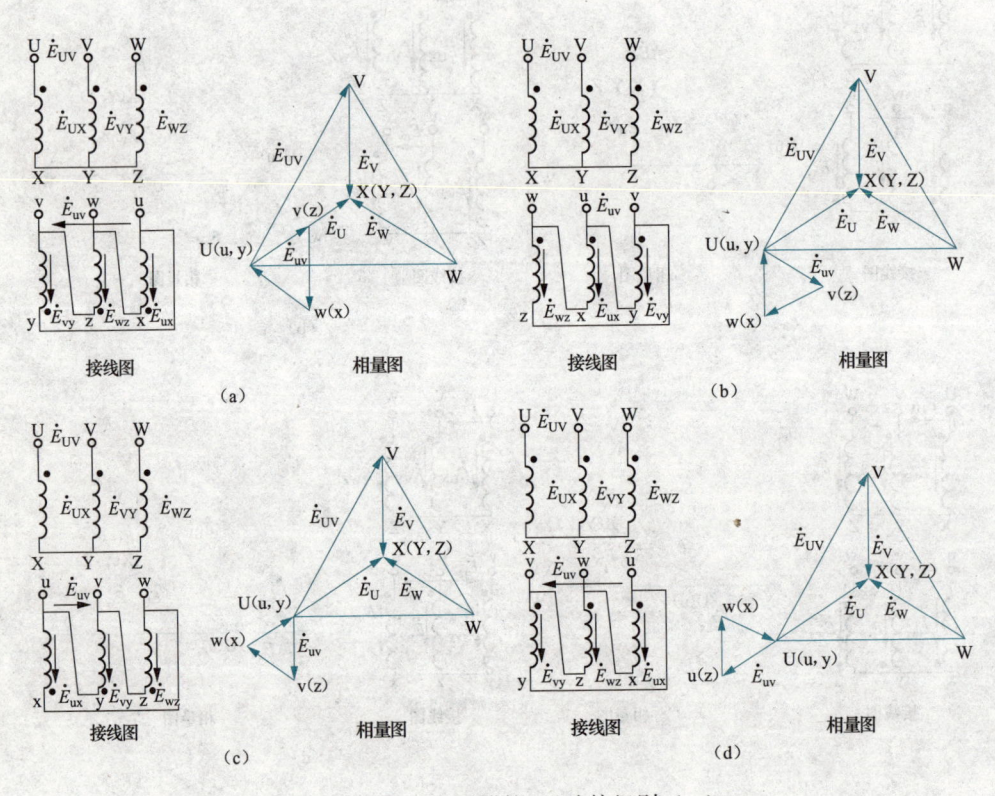

接线图 　　　　　相量图　　　　　　接线图 　　　　　相量图

(a) 　　　　　　　　　　　　　　　　　(b)

接线图 　　　　　相量图　　　　　　接线图 　　　　　相量图

(c) 　　　　　　　　　　　　　　　　　(d)

图 5-26　三相变压器的 Yd 连接组别（一）

(a) Yd1 连接组；(b) Yd3 连接组；(c) Yd5 连接组；(d) Yd7 连接组

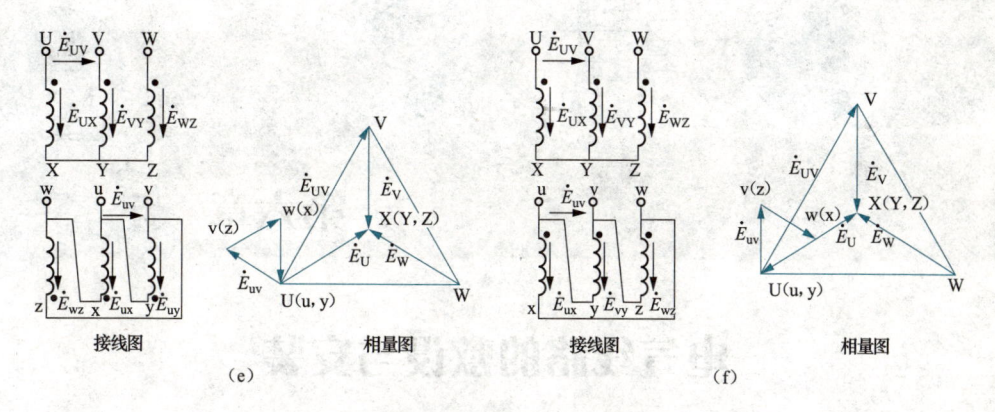

图 5-26　三相变压器的 Yd 连接组别（二）
(e) Yd9 连接组；(f) Yd11 连接组

三相电力变压器的连接组别还有许多种，但实际上为了制造及运行方便的需要，我国双绕组三相电力变压器的接线组别规定只有 Yyn0、Yd11、YNd11、YNy0 和 Yy0 五种标准组别的应用，以 Yyn0、Yd11 两种接线组别的电力配电变压器最为常用。

Yyn0 组别的三相电力变压器一般用于容量不大的（不超过 1600kVA），用于三相四线制配电变压器和变电所内的变压器系统中，供电给动力和照明的混合负载；

Yd11 组别的三相电力变压器用于中等容量、电压为 10kV 或 35kV 电网及电厂中厂用变压器低压高于 0.4kV 的线路中；

YNd11 组别的三相电力变压器，用于 110kV 以上的中性点需接地的高压线路中；

YNy0 组别的三相电力变压器，用于原边需接地的系统中；

Yy0 组别的三相电力变压器，用于供电给三相动力负载的线路中。

第六章

电气线路的敷设与安装

电气线路是电力系统的重要组成部分，电力线路主要是完成电能输送任务的，现代工业使用的电气线路，我们按照电气线路的电压高低，主要分为高压线路和低压线路两大类，我们将电压为1000V及以上的电气线路称为高压线路，高压线路的主要作用就是用于电力的远距离传输和分配的线路。将电压为1000V以下的电气线路称为低压线路，低压线路的主要作用就是提供给电气设备，将电能转换为其他形式的动能、热能、光能等，是分配和消耗电能的电力线路。

我们绝大部分的电工是低压的电工，对于高压电气线路只要有一定的了解就可以了，本章主要学习的是低压电气线路。电气线路的敷设与安装，大致可分为室内线路的敷设与安装、架空线路的敷设与安装、电缆线路的敷设与安装。低压电工接触的主要是室内线路的敷设与安装，这一部分的内容会作为重点，而对于低压电工接触得较少的架空线路和电缆线路敷设与安装的内容，只进行基本知识的学习。

第一节 电 气 线 路

不管是室内的电气线路，还是室外的电气线路，都要使用各种类型的导线，要根据不同的使用环境和使用要求，来选择传输电能的导线。

一、导线的分类

1. 按照导体的材料分类

传输电能的导线是使用电阻率小的金属导体材料制成的，电阻率小的金属导体有银、铜、金、铝、铁等，因金和银的价格太高，不能作为传输电能的导体，铁的电阻率大于铜和铝。所以，现在主要的导体材料是铜和铝，铁材料只在多股绞型的多芯线中用于提高机械强度。

2. 按照导体的绝缘状态分类

按照导线的绝缘状态来分，可分为裸导线和绝缘导线。裸导线用铝或铜材料制成，导线的外面没有包覆层，裸导线的导电部分是能够触摸到或看到的，不能在金属的电气设备或人体接触到的位置进行敷设；绝缘导线也是用铝或铜材料制成的，但在导线的外面用塑料或橡胶等绝缘材料进行了包覆，导线的导电部分是不能够触摸到或看到的，可直接在金属的电气设备或人体接触到的位置进行敷设。

3. 按照导体的线芯形式分类

按照导线的线芯形式来分，可分为单股绝缘导线、多股绝缘导线和多股铰合裸导线。它们都可以用于室内或室外的线路敷设，但单股绝缘导线和多股绝缘导线用于室内的线路敷设较多，多股铰合裸导线用于室外的线路敷设较多。

4. 按照导线的敷设方式分类

按照导线的敷设方式来分，可分为裸导线的敷设、绝缘导线的敷设和电缆导线的敷设。裸导线的敷设主要是以室外架空的方式，室内只有配电柜的母线使用，其他地方很少采用裸导线的敷设。绝缘导线的敷设方式较多，可以用架空的方式敷设，也可以沿着建筑物或构架，采用明或暗的方式来敷设，敷设时有电工钢管敷设、阻燃塑料管敷设、塑料线槽敷设、可挠型塑制管敷设、钢索敷设等方式。

电缆的敷设方式可分为电缆直埋敷设、电缆穿管敷设、电缆沟敷设、电缆隧道敷设、支持式架空敷设、悬挂式架空敷设、电缆夹层敷设、电缆竖井敷设、水下敷设敷设、桥架辐射敷设等。

另外，导线还有按照防火要求、阻燃要求、耐温要求、电压要求、颜色要求等进行分类，这可在实际的工作中进行了解和学习，也可以查导线类的相关手册。

二、裸导线

将金属导体外面没有覆盖绝缘材料层的导线称为裸导线，裸导线因为导体没有覆盖绝缘材料的外皮，更有利于导线的散热，裸导线一般用于野外的架空电力传输线路。裸导线有铜质和铝质两种材料，裸导线的线芯分为单股线芯和多股铰合线芯两种，以多股铰合线芯使用较多。因铝导线的延伸性较大，为了增加铝绞线的抗拉力，又有足够的机械强度，就在铝绞线的内芯中放置钢芯线提高拉力强度，称为钢芯铝绞线。

裸导电线的材料、形状和尺寸常用如下方法来表示：铜材料用字母"T"表示，铝材料用"L"表示，钢材料用"G"表示，硬质材料用"Y"表示，软质材料用"R"表示，绞合线芯用"J"表示，单线线径用"ϕ"表示，例如，Tϕ4 表示直径为4mm 的单股铜导线。截面积用数字表示，例如，LJ-25 表示截面积为 25mm^2 的铝绞线，LGJ-70 表示截面积为 70mm^2 的钢芯铝绞线，LGJ-240/40 表示铝绞线 240mm^2，钢绞线 40mm^2。查表得：绞线的结构为铝线 28 股，每股直径为 3.22mm，钢线为 7 股，每股直径为 2.8mm。

铝单股线芯的裸导线，型号有 LY（硬圆铝单股线）、LYB（半硬圆铝单股线）、LR（软圆铝单股线）等，硬圆铝单股线主要用于架空线路，半硬和软圆铝单股线主要用于电线、电缆及电磁线的芯线，也用于电动机、电器及变压器的绕组，作为绕

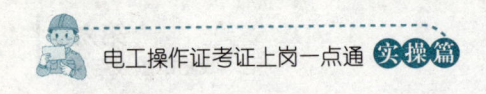

制导线使用。

铜单股线芯的裸导线，型号有 TY（硬圆铜单股线）、TR（软圆铜单股线）两种，硬圆铜单股线主要用于架空线路，软圆铜单股线主要用于电线、电缆及电磁线的芯线，也用于电动机、电器及变压器的绕组，作为绕制导线使用。

铝多股线的裸导线也称为裸绞线，常用的裸绞导线型号有 LJ（铝绞线）、LHJ（铝合金绞线）、LGJ（钢芯铝绞线）、LGJJ（加强型钢芯铝绞线）、LGJQ（轻型钢芯铝绞线）、LGJF（防腐钢芯铝绞线）等，主要用于低压及高压架空的电力输送线路。

铜多股线芯的裸导线，型号有 TJ（硬铜多股绞线）、TJR（软铜多股绞线）两种，TJ（硬铜多股绞线）适用于架空输电线路和输配电的电气装置。TJR（软铜多股绞线）还有 TJR1-1 型软铜绞线、TJR2-2 型软铜绞线、TJR3-3 型软铜绞线、TJRX1-1 型镀锡软铜绞线、TJRX2-2 型镀锡软铜绞线、TJRX3-3 型镀锡软铜绞线之分，软铜多股绞线广泛用于变压器、开关、母线、发电机、工业电炉、晶闸管整流设备、电解冶炼设备、焊接设备、电子电器设备及其他大电流电气设备中，做柔性导电软连接线，还可用于电气设备和电工作业的接地线。

另外，有个别的场所还使用裸铁线作为导线使用，并以镀锌的铁线应用较广，主要用于小功率而距离较长的架空线路，如山区分散用户的照明线路等。

三、绝缘导线

绝缘导线是在裸导线的外面，均匀而密封地包裹一层塑料、树脂、橡胶等材料而形成绝缘层，有的绝缘导线还在外面包裹一层编织层（棉纱或无碱玻璃丝），然后再以石蜡混合防潮剂浸渍而成，以防止带导电体与外界接触而造成漏电、短路、触电等事故的发生。绝缘导线工厂企业中使用量是最多的，室内的线路明敷设或暗敷设和电气设备内的电气线路，都是采用的绝缘导线，也是电工要了解清楚的。

绝缘导线的型号组成与顺序如下：

第一位为类别或用途代号：B—单股硬绝缘线，R—多股软绝缘线；

第二位为导体代号：T—铜芯导线（不标出），L—铝芯导线；

第三位为绝缘层代号：V—聚氯乙烯绝缘（塑料），X—橡胶绝缘，Y—聚乙烯绝缘、F—聚四氟乙烯（橡胶）绝缘，YJ—交联聚乙烯绝缘。

绝缘导线一般情况下最多只有四位，多为结构特征、外护绝缘层、使用特征等的代号。例如，S代表双绞导线，B代表平行导线，V代表聚氯乙烯护套。

其实不要被绝缘导线的型号搞糊涂了，绝缘导线按其线芯的股数只有单股和多股两种；按其线芯的材料只有铜和铝两种；按其绝缘材料主要只有塑料绝缘和橡胶绝缘，橡胶绝缘导线的外保护层只有棉纱编织和玻璃丝织两种；绝缘导线按其结构只有单芯、双芯平行、双芯绞型等。

绝缘导线的型号很多，如 BV（铜芯聚氯乙烯绝缘导线）、BLV（铝芯聚氯乙烯绝缘导线）、BVV（铜芯聚氯乙烯绝缘聚氯乙烯护套导线）、BLVV（铝芯聚氯乙烯绝缘聚氯乙烯护套线)、BVR（铜芯聚氯乙烯绝缘软导线)、RV（铜芯聚氯乙烯绝缘安装软导线)、RVB（铜芯聚氯乙烯绝缘平型连接线软导线)、BVS（铜芯聚氯乙烯绝缘绞型软导线)、RVV（铜芯聚氯乙烯绝缘聚氯乙烯护套软导线)、BYR（聚乙烯绝缘软导线)、BYVR（聚乙烯绝缘聚氯乙烯护套软导线)、RY（聚乙烯绝缘软导线)、RYV（聚乙烯绝缘聚氯乙烯护套软导线）等。

但作为工厂企业低压电工来说，不要以为我们要记住这么多绝缘导线的型号，绝缘导线的型号虽说有很多，但使用得最多的就是塑料绝缘导线，就是型号为BV或BVR的铜芯聚氯乙烯（塑料）绝缘导线或铜芯聚氯乙烯绝缘软导线，其他型号的绝缘导线用的是相当少的，导线的型号稍微了解一下就可以了。主要是要注意导线型号字母上的特点，如果导线型号字母中有L的符号就肯定是铝材料的导线，否则就是铜材料的导线；导线型号字母中有R的符号就肯定是多股的软导线，否则就是单股的硬导线；这两种类型的绝缘导线用的最多，一是有V的聚氯乙烯绝缘（塑料）导线用得最多，还有一种就是有X的橡皮绝缘导线，知道了这些就差不多了，现在常用的绝缘导线和电缆都是按照450/750V设计的。

四、电力电缆

电缆在电力系统中，大体可分为电力电缆和控制电缆两种线路，随着科学技术的进步，电缆的质量得到了很大的提高，我国现在经济较发达的城市，电缆的使用量和使用范围越来越广，10kV配电线路基本上都是埋设在地下的电缆线路。

电缆的型号由八部分组成：

第一部分为用途代码：电力电缆不标注，K—控制电缆，P—信号电缆，C—船用电缆，N—农用电缆，Y—移动电缆，U—矿用电缆，JK—绝缘架空电缆；

第二部分为绝缘代码：Y—聚乙烯，Z—油浸纸，X—橡胶，V—聚氯乙烯，YJ—交联聚乙烯，XD—丁基橡胶；

第三部分为导体材料代码：铜质材料不标注，L—铝质材料；

第四部分为内护层代码：Q—铅包，L—铝包，H—橡套，V—聚氯乙烯护套，Y—聚乙烯护套，HF—非燃性橡胶；

第五部分为派生代码：CY—充油，D—不滴流，P—贫油及干绝缘，F—分相铅包，G—高压，P—屏蔽，Z—直流；

第六部分为外护层代码：1—一级防腐及麻被外护层，2—二级防腐、钢带铠装，铜带加强层（对充油电缆)，3—单层细钢丝铠装，4—双层细钢丝铠装，5—单层粗钢丝铠装，6—双层粗钢丝铠装，12—钢带铠装有防腐层，20—裸钢带铠装，29—双层钢带铠装外加聚氯乙烯护套，30—裸单层细钢丝铠装，39—细钢丝铠装外加聚氯乙烯护套，59—粗钢丝铠装外加聚氯乙烯护套，HF—非燃性橡套；

第七部分为特殊产品代码：TH—湿热带，TA—干热带；

第八部分为额定电压代码：单位为kV。

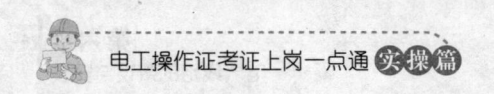

例如，VV-0.6/13×150+1×70 为铜芯聚氯乙烯绝缘聚氯乙烯护套电力电缆，额定电压为 0.6/1kV，3+1 芯，主线芯的标称截面为 150mm²，第四芯截面为 70mm²。

五、橡套软电缆

橡套软电缆也称为通用橡套电缆，橡套软电缆由绝缘橡套外皮和导电的一根或多根的线芯两部分组成，作为低压电工来说，接触电力电缆的机会是很少的，主要接触的是外绝缘护套采用天然橡胶与合成橡胶混合物，内部为软绝缘导线构成的橡套软电缆，为各类移动的电动工具、电气设备、电动机械、仪器仪表和日用电器提供电源。

1. 通用橡套软电缆

通用橡套软电缆（移动式通用橡套软电缆）根据软电缆所承受外力的大小，分为轻型橡套软电缆、中型橡套软电缆、重型橡套软电缆，橡套软电缆的型号用英字母表示，如型号字母中的 Y 表示移动，Q 表示轻型，Z 表示中型，C 表示重型，W 表示户外型。YQ、YQW 轻型橡套软电缆有极好的柔软性，有利于不定向多次的弯曲，电缆轻巧且不易扭曲，主要用于日用电器、仪器仪表、电动工具和轻型移动电器设备的电源线；YZ、YZW 中型橡套软电缆有足够的柔软性，以便于弯曲及移动，能够承受一定的机械外力，主要用于各种电动工具、移动式电器设备和农用移动式动力的电源线；YC、YCW 重型橡套软电缆的护套有较高的弹性和强度，有一定的柔软性，以利于弯曲移动，能承受较大的机械外力作用和自身的拖曳力，主要用于港口机械、林业机械和其他移动电器设备的电源线。YQW、YZW、YCW 型电缆具有耐气候、耐油特性，适合户外或接触油污场合使用。电缆线芯长期工作温度为 65℃。表 6-1 为通用橡胶软电缆主要参数。

表 6-1　　　　　　　　　通用橡套软电缆主要参数

项目	YQ、YQW（轻型）	YZ、YZW（中型）	YC、YCW（重型）			
额定电压/V	300/300	300/500	450/700			
芯数	3	2、3、4、5	1	2	4	5
标称截面/mm²	0.3～0.5	0.75～6	1.5～400	1.5～95	1.5～150	1.5～25

2. 电焊机电缆

电焊机也是电工经常接触的电气设备，电焊机电缆适用于交流 380V、脉动直流 400V 及以下的电焊机使用，电缆线芯长期工作温度为 65℃。型号有 YH、YHF。电焊机电缆的外绝缘层由耐热、耐气候、耐磨的天然胶护套构成，导线内导体芯的截面为 10～185mm²，如 10mm²（322/0.20mm²）、16mm²（513/0.20mm²）、25mm²（798/0.20mm²）、35mm²（1121/0.20mm²）、50mm²（1596/0.20mm²）、70mm²

（2214/0.20mm²）、95mm²（2997/0.20mm²）、120mm²（1702/0.30mm²）、150mm²（2135/0.30mm²）、185mm²（1443/0.40mm²），括号内分子代表导线的股数，分母代表单股导线的直径，单位为mm。

3. 橡套软电缆的连接

在使用橡套软电缆线进行连接时，截面为2.5mm²及以下的多股铜芯线的线芯，应先拧紧搪锡或压接端子后，再与电气设备或器具的端子连接；截面为10mm²及以下的单股铜芯线，可直接与电气设备或器具的端子连接；截面大于2.5mm²的多股铜芯线的终端，除电气设备自带插接式的端子外，应采用焊接或压接接线端子后，再与电气设备或器具的端子连接。

另外，还有很多其他专用用途的电缆，如控制电缆、电梯电缆、煤矿用电缆、船用电缆、潜油泵电缆、电梯电缆、铁路信号电缆、计算机专用电缆等，因我们接触的较少，这里就不详述了。

第二节 室内线路的敷设与安装

室内线路是指安装敷设于建筑物室内的电气线路，通常由电源导线、导线的支持物和用电器具等组成，是将电能输送到室内照明电器和电气设备的输电线路。室内线路的敷设与安装技术是电工必须掌握的基本操作技能，以保证室内照明线路和动力线路的正常与安全用电。

一、室内线路安装敷设的要求

1. 安全性的要求

室内线路的安装与敷设，应将动力线路和照明线路分开敷设，不论是照明线路，还是动力线路，都必须保证室内线路和电气设备的安全运行，选用的导线及敷设材料必须符合国家标准，要选择有阻燃性能可抑制火灾蔓延的材料，电源导线的横截面积应能满足线路最大载流量和机械强度的要求，导线的绝缘性能应能满足敷设方式和工作环境的要求。在室内线路的安装与敷设时，不能偷工减料和图一时的省事，要按照正规安装与敷设的技术要求和步骤施工，导线敷设时应尽量避免接头。若是在管道内进行敷设时，无论什么情况下都不允许在管内有接头。敷设时实在无法避免时，接头只能放在接线盒内。在导线任意位置都不应受到机械的应力，特别是导线上承受拉力的作用，导线与导线之间、导线与地面之间、导线与建筑物之间、导线与设备之间等的敷设，必须符合国家规范中规定的安全距离，以确保室内线路的安全可靠运行。采用线槽或导管进行导线的穿管敷设时，为避免管内穿管导线过多，导致管内导线散热不良、发热量过高，可能造成短路或火灾的安全隐患，要求穿绝缘导线的总面积（包括绝缘层）不应超过管子的40%。

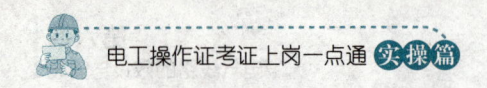

2. 可靠性的要求

室内所有线路的安装与敷设，必须要按照技术图样的要求进行，线路导线的连接处要按照规范的要求进行连接，导线的截面积要符合国家规定的最小截面积，不得使用花线进行敷设，导线与插座盒、熔断器、断路器、开关箱、电能表等电器的连接，要保证牢固和可靠。导线敷设时要远离有腐蚀、潮湿、高温等气体或液体的场所，室内空间有车辆经过的区域线路敷设时，导线距离地面的高度必须符合国家规范中规定的要求。室内敷设的线路，禁止用大地作为中性线，如三线一地制、两线一地制和一线一地制等。整个线路的布置要合理、敷设要规整、安装要牢固，做到电能传送安全可靠。所有的安装必须符合国家规范中的质量要求，防止不合理的施工给室内线路和用电设备运行的可靠性造成安全隐患。

3. 经济性的要求

在保证线路安全可靠运行的前提下，要尽量使用性价比高的导线和电器，采用较先进的敷设方式，最短捷的安装线路，最合理的施工方法，尽可能地节约敷设的原材料，缩短安装敷设的时间。

4. 美观性的要求

室内线路和电器安装与敷设时，线路的布置要合理、整齐、美观，线路沿建筑物敷设时，要做到导线的"横平竖直"，线路敷设的位置及电器安装位置的选定，不仅要考虑线路或电器敷设和安装的合理性，不得影响建筑物的美观，并且应尽量做到有助于室内环境的美化。

5. 使用性的要求

线路敷设的位置及电器安装位置，要充分考虑到操作者的操作方便及维修人员的维修便利。不能单纯地从线路敷设的位置及电器安装方面来考虑，不同电压的线路应有明显区别，并应用文字及数字注明。要从全局和发展的角度去考虑，防止不合理的施工，造成操作人员的不便或重复敷设和安装。

二、室内线路的敷设方式

室内线路是给建筑物内的用电器具、动力设备、照明电器等供电敷设的线路，应根据环境条件、负载特征、建筑要求等因素确定。线路敷设要选择干燥的环境，尽量避开潮湿、多尘、高温、有腐蚀性气体的环境，线路在有火灾及爆炸性危险环境敷设时，要采取防火和防爆的保护措施。线路不得敷设在可燃材料上，线路的敷设应设置在不受到阳光的直接暴晒和雨雪不能淋着的位置。随着社会的进步和科学技术的发展，室内线路敷设的材料在不断地更新，室内部分老式的线路敷设方式逐步地被新型的配线方式和新型材料所替代，有一些导线配线的方式已经较少采用，本节将对使用得较多的敷设配线方式进行重点描述，而对于实际应用较少或接触较少的配线方式，仅做简略叙述。

从室内线路导线的敷设方式来分，线路的敷设分为明敷设和暗敷设两大类，室内导线线路的敷设方式，应根据室内线路的安全用电、用电器具的用途、整体美观的协调、线路所处环境条件、实际安装的便利、安装成本的性价比、有无可能受机械损伤、有无潮湿及热力影响、便于后期的维护等安装现场多方面的具体因素来考虑，从而选择最佳的导线敷设方式。如在较干燥室内场所可采用管壁较薄的PVC管进行明敷或暗敷；在潮湿和带有腐蚀气体的场所，采用管壁较厚白铁管明敷或暗敷；在有较大腐蚀性气体的场所采用管壁较厚的PVC管进行明敷或暗敷，以保证室内照明线路和动力线路的技术要求与安全。

明敷设是将绝缘导线或电缆用敷设材料和附件沿着墙壁表面、顶棚表面、天花板表面、横梁表面、桁梁表面、屋柱表面及桁架、支架、桥架、电气竖井等的直接敷设。

线路明敷设的优点为：安装施工简便、安装的成本较低、安装施工时间短、检查维修较方便、线路更换和更改容易等。明敷设的缺点为：对室内的美观有一定的影响，对室内物体的摆放有一定的影响，容易受到室内物体的损伤，人误触时有一定的不安全因素。

室内导线的暗敷设是将绝缘导线或电缆穿在各种类型的阻燃导管内，埋设在墙壁、顶棚、天花板、地板、楼板等的内部敷设，或在混凝土板、空芯砖、沟道内等孔内的敷设，装修后从外面看不到导线的敷设。电缆在室内进行暗敷设时，可将电缆穿在金属管、管道、沟道内，电缆可视情况穿管或不穿管直接埋在地下的土壤内。

线路暗敷设的优点为：不会影响室内的美观，不会受到室内物体的损伤，对室内物体的摆放没有影响。暗敷设的缺点为：安装施工较复杂、安装的成本较高、安装施工时间长、检查维修不方便、线路更换和更改较困难等，室内打孔或钉钉子时，有可能会损坏墙壁内的导线。

三、室内线路敷设施工前的准备工作

电工要熟悉电气安装工程相关的施工规程和规范，以及有关施工要求等的技术资料。在室内线路敷设施工前，必须看清楚施工设计的各类图样，熟悉图样的设计内容及设计意图，特别要注意图样中提出的施工要求。

在电气安装施工前，要考虑电气安装施工与土建或装修工程的配合，电气安装施工要采用合理的施工方法，防止破坏建筑物主体结构的强度和影响建筑物的整体美观，电气线路在敷设时，要考虑与其他管线工程的交叉位置关系，要配合土建或装修工程做好电气线路或电器的预埋预留工作，以避免施工时发生安装位置上的冲突，以及因返工而造成材料和工时的浪费，更要避免在今后的使用过程中存在遗留的安全隐患。

在电气安装施工前，最好绘制电气施工线路图与电气设备分布图，确定电气路线敷设的具体走向、线路分支和电气设备的位置，以及配电箱、各类照明灯具、电气设备、开关、插座等的安装位置及高度。电气线路敷设时，分布图中尽量按照电

气规范中的要求，采用规定的导线颜色进行绘制，以便在安装和使用时，能够根据导线的颜色来识别出不同作用的导线，更加有利于电气线路的安全敷设与使用。

在电气安装施工前，应根据电气施工图样的设计内容及设计要求，遵循"安全、方便、经济、客观"的原则，按照图样中需要的电气设备和主要材料等进行统计，选择及购置电气安装施工所需的电源导线、电气设备、阻燃管线、开关插座、接分线盒、安装附件等安装材料。所用的材料应符合国家现行标准的有关规定，产品的型号、规格及外观质量应符合设计要求和本规范的规定。配线工程采用的管卡、支架、吊钩、拉环和盒（箱）等黑色金属附件，均应镀锌或涂防锈漆。

电气施工前应检查施工中的安全技术措施，应符合规范和国家现行标准及产品技术文件的规定。埋入建筑物、构筑物内的电线保护管、支架、螺栓等预埋件应埋设牢固，预埋件及预留孔的位置和尺寸应符合设计要求。对电气施工有影响的模板、脚手架等应拆除，杂物应清除，对电气施工会造成污损的建筑装修工作应全部结束。

四、电气线路敷设的原则

（1）室内电气线路的导线敷设，应根据室内电气设备具体的环境情况、负载大小、建筑结构进行布设和分配，线路的布置要合理便捷，整齐美观，经济实用，做到电能的输送安全可靠。

（2）室内电气线路所用导线或电缆的截面，应根据用电设备或线路的计算负载确定，但铜线截面不应小于 $1.5mm^2$，铝线截面不应小于 $2.5mm^2$。导线的额定电压应大于线路工作电压，绝缘层应符合线路的安装方式和敷设的环境条件，截面应满足供电的要求和机械强度。

（3）动力线路与照明线路应分开敷设，插座回路与照明回路应分开敷设，不同电压等级的线路应有明显区别，并用不同颜色的导线或文字加以注明，要分开进行敷设。同一建筑物、构筑物的各类电线绝缘层颜色选择应一致，相线的颜色应为黄色、绿色、红色，中性线（N）应为淡蓝色，保护接地线（PE）应为绿、黄相间色。

（4）线路敷设时要避开潮湿、灰尘、日光、高温、低温、腐蚀性气体等对线路造成的损害，水平敷设的线路距地面低于 2m 或垂直敷设的线路距地面低于 1.8m 的线段，均应装设预防外部机械性损害的装置，导线敷设的位置应便于检查和维修。

（5）线路敷设中应尽量减少线路导线的连接接头和分支处，导线之间的接触要紧密可靠，以减少导体间的接触电阻，导线不应承受机械的作用力。电线接头应设置在盒（箱）或器具内，严禁设置在导管或线槽内，专用接线盒的设置位置应便于检修。

五、常用的室内线路敷设

现在室内线路的敷设方式为：PVC 塑料线槽明敷设、PVC 塑料导管明敷设、塑料护套线明敷设、金属线槽明敷设、金属导管明敷设、瓷夹板明敷设、鼓形绝缘子明敷设、针式绝缘子明敷设、桥架明敷设、钢索明敷设、加厚型电线槽明敷设、弧形槽明敷设、地板线槽明敷设、铝合金弧形线槽明敷设、滑触线明敷设、软金属管明敷设、软塑料管明敷设、金属导管暗敷设、PVC塑料线槽暗敷设、地面装金属线槽暗敷设等。

室内线路的配线方式和线路的敷设技术是电工必须掌握的基本操作技能，本节主要简述电工常用的PVC塑料线槽明敷设、PVC塑料导管明敷设、护套线明敷设。

1. PVC塑料线槽（塑料夹板）明敷设

塑料线槽具有绝缘、防弧、阻燃自熄、配线方便，布线整齐，安装可靠等特点，塑料线槽明敷设是指将导线放在线槽内，将塑料线槽固定在建筑物的墙壁或天花板表面，比导线直接敷设要灵活和美观，加上塑料线槽是由阻燃材料制成的，所以采用线槽布线还可提高线路的绝缘性能和安全性能。塑料线槽由线槽底板和线槽盖板组成，线槽与盖板为卡式安装，盖板槽可以直接卡入线槽底板边缘上。PVC塑料线槽的品种规格很多，型号上有PVC-20系列、PVC-25系列、PVC-25F系列、PVC-30系列、PVC-40系列、PVC-40Q系列等。规格上有20mm×12mm、20mm×15mm、30mm×15mm、30mm×15mm、35mm×25mm、40mm×25mm、50mm×25mm等。

塑料线槽的明敷设，常用于工厂企业及家庭的室内安装中，一般适用于正常环境的室内场所，线槽不宜敷设在高温和易受机械损伤的场所，且不宜敷设在潮湿或露天场所。在敷设设计和布线时，要求横平竖直、整齐美观、牢固可靠且固定点间距均匀。要强弱电线路分开敷设。线槽及其部件应平整、无扭曲、变形等现象，内壁应光滑、无飞边。槽敷设时要横平竖直，尽量避免线槽的交叉，做到敷设的美观实用。塑料线槽及其配件必须由阻燃材料制成，线槽表面应有明显的间距不大于1m的连续阻燃标记和制造厂厂标。

线路敷设前要按照室内线路敷设的设计图样或实际安装的需要，先草拟出线路敷设的布线施工图，根据线路敷设的布线施工图，确定电气设备或电器安装的位置、室内线路的走向、线路敷设的途径、电气开关箱的设置、附件或支持件的使用、线槽穿过墙壁和楼板的部位、开关和插座的具体安装位置等。在敷设塑料线槽时，宜沿着建筑物或房间进门处的墙上、屋内的顶棚墙壁交角处的墙上、墙角和踢脚板的上端敷设。PVC塑料线槽（塑料夹板）明敷设的具体步骤如下：

（1）画线。画线定位应在墙面的粉刷完成后进行，根据线路敷设的布线施工图，首先确定各类用电电器的安装位置，再进行塑料线槽敷设的定位画线，画线是在墙面上标画出线槽准确的安装位置和尺寸，并确定电气开关箱、开关和插座的具体安装位置，在开关、插座、灯具等处画出准确安装固定点的位置。线槽敷设应平直整齐；水平或垂直敷设时，塑料线槽的水平或垂直偏差不应大于5‰，特别要注意转角、对接、终端及与设备对接等处的50mm的定位画线。画线要考虑线路的安装整齐和美观，画线时不可画花墙面。画线的工作看似简单，但也是电工新手最容易出错误的地方，有很多的电工新手认为线槽敷设很简单，也是为了节省安装的时间，省去了画线的工序,直接将线槽钉在了墙面上,特别是一个人在楼梯上敷设安装时。从表面上看安装得是快了一点,但人的眼睛是很毒的,线槽安装哪怕是偏差了几毫米也是能够清楚地看得出来的,线路敷设完毕后是天天看得见和要看很多年的,自己和其他人长期看着歪着安装的线槽真的很不舒服,因为这也是安装水平的体现。所以,画线的这个工序是不能省的。

(2) 线槽槽底固定。如不是采用钢钉固定,可根据膨胀螺栓或塑料胀塞的规格,在画线定位处用冲击钻或电锤钻孔,钻孔时要请注意避免过深或过浅,在孔内锤入膨胀螺栓或塑料胀塞。较小塑料线槽槽底用塑料胀塞固定,较宽的槽底可用伞形螺栓固定。槽底固定点的间距应根据线槽的规格而定,当线槽的宽度为 20~40mm 时,且为单排螺钉固定时,固定点最大间距应不大于 0.8m;当线槽的宽度为 60mm 时,且为双排螺钉固定时,固定点的最大间距应不大于 1m;当线槽的宽度为 80~120mm 时,且为双排螺钉固定时,固定点最大间距应不大于 0.8m。

固定线槽的槽底时,应先固定槽底的两端,再固定中间,端部固定点距槽底终点不应小于 50mm。线槽敷设时应连续无间断,沿墙敷设每节线槽直线段固定点不应少于两个,在转角、分支处和端部均应有固定点;线槽在吊架或支架上敷设,直线段支架间间距不应大于 2m,线槽的接头、端部及接线盒和转角处均应设置支架或吊架,且离其边缘的距离不应大于 0.5m。槽底的固定如图 6-1 所示。

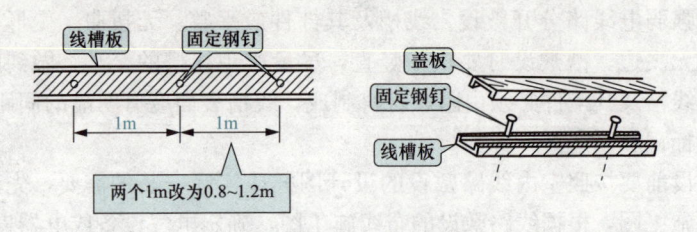

图 6-1 线槽槽底的固定

(3) 线槽直线、转角、分支的连接。线槽在进行 90°转角处连接时,在转角处两根线槽的槽底应锯成 45°角进行对接,如图 6-2(a)所示。线槽的槽底在直线段进行连接时,按照线槽在进行 90°转角处连接时的方式连接。线槽在做"T"字分支时,线槽的槽底 T 字形分支处应成三角形叉接,如图 6-2(b)所示。线槽在直线、转角、分支的连接时,槽板的底板接口与盖板接口应错开 20mm,槽盖与槽底应错位搭接,可成直线对接或成 45°斜口对接,盖板应无翘角,对接的连接面应严密、平整、整齐及无缝隙。

(4) 导线敷设。将导线敷设在线槽的槽内还是比较简单的,最好是导线敷设一段后,就将线槽的盖板盖上,一是导线不易在重力的作用下脱出线槽,二是便于导线敷设时长短的控制。导线敷设时要注意导线在线槽内,不能出现松弛、过紧、打拧、扭曲、变形、缠绕等现象,线槽内不得有导线接头,导线的接头应置于线槽的

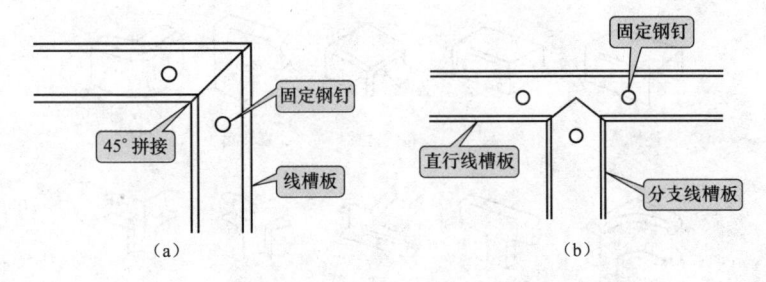

图 6-2 线槽转角、分支的对接

接线盒内，公用导线在分支处，可不剪断导线而直接穿过。强、弱电的线路不应同时敷设在同一根线槽内，同一路径无抗干扰要求的线路，可以敷设在同一根线槽内。包括绝缘层在内的导线总截面积不应大于线槽截面积的60%。在可拆卸盖板的线槽内，包括绝缘层在内的导线接头处所有导线截面积之和，不应大于线槽截面积的75%。线槽内导线敷设完毕，将线槽的盖板盖上，如图6-3所示。

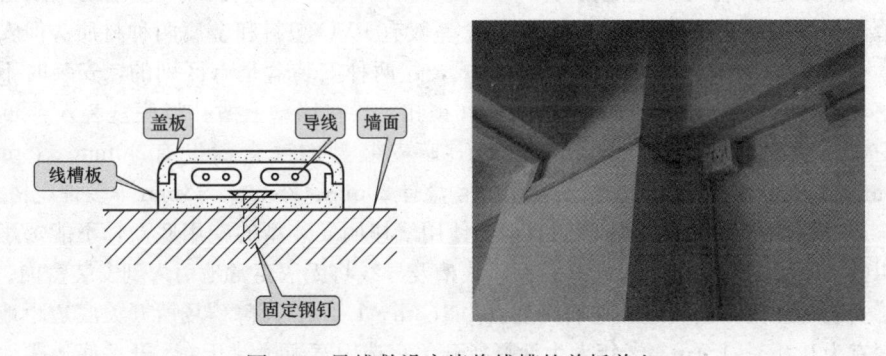

图 6-3 导线敷设完毕将线槽的盖板盖上

敷设时线槽的连接处不应设置在墙体或楼板内，线槽在穿过建筑物的变形缝时，应装设补偿装置。线槽的分支接口或箱柜接口的连接端，应设置在便于人员操作的位置。

（5）线槽专用附件的使用。现在工厂企业和家庭的线槽明敷设，在线槽敷设的对接、转角、分支、终端等处，大部分都没有使用线槽的塑料专用附件，就是我们常说的塑料线槽无附件安装方式，但对于正规的线槽敷设安装，有条件的情况下还是要采用塑料线槽有附件安装方式，在塑料线槽的连接、转角、分支、终端及与箱柜的连接处等，还是要使用线槽的专用附件。在使用线槽的专用附件时，切断槽盖的长度要比槽底的长度短一些，槽盖与槽底应错位进行搭接，槽盖与附件的对接为卡式安装，安装时将槽盖与附件平行地放置并对准槽底，将槽盖与附件凹进的槽内卡入到槽底的凸出边缘即可。线槽专用附件如图6-4所示。

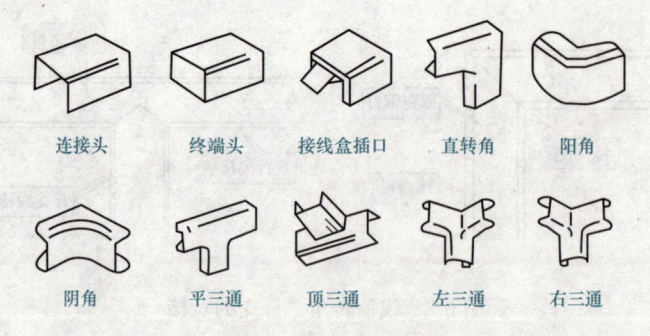

连接头　　终端头　　接线盒插口　　直转角　　阳角

阴角　　平三通　　顶三通　　左三通　　右三通

图 6-4　线槽专用附件

(6) 各类线盒的安装与连接。安装线盒是电工重要的安装附件之一，是作为导线连接及功能板连接的部件，是将线槽或导管内的导线通过安装底盒与各种功能的面板进行连接，或作为接线底盒作为导线之间的连接过渡和保护导线之用，平时我们也会根据它们的用途称之为接线盒、开关盒、插座盒及灯头盒等。国内使用的安装盒大部分是 86 型的，就是其外形尺寸为 86mm×86mm 的方形，86 型的安装盒还分单盒、双盒、多联盒等形式，安装底盒一般有 PVC 塑料和金属两种材质。但安装底盒有明安装型和暗安装型两种安装形式，这两种安装盒是有区别的，安装时不可混用，因为暗安装盒外面有固定的筋槽和锁扣，要在墙壁上凿孔将底盒装入。86 型暗安装线盒的尺寸约为 80mm×80mm，暗安装型的底盒深度有 40mm、45mm、50mm、60mm 等多种规格，明安装型的底盒有 20mm、25mm、33mm 等多种规格。

1) 线盒的安装要求。线槽明敷设要使用线槽明安装型的专用底盒，不能选用导管明敷设使用的明安装型底盒，否则，线槽及导线将无法正常地引入到安装盒内。

安装时开关面板底边距地面高度宜为 1.3m～1.4m，无障碍场所开关底边距地面高度宜为 0.9m～1.1m。老年人生活场所开关宜选用宽板按键开关，开关底边距地面高度宜为 1.0m～1.2m。开关安装位置要便于操作，开关边缘距门框边缘的距离为 0.15～0.2m，同一室内相同规格相同标高的开关高度差不宜大于 5mm；并列安装相同规格的开关高度差不宜大于 1mm。线盒与线盒之间要保持一定的间距，强电与弱电的线盒相距不得小于 150mm。

在住宅、幼儿园及小学等儿童活动场所，电源插座底边距地面高度低于 1.8m 时，必须选用安全型插座。当设计无要求时，插座底边距地面高度不宜小于 0.3m，无障碍场所插座底边距地面高度宜为 0.4m，厨房、卫生间插座底边距地面高度宜为 0.7m～0.8m，老年人专用的生活场所电源插座底边距地面高度宜为 0.7m～0.8m，同一室内相同标高的插座高度差不宜大于 5mm，并列安装相同型号的插座高度差不宜大于 1mm。车间及试（实）验室的插座安装高度距地面不小于 0.3m，同一室内插座安装高度一致，特殊场所暗装的插座不小于 0.15m，潮湿场所采用密封型并带保护接地线触头的保护型插座，安装高度不低于 1.5m。

2）线盒的定位。按照电气安装的设计图样，确定线盒和出线口等的准确固定位置，在砖墙面、混凝土墙面、柱面等的合适处画出线盒安装打孔点精确位置的框线，根据画出的框线用冲击钻在墙壁上打孔，打孔时要将平行的两个安装孔打在水平的位置，将膨胀管插入孔内，再用螺钉将底盒固定在墙壁上。底盒的打孔位置如图6-5所示。

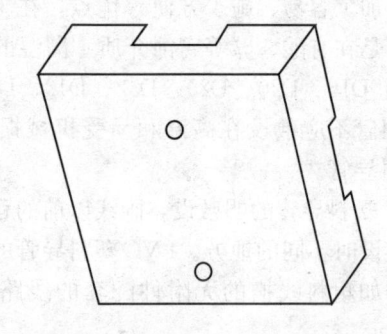

图6-5　底盒内中间与四角的固定孔

线槽在与槽板的各种器具连接时，如接线盒、开关盒、插座盒及灯头盒等连接时，电线应留有余量，器具底座应压住槽板端部，就是要用各类的线盒进线槽的端口压住线槽约50mm，如图6-6所示。

图6-6　用线盒进线槽的端口压住线槽

3）线盒内的布线与连接。线槽敷设到接线盒、开关盒、插座盒及灯头盒的位置时，导线的预留长度应不少于150mm，电工新手要注意此处导线的预留长度，导线一定不能预留得太短，宁可预留得长一点，也不能预留短了在线盒内再连接线，否则是很麻烦的，如果导线较多或较粗时，很有可能会引起导线发热或线盒内导线太满的安全隐患。

在连接单相两孔插座时，面对插座时将右孔或上孔与相线相连接，左孔或下孔与中性线相连接。连接单相三孔插座时，面对插座将右孔与相线相连接，左孔与中性线相接，单相三孔插座的保护接地线（PE）必须连接在上孔，插座的保护接地端子不应与中性线端子连接，相线与中性线不得利用插座本体的接线端子转接供电。

2. PVC 塑料导管（电线管）明敷设

PVC 塑料导管是以聚氯乙烯树脂为主要原料，又称为 PVC 阻燃电线管、电线导管或 PVC 塑料管，具有阻燃、质量轻、耐腐蚀、耐应力、抗冲击、价格便宜、绝缘性能好、加工容易、施工方便等优点，在工厂企业的室内外电气安装中得到广泛应用，特别是在有酸、碱等腐蚀介质、潮湿的场所其性能优于金属管。PVC 阻燃导管的外径有 D16、D20、D25、D32、D40、D45、D63、D110 等规格。但使用时注意 PVC 塑料管不应敷设在高温和易受机械损伤的场所，易爆场所的明敷设禁止使用 PVC 塑料导管。

PVC 塑料导管的明敷设，画线以前的程序与 PVC 塑料线槽的方法一样，此处只提出其敷设时不同的地方。PVC 塑料导管的明敷设必须采用有附件配套的线路敷设，不得采用如塑料线槽的无附件配套的线路敷设方式。常用的塑料导管配套附件如图 6-7 所示。

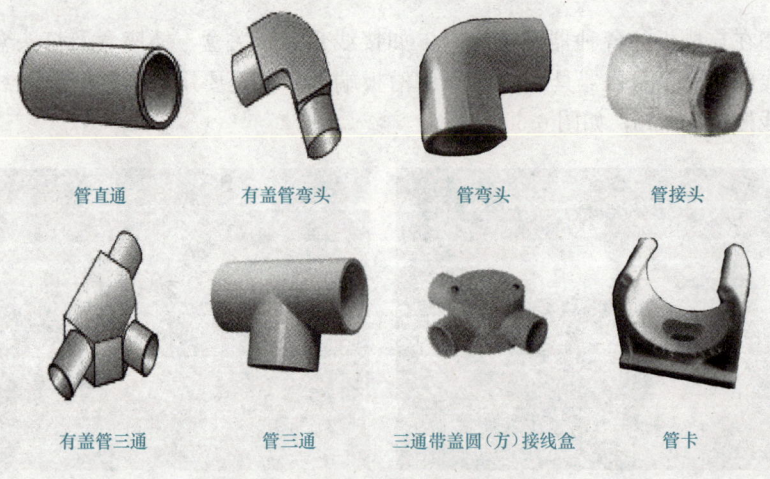

管直通　　有盖管弯头　　管弯头　　管接头

有盖管三通　　管三通　　三通带盖圆（方）接线盒　　管卡

图 6-7　常用的塑料导管配套附件

PVC 塑料导管明敷设必须使用阻燃型的（PVC）塑料管，塑料导管外壁应有间距不大于 1m 的连续阻燃标记和制造厂厂标，其材质均应具有阻燃、耐冲击性能，管壁厚度应均匀一致，管内外应光滑、无凸棱、凹陷、针孔、气泡；内外径尺寸应符合国家统一标准，并应有检定检验报告单和产品出厂合格证。

（1）导管的断管及弯管。PVC 塑料导管应根据所需实际长度对管子进行切割，可使用钢锯条或厂家配套供应的专用截管器截剪导管，使用专用截管器应边转动导管边进行裁剪，使刀口易于切入管壁，刀口切入管壁后，应停止转动 PVC 导管以保证切口平整，用力握紧截管器手柄，直至导管断为止。导管裁切断后，其裁断口处应与管轴线垂直，导管端口边应锉平、刮光，使导管端口整齐光滑，以利于与导管附件连接。

如 PVC 塑料导管敷设安装时，不采用附件进行导管的弯曲，可用冷煨法或热煨法进行导管的弯曲，导管的弯曲半径不宜小于管外径的 6 倍，当两个接线盒间只有一个弯曲时，其弯曲半径不宜小于管外径的 4 倍，不应有折皱、凹陷和裂缝，且弯扁程度不应大于管外径的 10%，如图 6-8 所示。

冷煨法只适用于管径在 25mm 及其以下的硬质 PVC 塑料导管，弯管时将相应的弯管弹簧插入导管内需要弯曲处，如图 6-9 所示。

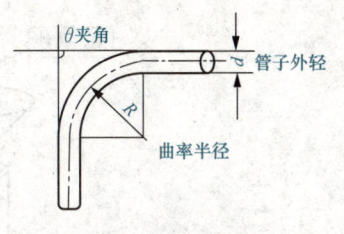

图 6-8 导管的弯曲半径

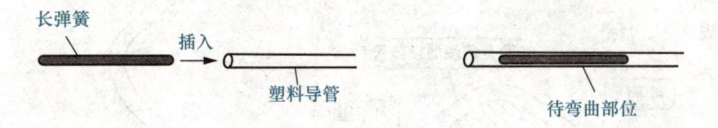

图 6-9 导管内插入弯管弹簧

两手握住管弯处弹簧的部位，用手逐渐弯出所需要的弯曲半径来，或两手抓住放入弯管弹簧的导管两端，用膝盖顶在需弯曲处，用手逐步扳煨出所需弯度，如图 6-10（a）所示。也可将导管放在合适的圆形物体上，用手逐渐弯出所需要的弯曲半径来，如图 6-10（b）所示。然后抽出弯管簧（当弯曲管较长时，可将弯管弹簧用铁丝或纤维带拴牢其一端，待煨完弯后抽出），如图 6-10（c）所示。

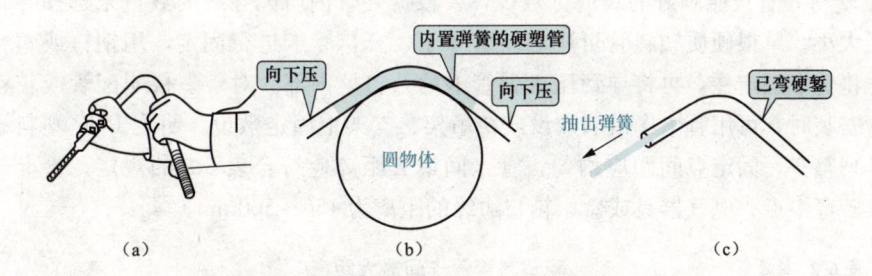

图 6-10 用弯管弹簧将导管煨弯
（a）用手将导管弯曲；（b）用圆物体将导管弯曲；（c）从导管内抽出弯管弹簧

热煨法最常用的是导管灌沙法，将待弯的导管内灌满干燥的黄沙，并堵塞导管的两端口，然后将硬塑料管需要弯曲的部位靠近热源，均匀地加热烘烤导管的待弯曲部位，待导管待弯曲部位被加热到略软可随意弯曲时再行弯管，弯管时可使用自

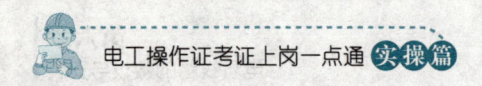

制的模板或圆形物体配合，待弯曲部位冷却定型后，再将导管内的黄沙倒出。注意不能将导管烤伤、变色、破裂等。导管灌沙法的步骤如图 6-11 所示。

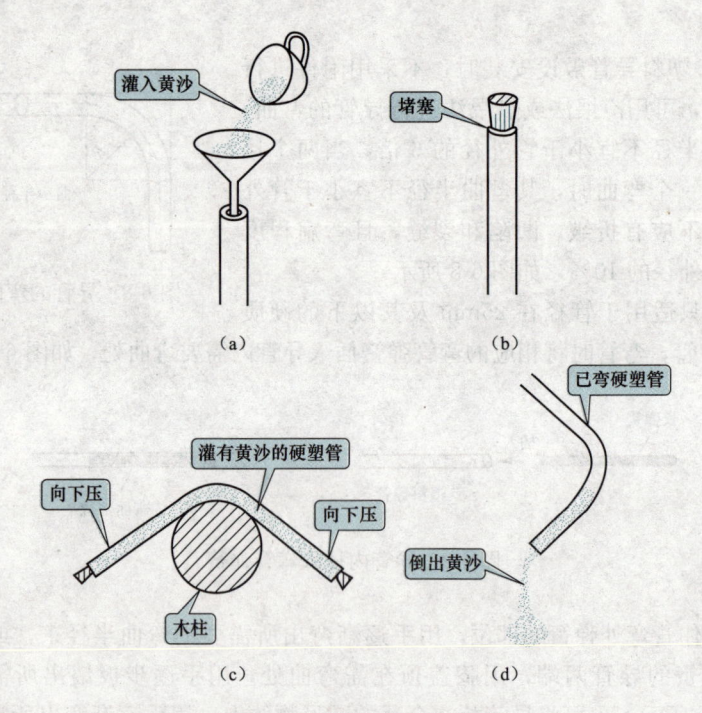

图 6-11 导管灌沙法的步骤

（2）明配 PVC 塑料导管的固定。PVC 塑料导管的画线工序与线槽敷设的相同，PVC 塑料导管按照画好的线进行敷设，要根据导管内所配导线的数量来选择导管的直径大小。单根硬质塑料管可用塑料管卡子、开口管卡进行固定，用钢钉或塑料胀管先将管卡固定住，再将导管压入到管卡的开口处内部。对于多根明配管或较粗的明管安装时，可用管卡子沿墙敷设或在吊架、支架上固定敷设。明配 PVC 塑料导管应排列整齐，固定点间距应均匀，管卡间最大距离应符合表 6-2 的规定。管卡与终端、转弯中点、电气器具或盒（箱）边缘的距离为 150～500mm。

表 6-2　　　　　　　　硬塑料管管卡间最大距离

敷设方式	管内径/mm		
	20 及以下	25～40	50 及以上
吊架、支架或沿墙敷设	1.0	1.5	2.0

塑料导管的管口应平整、光滑，管与管、管与盒（箱）等器件应采用插入法连接，导管与导管之间采用套管连接时，套管长度宜为管外径的 1.5～3 倍；管与管的

对口处应位于套管的中心,导管与器件连接时,插入深度宜为管外径的1.1~1.8倍。连接处的结合面应涂专用胶合剂,接口应牢固密封,粘合剂必须使用与阻燃型塑料管配套的产品,且必须在使用限期内使用。敷设在多尘或潮湿场所的塑料导管,管口及其各连接处均应密封。明配 PVC 在穿过楼板易受机械损伤的地方,应采用钢管保护,其保护高度距楼板表面的距离不应小于 500mm。硬塑料管沿建筑物、构筑物表面敷设时,应按设计规定装设温度补偿装置。图 6-12 为导管固定及敷设实例。

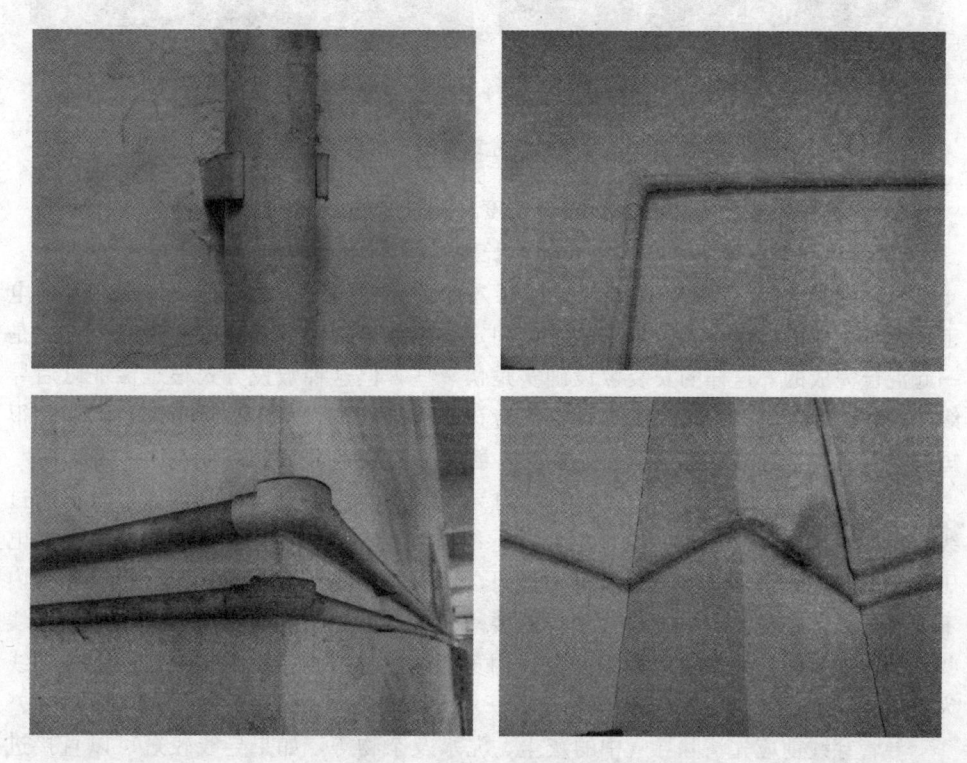

图 6-12　导管固定及敷设实例

(3) 导管接线盒或拉线盒的设置（图 6-13）。为了导管敷设固定后的导线敷设,当塑料导管固定安装时遇到下列情况之一时,中间应增设接线盒或拉线盒,且接线盒或拉线盒的位置应便于导管内的穿线:
1) 管长度每超过 30m,无弯曲。
2) 管长度每超过 20m,有 1 个弯曲。
3) 管长度每超过 15m,有 2 个弯曲。
4) 管长度每超过 8m,有 3 个弯曲。
垂直敷设的塑料导管遇下列情况之一时,应增设固定导线用的拉线盒:
1) 管内导线截面为 50mm² 及以下,长度每超过 30m。

图 6-13　导管接线盒或拉线盒的设置实例

2）管内导线截面为 70～95mm², 长度每超过 20m。

3）管内导线截面为 120～240mm², 长度每超过 18m。

(4) 导管的穿线配线。将绝缘导线穿入保护导管内称为线管配线, 现在有的电工采用不规范的操作, 就是导管的敷设固定、导管连接和导管穿电线这几个工序是一起混合完成的, 这样的安装敷设确实是快一些, 但这种敷设方式很难保证以后导线的顺利更换。所以, 正规的导管穿线应该是在导管敷设完成后进行的, 除非是很短的导管安装, 这一点电工新手要加以注意。

导管在穿线配线时, 一般要求导管内导线的总面积（包括导线绝缘层）不超过线管内截面积的 40%。同一交流回路的导线必须穿于同一管内, 不同回路、不同电压、交流与直流的导线不得穿入同一管内, 管内的导线总数不应多于 8 根, 导管内不得有导线的接头。应根据设计图样的要求选择导线的规格和型号, 相线、中性线及保护接地线的导线颜色应加以区分, 用黄绿双色导线为接地保护线, 淡蓝色导线为中性线。

导管穿线前应先清除导管中的灰尘、泥水及杂物等, 如果导线较短可以直接进行导管穿线。如果导线较长时就要穿带线, 穿带线的目的是作为导线的牵引线, 先将钢丝或铁丝的一端弯回头而使端头成圆弧形状, 另一端将导线前端的绝缘层削去, 然后将线芯与带线绑扎牢固, 使绑扎处形成一个平滑的锥形过渡部位绑缚住导线; 如果导线的根数较多或导线截面较大时, 可将导线前端绝缘层削去, 然后将导线芯斜错地排列绑扎在带线上, 使绑扎接头形成一个平滑的锥形接头, 减少穿管时的阻力以利穿线。再将圆弧端头朝着穿线方向将钢丝或铁丝穿入管内, 边穿边将钢丝或铁丝顺直拉出, 同时将导线理顺成平行束送往导管内。如果导管较长或弯头较多, 可以从导管的两端同时穿入钢丝引线, 将钢丝引线的一端弯成小钩, 当钢丝引线在管中相遇时, 用手转动钢丝引线使其钩在一起, 然后将一根引线拉出, 即可将导线牵引入导管。导管穿线时可由一人将导线理顺成平行束往导管内送, 另一人在另一

第六章 电气线路的敷设与安装

端慢慢地抽拉钢丝引出导线，两人穿线时应协调配合，用力均匀缓慢地一拉一送，如图 6-14 所示。

(a) (b)

图 6-14 导管穿线
(a) 将钢丝或铁丝与导线绑扎缠绕；(b) 两人一拉一穿送线

(5) 导管与各类线盒、电气箱的安装与连接。这部分内容与上面介绍的线槽敷设中"线盒安装要求、线盒定位"中的内容相同，这里就不再重复介绍了，现只介绍与线槽敷设不相同的内容。

接线盒、开关盒、插座盒及灯头盒等线盒与导管进线时，均要使用导管与线盒的专用锁母连接件，如图 6-15 所示。

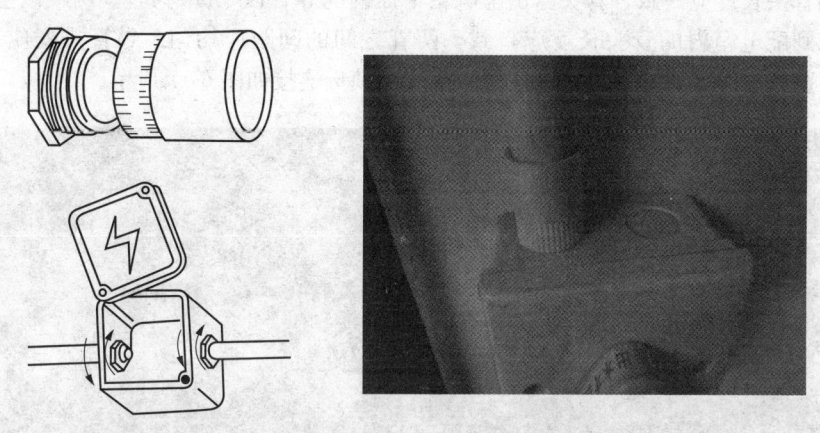

图 6-15 导管进入线盒要采用专用锁母连接件

导管与线盒的敲落孔要相对应，不得随意地乱开敲落孔。将导管插入到线盒内，要求一管一孔，线盒开孔应整齐并与管径相匹配，进入到线盒内的管头长度应一致，管头露出线盒平面内的导管以 5mm 为宜。两根以上的导管进入到线盒内的管头长度应一致，两管之间的间距应均匀，导管排列固定应平整、牢固、整齐、美观。导管与线盒敲落孔的锁母连接如图 6-16 所示。

导管进入配电箱内导线的预留长度，应为配电箱体周长的 1/2。导管与配电箱体的敲落孔要相对应，不得随意地乱开敲落孔，敲落孔不得外露。其敲落孔与管径不匹配时，应使用液压开孔器在箱体的对应位置开孔，铁制配电箱严禁用电、气焊开孔，不得开长孔。

213

(a)　　　　　　　　　　　　　　　(b)

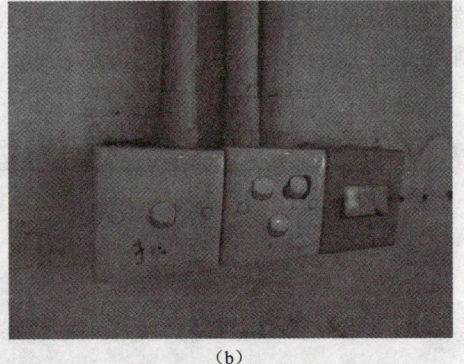

图 6-16　导管与线盒敲落孔的锁母连接
(a) 线盒乱开敲落孔；(b) 两根以上导管与线盒一致

将导管插入配电箱体内，配电箱体的开孔应整齐并与管径相匹配，要求一管一孔，导管进入配电箱体时，均要使用导管与配电箱的专用锁母连接件，进入到配电箱内的管头长度应一致，管头露出配电箱平面内的导管以 5mm 为宜。两根以上的导管进入到配电箱内的管头长度应一致，两管之间的间距应均匀，导管排列应平整、牢固、整齐、美观。导管与配电箱体敲落孔的锁母连接如图 6-17 所示。

(a)　　　　　　　　　　　　　　　(b)

图 6-17　导管与配电箱体敲落孔的锁母连接
(a) 导管连接无锁母及配电箱敲落孔外露；(b) 导管与配电箱用专用锁母连接件

3. 塑料护套线明敷设

塑料护套线是外面有一层塑料保护层，塑料保护层内包裹着双芯或多芯绝缘导线的双绝缘层保护导线，最常用的为平行双芯塑料护套线。塑料护套线具有防潮湿性能好、耐蚀性强、线路敷设简便、价格低廉等优点。可以直接敷设在空心楼板、墙壁其他建筑物的表面，广泛用于农村、工厂企业等的室内外小容量的电气照明线路，多芯的塑料护套线也用于室内外的电气线路中。塑料护套线一般采用塑料钢钉线卡和钢精扎头（铝片卡）作为导线的固定支持物。

(1) 安装要求。塑料护套线可以直接明敷设在空心楼板、墙壁及其他建筑物的表面，塑料护套线严禁敷设在可燃材料上，严禁直接敷设在建筑物顶棚内、墙体内、抹灰层内、保温层内或装饰面内。为了保护塑料护套线不受意外损伤，塑料护套线在室内沿建筑物表面水平敷设时，距地面的高度不应小于2.5m，垂直敷设时在距地面的高度不应小于1.8m，距地面高度小于1.8m的以下部分及易受机械损伤的部位，应采用硬质塑料或钢管保护。塑料护套线穿越蒸汽管道时，必须用瓷套管保护，瓷套管与蒸汽管道保温层的最小距离不得小于300mm。与热力管道、煤气管道平行的距离不得小于1000mm，交叉距离不得小于300mm，否则需要做隔热处理。塑料护套线与接地导体或不发热管道等紧贴交叉时，应加绝缘管保护措施。当塑料护套线穿过墙壁、楼板时，可用钢管、硬质塑料管保护。塑料护套线不得直接敷设在室外有阳光直接照射的场所，以免因导线老化而降低使用寿命或引起漏电。

室内外使用塑料护套线敷设时，铜芯导线截面不得小于1.0mm^2，铝芯导线截面不得小于2.5mm^2。塑料护套线应尽量沿着墙角、墙壁与天花板夹角、墙壁与壁橱的夹角敷设，并尽可能避免导线的重叠与交叉，这样既美观又便于日后的维修。塑料护套线的分支接头和中间接头处应装置接线盒，护套线的连接或接头应在接线盒或电气器具内，多尘或潮湿场所应采用密闭式接线盒。塑料护套线不允许直接在护套线中间剥切分支，分支接头应在接线盒内连接，或在开关盒、插座盒和灯头盒内连接。如条件允许可采用瓷接头连接，瓷接头有单线、双线、三线、四线等多种规格。

(2) 塑料护套线的画线定位。塑料护套线要根据线路敷设的布线施工图，确定塑料护套线的走向，以及需要安装的开关、插座、灯具及其他电气设备的安装位置。要先用木工弹线、直木条、钢直尺等在墙面上进行画线，确定线路敷设的水平线和垂直线位置。画线最好由两人以上进行配合，用铅笔或画笔从线路敷设的起始位置开始，每隔150～200mm固定线卡的位置。塑料护套线在距离接线盒、开关盒、插座盒、转弯中点、线路终端、电气开关箱、照明器具等的边缘50～100mm处，都要设置线卡进行固定，要先画出固定线卡的位置。这样就能够做到导线敷设的准确和美观，以及固定点之间的间距均匀。

(3) 塑料护套线固定的线卡。墙面上支持固定塑料护套线的线卡有塑料钢钉线卡（塑料线卡）和钢精扎头（铝片线卡）两种，是用水泥钢钉将线卡直接钉入建筑物混凝土结构或砖墙上，钢精扎头由薄铝片和固定钢钉组成。塑料钢钉线卡与钢精扎头如图6-18所示。

(4) 塑料护套线与塑料线卡的固定。塑料钢钉线卡是近年来使用得比较广泛的塑料护套线的支持件，塑料钢钉线卡的槽口宽度具有若干规格，以适用于不同粗细的护套线，使用时线卡的大小规格应与导线的规格相匹配。常用塑料钢钉线卡分为单线卡、双线卡，单线卡用于固定单根的护套线，双线卡用于固定两根护套线，如

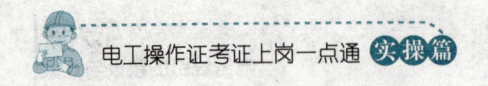

图 6-19 所示。

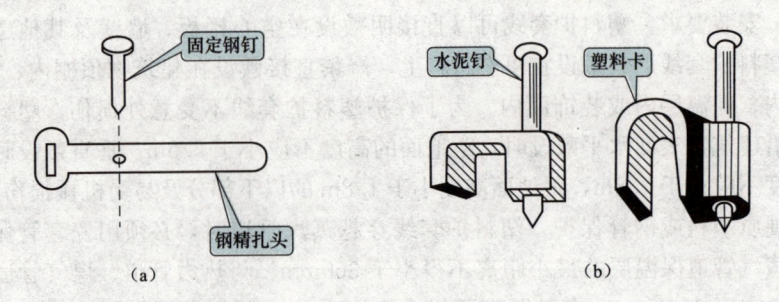

图 6-18
(a) 钢精扎头;(b) 方形槽和圆形槽的塑料钢钉线卡

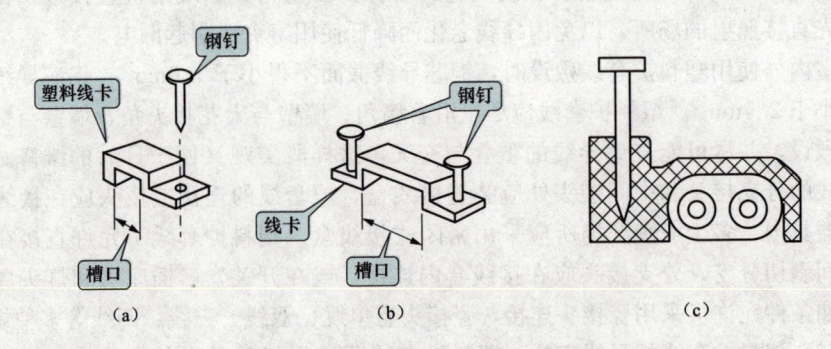

图 6-19 常用塑料钢钉线卡及使用
(a) 单线卡;(b) 双线卡;(c) 线卡将护套线卡住

塑料护套线在敷设前应将线勒顺、勒平直,导线不能有扭绞和反结,先将护套线按要求放置到位,然后从一端起向另一端逐步固定,如图 6-20 所示。如果护套线所敷设的长度较短,为防止绞线且便于施工,可按略长于实际需要长度将导线剪断,

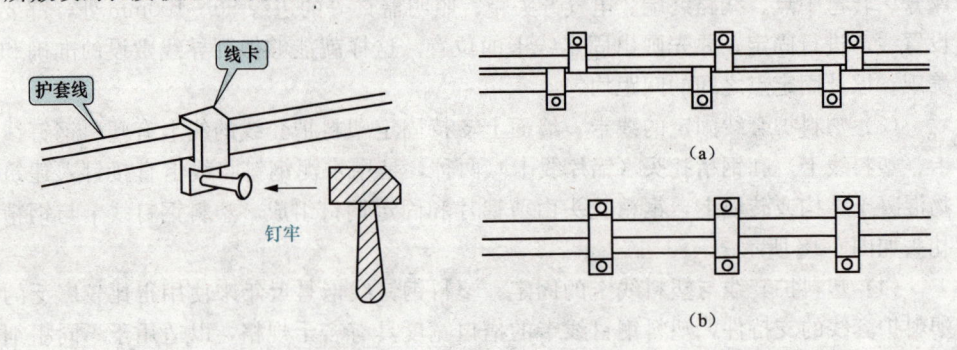

图 6-20 塑料护套线线卡的固定
(a) 单线卡固定;(b) 双线卡固定

第六章
电气线路的敷设与安装

可将护套线先大圈地盘起来，按照墙上的画线从近至远地用线卡将护套线固定住，钉线卡时要用一只手常拉紧护套线，用力要均匀，以免引起导线的松弛而不平直。塑料护套线在水平方向敷设时，要按照画线进行线卡的固定，以保持各线卡之间的间距一致。如果敷设的护套线长度较长，或有几根护套线平行敷设时，可先用绳子将护套线吊挂起来，使护套线的质量不完全承受在线卡上，然后将护套线分别整理平正后用线卡钉牢。塑料护套线敷设时，可用橡胶锤轻轻拍平护套线，使护套线更加紧贴地接近墙面。护套线在垂直敷设时，可依靠护套线的重力来理顺导线，自上而下地用线卡固定住。

要特别注意在护套线的转角处以及进入开关盒、插座盒、接线盒、灯头盒、终端、转弯中点、电气开关箱及用电器具边缘支持点，应在相距其距离50～100mm处固定一个线卡，塑料护套线不论侧弯或平弯，护套线都不能有扭曲的现象，其弯曲半径不应小于导线外径的3倍，弯曲角度不应小于90°，弯曲护套线时用力要均匀，要保证不损伤其弯曲处的护套和芯线绝缘层。多根护套线成排平行或垂直敷设时，应上下或左右地排列紧密，护套线之间的间距保持一致，线间不能有明显空隙。护套线的敷设应横平竖直，不应有松弛、扭绞和曲折，且平直度和垂直度不应大于5mm。盒、箱及用电器具边缘支持点线卡的固定如图6-21所示。

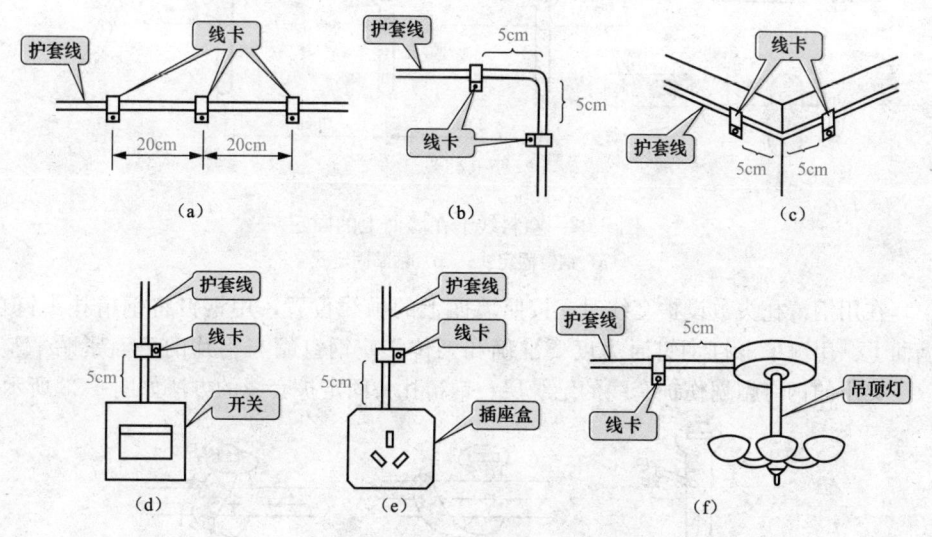

图6-21 盒、箱及用电器具边缘支持点线卡的固定
(a) 直接敷设；(b) 平面直角转向；(c) 沿墙壁转向；(d) 进入开关盒；(e) 进入插座盒；(f) 进入灯头

(5) 塑料护套线与钢精轧头的固定。钢精扎头是由薄铝片冲轧而成的，钢精扎头（铝片卡）的规格有0号、1号、2号、3号、4号、5号6种。0号的钢精扎头全长约28mm、1号的钢精扎头全长约40mm、2号的钢精扎头全长约47mm、3号的钢精扎头全长约60mm、4号的钢精扎头全长约68mm、5号的钢精扎头全长约72mm，规格号码

217

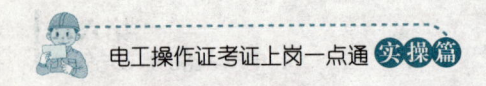

数越大，线卡的长度就越大，应根据导线的规格及敷设根数来选择钢精扎头的规格。

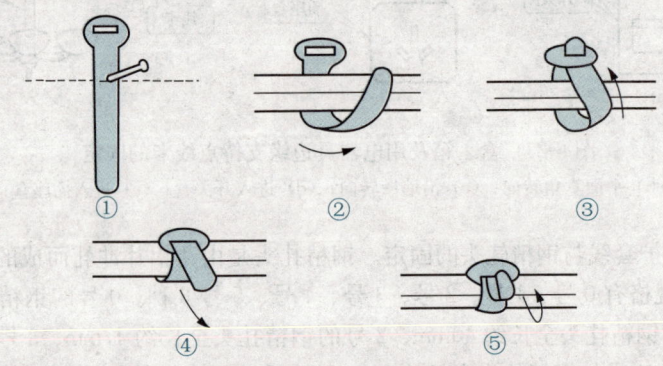

　　钢精扎头固定护套线的方法与塑料线卡的固定方法类似，如护套线直线段固定点的间距，交叉走线及并行走线的固定方法，进入盒、箱边缘及转角的固定距离等，这里只就钢精扎头固定护套线的不同之处进行介绍。

　　钢精扎头固定护套线时，固定的方法应根据建筑物的具体情况而定，在墙面上固定钢精扎头的方法有两种，一种是用钢钉将钢精扎头钉牢固定，要采用钢钉固定式的钢精扎头；另外一种是用环氧树脂粘贴固定钢精扎头，要采用粘贴固定式的钢精扎头。另外要注意的是，用塑料线卡敷设固定护套线时，一般是敷设护套线和用线卡固定护套线同时进行的。与塑料线卡固定敷设所不同的是，用钢精扎头固定护套线，一般是先按照事先设计的画线，先将钢精扎头钉牢或粘接稳固在墙面上，然后再进行固定护套线的整理、平直、敷设和固定，钢精扎头的固定和护套线的敷设固定，这两步一般是分开做的，同时进行很容易因承受导线的重力或拉力而损坏钢精扎头。塑料线卡在墙面上的固定如图 6-22 所示。

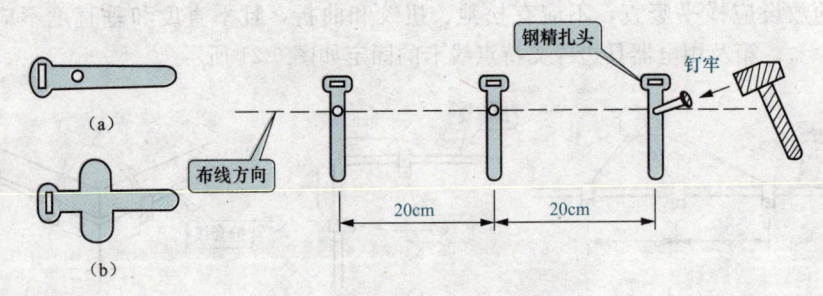

图 6-22　塑料线卡在墙面上的固定
（a）钢钉固定式；（b）粘贴固定式

　　在用钢精扎头敷设护套线时，按照墙面上的画线位置，用钢钉将钢精扎头钉在墙面上，用锤子击打钢钉时力度要准确和到位，使钢钉帽与铝片的平面紧贴平整，以免突出的钢钉帽划伤护套线的绝缘层。钢精扎头固定护套线的方法如图 6-23 所示。

图 6-23　钢精扎头固定护套线的方法

塑料护套线在墙面上敷设时，直线部分钢精扎头的两支持点之间的间距为 200mm，转角部分、转角前后各应安装一个钢精扎头支持点，开关盒、插座盒、接线盒、灯具盒和用电器具等处，50～100mm 处安装一个钢精扎头支持点。两根护套线相交作十字形交叉时，叉口处的四方各应安装一个钢精扎头支持点。塑料护套线在墙面上的敷设如图 6-24 所示。

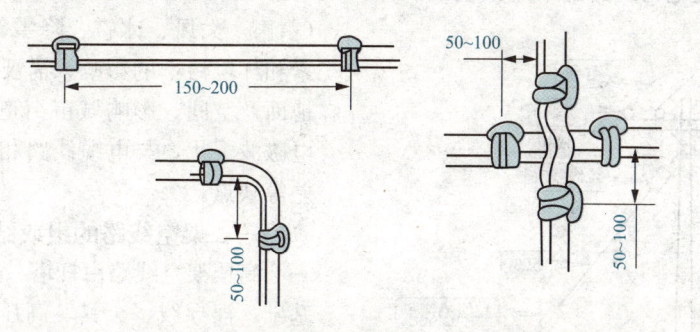

图 6-24　塑料护套线在墙面上的敷设

塑料护套线在墙面上敷设时，每个钢精扎头所扎护套线的数量最多不要超过 3 根，敷设护套线要将护套线整理得平整，使护套线紧贴在墙面上，再用钢精扎头进行固定，不能完全依靠钢精扎头来拉紧护套线。护套线在跨越建筑物的伸缩缝时，导线两端要用钢精扎头固定牢靠，在中间的伸缩缝处护套线应留有适当余量，以防损伤护套线。

用环氧树脂粘贴钢精扎头的方法使用得不多，如使用环氧树脂来粘贴钢精扎头，就要选择粘贴式的钢精扎头。在粘贴钢精扎头前，应先将墙的表面粘结面用钢丝刷等将接触面刷干净，增加粘贴的可靠性，然后再用湿布揩净并晾干。再均匀地在接触面涂上环氧树脂，将钢精扎头压在粘贴处，用手对钢精扎头稍加一定的压力，边加压边做小范围移动，使粘结面与钢精扎头接触良好，等几小时环氧树脂充分硬化后，就可用钢精扎头敷设固定塑料护套线了。

第三节　架空线路的敷设与安装

架空线路是电力线路的重要组成部分，架空线路是采用绝缘子将导线固定在一定高度的电杆或铁塔上的电力传输线路。架空线路分为高压架空线路和低压架空线路两种，高压架空线路又分为高压架空输电线路和高压架空配电线路，主要作用为输送电能的线路和分配配电能的线路，电压等级为 1kV 以上，一般采用裸导线，是从发电厂到配电变压器前的线路部分；低压架空线路也称为低压配电线路，主要为电气设备提供电能和使用电能的低压用电线路，电压等级为 1kV 以

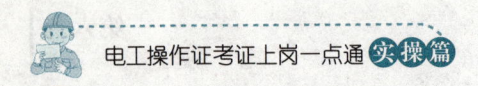

下，一般采用裸导线和绝缘导线，是从配电变压器低压输出端到电力用户的线路部分。

架空线路的优点有一次性投资费用较低、易于施工、迁移架设容易、施工的周期短、易发现故障点、便于维护检修，因此在中小城市和广大农村的电力电网中，绝大多数的电力线路都采用架空的线路。但架空线路有容易受自然环境、气候条件（雷雨、大风、冰雹、降雪等）、人为因素和环境污染的影响，需要占用一定的地面及空间，影响城市街道的美观，有电磁波干扰，与电缆线路相比有可靠性差等缺点。

一、架空线路的组成结构

高压架空线路由杆塔、避雷接地线、基础、裸导线、金具、高压绝缘子和拉线等组成；低压架空线路由电杆、绝缘导线、横担、金具、绝缘子和拉线等组成，如图 6-25 所示。

这里只重点讲述低压架空线路的内容。高压架空线路和低压架空线路如图 6-26 所示。

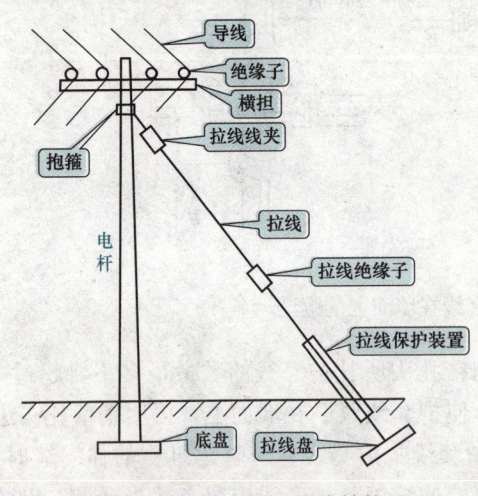

图 6-25 低压架空线路结构

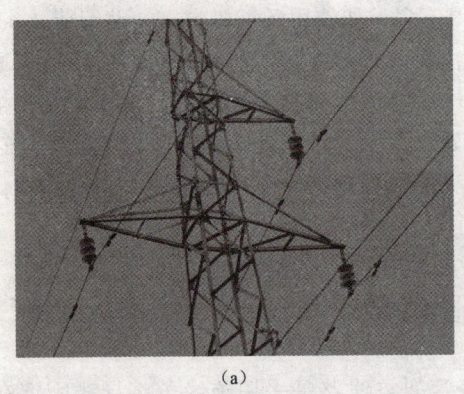

图 6-26 高压架空线路与低压架空线路
(a) 高压架空线路；(b) 低压架空线路

1. 电杆

电杆用于安装固定绝缘子和金具，通过绝缘子等来支撑导线，并保证导线对地面有足够的安全距离，以保证通过架空线路的人员和车辆的安全。通过固定在电杆及与埋在地面地锚之间的拉线,可平衡电杆来自各方向的拉力,并防止电杆在恶劣气候的影响下发生弯曲或倾倒。电杆要有足够的刚度和机械强度,电杆的材料有钢筋混凝土电杆和木质电杆两种,常用的电杆材料为钢筋混凝土电杆。电杆按照其受力特点和使用功能的不同,又可分为直线杆、耐张杆、转角杆、分支杆、终端杆和跨越杆等。

(1) 直线杆又称为中间杆,它敷设于线路的直线路段,占到架空线路的80%左右。直线杆两侧的受力基本相等,它只能起到支撑和承受导线的垂直质量和侧向的风力,不能承受线路导线同方向的拉力。

(2) 耐张杆能够承受线路导线同方向的拉力,它位于数根直线杆的中间,其自身有完善的拉线紧固装置,能够承受一侧导线的拉力。在进行分段紧线或导线断线时,可将导线的拉力控制在两耐张杆之间,可起到维修或事故时,将影响的范围控制在两耐张杆之内。直线杆与耐张杆如图 6-27 所示。

(a)

(b)

图 6-27 直线杆与耐张杆
(a) 直线杆;(b) 耐张杆

(3) 转角杆的位置在线路需要改变导线方向的地方,转角杆除了要承受耐张杆所要承受的拉力外,还要承受线路转角时导线的合成拉力。

(4) 分支杆就是干线与分支线的连接杆,为了平衡分支线的拉力,在分支杆与分支线拉力相反的方向装设拉线。转角杆与分支杆如图 6-28 所示。

(5) 终端杆设置在线路起始和终端的位置,它除了承受线路导线所有的合力外,还要在始端或终端安装与其线路走向相反方向的拉线,以承受线路起始或终端的单方向的不平衡拉力。

(6) 跨越杆安装在跨越公路、铁路、河流、高大建筑物的两端,跨越杆比其他电杆要高,所承受的各种合力也较大。终端杆与跨越杆如图 6-29 所示。

(a)　　　　　　　　　　　(b)

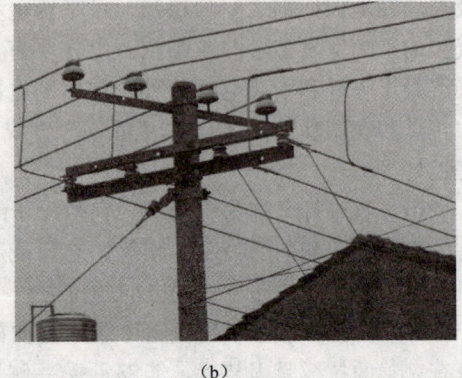

图 6-28　转角杆与分支杆
(a) 转角杆；(b) 分支杆

(a)　　　　　　　　　　　(b)

图 6-29　终端杆与跨越杆
(a) 终端杆；(b) 跨越杆

2. 绝缘导线

低压架空线路导线的作用是给电力用户传输电能，架空导线应具有导电性能好、机械强度高、散热性好、价格低廉、耐蚀性和质量轻等特点。低压架空线视安装环境和使用条件，可单独在电杆上安装敷设，也可以安装在高压电杆的下方，低压架空线路一般采用水平排列。低压架空线路使用的导线一般采用多股绝缘导线，但为了节约成本，现在很多场所采用多股裸铝导线、钢芯多股裸铝导线或合金多股裸铝导线，但单芯导线较少采用。为保证导线的机械强度，规定架空导线的最小截面，裸铜绞线为 6mm^2，裸铝绞线为 16mm^2，裸铝导线不允许采用单股导线。

3. 横担

横担安装在电杆上支持绝缘子，使绝缘子上固定在导线与导线之间，保持一定的电气安全距离，横担和金具的组合安装，使架空线路处于平稳的状态，且承受电杆档距内架空线段的荷重。横担的制作材料有木横担、铁横担和瓷横担3种，10kV高压架空配电线路一般选择瓷横担，低压架空线路一般选择铁横担，临时架空线路一般选择木横担。横担的长度要根据架空导线的数量、相邻电杆档距的大小和线间的距离来确定。横担在电杆上的安装方式有横担正安装、横担侧安装、横担交叉安装、横担单安装、横担双安装等。横担也是安装开关设备、避雷器等的支持件。

4. 金具

在电杆上横担的组装固定、绝缘子的安装固定、架空导线的连接和坚固、电杆拉线的紧固和调整所需的这些金属材料的配件，就是架空线路的金具。

5. 绝缘子

绝缘子的作用是悬挂或固定导线，使带电的导线与导线之间、导线与杆塔之间、导线与其他物体之间保持相互绝缘，同时还要承受导线垂直的荷载和水平的拉力。所以，绝缘子要有良好的绝缘性能和足够的机械强度。低压架空线路常用的绝缘子有针式（瓷瓶）、蝶式（茶台）、悬式（吊瓶）3种，另外还有拉线用的拉紧绝缘子和瓷槽担绝缘子。

6. 拉线

拉线是为了平衡架空导线各方向的拉力及因风雪等引起的拉力，用不同方向的拉线来平衡和稳定电杆，防止电杆的歪斜或倾倒。拉线的结构形式有普通拉线（尽头拉线）、转角拉线、人字拉线（两侧拉线）、四方拉线（十字拉线）、高桩拉线（水平拉线）、自身拉线（弓形拉线）等。

二、低压架空接户线与进户线

低压架空接户线与进户线是从低压架空线路引入到室内的一段线路，也是较大的工厂企业进入车间内的线路，在较小无专用配电室的工厂企业，是引到配电板前的线路段。

1. 低压架空接户线

我们常将低压架空接户线称为接户线，又称为架空引入线或下户线，是从架空线路的电杆上引到电力用户建筑物外墙上第一支持物（支持点）之间的一段架空导线线路，接户线应在电杆上及建筑物的支持点处以绝缘子固定。第一支持物就是电力用户配电室或建筑物外面墙上安装的支撑导线的角钢支架或电杆，从这里开始不管是谁安装的，朝前的部分产权归电力部门所有，以后的产权归电力用户所有，这也是今后维修责任的分界线（如果电力用户有自购的变压器，就是以变压器前的电杆为界，不要搞混淆了）。安装接户线时应考虑周围环境的影响、架空线路电杆的位置、接户线的线路走向、安装在建筑物上进户线的位置等因素。低压架空接户线如图6-30所示。

图 6-30　低压架空接户线

低压架空接户线至第一支持物的间距（档距）不宜大于 25m，如间距超过 25m 就应安装接户杆。1kV 以下接户线的导线截面应根据允许载流量选择，且不应小于下列数值：铜芯绝缘导线为 10mm^2，铝芯绝缘导线为 16mm^2。接户线导线之间的最小距离，电杆档距超过 25m 时为 0.2m，电杆档距小于 25m 时为 0.15m。接户线沿墙水平或垂直敷设时，应小于 0.1~0.15m。低压接户线受电端导线的对地面的垂直距离应小于 2.5m，接户线的进户端固定点标高应不小于 2.7m，有汽车通过的街道应小于 6m，汽车通过困难的街道、人行道应小于 3.5m，胡同（里、弄、巷）应小于 3m。接户线与建筑物下方窗户的垂直距离为 0.3m，与接户线上方阳台或窗户的垂直距离为 0.8m，与窗户或阳台的水平距离为 0，与墙壁、构架的距离为 0.05m。若接户线与弱电线路交叉，在弱电线路的上方时应小于 0.6m，在弱电线路的下方时应小于 0.3m。接户线不允许跨越建筑物，若必须跨越时，则接户导线最大弧垂与建筑物的垂直距离不应小于 2.5m。

接户线严禁跨越铁路，跨越有汽车通过的街道安装的，导体在档距间不应有接头。接户线采用沿墙敷设时，应有导线的保护措施。导线敷设排列的次序为，面向负载侧从左到右，低压架空线路的分布为 A、N、B、C 相，中性线应靠近电杆或房屋的内侧，在垂直敷设布置时中性线应位于最下方。

2. 低压架空进户线

从户外第一支持点到户内第一支持点之间的连接导线称为进户线，也称为表外线、引跳线。安装低压进户管的进户点，对地面的垂直距离不应小于 2.7m，进户管与接户线之间的垂直距离应为 0.5m，如果建筑物进户点的高度不足 2.7m，就应加装进户杆，进户点要选择在低压电源线路和配电计量装置附近，如图 6-31 所示。

进户导线穿过墙壁时要加装进户套管，进户套管有钢管、硬塑料管、瓷管等，进户套管的管壁厚度，钢管不应小于 2.5mm，硬塑料管不应小于 2.0mm，进户套管的最小截面不应小于 15mm。采用瓷管作进户套管时应一管一线，采用钢管作进户套

第六章
电气线路的敷设与安装

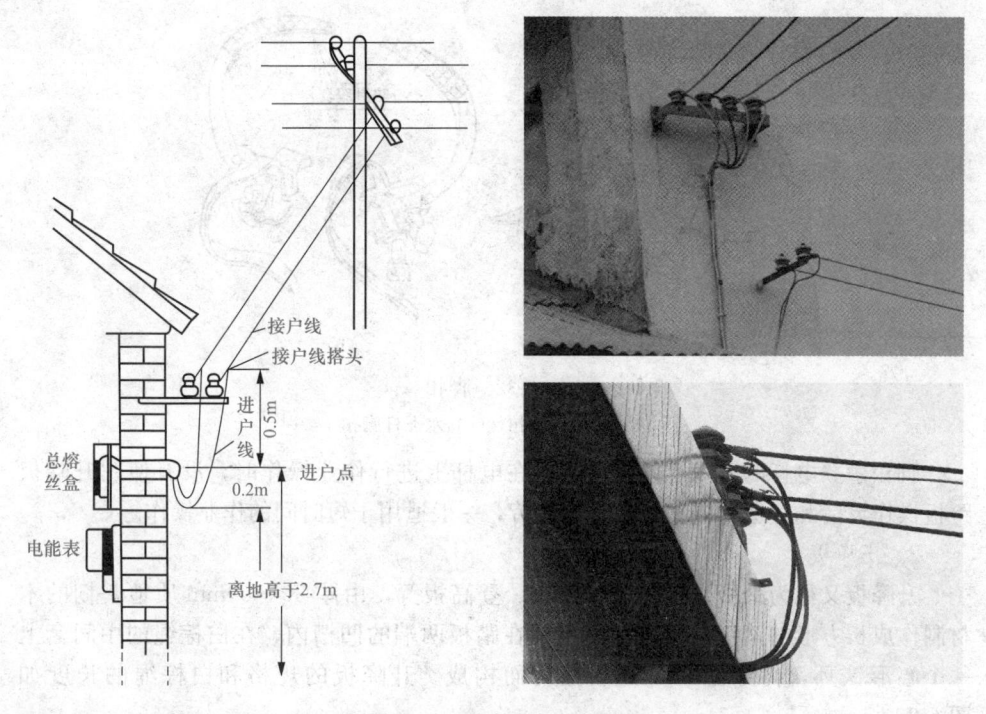

图 6-31 进户点与进户线

管时，应将全部的进户导线穿入同一根钢管内，管内导线（包括导线的绝缘层）的截面不应大于管内有效截面的 40%，进户套管安装时要略微向墙外倾斜，套管伸出墙外的部分要做成防水弯头。引入户内的低压进户线要采用绝缘导线，铜线的截面不小于 2.5mm，铝线的截面不小于 10mm，进户线导的中间不得有接头。

三、登杆操作技能

登杆作业是电力变配电检修和线路维护运行人员必须具备的一项基本操作技能，低压电工也经常需要对低压架空线路进行检修和线路维护，所以，登杆作业的操作技能也是低压电工必须掌握的基本职业操作技能，这也是很多低压电工的弱项。登杆作业的安全用具在与本书配套的《电工操作证考证上岗一点通》（基础篇）中已有介绍，这里不再重复。下面重点介绍登杆作业的登杆工具。

1. 脚扣

脚扣又称为铁脚、铁鞋，是用于攀登电杆的工具之一，它由扣体踏盘、顶扣、扣带、扣环上带防滑橡垫或扣环上带铁齿等构成。它的特点是上、下电杆的速度较使用升降板登杆的速度要快，脚扣分为扣环上带有胶胶攀登水泥电杆的可调式脚扣和用于扣环上带铁齿攀登木质电杆的不可调式脚扣两种，如图 6-32 所示。

防滑胶套

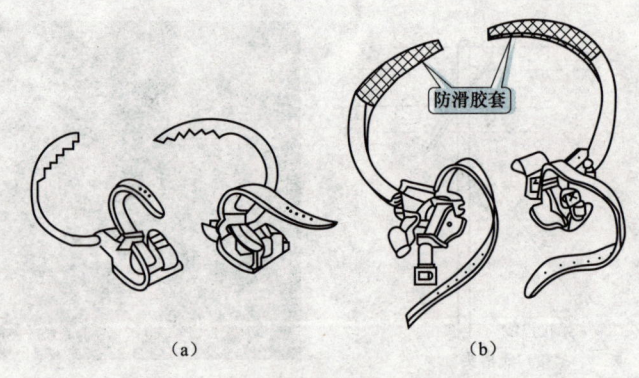

(a)　　　(b)

图 6-32　脚扣
(a) 木质杆脚扣；(b) 水泥杆脚扣

脚扣攀登电杆的技术容易掌握，但在电杆上进行作业操作时，没有使用升降板蹬板操作灵活和舒适，操作人员容易疲劳，一般适用于短时间的作业操作。

2. 升降板

升降板又称为踏板、蹬板、脚踏板、登高板等，由厚 30～50mm 质地坚韧的木材制作成长方形的踏板，用白棕绳系结在踏板两端的凹槽内，在白棕绳的中间套上一个心形铁环，再穿上一个铁制挂钩而构成。升降板的规格和白棕绳的长度如图 6-33 所示。

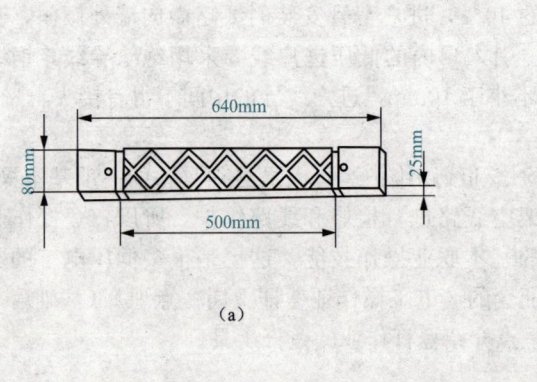

(a)　　　(b)

图 6-33　升降板的规格和白棕绳的长度
(a) 升降板的规格；(b) 升降板白棕绳的长度

3. 登杆作业前的准备工作

登杆作业前要检查是否按照规程的要求规范穿戴，检查安全帽有无破损、变形或开裂，正确地戴好安全帽并扣紧帽扣，穿系好工作胶鞋，安全带外观检查是否有断股、腐朽、脆裂、老化等现象，金属部位及金属钩环应无锈蚀、裂损的情况，以及严重磨损等隐患，钩环保险闭锁装置应转动灵活、无卡阻，安全带使用时应扎在臀部上部的位置，不可将安全带扎在腰间的位置。检查上杆作业使用工具袋内工具是否齐备，如电工钳、活动扳手、专用板手、电工刀、螺钉旋具、小榔头、传递绳及上杆作业项目的所需的工具等。

根据杆根的直径，调整合适的脚扣节距，使脚扣能牢固地扣住电杆，以防止下滑或脱落到杆下。登杆使用的脚扣的外表要完好无损，穿脚扣时脚扣带的松紧要合适，不得用绳子或电线代替脚扣带，以脚扣不从脚面上转动或滑脱为宜。检查水泥杆脚扣的胶套有无破损或脱落，有无豁裂或糟朽现象。检查木质杆脚扣的铁齿是否完整，与电杆之间是否完全扣牢，与杆的勾挂是否牢固有力等。雨天或冰雪天气因电杆湿滑，容易出现脚扣滑落伤人的事故，故此时不宜采用脚扣登杆。可在地面试穿脚扣进行冲击试验，试验时根据杆根的直径，调整好合适的脚扣节距，将脚扣套在电杆的根部，脚扣应能牢固地扣住在电杆上，先将人体的质量加在一只脚扣上，若无异常再试登另一只脚扣，两只脚扣经人体的冲击试验正常后，方可进行登杆作业。但要注意的是木质杆脚扣不得用于水泥电杆的登高，反之，水泥杆脚扣也不能用于木质电杆的登高。

升降板在使用前，要检查升降板的外表是否完好无损，升降踏板有无腐朽、缺损或开裂，白棕绳有无断股及受潮现象。在每次登高前要在电杆上用人体做冲击试验，以观察升降板是否出现异常。

登杆作业人员应具备登高作业的身体要求和技能素质，必须有专人进行现场监护，应在登杆工作的区范围内设置安全警示标示牌或防护围栏。

登杆前应先检查电杆的杆身是否有倾斜或破损，检查电杆上有无障碍，拉线是否牢固，杆根及基础是否牢固，有无受到雨水的冲刷。新立的电杆其杆基未填满夯实培土时，严禁攀登。

4. 脚扣登杆作业

不管是脚扣登杆作业，还是升降板登杆作业，第一步要将安全带的腰绳环绕过电杆（图6-34），与安全带调节到合适的长度系扣好，腰带扎在臀上部的位置，以保证安全和登杆作业时方便灵活，在杆上作业时也可作为一个支撑点，不至于将全身的质量落在脚上。

登杆时用两手上下交替扶抱住电杆，登杆

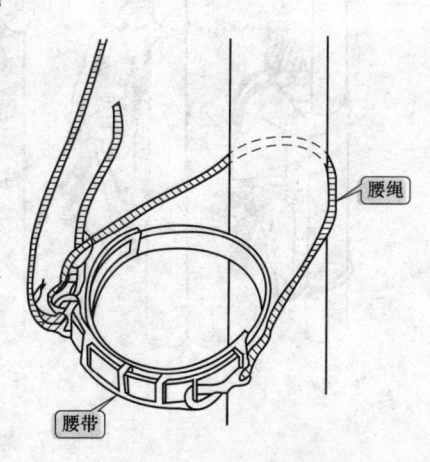

图6-34 将安全带的腰绳环绕过电杆

过程中两手不得同时脱离电杆，登杆时用左脚脚扣向上跨扣电杆，必须保证脚扣与电杆之间要稳稳地扣住并踩实，左手同时向上扶住电杆。右脚向上跨扣时，人体的重心放在左脚扣上，同时身体收腹臀部向后下方靠使上身成弓形，右脚的脚扣顺着电杆向上，右肩抵住电杆，右手臂抱住电杆（不是搂抱电杆），左手绕过电杆调整右脚脚扣的扣度，使脚扣在合适的位置稳固地扣住电杆，右脚用力上第一步，将人体的重心转移到左脚扣上，用左手拢住电杆，同时右肩脱离电杆，人体站直并为左脚脚扣脱离电杆向上攀登做准备。调整左脚脚扣的过程与调整右脚脚扣的过程基本相同。就这样左右脚扣交替地攀登，上升的步幅不宜过大，两手和两脚要协调配合，当左脚向上跨扣时，左手应同时向上扶住电杆；当右脚向上跨扣时，右手也应同时向上扶住电杆；每攀登一步都必须踩实，直至攀登至工作位置点。脚扣登杆作业如图6-35（a）所示。

登杆至作业位置点后，将脚扣扣牢登稳，在电杆的牢固构件上，系好安全带保险绳的保险挂钩，并要将保险装置锁住，双脚在电杆上交叉登紧脚扣，即可开始登杆后的作业。登杆作业时，电杆下不准站人，同时应注意地面的行人及车辆，必要时应有专人看护。工具及材料的传递应用传递绳系好提拉，传递绳可系在横担或固定可靠处，严禁上下抛掷，防止高处的物品坠落。

登杆作业结束后，下杆时安全带应向下移动，身体会向前倾，下杆时注意身体平衡，下杆过程中应始终保持有一手臂拢住电杆，下杆的动作与登杆的动作基本相同，同样要手脚协调配合地向下移动，只是方向相反。脚扣下杆作业如图6-35（b）所示。

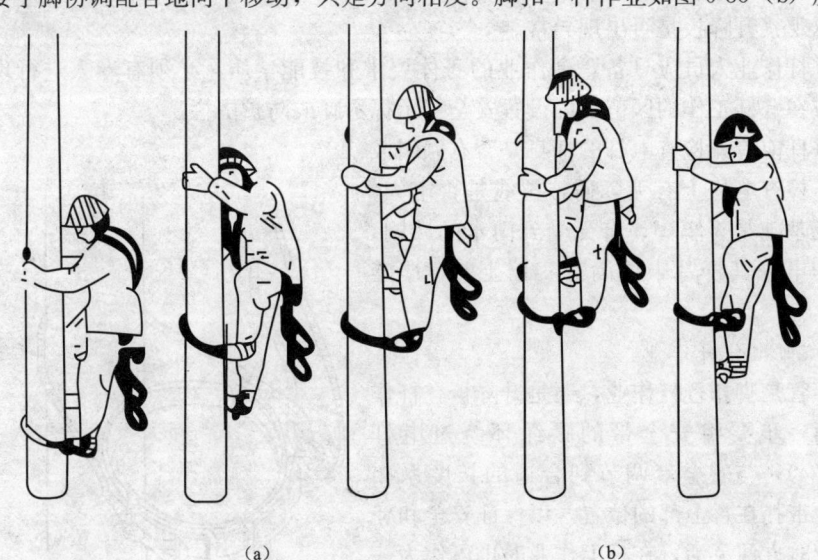

(a)　　　　　　　　　　　　(b)

图6-35　脚扣登杆与下杆作业
(a) 脚扣登杆作业；(b) 脚扣下杆作业

第六章 电气线路的敷设与安装

5. 升降板登杆作业

升降板每半年要进行一次载荷试验，在每次登杆前应先挂好升降板，用人体做冲击荷载试验，以检验踏板的可靠性。先以高度以操作者的脚能跨上升降板为准，必须要采用正钩挂，即挂钩的钩子方向要朝着外面，切勿采用反钩，以免造成升降板脱钩的事故。电杆上升降板与绳索钩挂如图6-36所示。

将第一个升降板与绳索钩挂在电杆上后，左手握住左边木板与单根棕绳相接的地方，用右手握住挂钩端的双根棕绳，用大拇指顶住挂钩并用力向下拉

图6-36 电杆上升降板与绳索钩挂

紧，拉得越紧套在电杆上的绳子越不容易下滑。将升降板沿着电杆的右前方堆出，将右脚从右前方蹬跨上到升降板，如图6-37（a）所示。然后两手及脚同时用力使人体上升，左手趁机立即向上扶住电杆，将人体的重心转移到右脚用力向上，使双脚站到升降踏板上，左脚要抵住电杆，如图6-37（b）所示。当人体上升到一定高度时，右手向上扶住电杆使人体站直，将刚提上去的左脚绕过左边单根的棕绳，从外向内用脚勾住棕绳，蹬入到棕绳的三角档内，左脚踏入到升降板上站稳，这样的站法使人不容易向后倒，如图6-37（c）所示。然后取背在肩上的另一个升降板，在单杆上方估计自己的脚能够跨得上的位置，按照前面升降板与绳索钩挂的方法，在电杆上挂第二级升降板。如图6-37（d）所示。将左脚从第一级升降板左边的单根棕绳内绕出，改为双脚同时站在第一级升降板的正面站稳，然后右手紧握第二级升降板的双根棕绳，并用大拇指顶住挂钩，左手握住左边贴近升降板的单根棕绳，接着将右脚跨上第二级升降板，两手及脚同时用力地使人体上升。此时人体的受力依靠右手紧握住的两根棕绳来获得，人体的平衡依靠左手紧握着的棕绳来维持，左脚应悬在电杆与两根绳子的中间，如图6-37（e）所示。左脚上提时仍应盘住左边的绳子站升降板上，当左脚离开第一级升降板时，为避免人体摇晃不稳，此时左脚必须抵住电杆，然后用左手将第一级升降板解下来，如图6-37（f）所示。继续重复上述的登杆动作，依次交替一步步地向上攀登完成登杆工作。要注意由于电杆越向上就越细，在电杆上升降板放置的档距也应逐渐地缩小一些。

6. 杆上作业

在杆上高处作业时，应先系好安全带的保险绳，安全带的保险绳应系挂在牢固的构件上，或专为挂安全带用的钢架或钢丝绳上，禁止系挂在移动或不牢固的物件上，安全带系好后应检查保险扣环是否扣牢，在杆上作业转位时，不得失去安全带

229

(a)　　　(b)　　　(c)　　(d)　　　(e)　　　(f)

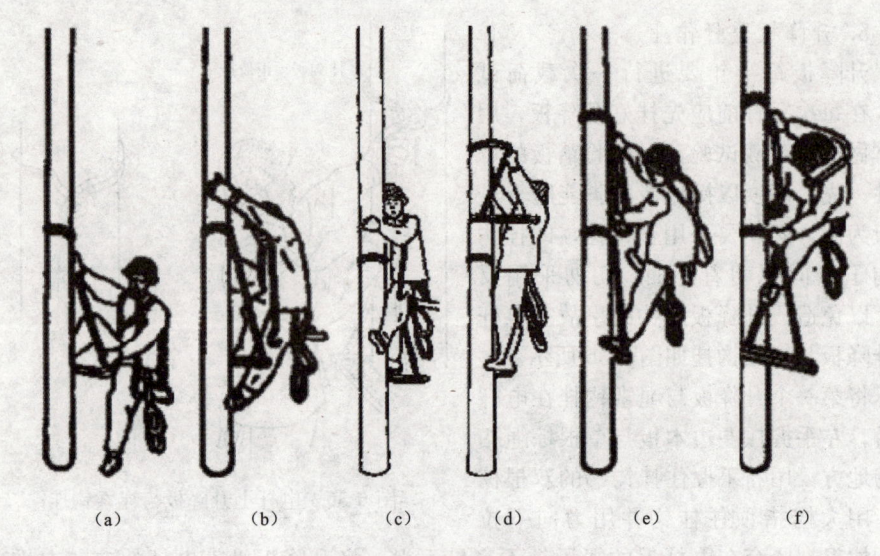

图 6-37　升降板登杆作业

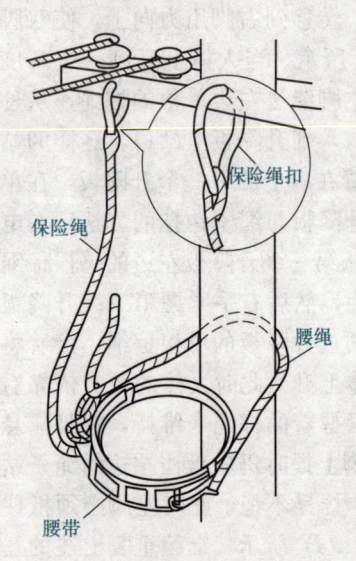

图 6-38　腰带、保险绳和腰绳

保护，应防止安全带从杆顶脱出或被锋利物割伤。保险带腰带不可束系在腰部，否则，杆上作业时间长了腰部分承受不了的。保险带腰带要扎在臀上部的位置，保险带不能系束得太松，以不会滑过臀部的位置为准，既能作业时方便灵活，又能保证杆上高处作业安全。安全带的保险绳的悬挂方式，如图 6-38 所示。杆上、杆下的作业人员应戴安全帽，两人杆上作业时，一人监护，一人辅助。登杆作业时，所需要的工具及材料的上下传递应用传递绳系好提拉，传递绳不准系在安全带上，可固定系在横担或构件牢固的可靠处，严禁上下抛掷。

为了保证在杆上作业时使身体平稳，为不使升降板摇晃，站立时两腿前掌内侧应夹紧电杆。使用脚扣在杆上作业时，双脚应交叉并登紧脚扣，杆上作业时升降板和脚扣的定位方式如图 6-39 所示。

7. 升降板下杆作业

登杆作业完成后，双脚站稳在现用的一只升降板上，左手握住另一只升降板的棕绳，弯腰放置在腰部的下方，右手抓住铁勾绕过电杆，在人体站立的升降板棕绳与电杆之间的缝隙中间穿过，勾住左手握住的棕绳，注意要使勾子的开口朝上，将另一只升降板挂勾在下方的电杆上，挂勾的位置不要挂得太低，以人体的腰部下方

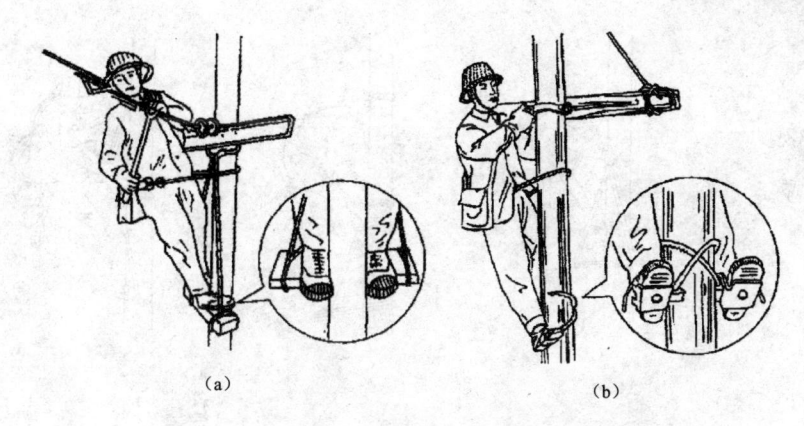

图 6-39　杆上作业时升降板和脚扣的定位方式
(a) 杆上作业时升降板的定位；(b) 杆上作业时脚扣的定位

为佳，左脚绕过左边棕绳环绕踏入到现用的升降板内，如图 6-40 (a) 所示。

右手紧握在现用升降板挂勾处的双根棕绳，并用大拇指顶住挂钩，以防人体下降时升降板随着下降，左手握住下面踏板的挂钩处，使刚挂入挂勾的棕绳不至于滑出铁钩，但也不要将棕绳拉紧，以免引起升降板在下滑时不顺畅，将左脚放在左手的下方并下伸，如图 6-40 (b) 所示。

左手及下伸的左脚与下面的升降板，同时以最大限度地徐徐地下滑，下伸到达最大限度的适当位置，如图 6-40 (c) 所示。

用左手将踏板两端的棕绳收紧，将左脚插入到下面升降板两根棕绳与电杆之间，并用左脚背内侧用力抵住电杆不动，以防踏板继续下滑或人体摇晃，如图 6-40 (d) 所示。

这时将左手握住上面升降板棕绳的下方，同时右脚从上升降板退出向下移动，右手沿着现用升降板的棕绳从上往下滑，双手也随着人体的下降而下移，直至贴近并握住升降板两端，如图 6-40 (e) 所示。

左脚用力使人体向后仰，使右脚能准确地踏到下面的升降板，此时下面的升降板已经受力，可以防止升降板自然下落的趋势，如图 6-40 (f) 所示。立即将左脚从下面踏板的两根棕绳内抽出，这时双手要用力拉紧上面升降板的两根棕绳，如图 6-40 (g) 所示。人体贴近电杆并站稳，左脚下移并绕过左边棕绳准备踏到下面的升降板上，右手上移抓住上面升降板铁勾下面的两根棕绳。如图 6-40 (h) 所示。左脚盘住下面升降板左面的棕绳站稳，用手向上抖动上面的升降板的棕绳，使棕绳与电杆产生松动，棕绳松动后会顺着电杆向下滑动，棕绳挂勾松脱或用手解开棕绳挂勾，如图 6-40 (i) 所示。

231

(a)　　　　　(b)　　　　　(c)　　　　　(d)

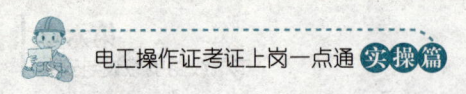

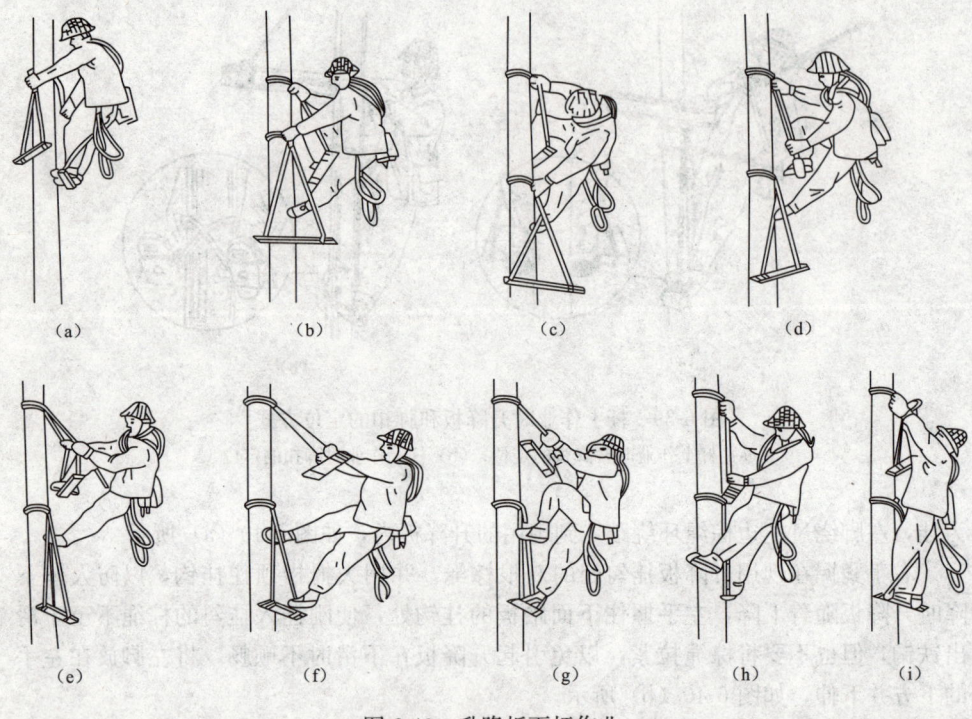

(e)　　　　　(f)　　　　　(g)　　　　　(h)　　　　　(i)

图 6-40　升降板下杆作业

看似用升降板上下杆好像很复杂和费力,但将升降板运用熟练后,会感觉到其登杆和下杆方便快捷,特别适用于长时间地在杆上作业。一般说来,如短时间的杆上操作,使用脚扣登高作业较适用;如较长时间的杆上操作,使用升降板登高作业较适宜。

第四节　电缆线路的敷设与安装

电缆线路与架空线路敷设的方式不同,它一般敷设在地面以下或建筑物的专用夹层中,电缆线路与架空线路相比,电缆线路具有受外界和周围环境影响较小、基本不受气候变化的影响、供电可靠性高、不占地面与空间、无干扰电波、运行维护简单、对城市美观及市容环境影响较小、发生事故时不容易影响人身安全等优点。电缆线路与架空线路相比有其不可替代的优点,故越来越多地得到了广泛的应用,但它也有其缺点,如一次性投资费用较高、敷设安装的周期较长、线路不易变动与分支、电缆接头的工艺较复杂、电缆故障测寻与维修较复杂等。

电缆线路是利用电缆来输送电能和分配电能的输电与配电的线路,电缆分为电力电缆和控制电缆两类，电缆在配电线路中使用得较多，如工厂企业及居民区10kV电力变压器的输电线路、变压器至配电室的输电线路、配电室至生产车间的输电线路等。

因配电的电力电缆属于高压的线路，所以，接触到电力电缆的机会还不是很多，作为低压电工来说，对于电力电缆也是只要了解它的基本结构、类型、特点等就可以了。

一、电力电缆的分类

电力电缆的种类和品种繁多，根据不同的电缆种类及用途可分为以下几种：

（1）按照电缆电压等级分为：高压电缆（110kV以上）、中压电缆（35kV以上）、低压电缆（1kV及1kV以下）。

（2）按照电缆芯线数量分为：单芯电缆、双芯电缆、三芯电缆、四芯电缆。

（3）按照电缆敷设方式分为：桥架敷设、架空敷设、电缆沟敷设、排管敷设、浅槽敷设、隧道敷设、直埋敷设、竖井敷设、墙面敷设、水底敷设沿等。

（4）按照电缆芯线材料分为：铜芯电缆和铝芯电缆。

（5）按照电缆绝缘材料分为：油浸纸绝缘电缆（又分为统包型和分相铅包型）、塑料绝缘电缆（聚氯乙烯、聚乙烯、交联聚乙烯）、橡胶绝缘电缆。

（6）按照电缆线芯截面分为：$2.5mm^2$、$4mm^2$、$6mm^2$、$10mm^2$、$16mm^2$、$25mm^2$、$35mm^2$、$50mm^2$、$70mm^2$、$95mm^2$、$120mm^2$、$150mm^2$、$185mm^2$、$240mm^2$、$300mm^2$、$400mm^2$、$500mm^2$、$625mm^2$、$800mm^2$等。

（7）按照电缆密封材料分为：内保护层有铅包、铝包、塑料包、橡胶套等。

（8）按照电缆保护层分为：外保护层有沥青麻护层、钢带铠装护层、钢丝铠装护层等；

（9）按照电缆的结构可分为：统包型电缆、屏蔽型电缆及分相铅包型电缆等。

二、电力电缆的结构

电力电缆主要由导线、绝缘层和保护层3部分组成，就是将一根或数根导线绞合而成其线芯，再裹以绝缘材料形成绝缘层，外面再包裹铝、铅或塑料等材料形成保护层。电力电缆剖面图如图6-41所示。

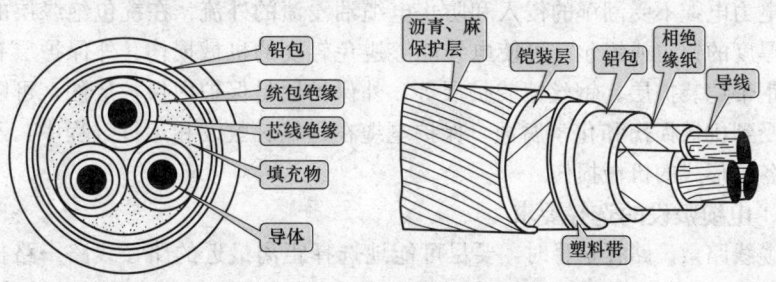

图6-41 电力电缆剖面图

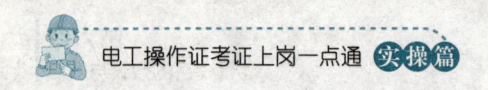

1. 电缆芯导体

电缆芯的导体是由导电率较高的多股铜线或铝绞线制成的,线芯的截面小于 16mm² 及以下时为圆形,线芯的截面大于 25mm² 及以上时为椭圆形、扇面形,采用扇面形芯线可以使电缆的外径小,增加电缆的柔软性和结构的稳定性,提高了电缆的散热能力,并降低了外部保护层的消耗量。扇面形线芯导体电缆,如图 6-42 所示。

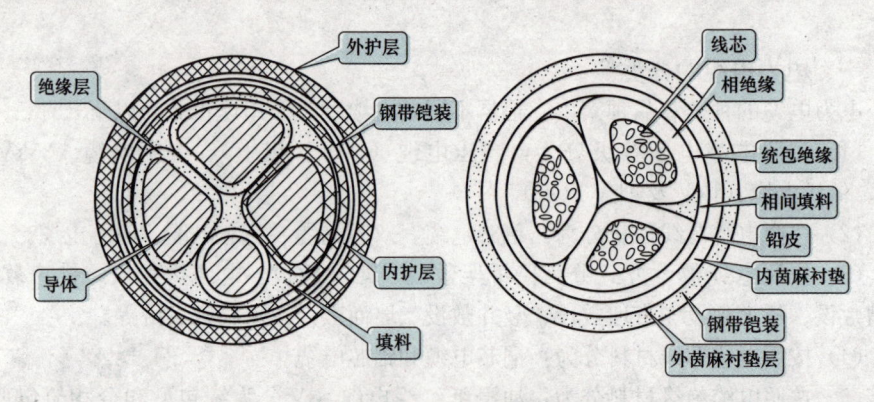

图 6-42 扇面形线芯导体电缆

2. 绝缘层

绝缘层是用绝缘材料来隔离电缆内导电的缆芯,使电缆内缆芯与缆芯、缆芯与铝(铅)包的保护层之间相互隔开,相互之间有可靠的绝缘。电缆的绝缘层材料有黄麻、橡胶、聚氯乙烯、聚乙烯、交联聚乙烯和浸渍矿物油的油浸纸等。其中油浸纸绝缘的应用最广,油浸纸是经过真空干燥再放入松香和矿物油混合的液体中浸渍后,再缠绕在电缆的导电缆芯上,这就是分相的绝缘。如果将电缆内的每根缆芯都进行分相绝缘,再将全部的缆芯绞合并在外面用油浸纸包裹上,这样的绝缘就称为统包绝缘。

3. 保护层

电缆的保护层分为内保护层和外保护层,其作用是使电缆的绝缘密封而不受潮气的侵入,并避免受到外部机械力、摩擦力及各类应力等的损伤。电缆的内保护层是保护电力电缆不受潮湿的侵入和防止电缆油浸渍的外流,在统包绝缘层的外面包上一定厚度的铝包或铅包,可使电缆能够避免轻度的机械损伤。外保护层有沥青麻护层、钢带铠装护层、钢丝铠装护层等,外保护层是保护内保护层的,可防止铝包或铅包受到机械损伤和化学腐蚀,保护电缆在运输、敷设和运行过程中,不会受到外界的各种形式的机械损伤。

三、电缆敷设的选择要求

电缆线路敷设路径选择时,要尽可能地选择距离最近的路径线路,路径的选择应满足经济、施工、安全运行的要求。电缆尽量不穿越各种建筑物、铁路、公路、水气管道、电气线路、通信线路和网络线路，在建筑物内要减少穿越墙壁和楼房地板的数量和次数。在电缆线路敷设的区域内，要充分考虑到各种外界因素对电缆线路的影响，保证电缆线路不会受到各种机械振动、机械损伤、化学腐蚀和地下电流的电腐蚀等。

按照电缆发热的条件来选择：电缆长时间在电流的作用下，不会因线芯导线的过热而引起电线绝缘损坏或加速电缆的老化，电缆的持续容许电流应等于或大于供电负载的最大持续电流。最大工作电流作用下的电缆导体温度不得超过电缆使用寿命的允许值。

按照电缆热稳定性的条件来选择：电缆导线芯线的截面选择应满足供电系统短路时的热稳定性的要求，在一定的时间内，能够安全承受短路电流所产生的热量，保证电线安全稳定地运行供电。

按照电缆允许电压损失的条件来选择：在选择敷设电缆的截面时，电缆的额定电压应等于或大于供电系统的额定电压，电缆供电线路端电压的压降损失值及最大工作电流作用下连接回路的电压降，不得超过该回路允许值。要符合国家规范的额定允许值范围，以保证电缆的供电质量。

按照电缆机械强度的条件来选择：在正常的工作状态下，选择合适的敷设方式，保证电缆有足够的机械强度，避免电缆的变形、破损或断裂，保证电缆安全可靠地运行。敷设于水下的电缆，当需要导体承受拉力且较合理时，可按抗拉要求选择截面。

按照电缆电流密度的条件来选择：电缆导线芯线的截面选择要适中，芯线的截面不能选择得太大，以免造成电缆线路成本提高和资金的浪费；芯线的截面不能选择得过小，多芯电力电缆导体最小截面，铜导体不宜小于 $2.5mm^2$，铝导体不宜小于 $4mm^2$。否则，电缆运行时产生过热的故障，将严重影响电缆线路安全可靠地运行。

按照电缆防火要求的条件来选择：在选择敷设电缆的类型和型号时，要考虑电缆的使用用途、敷设条件、环境污染、人为因素等问题，在有可燃性材料的环境时，要选择不延燃电缆、阻燃电缆、无卤阻燃电缆及耐火电缆等。

还可根据电缆的不同敷设方式、电缆运行所处的环境、电缆在酸碱腐蚀及爆炸危险场所的特殊条件等多种因素的不同要求，进行电缆敷设的选择。

四、电缆的敷设方式

电缆的敷设方法有人工敷设、机械牵引敷设和输送机敷设3种。电缆有多种的敷设方式，选择哪种方法，要根据电缆敷设的周围环境、电缆线的长度、电缆数量的多少等因素决定。电缆的敷设要按照《电力工程电缆设计规范》（GB 50217—2007）及《电气装置安装工程电缆线路施工及验收规范》（GB 50168—2006）的标准来执行，在这里只简单地介绍常见的几种电缆敷设方式。

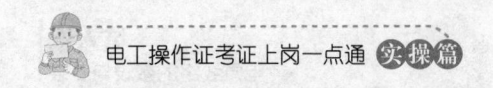

1. 电缆直接埋地敷设

这种敷设方式在工厂企业中较常见，因其无需复杂的结构设施、简单经济、施工方便、电缆散热性好等优点，同一通路少于6根的35kV及以下电力电缆，在厂区通往远距离辅助设施或城郊等不易有经常性开挖的地段，宜采用直埋；在城镇人行道下较易翻修情况或道路边缘，也可采用直埋。在化学腐蚀或杂散电流腐蚀的土壤范围内，不得采用直埋。应避开含有酸、碱强腐蚀或杂散电流电化学腐蚀严重影响的地段。厂区内地下管网较多的地段，可能有熔化金属、高温液体溢出的场所，待开发有较频繁开挖的地方，不宜用直埋。

电缆直接埋地敷设应选用铠装电缆或有防腐层的电缆，电缆应敷设于壕沟里，埋设深度应在冻土层以下，埋设深度不应小于0.7m，穿越农田时不应小于1.0m，35kV及以上时不应小于1.0m，若不能满足上述要求时，应采取保护措施。并应沿电缆全长的上、下紧邻侧铺以厚度不少于100mm的软土或砂层，在电缆上方100mm处加盖水泥保护盖板或类似的保护层，沿电缆全长应覆盖宽度不小于电缆两侧各50mm的保护板，保护板宜采用混凝土。城镇电缆直埋敷设时，宜在保护板上层铺设醒目标志带。位于城郊或空旷地带，沿电缆路径的直线间隔100m，转弯处或接头部位，应竖立明显的方位标志或标桩。

电缆引出地面0.2～2.0m处，行人容易接触和电缆可能受到机械损伤的地方应穿管进行保护。直埋敷设的电缆与铁路、公路或街道交叉时，应穿于保护管，保护范围应超出路基、街道路面两边及排水沟边0.5m以上。

如电缆需要弯曲时，弯曲的半径不得太小，弯曲的半径与电缆外径的比值，一般规定对于纸绝缘多芯电力电缆，铅套有铠装为15倍，铅套无铠装为20倍，铝套为30倍；对于塑料绝缘多芯电缆，铅套有铠装为12倍，铅套无铠装为15倍；橡胶绝缘多芯电缆，无铅包、钢铠护套为10倍，裸铅包护套为15倍，钢铠护套为20倍；对于控制电缆，非铠装型、屏蔽型软电缆为6倍，铠装型、铜屏蔽型为12倍，其他的为10倍。

直埋敷设的电缆，严禁位于地下管道的正上方或正下方。电力电缆之间或与控制电缆之间，10kV及以下电力电缆平行时的最小距离为0.5m，交叉时的最小距离为0.1m；直埋敷设的电缆与铁路、公路或街道交叉时，应穿于保护管，保护范围应超出路基、街道路面两边及排水沟边0.5m以上。

2. 电缆的电缆沟敷设

电缆的电缆沟敷设具有造价成本低、占地面积少、走向灵活方便、可容纳较多电缆、检修更换电缆较电缆直接埋地敷设方便等优点。在化学腐蚀液体或高温熔化金属溢流的场所，或在载重车辆频繁经过的地段，不得采用电缆沟。在经常有工业水溢流、可燃粉尘弥漫的厂房内，不宜采用电缆沟。电缆沟敷设分为室内电缆沟敷设、室外电缆沟敷设和厂区电缆沟敷设等，大多数工厂企业的配电室和车间内的电缆敷设，都是采用的电缆沟敷设。

对电缆沟或隧道底部低于地下水位、电缆沟与工业水管沟并行邻近、隧道与工业水管沟交叉时，宜加强电缆构筑物防水处理。电缆沟与工业水管沟交叉时，电缆沟宜位于工业水管沟的上方。在不影响厂区排水情况下，厂区户外电缆沟的沟壁宜稍高出地坪。电缆沟底应平整，电缆构筑物应实现排水畅通，电缆沟的纵向排水坡度不得小于 0.5‰，沿排水方向适当距离宜设置集水井及其泄水系统，必要时应实施机械排水。

电缆沟支架上的电缆排列，电缆支架的层间允许最小距离，当设计无规定时，10kV 及以下（除 6~10kV 交联聚乙烯绝缘外）为 150~200mm，6~10kV 交联聚乙烯绝缘为 200~250mm。电缆支架最上层及最下层至沟顶、楼板或沟底、地面的距离，最上层至沟为 150~200mm，最下层至沟底或地面为 50~100mm，电缆敷设时，不应损坏电缆沟、隧道、电缆井和人井的防水层。电缆支架应安装牢固，横平竖直；托架支吊架的固定方式应按设计要求进行。各支架的同层横挡应在同一水平面上，其高低偏差不应大于 5mm。托架支吊架沿桥架走向左右的偏差不应大于 10mm。电缆在支架上的敷设应符合下列要求：

(1) 控制电缆在普通支架上，不宜超过 1 层；桥架上不宜超过 3 层。

(2) 交流三芯电力电缆，在普通支吊架上不宜超过 1 层；桥架上不宜超过 2 层。

(3) 交流单芯电力电缆，应布置在同侧支架上，并加以固定。当按紧贴正三角形排列时，应每隔一定的距离用绑带扎牢，以免其松散。

电缆与热力管道、热力设备之间的净距，平行时应不小于 1m，交叉时应不小于 0.5m；当受条件限制时，应采取隔热保护措施。电缆通道应避开锅炉的看火孔和制粉系统的防爆门；当受条件限制时，应采取穿管或封闭槽盒等隔热防火措施。电缆不宜平行敷设于热力设备和热力管道的上部。电缆敷设完毕后，要用电缆沟盖板盖住电缆沟。

3. 电缆的穿管敷设

按照《电力工程电缆设计规范》（GB 50217—2007）中的规定，在有爆炸危险场所明敷的电缆，露出地坪上需加以保护的电缆，以及地下电缆与公路、铁道交叉时，应采用穿管。地下电缆通过房屋、广场的区段，以及电缆敷设在规划中将作为道路的地段，宜采用穿管。在地下管网较密的工厂区、城市道路狭窄且交通繁忙或道路挖掘困难的通道等电缆数量较多时，可采用穿管。

保护管敷设时电缆保护管内壁应光滑无飞边。其选择应满足使用条件所需的机械强度和耐久性，且应符合下列规定：需采用穿管抑制对控制电缆的电气干扰时，应采用钢管；交流单芯电缆以单根穿管时，不得采用未分隔磁路的钢管。

部分或全部露出在空气中的电缆保护管的选择应符合下列规定：防火或机械性要求高的场所，宜采用钢质管，并应采取涂漆或镀锌包塑等适合环境耐久要求的防腐处理；满足工程条件自熄性要求时，可采用阻燃型塑料管；部分埋入混凝土中等有耐冲击的使用场所，塑料管应具备相应承压能力，且宜采用可挠性的塑料管。

同一通道的电缆数量较多时，宜采用排管，保护管管径与穿过电缆数量的选择应符合下列规定：每管宜只穿1根电缆；除发电厂、变电所等重要性场所外，对一台电动机所有回路或同一设备的低压电动机所有回路，可在每管合穿不多于3根电力电缆或多根控制电缆；管的内径不宜小于电缆外径或多根电缆包络外径的1.5倍；排管的管孔内径不宜小于75mm。

单根保护管使用时，宜符合下列规定：每根电缆保护管的弯头不宜超过3个，直角弯不宜超过2个；地中埋管距地面深度不宜小于0.5m；与铁路交叉处距路基不宜小于1.0m；距排水沟底不宜小于0.3m；并列管相互间宜留有不小于20mm的空隙。

使用排管时，应符合下列规定：管孔数宜按发展预留适当备用；导体工作温度相差大的电缆，宜分别配置于适当间距的不同排管组；管路顶部土壤覆盖厚度不宜小于0.5m；管路应置于经整平夯实土层且有足以保持连续平直的垫块上，纵向排水坡度不宜小于0.2%；管路纵向连接处的弯曲度，应符合牵引电缆时不致损伤的要求，管孔端口应采取防止损伤电缆的处理措施；电缆与铁路、公路、城市街道、厂区道路交叉时，应敷设于坚固的保护管或隧道内；电缆管的两端宜伸出道路路基两边0.5m以上，伸出排水沟0.5m，在城市街道应伸出车道路面。

4. 电缆的架空敷设

在地下水位较高的地方、化学腐蚀液体溢流的场所，厂房内应采用支持式架空敷设。建筑物或厂区不宜地下敷设时，可采用架空敷设。明敷且不宜采用支持式架空敷设的地方，可采用悬挂式架空敷设。架空电缆的金属护套、铠装及悬吊线均应有良好的接地，杆塔和配套金具均应进行设计，应满足规程及强度要求。对于较短且不便直埋的电缆可采用架空敷设，架空敷设的电缆截面不宜过大，考虑到环境温度的影响，架空敷设的电缆载流量宜按小一规格截面的电缆载流量考虑。支撑架空电缆的钢绞线应满足荷载要求，并全线良好接地，在转角处需打拉线或顶杆。架空敷设的电缆不宜设置电缆接头。

架空电缆与公路、铁路、架空线路交叉跨越时，1kV电力线路最小允许距离为1m，6～10kV电力线路最小允许距离为2m，35～110kV电力线路最小允许距离为3m，154～220kV电力线路最小允许距离为4m，330kV电力线路最小允许距离为5m，弱电流线路最小允许距离为1m，与铁路最小允许距离为7.5m，与公路最小允许距离为6m。

另外规定在隧道、电缆沟、浅槽、竖井、夹层等封闭式电缆通道中，不得布置热力管道，严禁有易燃气体或易燃液体的管道穿越。爆炸性气体危险场所敷设电缆，应在可能范围保证电缆距爆炸释放源较远，敷设在爆炸危险较小的场所，并应符合下列规定：

(1) 易燃气体比空气重时，电缆应埋地或在较高处架空敷设，且对非铠装电缆采取穿管或置于托盘、槽盒中等进行机械性保护。

(2) 易燃气体比空气轻时，电缆应敷设在较低处的管、沟内，沟内非铠装电缆应埋砂。

电缆在空气中沿输送易燃气体的管道敷设时，应配置在危险程度较低的管道一侧，并应符合下列规定：

(1) 易燃气体比空气重时，电缆宜配置在管道上方。

(2) 易燃气体比空气轻时，电缆宜配置在管道下方。

电缆及其管、沟穿过不同区域之间的墙、板孔洞处，应采用非燃性材料严密堵塞。电缆线路中不应有接头；如采用接头时，必须具有防爆性。

1kV以下电源中性点直接接地时，三相四线制系统的电缆中性线截面，不得小于按线路最大不平衡电流持续工作所需最小截面；有谐波电流影响的回路，尚宜符合下列规定：

(1) 气体放电灯为主要负载的回路，中性线截面不宜小于相芯线截面。

(2) 除上述情况外，中性线截面不宜小于50%的相芯线截面。

1kV以下电源中性点直接接地时，配置保护接地线、中性线或保护接地中性线系统的电缆导体截面的选择，应满足回路保护电器可靠动作的要求。按热稳定要求的保护接地线，按照电缆相芯线截面 $S \leqslant 16$ 时，保护接地线允许最小截面为电缆相芯线截面 S；电缆相芯线截面 $16mm^2 < S \leqslant 35mm^2$ 时，保护接地线允许最小截面为 $16mm^2$；电缆相芯线截面 $35mm^2 < S \leqslant 400mm^2$ 时，保护接地线允许最小截面为电缆相芯线截面 $S/2$。配电干线采用单芯电缆作为保护接地中性线时，铜导体截面应不小于 $10mm^2$，铝导体截面应不小于 $16mm^2$。

三相四线制系统中应采用四芯电力电缆，不应采用三芯电缆另加一根单芯电缆或以导线、电缆金属护套作为中性线。

第七章

照明灯具及电路的安装

照明分自然照明和人工照明两种，电气照明属于人工照明，它的主要作用是在天然的自然照明不足时，为人类的生产、工作、学习和生活提供人工照明，是建筑物内外人工环境的重要组成部分，起到安全可靠、经济适用、美观大方和保护视力的作用，是人们活动和生活中必不可缺少的必要条件。照明就是对光技术的运用，光也是一种物质，是物质的一种存在形式。光是一种辐射能量，其本质是一种电磁波，它以电磁波的形式在空间传播，可见光的波长介于红外线（340μm～780nm）与紫外线（10～380nm）之间，波长为380～780nm，不同波长的可见光给人的视觉辐射是不同的，会产生对各种颜色的感观感觉。人工照明是由照明灯具来实现的，照明灯具是由电光源、灯座、灯罩、开关或控制器、电源线路等附件组成的，灯具起着固定与保护电光源、控制并重新分配光源在空间的分布、防止眩光等作用。电气照明广泛地应用于人们的生活和生产的各个行业，是确保安全生产、提高产品质量、提高工作效率和保护人们视力健康的保证，所以要合理地设计和安装照明装置。

第一节 照明灯具的分类

（1）按电光源的不同可分为：热辐射光源、气体放电光源和半导体电致光源3类。

（2）按安装方式的不同可分为：悬吊式、吸顶式、壁装式、落地式、嵌入式、地面式、防水式、移动式、地脚灯、庭院灯、台式、移动式灯、道路广场灯、应急照明灯等。

（3）按防触电保护形式的不同可分为：0类灯具、Ⅰ类灯具、Ⅱ类灯具、Ⅲ类灯具。

（4）按照明方式的不同可分为：一般照明、局部照明和混合照明。

（5）按照明种类的不同可分为：正常照明、事故照明、值班照明、警卫照明和障碍照明。

(6) 按照明灯具的不同可分为：白炽灯、荧光灯、节能灯、荧光高压汞灯、高压汞灯、碘钨灯、LED灯、霓虹灯、高压钠灯、金属卤化物灯、卤钨灯、氙灯、低压安全灯等。

(7) 按照明灯具使用场所的不同可分为：开启式、防护式、防水式、密封式、防爆式等。

(8) 按灯具的配光形式不同可分为：直接照明型、半直接照明型、全漫射式照明、半间接照明型、间接照明型等。

(9) 按灯具的使用场所不同可分为：民用灯具、建筑灯具、工矿灯具、车用灯具、船用灯具、舞台灯具、防爆灯具、医疗灯具、公共场所灯具、摄影灯具、水用灯具、农用灯具、航空灯具、军用灯具、路上交通灯具等。

(10) 按灯具的结构分类可分为：开启型灯具、封闭型灯具、防溅型灯具、防爆型灯具、隔爆型灯具、安全型灯具、防振型灯具等。

第二节　常用照明的电光源

照明的光源有很多种，照明器具一般包括照明灯泡（或灯管）及其附件（灯口、灯座、灯架、吊灯线、吊线盒及镇流器、辉光启动器、电容器等）。常用的照明光源有：白炽灯、荧光灯、节能灯、卤钨灯（碘钨灯）、高压汞灯（高压水银灯）、高压钠灯、LED灯、氙灯、金属卤化物灯等。

一、白炽灯

白炽灯是目前使用得最为普遍的热辐射光源，它具有结构简单、价格便宜、安装方便、显色性好、使用可靠、维修便捷、成本低廉、光色柔和、高集光性、无闪烁、品种规格多等特点。广泛用于照度要求不高、局部照明、事故照明、需要调节光源亮暗、开关频繁操作、有特殊光照要求、防止气体放电灯引起干扰等的场所。

白炽灯是利用电流通过灯丝电阻的热效应，通电后将灯丝加热到白炽状态，将电能转换为热能和光能而发光的。白炽灯泡的构造主要由玻璃外壳、灯丝、支架、引线和灯头组成，白炽灯泡的灯丝用熔点高、电阻率较高和不易蒸发的钨丝制成，为防止灯泡内的钨丝在高温时遇到氧气而氧化蒸发损坏，40W以下灯泡的玻璃壳内抽成真空，40W以上灯泡的玻璃壳内抽成真空后，充入适量的氩、氮等惰性气体，这样即减少了钨丝的蒸发，延长了灯丝的寿命，同时也提高了发光效率。白炽灯泡的安装有插口式灯头和螺口式灯头两种形式，螺口式灯头的电接触和散热性能要比插口式灯头好，适用于较大功率的白炽灯泡。白炽灯泡的构造如图7-1所示。

因白炽灯的灯丝是通过电流加热成白炽状态而发光的,它的大部分电能转换为热能,因此,白炽灯发光的转换效率较低,只有10%左右的电能转换为光能。同时,因白炽灯内的钨丝长期处于高温下会逐渐地蒸发变细,使用日久后蒸发的钨金属会沉积在白炽灯泡玻璃壳内而使之逐渐地发黑,使灯泡玻璃壳的透光性能降低而影响发光的效率。白炽灯泡玻璃壳的温度是较高的,发光量受电压的影响较大,寿命较短,通常只有1000h左右。

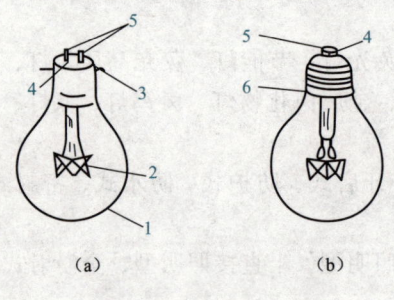

图 7-1 白炽灯泡的构造
(a) 插口式白炽灯泡;(b) 螺口式白炽灯泡
1—玻璃泡;2—钨丝;3—卡脚;
4—绝缘体;5—触点;6—螺纹触点

白炽灯泡的种类较多,按照灯泡的结构和类型可用字母来表示,如 PZ 代表普通照明灯泡、PZS 代表双螺旋照明灯泡、PZM 代表蘑菇形照明灯泡、PZF 代表反射型照明灯泡、XZ 代表小型指示灯泡、DY 代表圆柱形电源指示灯泡、DQ 代表球形电源指示灯泡、HW 代表红外线灯泡、ZS 代表装饰灯泡、CS 代表彩色灯泡、WZ 代表微型指示灯泡等。

白炽灯泡使用时电源电压必须与其标称电压相符,以免造成灯丝烧毁或爆裂等现象。白炽灯泡的额定使用电压,最常用的为 220V 的照明灯具;再就是用于机床和工作台等,固定或移动使用的 24V 和 36V 局部照明灯具;6.3V 和 12V 的白炽灯泡现在已经极少使用了。白炽灯泡的额定功率有 5W、10W、15W、25W、40W、60W、100W、150W、200W、300W、500W、1000W 等,150W 以下的常用 E27 插口式灯头,150W 以上的常用 E27 和 E40 螺口式灯头。

二、荧光灯

荧光灯是应用得较广泛的气体放电光源,它具有结构简单、使用方便、价格便宜(价格高于白炽灯)、灯表玻璃壳温度低、寿命比白炽灯长 3 倍以上、发光效率比白炽灯高 4 倍、光谱接近日光色等特点。我国目前生产的荧光灯有普通荧光灯和三基色荧光灯,三基色荧光灯具有较高显色指数,能够真实地反映物体的颜色,广泛适用于照度要求较高和显色要求较高的民用建筑、医院、办公室、工厂内的流水线、商场等场所。

荧光灯主要由荧光灯管、管座、镇流器、辉光启动器和灯架等部分组成。

1. 荧光灯管

荧光灯管为直径 15~40.5mm 的玻璃管,灯管的内壁上涂有荧光粉,在灯管两端的灯脚上各接有一组灯丝,灯丝上涂有增强电子发射的氧化物,当灯丝通过电流而发热时,便可发射出大量电子。管内在真空情况下充有一定量的氩气和少量汞(俗称水银),氩气有帮助灯管点燃并保护灯丝、延长灯管使用寿命的作用。荧光灯灯管的结构如图 7-2 所示。

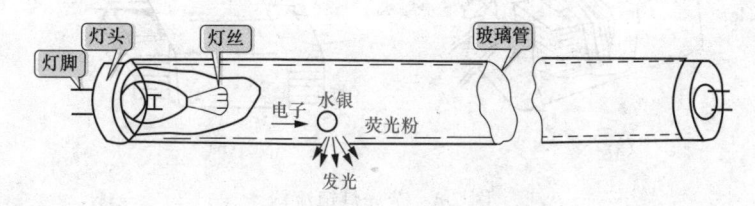

图 7-2 荧光灯灯管的结构

荧光灯除了圆直型的灯管外，还有圆环形灯管、双曲形灯管、H 形灯管、双 D 形灯管等异型灯管。

2. 管座

荧光灯的两个管座固定在支承荧光灯管的灯架上，管座上有两个导电并可旋转或固定的接触片，接触片与导线连接并接入荧光灯的电路。15W 以下灯管一般采用细管的管座，15W 及以上灯管一般采用粗管的管座，为缩小灯具的体积，现在新式的荧光灯具大多使用细管。管座按照灯管的插入形式分为开启式管座和插入式管座两种。老式的管座一般为插入式的，插入式管座安装灯管时，先将灯管一端的引脚插入带弹簧的管座接触孔内，稍用力使管座弹簧活动部分向外退出一小段距离，再将灯管的另一端的引脚插入不带弹簧的管座接触孔内。新式的管座一般为开启式的，安装灯管时先将灯管两端的引脚同时从管座的开口槽中卡入，再用手握住灯管两端旋转约 1/4 圈，灯管的两端的引脚即被接触弹簧片卡紧。荧光灯管座的结构如图 7-3 所示。

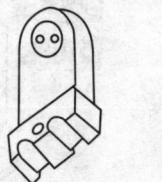

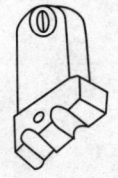

图 7-3 荧光灯管座

3. 镇流器

镇流器由铁心和电感线圈组成，电感线圈的结构形式有单线圈式和双线圈式两种，为了防止铁心产生磁饱和，铁心磁路中留有间隙，以增加漏磁而限制通过线圈的启动电流。镇流器在启动时与辉光启动器配合，在辉光启动器接通电路时，电流通过灯管灯丝阴极预热，使灯管内的汞变为汞蒸气，镇流器同时限制灯丝所需的预热电流值，防止预热电流过大而烧断灯丝，并保证灯丝阴极电子的发射能力。灯管灯丝阴极预热后，辉光启动器接通电路，镇流器的电感线圈产生反向的自感电动势，它与电源电压叠加，产生瞬时高压以保证灯管内汞蒸气的稳定放电。稳定放电点燃灯管后，汞蒸气会维持灯管两端的正常工作电压，限制和稳定灯管的额定工作电流。镇流器的选用必须与灯管配套。即灯管瓦数必须与镇流器配套的标称瓦数相同。荧光灯镇流器的结构如图 7-4 所示。

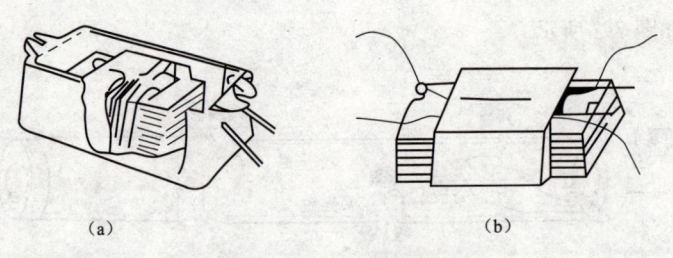

图 7-4 荧光灯镇流器
(a) 单线圈式；(b) 双线圈式

4. 辉光启动器

辉光启动器由氖泡、纸介电容、引出线脚、铝质或塑料外壳等构成。氖泡内充有辉光导电的氖气，并装有 U 形双金属片制成的倒 U 形动触片和固定的静触片，双金属片是由两种膨胀系数差别很大的金属薄片压合而成的，动触片与静触片常温时处于分断状态，两触片相距约 1/2mm。与氖泡并联的纸介电容的容量在 5000pF 左右，能吸收干扰电子设备的无线电杂波信号。在实际应用中，此电容器很容易被击穿，可将此电容器断开或拆除，辉光启动器即可正常使用。辉光启动器的结构如图 7-5 所示。

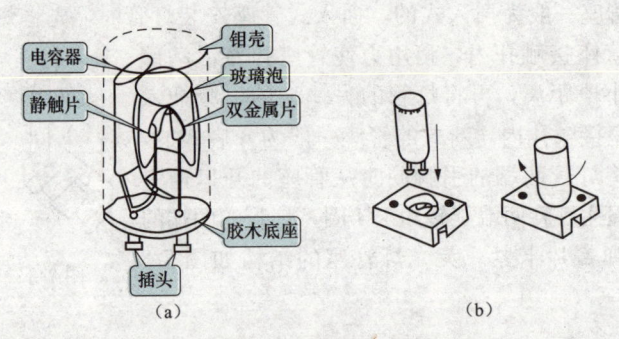

图 7-5 辉光启动器
(a) 辉光启动器结构；(b) 与器座安装

5. 灯架

灯架用来安装管座、荧光灯管、辉光启动器、镇流器、灯罩及反射格栅等，灯架视安装部位、光照要求、用途要求、价格档次等，会采用铁皮、铝合金、不锈钢等材料制成，有很多种类和规格。

6. 荧光灯的工作原理

荧光灯的电路工作原理如图 7-6 所示，将电源开关闭合后，从电源的相线 L→镇流器→灯管左端灯丝→辉光启动器氖泡内的辉光导电→灯管右端灯丝→电源的中性线 N 形成回路。因镇流器接近空载，其线圈两端的电压降极小，灯管的内阻又很小，此时220V的电源电压基本上是全部加在辉光启动器氖泡内的动、静触片之间。在较高电压的作用下，氖泡内动、静接触片之间的氖气体就会产生辉光放电。这时电路中此辉光放电电流是很微弱的，辉光启动器的氖泡发出我们所见到的红色闪光，构成了荧光灯启辉状态的微弱电流回路。

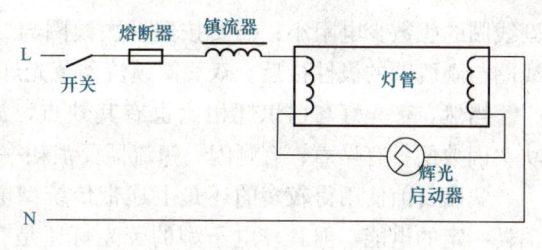

图 7-6 单线圈镇流器荧光灯电路

因辉光启动器氖泡内动、静接触片之间的氖气辉光放电会产生热量，逐渐地发热使氖泡内两种不同膨胀系数的金属压合的 U 形双金属片受热后膨胀变形弯曲，U 形双金属片的动触片因膨胀弯曲变形就会与静触片相碰接触，这时才是真正地将电路接通。灯管的阴极灯丝因有较大的启动电流通过而预热，预热到850～900℃时阴极发射电子，并使灯管内的液态汞变为汞蒸气。

因氖泡内动、静两接触片相接触导通，氖泡内动、静两触片之间的辉光放电停止，U 形双金属片的温度会逐渐地下降，灯管的阴极灯丝通电预热1～3s后，氖泡内动、静触片因温度下降冷却而恢复断开位置。在氖泡内动、静接触片断开的瞬间，因电路中电流突然中断，镇流器电感线圈中会产生较高的自感电动势，此自感电动势与电源电压叠加后加在荧光灯管的两端，使灯丝发射出大量的电子流，去冲击灯管内的惰性气体及灯丝通电预热产生的汞蒸气分子，在碰撞中电离发生弧光放电，弧光放电使灯管内的温度升高，加速了液态汞汽化游离，游离的汞蒸气弧光放电，辐射出波长为2573Å左右肉眼看不见的紫外线，紫外线会激发射到灯管壁上的荧光粉而发出近似荧光色的可见光。

荧光灯管正常发光后，镇流器两端的电压降增大，镇流器将电流限制在正常的工作电流，灯管两端的电压降低至氖泡的辉光启动电压以下，辉光启动器是并联在灯管两端的，辉光启动器内断开的动、静接触片之间，因电压不足不会引起辉光放电，辉光启动器不会再起作用。镇流器利用自身的感抗，增加漏磁通将电流限制在正常的额定工作电流内，维持灯管内气体放电状态而连续发光。如果荧光灯第一次弧光放电没有使灯管正常发光，荧光灯将会重复上述的启动过程，直至荧光灯正常发光为止。

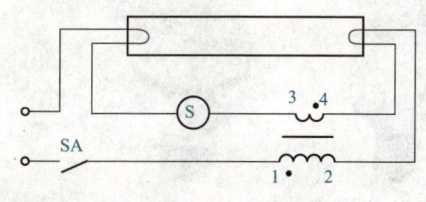

图 7-7 双线圈镇流器荧光灯电路

另外，还有一种双线圈镇流器的荧光灯，双线圈镇流器分为主线圈和副线圈两个线圈，双线圈镇流器荧光灯的启动性能要优于单线圈镇流器荧光灯。在使用双线圈镇流器时，要按照电路安装图进行接线：①必须要区分主线圈与副线圈，主线圈的匝数多、电阻大，

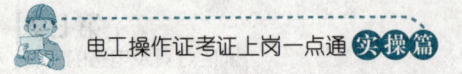

副线圈的匝数少电阻小；②要按照一次线圈与二次线圈的编号进行接线，以免将主线圈与副线圈的极性接反。双线圈镇流器荧光灯的电路如图7-7所示。

当然，荧光灯与白炽灯相比也有其缺点，如灯具的体积较大、有一定的质量、功率因数低、有噪声、有频闪、镇流器要消耗一定的功率等。

我国目前使用得较多的还是上述带传统型电感镇流器的荧光灯，虽说镇流器要消耗一定的电能，但其较电子型的荧光灯还是有寿命长、可靠性高的优点。电子型镇流器的优点有可在较低电压的范围内正常快速地启动、功率因数高、节能光效高、体积小、质量轻、无频闪、无噪声等，但因其寿命较短、可靠性差、运行成本较高等因素，特别是使用预热型荧光灯管直接启动时损管严重，现在的使用量不是很大。

三、节能灯

节能灯又称为电子节能灯、紧凑型荧光灯、自镇流荧光灯、一体式荧光灯、CFL灯等，由电子镇流器、玻璃灯管、灯丝、灯头、塑料外壳等组成，节能灯在达到同样的光能输出前提下，光色接近于白炽灯，只需耗费普通白炽灯用电量的1/5～1/4，可以节约大量的照明电能和费用，因此被称为节能灯。与白炽灯相比节能灯具有低电压启辉、开灯瞬间即亮、无频闪、无噪声、光效高（达到50lm/W以上是普通灯泡的5～6倍）、使用寿命长（达到5000h以上，约为普通白炽灯的5倍以上）等优点。

节能灯的工作原理与荧光灯相似，工作于气体放电和光致发光，电流通过电子镇流器整流后变成高频高压，给灯管灯丝加热，灯丝就开始发射电子来激发汞蒸气辐射出紫外线，激发出的紫外线被灯管内壁涂敷的三基色荧光粉吸收转化为可见光。灯管内壁涂敷的荧光粉不同，发光颜色亦不同。灯管制作成弯曲的，是为了减少灯管占用的空间，提高灯管表面的发光面积。节能灯的外形玻壳有玻罩型和裸露型两种，玻罩型又有球型、球柱型、工艺型等外形，玻罩型具有外形美观，安装时不易损坏，灯管耐碰撞等优点。裸露型即为发光的灯管是外露的，常见的裸露型有U形、2U形、3U形、HU形及螺旋形等。常见的节能灯如图7-8所示。

图7-8 常用电子节能灯的外形

节能灯的电压一般为220V，节能灯的瓦数有3W、5W、7W、9W、11W、13W、15W、18W、20W、26W、32W、36W、40W、65W、85W等，大于85W的规格就较少使用了。一般节能灯有发光效率高、节能效果明显、体积小、使用方便、寿命长等优点，显色指数可达80左右，色温在2700～6500K，品质高的节能灯使用三基色稀土荧光粉，在确保灯管寿命的同时，还能够保证有较高的亮度。节能灯的安装与白炽灯一样，其灯头与白炽灯的灯座规格相同，所以可以直接替换白炽灯。节能灯因具有以上的优点，在工厂企业、家居照明、商业照明上得到广泛的应用。

四、LED灯

LED是英文 light emitting diode 的缩写，LED就是我们常用的半导体元件：发光二极管。发光二极管是半导体二极管中的一种，发光二极管与普通二极管一样是由一个PN结组成的，也具有单向导电性，它可以把电能转化成光能。其基本结构是由镓（Ga）、砷（AS）、磷（P）的电致发光化合物的半导体材料置于一个有引线的支架上，然后四周用环氧树脂密封，起到保护内部芯线的作用。发光二极管有全环氧包封、金属底座环氧封装、陶瓷底座环氧封装及玻璃封装等结构。

当给发光二极管加上正向电压后，从P区注入到N区的空穴和由N区注入到P区的电子在PN结附近数微米内，分别与N区的电子和P区的空穴复合，辐射出可见的荧光，不同渗杂的半导体材料中，电子和空穴所处的能量状态会不同，当电子和空穴复合时释放出可见光的能量多少也不同，释放出的能量越多，发出的光的波长越短，这种利用注入式电致发光原理制作的二极管叫做发光二极管，通常称为LED。磷砷化镓二极管发红光，磷化镓二极管发绿光，碳化硅二极管发黄光。

发光二极管按发光强度和工作电流分为发光强度<10mcd的普通亮度的LED，发光强度在10～100mcd间的高亮度发光二极管，发光强度>100mcd的超高亮度LED。一般LED的工作电流在十几毫安至几十毫安，而普通亮度的LED工作电流在2mA以下。LED使用低压直流电源工作，供电的电压在6～24V。发光二极管结构及外形如图7-9所示。

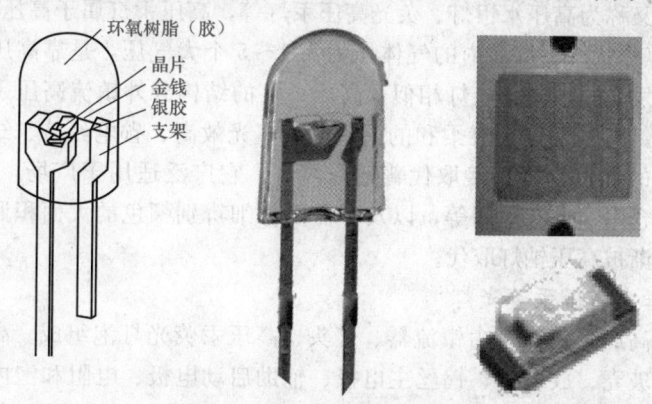

图7-9 发光二极管的结构及外形

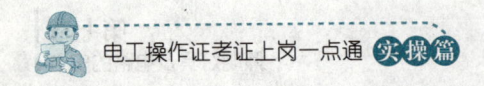

LED灯内包含一个到十几个甚至更多的LED芯片，串联的每个芯片的发光亮度由通过芯片中的电流大小决定，LED的正向电压降通常为3.4V，但会在2.8～4.2V变化，每个芯片上的电压会各不相同，所以LED灯必须由严格规定的高效恒流电源驱动，该电源集成在灯壳内。LED灯固态封装，属于冷光源类型。所以它很方便运输和安装，可以被装置在任何微型和封闭的设备中，不怕振动，基本上用不着考虑散热。LED灯的结构与外形如图7-10所示。

图7-10 LED灯的结构与外形

发光二极管开始出现时，只是作为电源或工作的指示灯使用，随着科学技术的发展，特别是将GaN芯片和钇铝石榴石（YAG）封装在一起做成发白光的LED，在LED发出蓝光后，利用荧光粉间接产生宽带光谱而合成白光发光二极管。发光二极管和LED灯被广泛地应用于各种指示、显示、装饰、背光源、普通照明和城市夜景等领域，根据使用功能的不同，可以将其划分为信息显示、信号灯、车用灯具、液晶屏背光源、通用照明5大类。LED灯被称为第四代照明光源或绿色光源，具有节能、环保、寿命长、体积小等特点。

五、高压汞灯

高压汞灯又称为高压水银灯、荧光高压汞灯等，高压汞灯属于高压气体放电灯，"高压"是指工作状态下灯泡内的气体压力为1～5个大气压，是靠高压汞蒸气放电而发光的，其发光原理同荧光灯相似，高压汞灯的结构分外镇流高压汞灯和自镇流高压汞灯两种。高压汞灯具有柔和的白色光线、光效高、省电经济、结构简单、寿命长、成本低的优点，可直接取代普通白炽灯。它广泛适用于广场、道路、机场、车站、港口、仓库、生产车间等，以及不需要仔细辨别颜色的大面积照明，但这种光源目前已逐渐被高压钠灯取代。

1. 镇流器式高压汞荧光灯

镇流器式高压汞荧光灯由镇流器、灯头、高压汞荧光灯泡组成。高压汞荧光灯泡由灯头、外玻壳、放电管、钨丝主电极、辅助启动电极、电阻和泡内充入的汞氩氪氩等混合气体等组成，外部安装的镇流器与高压汞荧光灯泡串联连接，使用镇流器式高压汞荧光灯泡时应注意，使用时必须配用镇流器，否则就会使汞灯泡立即损坏。

镇流器式高压汞灯的工作原理为：镇流器式高压汞灯启动时，要通过辅助启动电极来帮助启动，辅助启动电极通过一只 40~60kΩ 的电阻并与不相邻的主电极相连接。当电源开关合上后，电压经镇流器后加在辅助启动电极与邻近的主电极之间，这时辅助启动电极与相邻的主电极之间就加有交流 220V 的电压，这两个电极之间的距离很近，通常只有 2~3mm，两个电极在此强电场的作用下，会击穿两电极之间充入的氪、氖、氩等惰性混合气体，两电极之间产生辉光放电，放电的电流由电阻所限制。辉光放电产生了大量的电子和离子，这些带电粒子向两主电极间扩散，使主电极和相邻辅助电极之间产生放电，并很快过渡到两主电极之间的弧光放电。两主电极间的电压低于主电极与启动电极间的辉光放电电压，因此辉光放电停止。在灯点燃的初始阶段，是低气压的汞蒸气和氢气放电，这时管压降得很低，约 25 伏，放电的电流很大，为 5~6A，称为启动电流。低压放电时放出的热量使管壁温度升高，汞逐渐汽化，发出可见光和紫外线，紫外线又激发外层玻壳内壁的荧光粉，这样灯泡就发光了。之后汞蒸气压和灯管电压逐渐升高，电弧开始收缩，放电逐步向高气压放电过渡。当汞全部蒸发后，管压开始稳定，进入稳定的高压汞蒸气放电。高压汞灯从启动到正常工作需要一段时间，通常为 4~10min。外镇流器式高压汞灯接线图如图 7-11 所示。

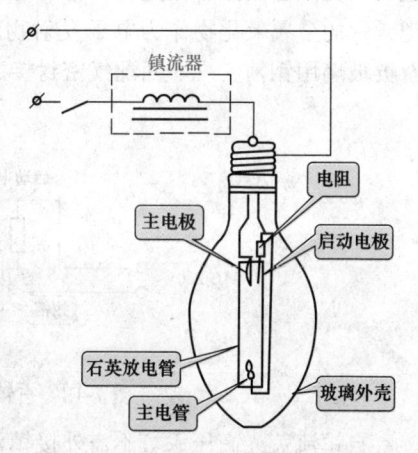

图 7-11　外镇流器式高压汞灯接线图

高压汞灯熄灭以后，不能立即启动，因为高压汞灯熄灭后，汞灯泡内部还保持着较高的汞蒸气压，电极之间电子的行程太短，电子不能积累足够的能量来电离气体。要等水银灯泡冷却，汞蒸气凝结后才能再次点燃。冷却的过程需要 5~10min。

镇流器式高压汞荧光灯，工作时汞灯泡玻壳的温度较高，400W 灯泡的玻壳表面温度为 150~250℃，必须配备散热性能好的灯具，否则会影响灯泡的性能和寿命，汞灯泡距离可燃材料要在 0.5m 以上。汞灯泡安装时要垂直安装，如果汞灯泡横向安装，其发光效率会减低，并且容易自熄灭。由于高压汞灯发光时产生大量紫外线，故要求安装高度大于 6m 处。

镇流器式高压汞荧光灯不适用于需要频繁开关的场所，也不适用于电压波动较大的场所，否则容易引起自熄；也不适用于重要场所及应急的照明，使用时最好与白炽灯等其他光源混合使用。安装镇流器式高压汞灯时，镇流器的功率规格必须与灯泡的功率一致，镇流器应安装在灯具的附近，并应安装在人体触及不到的位置，

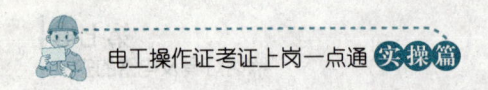

在镇流器的接线端上应设置保护装置,若镇流器安装装在室外,还应有防雨雪的措施。

2. 自镇式高压汞荧光灯

普通高压汞灯有负阻特性,使用时必须外接相应的镇流器,为克服这一缺点,利用装在高压汞灯外壳内部的与放电管串联的镇流灯丝来代替外接镇流器。自镇流高压汞灯的工作原理为:当自镇式高压汞荧光灯接通电源后,利用钨丝作为镇流器限制电路中的电流,辅助电极与主电极之间辉光放电,同时灯丝发热,汞蒸发,帮助了主电极之间形成弧光放电,镇流灯丝还起降压、限流和改善光色的作用。

自镇流荧光高压汞灯的中心部分是放电管,由耐高温的透明石英玻璃制成,其两端有一对用钨丝制成的主电极,主电极旁装有启动电极,用于启动时的极间放电。玻璃外壳内壁上涂有荧光粉,管内充有一定量的汞和氩气,用钨丝作电极并涂上钡、锶、钙的金属氧化物作为电子发射物质,辅助电极也是通过一个电阻连接,电极和石英玻璃用钼箔实现非匹配气密封接。自镇流器式高压汞灯接线图如图 7-12 所示。

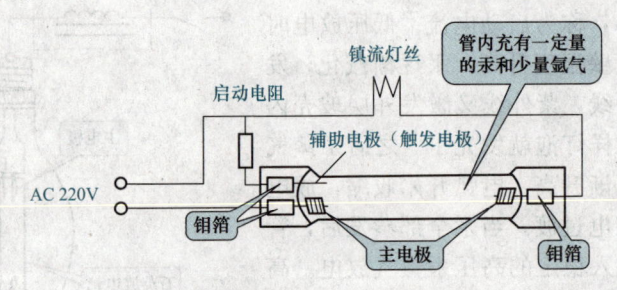

图 7-12 自镇流器式高压汞灯接线图

自镇流荧光高压汞灯不需外接镇流器,可以像白炽灯一样直接使用。自镇流荧光高压汞灯比镇流器式的省电、光色要好,功率因数高、光效高、成本低、安装简单,弥补了普通高压汞灯红光不足的缺点,同时减少了升温启动时间。但在缩短启动和升温时间的同时,灯丝的寿命也相应缩短,发光效率降低。

在使用自镇流荧光高压汞灯的场所,更换高压汞灯泡时,一定要看清楚,不可安装非自镇流荧光高压汞灯泡。高压汞灯的功率在 125W 以下的,应配用 E27 型瓷质灯座,功率在 175W 以上的,应配用 E40 型瓷质灯座。

六、碘钨灯

碘钨灯又称为小太阳,碘钨灯是卤钨灯中的一种,碘钨灯具有体积小、质量轻、功率大、寿命长、结构紧凑、构造简单、使用可靠、发光效率高等优点,适用于广场、车间、体育场、修理厂、建筑工地等场所的大面积的照明。特殊制造的小型碘钨灯可作为是新闻摄影、放映、彩色照相制版、汽车照明等的光源。

碘钨灯管的工作原理与白炽灯泡相同,都是电流将钨丝加热到高温白炽的状态而发光,但二者内部所充气体的作用是完全不相同的。小功率的白炽灯泡内抽成真空，大功率的白炽灯泡抽真空后充入氮、氩等适量的惰性气体，其作用主要是阻碍钨丝在高温下升华，防止钨丝在高温下氧化蒸发后过快变细而熔断。而碘钨灯管内充入微量的碘卤化物元素，碘钨灯工作时的管壁温度可达 250℃ 以上，钨丝高温工作时钨蒸发到玻壳上与管内的碘分解和反应形成碘化钨，碘化钨遇到高温的钨丝分解后，将蒸发的钨又沉积回到钨灯丝，而碘又重新向管壁扩散，如此不断地再生循环，既克服了灯管玻璃壳容易发黑的缺陷，又提高了发光效率和延长了使用寿命。

　　碘钨灯管为一根直径 10～12mm 的石英管，由耐高温的石英玻璃制成，灯管内充入适量的碘。在石英管内每隔一定的距离，用多个支架将螺旋状的钨丝托着支撑在石英管的中间，钨丝的两端连接在长方形的金属扁块上，即可保证导电时的接触可靠，又对灯管的两端进行了密封封装，碘钨灯管的结构如图 7-13 所示。

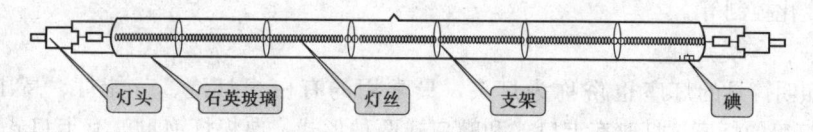

图 7-13　碘钨灯管的结构

　　碘钨灯由于应用了碘钨循环的原理，大大减少了钨的蒸发量，延长了使用寿命，提高了工作温度和发光效率。碘钨灯的平均使用寿命要比白炽灯高 1 倍，发光效率要提高 30%，并且碘钨灯的体积要比同功率的白炽灯要小得多。碘钨灯在使用时是安装在灯具上的，并要有良好的散热性，碘钨灯的灯具外形如图 7-14 所示。

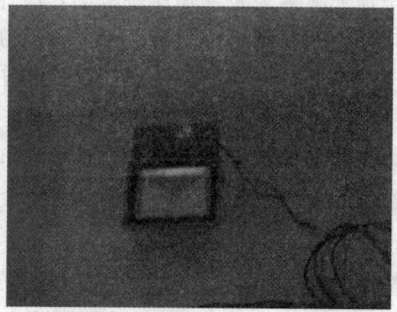

图 7-14　碘钨灯的灯具外形

　　为不影响碘钨灯管内的碘钨循环，延长碘钨灯的使用寿命，碘钨灯的灯管在安装使用时要保持水平状态，其倾斜的角度不得大于 4°，电源电压与额定电压的偏差一般不得超过 ±2.5%。碘钨灯的灯管和灯丝较脆，要避免剧烈振动或撞击。因碘钨灯管壁的温度较高，碘钨灯要配用专用的灯罩和附件，灯管的表面使用时应无油脂，因为油脂在高温下会使石英管碳化，影响灯管的透光效率和寿命。碘钨灯不适用于

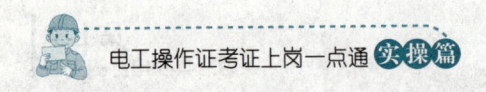

易燃、易爆及多尘的场所，不得在碘钨灯周围放置易燃物，要保证安全和防止火灾的安全距离。碘钨灯不允许对灯管采用任何的人工冷却措施，以保证灯管内正常的碘钨循环。

高压钠灯、氙灯、镝灯和金属卤化物灯等，因低压电工接触得不是很多，这里就不一一详细介绍了。

第三节　照明灯具安装及控制的配件

照明光源只是照明灯具的发光体，照明灯具的组成和安装还需要其他配件才能够组成，如灯座、灯罩、支架、格栅等。照明灯具和线路的控制需要各种手动开关、调节开关、遥控开关等，对照明灯具进行人工控制、自动控制、遥控控制、照明亮度的变化控制等。

一、各类灯座

照明灯具的灯座也俗称为灯头，最常用的有白炽灯泡、节能灯、高压汞灯、LED灯等的灯座，灯座有卡口式和螺口式两种形式，白炽灯泡也就有卡口式和螺口式的，还有一种插入式（G系列）灯座，是用于成套灯具内部使用的。卡口式灯座使用时防触电的安全性强一点，但其通过的额定电流较小。白炽灯卡口形式的灯座规格常用的有B22（卡口式），卡口式的灯座只能使用小于150W及以下的灯泡，如我们常用的5W、10W、15W、25W、40W、60W、100W、150W等。虽说灯泡也有小功率的规格，但大于150W以上的灯泡，一般就不采用卡口式的灯座。因为螺口式的灯座是采用螺旋面及弹片接触的，能保证有良好的电接触，能够通过较大的电流，灯泡与灯座的安装可靠性优于卡口式，所以现在卡口形式的灯座已经很少使用了。所以现在的灯座基本上都是螺口式，小于150W的灯座采用E27规格的，大于150W的灯座采用E40规格的。

白炽灯泡使用的是螺口式灯座，也可用于自镇流器式高压汞灯、外镇流器式高压汞灯等多种光源的灯泡使用。常用的灯座按照安装形式和使用的场合分为很多的类型，如图7-15所示。

按照灯座的安装方式可分为：悬吊式灯座（俗称吊灯头）、平灯座（俗称座式灯座）、管子式灯座（螺杆灯座）等几种。按灯座的制造材料可分为胶木材料和瓷质材料两种，功率小于100W的灯泡，一般使用胶木材料的灯座。灯座连续使用时间过长时，会因高温的烘烤而使胶木材料绝缘老化破损而发生故障或事故。所以，功率大于100W的灯泡，一般使用瓷质材料的灯座，瓷质材料的灯座有E27和E40等规格。

因荧光灯的管座、荧光灯管、镇流器、辉光启动器及座和灯架等属于整体的配套灯具，配件不会单独地进行安装，故在荧光灯的其他章节内介绍。

第七章
照明灯具及电路的安装

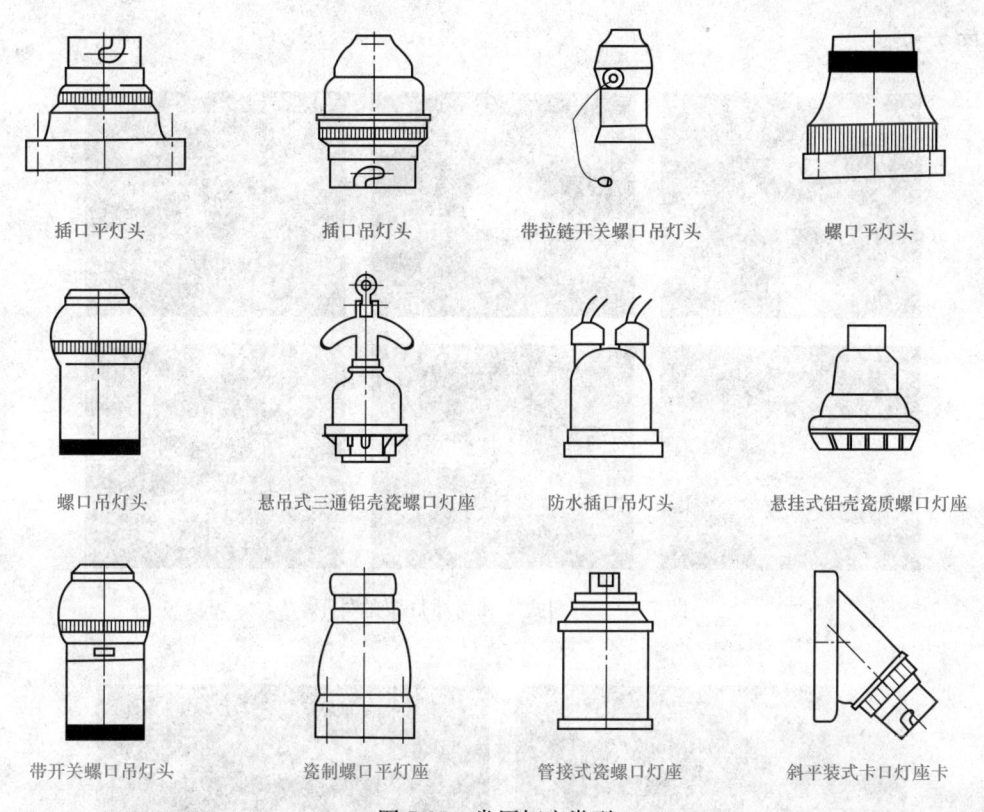

插口平灯头	插口吊灯头	带拉链开关螺口吊灯头	螺口平灯头
螺口吊灯头	悬吊式三通铝壳瓷螺口灯座	防水插口吊灯头	悬挂式铝壳瓷质螺口灯座
带开关螺口吊灯头	瓷制螺口平灯座	管接式瓷螺口灯座	斜平装式卡口灯座卡

图 7-15 常用灯座类型

二、灯罩

灯罩的作用是为了控制光线的范围，提高照明的效率，使光线更加集中，避免光源的刺眼和炫目，使灯具的光线更加柔和。灯罩的式样有很多，按其材质可分为玻璃罩、纤维罩、复合罩、塑料罩、金属罩、镀膜罩、不锈钢罩等几种；按其反射、透射、扩散光线的作用，可分为直接式、间接式、半间接式 3 种。在生产和生活的照明中，常用的灯罩有锥形、塔形、球形、双罩形、圆柱形、圆弧形、方形等各种式样。不同式样和材质灯罩的外形如图 7-16 所示。

三、开关

开关的作用是接通和断开照明的电路；调光器的作用除了可以接通和断开照明的电路，还可以调节照明亮度的强弱，提供所需要适合的照明亮度。常用的照明开关按其安装形式，可分为明装式和暗装式两种。按开关的操作方式或分为跷板式（俗称按钮开关）、扳把式（俗称平开关）、拉线式等，现在常用的照明开关以 86 式开关为主。按其结构可分为单极开关、双极开关、三极开关、多极开关。按其控制方式可分为单控开关、双控开关、多控开关等。常用的 86 式单、双和多极开关外形如

253

图 7-17 所示。

图 7-16 不同式样和材质灯罩的外形

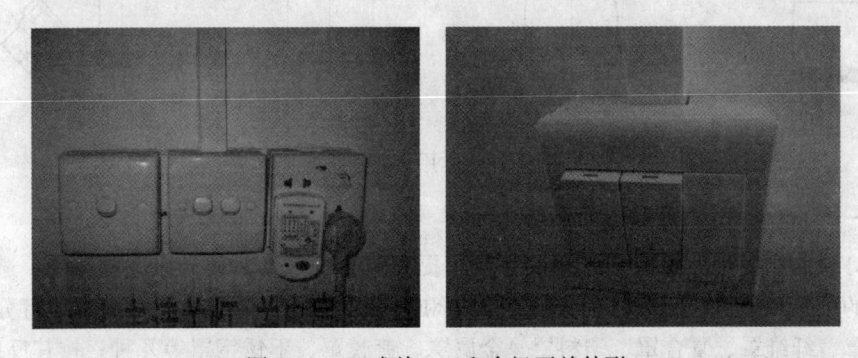

图 7-17 86式单、双和多极开关外形

照明电路所用各类开关的规格，是以额定电流和工作电压来表示，照明使用的开关额定电流都不是很大，一般开关的额定电流为 4～6A，10A 或以上的开关较为少见。所以，选择照明电路的开关时，应根据所控制的照明回路，最大工作电流的选择不要超过其一般额定电流，以免造成开关的频繁损坏。

四、阻燃性塑料台及吊盒

阻燃性塑料台为阻燃型工程塑料制成，阻燃性塑料台的厚度不小于 12mm，安装时紧贴在建筑物的表面，安装前先按照塑料台固定孔的位置，在建筑物的表面用冲击钻打孔，再锤入膨胀胶塞或膨胀螺栓。在固定塑料台前，要先从塑料台预先留出或钻出的孔内将暗敷设或明敷设的电源导线从孔内穿出，将塑料台紧贴住并对准建筑物表面的膨胀紧固孔，再用螺钉将塑料台牢固地固定在建筑物的表面，以便于与塑料台吊盒内的导线端子触点相连接。

吊盒的制作材料也为阻燃型工程塑料或耐高温的瓷材料制成，吊盒是安装在塑料台上面的，用螺钉将吊盒牢固地固定在塑料台上，再将塑料台上引出的导线连接在吊盒内，吊盒的作用是作为电源导线的连接，并能够承受导线引出一定的灯具质量的牵引力。导线连接时相线要连接在螺口灯座的中心接线柱的端子上，中性线要连接到螺口灯座的外旋螺口接线柱的端子上，在连接时要注意防止螺口端子与中心端子螺钉，要连接可靠不能有松动，同时剥削导线线头的绝缘层不可过多，以免发生两端子距离过近而引起短路故障。塑料台及吊盒的外形如图 7-18 所示。

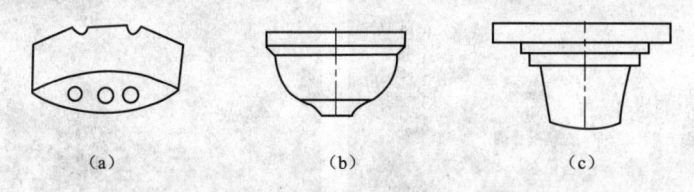

图 7-18 塑料台及吊盒的外形
(a) 塑料台；(b) 塑料材料吊盒；(c) 瓷材料吊盒

五、照明调光开关

照明调光器是改变照明灯具光源的光通量大小、调节照度水平高低的一种电气装置，它的调光原理是改变输入光源的电压或电流的有效值，以达到照明灯具调光的目的。照明调光器按照使用场合可分为两类，一类是用于家用照明的调光，使用的照明功率一般小于 500W 的照明调光器；另一类是用于影剧院、影视舞台、歌舞厅、KTV、外景装饰、机场灯光等大于 500W 的照明调光器。

照明调光器按照控制方式可分为电阻分压调光、自耦变压器调压调光、磁放大电抗调光、电子（晶闸管调光、场效应管）调光等。对于低压电工来说，接触得较多的是家用类照明的调光器和自耦变压器调压调光器。自耦变压器调压调光器的调光是通过改变自耦变压器线圈的分配比例，来进行调压改变灯光的亮度的，在与本书配套的基础篇已有介绍。现重点介绍家庭和工厂企业常用的采用晶闸管进行调光的电子调压器。照明调光器是采用晶闸管器件制作的电子调压器，用于照明灯具时可以进行照明亮度的调光，用于电风扇时就可以改变风扇风力的强弱，而用于电加热器时就可以改变电加热量的大小。但要注意的是调节照明亮度时是从小调到大，而调节风扇风力时是从大调到小，电子调压器内部电位器两端的接线是相反的，使用和购买时要引起注意。

采用晶闸管器件制作的电子调压器，其内部的主要控制部件是双向晶闸管器件，双向晶闸管式调光器主要由主电路、触发电路、控制电路和反馈系统电路等组成，其主要原理为通过触发电路给双向晶闸管提供触发导通的信号，双向晶闸管有触发

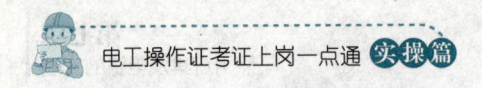

导通信号后，就可以像开关一样导通了。双向晶闸管的调光主要是依靠在每个交流电的周波内，触发导通信号提供的时间，提供触发导通信号的时间较早，每个交流电周波内导通的时间就长，输出的电能就较多，灯具的亮度就高。反之，提供触发导通信号的时间较晚，每个交流电周波内导通的时间就短，输出的电能就较少，灯具的亮度就暗。所以，双向晶闸管式的调光器，主要是依靠控制双向晶闸管的导通角度来控制灯具亮度的，其实它是通过控制双向晶闸管通过的电能量来控制灯具的亮度。家庭及工厂企业内使用的双向晶闸管式调光器的外形如图7-19所示。

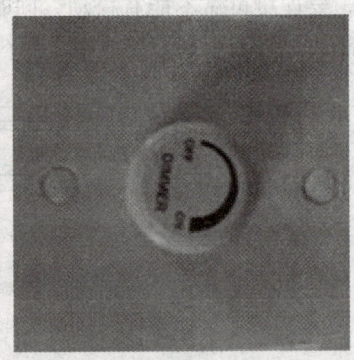

图7-19 双向晶闸管式调光器的外形

双向晶闸管式调光器具有质量轻、体积小、体格低、效率高、线路简单、可以直接与普通开关替换安装等优点，在家庭、工厂企业的办公室、会议室、学校、商场、医院等场合得到广泛使用。

六、数码分段开关

数码分段开关是常用于客厅、展示厅、会议室等场所的吸顶灯内的电子式开关，广泛应用于白炽灯、荧光灯和节能灯照明中，数码分段开关的控制功率一般为500～1200W，数码分段开关对所用灯具的光源有区别，如白炽灯可以使用1000W，节能灯只能用约500W，LED灯只可用约300W。

数码分段开关一般分为二段三路开关和三段四路开关，数码分段开关安装在照明的灯具内，可将灯具内的照明灯分成A、B两组或A、B、C三组，用一个开关来分开控制或混合控制。二段三路开关和三段四路开关的线路控制如图7-20所示。

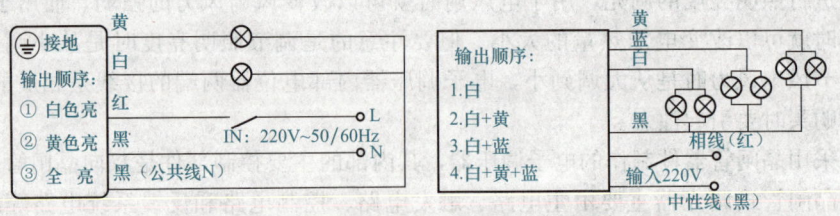

图7-20 二段三路开关和三段四路开关的线路控制

第七章
照明灯具及电路的安装

二段三路开关有 3 种开关状态，第一次将开关闭合后，只有 A 组的灯泡亮；第二次将开关快速地断开又闭合后，A 组的灯泡熄灭而 B 组的灯泡亮；第三次将开关快速地断开又闭合后，A 组与 B 组的灯泡同时亮；再将开关快速地断开又闭合，就会进行上述的循环。三段四路开关有 4 种开关状态，第一次将开关闭合后，只有 A 组的灯泡亮；第二次将开关快速地断开又闭合后，A 组与 B 组的灯泡同时亮；第三次将开关快速地断开又闭合后，A 组与 C 组的灯泡同时亮；第四次将开关快速地断开又闭合后，A、B、C 三组同时亮；再将开关快速地断开又闭合，就会进行上述的循环，只需要控制一个单联的开关，就可产生不同的灯光效果。

数码分段开关如果是两端有接线的，是比较容易区分的，面对的左边两根线为电源的输入线，右边的 3 根或 4 根线是接灯泡的，黑色的线是公共的中性线，另外几根为几组照明灯泡的输出相线。如果数码分段开关是在一边出线的，就是电源输入线与电源输出线在一起，只要注意一根红线为电源的进相线，靠近红色线的黑色线是中性线，另外一根黑色的线是灯泡公共的中性线，另外几根为几组照明灯泡的输出相线。数码分段开关的外面导线连接如图 7-21 所示。

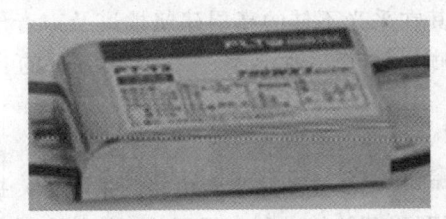

图 7-21　数码分段开关的外面导线连接

数码分段开关还有带遥控功能的，可以采用手动与遥控的双控方式，称为二段三路双控遥控开关及三段四路双控遥控开关，它们既可以用与灯具串联的开关进行控制，又可以用遥控器对灯具进行控制。

七、触摸式延时开关

触摸式延时开关也称为触摸开关，触摸开关的安装可以在不改动原来的电路的情况下，接线与普通机械开关完全相同，直接替换现用照明开关的一种电子开关，接线方式为单组线安装，是传统机械按键式墙壁开关的换代产品，触摸开关有传统开关不可比拟的优势。使用时只要用手指摸一下触摸开关上的金属面，照明灯具就会点亮，延时若干分钟后灯就会自动熄灭，触摸延时开关在常态时开关关断，并有明显的晚间照明指示。触摸式延时开关的外形如图 7-22 所示。

触摸开关按照开关原理分类，有电阻式触摸开关和电容式触摸开关。电阻式触摸开关需要直接接触到金属接触片；电容式感应触摸开关可以穿透塑料绝缘材料外壳 20mm 以上，不需要手指直接接触到金属接触片，能够准确无误地检测到手指的有效触摸，保证了产品的灵敏度、稳定性、可靠性等，不会因环境条件的改变或长

图 7-22　触摸式延时开关的外形

期使用而发生变化，并具有防水和强抗干扰能力，现电容式触摸开关的触摸感应技术为主流。

触摸式延时开关没有任何机械部件，不会磨损、外形美观、经久耐用、安全节能、使用方便、抗干扰能力更强，尤其在采光不佳的高层建筑楼道及声音干扰较多的环境更为适用，广泛适用于走廊、楼道、地下室、车库等场所的自动照明。

八、声光控延时开关

声光控延时开关属于电子开关，也是可以在不改动原来的电路的情况下，接线与普通机械开关完全相同，直接替换现用照明开关的一种电子开关，接线方式也为单相线安装，是传统机械按键式墙壁开关的换代产品，声光控延时开关有传统开关不可比拟的优势。与触摸开关不同的是，声光控延时开关不需要人来控制，在白天及光线较强时，任你发出多大的声音照明灯都不会亮。到晚上或光线暗到一定的程度时，当有人经过有较轻的声音时，照明灯就会自动点亮，几十秒后照明灯就会自动关闭。声光控延时开关的外形如图 7-23 所示。

图 7-23　声光控延时开关的外形

声光控延时开关只有在感应光线的光敏电阻器和感应声音的麦克风（驻极体传声器）同时给放大器或集成电路提供导通信号时，声光控延时开关内部的双向晶闸管才有可能导通，照明灯才会通过导通的双向晶闸管接通电路而发光，并由内部的充电电容保持双向晶闸管的导通状态。感应光线的光敏电阻器或感应声音的麦克风，只有其中一个单独地提供导通信号，双向晶闸管是不可能接通照明灯电路而发光的。在白天或光线较强时，声光控延时开关内部的光敏电阻器电阻值减小，没有给双向晶闸管提供导通的信号。虽说麦克风感应到外面提供的声音，并向双向晶闸管提供了导通的信号，但因是单独地提供了一个导通信号，感应光线的光敏电阻器并没有向双向晶闸管提供导通信号，双向晶闸管为自锁状态不会导通，所以，照明灯在白天或有较强光线时是不可能会点亮的。

当夜晚来临或光线较暗时，感应光线的光敏电阻器这时向双向晶闸管提供光线的导通信号，但这时声光控延时开关还未进入预备工作的状态，还需要外界有一定强度的声音信号，如人的走路声、拍手声、跺脚声、咳嗽声、车辆的声音及物体碰撞各种声音，这时麦克风就会感应到外面提供的声音，并向双向晶闸管提供导通的信号，双向晶闸管就会导通，照明灯就会通过导通的双向晶闸管接通电路而发光。双向晶闸管导通后，依靠内部的充电电容保持双向晶闸管的导通状态，充电电容开始放电，达到设计的几十秒后，充电电容因放电而电压下降到低于双向晶闸管导通电压时，双向晶闸管将阻断，照明灯就会因双向晶闸管阻断而停止发光自动熄灭。如果又有一定强度的声音信号，就会重复上面的导通过程，照明灯又会通过导通的双向晶闸管接通电路而发光而周而复始。

声光控延时开关能自动控制白天将照明关闭，夜晚有人时亮灯并人走灯灭，杜绝了点长明灯的现象，既免去了在黑暗中寻找开关和人们频繁开关照明灯的麻烦，又节省了电能，延长了照明灯具的使用寿命，节省了照明灯具的成本，使人们在不知不觉中感受到方便。声光控延时开关具有灵敏、低耗、性能稳定、使用寿命长、节能等特点，广泛地应用于走廊、楼道、厕所等公共场所，给人们的生活带来极大的便利。但声光控延时开关不适用于夜晚有较多人员、设备噪声大和大型车辆经常经过的场所，这类场所可考虑采用安装触摸式延时开关。

九、插座

插座的作用是给各种移动式的照明灯电器、家用电器或其他用电设备提供电源，通过插座可灵活、方便、快捷地给各类移动电器提供电源。插座从其结构上分为单相双极两孔、单相三极三孔（有一极专用接保护接地或接零）、三相四极四孔（有一极专用接保护接地或接零），单相三极三孔插座接线时要保证三孔为左中性线右相线上接地线。接其安装形式，可分为明装式和暗装式两种。常用单相插座的额定电流为4~6A，空调等专用插座可达到10~16A，三相四极四孔插座的额定电流一般不会超过30A，安装时要注意其上大孔为专用接保护接地或接零的，不可接错或不接保

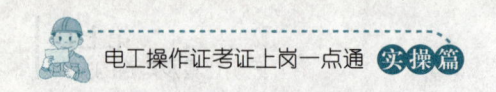

护接地或接零。单相和三相插座的外形如图 7-24 所示。

图 7-24　单相和三相插座的外形

十、格栅式荧光灯盘

格栅式荧光灯盘由两盏或多盏荧光灯、冷轧钢板的盘体、不锈钢反射罩和格栅条等组成。冷轧钢板制造的盘体是灯盘的主体，主要起着固定荧光灯管、灯座、镇流器、辉光启动器、电源线等电器，同时起着反射罩的固定作用。格栅式荧光灯主要是通过单、双抛光反射罩或三折形的反射罩，将荧光灯的光线进行反射，提高光源的利用率，并控制光的分布范围，反射罩上面嵌入的格栅条起着消除眩光的作用，面粗糙的砂铝在光线照射在它上面时，会产生柔和及均匀的漫反射。格栅式荧光灯盘作为一种光线柔和、光色度高、高效率的照明灯具，被广泛地用在家庭、酒店、医院、学校、商场、车站、检验室、办公室、仓库、车间流水线等众多的场所。

第四节　照明灯具与线路安装的要求

照明灯具的安装和线路的敷设，要根据建筑物的结构、对照明亮度的要求、环境条件的限制、照明配线的方式等，采用不同的安装方式，但不论采取何种方式，都要符合国家规范对照明电路的安装及敷设的要求。

一、国家规范对照明电路安装及敷设的要求

现在的灯具种类和式样繁多，但灯具的安装方式没有多大的改变，主要还是以吊装、壁装、吸顶安装等多种形式。但从现状来看有部分照明灯具的安装还是没有达到国家规范的要求，特别是规范中强制性要求的条款。

照明电路的安装执行的国家规范主要有：《建筑电气照明装置施工与验收规范》（GB 50617—2010）、《建筑电气工程施工质量验收规范》（GB 50303—2002）、《建筑照明设计标准》（GB 50034—2013）、《施工现场临时用电安全技术规范（附条文说明）》（JGJ 46—2005）、《民用建筑电气设计规范（附条文说明［另册］）》（JGJ 16—2008）、《灯具》（GB 7000—2008）、《室外作业场地照明设计标准》（GB 50582—

2010）等。

以上规范和标准中的强制性的条款条文是必须严格执行的。如《建筑电气照明装置施工与验收规范》（GB 50617—2010）中，强制条款规定：

（1）在砌体和混凝土结构上严禁使用木楔、尼龙塞或塑料塞安装固定电气照明装置（3.0.6）。

（2）成套灯具的带电部分对地绝缘电阻值不应小于2MΩ（4.1.2）。

（3）质量大于10kg的灯具，其固定装置应按5倍灯具质量的恒定均布载荷全数做强度试验，历时15min，固定装置的部件应无明显变形（4.1.15）。

（4）建筑物景观照明灯具安装应符合下列规定（4.3.3）：

1）在人行道等人员来往密集场所安装的灯具，无围栏防护时，灯具底部距地面高度应在2.5m以上。

2）灯具及其金属构架和金属保护管与保护接地线（PE）应连接可靠，且有标识。

3）灯具的节能分级应符合设计要求。

（5）当有照度和功率密度测试要求时，应在无外界光源的情况下测量并记录被检测区域内的平均照度和功率密度值，每种功能区域检测不少于两处（7.2.1）。

1）照度值不得小于设计值。

2）功率密度值应符合现行国家标准《建筑照明设计标准》（GB 50034—2013）的规定或设计要求。

《建筑电气工程施工质量验收规范》（GB 50303—2002）中，强制条款规定：

（1）花灯吊钩圆钢直径不应小于灯具挂销直径，且不应小于6mm。大型花灯的固定及悬吊装置，应按灯具质量的2倍做过载试验（19.1.2）。

（2）当灯具距地面高度小于2.4m时，灯具的可接近裸露导体必须接地（PE）或接零（PEN）可靠，并应有专用接地螺栓，且有标识（19.1.6）。

（3）建筑物景观照明灯具安装应符合下列规定（21.1.3）：

1）每套灯具的导电部分对地绝缘电阻值大于2MΩ。

2）在人行道等人员来往密集场所安装的落地式灯具，无围栏防护的，安装高度距地面2.5m以上。

3）金属构架和灯具的可接近裸露导体及金属软管的接地（PE）或接零（PEN）可靠，且有标识。

（4）插座接线应符合下列规定（22.1.2）：

1）单相两孔插座，面对插座的右孔或上孔与相线连接，左孔或下孔与中性线连接；单相三孔插座，面对插座的右孔与相线连接，左孔与中性线连接。

2）单相三孔、三相四孔及三相五孔插座的接地（PE）或接零（PEN）线接在上孔。插座的接地端子不与中性线端子连接。同一场所的三相插座，接线的相序一致。

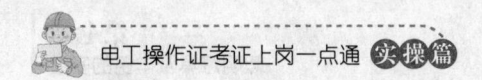

3) 接地（PE）或接零（PEN）线在插座间不串联连接。

《建筑照明设计标准》（GB 50034—2013）中，规定：第 6.1.2、6.1.3、6.1.4、6.1.5、6.1.6、6.1.7 条为强制性条文，必须严格执行。

其中第 6.1.2 条规定：办公建筑照明功率密度值不应大于表 7-1 的规定。当房间或场所的照度值高于或低于本表规定的对应照度值时，其照明功率密度值应按比例提高或折减。

表 7-1　　　　　　　　　　办公建筑照明功率密度值

房间或场所	照明功率密度/(W/m²) 现行值	照明功率密度/(W/m²) 目标值	对应照度值/lx
普通办公室	11	9	300
高档办公室、设计室	18	15	500
会议室	11	9	300
营业厅	13	11	300
文件整理、复印、发行室	11	9	300
档案室	8	7	200

其中第 6.1.7 条规定：工业建筑照明功率密度值不应大于表 7-2 的规定。当房间或场所的照度值高于或低于本表规定的对应照度值时，其照明功率密度值应按比例提高或折减。

表 7-2　　　　　　　　　　工业建筑照明功率密度值

房间或场所		照明功率密度/(W/m²) 现行值	照明功率密度/(W/m²) 目标值	对应照度值/lx
1. 通用房间或场所				
试验室	一般	11	9	300
试验室	精细	18	15	500
检验	一般	11	9	300
检验	精细，有颜色要求	27	23	750
检验	计量室、测量室	18	15	500
变、配电站	配电装置室	8	7	200
变、配电站	变压器室	5	4	100
电源设备室、发电机室		8	7	200
控制室	一般控制室	11	9	300
控制室	主控制室	18	15	500

续表

房间或场所		照明功率密度/(W/m²)		对应照度值/lx
		现行值	目标值	
电话站、网络中心、计算机站		18	15	500
动力站	风机房、空调机房	5	4	100
	泵房	5	4	100
	冷冻站	8	7	150
	压缩空气站	8	7	150
	锅炉房、煤气站的操作层	6	5	100
仓库	大件库（如钢坯、钢材、大成品、气瓶）	3	3	50
	一般件库	5	4	100
	精细件库（如工具、小零件）	8	7	200
	车辆加油站	6	5	100
2. 机、电工业				
机械加工	粗加工	8	7	200
	一般加工，公差≥0.1mm	12	11	300
	精密加工，公差<0.1mm	19	17	500
机电、仪表装配	大件	8	7	200
	一般件	12	11	300
	精密	19	17	500
	特精密	27	24	750
	电线、电缆制造	12	11	300
线圈绕制	大线圈	12	11	300
	中等线圈	19	17	500
	精细线圈	27	24	750
	线圈浇注	12	11	300
焊接	一般	8	7	200
	精密	12	11	300
	钣金	12	11	300
	冲压、剪切	12	11	300
	热处理	8	7	200
铸造	熔化、浇铸	9	8	200
	造型	13	12	300
	精密铸造的制模、脱壳	19	17	500
	锻工	9	8	200
	电镀	13	12	300

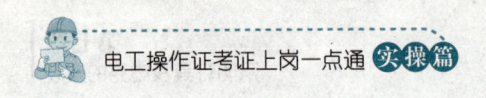

续表

房间或场所		照明功率密度/(W/m²)		对应照度值/lx
		现行值	目标值	
喷漆	一般	15	14	300
	精细	25	23	500
酸洗、腐蚀、清洗		15	14	300
抛光	一般装饰性	13	12	300
	精细	20	18	500
复合材料加工、铺叠、装饰		19	17	500

以上只列举了低压电工可能接触得较多的部分强制性规范条款，如接触到其他照明场所的安装，可自行按照相关规范查找强制性规范条款。

二、照明线路的供电方式

照明线路的供电，原来一般采用220V/380V三相四线制（TN-C接地系统）交流电源，按照现行的规定应采用有专用接零保护线（PE）的三相四线制（TN-C-S接地系统）交流电源，应急照明电源要与一般的照明线路分开独立供电。

按照照明线路的供电要求，照明配电箱的设置位置应尽量靠近供电负载中心（应满足照明支线供电距离的要求）。并略偏向于电源侧，同时应便于通风、散热和维护。专门的照明线路是供电从总配电箱，由线路干线分配到分配电箱，分配电箱再分配到各照明的分支线路提供给照明装置。这个照明线路干线的供电方式有放射式、树干式和混合式3种。

(1) 放射式供电方式：照明线路干线从总配电箱到各分配电箱，分别由各条照明线路干线分开独立供电，当某分配电箱发生故障时，保护开关会将其电源切断，不影响其他分配电箱的正常工作。因此，放射式供电方式的电源可靠性较高，但电源线路敷设所消耗的材料较大。放射式供电方式如图7-25（a）所示。

(2) 树干式供电方式：各分配电箱的照明电源由一条公用的照明线路干线供电，相当于串接在各分配电箱上。当某分配电箱发生故障时，将可能会影响到其他分配电箱的正常工作。因此，树干式供电方式的电源可靠性较差，但能节省电源线路敷设所消耗的材料。树干式供电方式如图7-25（b）所示。

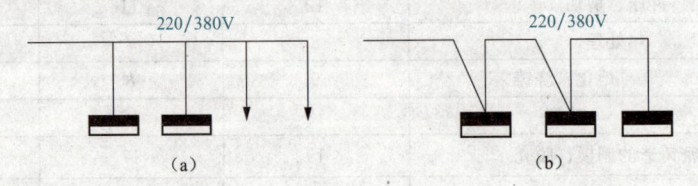

图7-25 供电方式
(a) 放射式供电方式；(b) 树干式供电方式

(3) 混合式供电方式：混合使用放射式和树干式供电，吸取了两者的优点，对于重要的照明负载采用放射式供电方式，对于对照明要求不高的照明负载采用树干式供电方式，既兼顾电源线路敷设材料消耗的经济性，又可保证电源线路具有一定的可靠性。

现在使用的照明配电箱的规格，有标准型和非标准型两种；照明配电箱的安装方式，有明安装和嵌入式暗装两种。照明配电箱的安装高度为，箱底边距地面一般为1.5m，安装垂直偏差不应大于3mm，暗安装时其面板四周边缘应紧贴墙面，箱体与建筑物接触的部分应刷防腐漆。进出照明配电箱内的导线，要套绝缘管进行防护，并要排列整齐有序。箱体内要设置连接导线的N线和PE端子排，箱内安装的开关电器，要按照规定进行安装固定和导线的连接。照明配电箱内各相的负载应均匀分配，箱内安装的断路器和开关等应在明显的位置标明照明回路的名称。

现在工厂企业内，采用专门的照明总配电箱和照明分配电箱较少，一般都是动力和照明配电箱混合安装使用的。这也不会影响到照明电路的使用和分配，因为在配电箱内动力的断路器和照明的断路器是分开安装的，各自独立地运行和工作，不会因使用和故障相互干扰的。但电工在安装照明线路时，要有意识地将照明线路分开安装，不要图方便将照明电路与动力线路混合安装。

三、照明电路对电源的要求

照明电路一般采用交流电源供电，照明电路负载小时（一般为照明电路负载电流小于15A的），一般采用单相220V的二线制，即一根相线（L）、一根中性导线（N）。但在照明电路负载大时（一般为照明电路负载电流大于15A及以上的），一般采用220/380V的三相四线制，即三根相线（L）、一根中性导线（N）。当照明电路采用三相四线制供电方式时，安装时要尽量地将每一相上的照明负载平均分配，这样三相四线制线路的中性导线上才没有不平衡电流，中性线在单相二线及二相二线线路中，中性线截面与相线截面相同。在三相四线制线路中，当照明器为白炽灯时，中性线截面不小于相线截面的50%；当照明器为气体放电灯时，中性线截面按最大负载相的电流选择。在工厂企业内的动力线路与照明线路，要尽可能地采用分开供电的方式，如图7-26所示。

照明电路要尽可能地保证三相负载平衡，其中每一单相回路上，要安装单相或三相开关控制，每相要安装熔断器作为短路保护，照明回路中每一单相回路一般不超过15A，灯具和插座数量不宜超过25个。

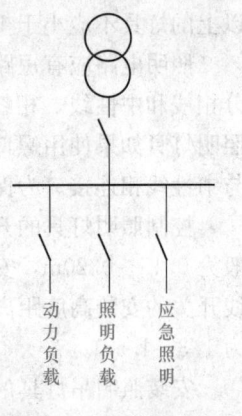

照明灯具的电压偏移（电压损失），一般不应高于其额定电压的5%，视觉要求较高的工作场所为2.5%。照明电

图7-26 分开供电的方式

路远离电源的小面积工作场地、道路照明、警卫照明或额定电压为12～36V照明的场所，其电压允许偏移值为额定电压值的-10%～+5%；其余场所电压允许偏移值为额定电压值的±5%，远离电源的场所，当电压损失难以满足5%的要求时，允许降低到10%。

为限制交流电源的频闪效应（电光源随交流电的频率交变而发生明暗变化，称为交流电的频闪效应），当荧光灯的使用量较多时，应采用两相或三相的供电方式，并将荧光灯分别连接于不同相的线路上，并尽可能使三相负载接近平衡，以保证电压偏移的均衡度，减少灯光的频闪效应。

四、照明灯具及线路安装的技术要求

照明灯具及线路的安装就是指各类灯头、灯座、灯架、吊盒、绝缘台、开关等附件及线路必须要按照国家相关规范及规程的规定和要求进行安装。

照明灯具距离地面的安装高度，室内不应低于2.5m，室外不应低于3m，墙上安装时不应低于2.5m。白炽灯的安装高度为2.5～3.5m、荧光灯的安装高度为2.5～3m、高压汞灯的安装高度为3.5～6.5m、卤钨灯的安装高度为3m以上、高压钠灯的安装高度为6～7m、金属卤化物灯的安装高度为6～14m。

照明灯具距离地面的高度达不到要求，以及在易触电、特别潮湿、工作面较窄、有导电粉尘、有导电地面、高温作业的场所时，应采用相应等级的特低电压照明灯具。照明灯具在容易触及而又无防触电措施，以及需要提供局部照明的场所，不得使用220V供电电压的灯具，应采用双圈变压器或安全隔离变压器（严禁使用单线圈的自耦变压器），给照明灯具提供相应等级的特低电压，当采用额定值超过24V的安全电压时，必须采取防护直接接触电击的措施。在特别潮湿的场所或工作地点狭窄、行动不便的场所（如在锅炉内、金属容器内工作），照明的安全电压不得超过12V。

照明灯具安装时与可燃物之间要有一定的安全距离，普通灯具不应小于0.3m，高温灯具不应小于0.5m，容量为500～2000W的灯具不应小于0.7m，容量为2000W以上的灯具不应小于1.2m。

照明电路应有短路保护及防止人身触电的漏电保护，照明灯具安装时要严格区分相线和中性线，相线必须要经过开关后再接到灯具上，严禁将开关接入中性线。照明灯具如果使用螺口灯头，螺口灯头的中心触点必须要连接相线，螺口金属部分与中性线相连接。为保证安全灯具的金属外壳应连接保护接地线。

控制照明灯具的开关，一般要安装在门边或便于操作的位置，与门框的距离一般为0.15～0.20m，安装时要注意门的开启方向，以免将开关安装在门的后面。拉线开关的安装高度距离地面为2～3m，墙壁上明安装或暗安装开关距离地面的高度为1.3～1.5m。

安装照明吊灯具的灯架时，灯具的质量在1kg以下时，可直接用软电源导线悬吊；灯具的质量大于1kg时，应加装金属镀锌吊链；灯具的质量超过3kg时，应将金

属镀锌吊链固定在预埋的吊钩或螺栓上。在吊安装灯具的灯架时，电源导线在灯具的引入处应有绝缘保护，同时不应使电源导线承受向外的拉力，以免磨损导线的绝缘，且导线在灯架及管内不应有接头。

照明灯具内使用的配线严禁外露，灯具使用导线的电压等级不应低于交流750V，导线的截面积应根据灯具的功率选用，引向每个灯具的导线线芯截面积不小于1.0mm^2。

第五节　电气照明工程图的符号与识图

低压电工对于电气照明工程图中符号和图样的识别，虽说用得不多但还是有一些基础的知识，学习和掌握电气识图的方法是十分重要的，本节只是对照明电路做一些基础知识的学习，但对于照明灯具的型号只是点到而止，因照明装置的型号是相当繁多的，特别如LED、节能灯等新光源的高速发展，很多的型号国家并没有统一发布，都是生产企业各自而定的，对于低压电工来说没有实际的意义。本节的重点放在常用灯具符号、敷设符号、灯具安装符号等实用型的知识，其他的内容请参阅专业的技术书籍。

一、电气照明工程图

电气照明工程图也称为电气照明图，是指导照明安装施工的"语言"，是以统一规定的图形符号，辅以简单扼要的文字说明，把管线敷设方式、配电箱和照明灯具等电气设备的安装位置、配管配线方式、安装规格、型号特征及其相互之间的联系表示出来的工程图样。常用的有照明系统图、照明平面布置图两种，它们都是建筑电气工程施工图的组成部分，体现照明方面的图只占很小的一部分，照明电路一般与动力电路是混合在一起的。

电气照明的平面布置图是在建筑平面图垂直投影后得到的建筑平面俯视图上绘制而成的，是表示建筑物内外照明设备和照明线路平面布置的图样，是属于一种位置简图，如图7-27所示。但电气照明的平面布置图是电气照明工程图最重要的图样，也是最常用的施工图样。在照明的平面布置图上，体现照明线路的敷设位置、敷设方式、导线型号、导线截面、导线根数、防护线管的种类及防护导管的管径等。照明的平面布置图同时还标出照明灯具、照明配电箱、吊扇、风机、调节开关、控制开关、插座等的安装方式、相对位置、安装高度、安装数量及型号规格等。

电气照明电气系统图是表示建筑物内外照明设备及其他用电器的供电与配电的图样，是属于一种供用电配电的简图，如图7-28所示。在照明电气系统图上，集中反映了照明的安装容量、计算容量、配电方式、敷设方式和防护导管的管径等，标出了导线的型号或电缆的型号和规格，还标出了照明线路上安装的熔断器、断路器、隔离开关、刀闸等的型号和规格等。

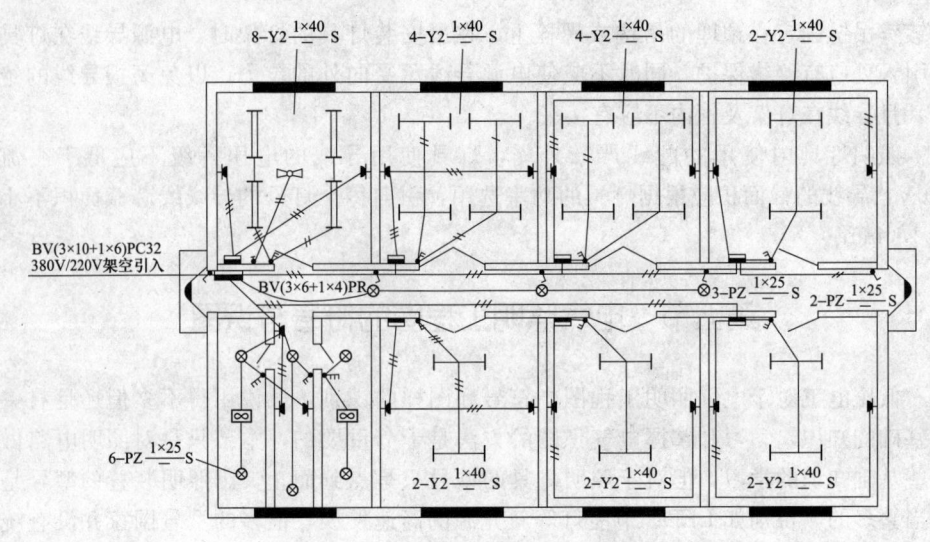

图 7-27 电气照明的平面布置图

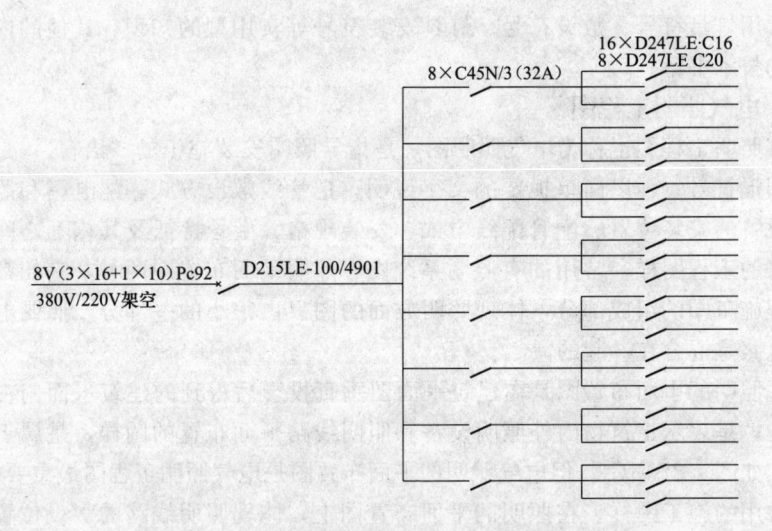

图 7-28 电气照明电气系统图

二、电气照明平面布置图的图形符号

电气照明的平面布置图根据设计需要在平面上画出全部灯具、插座、开关、照明配电箱和线路敷设的位置，以统一规定的图形符号，按照电气照明设备和线路的图形符号（即图例）所规定的文字标注方法及其相互的联系，绘制出电气照明的平面布置图等各种电气工程图。根据国家标准《电气简图用图形符号》（GB/T 4728—2008）的内容，现将常用的电气照明装置及电器的图形符号列表如下（表 7-3）：

第七章 照明灯具及电路的安装

表 7-3　　常用的电气照明装置及电器的图形符号

图形符号	说明	图形符号	说明	图形符号	说明
	单相明装插座		聚光灯		单极拉线开关
	单相暗装插座		泛光灯		双控开关（单极三线）
	单相防爆插座		单极明装开关		吸顶灯
	单相密闭（防水）插座		单极暗装开关		荧光灯一般符号
	单相明装带接地孔插座		单极防爆开关		电气屏、台、箱、柜的符号
	单相暗装带接地孔插座		单极密闭（防水）开关		动力或动力照明配电箱
	单相防爆带接地孔插座		双极明装开关		信号板、信号箱（屏）
	单相密闭带接地孔插座		双极暗装开关		照明配电箱（屏）
	三相明装带接地孔插座		双极防爆开关		中性线
	三相暗装带接地孔插座		双极密闭（防水）开关		保护线
	三相防爆带接地孔插座		三极明装开关		保护与中性共用线
	三相密闭带接地孔插座		三极暗装开关		箱盒一般符号
	有指示灯的开关		三极防爆开关		连接盒或接线盒
	灯的一般符号		三极密闭（防水）开关		导线交叉分支的连接
	投光灯		开关的一般符号		导线相交跨越不连接

269

续表

图形符号	说明	图形符号	说明	图形符号	说明
	交流配电线路一般符号		弯灯		电风扇
	带熔断器的插座		壁灯		插头和插座
	具有隔离变压器的插座		深照型灯	Wh	电能表
	具有单极开关的插座		三管荧光灯		吊式电风扇
3	多个插座		防爆荧光灯		接地的一般符号
	插座箱（板）		单根导线		带熔断器的刀开关
	广照或配照型灯		两根导线组成的电路		带熔断器的隔离开关
	防水防尘灯		3根导线组成的电路		带熔断器的负荷开关
	球形灯		4根导线组成的电路		三极刀开关
	局部照明灯	n	n根导线组成的电路		风扇调速开关
	隔爆灯		保护接地		

三、电气照明平面布置图的标注形式

在电气照明平面布置图中，要在图中反映配电箱（屏）、照明灯具、线路敷设等的具体安装数量及安装形式，使电工及相关人员了解电气照明线路及电器平面布置的详细内容。

1. 照明灯具的标注形式

在电气照明平面布置图中照明灯具的旁边，要按照规定的标注形式标出：灯具的盏数、灯具的型号或编号、每盏灯具的光源数量、每个灯泡或灯管的电功率、灯具中光源的种类、安装方式和灯具的安装高度等。照明灯具的标注形式如下：

第七章
照明灯具及电路的安装

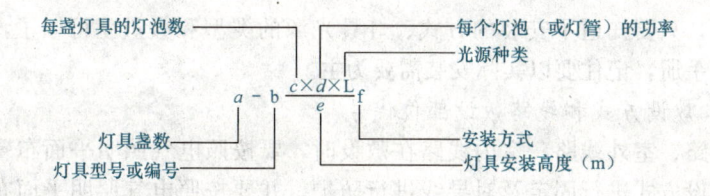

$$a\text{-}b\frac{c\times d\times L}{e}f$$

- 每盏灯具的灯泡数
- 每个灯泡（或灯管）的功率
- 光源种类
- 灯具盏数
- 安装方式
- 灯具型号或编号
- 灯具安装高度（m）

a 为安装场所安装灯具的盏数。

b 为灯具的型号或编号，如直管形荧光灯管为 YZ、U 型荧光灯管为 YU、环形荧光灯管为 YH、三基色荧光灯管为 YZS、普通照明灯泡为 PZ、局部照明灯泡为 JZ、聚光灯泡为 JG、管型卤钨灯管为 IZG、红外线卤钨灯管为 LHW、外镇流高压汞灯为 GCY、自镇流高压汞灯为 GYZ、低压钠灯为 ND、高压钠灯为 HG 等。

c 为每盏照明灯具的灯泡或灯管（光源）的数量。

d 为照明灯具每个灯泡或灯管的额定功率。

e 为照明灯具的底部距离地面的高度，若灯具为吸顶安装，则此项不标注。

f 为照明灯具的安装方式，具体的安装方式代号如表 7-4 所示。

表 7-4　　照明灯具安装方式标注的文字符号

安装方式	代号	安装方式	代号
线吊式	CP	壁装式	W
自在器线吊式	CP	墙壁内安装	WR
固定线吊式	CP1	吸顶式或直附式	S
防水线吊式	CP2	支架上安装	SP
吊线器式	CP3	台上安装	T
链吊式	Ch	座装	HM
管吊式	P	柱上安装	CL
嵌入式（嵌入不可进入的顶棚）	R	顶棚内安装（嵌入可进入的顶棚）	CR

L 为照明灯具光源的种类，在实际的使用中此项一般常省略不标出，因为在标出灯具型号时就已经示出了灯具光源的种类。如是确实需要标出时，可在光源种类的 L 处标出代表光源种类标注的文字符号，如白炽灯（IN）、荧光灯（FL）、碘钨灯（I）、高压汞灯（Hg）、高压钠灯（Na）、金属卤化物灯（MHL）、红外线灯（IR）、紫外线灯（UV）、氙灯（Xe）、弧光灯（ARC）等。

例如，照明灯具的标注为：$4\text{-}YZ40\frac{2\times 40}{-}S$，表示为此房间或此区域内，以吸顶式或直附式的方式安装 4 盏单根直管形 40W 的荧光灯，因是吸顶式或直附式安装，所以不标出灯具底部与地面的距离，安装高度可用"—"符号表示。低压电工要注意不要过多地去关注或查找照明灯具、各类电器等的型号，一般是不会标注在图样上的，而是会标注在设备的材料表上。再说这些型号等数据对电工来说，没有多大

271

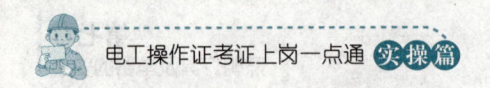

的实际意义，只要知道了安装的方式、灯具光源的类型和数量就可以了，有需要时再去查资料手册，记住要以实际安装需要为主。

2. 线路敷设方式和线路敷设部位代号

配电线路、室外线路、室内线路在敷设时，要按照电气照明平面布置图中所标注的线路敷设方式进行固定及对导线进行防护。并要按照电气照明平面布置图中所标注的线路敷设的部位，将线路导线按照指定的部位进行敷设。线路敷设方式和线路敷设部位代号，如表 7-5 和表 7-6 所示。

表 7-5　　　　　　　　　　　　线路敷设方式代号

含义	代号	含义	代号
明敷设	E	塑料线卡敷设	PCL
暗敷设	C	铅皮线卡敷设	AL
硬塑料导管敷设	PC	瓷绝缘子或瓷珠敷设	K
半硬塑料导管敷设	FPC	瓷夹板敷设	PL
水煤气管敷设	SC	沿钢索敷设	SR
电线管敷设	TC	电缆桥架（或托盘）敷设	CT
塑料线槽敷设	PR	蛇皮管（金属软管）敷设	CP
金属线槽敷设	SR	直接埋设	DB

表 7-6　　　　　　　　　　　　线路敷设部位代号

含义	代号	含义	代号
沿墙面敷设	WS	沿梁或跨梁敷设	AB
沿地面敷设	F	暗敷设在梁内	BC
沿柱或跨柱敷设	AC	暗敷设在柱内	CLC
沿天棚面或顶板面敷设	CE	在不能进入人的吊顶内敷设	AC
地板或地面下敷设	FR	在能进入人的吊顶内敷设	ACE

还有的电气线路用文字符号来表示：如电力分支线用字母 WP、照明干线用字母 WLM、照明分支线用字母 WL、应急照明干线用字母 WEM、应急照明分支线用字母 WE 等。

3. 线路敷设导线型号和规格的选择

作为低压电工每天都要与导线打交道，必须要知道导线标称截面积的规格，如导线有 0.3mm²、0.4mm²、0.5mm²、0.75mm²、1.0mm²、1.5mm²、2.5mm²、4mm²、6mm²、10mm²、16mm²、25mm²、35mm²、50mm²、70mm²、95mm²、120mm²、150mm²、185mm²、240mm²、300mm² 等，这些导线的规格是要牢记的。但导线的型号就不需要全部都记住了，主要记住几个就可以了，只要记住我们常用的单芯塑料（聚氯乙烯）铜芯绝缘导线，它的型号为"BV"就可以了；如果在

"BV"中间加一个"L"铝材料的字母,就说明它是塑料(聚氯乙烯)铝芯绝缘导线;如再加个"R"就说明是多股线(软线)。其他类型的导线我们用得较少,就不需要去强化地记忆了,如"BX"为铜芯橡胶绝缘导线、"BLX"为铝芯橡胶绝缘导线、BXF为铜芯氯丁橡胶绝缘导线等。

4. 线路文字标注基本格式

电气照明平面布置图中,通过线路所标注的文字基本格式可清楚地知道所用导线或线缆在图中的编号、导线或线缆的型号、导线或线缆的根数、导线或线缆的线芯数、PE 或 N 线的芯数、PE 或 N 导线线芯的截面、线路敷设的方式、线路敷设的部位、线路敷设安装的高度等。线路文字标注基本格式为

$$ab-c(d \times e + f \times g)i-jh$$

式中　a——图中导线或线缆的编号;
　　　b——导线或线缆的型号;
　　　c——导线或线缆的根数;
　　　d——导线或线缆的线芯数;
　　　e——导线线芯的截面面积;
　　　f——PE 或 N 线的芯数;
　　　g——PE 或 N 导线线芯的截面面积;
　　　i——线路敷设的方式;
　　　j——线路敷设的部位;
　　　h——线路敷设安装的高度。

实际使用时,本项内容会根据具体情况省略部分内容。例如,导线或线缆沿天棚面或顶板面敷设时,将省略"h——线路敷设安装的高度"部分;线路为三相三线敷设供电时,则省略"f——PE 或 N 线的芯数、g——PE 或 N 导线线芯的截面面积"部分。综合上面的各类文字符号,就可知道导线或线缆敷设的各种详细数据和敷设安装方式。

例如,WL5-BV(3×4+1×2.5)PC-WS3 表示:5 号照明分支线路,用 3 根 4mm² 铜芯塑料绝缘导线和 1 根 2.5mm² 铜芯塑料绝缘导线,穿硬塑料导管沿墙敷设,线路敷设距离地面的高度为 3m。

例如:WP1-BV(3×70+1×50)CT-CE 表示:1 号电力分支线路,用 3 根 70mm² 铜芯塑料绝缘导线和 1 根 50mm² 铜芯塑料绝缘导线,采用电缆桥架(或托盘)沿天棚面或顶板面敷设。

第六节　照明灯具的安装

随着社会的发展和进步,以及人民生活水平的提高和生活方式的改变,照明灯

具不再是单纯的照明,更要求照明灯具的安装具有装饰亮丽、节能省电、美观大方和美化环境的作用,起到改善人们工作、生活、学习、休闲、娱乐的作用。所以,室内外照明灯具的安装必须按照国家现行照明灯具的质量验收规范的标准安装,要根据工作或生活对照明光源、亮度、方向等的要求,综合考虑建筑物或厂房的结构及环境条件等多种因素,确定照明灯具的型号规格和安装形式。照明灯具及线路的安装敷设施工要精益求精地确保照明灯具安装的质量,保证照明灯具及线路安全正常地运行。

照明灯具及线路的安装是电工必须掌握的操作技能之一,因有的老式的安装方式已经淘汰,本章只简单地介绍常用的照明灯具及线路的安装技术要求。

一、白炽灯的控制方式

1. 白炽灯的单联控制方式

白炽灯的控制方式较为简单,最常用的就是单联开关控制,就是将开关串联在相线上控制白炽灯电路的通与断,用一只单连开关控制一盏照明灯,这种照明的控制方式最为常用。如果白炽灯的灯座上安装的是节能灯、LED灯和高压汞灯等灯泡,其照明的控制原理是一样的。至于一个开关控制几盏灯也是大同小异,就是将开关串接在几个灯泡共同的相线上,但从节省电能的角度出发,一般照明电路的控制都尽量采取单灯控制的方式。白炽灯的单联开关控制的电路图如图7-29所示。

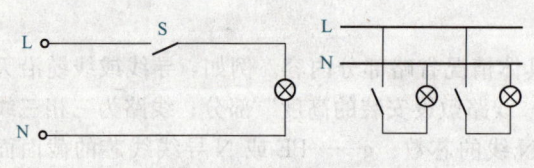

图7-29 白炽灯的单联开关控制

白炽灯在安装时,必须要将开关串接在相线上,在更换灯泡、修理灯头或更换导线时,将开关断开后,开关后面的照明灯具及线路就不会带电,可以保证照明灯具及线路更换维修的安全。

2. 白炽灯的双联控制方式

白炽灯的另外一种控制方式是用两个双联开关来控制一盏白炽灯,就是将两只双连开关分别安装在不同的地方,共同来控制一盏照明灯。原来此白炽灯的双联控制方式常用于建筑物的楼梯或走廊处,在楼上及楼下的两个地方,或在走廊的两端各安装一个开关,就可用两个开关控制同一盏照明灯的接通和断开。这种单灯用双连开关控制的控制方式现在已经用得很少了,此位置多用声光控开关或触摸式的电子开关替代了。

现在白炽灯的双联控制方式越来越多地应用于室内的照明灯具,如在进房间门口时,按一下安装在房门处的双联开关,照明灯具就会点亮,睡觉时再按一下安装在床头处的双联开关,就会关闭照明灯具。双连开关控制单灯的电路如图7-30所示。

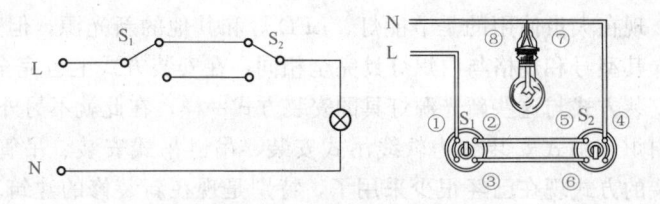

图 7-30　双连开关控制单灯的电路

在安装两个双连开关共同控制一盏照明灯的电路时，一定要选择两个双联（控）的单开关［不同于一般的单联（控）开关］，它按照安装方向分为上、中、下（或左、中、右）3个接线端子，中间的接线端子为公共端子，如图 7-31（a）所示。安装时相线要进其中一个双连开关的中心端子，另一个双连开关的中心端子连接到中性线与灯泡串联后过来的导线，再将两个双连开关的其他两个端子不分彼此只要相互连接起来就可以了。

图 7-31　双联（控）与单联（控）单开关
(a) 双联（控）的单开关；(b) 单联（控）的单开关

图 7-31（b）所示的为只有两个接线端子的单开关，只有将照明灯用于开启和关闭的功能，不能用于两地双联开关控制照明灯的控制方式，电工新手在购买和选择开关时要注意。

照明灯具除了使用开关的直接控制方式外，还有如照明调光开关、数码分段开关、触摸式延时开关、声光控延时开关等电子式的开关对照明灯具进行灯光的控制及调节，这在上面的章节中已经介绍了，其实安装的方式基本相同，在此就不再重复了。

二、白炽灯具的吊式安装

白炽灯具是原来应用最广泛的照明灯具，白炽灯具的安装有室内和室外之分，所采用的灯具形式也不相同。常用白炽灯的安装有悬吊式、嵌顶式和壁装式等几种方式。

但白炽灯的照明灯具因存在发光效率低、消耗的功率大的缺点，现在的使用量

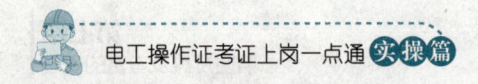

越来越少了。现在大量使用的是节能灯、LED灯和其他的新光源,但这些新光源所制造的灯具,其型号和规格与白炽灯具完全相同,在安装方式上也完全相同。所以,白炽灯具的安装方式与这些新光源灯具的安装方式一样,在此就不另外介绍了。

常见的白炽灯吊式安装分为软线吊式安装、吊链吊式安装、吊管吊式安装等,软线吊式安装的方式现在已经很少采用了,特别是现在新装修的建筑基本上都不采用了,现在只有农村还在部分使用。

1. 软线吊式的安装

软线吊式安装由绝缘台、吊线盒、电源软线、吊式灯头及紧固螺栓等组成。白炽灯的软线吊式安装,灯具的质量应小于0.5kg。绝缘台可固定在墙体上预埋的安装螺栓等固定件上,当墙体上没有预埋安装螺栓等固定件时,就要用冲击电钻在墙体上打孔,安装膨胀螺栓固定绝缘台。绝缘台的直径在75mm及以下时,可安装一个膨胀螺栓固定绝缘台。绝缘台的直径大于75mm时,固定绝缘台的膨胀螺栓不得少于两个。安装在绝缘台上的电线的端头绝缘部分应伸出绝缘台的表面,绝缘导线的线头剥去20mm左右绝缘层,分别压接在吊线盒的两个接线桩上。绝缘台与吊线盒的安装如图7-32所示。

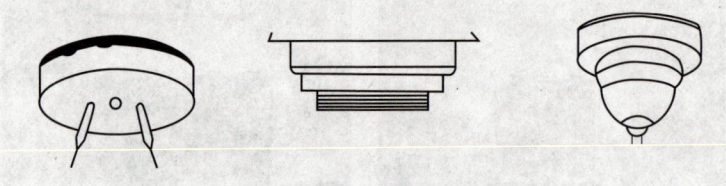

图7-32 绝缘台与吊线盒的安装

吊线盒与吊式灯头之间通过电源软线相连接,电源软线采用得最多的是塑料绝缘双绞软线,布套胶绝缘导线双绞软线及塑料软线使用得较少,灯具塑料软线的长度一般不要超过2m。为了不使吊线盒与吊式灯头内的导线连接头处承受灯具、导线或其他的重力及应力,均要在吊线盒与吊式灯头内的出线孔处用电源软线打个卡线结扣,这个卡线结扣正好卡在吊线盒与吊式灯头的出线孔内,承受悬吊灯具的质量,避免重力或应力影响到导线接线螺钉连接处的可靠性,还要防止灯具的坠落。吊线盒与吊式灯头内的卡线结扣如图7-33所示。

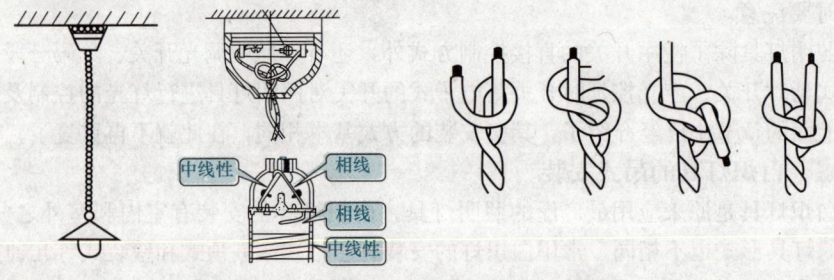

图7-33 吊线盒与吊式灯头内的卡线结扣

2. 吊链（管）式灯具安装

现在吊式灯具的安装极少采用软线吊灯式的安装，主要采用吊链（管）式的安装方式，如图 7-34 和图 7-35 所示。当灯具的质量大于 0.5kg 时，应采用吊链式或吊管式的固定方式安装，固定灯具用的螺栓一般不得少于两个，在砌体和混凝土结构上严禁使用木楔、尼龙塞或塑料塞安装固定电气照明装置，应保证灯具的安装安全、牢固、可靠。灯具采用吊链式时，灯具的软导线宜与吊链编叉在一起，灯具的软导线不应承受拉力；采用吊管式安装时，灯具吊杆的钢管内径不应小于 10mm，其钢管壁厚度不应小于 1.5mm。当吊灯灯具质量超过 3kg 时，应预埋吊钩或螺栓固定，花灯吊钩圆钢直径不应小于灯具挂销直径，且不应小于 6mm，对于大型吸顶花灯、固定花灯的固定及悬吊装置，应按灯具质量的 2 倍做过载试验。质量大于 10kg 的灯具，其固定装置应按 5 倍灯具质量的恒定均布载荷全数做强度试验，历时 15min，固定装置的部件应无明显变形。当照明灯具距离地面的高度小于 2.4m 时，灯具的可接近裸露导体必须接地（PE）或接零（PEN）可靠，并应有专用接地螺栓，且有标识。图 7-36 为吊链（管）式灯具底座的固定。

图 7-34 吊链式灯具的安装

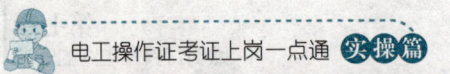

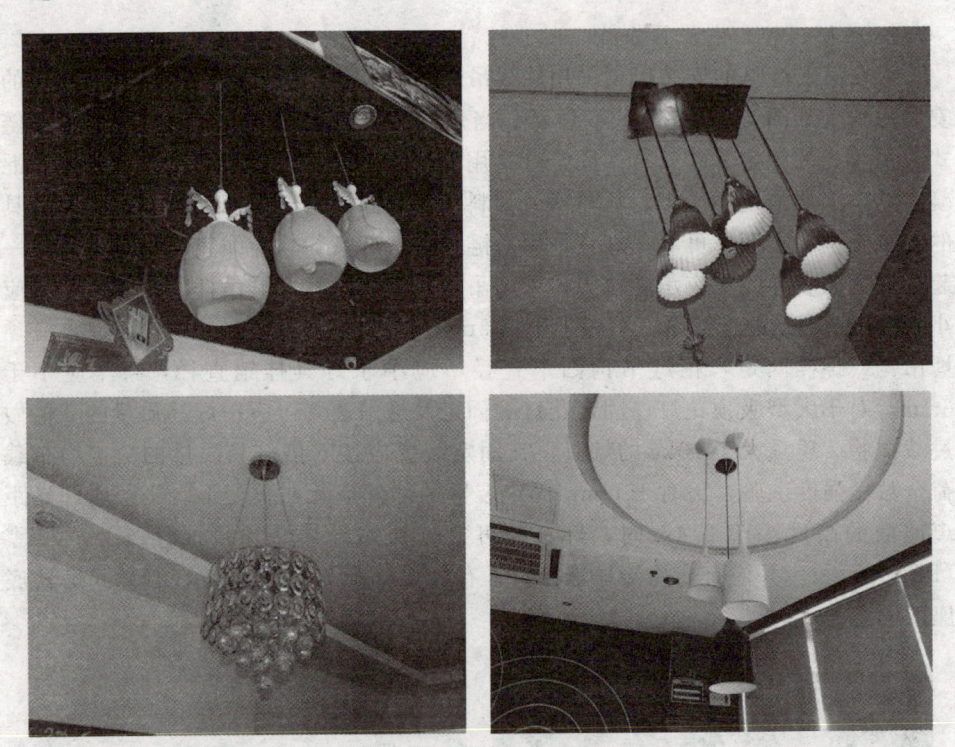

图 7-35　吊管式灯具的安装

图 7-36　吊链（管）式灯具底座的固定

三、吸顶式灯具的安装

随着 LED 及其他光源的高速发展，照明灯具的式样、外观、体积等发生了根本性的改变，超薄型的灯具已经进入到普通居民的家中，吸顶式安装的灯具应用得越来越广泛。吸顶式灯具的安装方式分为墙面吸顶式和吊顶嵌入式两种，如图 7-37 所

第七章 照明灯具及电路的安装

示。墙面吸顶式是将吸顶安装挂板直接用膨胀螺栓固定在屋面上，或在空心楼板内安装固定挂板（勾），或在混凝土中预埋螺栓或挂钩等，将吸顶式灯具的吸顶安装挂板固定在墙壁顶面上。吊顶嵌入式用于室内有吊顶装修的场所，在装饰吊顶上根据灯具嵌入的尺寸预留开孔，再将灯具嵌装在吊顶的龙骨上。当灯具的质量超过 3kg 时，特别是在较大嵌入式灯具的安装时，应采用吊杆螺栓或铁架进行灯具的固定。

图 7-37 吸顶式灯具的安装

灯具的吸顶式安装，最重要的是安装牢固灯具内的挂板，在旋紧挂板上的紧固螺钉时，不要将挂板的一边先紧死，要保证挂板两端的紧固平衡。挂板的形状一般以一字形、工字形、十字形等居多，将挂板安装紧固后下面的事就简单多了，将灯具固定在挂板上，接上电源线安装就基本完成了。

吸顶灯具内如安装发热量较大的白炽灯泡、节能灯泡时，灯泡的外壳不能紧贴在灯罩上，特别是用非玻璃材料制作的灯罩。当灯泡与灯罩之间的距离较小时，灯泡要安装在中间或采取隔热措施。

四、壁式灯具的安装

壁式灯具也称为壁灯，是安装在墙壁或墙柱子上的，现在壁灯的固定挂板基本上都是采用两孔式的紧固模式，在墙壁内预埋金属构件或用冲击钻打孔安装膨胀螺栓，将壁式灯具安装在墙壁上，如图7-38所示。室内壁灯安装高度一般不应低于2.4m，住宅壁灯灯具安装高度不宜低于2.2m，床头灯不宜低于1.5m。当壁式灯具安装距地面高度小于2.4m时，壁式灯具的可接近裸露导体必须接地（PE）或接零（PEN）可靠，并应有专用接地螺栓，且有标识。

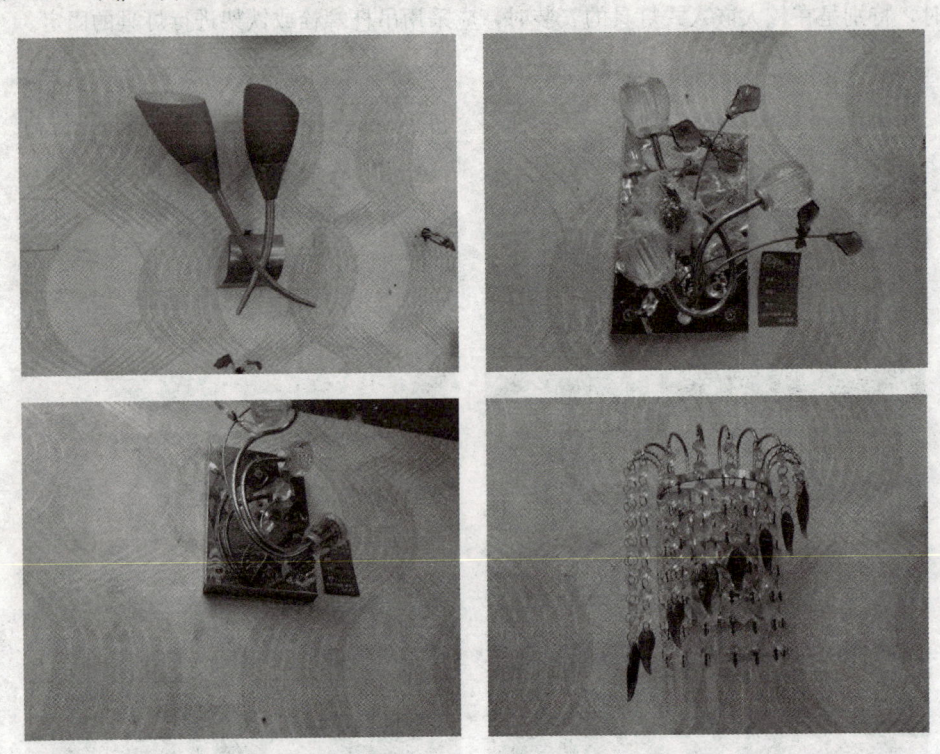

图7-38 壁式灯具的安装

室内壁灯安装高度一般不应低于2.4m，住宅壁灯灯具安装高度不宜低于2.2m，床头灯不宜低于1.5m。

五、荧光灯的安装

荧光灯的安装方式有吸顶式、链悬吊式、管悬吊式、灯架式、吊顶嵌入式等，日常工作使用的荧光灯应安装在通风良好、无振动、无腐蚀性气体和粉尘的场所。在潮湿的场所及有腐蚀性气体、有可燃性气体、可燃性粉尘、有易燃易爆物体等的场所，要按照规定选择安装防护型、防潮型、密封型、防爆型等规格的荧光灯具。

荧光灯的安装并不复杂，吸顶式、链悬吊式、管悬吊式、灯架式等成套的荧光灯具上均有安装孔，将固定螺栓、吊链、吊管等与安装孔紧固安装在吊顶墙壁、吊铁链挂钩、吊钢管螺栓上即可。吊顶嵌入式的成套荧光灯具配有嵌入安装的弹性弓片、卡片、卡环等，按照装配图安装即可。荧光灯具常用的安装方式如图7-39所示。

图 7-39　荧光灯具常用的安装方式

除了直形管的荧光灯管外，为了便于紧凑型的灯具安装，还有异形的荧光灯管，如圆环形灯管、U 形灯管、H 形灯管、D 形灯管等，这些异形的荧光灯管上，灯脚配用专用的插座将灯丝线引出，异形的荧光灯管如图 7-40 所示。

异形的荧光灯管只是为了缩小灯具的体积，其接线与直形管的接线是一样的，均采用专用的插座与灯管内的灯丝连接在电源中，只是异形的荧光灯管的功率与直形管的略有不同，安装时灯管要与镇流器的功率相同，以免造成灯管寿命缩短或灯管启动不了。异形的荧光灯的接线图与线路连接如图 7-41 所示。

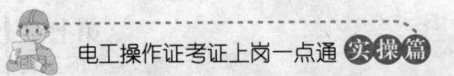

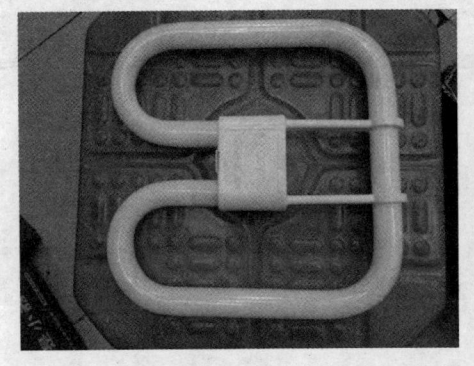

图 7-40　异形的荧光灯管

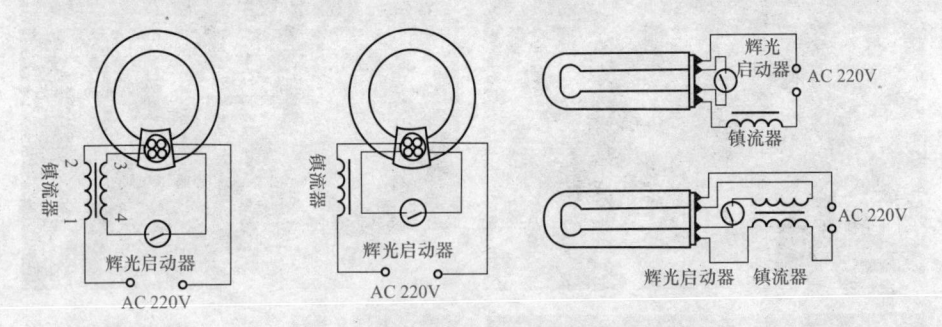

图 7-41　异形的荧光灯的接线图与线路连接图

第七节　照明电路的故障检修

照明电路的常见故障主要有断路、短路和漏电 3 种。故障检修一般首先采用问、闻、听、看等直观的检查方法，也可采用仪器和仪表等进行检查，但总的原则是尽可能地在最短的时间内，逐步地缩小故障的检查范围，最终找到并排除故障。

一、断路故障的检修

照明电路的断路故障就是照明电路中的某处或多处出现断开性的故障，照明电路由电源电路、照明线路、照明灯具、控制开关 4 部分组成，其中任意的电路或线路部分出现断开性的故障，都会引起照明电路不能正常地工作。

故障的检查要从常见故障到少见故障、从简单故障到疑难故障来进行分析和检查。当照明电路出现故障时，首先要判断电源是否正常，是否是由于各级电源开关断开引起断路故障，也可以通过观察旁边的其他地方或车间是否有电，来快速判断电源断路故障范围的大小。判断电源及开关是正常的后，才可以进行照明电路的检查，如果是单相照明电路出现断路故障，照明电路将不能正常工作。这时首先要从

第七章
照明灯具及电路的安装

最容易出现故障的照明灯具开始检查，如白炽灯电路的灯泡不亮，要先检查白炽灯泡是否有问题，再检查灯头，最后才去检查线路。可用试电笔进行快速检查，如用试电笔测量灯头的两端，若灯头的两端均不发光，说明灯头到电源的相线之间的线路或开关有问题，可从灯头处的导线开始到开关-相线电源处逐步地检查和用试电笔测试，即可发现线路的断开点。如用试电笔测试灯头的两端均发光，说明灯头到电源的中性线之间的线路有问题，可从灯头处的导线开始至中性线的电源处之间，逐步地检查和用试电笔测试，即可发现线路的断开点。如用试电笔测试灯头的两端是一端发光，而另一端不发光，说明到灯头处的线路没有问题，问题就出在灯头和白炽灯泡上，用试电笔或万用表很容易就可检查出问题所在，灯头最常见的故障为接触片锈蚀、松脱、断线、接触不良等，白炽灯泡最常见的故障为灯丝烧断、焊点松脱或断线等。

照明电路如果是三相四线制供电线路，如果是中性线出现断路故障，当负载是白炽灯时，就会造成三相电路电压的不平衡，负载大的一相电压较低而灯光暗淡，负载小的一相电压会升高而灯光很亮，三相电路越不平衡，此现象就会越严重，各相线路上的灯泡亮度会随着负载的变化而不断地变化，同时中性线断路的负载侧将出现对地电压。如果只是三相电路的某一相断路，只会影响到断路一相的照明电路，不会影响到其他两相照明电路的正常工作。所以，只要沿着此断路相的电源端，用试电笔逐步地向照明灯具方向测试，测试到哪里无电就可查出断路的故障点了，断路的故障点找到了，故障的排除就很简单了。

如果荧光灯电路的开关闭合后，荧光灯无任何反映，说明荧光灯电路有断路的故障。检修时首先要排除荧光灯电路是否为电源故障，只有在确定荧光灯外部电源电路正常后，才能开始检查荧光灯电路的故障，以免白白地浪费检修的时间而做无用功。

如果荧光灯电路不正常，因荧光灯电路的部件及接触点较多，检修时不可盲目地乱检修或更换部件，特别是在荧光灯关闭时还是正常的，或荧光灯长期没有使用，也没有发现荧光灯电路出现异常的状态，再次使用就不能正常工作时，就要考虑荧光灯电路有断路的故障。通过长期对荧光灯电路的维修经验，荧光灯的器件损坏是较少的，荧光灯最常见的故障是接触不良，如荧光灯引脚与插座之间的接触不良和辉光启动器插脚与辉光启动器插座之间的接触不良，这就要求维修人员要有耐心，操作时不可用力过猛或用力太大，造成引脚或插座的变形，反而扩大了故障的范围或增加了维修的时间。荧光灯的引脚与插座使用日久后，金属的表面很容易氧化，引起导体间的接触不良，可先用手反复小心地旋转荧光灯管，消除引脚与管座之间接触不良。也可用细砂纸或细锉将金属表面的氧化层去除，即可消除接触不良的故障。辉光启动器插脚与辉光启动器插座之间的接触不良故障排除的方法同上。

如果上述的检查后仍无效，就只有用试电笔逐步地检查了，可从相线开始沿着镇流器、荧光灯管座、辉光启动器座、荧光灯管座直到中性线进行检查，试电笔测试到哪个线路或部件无电就是此处断开了。测试时可利用荧光灯管座内的接触弹片及辉光启动器座的接触弹片来减少拆线的时间，因线路中串有镇流器，检查中可用细导线进行荧光灯管座或辉光启动器座的线路短接检查，不要担心会引起短路，这样可较快的检查出断路的部位。例如，可用一根导线将辉光启动器插脚短接，如果此时电路接通且灯管两端灯丝发红，就可判断为辉光启动器部分有断开故障。

荧光灯电路的断路故障，除了常见的接触不良故障外，还有可能出现灯座损坏、接头松脱、灯管断丝、镇流器线圈内部断线、辉光启动器焊点脱离或氖管破裂等故障，只是这些故障的出现概率较小。

要引起注意的是，一般的荧光灯电路检查，都是需要登高进行的，在空中检查电路时会有很多的不便。所以，在地面进行荧光灯的检查时，一定要仔细，尽可能地做到准确地判断出故障，荧光灯管和辉光启动器尽可能在地面进行检查，最好是采用替代法来进行判断，以减少高空作业的维修时间和体力消耗。

二、短路故障的检修

短路故障就是照明线路或照明灯具内的中性线与相线相碰，或照明灯内的灯丝、连接线、镇流器等出现故障时，发生断路器跳闸或熔断器熔丝熔断。发生短路故障时短路点一般会同时出现爆响和火花现象，短路点会出现短路电弧或火花烧蚀的痕迹。

照明电路短路故障产生的原因有：照明电源线路导线绝缘老化破损短接、灯头内导线的绝缘破损短接、螺口灯头芯片歪斜碰触金属螺口、镇流器线圈匝间短路、照明灯具进水、金属物体碰入照明灯具内等，都有可能引起短路的故障。

当照明电路发生短路故障时，不可盲目地再重复送电，以免造成故障的扩大。最快捷的电路检修方法是根据短路时发出的爆响声、短路时产生的火花、短路时出现的烟迹等现象，快速地找出电路中的短路点，将短路点的碰触部位分离、修复破损的绝缘或更换短路的照明部件后，更换熔断器熔丝或熔芯，合上断路器，照明电路即可恢复正常工作。

检修荧光灯电路的短路故障时，若合上荧光灯电路的开关，荧光灯具发出爆裂声音，并发现荧光灯管两端的玻璃外壳有破碎或有烧黑的痕迹，荧光灯管的灯丝已烧断，此时千万不可立即更换新的荧光灯管，否则，只要合上荧光灯电路的开关，荧光灯管又会立即损坏。这说明镇流器的内部有匝间短路的故障，特别是使用非正规厂家生产的镇流器、外形体积较小的镇流器、价格较便宜的镇流器或由铁心边脚料硅钢片制成的镇流器等情况时，要注意此类型的镇流器损坏率是相当高的，正规厂家生产的镇流器是很少损坏的。

检查镇流器是否有问题的方法很简单，可先从镇流器的外观来看或嗅有无烧痕及烧焦的气味来判断，如果观察镇流器的外观无烧痕无法判断，可根据荧光灯管功率的大小，用 15~60W 的白炽灯泡与镇流器串联后接入 220V 的电源，通电后如果白炽灯泡发出正常或接近正常的亮度，说明镇流器的内部有匝间短路的故障，镇流器正常时白炽灯泡只能发出一半左右的亮度，这时只要更换同功率的正规镇流器即可。

如从外观上无法发现短路点，在断电的情况下，可用万用表逐级测量检查，重点检查线路与电器结合部位及连触点。将万用表的两表笔分别测试在断电的电路两端，这时万用表上显示的数据应为接近于"0"欧姆，此时将后级电路的全部开关和断路器逐级地断开测量检查，逐步地缩小检查的范围，当断开到哪一部分的开关或断路器，万用表上显示的数据接近于"∞"欧姆时，说明断路的短路点就在此级，应集中全力检查此小范围内的线路与电器，很容易就可以找出短路的故障点，只要找出了短路的故障点，修复短路点的故障就容易得多了。

在通电的情况下，也可以用校验灯进行短路故障的检查，使用不同功率灯泡的校验灯，就可以检查不同功率大小的电路。首先将校验灯安装在因短路故障断开的断路器熔断器的两端如图 7-42 所示。

这时将后面各级的全部开关和断路器全部处于断开位置，接通电源后校验灯如果能够正常发光，说明短路故障在校验灯

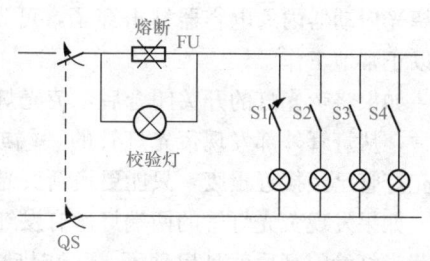

图 7-42　用校验灯检查电路内的短路故障点

后面的线路上，与全部各级的开关和断路器后面的线路与照明灯具无关，只要检查校验灯后面的线路即可，因校验灯后面只有不多的电源线路，应很容易就能够找到短路的故障点。如果接通电源后校验灯不亮，这时逐级地接通各级的开关和断路器，当接通哪一个开关或断路器后，校验灯若能够正常发光，说明短路故障点就在刚接通的那一个开关或断路器后面的线路或照明灯具上。这时再断开此部分电路内的开关或断路器，如果校验灯还是正常地发光，说明故障在此部分电路的线路上。如果是将部分电路中的开关或断路器闭合后，校验灯能够正常发光，说明故障在这刚闭合的开关或断路器后面很小的范围内，应该轻易就能够找到短路点。

三、漏电故障的检修

漏电故障是由于电力线路或照明灯具的绝缘老化和破损，相线对相线或接地线漏电，对灯具金属外壳漏电，并造成灯具金属外壳带电，这不仅会造成电能的浪费，还可能会造成人身触电伤亡事故。

漏电故障检查的详细步骤，在与本书配套的《电工操作证考证上岗一点通》（基础篇）中第 121 页"剩余电流保护装置动作的检查与处理"章节中，做了很详细的检查过程和处理的表述，本书就不再重复了，请读者参阅基础篇中的内容学习。

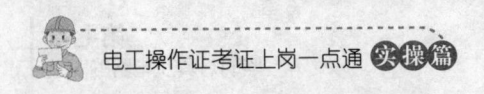

四、荧光灯电路故障的检修

上面简述了照明电路常见的断路、短路和漏电3种故障，但因荧光灯属于气体放电灯，与白炽灯发光的原理有较大的不同。所以，荧光灯电路的故障有它的特殊性。

若将荧光灯的开关闭合后，荧光灯灯管的两端灯丝发红，但荧光灯管无法正常启辉点亮，则是辉光启动器电路的部分有短接的故障，如辉光启动器的氖泡内U形双金属动接触片与静接触片的触点粘连、辉光启动器内的电容器被击穿、辉光启动器座内的安装辉光启动器的金属接触片发生短接故障等。排除此故障最直接的方法就是更换一个新的辉光启动器或辉光启动器座。如果现场没有现成的辉光启动器更换，对于氖泡内的出现动静脉点粘连故障的辉光启动器，可用手指用力弹辉光启动器或氖泡的外壳，将动静触点的粘连点振开，辉光启动器一般也能继续使用。如果是辉光启动器内的电容器被击穿了，可先将被击穿了的电容器剪掉，辉光启动器就可以正常地工作了。

如果将荧光灯的开关闭合后，荧光灯一会儿亮一会儿暗，或荧光灯发光亮度不正常，从灯管外部发现荧光灯管的一端或两端玻璃上已经发黑较严重时，可判断此荧光灯管已经接近报废，只能更换新荧光灯管。

如果发现荧光灯管的两端灯丝有发红的现象，辉光启动器内的氖泡频繁地闪动，但荧光灯管闪亮后就是启动不了。在排除了荧光灯管已经老化的问题外，最大的可能就是电源的电压太低。

如果是电子式镇流器的荧光灯，其最大的特点就是启动的速度相当快，可以说在闭合开关的同时，荧光灯管就启动了，这是电子式镇流器的荧光灯的优点之一。但因市场上价格较便宜的成套荧光灯具，电子式镇流器的荧光灯质量很不稳定，荧光灯具的损坏率较高，特别是对于荧光灯管的损坏。所以，对于使用时间不长的电子式镇流器的荧光灯，如果开关闭合后荧光灯不亮，只要发现荧光灯管的一端或两端玻璃上已经发黑，或将荧光灯管拆下后测量发现灯丝已烧断，基本上就没有维修的价值了，最好是整套进行更换，以免更换新的荧光灯管后继续烧断而造成损失。

第八章

电工的基本技能

电工实训中基本技能的学习和练习，是电工实训学习的一个重要环节，是巩固、理解、加深电工基本理论知识和理论联系实际的重要步骤。它可增强和提高电工的动手操作能力，培养其独立思考和工作的能力。本章要求掌握电工工具、仪表的基本结构、工作原理、型号规格和使用方法，掌握导线的各种连接、室内外电气线路安装等基本实践技能。

第一节 常用导线连接的基本要求

电工在工厂企业的线路敷设、电气安装与维修作业的过程中，会经常遇到各类导线之间连接的问题，有的电工认为导线与导线之间的连接是很简单的操作，只要将两根导线拧在一起就可以了。这其实是对各类导线连接工艺的误解，各类导线之间的连接工艺，看似是个很简单的操作，但实际上包含较强的技术性，是电工现场作业实际操作的一项基本技能和工艺，也是一项相当重要的操作技能和加工工序。导线线头之间的连接质量，直接关系到整个线路能否安全可靠地长期运行，也直接影响到电气线路和电气设备运行的可靠性和安全程度。在日常的实际工作中，电工因导线相互连接或导线与电气设备连接的技能不熟练，造成导线的连接处接触电阻过大，使连接处局部发热和过热，轻者会造成电气线路或电气设备运行不正常，重则会埋下电气火灾事故隐患。

一、导线与导线之间连接的基本要求

根据连接导线的种类和连接形式的不同，它们的连接方法也有不同，常用的连接方法有绞合连接、紧压连接、直接连接、焊接、线头与接线柱的连接等。导线与导线之间的连接必须达到以下4点要求：

（1）导线连接的接触处，连接必须牢固可靠，要接触紧密并有一定的压力，要保证导线接头处的电接触良好；要防止导线接触面的松动，保证有良好的电接触和较小的接触电阻，保证接头处连接的稳定性，与同长度、同截面积导线的电阻比应

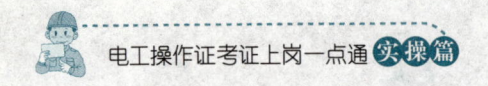

不大于1；导线分支线的连接处，干线不应受到来自支线的横向拉力。

（2）接头处要有足够的机械强度，接头处的机械强度，不应小于原有导线机械强度的80％。连接前应小心地剥除导线连接部位的绝缘层，注意不可损伤导线的芯线，连接时不可过多地弯折导线或锐角弯折导线，以免引起导线金属材料的疲劳或断裂。

（3）导线的接头处要能够耐腐蚀，铜导线之间采用焊接时，不应使用酸性焊剂，焊锡应灌得饱满，焊接线头的残余焊药和焊渣应清除干净，防止残余熔剂熔渣的化学腐蚀。对于铝导线与铝导线的连接，如连接处采用熔焊法，要防止残余熔剂或熔渣的化学腐蚀。对于铝导线与铜导线的连接，应采用铜、铝过渡连接管，并采取措施防止受潮、氧化及铝铜之间产生电化腐蚀。

（4）导线接头处恢复绝缘时，接头处的绝缘层强度应与导线的绝缘强度一样。绝缘导线中间和分支接头及导线绝缘层间的空隙处应用绝缘带包缠严密，能够耐腐蚀、耐氧化和防受潮，要保证恢复的绝缘强度不低于原导线的绝缘强度，以保证其电气绝缘性能，同时还要注意接头连接处的美观。

二、导线的各种连接方式

电工在实际的工作中，应根据不同的工作环境和使用要求使用不同类型的导线。所以，电工要对各类导线之间的连接工艺要求有一定的了解，掌握各类导线之间连接的技巧，常用导线芯线的股数有单股、7股和19股等多种规格，通常我们将单股的绝缘导线称为硬导线，多股的绝缘导线称为软导线，10mm^{2}以下的单股铜芯线、2.5mm^{2}以下的多股铜芯线可直接进行连接。导线常用的连接方法有铜导线的绞合连接、铜导线的缠绕连接、铜铝导线的螺钉式压接、铜铝导线的平压式压接、铜铝导线的套管压接、铜铝导线与过渡接线端子的连接、金属并沟线夹连接、导线U形轧的连接、瓦形接线桩与导线的连接、铝导线的焊接等。

第二节 绝缘导线绝缘层的剖削

绝缘导线绝缘层的剖削就是使用各种工具将导线连接处的绝缘层剥去，以便于导线线芯的连接。连接前应小心地剥除导线连接部位的绝缘层，关键是不能损伤导线的线芯，以免出现在连接过程中或使用过程中导线的断裂故障。在工具齐备或集中安装时，可以用剥线钳去除塑料单股绝缘导线的绝缘层，这在常用工具的章节中已有介绍，这里主要是采用电工刀、尖嘴钳、钢丝钳等工具来进行绝缘导线绝缘层的剖削。

一、单股塑料绝缘导线绝缘层终端的剥削

在工厂企业的实际工作中，对于截面在4mm^{2}及以下的单股塑料绝缘导线，可用尖嘴钳或钢丝钳勒去导线的塑料绝缘层。根据所需剥削线头绝缘层的长度，用尖

嘴钳或钢丝钳的钳口轻切需剥削绝缘层的塑料表皮，要掌握钳口下压的力度，钳口的刀刃口压陷塑料绝缘导线的塑料即可。然后左手拉紧塑料绝缘导线，右手适当用力捏住尖嘴钳或钢丝钳的钳头部，向外用力就可勒去导线的绝缘层，如图 8-1 所示。注意向外用力时，不可在钳口处施加钳头的剪切力，以免损伤塑料绝缘导线的芯线。剥削时不可急躁地乱用力，一次剥削不成功，可以再重复一次，但切不可损伤导线的芯线。

图 8-1　用尖嘴钳或钢丝勒去导线绝缘层

对于规格大于 4mm² 的单股塑料导线的绝缘层，因直接用尖嘴钳或钢丝钳剥削较为困难，可用电工刀进行绝缘层的剖削。先根据导线芯线所需的长度选择电工刀下刀的位置，左手握紧导线，右手握电工刀，如图 8-2 (a) 所示。将电工刀的刀刃口成 45°的倾角切入导线的塑料绝缘层，要掌握刀刃口切入时的力度，刀刃口要刚好削透绝缘层而又不伤及线芯，如图 8-2 (b) 所示。然后调整电工刀刀刃口的倾斜角度，刀刃口与导线间以 15°～25°的倾斜角度向前推进，将绝缘层向外削去上面一层，如图 8-2 (c) 所示。然后将未削去的绝缘层向后剥开扳翻，再用电工刀将扳翻的塑料绝缘层齐根切去，如图 8-2 (d) 所示。

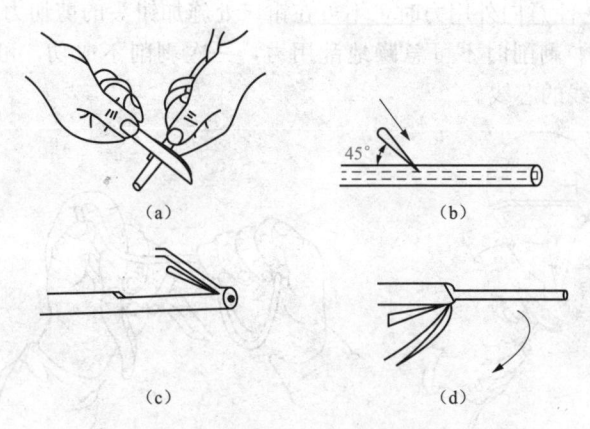

图 8-2　用电工刀剖削单股塑料导线的绝缘层
(a) 握刀姿势；(b) 刀刃以 45°角切入；
(c) 刀刃以 15°～25°角倾斜推削；(d) 扳翻塑料层并在根部切去

二、单股塑料绝缘导线中间绝缘层的剖削

单股塑料绝缘导线中间绝缘层的剖削，是用于 T 字形或十字形导线连接用的。塑料绝缘导线中间绝缘层的剖削，只能使用电工刀进行剖削。在单股塑料绝缘导线中间绝缘层所需剖削的塑料绝缘层上，电工刀的刀刃口成 45°的倾角切入导线的塑料

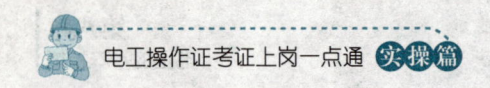

绝缘层，要掌握刀刃口切入时的力度，刀刃口要刚好削透绝缘层而又不伤及线芯，如图8-3（a）所示。然后调整电工刀刀刃口的倾斜角度，刀刃口与导线间以15°～25°的倾斜角度向前推进，将绝缘层向外削去上面一层，如图8-3（b）所示。用电工刀的刀尖挑开塑料绝缘层，并切断剖削塑料绝缘层一端，如图8-3（c）所示。再用电工刀切去剖削塑料绝缘层另一端的绝缘层，如图8-3（d）所示。

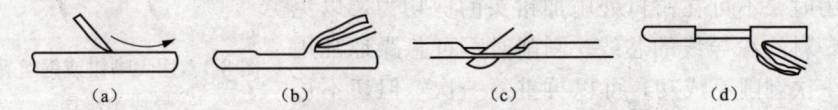

图8-3　单股塑料绝缘导线中间绝缘层的剖削

三、多股塑料软线绝缘层的剥削方法

对于截面在4mm²及以下的多股塑料软绝缘导线，可以采用尖嘴钳或钢丝钳剥削单股塑料导线绝缘层的方法来剥削。根据所需剥削线头绝缘层的长度，用尖嘴钳或钢丝钳的钳口轻切需剥削绝缘层的塑料表皮，要掌握钳口下压的力度，钳口的刀刃口压陷塑料绝缘导线的塑料即可，如图8-4（a）所示。剥削时用左手的拇指和食指捏紧塑料软绝缘导线，右手握住尖嘴钳或钢丝钳，然后左手拉紧塑料绝缘导线，右手适当用力捏住尖嘴钳或钢丝钳的钳头部，向外用力就可勒去导线的绝缘层，如图8-4（b）所示。注意向外用力时，不可在钳口处施加钳头的剪切力，以免损伤塑料绝缘导线的芯线。剥削时不可急躁地乱用力，一次剥削不成功，可以再重复一次，但切不可损伤导线的芯线。

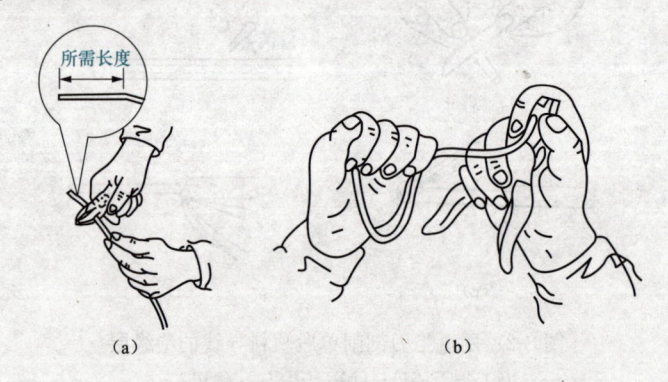

图8-4　用尖嘴钳或钢丝勒去多股塑料软导线绝缘层

对于截面在4mm²及以上的多股塑料软绝缘导线，可根据所需剥削线头绝缘层的长度，小心地用电工刀将多股塑料软绝缘导线的绝缘层削去，一次不可剥削太深，可分多次进行剥削，看见多股的内芯线后即可。再用电工刀小心地沿着导线的外圆周切入塑料绝缘层，切入塑料绝缘层的深度为绝缘层的一半，注意电工刀的刀刃不可接触到内部的芯线。再用尖嘴钳或钢丝钳沿着切入的塑料绝缘层进行剥离，切口

处的塑料绝缘层剥离后,就可用力拉出需要剥离的塑料绝缘层了。

如果需要剥离的塑料绝缘层太长,可用电工刀沿着需要剥离的塑料绝缘层,顺向地切入塑料绝缘层的一半。然后在需要剥离的塑料绝缘层的位置,用电工刀小心地沿着导线的圆周切入塑料绝缘层,切入塑料绝缘层的深度为绝缘层的一半,注意电工刀的刀刃不可接触到内部的芯线。再用尖嘴钳或钢丝钳沿着切入的塑料绝缘层进行剥离,切口处的塑料绝缘层剥离后,就可沿着电工刀顺向切入塑料绝缘层的方向,用力拉出需要剥离的塑料绝缘层了。

四、塑料护套线绝缘层的剖削方法

塑料护套线常用于室内的明敷设,塑料护套线的绝缘层有两层,分为外层的公共护套绝缘层和内部每根芯线的绝缘层。剥削塑料护套线的绝缘层时,从内线芯需要剖削绝缘层的位置向上延长 5~10mm 的长度,用电工刀的刀尖对准塑料护套线外层公共护套绝缘层的两股芯线凹陷的中缝缝隙,划破外层公共护套绝缘层,如图 8-5(a)所示。沿着已划破的外层绝缘层的塑料护套线剥开,如图 8-5(b)所示。再将剥开的外层护套绝缘层向反方向扳翻,用电工刀将其齐根切断,如图 8-5(c)所示。然后将露出的每根芯线的内绝缘层用钢丝钳或电工刀按照剥削塑料硬线绝缘层的方法分别剥除掉导线的内绝缘层。

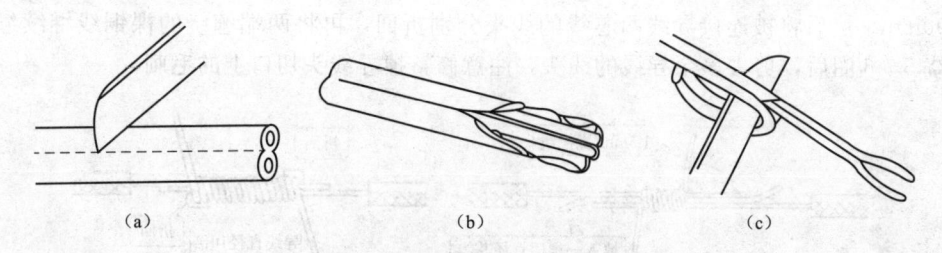

(a)　　　　　　　(b)　　　　　　　(c)

图 8-5　塑料护套线绝缘层的剖削方法

其他类型的导线线绝缘层的剖削方法基本上大同小异,这里就不一一述说了。

第三节　单股铜芯导线的直接连接

单股铜芯导线的直接连接主要是指两根导线的直径或截面积基本相同的单股铜芯导线之间的直接连接,单股芯导线有绞接法和缠绕法两种连接方法,绞接法主要用于截面较小的导线,缠绕法主要用于截面较大的导线。

一、单股铜芯导线的绞接法

绞合连接是指将需要连接直接的导线芯线直接紧密地绞合在一起,单股铜芯导线的绞接法,适用于导线截面较小的导线。先将两根单股铜芯导线线头的绝缘层剖削出一定长度的线芯,清除线芯表面的氧化层,再将两根单股铜芯线头呈"×"形相交叉，如图 8-6（a）所示；再将两根单股铜芯线互相绞合 2~3 圈，接着扳直两根导线线头与导线呈 90°角度，如图 8-6（b）所示；然后将扳直的两导线头向导线两边紧贴地各紧密地缠绕 5~6 圈（线芯直径的 6~8 倍），如图 8-6（c）所示；最后用钳子剪去多余的线头及修整导线末端切口的飞边。

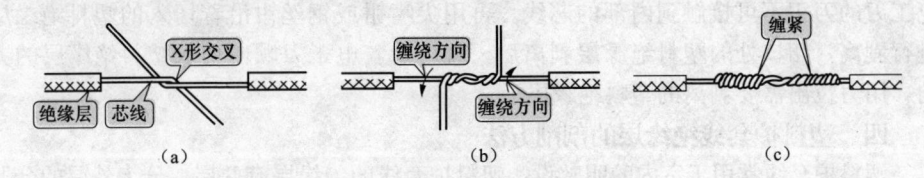

图 8-6 单股铜芯导线的绞接

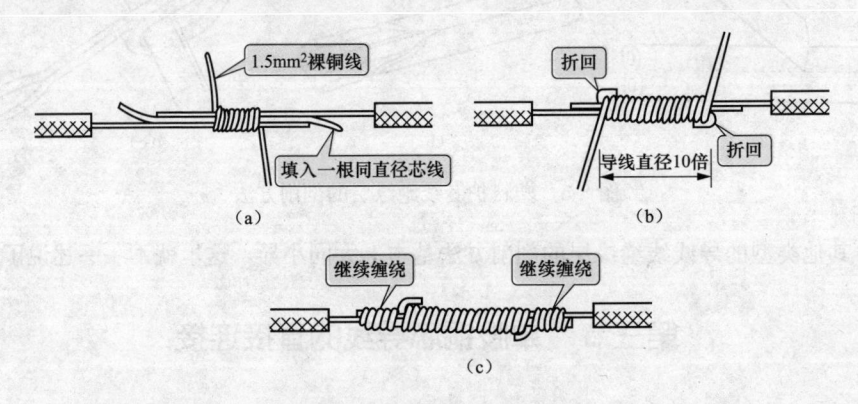

二、单股铜芯导线的缠绕法

单股铜芯导线的缠绕法，适用于导线截面较大的导线，先将两根单股铜芯导线线头的绝缘层，剖削出一定长度的线芯，清除线芯表面的氧化层。在两根单股铜芯线的重叠处，填入一根相同直径的单股裸铜芯线与线头相对交叠，再用一根截面约 1.5mm^2 的裸铜线在其上紧密地进行缠绕（缠绕长度为铜芯导线直径的 10 倍左右），如线头直径在 5mm 及以下的缠绕长度为 60mm，直径大于 5mm 的，缠绕长度为 90mm。然后将被连接导线两芯线的线头分别折回，再将两端缠绕的裸铜线继续缠绕 5~6 圈后，剪去多余导线的线头，注意修整掉导线头切口上的毛刺。

图 8-7 单股铜芯导线的缠绕

三、不同截面单股铜导线连接方法

不同截面单股铜导线连接时，先将小截面单股铜导线的芯线在大截面单股铜导线的芯线上紧密缠绕 5~6 圈，如图 8-8（a）所示。然后将大截面单股铜导线芯线的线头折回，紧压在小截面单股铜导线的缠绕层上，如图 8-8（b）所示。再用小截面单股铜导线的芯线在两根导线上继续缠绕 3~4 圈，如图 8-8（c）所示。最后用钳子剪去多余线头即可。

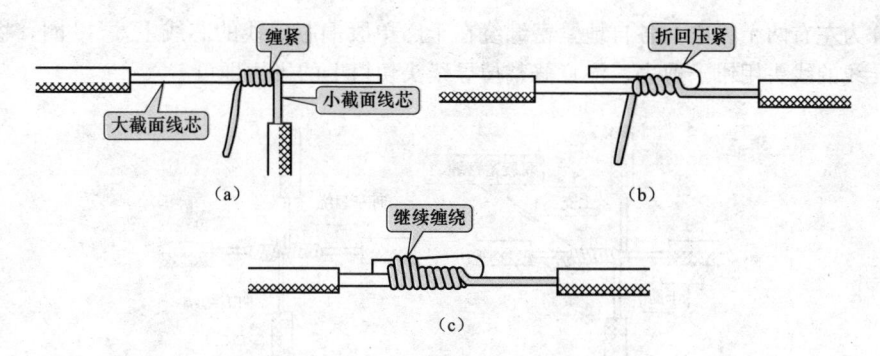

图 8-8 不同截面单股铜导线连接

四、单股铜芯导线的 T 字形连接

单股铜芯导线 T 字形连接时，将干路的直导线先除去绝缘层，剥削的长度不超过支路导线线芯直径的 10 倍。将 T 字形连接的分路导线除去绝缘层，剥削的长度约为干路剥削绝缘层长度的 2 倍。

单股铜芯导线的 T 字分支连接时，将除去绝缘层的单股铜芯导线，与干线剖削处的单股铜芯导线的芯线十字相交，注意在支路单股铜芯导线线芯的根部留出 3～5mm 裸线。为保证接头部位有良好的电接触和足够的机械强度，支路单股铜芯导线的线芯要紧密地缠绕在干路单股铜芯导线线芯上 5～6 圈，如图 8-9（a）所示，如果是连接较小截面的导线芯线，为防止导线芯线受力后被拉出，可先将支路导线的芯线在干路导线的线芯上打一个环绕结，再将支路芯线的裸线头紧密缠绕在干路芯线上 5～6 圈，其余的同上面的操作步骤。

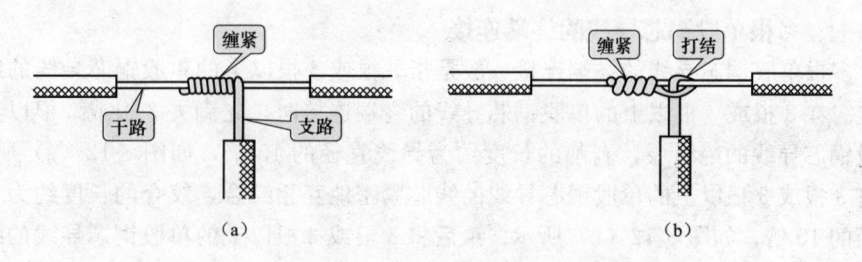

图 8-9 单股铜芯导线的 T 字形连接

五、单股铜芯导线的十字形连接

单股铜导线的十字分支连接时，将上下两根支路单股铜导线的线芯向一个方向紧密缠绕在干路单股铜芯导线的芯线上 5～8 圈，注意一定要用钳子将缠绕的导线线芯钳压紧密，缠绕的导线之间不能有间隙，多余导线的线头用钳子剪去，注意修整掉导线头切口上的飞边。如图 8-10（a）所示。也可以将上下支路单股铜芯导线的线

293

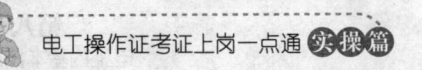

芯分为左右两个方向，各自地紧密缠绕在干路单股铜芯导线的芯线上 5～8 圈，将多余导线的线头用钳子剪去，注意修整掉导线头切口上的飞边即可。

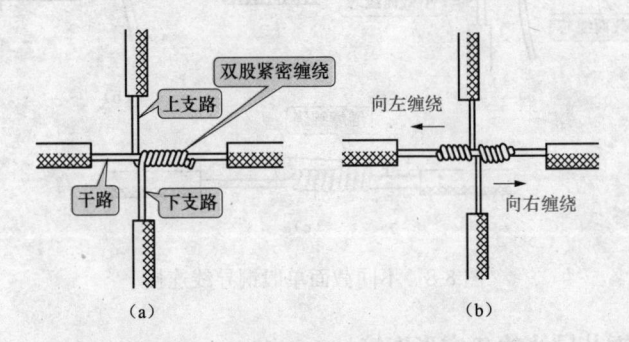

图 8-10 单股铜芯导线的十字形连接

六、两根单股铜芯导线的终端连接

两单股铜芯导线的终端连接时，先剥去两单股铜芯导线的绝缘层，剥削的长度约为导线直径的 15 倍，再将两根单股铜芯导线的线芯紧密地互相绞合，绞合的长度约为导线直径的 10 倍，再将两单股铜芯导线的线芯回折，用钳子将回折的线芯压紧，修整掉导线头切口上的飞边即可，如图 8-11 所示。

图 8-11 两根单股铜芯导线的终端连接

七、多根单股铜芯导线的终端连接

多根单股铜芯导线的终端连接一般是指 3 根或 3 根以上的单股铜芯导线的终端连接。在 3 根或 3 根以上的单股铜芯导线的终端连接时，先剥去 3 根或 3 根以上的单股铜芯导线的绝缘层，剥削的长度约为导线直径的 15 倍，如图 8-12（a）所示。再将 3 根或 3 根以上的单股铜芯导线的线芯紧密地互相绞合，绞合的长度约为导线直径的 10 倍，如图 8-12（b）所示。最后将 3 根或 3 根以上的单股铜芯导线的线芯回折，用钳子将回折的线芯压紧，修整掉导线头切口上的飞边即可，如图 8-12（c）所示。

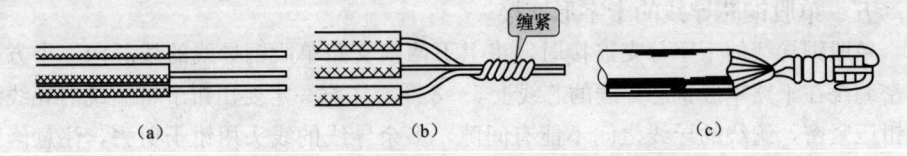

图 8-12 多根单股铜芯导线的终端连接

第四节　多股铜芯导线的连接

常用的多股导线按芯线股数不同，分为 7 股和 19 股等多种规格，其连接的方法也各不相同，这里主要是讲 7 股和 19 股多股铜芯导线的连接。多股铜芯导线的连接与单股铜芯导线的连接一样，也有直线连接和 T 形连接等形式。

一、7 股铜芯导线的直接连接

将除去绝缘层的 7 股铜芯导线的芯线散开，分成散开的单股并拉直，将多股铜芯导线靠近根部距离绝缘层约 1/3 处长度的芯线，顺着原来的扭转方向绞合拧紧，而将其余的 2/3 长度的芯线成伞状地散开，并将另一根需连接的 7 股铜芯导线的芯线也如此处理，如图 8-13（a）所示。将需要连接的两根导线成伞状散开的芯线线头相对地互相交叉插入，直至伞形芯线的根部，如图 8-13（b）所示。然后将交叉散开的芯线两边捏平，如图 8-13（c）所示。最后将两根导线的每一边芯线按照股数 2、2、3 分成三组，分左右依次紧密地缠绕在芯线上。例如，先将右边第 1 组的 2 根线芯翘起扳到垂直于导线的方向，如图 8-13（d）所示；将翘起的线芯按照顺时针方向紧密地缠绕两圈，如图 8-13（e）所示；再将第二组的两根线芯［图 8-13（f）］翘起后扳到垂直于导线的方向，如图 8-13（g）所示，并按顺时针方向紧密缠绕在芯线上，如图 8-13（h）所示；再将第二组的 2 根线芯扳回成直角使其紧贴导线，最后将第三组的 3 根线芯翘起后扳到垂直于导线的方向，如图 8-13（i）所示；第三组的 3 根线芯按顺时针方向紧密地缠绕 3 圈，缠绕时注意将后一组的线芯压在前一组线芯已折成直角的线芯根部，如图 8-13（j）所示。

注意，最后一组线头应在芯线上紧密缠绕 3 圈，在缠到第三圈时，把前两组多余的芯线剪除，使该两组芯线头的断面能够被最后一组芯线的第 3 圈缠绕完的芯线圈遮住。最后一组芯线绕到两圈半时，就剪去多余部分，使其刚好能够缠满 3 圈，最后用钢丝钳修整芯线切口的飞边。此时完成了导线右边的缠绕，导线左边的缠绕方法与导线右边的缠绕完全相同，如图 8-13 所示。为保证导线的电接触良好，当铜线的芯线较粗较硬时，可用钢丝钳将其绕夹紧密。

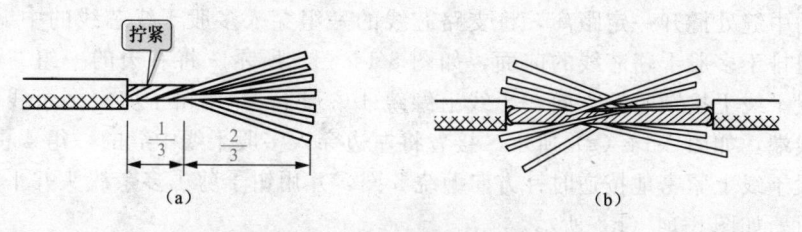

图 8-13　7 股铜芯导线的直接缠绕连接（一）

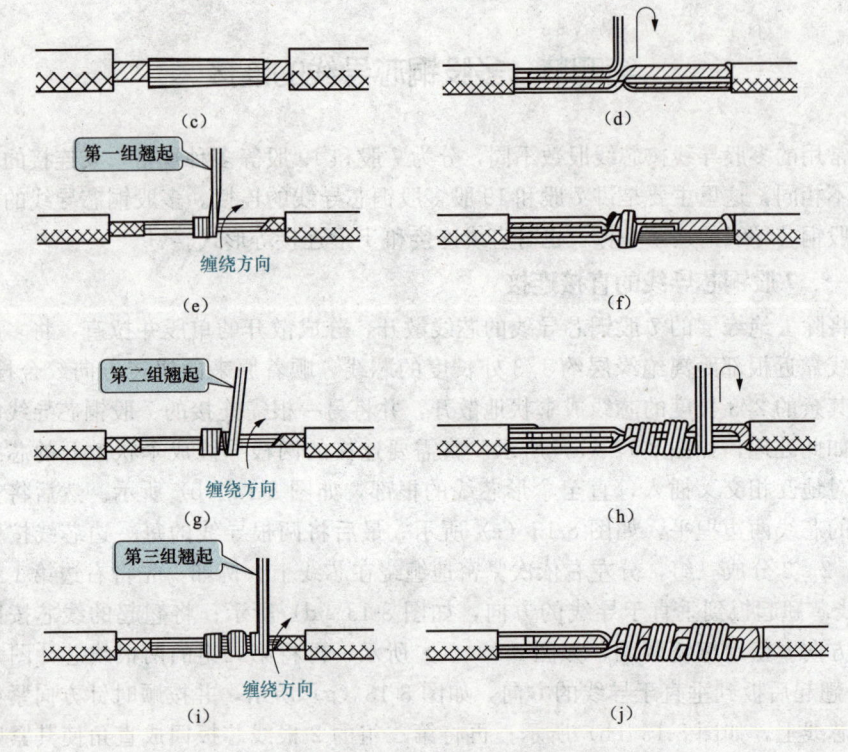

图 8-13 7 股铜芯导线的直接缠绕连接（二）

二、7 股铜芯导线的 T 形连接

将 T 形连接处的多股干线导线剥除去绝缘层，绝缘层的剥除长度为导线直径的 15 倍左右，如图 8-14（a）所示。将待连接的支线导线绝缘层剥除，绝缘层的剥除长度 L 为导线直径的 20 倍左右，如图 8-14（b）所示。将剥除导线绝缘层的支线裸芯线散开拉直，如图 8-14（c）所示。将支线裸芯线靠近绝缘层部分长度 L 的 1/8 线芯绞紧，如图 8-14（d）所示。将支线余下 7/8 的裸芯线分为两组，一组为 4 根，另一组为 3 根，如图 8-14（e）所示。用一字形螺钉旋具插入多股干线的芯线内，尽可能地将多股的干线分为对称的两组，用螺钉旋具在多股干线分出的中缝处撬开一定距离，将支路芯线的一组穿入多股干线芯线的中缝中间，另一组排于多股干路芯线的前面，如图 8-14（f）所示。将右边的一组 3 根芯线在多股干线上按顺时针方向在干线上缠绕 4～5 圈，并用钳子剪去多余线头并平整芯线端，如图 8-14（g）所示。接着将左边穿入多股干线中缝的一组 4 根芯线，在多股干线上紧密地按逆时针方向缠绕 5 圈，并用钳子剪去多余线头并平整芯线端即可，如图 8-14（h）所示。

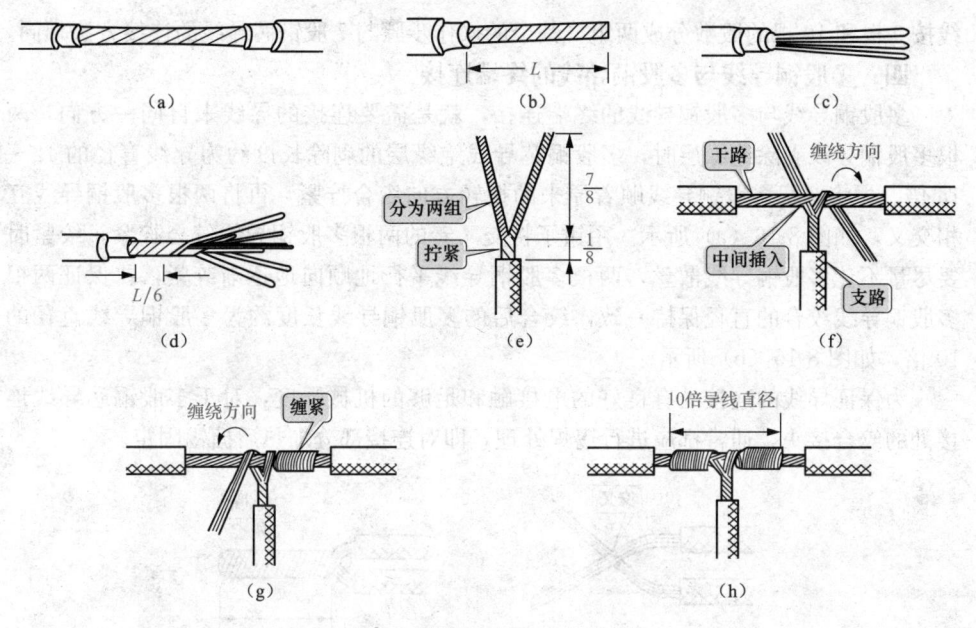

图 8-14　7 股铜芯导线 T 字形的连接

7 股铜芯导线还有另外的一种 T 形连接方法，剥除干线和支线多股铜导线绝缘层的方法同上，将支线的芯线折弯 90°后，将折弯的支线芯线与干线芯线平行地紧贴在一起，如图 8-15（a）所示。再将支线芯线的导线头折回，紧密缠绕在干线的芯线上即可，如图 8-15（b）所示。此种 T 形连接方法也适用于 19 股及其他多股铜芯导线的连接。

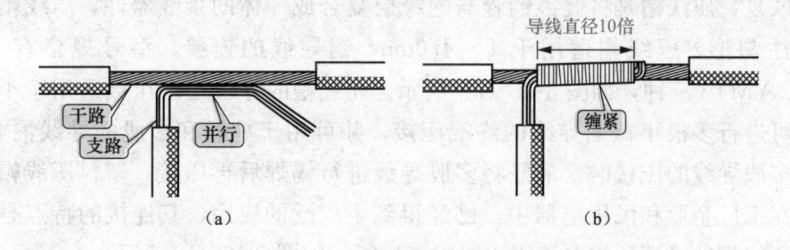

图 8-15　7 股铜芯导线 T 字形的连接

三、19 股铜芯导线的连接

19 股铜芯导线的直线连接和 T 字形连接方法与 7 股铜芯导线的连接方法基本相同，19 股铜芯导线绝缘层的剥除长度要大于 7 股铜芯导线的长度，要视导线的直径适当地增加。19 股铜芯导线及 19 股以上的铜芯导线，因 19 股铜芯导线的线芯股数较多，在进行线芯的直线连接时，可用钳子剪去线芯中间几根导线的线芯，以避免在导线连接缠绕时连接处的线芯凸出。在进行导线 T 字形的连接时，支线导线的芯

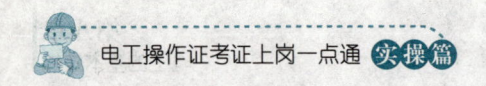

线按 9 根和 10 根的股数分成两组，其余的操作步骤与 7 股铜芯导线的连接方法相同。

四、多股铜导线与多股铜导线的终端连接

多股铜导线与多股铜导线的终端连接，就是需要连接的导线来自同一方向，两根多股铜导线剥除绝缘层时，多股铜芯导线绝缘层的剥除长度约为导线直径的 12～15 倍。先将两根多股铜导线顺着原来的扭转方向绞合拧紧，再将两根多股铜导线互相交叉，如图 8-16（a）所示。用钳子将交叉着的两根多股铜导线绞合拧紧，绞紧时要尽量不让多股铜导线散丝，两根多股铜导线平行地顺向地逐渐绞紧，要保证两根多股铜导线绞合的直径保持一致，绞合后的多股铜导线长度约为多股铜导线直径的 10 倍，如图 8-16（b）所示。

为保证导线的连接处有良好的电接触和足够的机械强度，对于多股铜芯导线连接处的绞合接头，通常都应进行锡焊处理，即对连接部分加热后搪锡固定。

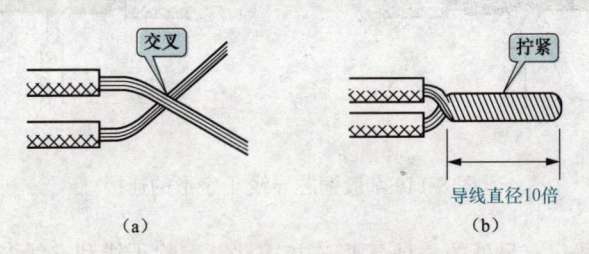

图 8-16 多股铜导线与多股铜导线的终端连接

五、塑料压线帽的终端压接

在电气控制箱及电器的导线连接中，可使用塑料压线帽来实现导线的终端连接及绝缘恢复，压线帽是将镀银铜管与绝缘层复合成一体的接线器件，压线帽的外壳为尼龙注塑形，压线帽适用于 1～4.0mm² 铜导线的连接，型号规格有 YMT1、YMT2、YMT3 三种，如图 8-17（a）所示。压线帽的导线终端压接适用于小截面的导线，可进行多根小截面导线的终端压接，并可用于单股和多股的导线混合压接，在用于多股导线的压接时，最好将多股导线进行锡焊后再压接。塑料压线帽的终端压接，在工厂企业和民用电器中，已经得到了广泛的应用，其连接的特点是快捷和可靠。压线帽的终端压接要使用压线钳来进行，如图 8-17（b）所示。

图 8-17 用压线钳进行压线帽的压接
（a）塑料压线帽；(b) 压线钳

第五节 单股铜芯导线与多股铜芯导线的连接

在实际工作中,常会遇到不同股数的导线连接,就是单股铜芯导线与多股铜芯导线连接。它们的连接也分为直接连接、T形连接和终端连接等形式。

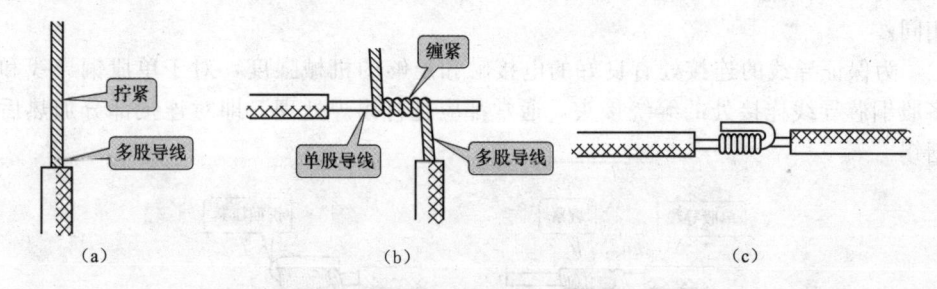

一、单股铜芯导线与多股铜芯导线的直接连接

单股铜芯导线与多股铜芯导线直接连接时,先剥除多股铜芯导线的绝缘层,绝缘层的剥除长度约为单股铜芯导线直径的15倍左右,再将多股导线的芯线顺着原来绞合的方向拧紧,如图8-18(a)所示。将单股铜芯导线的绝缘层剥除,绝缘层的剥除长度为导线直径的10倍左右,将多股铜芯导线在单股铜芯导线的芯线上紧密缠绕5~8圈,切除多余的芯线,如图8-18(b)所示。然后将单股铜芯导线的芯线折回,折回的单股铜芯线要紧压在多股铜芯导线缠绕的部位,要保证缠绕的多股铜芯导线不松散,如图8-18(c)所示。

图8-18 单股铜芯导线与多股铜芯导线的直接连接

二、单股铜芯导线与多股铜芯导线的T字形分支连接

单股铜芯导线与多股铜芯导线的T字形分支连接时,剥除多股铜芯导线的绝缘层,绝缘层剥除的长度为单股铜芯导线直径的15~20倍。单股铜芯导线的绝缘层剥除的长度为多股铜芯导线直径的12~15倍,剥除单股铜芯导线的绝缘层长度要宁多不少,以免缠绕到最后时,因剥除绝缘层的长度不够,达不到缠绕的圈数而返工,这样会得不偿失,因为返工时很容易引起缠绕不紧密或单股铜芯导线的断裂。先用一字形的旋具(螺丝刀)插入多股铜芯导线内,将多股铜芯线分为均匀的两组,如图8-19(a)所示。再将剥除绝缘层的单股铜芯导线穿过用旋具均匀分为两组的多股铜芯线的缝隙,但单股铜芯导线不可插到底,应使绝缘层的断口离多股铜芯导线有约3mm的距离,如图8-19(b)所示。再将单股铜芯导线按顺时针方向紧密地缠绕在多股铜芯导线上10圈,缠绕时可用钳子将导线旋压紧,保证圈与圈挨靠紧密,如图8-19(c)所示。最后用钳子进行修整及去除导线上的飞边。

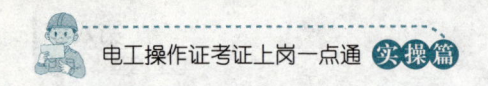

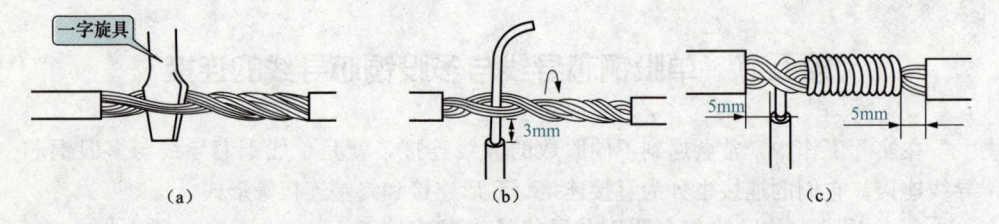

图 8-19　单股铜芯导线与多股铜芯导线的 T 字形分支连接

三、单股铜导线与多股铜导线的终端连接

单股铜导线与多股铜导线的终端连接需要连接的两根导线来自同一方向，单股和多股铜芯导线绝缘层的剥除长度约为单股铜导线直径的 10 倍。单股铜导线与多股铜导线连接时，先将多股铜导线顺着原来的扭转方向绞合拧紧，再将其紧密地缠绕在单股导线的芯线上 6～10 圈，如图 8-20（a）所示。最后将单股铜芯线的裸导线反向地折回，并用钳子紧密地压紧在多股铜芯导线的缠绕部位即可。如果有两根以上的导线在同一方向进行终端连接，缠绕的方式与两根导线的终端连接基本相同。

为保证导线的连接处有良好的电接触和足够的机械强度，对于单股铜导线和多股铜芯导线连接处的缠绕接头，通常都应进行锡焊处理，即对连接部分加热后搪锡。

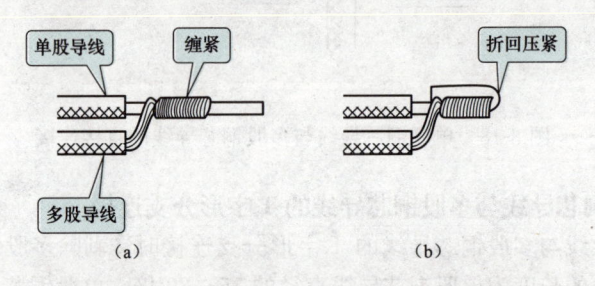

图 8-20　单股铜导线与多股铜导线的终端连接

第六节　双芯或多芯护套线或电缆的连接

双芯或多芯护套线或电缆的连接，主要是指塑料的护套线、橡胶的软电缆线、塑料的软电缆线等，以及二芯或多芯的内部导线的连接。

不管护套线或软电缆线内部的芯线是单股铜导线，还是多股铜导线，都可以用前面已经学习了的单股铜导线的绞接法和多股铜导线直接连接法进行连接，但在连接时要注意以下几个方面的问题。

一是护套线或软电缆线外面的绝缘层要按照实际的需要长度进行剥除，太少了不便于芯线的连接，多了会造成绝缘恢复的不便。

二是护套线或软电缆线内部芯线的颜色要采用国家规定的芯线颜色，在两根芯线连接时，要尽可能地保持芯线颜色的一致，将同一颜色的芯线连接在一起，不可将不同颜色的导线相连接，更不能将内部芯线的颜色接反。如果确实一时找不到相同的内部芯线颜色，首先一定要保证工作中性线和保护中性线的正确连接，以免造成相线和工作中性线或保护中性线的混淆，引起短路或触电的事故发生。

三是在双芯、三芯、四芯等内部为多芯线的连接时，应注意尽可能将各芯线的连接点采用互相错位的连接方式，尽可能将内部各芯线的连接点互相错开位置，这样可以更好地防止导线间的漏电或短路，如图 8-21（a）所示。护套线或软电缆线内部 3 根芯线的连接方式，如图 8-21（b）所示。护套线或软电缆线内部 4 根芯线的连接方式，如图 8-21（c）所示。

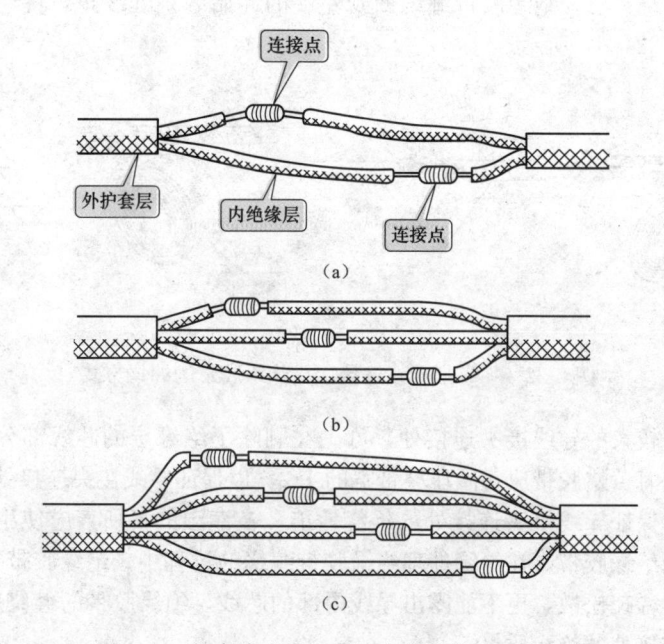

图 8-21　护套线或软电缆线内部芯线的连接方式

第七节　导线绝缘层的恢复

导线进行各种类型的芯线连接后，或者导线的绝缘层因外来因素而引起破损时，都必须对所有已被去除绝缘层的部位进行绝缘性能的恢复，导线恢复绝缘后的绝缘强度不应低于导线原有的绝缘层的绝缘强度。恢复导线连接处的绝缘性能，通常采

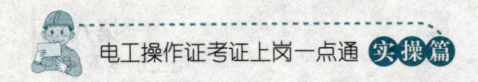

用绝缘胶带进行紧密地缠裹，电工常用的绝缘胶带有塑料胶带、黑胶布带、橡胶胶带、黄蜡布带、涤纶薄膜带、聚氯乙烯塑料带等，常用的绝缘胶带宽度以 20mm 的比较适宜和方便。

一、一字形导线连接接头绝缘层的恢复

可从一字形导线连接接头的任意一端进行缠绕（暂定从接头连接处的左端开始），绝缘胶带的缠绕起点应从除去绝缘层的线芯终端处，距离完好绝缘层的两倍绝缘胶带的宽度处开始，即从左端导线被除去绝缘层的 2 倍绝缘胶带宽度的完好绝缘层上开始缠绕，如图 8-22（a）所示。将绝缘胶带与导线成 55°左右的倾斜角，缠绕绝缘胶带时的后一圈压叠在前一圈 1/2 的宽度上，如图 8-22（b）所示。绝缘胶带顺着导线的接头连接处，从左到右一直缠绕到完好绝缘层 2 倍绝缘胶的带宽处停止，如图 8-22（c）所示。绝缘胶带再从接头连接处的右端折回，从右到左反方向再按照上面的方式缠绕一层，绝缘胶带缠绕回到左端的起始缠绕处终止，将绝缘胶带切断即可，如图 8-22（d）所示。

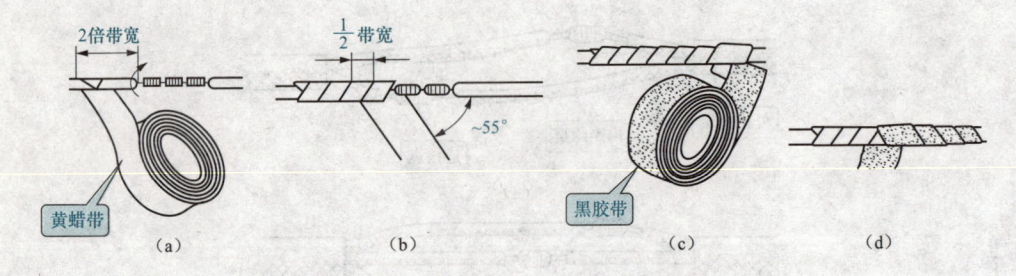

图 8-22 一字形导线连接接头绝缘胶带的缠绕方式

对于截面较大的导线接头连接处，可先在剥除了绝缘层的芯线部分缠绕一层黄蜡胶带，包缠时黄蜡胶带应每圈压叠带宽的 1/2，以保证导线接头连接处的缠绕紧密可靠和平整，保证导线接头连接处的绝缘性能。在潮湿的场所，应使用聚氯乙烯绝缘胶带或涤纶绝缘胶带。在绝缘处理绝缘胶带缠绕的过程中，绝缘胶带要用力拉紧，绝缘胶带不得稀疏松散，更不能露出导线内部的芯线，绝缘胶带的缠绕应严密可靠，以确保接头连接处的绝缘质量。

二、T字形导线分支连接接头绝缘层的恢复

T字形导线分支连接接头绝缘层的恢复，在干线连接接头的绝缘层恢复，与上面一字形绝缘胶带在绝缘层上的缠绕步骤是一样的。但缠绕到完好绝缘层 2 倍绝缘胶带的带宽处停止后，反方向返回时要重点在 T字形导线支线的分支连接交叉处用绝缘胶带在 T字形的分支接头缠绕，直到分支导线完好的绝缘层 2 倍绝缘胶带的带宽处，缠绕一个完整的 T字形的来回，使每根导线都可缠绕到完好绝缘层的两倍胶带宽度处。在缠绕到导线的 T字形连接处时，要用力拉紧绝缘胶带，不要在导线 T

字形的连接处出现空隙，绝缘胶带在导线交叉的连接处缠绕要做到紧贴、严密。T字形导线分支连接接头绝缘胶带的缠绕方式如图8-23所示。

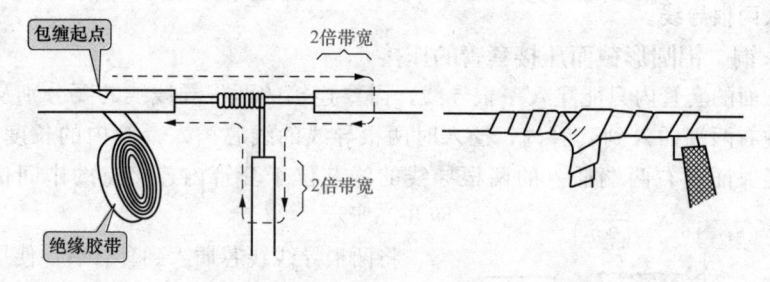

图8-23 T字形导线分支连接接头绝缘胶带的缠绕方式

三、十字形导线分支连接接头绝缘层的恢复

十字形导线分支连接接头绝缘层的恢复，与T字形导线分支连接接头绝缘层的恢复基本相同，只是多了一根分支导线绝缘胶带的缠绕，绝缘胶带要走一个十字形的来回缠绕，绝缘胶带的缠绕要求，与十字形导线分支连接处的缠绕是一样的。十字形导线分支连接接头绝缘胶带的缠绕方式如图8-24所示。

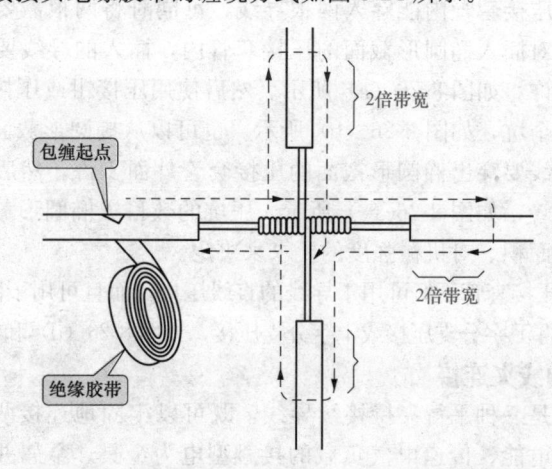

图8-24 十字形导线分支连接接头绝缘胶带的缠绕方式

其他类型的导线连接接头的绝缘恢复，与上面的绝缘胶带的缠绕方式大同小异，读者自己参考上面的缠绕方式即可。

第八节 大截面铜、铝导线的压接

上面讲的铜、铝导线的螺钉式压接和铜、铝导线的平压式压接，都是用于导线载流量不大和导线截面较小的地方，如果导线载流量较大和导线截面较大时，这两

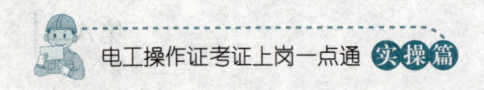

种方式就不再适用了,就要采用铜、铝导线压接套管的压接方式。压接套管的截面有圆形和椭圆形两种,圆截面的套管内可以穿入一根导线,椭圆截面的套管内可以并排穿入两根导线。

一、铜、铝圆形截面压接套管的压接

圆截面的套管内只能穿入一根导线,需要连接的两根导线线芯要分别从圆截面套管的左右两端插入到套管内,插入时两根导线的线芯插入套管内的长度要相等,这样才能保证左右两端插入的两根导线的线芯位于套管内连接点的中间位置,如图 8-25 所示。

将两根导线线芯插入到套管后,使用压接钳或压接模具压紧圆形套管,一般情况下只要在圆形套管的两端压一个坑,即可满足接触电阻的要求。在对机械强度有要求的场合,可在圆形套管的两端各压两个坑,如图 8-26 所示。对于连接较粗的导线或对机械强度要求较高的场合,可适当地增加套管上压坑的数目。

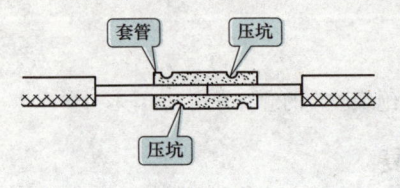

图 8-25 圆形截面压接套管的压接

二、铜、铝椭圆形截面压接套管的压接

椭圆形截面的压接套管内能穿入两根导线,可同时将两根需要连接的导线线芯分别从左右两端相对插入椭圆形截面的压接套管内,插入的导线要穿出椭圆形截面的压接套管外面少许,如图 8-26(a)所示。然后使用压接钳或压接模具,在椭圆形套管的两端各压两个坑,如图 8-26(b)所示。也可以从椭圆形截面的压接套管的一端插入,插入的导线要穿出椭圆形截面的压接套管外面少许,然后使用压接钳或压接模具压紧圆形套管,如图 8-26(c)所示。压坑的数目视椭圆形截面压接套管的长度、连接导线的截面积、对机械强度的要求来决定。

椭圆形截面的压接套管不但可用于导线的直线压接,而且可用于同一方向导线的压接,还可用于导线的 T 字分支压接或十字分支压接,如图 8-26(d)和图 8-26(e)所示。

三、金属并沟线夹连接

金属并沟线夹是一种平行夹持接续导线,既可以牢固地连接两根导线,又可以作为导体输送电力电能、传递电气负载的接触型电力金具。金属并沟线夹是利用螺栓组件可迅速将中小截面的铜绞线、铝绞线、钢芯铝绞线、电缆和钢索等紧固地夹持连接在一起的可卸式异型铜铝并沟线夹。金属并沟线夹主要分为单金属并沟线夹和双金属并沟线夹,连接铜导线适应导线截面为 6～240mm^2,连接铝导线截面为 16～300mm^2。单金属并沟线夹又分为铝并沟线夹和铜并沟线夹,铝并沟线夹适用于电力线路中,铝导线及钢芯铝绞线的非承受力接续,以及两根直径不同的铝导体的接续;铜并沟线夹适用于铜芯线不同截面组合的分支接续,如图 8-27(a)所示。双金属并沟线夹为铜铝过渡并沟线夹,适用于电力线路中铝导线与铜导线的过渡接续,以及铝芯线与铜芯线不同截面组合的分支连接,如图 8-27(b)所示。

第八章 电工的基本技能

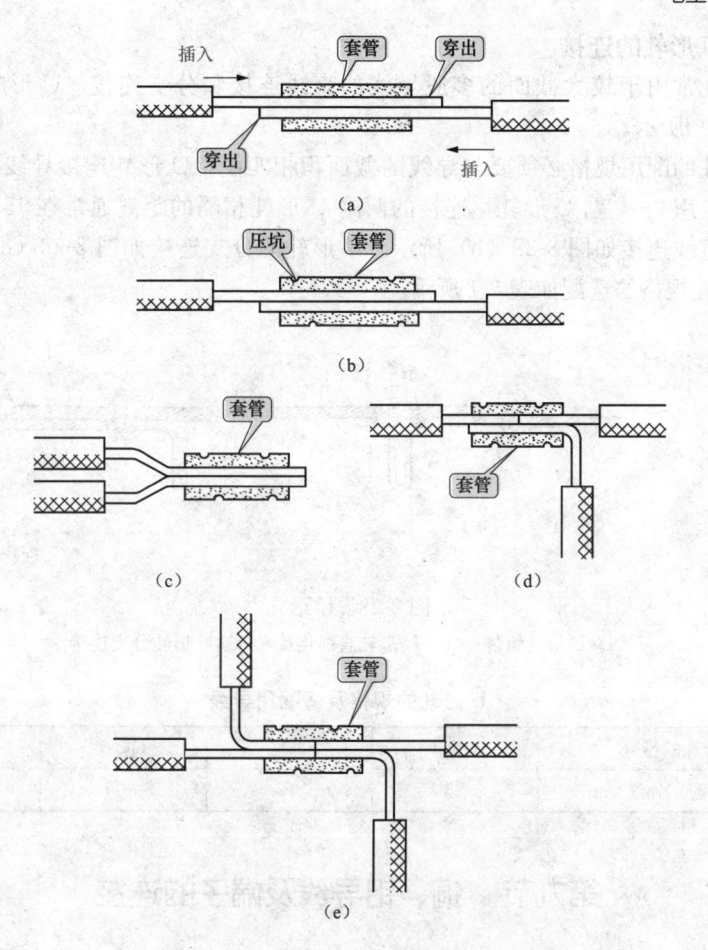

图 8-26 椭圆形截面压接套管的压接

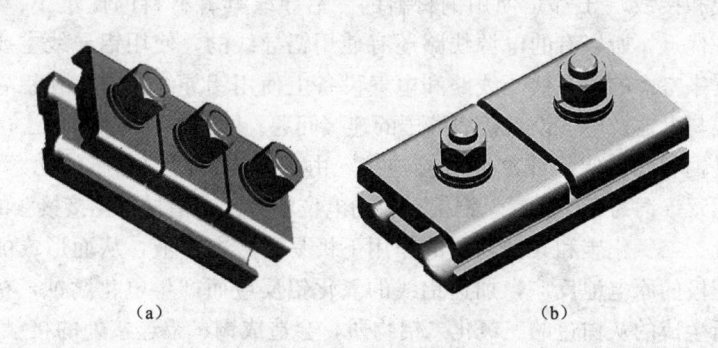

图 8-27 金属并线夹
(a) 单金属并沟线夹；(b) 双金属并沟线夹

305

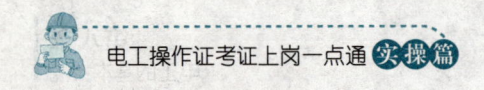

四、U形轧的连接

U形轧常用于较大截面的多股导线的直线连接和分支连接，U形轧的组成如图 8-28（a）所示。

U形轧的配用规格必须要与导线的截面积相匹配，U形轧连接导线时，每个导线的接头应用 2～4 副 U 形轧，连接的两副 U 形轧相隔的距离通常在 150～200mm，U 形轧的直线连接如图 8-28（b）所示。U形轧的分支连接如图 8-28（c）所示。常用的 U 形轧规格的选配如表 8-1 所示。

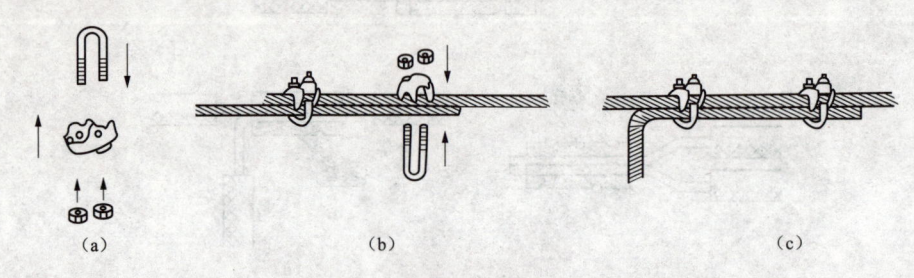

图 8-28　U形轧
(a) U形轧组件；(b) U形轧直线连接；(c) U形轧分支连接

表 8-1　U形轧的规格及适配用导线

U形轧的型号	QQ-1	QQ-2	QQ-3	QQ-4
U形轧适配用导线/mm²	25	35	50～70	95

第九节　铜、铝导线及端子的连接

铜导线的化学性能稳定，导电的性能好，导线及端子间可以直接连接，现在大部分的导线和接线端子都是使用铜材料的。铝导线具有材料的比重小、价格低廉、成形方便等优点，所以有的电源线路还有使用铝导线的，使用铝导线主要是从节省成本的因素来考虑的，在低压线路和电气设备上使用铝导线，就存在铝导线与铜导线、铝导线与电器及电气设备接线端子的连接问题。

如果是铜导线与铝导线之间直接连接，由于铜、铝两种金属的化学性质不同，铝为 3 价元素，铜为 2 价元素，铜铝材料的电位不同，铜铝材料连接接触的部分，在空气中水分、二氧化碳和其他杂质的作用下极易形成电解液，从而形成的以铝为负极、铜为正极的原电池反应，加速铝线的氧化铝反应而产生电化腐蚀，在铜线和铝线连接处所生成的灰白色的三氧化二铝物质，会造成铜、铝连接处的接触电阻增大，会引起铜铝接头处的接触不良。

另外，由于铜材料与铝材料的弹性模量和热膨胀系数相差很大，铝的热膨胀系数比铜的热膨胀系数大 36% 左右，在导线发热时会使铜导线受到挤压，而在冷却后不能完全复原，铜、铝连接处经过多次反复冷热循环之后，会使接触点处产生较大的间隙，引起接触电阻增加造成接触不良。铜、铝连接处的接触电阻增大，就会引起铜、铝连接处的温度升高，温度升高腐蚀氧化就会加剧，铜、铝连接处的接触电阻就会增加得更大，在高温下产生的恶性循环会使铜、铝连接处的连接性能进一步恶化。同时，由于铜、铝连接处的松动会使导线间出现缝隙而进入空气，导致铝导线的氧化加剧，还会因受潮或雨水侵入导线的缝隙处，加速铝导线化学腐蚀恶化，从而造成接触状态的急剧恶化，使得铜、铝连接处的接触电阻急剧增加。最后导致铜、铝连接处的温度过高而出现过热，使导线连接处出现打火、产生电弧，使用日久后就会出现导线连接处时断时通、接触不良、接头断裂等故障，严重时有可能因高温发生火灾事故。所以，铝导线的连接要采用不同的方式。

一、铜、铝导线过渡压接套管的压接

在实际的现场工作中，会遇到铜导线与铝导线之间的连接，因铜、铝两种金属的化学性质、电位、弹性模量和热膨胀系数不同，铝导线在空气中极易氧化而生成氧化铝膜，如果铜导线与铝导线直接进行绞接，使用日久后就会出现导线连接处时断时通、接触不良、接头断裂等故障。

所以，铜导线与铝导线的连接，要采用铜铝连接压接套管的压接，铜铝连接套管的一端是铜质材料，另一端是铝质材料，铜铝连接处采用特殊工艺的过渡层，如图 8-29（a）所示。

使用铜铝导线压接套管时，将铜导线的芯线插入铜铝压接套管的铜材料端，将铝导线的芯线插入铜铝压接套管的铝材料端，注意导线插入时长度要相等，然后使用压接钳或压接模具压紧套管即可，如图 8-29（b）所示。

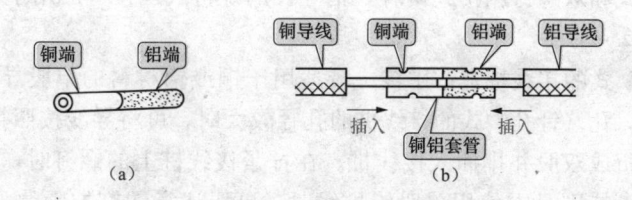

图 8-29 铜、铝导线压接套管的压接

二、铝导线与铜铝过渡接线端子的连接

铜铝过渡接线端子也称为接线鼻子、接线耳等，接线端子为终端的端子主要是连接在电气控制箱、电气开关箱、电气设备等的接线端子上的。接线端子有铝接线端子、铜接线端子、铜铝接线端子 3 种。因铝接线端子和铜接线端子连接方式与上面讲得相同，故这里主要针对铜铝接线端子的连接。

一般电气控制箱、电气开关箱、电气设备等的接线端子都是铜材料制成的，不能

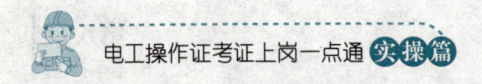

与铝导线或铝接线端子直接进行连接，原因同上述，为了防止连接处出现故障，就采用了铜铝过渡的接线端子连接。铜铝过渡接线端子插入导线的一端为圆形的铝连接管，作为插入铝导线之用，另外一端为铜质连接接线柱的接线端子，如图 8-30（b）所示。这样就解决了铝导线与电气设备铜接线端子的连接。

连接时将铝导线插入铜铝过渡接线端子的铝连接管内，然后使用压接钳或压接模具压紧套管即可，如图 8-30（c）所示。

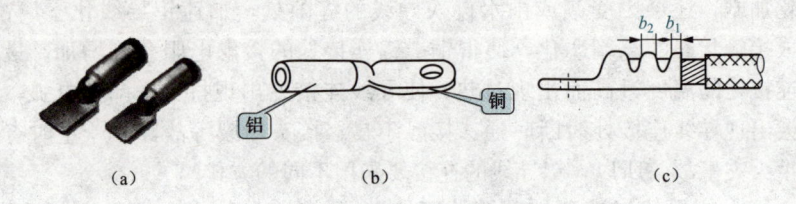

图 8-30　铝导线与铜接线端子的连接

第十节　导线与接线端的连接方式

导线与接线端的连接与前面所述的导线之间的连接有所区别，它主要是用于导线与接线端之间的连接，或使用接线部件进行导线之间的连接，或与电气设备、各种类型的电气开关箱等之间的连接。

一、铜、铝导线的螺钉式压接

螺钉式压接就是我们常用的接线桩螺钉压接，如用铜或铝导线直接插入电能表、瓷插式熔断器、接线端子排等的接线孔内进行的螺钉压接，孔（针孔）式螺钉压接有单螺钉压接式和双螺钉压接式两种，铝导线的螺钉式压接一般用于 10A 左右电流的电路连接。

孔（针孔）式的接线桩螺钉压接法较适用于铜或铝材料的单股导线，如单股导线的线径较小，孔（针孔）式的接线桩的孔径较大时，可将导线按照接线桩的长度，将导线的线头折成双股并排插入接线桩。在拧紧接线桩上的螺钉时，要掌握螺钉拧紧的合适力度，特别是在使用单股铝导线时，更要注意螺钉拧紧的力度不可过大，以免螺钉将单股铝导线切断，既要保证压接处有合适的接触压力，又要保证不损伤导线和螺钉的丝口。不管是单股导线，还是多股导线，在插入接线桩的孔内时，导线一定要插入到底，但也不可让导线的绝缘层插入到接线桩的孔内，以避免螺钉压到导线的绝缘层上，引起接触不良或线路不通的故障，接线桩外导线裸线头的长度不得超过 2mm。

当接线桩的孔较大时，在进行多股铝导线的螺钉压接时，连接前先以保证压接螺钉顶压时不致松散。要注意接线桩的孔径与导线外径的大小应尽可能配合紧密，如果多股铝芯线外径过大,可将线头散开适量地剪去中间的几股,再用钢丝钳将多股铝芯导线绞紧。因铝导线材质较软,为防止螺钉压接时不损伤导线,建议将铝导线用铜皮进行缠绕包紧或在螺钉的压接面用厚铜皮进行隔垫,这样螺钉压接时不容易损伤导线,又可保证螺钉压接的挤压力度,可以使铝导线的接触面更加紧密。接线桩孔(针孔)式的线头处理及螺钉压接如图 8-31 所示。

图 8-31　接线桩孔(针孔)式的线头处理及螺钉压接方式

二、铜、铝导线的平压式压接

铜、铝导线的平压式压接,就是利用半圆头、圆柱头或六角头螺钉,加平垫圈、弹簧垫圈等将铝导线的线头压紧的连接,铜铝导线的平压式压接适用于大于 10A 电流的单股或多股铝导线的连接。

在进行单股铜、铝导线的平压式压接时,要将单股铜、铝导线弯成羊眼圈,从剥离绝缘层的导线根部约 3mm 处开始,用钳子将裸导线向外侧弯折 30°左右,如图 8-32(a)所示。再用钳子按照略大于螺钉的直径将导线弯曲成圆弧形状,如图 8-32(b)所示。比较导线弯曲成略大于螺钉的圆弧形状所需要的导线长度,用钳子剪去多余的导线,如图 8-32(c)所示。最后用钳子将导线末端弯曲成为一个圆的羊眼圈,如图 8-32(d)所示。

先将螺钉套入平垫圈、弹簧垫圈等,再将螺钉套入单股铝导线弯成的羊眼圈内,将螺钉旋入到螺钉孔中压接拧紧即可。对于电工新手要注意的是,在拧紧压紧的螺钉时,单股铜、铝导线弯成羊眼圈弯曲的方向,要与螺钉拧紧的方向一致,以免在螺钉拧紧时引起导线反向的松脱。

如果是进行多股铜、铝导线的平压式压接,首先要将多股铝导线约 1/2 的多股芯线拧紧,如图 8-33(a)所示。再从拧紧多股芯线约 3/5 处开始做羊眼圈,如图 8-33(b)所示。要保证羊眼圈处为拧紧的多股芯线,以免在螺钉拧紧时散丝,将没有拧紧

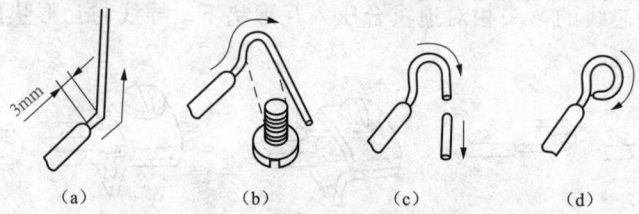

图 8-32　单股铜、铝导线弯羊眼圈的步骤

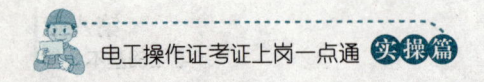

的多股芯线与导线平行，如图8-33（c）所示。再按照上面多股芯线直接缠绕的方式将多股芯线分为3部分，如图8-33（d）所示。先用第一部分的芯线在多股芯线紧密地缠绕［图8-33（e）］，再用分出的第二部分的芯线，如图8-33（e）所示。用第二部分的芯线和第三部分的芯线分别在多股芯线紧密地缠绕，最后形成有羊眼圈孔的多股芯线连接端子，如图8-33（f）所示。

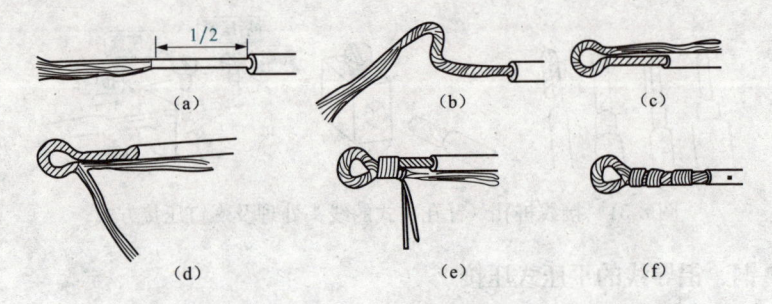

图8-33 多股铜、铝芯线羊眼圈连接端子形成步骤

先将螺钉套入平垫圈、弹簧垫圈等，再将螺钉套入有羊眼圈孔的多股芯线连接端子内，将螺钉旋入到螺钉孔中压接拧紧即可。

以上的单股芯线和多股芯线的压接方式，在连接前应清除压接羊眼圈和垫圈上的氧化层及污物，再将芯线的羊眼圈压在垫圈下面，压接时要注意不得将导线的绝缘层压入垫圈下，要用适当的力矩将螺钉拧紧，以保证导线连接处有良好的电接触。

三、瓦形接线桩与导线的连接

瓦形接线桩与导线的连接主要是用于导线与各类工业及部分民用电器接线端子的连接，如导线与各种型号的接触器、继电器等瓦形接线桩的连接。瓦形接线桩的压线垫为瓦形状。导线与瓦形垫进行压接时，先将导线的绝缘层剥除，当导线或瓦形垫有氧化层或污渍时要先行去除。瓦形接线桩的瓦形垫不得单边压导线芯线，在连接单根导线时，为了防止导线从瓦形垫下滑出，要将导线的芯线弯成U形，再将弯成U形导线的芯线压入瓦形垫下。如果有两根导线连接在瓦形接线桩上，若两根导线的截面相同，可将两根导线的芯线分别压在瓦形垫的两侧，即瓦形垫两侧各压一根导线；若两根导线的截面不相同，可将两根导线的芯线弯成U形，再将两根弯成U形导线的芯线的弯头相对地重合压入瓦形垫下。导线与瓦形垫压接如图8-34所示。

图8-34 导线与瓦形垫的不同压接

瓦形接线桩要尽可能与铜导线进行压接，不得已与铝导线压接时，要对铝线芯进行清理，要保证铝线芯无氧化和杂质，接触面必须平整和压紧，并要在使用的过程中经常性地进行检查，当发现接触部位有过热的现象时，要及时进行处理及紧固。

导线在瓦形接线桩进行压接时，要注意不要将导线的绝缘层压在瓦形垫下，以免造成接触不良的故障。也不可将导线的绝缘层剥除得太多，以免造成导线之间的碰触或短路。

第十一节　铝导线的焊接连接

由于铝是非常活泼的金属，在空气中极容易氧化而生成氧化铝膜，虽然氧化铝膜的氧化层很薄，厚度只有 $3\sim6\mu m$，但氧化膜的电阻率是很高的。所以，铝导线的连接要引起重视，就是铝导线与铝导线之间的直接连接，一般的情况下也要尽量避免。

铝导线之间的接头焊接，一般采用电阻焊或气焊。电阻焊是指用低电压大电流通过铝导线的连接处，利用其接触电阻产生的高温高热，将单股或多股的铝芯线熔接在一起。电阻焊应使用特殊的降压变压器（1kVA、一次电压为 220V、二次电压为 $6\sim12V$），并配以两根直径为 8mm、端部有一定锥度的碳棒作为电极的焊钳。焊接时先将连接处的导线扭结在一起，涂上一些焊药，接通焊接电源并用手紧握焊钳，使两根碳棒电极碰在一起，待碳棒电极端部烧红开始熔化时，轻轻地向铝芯线端方向移动电极，使铝芯线端形成一个均匀的球状，撤去焊钳冷却即可，如图 8-35 所示。

气焊是指利用气焊枪的高温火焰，将铝芯线的连接点加热，使待连接的铝芯线相互熔融连接。气焊前应将待连接的铝芯线绞合，或用铝丝或铁丝绑扎固定，焊前还应清理去除焊件表面的氧化膜和油污，并对焊件进行预热，预热温度为 $100\sim300℃$。焊接时火焰加热使铝线熔化后加入铝焊粉，用气焊枪的高温火焰将铝芯线相互熔融成一个均匀的球状，焊后应立即严格清除焊件上残存的污物，如图 8-36 所示。

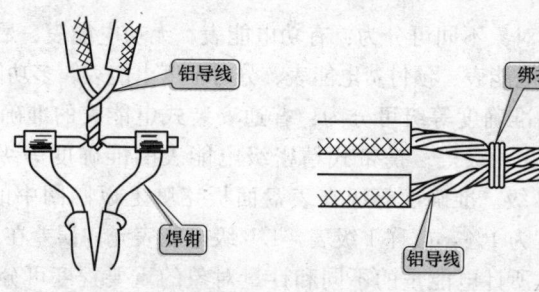

图 8-35　铝导线接头的电阻焊　　图 8-36　铝导线接头的气焊

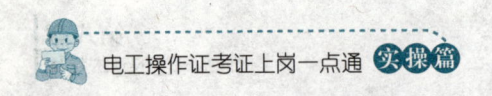

第十二节　电能表的选择与安装

电能表能够计量在一定的时间内消耗电能累计值的多少，是一种能计量用电量多少（或者是说电能所做功的多少，简称电功）的专用电学计量仪表，是电能计量最基础的计量仪表。电能表广泛用于发电、供电和用电的各个环节，是我们生活中不可缺少的计量仪表。电能表的选择与安装要符合《电能计量装置技术管理规程》（DL/T 448—2000）的规定，并按《全国供用电规则》（《中华人民共和国电力供应与使用管理条例》颁布后，即以此条例内容为准）和有关用电营业管理制度的规定确定。

凡电力建设工程和地方公用电厂、用户自备电厂并网及用电业扩工程中的电能计量装置的设计，均应符合技术要求的有关规定。同时，还应符合《全国供用电规则》、《电热价格》、《功率因数调整电费办法》、《电力装置的电测量仪表装置设计规范》、《电测量仪表装置设计技术规程》和其他电气安全、土建设计技术规程的规定。

一、电能表的种类

电能表按其结构和工作原理可分为：采用电气机械结构的感应式电能表和采用电子器件静止结构的电子式电能表。在 21 世纪以前，我国广泛使用的是电气机械结构的感应式电能表，随着电子技术的高速发展，电子式电能表在我国得到迅速普及，有逐步取代电气机械结构的感应式电能表的趋势。

电能表按其用途的不同可分为：工业用途电能表、民用用途电能表及特殊用途电能表；

电能表按其内部结构的不同可分为：电气机械结构的感应式电能表、电子器件结构的电子式电能表和电气机械与电子器件结构组合的机电一体式电能表。

电能表按其使用电路类型的不同可分为：直流电能表和交流电能表；

电能表按其安装接线方式的不同可分为：电能表直接接入方式和间接接入方式；

电能表按其所接电路进表相数的不同可分为：单相电能表、三相三线电能表、三相四线电能表；

电能表按其计量的对象不同可分为：有功电能表、无功电能表、最大需量表、标准电能表、复费率分时电能表、预付费电能表、分时记度电能表、多功能电能表等；

电能表按其计量的准确度等级可分为：普通安装式电能表的准确度等级可分为 0.2、0.5、1.0、2.0、3.0 级等；携带式精密级电能表的准确度等级可分为 0.01、0.02、0.05、0.1、0.2 级。准确度等级在表盘面板铭牌上以圆圈中的等级数表示，①代表电能表的准确度为 1%，或称 1 级表，1.0 级电能表允许误差在 ±1% 以内。

电能计量装置按其所计电能量的不同和计量对象的重要程度可分为：Ⅰ类计量装置（为月平均用电量为 500 万 kWh 及以上或变压器容量为 1000kVA 及以上的高压

计费用户)、Ⅱ类计量装置(为月平均用电量为 100 万 kWh 及以上或变压器容量为 2000kVA 及以上的高压计费用户)、Ⅲ类计量装置(为月平均用电量为 10 万 kWh 以上或变压器容量为 315kVA 及以上的计费用户)、Ⅳ类计量装置(为负载容量为 315kVA 以下的计费用户)、Ⅴ类计量装置(为单相供电的电力用户)。月平均用电量是指用户上年度的月平均用电量。

电能表按其参比电压可分为：单相电能表(以其线路接线端上的电压表示，如 220V)、三相三线电能表(以相数乘以线电压表示，如 3×380V)、三相四线电能表(以其相数乘以相电压或线电压表示，如 3×220/380V)。

单相感应式电能表按其额定电流可分为：1.5 (6) A、2.5 (5) A、2.5 (10) A、3 (6) A、5 (10) A、10 (20) A、10 (40) A、15 (60) A、20 (40) A、20 (80) A、30 (60) A、30 (100) A、40 (80) A、60 (200) A 等。额定电流为 10 (40) A 时，表示电能表的基本额定电流为 10A，最大额定电流为 40A，对于三相电能表还应在前面乘以相数，如 3×10 (40) A。

单相电子式电能表按其额定电流可分为：1.5 (6) A、2.5 (10) A、5 (20) A、5 (30) A、10 (40) A、15 (60) A、20 (80) A、30 (100) A 等；

三相四线感应式有功电能表按其额定电流可分为：3×220/380V1.5 (6) A、3×220/380V3 (6) A、3×220/380V5 (20) A、3×220/380V10 (40) A、3×220/380V15 (60) A、3×220/380V 20 (80) A、3×220/380V30 (100) A 等；经电流互感器接入的三相四线电能表按其额定电流可分为：3× (1) A、3×3 (6) A、3×1.5 (6) A、3×5 (20) A 等；

三相四线电子式电能表按其额定电流可分为：1.5 (6) A、3 (6) A、5 (20) A、10 (40) A、15 (60) A、20 (80) A、30 (100) A 等；

二、电能表的型号

国家对于电能表的型号有严密、科学的管理注册程序和方法，全国电工仪器仪表已经标准化，对电能表的形式、功能、类别、组别、注册厂家、设计序号、改进序号、派生代号等，都有相应的规定。电能表的型号由英文字母和阿拉伯数字的排列来表示，一般由类别代号、组别代号、功能代号、设计序号、改进序号、派生代号等部分组成。各部分的组成含义如图 8-37 所示。

| 类别代号 | 组别代号 | 功能代号 | 设计序号 | 改进序号 | 派生代号 |

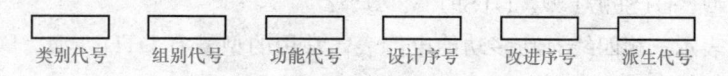

图 8-37　电能表各组分的组成含义

第一部分为类别代号：第一位的字母 D 表示为电能表。

第二部分为组别代号：第二位的字母 D 表示单相、S 表示三相三线、T 表示三相四线、X 表示无功、J 表示直流、B 表示标准、F 表示伏特小时计、A 表示安培小时

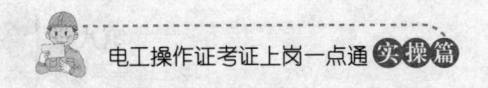

计、H表示总耗、Z表示最大需量式。

第三部分为功能代号：S表示电子式、Y表示预付费式、F表示复费率式、D表示多功能式、M表示脉冲式。

第四部分为设计序号：设计序号用阿拉伯数字，表示该产品制造厂生产设计规定的序号，每个制造厂的设计序号是不同的。例如，DT864型电能表，864其含义为某电能表厂生产的三相四线电子式多功能电能表产品备案的设计序号；DTSD341型电能表，341其含义为设计序号为341的。

第五部分为改进序号：一般用汉语拼音字母表示。

第六部分为派生代号：有的电能表除了上述型号中的表示部分外，有的还标有派生代号，如T表示湿热、干燥两用，TA表示干热带用，TH表示湿热专用，G表示高原用，F表示化工防腐用，H表示船用。

综上所述，从电能表各部分英文字母和阿拉伯数字的组成，就可以知道电能表的基本信息，例如：

DD表示单相电能表，常用的型号有DD28型、DD702型、DD862型、DD971型等；

DS表示三相三线有功电能表，常用的型号有DS8型；DS8型、DS15型、DS862型、DS864型、DS971型等；

DT表示三相四线有功电能表，常用的型号有DT8型、DT862型、DT864型、DT971型等；

DDS表示单相电子式电能表，常用的型号有DDS71型、DDS889型、DDS971型等；

DDSY表示单相电子式预付费电能表，常用的型号有DSSD331型、DDSY971型等；

DSSD表示三相三线电子式多功能电能表，常用的型号有DSSD-331型、DSSD971型等；

DTS表示三相四线电子式有功电能表：常用的型号有DTS971型、DTS256型、DTS1043型、DTS9666型等；

DTSF表示三相四线电子式复费率有功电能表，常用的型号有DTSF666型、DTSF833型、DTSF971型、DTSF1352型等；

DTD表示三相四线有功多功能电能表，常用的型号有DTD18型、DTD203型、DTD5588型等。

三、常用电能表的结构类型

我国目前常用的电能表主要有感应式电能表和电子式电能表，电子式电能表有的也称为多功能电能表或智能电能表，电子式电能表按照其内部的结构又可分为机械与电子部件混合的机电一体式电能表和全电子部件式电能表。

1. 感应式电能表

感应式电能表采用电磁感应的原理，将电压、电流、相位转变为电磁力矩，使铝圆盘、圆盘轴、蜗杆、齿轮、计度器鼓轮等转动，完成电能计量的累积的过程。感应式电能表是由电压线圈、电流线圈、可绕轴旋转的铝盘及计数机构4部分组成。电压线圈的匝数多，导线细，与电源并联；电流线圈的匝数少，导线粗，与用电器相串联。当有电流通过时，电流线圈和电压线圈中就有交变电流流过，分别会在两只线圈的铁心中产生交变的磁通，交变的磁通穿过铝盘，在铝盘中感应出涡流，涡流又在磁场中受到力的作用，它们共同作用在铝盘上，从而使铝盘得到转矩而绕轴转动。负载消耗的功率越大，通过电流线圈的电流就越大，铝盘中感应出的涡流也越大，铝盘转动的力矩就越大，铝盘转动得也就越快。铝盘在转动时，除了两只线圈的铁心中产生交变的磁通，在铝盘中感应出涡流产生的主动力矩外，还受到永久磁铁产生的制动力矩的作用，制动力矩与主动力矩方向相反；制动力矩的大小与铝盘的转速成正比，铝盘转动得越快，制动力矩也越大。当主动力矩与制动力矩达到暂时平衡时，铝盘将匀速地转动，使负载所消耗的电能与铝盘的转数成正比。用电时间越长，铝盘转动时间就越长，铝盘转动带动计数器累积的数字也越多。耗电量的多少就可以从计数器中显示出来。

感应式电能表的生产制造工艺早已成熟和稳定，有价格较为低廉、数据直观、动态连续、停电且不丢数据等特点，在我国得到了广泛的应用。

感应式电能表由于有机械的磨损，存在一定量的测量误差，它的准确度等级一般为0.5～3.0级，在使用小功率的负载时误差较大。感应式电能表的频率响应范围一般为45～55Hz，在安装上有一定的要求，若安装时水平倾斜度偏差较大，将会影响电能表的电能准确计量。电能表的计量与通过电流线圈的电流成正比，为保证电能计量的准确度，也为电流线圈的安全，电流的过负载能力在2～4倍以内。因电能表是由机械部件组成的，其防窃电的能力较差。

2. 机电一体式电能表

机电一体式电能表是采用感应式电能表的测量部分，与电子的转换计数显示部分组成的。机电一体式电能表主要由感应式测量机构、光电转换器和分频器、计数器3大部分组成，如图8-38所示。

电能 → 感应系测量机构 → 转盘转数 → 光电转换器 → 分频器、计数器 → 显示器

图8-38 机电一体式电能表组成

光电转换器是机电式电能表的关键组成部分，是连接电能计量功能单元与数据处理单元的部件，其性能好坏直接影响电能表的运行质量，光电转换器主要包括光电头和光电转换电路两部分，根据光电转换器的不同，机电式电能表可分为单向脉冲式和双向脉冲式两种类型，双向脉冲式电能表具有双向计量的功能，既能测量正

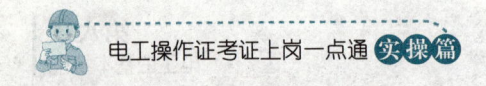

向消耗电能,又能测量反向消耗电能。

机电一体式电能表是利用原有制造工艺已成熟和稳定的感应式电能表,再增加一部分的电子部件,在不破坏现行计量表原有物理结构、不改变其国家计量标准的基础上加装传感装置,变成在机械计量的同时亦有电脉冲输出的多功能的智能电能表,它使电子计数与机械计数同步,使其计量精度一般不低于机械计度式计量表。因是采用原有的感应式电能表的成熟技术,在计量方面没有太多的技术难度,使其既由单一功能的测量仪表变为有电脉冲输出、通信电路、IC卡读写接口的多功能智能测量仪表,实现自动计量计费和控制,又降低了制造成本且易于安装,所以被较多的电能表大量地采用。

3. 电子式电能表

电子式电能表是在数字式功率表的基础上发展起来的,电子式电能表从电能的计量到数据的处理,都是采用以集成电路为核心的电子器件,没有感应式电能表内计量的机械部件,与机电一体化的电能表相比,具有外形体积更小、精确度更高、可靠性更强、自身耗电更低、防窃电性能好、负载特性更好、功能更多等优点,并且生产工艺得到大大改善,是采用电子器件的静止结构的电子式电能表。

电子式电能表的工作原理是,运用模拟或数字电路,将被测量的高电压和大电流经电压变换器和电流变换器转换后送至乘法器,采用乘法器实现对电功率的测量,乘法器完成电压和电流的瞬时值及向量乘积,输出一个与一段时间内的平均功率成正比的直流电压,然后再利用电压/频率转换器将该直流电压转换成相应的脉冲频率,将该频率分频,并通过一段时间内计数器的计数,然后通过模拟或数字电路实现电能计量功能。电子式电能表的电路组成如图8-39所示。

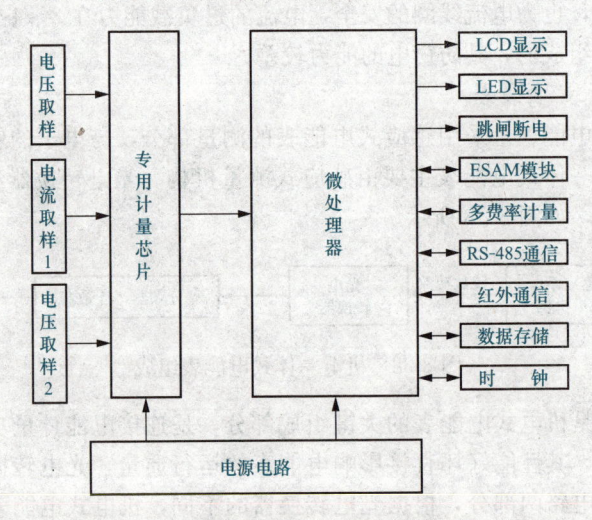

图8-39 电子式电能表的电路组成

第八章 电工的基本技能

电子式电能表与感应式电能表相比较有很多的优势，如其内部无机械的旋转部件，就无机械的摩擦产生的阻力损耗，可方便地利用各种补偿轻易地达到较高的准确度等级，并且误差的稳定性能较好，电子式电能表的准确度等级可达到 0.2～1.0 级。同时，因无机械的摩擦损耗和线圈的磁滞损耗，电子式电能表的自身损耗也大大地减少，还使电能表的计量灵敏度得到很大的提高，在全负载的测量范围内误差几乎成为一条直线。电子式电能表主要依靠乘法器进行计量的运算，其计量性能受外磁场的影响极小，电子式多功能表的频率响应范围为 40～1000Hz。电子式电能表采用锰铜分流片，因其具有线性好和温度系数小等特点，基本电流的取样信号准确可靠，过负载的能力可达到 6～10 倍，提高了整个计量装置的可靠性和准确性，同时电能表的防窃电能力更强。当然，电子式电能表也有它的缺点，如电子式电能表的价格普遍较高，不适用于野外及高温的场所。

随着电子式电能表逐渐应用了计算机技术、单片机技术、通信技术等，其已成为了更具有智能化的测量仪表，如 IC 卡计费电能表、分时计费电能表、预付费电能表、多用户电能表、多功能电能表、载波电能表等，同时一只电子式电能表的功能相当于几只感应式电能表，再加上具有远距离的通信功能，可以与计算机联网并采用软件进行控制，所以，电子式电能表的发展越来越快，已成为了电能表的发展方向，有取代感应式电能表之势。

四、单相电能表常用接线的方式

电能表按其安装线路接线的方式，分为电能表的直接接入方式和电能表的间接接入方式两种。电能表的直接接入方式就是将电源线路与负载线路直接与电能表的接线端子相连接的方式。电能表的间接接入方式就是电源线路经过电压互感器和电流互感器与电能表的接线端子相连接的方式。低压电路用得最多的是经过电流互感器与电能表的电流线圈接线端子相连接的方式。

图 8-40 就是单相电能表的直接接入方式和电能表的间接接入方式的接线示意图。

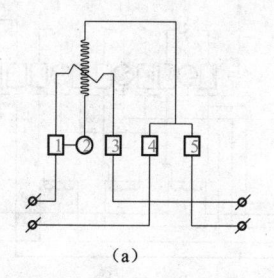

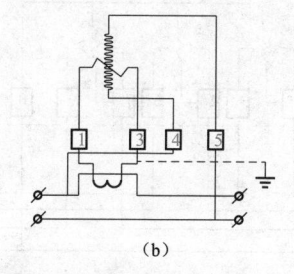

图 8-40　单相电能表接线方式示意图
(a) 直接接入式；(b) 经电流互感器接入式

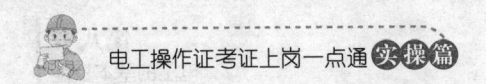

单相电能表共有 4 个接线柱，从左到右按 1、2、3、4、5 来编号，其中 2 号端子在电能表接线盒的内部，并没有接出来，只是用一勾子进行电源相线的连接，并不连接外部线路。直接接入式电能表的 1 端与 3 端为电流线圈，它通过电源到负载的电流，就是通过测量这个电流值来计量耗电量的。2 端与 4、5 端为电压线圈。单相感应式电能表和单相电子式电能表的外形如图 8-41 所示。

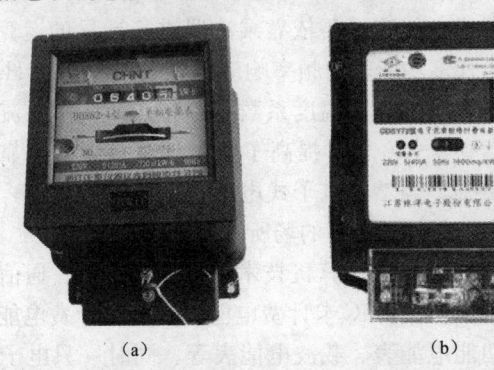

图 8-41 单相感应式电能表与单相电子式电能表的外形
（a）单相感应式电能表；（b）单相电子式电能表

　　家用的电能表和用电量小的单位的电能表，基本都是采用单相电能表直接计量的方式，就是使用电能表的直接接入方式。但对于少量用电量较大的单位，可采用电能表的间接接入方式，就是使用电流互感器的间接接入方式。在实际的应用中，对于用电量较大的用户，基本上都是采用三相四线制的供电方式，这样也有利于各相电流的平衡，也可节省安装线路的成本。

五、三相电能表常用的接线方式

　　三相电能表的常用接线方式与单相电能表相似，也分为直接接入方式和间接接入方式两种，只是它由三组测量机构组成。下面是三相四线电能表的直接接入方式和电能表的间接接入方式的接线示意图。

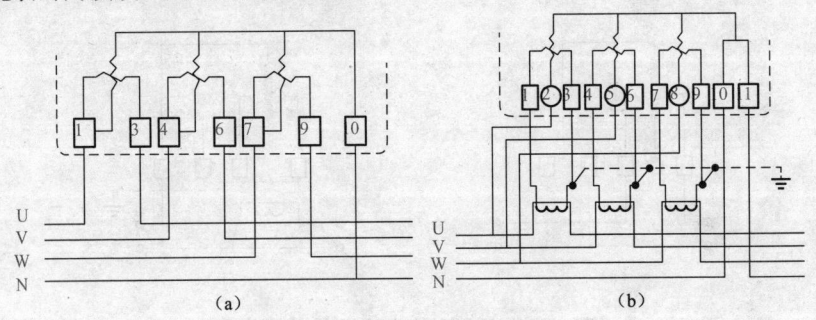

图 8-42 三相电能表的接线方式
（a）三相四线直接接入式电能表接线图；（b）三相四线经电流互感器接入式电能表接线图

第八章
电工的基本技能

原来三相电能表按用途分为有功电能表和无功电能表两种，分别计量有功功率和无功功率，但因现在电能表的安装大量地采用电子式的静止电能表，加上工厂企业基本上都安装了无功功率自动补偿装置，已无需再另外安装无功电能表计量无功功率。所以，就没有必要再介绍老式的无功电能表的安装了。

在低压供电线路中，老的规程规定负载电流为 80A 及以下时，宜采用直接接入式电能表，在负载电流为 80A 以上时，采用间接接入式电能表。在新的规程中作了修正，负载电流为 50A 及以下时，宜采用直接接入式电能表，在负载电流为 50A 以上时，采用间接接入式电能表。在配置电能表时实际电流要与电能表的电流相匹配，不可将电能表的电流规格选择过大，但绝对不允许电能表的电流规格小于实际的电流。

三相三线电能表和三相四线电能表在具体接线时，应以电能表的接线图为依据，电能表的接线端子应按从左到右的顺序编号进行连接，如是双螺栓固定的接线端子，必须要用两个螺栓来压紧导线。当单股导线截面较小时，可将导线对折后进行压紧连接；当导线为多股导线时，要将多股导线拧紧或上锡后再进行连接。

在安装电流互感器时，要注意电流互感器的二次绕组标有"L1"、"K1"或"＋"的接线端子，此端子应与电能表电流线圈的进线端子相连接，此端子绝对不可接反，连接时还要保证端子与导线的连接必须牢固可靠。"L2"、"K2"或"－"的接线端子，必须要可靠地与接地端子相连接。

六、电子式电能表的辅助接线

电子式电能表的特别接线，其实是指与感应式电能表不同的接线，或者是感应式电能表没有的接线。很多电工会越来越多地接触到电子式电能表，就会发现电子式电能表有些接线不知道怎样去接，有的连接线原来的感应式电能表根本就没有，不知道这些端子是干什么用的。

电子式电能表具有多种费率、多个时段的精确计量，集有功电能、分时计费、最大需量等数据于一体，多功能电能表实现了有功双向分时电能计量、需量计量、正弦式无功计量、功率因数计量等，这些功能我们原来使用的感应式电能表是无法完成的。为了实现对用户进行现代化科学管理的要求，电力部门利用电能表中标准的 RS-485 接口和 6 路的脉冲输出接口，通过负控端、市话网、移动通信网及其他传输形式，组成远方编程和抄表管理系统，实现电力部门营业抄表、负载监控等远程的控制。当发现电能表任何不正常情况时，可立即在系统界面上显示该电能表的异常信息，提供给电力部门监测及提供监察数据，实现对电力用户远程的拉闸、断电等操作。

电子式三相电能表上这些标准 RS-485 通信接口和脉冲输出接口等如图 8-43 所示。

在电能表的主端子上方有 16 个辅助端子用户接线时，要根据电能表上给定的端子标签内容进行接线。

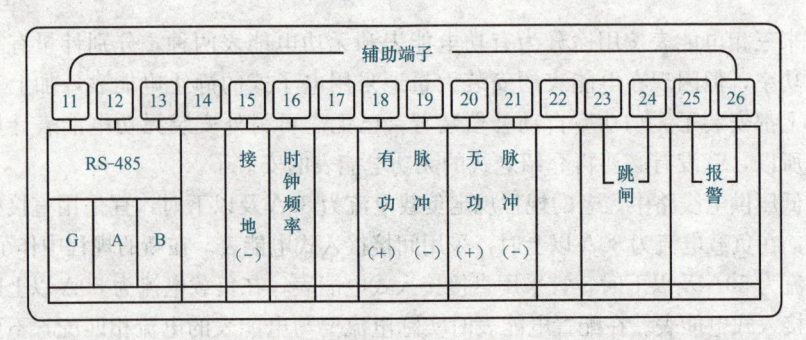

图8-43 电子式三相电能表的标准RS-485通信接口和脉冲输出接口

电能表辅助端子11（通信地线端）、12（A通信线）、13（B通信线）为RS-485提供通信接口；当用户使用电能表的报警与跳闸功能时，23、24和25、26端子通过继电器分别引出报警和跳闸信号的接口引线，继电器触点为常开状态。电能表采用集电极开路的光耦继电器的电能脉冲（电阻信号）实现有功电能（正向）和无功电能（反向）远传，采用远程的计算机终端、PLC、DI开关采集模块采集仪表的脉冲总数来实现电能累积计量。单相电子式电能表的辅助端子如图8-44所示。

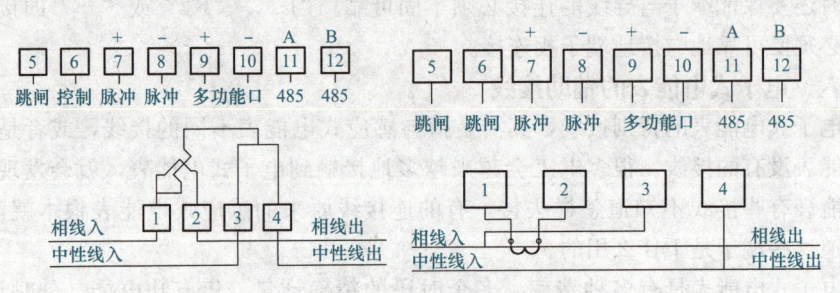

图8-44 单相电子式电能表的接线端子

作为工厂企业的电工只要知道这些端子的作用就可以了，因电子式电能表这些功能是电力部门安装和使用的。

七、电能表安装注意事项

电能表的安装要按照《电能计量装置技术管理规程》（DL/T 448—2000）的相关规定，电能表不得安装在有腐蚀性气体或有易燃易爆的危险环境场所，电能表应安装在干燥、无振动、无高温、无灰尘、无强电和无磁场干扰的场所。

电能表应安装在电能计量柜（屏）上，每一回路的有功和无功电能表应垂直排列或水平排列，无功电能表应在有功电能表下方或右方，电能表下端应加有回路名称的标签，两只三相电能表相距的最小距离应大于80mm，单相电能表相距的最小距离为30mm，电能表与屏边的最小距离应大于40mm。表箱下沿离地面不低于1.3m，一般为1.4～1.5m，表板为1.8m。但大容量、多只表集中安装时，允许表箱（板）

第八章
电工的基本技能

下沿离地面 1~1.2m。

电能表在室内宜安装在 0.8m~1.8m 的高度（表水平中心线距地面尺寸），电能表在室外安装应采用户外式电能表，电能表应尽量安装在避风雨和潮湿的地方，应尽可能避开煤气管、天然气管、暖气管等管道，如不能避开则至少距离在 0.5m 以上，以便于电能表的正常工作和便于对电能表的维护及抄表。居民用户的计费电能计量装置必须采用符合要求的计量箱。

电能表必须垂直牢固安装，不能歪斜，特别是感应式电能表在安装时表中心线向各方向的倾斜应不大于 1°，以免引起电能表的计量误差。

电能表对计量用的电流、电压互感器二次侧回路导线必须使用铜芯导线，计量单元的电流电路导线截面积不应小于 4mm^2，电压电路导线截面积不应小于 2.5mm^2，辅助单元的控制、信号等导线截面积不应小于 1.5mm^2。电能表的线路敷设要美观，线路宜采用暗敷或用 PVC 塑料管保护敷设，二次侧电路导线外皮颜色应采用 A 相为黄色，B 相为绿色，C 相为红色，中性线为淡蓝色，接地线为黄和绿的双色。

第九章

电气控制电路图

  电工新手要学习电气电路的线路连接，要掌握机床的电气控制线路的工作原理，要进行电气设备故障的维修，第一步的基本功就是要学会看电气控制电路图。所以，作为电工新手来说，电气控制学习的第一步就是要学习和掌握电气控制电路图的基础知识，了解和掌握其基本结构、画法、规则、种类、特点等，了解电气控制电路图的图形符号和文字符号，了解电气控制电路图的实际的使用方法，了解绘制电气控制电路图的基本方法和相关规定。

  电路图是机床电气控制电路的重要信息，电路图有很多的种类，但只有电气控制电路图对电工来说是最重要的，它是表示电气系统、装置和设备各组成部分相互关系及其连接的关系，用以表达其功能、用途、原理、装接和使用的一种电路图。一般的电气设备都只提供电气控制的电路图，也就是我们常说的电气原理图。所以，作为电工新手来说，首先就要学习电气控制电路图。只有了解了电气控制电路图的基本知识，才能够做到怎样去看图和怎样去看懂图，才能为今后电气的线路连接、电气设备故障维修打下一个良好的学习基础。

  电路图是利用各种电气符号、图线来表示电气系统中各种电气设备、装置、电器、仪表等元器件的相互关系或连接关系的，电气控制原理图其实是从电器控制线路的结构图演变而来的，它阐述了电路控制的工作原理，用来指导各种电气设备、电路的安装接线、运行、维护和管理。它是电气工程技术语言，是进行技术交流不可缺少的手段，电工读不懂图样就和文盲一样，从事安装和维修的电工，必须掌握识读电气控制原理图。

  电路图中的其他的图，如接线图、位置图、安装图、功能图、结构图、系统图等，可在学习完电气控制电路图后，有选择地进行学习和了解。作为维修电工来说，希望得到的图样，第一是电气控制电路图，因为有了电气控制电路图，就可以从图样上了解电路的原理，电路的动作程序，使用电器的种类、数量等；第二是电气接线图，因为有了接线图，可快速地找到所要检查线路端子的位置，就不用去反复地查找线路，可节省大量的查线的时间；第三是电气位置图，有了电气位置图，就可以快速地查找到相关电器的实际安装位置。其他的电路图，可以起到辅助的作用，各种电路图有它不同的用处，可以根据自己的需要去选择。

一、电气控制电路图的画法及其特点

电气控制电路图的画法是用国家规定的各种图形符号和文字符号来表示各种电器的元件，再根据生产机械对电气控制的要求，采用电气元件展开的形式，按照电气的动作原理，用线条来代表导线，将电气元件连接起来而形成的电路图。在电气控制电路图中，应尽量减少线条和避免线条交叉。各导线之间有电的联系时，在导线交点处画实心圆点表示。

1. 电气符号

电气符号一般分为图形符号和文字符号，图形符号是由符号要素、一般符号和限定符号组成的，我们常用的符号是由一般符号与限定符号组成的。

（1）图形符号。图形符号是构成电路图的基本单元，是以特定图或图样的形式来表示图形、标记或字符的。

例如，我们常用的开关或常开触点的符号，如图 9-1（a）所示，这个符号只能知道是一个断开的开关，但不知道是什么类型的开关。但如果加上功能或限定符号后，就可知道是什么类型的开关了。图 9-1（b）为断路器的符号；图 9-1（c）为行程开关的符号；图 9-1（d）为时间继电器的符号；图 9-1（e）为按钮的符号；图 9-1（f）为隔离开关的符号。

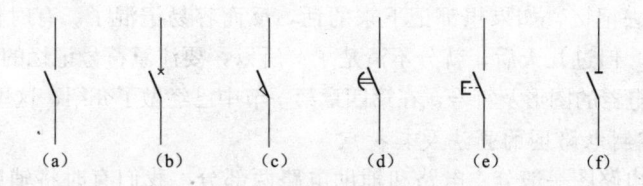

图 9-1 常用的图形符号

电路图上的图形符号表示的状态是按所有电器可动部分均按未得电工作时、电器无外力作用时、或开关处于零位时的自然状态下画出来的图形符号。例如，继电器、接触器的触点，是按其线圈不通电时的状态画出的；按钮、行程开关等的触点，是按未受到外力作用时的状态画出的；倒顺开关是按手柄处于零位时的状态画出的。

图形符号的画法有两种（图 9-2），当图形符号呈水平形式布置时，开关的图形符号应是下开上闭的；当图形符号呈垂直形式布置时，开关的图形符号应是左开右闭的，就是可以将符号按逆时针方向转动 90°。

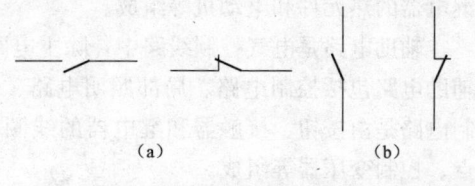

图 9-2 图形符号的画法
(a) 水平布置；(b) 垂直布置

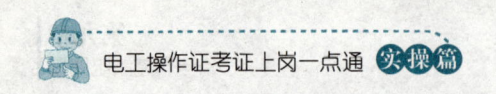

现在有些图形符号的画法，在图形符号呈水平形式布置时，是采用的上开下闭，这是我国以前图形符号的画法，有的人已经习惯了，可能一下子改不过来，但还是能够看懂的。

(2) 文字符号。文字符号是表示电气设备、装置，以及电气元件的名称、状态和特征的代码。现在常用的文字符号一般是用字母符号与数字符号组合来使用的。例如，接触器用 KM 字母来表示，一般继电器用 KA 来表示，时间继电器用 KT 来表示，按钮用 SB 来表示等。如果有两个以上的同类电器，如按钮就用 1SB、2SB、3SB、4SB 等，或 SB1、SB2、SB3、SB4 等。

电路的电气图形符号有上百种之多，如果想将它们都背下来是不可能的。对于电工新手来说，千万不要去背这些电气图形符号，那是完全没有必要的，这会浪费大量的时间和精力，是得不偿失的，就算你将这些符号背下来了，因大部分的符号你不常用，过不了多长时间，就会将大部分符号忘记了。

所以，只要记住常用的几十个符号就可以了，其他的符号以后遇到了再去查资料即可，随着学习时间的推移和知识面的逐步扩大，有一些经常接触到的符号，你不去背也会自然地记住。

但要注意电气图形符号有老符号和新符号之分，而且有的符号用两种图形符号来表示。这时要注意摸清楚符号之间的规律，先去记住一种符号，再用记住的这一种符号去推出另外一种符号。如时间继电器的触点符号，你只能按你的分析后，去选择一种符号去记忆，如果想都记下来的话，反而容易记混了。有时候刚看完，好像是全记住了，但过几天后，就分不清楚了。所以，要注意符号记忆的方法。

常用机床电器的图形及符号，在第四章第一节中已经做了介绍，这里就不再重复。

2. 电气控制电路图的画法及其特点

电气控制电路图一般分主电路和辅助电路两部分。我们有时将辅助电路，也笼统地叫做控制电路，但其实是有区别的。电气控制电路图包括所有电气元件的导电部分和接线端子。

主电路比较简单，使用电气元件数量较少，在电气控制线路中，是负载的大电流通过的部分，也是发热量较大的部分，主电路包括从电源到电动机之间相连接的电气元件部分，一般由断路器、刀开关、组合开关、主熔断器、接触器主触点、热继电器的热元件和电动机等组成。

辅助电路是电气控制线路中，除主电路以外的所有电路，其流过的电流比较小，辅助电路包括控制电路、局部照明电路、信号电路、整流电路和保护电路。其中控制电路是由按钮、接触器和继电器的线圈及辅助触点、热继电器触点、保护电器触点、控制变压器等组成。

在绘制电气控制电路图时，根据便于阅读和电路分析的原则，主电路与辅助电路是分开绘制的。主电路用粗实线绘制在图样的左侧或上方，辅助电路用细实线绘制在图样的右侧或下方。无论主电路还是辅助电路，均按功能布置，尽可能按生产设备的动作顺序从上到下或从左到右排列。电气控制电路图可水平布置或垂直布置，电路图应结构简单、层次分明、容易看懂。

电气控制电路图中，不按照电气元件的实际布置位置来绘制，也不反映电气元件的实际大小。同一电器可以不画在一个位置。如接触器的不同部件（如线圈、主触点、辅助常开触点、辅助常闭触点）可以分散地画在图样的不同位置。所有电气元件的开关和触点的状态均以线圈未通电时的状态、手柄置于零位、行程开关、按钮等的触点在不受外力的状态，生产机械为开始位置。同一电器安装在不同位置的各导电部分，要在电器符号的不同部件处标注统一的文字符号或标号注明，电气的符号、文字和接线编号在电气控制电路图中应一致。为了方便查找和识别，正规的图样在接触器、继电器线圈单元的线路下方或旁边还会标出该接触器，继电器各触点的分布位置所在的区域号码。

二、电气图的种类和用途

电气图是按电路的工作原理，用图形符号并按工作顺序排列，详细表示电路、设备或成套装置的全部组成和连接关系，而不考虑其实际位置和大小的一种简图。电气图包括：电气系统图和框图、电气原理图、电气位置图、电气安装接线图、功能图等。

（1）电气系统图和框图：是用电气符号或带注释的围框概略表示系统或分系统的基本组成、相互关系及其主要特征的一种简图。

（2）电气原理图：电气原理图一般由主电路、控制电路、保护电路、信号电路等几部分组成。电气原理图是用来表明电气设备的工作原理及各电气元件的作用，表达所有电气元件的导电部件和接线端子之间的相互关系的一种表示方式。

（3）电气位置图：电气位置图也叫布置图，它在图样上详细地标出了电气设备、电气元件按一定原则组合的安装位置，主要用来表明各种电气元件在机械设备上和电气控制柜中的实际安装位置，电气元器件布置的依据是各部件的原理图，同一组件中的电气元件的布置应按国家标准执行，电气元件布置图为机械电气控制设备的制造、安装、维修提供了必要的资料。

（4）电气安装接线图：电气安装接线图是用规定的图形符号，根据电气原理图，以电气布置合理、导线连接经济的原则，按各电气元件实际安装位置绘制的实际接线图。图中同一电器的各导电部分是画在一起的，常用虚线将电气框起来，尽可能地反映实际安装的状态，它清楚地表明了各电气元件的相对位置和它们之间的电气连接的详细信息。

还有一些其他的图，因对于电气维修的电工来说用得较少，故这里就不多讲了。

三、学看电气控制电路图

电工新手在看电气线路图时，要首先熟悉和掌握常用的电气符号，如图形符号、文字符号等，要熟悉常用电器元件的动作原理、工作性能、电器结构等相关知识。

电工新手在开始学看电气线路图时，要按自己现在实际水平来选择看图的起点，不要好高骛远地将标准定得太高。要开始从较简单的电气线路图看起，然后随着看图水平的提高，再逐步地去看复杂的电气线路图。

开始看电气线路图时，要将每一个电气符号都看懂，如遇到没有见过的电气符号，一定要通过查资料的方法将电气符号搞清楚，不然将会影响后面的电路分析。要知道电气线路图上各电器元件的原理和作用，并要注意电器元件各部件的分布位置，便于此电器元件动作时，能清楚电器元件控制的范围。

1. 看电路从主电路开始入手

看电气线路图时，要注意有一个顺序，不要东看一下，西看一下，没有目标地到处乱找。首先要从电气线路图的主电路开始入手，就是从电源开始看。主电路是电气设备消耗电能的部分，电力拖动系统中，主要是三相异步电动机。

所以，要从主电路中了解有几台什么类型的电动机（例如，除了有三相异步电动机，是否还有其他类型的电动机或负载），电动机的用途是干什么的（如哪台电动机是主轴电动机、刀架快速移动电动机、液压电动机、冷却泵电动机等），通过了解要清楚地知道每台电动机的具体作用。

通过电动机的线路连接，要知道每台电动机的运行状态，如是单向运转、正反向运转，电动机是单速、还是双速的，是否有降压起动、能耗制动的电路。这些运行的状态，从主电路的结构和接线上就可以比较清楚地看出来。

主电路的电路排列是按电气设备的动作程序来排列的。所以，在看主电路的时候，要遵循从上到下、从左到右的原则，来对主电路的作用进行逐步地分析，清楚主电路动力的提供顺序。

通过对主电路的了解，其实就可以知道电气设备动力的基本情况。因为加工的过程是需要动力的，知道有几个动力源，说明就有几个加工的过程。电气控制系统的控制主要就是对加工过程的控制，通过对主电路的了解，对整个设备的情况也就有了一个大概的了解了。

2. 看辅助电路先从控制电路开始

从主电路只能了解设备的大概情况，从辅助电路就能了解电路的全部细节。辅助电路是对主电路进行控制的，所以，通过辅助电路的了解，就可以清楚地知道每一步的控制，并通过细致的电路分析，就可以知道全部的控制程序的步骤。

开始看辅助电路时，要先从控制电路开始看，其他的电路先不要去管它，因这部分对电路的控制没有多大的关系。在看控制电路时，要遵循从上到下、从左到右的原则，按步骤地一步一步地去看，有时还要与主电路进行对应，要弄清楚每个控制环节的作用，要注意它的每个细节，直到明确它控制的目的；要集中注意力进行观察和分析，千万不可一目十行，前面的还没有看清楚，就已经看到后面的了，电

第九章
电气控制电路图

工新手一定要注意这一点，要有一定的定力和耐心。

不管多么复杂的电气控制电路，它都是由典型电路和其他的简单电路组合而成的。所以，在看控制电路图时，要对复杂的电气控制电路用现有的电路知识进行电路的分解，将复杂的电气控制电路分解为多个单独的电路或区域，再对每个电路或区域进行分析，这样才能够较快地将电路的原理搞清楚。将各单独的电路或区域进行分析时，还要注意它们之间的相互联系、相互制约、相互配合的关系，要保证电路分析时的完整性。

在看电气控制电路时，要注意电路的动作原理，按照电气设备的动作程序来进行控制电路的分析。控制电路在图样上的排列与主电路的是一样的，都是按照设备加工的动作程序，在控制电路在图样上按照加工动作的程序顺序，按照从上到下、从左到右的原则，依次地在图样上画出的。所以，在看控制电路时，要充分地注意到这一点，这对我们了解电路的动作程序是有帮助的，从图样上了解了电路的动作程序，也便于在实际的操作中去对应和验证设备的实际动作程序是否相符。

对于控制电路中，有一些你不太懂的电路，可能会影响分析的思路，或者说会对你的电路分析造成一定的障碍。对于电工新手来说，这是经常会遇到的，这就要区别对待，一是在短时间内能够搞清楚的，就可以花点时间尽量地搞清楚。如果短时间内不可能办到，那就先放一下，但要通过线路的连接，搞清楚它都与什么相关电路有关系，会影响到哪些电路的环节，是否在电路分析时可以先不考虑它的作用或假设它的作用。

例如，有的电工新手对于电子方面的知识还没有来得及学习，但控制电路中又有整流电路和稳压电路，这在短时间可能解决不了。这时，你可以看它在电路中都与什么电路有关系，如能耗制动电路、电磁盘电路、直流线圈电路等。一般直流电路只对特定的电路有联系，所以，你只要搞清楚与哪些部位有关系，是起什么作用的，就很容易地可以将电路进行区分对待了。例如，我们常用的能耗制动电路，如果整流电路出现了问题，只会影响它本身的电路，不会对控制电路造成影响。所以，暂时不懂这部分电路的原理，不会影响到电路的分析，因控制电路的接触器部分应该是能正常工作的，只是电动机没有制动的效果而已。

最后说一下，对于电工新手看控制电路来说，最主要的还是要先看懂电路的动作程序，这是看图的一个关键。有的电工新手看了半天图，还不知道要看懂什么。所以，电工新手看控制电路，就是要搞清楚电气设备的动作程序，也就是设备的加工程序，具体就是有哪些加工程序、加工程序的顺序，这就是看控制电路图的主要目的。

3. 对辅助电路其他电路的了解

辅助电路中，最重要的就是控制电路，但我们也要对其他的电路进行了解，它们也是辅助电路的一部分，如保护电路、信号电路、整流电路等，这部分电路相对

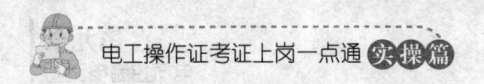

要简单一些，也是比较独立的一部分。对这部分电路的分析，只是对它们的作用进行了解，如保护电路中的热继电器、热继电器的一些部件在各电路的分布位置、各部分在电路中所起的作用、怎么样进行电路中的保护等。

信号电路对电气控制的那些程序，用什么方式进行灯光或声音提示，这部分的电路是相当简单的，稍微查看一下就知道电路的结构了。如电动机的起动显示，一般就是将指示装置串联在接触器的辅助常开触点上。如是电动机的停机显示，一般就是将指示装置串联在接触器的辅助常闭触点上。所以，信号电路的原理比较简单，只是连接指示装置的线路可能会长一点，因要从电气控制箱内连接到指示装置的位置。需要注意的是，指示装置的电压有时会比较低，有的只有 6.3V。这在使用和维修时要加以注意，不要与其他的不同电压等级的线路混淆了。

对于整流电路来说，电工新手要有一定的电子方面的知识，整流电路一般都是独立的电路，不会与其他的电路有太大的关系，对电路图的了解上，不会有太大的影响。

电气设备的照明电路一般都是使用的 24V 或 36V 的安全电压，对电气设备的局部进行照明。安全电压的提供是采用控制变压器来供给的，控制变压器的功率一般情况下不会超过 200VA。

4. 先看电气控制电路图，后看其他类型的图

看电路图也是有顺序的，对于电工新手来说，一般是先看电气控制电路图，再去看电器安装接线图，然后是看电器位置图。这 3 个图对电工比较重要一点，特别是前面的两个图，它们各有各的作用和用途。对于电工新手来说，如电气控制电路图的作用和用途主要是了解电路的工作原理、电路的加工工作程序、所用电器元件和种类与数量、电路图中的各组成部分等。

电器安装接线图的作用和用途，主要是了解电路线路的连接位置，电器安装接线图上，与电器的端子、接线排、外接端子等都应该有具体化的编号端子牌，根据电器安装接线图上的编号端子牌与电气设备上的编号端子牌，二者相对应后，就很容易地找到我们要找的相应位置。所以说，只有电气控制电路图，而没有电器安装接线图的话，我们要找电路中的某个点的话，就只有顺着线路去一步步地去查找。如果有了电气控制电路图和电器安装接线图的话，这两种图相互配合使用，就能够快速而准确地找到我们要找的任何一个地方。所以说，电工第一需要的是电气控制电路图，第二需要的是电气安装接线图，有了这两个图，基本上就可以解决电路图中的大部分的问题了。其他的图有那更好，如果没有的话，对电工的看图和维修来说影响都不大了。

电气系统图和框图、电器位置图、功能图等，从电工的实用角度来说，有当然就更好，对设备的了解可以节省一定的时间，没有关系也不大。从我们实际工作的情况来说，电气设备能够给出电气控制电路图，那就已经很不错了，很多时候电气

设备是连一个图都没有,这在日常维修工作中是很正常的事。

真正能够有较全图样的电气设备是很少见的,一般只有相当正规的新设备才能见到。

四、学会电气控制电路的分析

对于电工的新手来说,一讲起电路的分析,好像是很难和复杂的事情。其实,学习电路的简单分析,并不是一个很困难的事,并且要从简单的电路开始分析,然后才能够逐步地来分析复杂电路。在电气线路接线以前,就要开始学习电路的简单分析,不然连所接的电路是什么原理,你都会搞不清楚,这样对电路的连接都会有一定的影响。

在对电气控制电路进行分析前,一定要改变一个观念,有很多人对于直接控制都已经习惯了,开关一合灯就亮了,刀开关一推上去,电动机就开始转动了。这前面用的控制方式,都是采用的直接来控制主电路的方式,而我们现在普遍采用的都是间接控制方式。如电动机单向控制电路,你现在并不是用按钮去直接控制电动机,而是通过按钮去控制接触器,接触器再去控制电动机,这就是我们所说的间接控制。所以,你要逐步地适应这种控制方式,今后我们的电气控制,都是向这个方向发展的。按钮、接触器、熔断器、热继电器等电器,前面都已经讲了它们的结构与作用,这里就不重复了。

电工新手刚开始学习时,这是一个容易犯错误的地方,也是开始时不容易理解的地方,这个难理解和错误的来源还是出在直接控制的习惯上。如用刀开关来控制电动机,刀开关合上了,就是刀闸闭合电动机转动了,这他也记住了。所以,在继电-接触器控制电路中,你告诉他按下起动按钮 SB2 后,这时你告诉他控制电路形成了回路,接触器的线圈通电了,他也记住线圈通电了,但他这时还不会去联系。这时,你再告诉他接触器的线圈得电后,它的主触点闭合后,电动机就会得电转动了,他又能记住这一步。但接触器的辅助常开触点也闭合了,你就要又提醒他才行。并且你要反复地讲,为什么接触器的辅助常开触点要并接在按钮 SB2 的两端,就是"自锁"的含义,也就是我们常说的自保的作用,这在电工新手刚开始学习时要一步步地理解才行,这也是很多人容易忽略的地方。

电工新手刚开始的时候,对这种控制方式的不适应和不理解,也是很正常的。在这里讲学会简单的电路分析的目的,也是教电工新手一步步地来进行理解和掌握,逐步地了解接触器的动作过程。例如,接触器的线圈得电的瞬间,接触器内的衔铁闭合,带动接触器全部的主触点与辅助触点进行转换,即常开触点由断开变为闭合,常闭触点由闭合变为断开。虽说在电路图中,接触器的线圈、主触点、辅助常开触点、辅助常闭触点是画在图中各处的,但如果接触器的线圈得电后,接触器全部的主触点与辅助触点是在一起动作的。所以,对于电工新手来说,对这个变化要逐步地进行理解,很多电工新手就是这个地方没有将原理搞清楚,就影响到了电路的分

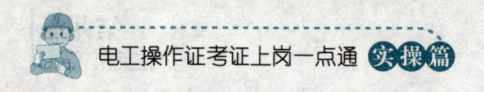

析了。

　　希望电工新手在学习电气控制电路时，不要采取死记硬背的方式来学习，而要采用灵活和实用的学习方法，并从简单的电气控制电路开始，逐步地学会电气控制电路的分析，电路分析时不要烦躁而要有耐心，不要有急于求成的心理，一次分析不成，可分几次来完成，刚开始时大家都一样，这个过程是谁也避开不了的，只要有耐心、恒心和坚持下去，就一定会有收获的。

第十章

电气控制电路的实训及操作

电气控制电路的实训，是培养电工新手操作技能的一个重要学习环节。通过实训可将学习的电工基本理论知识与实践相结合，极大地提高电工新手的动手能力，增强电工新手的实践能力，是培养电工新手运用基本知识、训练基本技能、培养社会适应能力的重要手段之一。

第一节 电气控制是电工学习的关键

为什么电气控制是电工学习的关键？因为我们人类生活的这一辈子，其实就是在学习、掌握和完善各式各样的控制，如控制家庭的支出、控制自行车的行走、控制设备的加工过程、控制汽车的行驶、控制自己的行为、控制人口的增长、控制工厂企业的生产、控制国家的发展等，从我们的人类到地球上的大小事物，我们所想做的其实就是怎样来进行控制，从小的控制到大的控制，控制已应用于生命机体、人类社会和管理系统之中。

控制就是根据自己的条件和目标，确定所要达到的目的，通过一定的手段和施加影响，使事物沿着某一确定方向发展的行为和过程，控制是当今世界科学发展主要的标志性技术。控制的应用从自古就有之，我们要运用控制的基本思想和方法，来解决现实的生产和生活中遇到的相关问题，提升和发展我们的逻辑思维品质。在社会高速发展的今天，控制在社会生产和生活的各个领域都有极其广泛的应用，从社会到每一个人，从生产到生活，方方面面都离不开控制。

以电气控制的发展为例，电气设备的控制经历了手动控制→机械控制→半自动化控制→全自动化控制。为了保证控制的误差和精度，控制的环节经历了开环式电路控制→单闭环式电路控制→多闭环式电路控制。

电气控制从机械式控制向电子式控制发展，电子电路器件的结构经历了分立元件的电路控制→小规模集成电路控制→大规模集成电路控制→超大规模集成电路控制。从有触点的机械控制模式到无触点的电子控制模式，从硬件的控制发展到软件

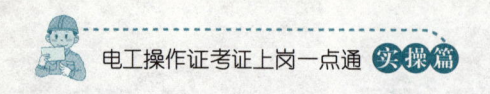

的控制。

电信号的控制经历了人工单一开关元器件控制→多触点的继电器-接触器控制→模拟化控制→数模化控制→数字化控制→程序化控制→智能化控制，并向着多元化控制发展。随着社会的进步和科学技术的发展，目前智能控制已开始了广泛应用，从而使自动控制和智能化控制达到了更高级的阶段。

可能有部分的电工新手对上面的控制内容感到比较陌生，这里就用工厂企业内常见的烘烤箱温度控制方法来进行解释。最简单的温度控制就是手动控制，用有触点的单一开关元器件的机械控制模式，如用刀开关、空气开关等电器来进行人工控制，合上开关烘烤箱的温度上升，温度上升达到了要求的温度，就拉下开关切断电源；过了一定的时间因散热等因素，温度下降达不到要求的温度时，就又合上开关温度再度升高，周而复始地进行。温度的高低通过温度表和人工的方法来控制，温度的上下波动也较大，温度受人为因素影响较大，是控制简单但不理想的控制方式。

为了使温度的波动小一点，也是减少操作人员的劳动强度，就安装了简易的温度控制，用常规温度传感器与继电器、接触器来进行温度控制，用触点来控制加热装置，温度低了接通加热装置，温度高了断开加热装置，这种控制的方式比人工控制先进，温度控制的精度也有所提高。但因是采用有触点的控制装置，也受到温度传感器热惯性的影响，此温度控制的精度还是有一定的波动的。

为了提高温度控制的精度，采用模拟或数字化控制的电子温度传感器，电子温度传感器将温度的变化量变换为电压或电流的变化量，信号的采集可达到几秒一次或一秒几次，提供给电子温度控制器。电压或电流的变化达到预先设定的数值，便发出开启或关闭的指令来控制加热装置的升温或降温。电子式温度控制器与机械式温度控制相比，控制的精度大大提高了。

如果温度的控制还要更精确，可以将上述的开环式的温度控制电路改为单闭环式控制电路或多闭环式控制电路，增加电路的反馈闭合回路，根据反馈回路提供的实时信号纠正偏差和抵消干扰，使温度的控制精确性有较大的提高。

当然，如果采用数字化、程序化、智能化的控制，采用集成电路、程序软件来代替分立元件的电路控制，电子温度传感器采用多点分布及控制，就会使温度的控制更加精确。

所以说，控制技术在社会生产和生活中的各个领域的广泛应用，使人们从繁重的体力劳动和重复的手工操作中解放出来，减轻了人们的劳动强度，解放了劳动生产力，提高了生产效率和产品质量，降低了生产成本。

在工厂企业内最简单的三相异步电动机的电气控制电路可以用一个刀开关、空气开关等来直接来控制电动机的起动、运行和停止。但因其完全依靠人工来控制，无法进行多功能及自动化的控制，同时也无电气的自动保护，所以，这种依靠人工的控制，现在已经基本上不采用了。

第十章
电气控制电路的实训及操作

现在工厂企业内大部分的控制电路是由各种低压电器所组成的继电器-接触器控制电路。控制电路中需要利用各种类型的继电器、接触器和各类开关等电气元件，控制电路能够根据操作人员所发出的控制指令信号实现对电动机的自动控制、保护和监测等功能，在实际的加工工序中达到自动控制的要求，我们电工新手首先要学习的就是继电器-接触器控制电路。

随着电力电子技术、自动控制技术、计算机技术、编程控制技术的发展，电气控制技术已由继电器-接触器接线的常规控制转向以计算机为核心的软件控制。PLC、单片机、控制模块、变频器等都是典型的现代电气控制的装置。但由于继电器-接触器电气控制系统线路简单、价格低廉，多年来在各种各样生产机械的电气控制体统领域中仍得到较为广泛的应用。同时，因继电器-接触器的控制原理是电气控制的基础，PLC、单片机、控制模块等控制也是根据其原理来编制程序的，所以，学习和掌握继电器-接触器的控制原理，是今后学习各类电气控制理论的基础，这将对今后的学习大有益处，也是电工新手的必修课。

第二节 选择正确接线方法的重要性

实训时选择正确接线方法，其实就是我们所说的电气控制电路的连接方法，或者说是机床电气线路的连接方法，因这类电气线路中的电源线路部分较简单，而控制电路部分较复杂，所以，常称为电气控制电路的连接。

对电气电路接线方法的正确选择，特别是电气控制线路的连接方法，国家没有做强制性的规定，现在主线路的线路连接没有多大的差别，但是控制电路的线路连接方式，因各人的文化水平的不同、培训学校的不同、老师教学的不同、工作性质的不同、学习时间的不同等诸多因素，造成接线方式的多样化。虽说很多人都可以将电路接出来，但接每个电路的成功率、花费的时间、所用材料的多少、线路的美观是各不相同的。所以，这就体现出了接线方法的重要性。掌握一个完善、实用、严谨的接线方法，对今后的电气控制的连接、控制电路的维修、控制理论的提高是大有帮助的。

有一些电工初学者认为，条条道路通罗马，不管用什么样的接线方法，只要能将电路接出来，就算完成任务了。有相当多的电工初学者都有这种想法，这主要是他们刚进入到这个行业，还没有意识到接线方法的重要性。不可否认对于简单的电路，可能你不用什么方法，不管怎样接都可能接出来。但要想到的是，你不可能永远都只去接简单的电路，如果遇到了复杂的电路该怎么办？

还有一个问题电工的初学者并没有注意到，那就是我们在图样上看电路的时候，还是比较容易看清楚的，可以做到一目了然，先接哪里，后接哪里，感觉上还是比较清楚的。但是真正到实际接电路时，因电器是分散的，而且接线时是上下左右同时进行的，刚开始还能分清楚，认识还比较清晰，但是越接到后面，导线就越来越多，也越来越乱，很快就不容易分清楚了，就是头脑特别清楚的人也开始产生混乱了。加上有部分初学者连图样都没有完全理解就开始进行接线了，就更容易犯错误了。有的初学者接线时没有章法，东接一下，西接一下，很快就糊涂了。有很多的人接线到了一半以后，可以说就是在凭感觉在接线了，这样能保证线路连接成功吗？

我们接同样的一个电路，有的人接线会快一些，有的人就接得很慢；有的人在电路接线时，就能保证一次接线成功，而有的人反复地接了几遍电路，有时就能够成功，有时就失败了，有的人几次都失败了。

这说明我们不管做什么工作，做每一件事情，都要注意是有一定的方法、规则、要求和技巧的。很多技术上的事情，不是通过蛮干就能完成的，不是靠自己的满腔热情、多流点汗、多花点时间就能做到的，每一门技术的学习，都是要理论与实践相结合的，是要讲究学习的方式和方法的。不管什么样的工作和技术，都有它的特殊技巧，这就是细节方面的技能了。

所以，电工新手在学习电气线路的接线前，一定要选择和掌握一种适用于自己的接线方法。这就像一个人要攀登一座高山，在登山前要对这座山的情况有个大概了解，然后选择一条最佳的、最安全的、最省时的攀登线路。花最少的时间和最低代价来达到自己的目的。

在接线前，掌握正确的接线方法的重要性，就像我们在准备登山前，选择哪条路开始登山时一样。如果登山的道路选择错了，就可能造成登山的失败。如果我们登山的道路选择对了，可能就能达到事半功倍的效果。这与我们选择正确的接线方法是一个道理，很多人对于电气线路的连接，以为是拿了图样就去接线，没有顺序、前后、主次之分。不知道先接哪里后接哪里，没有一个章法，看到哪里就接到哪里，想到什么地方就接什么地方，完全是随心所欲。所以，如果你选择了一个落后的接线方法，不但达不到所预期的线路连接的目的，还可能会起到相反的作用，对今后的线路连接和电气维修造成相当大的障碍。

在接线以前，首先要了解现在所要接的电气线路图的原理和作用。接线前要对电路图的动作原理有个初步的了解，最起码也要知道，这个电路图的名称是什么。不能一拿着图样就开始接线，有时将这个图连接完了，连这个电路图是做什么用的都不知道。现在很多的电工新手，对这个问题没有引起重视。只知道早一点去接线，就能早一点完成线路的连接，根本就不知道接线的目的是什么，为什么要这样去接线。所以，在接线前如果不懂电路原理时，最好不要急于去接线，要多问一个为什么，特别是在有指导老师在场的情况下，更要做到这一点，要知道接线时从什么地方下手，为什么要从这里开始，这对你今后的发展是会大有好处的。

电工的初学者要记住，电工是脑力劳动加体力劳动的工作，而且是要先动脑子后动手的工种，也是养兵千日用兵一时的技术。你的技术越高，动脑子的比例就越高,如果你将电工的操作变为了纯体力的劳动,那你的电工之路可以说是很难走下去了,起码不可能走得很远很好。

第三节 电气控制电路的接线方法

什么是电气控制电路先进和正确的接线方法,我个人认为电工新手能够快速、正确、可靠地完成电气控制电路的接线方法,并能够与工厂企业实际的接线方法与维修同步的方法,就是电气控制电路先进和正确的接线方法。

现在电工培训的职业技能培训机构(培训学校或培训班等)在教学中,因各自的教学设备、师资水平、文化程度等情况各有不同,在电气控制电路实训的教学中,采用的接线方法有很多种,有的干脆就由电工的学习者自由发挥,所以,现在电气线路的接法主要可以分为以下几种:对号接线法、转圈接线法、先串后并接线法、两端渐进法、五步接线法等。现将所见到的几种常用的接线方法,以及常用的几种教学的方法综合地描述如下,接线方法的名称是笔者自创或自用的,不妥之处望各位前辈和同仁见谅和指正。对于"五步接线法"的介绍将放在下节单独介绍。

"对号接线法"主要特点是按照以记住电工练习的操作柜内电器上的编号、导线端子的颜色或部位来进行接线,主要适用于较大型的城市,因其考试时是采用统一或相同类型的电工操作柜。使用这种接线法的人员主要为:主要目的是为了应付考试的学员、喜欢机械地模仿其他人的接线方式的学员、采用死记硬背的方式接线等的学员。这种对号接线法,只要记住了这些内容,再多练习几遍,简单的电路图半小时就能完成。稍微复杂的图,配合自己画的接线图一个小时内就可完成,考试过关是没有问题的。但如果更换了电工练习的操作柜,或电工练习的操作柜内电器上的编号、导线端子的颜色或部位有变化时,或被别人搞混了,那他就没有办法完成接线了。

如果从对学员认真负责的态度来说,这种对号接线法,对学员的危害性是相当大的。既浪费了学员的宝贵时间,又会对学员今后的学习产生误导,进工厂企业后要经过相当长的时间才能改回到正确的接线方法上来,是有百害而无一利的。学员就是拿到了电工操作证,真正进入工厂企业后,不要说是工厂里较复杂的电路了,就是简单的电路图也是无法完成的,可以说是只有从头再学起。

"转圈接线法"主要特点是以电气原理图中的闭合分支网络按从上到下或从左到右的顺序进行线路的连接。就是从电路闭合分支网络的某一点开始连接,沿着闭合分支网络转圈地连接线路,最终又回到开始接线的原点。如果转圈时遇到分支线时,都是按照自己各自的记忆或方法进行连接的,就是要回过头来再进行连接,或中断原来的转圈接线,先将此部分连接完。

这种转圈的接线方法还是有很多缺陷的,主要是我们所用的电路图不是很规则的圆形或方形，大部分都是不规则的图形，这就要想办法来解决线路连接的先后问题，大部分的人是靠记忆、习惯、注释等来完成的，这在电路较简单的时候问题还不大，但电路较复杂时就难免会出错了。这也是很多初学者第一次接线成功了，第二次接线就出问题的原因。并且经常出现重复接线和漏线的情况，严重的还会发生短路故障。

"先串后并接线法"。主要特点，它最大的区别在于，它是以从线路的一端到另外一端，先以串联连接优先，串联连接完成后再回过头来连接并联的线路。它是按照电气原理图样从上到下或从左到右的线路顺序依次连接完成的。先将串联的线路连接完，就是视图样画法，从上到下或从左到右地将某一条串联的线路连接完。这条线路中如有并联的线路时先不去管它，待串联的线路连接完后再回过头来，不管有多少并联线路，再将并联的线路一次接完。然后，再按照从上到下或从左到右的顺序，依次地将各条线路按此方式一步步地连接完。

这种先串后并的接线方法，在接线中有些具体的细节因人而异，有细微的不同之处，但总的原则是按线条的顺序为主没有改变，这种接线的方法对于有的图比较适合，比较好接，但对于有异形的图就不是很适合了，特别是在再回过头来连接并联的线路时，很容易出现线路并错位置的错误，线路连接中最容易出问题的地方也就是这里。

"两端渐进法"主要特点是将控制电路图分成了两部分，分开的断开点选择在图样上线路的常开触点的部分，就是电路存在电源电压的常开触点的两个端子处，按照电气原理图样从上到下或从左到右的顺序，分别从两边开始进行线路的连接。大部分人是从上端或左端开始连接，并依次逐步地连接完成常开触点的上端子或左端子的线路部分，然后再连接常开触点的下端子或右端子的线路部分。

两端渐进法的连接方法是要采用自己一定的记忆方法，主要是要记住连接线头多的地方，也就是有较多并联点的地方。此连接方法一般只适用于较简单的控制线路，是不能进行复杂电路的连接的，不然错误率会很高。两端渐进法最大的优点就是线路连接完成后，出故障时最多是不能正常运行，但极少出现短路的故障现象。

现在，对号接线法和转圈接线法这两种接法，从使用的人数来说，特别是对刚接触电工知识或初学的新人来说，所占的比例达到半数以上。这和我们的日常生活中养成的自然习惯有很大的关系，我们一般做事情都养成了从上面开始做到下面结束、从左面开始做到右面结束、从右面开始做到左面结束等习惯，饭要一口口地吃，路要一步步地走，接线要一个元件一个元件地接，这个思维方式本身并没有错。所以很多初学电工的人，就是按这种思维来考虑接线问题的。

上述的几种接线法，针对不同的电路形式，有的接线法比较好接，有的接线法就不太适应，要依靠各人的不同记忆、不同方法去处理。在培训的过程中，对这方面的问题，笔者对众多的电工初学接线者做过调查，但每个人的回答都不相同，说明他们自己在处理时,也没有很好的办法。

这也就说明上述的几种接线法都存在一定的缺陷,在接线的过程中,很容易引起接线上的错误,造成接线时的混乱。在接线的过程中,开始时都不容易出现错误,但随着线路的增多,特别是在接线过程的后期,很多人都不知道自己已经接到哪里了,哪些线是接过了的,还有哪些线没有接,以致线路中出现漏线和重复接线的现象,从而造成了线路接线的失败,线路接完通电时短路故障经常出现。

综上所述,以上的接线方法最重要的问题并不是出在线路连接的成功率有多少,线路连接所花费的时间有多少,线路连接后是否美观,线路连接的成本等问题。最重要的是他们都没有按照实际电路的应用进行线路的连接,或者换一句话来说,就是他们没有按照实际的现场使用和维修的接线状态来进行线路的连接。他们花了大量时间和精力,学习到的这些接线的方法和经验,对他们今后到了工厂企业或工作岗位上,不但起不到任何帮助的作用,而且还会存在巨大的障碍。他们要先废弃和改变掉原来花了大量时间和精力培养的接线习惯,再按照工厂企业多年来已有的接线方法来进行线路的连接,并以此接线方法来培养自己的维修方法。

我这样说有的人可能还不相信,没关系,几年以后你对电气控制电路熟悉了,能够熟练地维修电气设备以后,到时你再回过头来想一下,是否浪费了几年的时间和精力,来改变你原来不正确的接线方法和习惯。记住!只能是工厂企业的现实来改变你,而你是不可能改变多少年来工厂企业内形成的接线方法和习惯的,维修的方法也是同样的道理。

第四节 五步接线法

这种接线的方法,是笔者在很多前辈的帮助和指导下,浓缩了众多电工前辈线路连接的规律、经验和精华,通过自己多年在维修现场工作中的经验积累,通过各种接线方法优劣的比较,并在多年的职业技能培训教学中,对大量初学电工学员的了解和探讨,摸索出的一套较完善的接线方法,以供大家来参考。具体的电路接线规则可用下面的5句话进行概括。

先主电路后辅助电路;
从上到下、从左到右;
以能耗元件为分界点;
接线中遇点优先连接;
各单元电路依次接完。

1. 先主电路后辅助电路

这与工厂电路的线路连接是一样的,要做到培训时的学习与工厂的实际同步。笔者在职业培训的过程中,发现很多的学员,接线是没有顺序的,包括很多的教师也没有进行具体的指导,造成学员在接线时的混乱,使得很多的学员误认为,只要将电路

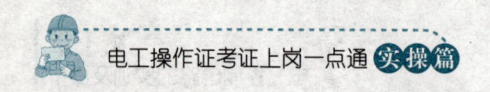

的线路接完了，按下按钮后，只要能够按电路图的要求动作，就算接线任务完成了。

从表面上来看，线路能够按电路图的要求来动作，电路应该就是完成了。但这样的学员到了工厂的实际工作中就会出问题了。因为在工厂线路接线中，因主电路的电流较大，所用的导线截面也较大，导线的发热量也是最大的。所以，在线路的安装布线时，是最先进行安装的，并且不允许其他的线与主线路进行交叉。

如果没有一个接线顺序，在线路的安装布线时，若辅助电路先接，到接主电路时，辅助电路必然会与主线路发生冲突，到那时再进行改线，就不是那么容易了。如果采用主、辅电路进行交叉接线，那就会更加混乱了，所以，在开始学习接线之初，我们就要指导学员要有一个正确的接线方法，不能造成学员在接线认识上的混乱。

在实际线路连接的过程中，很多学员在开始学习线路连接之初，就没有养成一个良好的接线习惯，等到了工厂的实际工作中，才发现这些不良的工作习惯，就会影响到今后学习和发展，这时再逐步地改变原来的错误接线方法和习惯，就要浪费大量的时间和精力，因改变已经养成的习惯是不容易的。

2. 从上到下、从左到右

这就是说在接线的过程中，要有一个接线的顺序，要固定一个方向。在接线的过程中，要知道自己现在是接哪一根线，下一步又要接哪一根线，按照图样和接线的要求，一步步地接下去，这样在接线的过程中才不会产生混乱。在接每一根线时，都知道自己接到了什么位置，完成了多少接线。要在接线的过程中保持一个清醒的头脑和思路，明明白白地按顺序完成接线的工作。

另外要注意的是，"从上到下"是以单元电路来讲的，如主电路接线时，接线要从上到下进行，辅助电路单元也是从上到下来接线的。"从左到右"也是以单元电路来讲的，这里就不重复了。

另外，现在图样上的控制电路，有横画和竖画两种方式。如果是竖画的控制电路就是用"从上到下"，如果是横画的控制电路就是用"从左到右"了，在使用中对于"从上到下、从左到右"的原则，要针对电路的不同的画法来灵活地运用。

3. 以能耗元件为分界点

这主要是针对辅助电路而言的，也就是主要是针对各种电器的线圈，如接触器的线圈、继电器的线圈、时间继电器的线圈等。

为什么要"以能耗元件为分界点"呢？这主要是考虑到要避免线路的短路，我们在接线的过程中，发现很多的学员在接线中，频繁地发生线路短路的现象。经对电路的检查和对学员的调查，发现学员在接线的过程中，对各种电器线圈两端的接线是同时进行连接的，在接线的过程中是没有区别的，经常两根线混合连接，稍不注意就造成了短路。很多人在接线时，对于电源的两相是没区别的，接完线后也不检查，打开电源就短路，自己查半天都找不到地方。

为了避免短路现象的发生，就规定了"以能耗元件为分界点"，能耗元件两边的线分开接，也就是线圈两边的线分开接，都是以线圈为界，这样就不可能发生短路事故了。

4. 接线中遇点优先连接

先要清楚什么是点，3根以上导线的连接点才叫点，或者说是3个元件连在一起的端子就叫点。因电气线路不是一个正方形或圆形，是很不规则的，即有并联又有串联的关系，串联还好办一点，一根根地连过去，但并联就要另外加上去了，稍不注意就很容易并错线，这在实际的接线实践中已经得到了印证。所以，就要在这个点上加以注意并得到解决，电气线路的连接错误基本上就是错在这个点上。

在讲这个点以前，还有一点要注意的是，在接线的过程中，一定要注意前面接完的线就是接完了，绝对不允许在接完的线上再加线。有的学员在接线的后期，有的线不知道接到什么地方了，就凭感觉接在原来已经接完了的线上，这就是加线。原来接过的线都是完成了的线，如果再加一根线，就肯定是错的了。所以，在线路连接的过程中，往接完的线上进行再加线是绝对要禁止的。

线路中接头的点数是固定的（各电气元件上接线端子的数量），那就是一个按钮、线圈、触头都是两个头，接头数是不可能多也不可能少的，接头的点数不接错，线路也就绝对不会错。所以，很多的学员对于要求接完一个点后，要去数每一个点上接头的点数不理解，有的人根本就不去数。这里笔者要告诫一下，如果你连数接头的点数这么简单的工作都不去做，那你就准备去长时间地盲目地去查线吧。为什么有的人接完线后，线路出了问题，查了一两个小时都没有检查出问题来，就是这个原因。所以，要学会数一二三四，虽说在简单的电路上其作用不是很明显，但对于复杂的电路来说，查线就相当困难了，这时就会体现出"五步接线法"的优势来了。

5. 各单元电路依次接完

电气原理图中主要分为两大部分，即主电路和辅助电路，辅助电路又分为控制电路、信号电路、电子电路和照明电路等，因信号电路、电子电路和照明电路等较为简单，在数量上和作用上没有控制电路突出，很多人就将辅助电路统称为控制电路了。这句话的意思是在线路连接时，要先将起主要作用的控制电路接完，然后再将其他的如信号电路、电子电路和照明电路等依次地连接完，这样就不容易出现线路连接的错误，切记不可一个电路还没有连接完，就去连接另外的电路。例如，我们线路连接时的顺序为：先连接主电路，再连接控制电路，最后再依次地连接信号电路、电子电路和照明电路等。

通过"五步接线法"接线真正做到了让学员在接线的过程中，在接线的每一步都心中有数，不会出现乱线、漏线、短路、重复接线等的问题，更不会出现在接线的过程中，不知道线路接到什么地方了，接线的后期线接不下去了的现象。通过长期进行线路的连接，就会养成一个线路连接的习惯，这个习惯就是正确的线路连接的方法。

这种接线的方法还有一个最大的优点，就是在接线的过程中就已经对线路进行了校对和检查，电路接线完成，就是电路检查也完成了。接线中的倒查功能，就是说在接线的过程中，能通过每一步的接线，检查并发现上一步的接线是否正确，这说明没有必要在接完线后，再进行线路的检查了，可节省大量的检查时间。

也就是说，若在前面一步接线时，将图样看错了或接线接错了，如错将常开触点接成了常闭触点，在下一步接线中，就无法再进行接线了，因为找不到另外一个已经接过线的常开触点端子了，这时你的头脑就要反映过来，前面一步的接线肯定是出现错误了。反过来也一样，如果这个常开触点在图样上是没有接线的，但你接线时发现，这个常开触点的一个端子已经接了一根线了，那就肯定不是你要接的常开触点，是前面的线路接错了。这时你只有将前面接错的线改过来，才有可能接后面的线。因为人一般不会同时两次将图样看错或将线接错的，有的人可能会问，如果第二次又看错了怎么办？那就没有办法了，说明你还没有掌握接线的方法，还要加强练习。

从现在开始就要尽量使用与工厂企业电气设备内线路相同的接线方式，这样到工厂企业后，才能够较快地掌握和熟悉电气设备的线路，在较短的时间内步入维修的正轨。如果你的接线方式与现在工厂企业电气设备内的线路是完全不相同的模式，那就不可能进行与实际电路的磨合，也就不可能在短时间内进行电气设备电气线路的检查，就更不要说是电气设备的维修工作了。

第五节　常用典型电路图的实训及操作

我们所说的典型的控制电路，也就是基本控制电路，有的资料上称为基本控制环节，从原理上来说其实是一样的。因为任何一个复杂的控制电路，通过仔细观察和分析后，就会发现它们其实是由一些最基本的控制电路组合而成的。下面我们就称这种电路为基本电路。

什么是基本电路，就是要达到某一个控制的要求，它所采用的电气元件已经是最少化了，不能再进行简化的电路。例如，我们常用的点动电路、单向连续运转电路、单向连续运转与点动电路、多地控制电路、正反转电路、自动往返电路、顺序控制电路、丫-△降压起动电路等，它们都有唯一性或相似性的特点。所以，对于电工新手来说，首先就要掌握学习这类的基本电路，只有这样才能够去分析复杂的电路。

为了使电工新手掌握正确的接线习惯，下面电气控制线路均采用"五步接线法"连接，希望电工新手在用"五步接线法"进行线路连接时，能够理解及掌握电气控制线路的连接方法，为今后的线路连接及电气维修打下良好的基础。

另外对于要连接的电气元件，要熟悉其符号、结构、外形、用途等，如图10-1所示。

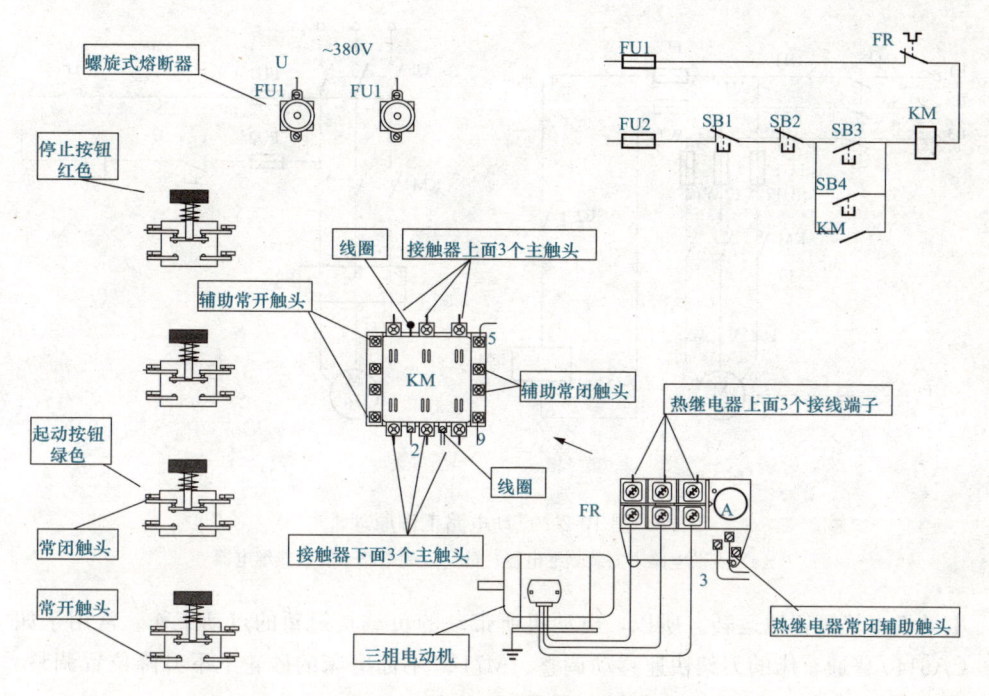

图 10-1　电气元件符号与结构

一、点动电路

点动电路是电路中最简单的电路，顾名思义它的作用就是点动，就是用手点一下，电气设备就动一下。但有的点动电路是在单向运转电动机的自锁电路上，用点动按钮的常闭触点切断单向运转的自锁电路，用点动按钮的常开触点来接通接触器的电路，完成电动机的点动运转。

1. 点动电路工作原理

点动电路是最简单的基本控制电路，点动电路如用按钮单独点动来控制，因电动机工作的时间很短，是不需要安装热继电器进行过载保护的。但有的点动电路的按钮有自锁功能，或使用有自锁功能转动式的按钮，电路是可以点动又可以连接运转的，电动机就要安装热继电器进行过载保护，如图 10-2 所示。

点动电路的工作原理：合上开关 QF 后，因接触器的线圈电路未形成回路，线圈未通电吸合，接触器未动作，电动机未通电运转。当按下按钮 SB 时其常开触点闭合，接触器的线圈通电后，铁心产生电磁力，接触器吸合带动触点动作，电动机通电开始运转。当手松开按钮复位时其常开触点断开，接触器在反作用力弹簧的作用下触点断开，电动机停止运转。

2. 点动电路的用途

因点动电路的工作时间很短，按钮常开触点短暂地接通，接触器短暂地闭合，

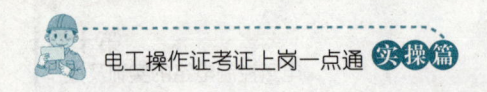

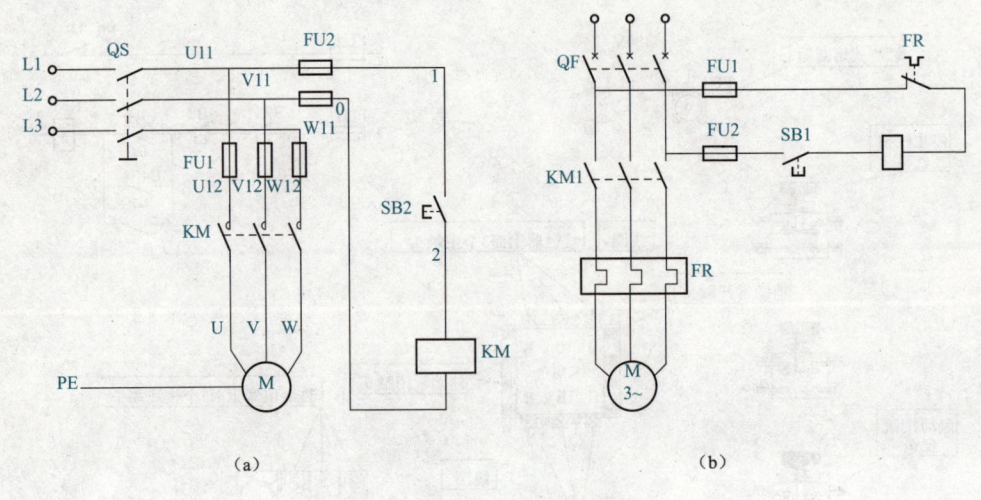

图 10-2　点动电路工作原理
(a) 点动电路未安装热继电器；(b) 点动电路未安装热继电器

电动机也就短暂地运转。所以，电动机所带动的负载是短暂的点动工作。常用于如 CA6140 普通车床的刀架快速移动调整、M7120 平面磨床的砂轮上下升降位置调整、Z3040 摇臂钻床的摇臂上下升降位置调整等。

3. 点动电路线路连接前元器件的检查

电工新手在进行点动电路的连接前，首先要对需要使用的电器进行检查，今后的电路全部要有此检查程序，此检查程序对于电路连接的成功与否是至关重要的。就是你的电工水平再高，如果使用的元器件有问题，电路还是不可能正常工作的。

点动电路需要检查的电器有：三相异步电动机、接触器、按钮、熔断器、断路器及接线端子等。

三相异步电动机是用万能表测量三相绕组的数据，绕组的电阻值根据电动机的功率大小从几欧姆到从几百欧姆不等，但重要的是三相绕组的数据是否大致相等。

接触器主要是检查主常开触点用手压合时三相是否接触良好，辅助触点在点动电路因不使用，为节省时间可不进行检查；接触器的线圈电阻一般为几百欧姆到一千多欧姆不等，额定电流大且大体积的接触器线圈电阻会小一些。

热继电器的 2 或 3 个热元件，用万能表测量应处于导通状态，热元件一般情况下很难出问题。热继电器的辅助常闭触点，用万能表测量应处于导通状态，热继电器的辅助常开触点使用得极少可不检查。

在点动电路中按钮只检查其常开触点，常闭触点因未使用一般可不检查。熔断器主要是检查其熔芯是否断开，熔芯与熔断器体是否接触良好。断路器重点是检查其是否能正常提供电源，在确认无电的情况下可测量其开关通断是否正常。

4. 点动电路的线路连接步骤

点动电路在线路连接时，不能因为电路简单就不按照正规的接法进行线路的连接，下面的电气线路的连接全部是按照"五步接线法"的要求进行接线的，接线的方法和电器检查前面已经讲过的，后面就不进行提示和重复了。

先主电路后辅助电路，无热继电器的点动电路的实物摆放如图 10-3（a）所示，点动电路的主电路按照从上到下和从左到右的原则先进行连接，实物连接如图 10-3（b）所示。

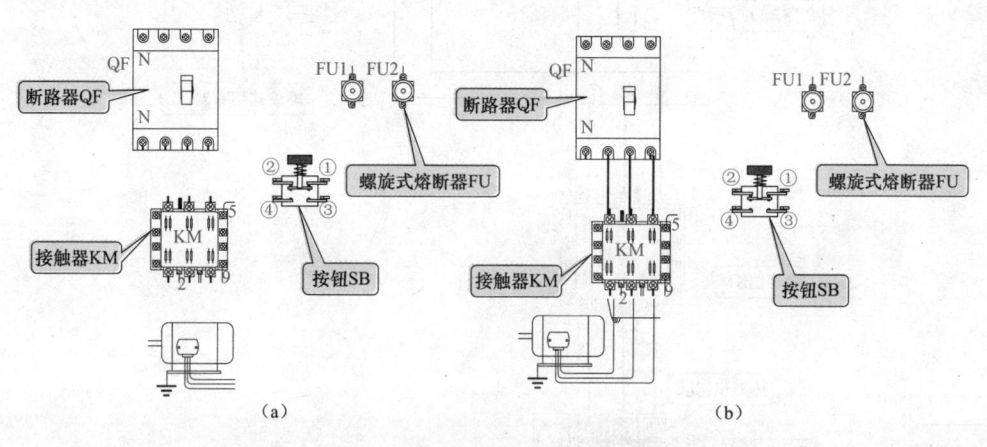

图 10-3　无热继电器的点动电路及其接线
（a）点动电路未接线时；（b）点动电路无热继电器的接线

图 10-4 为安装了热继电器的主电路实物连接图。

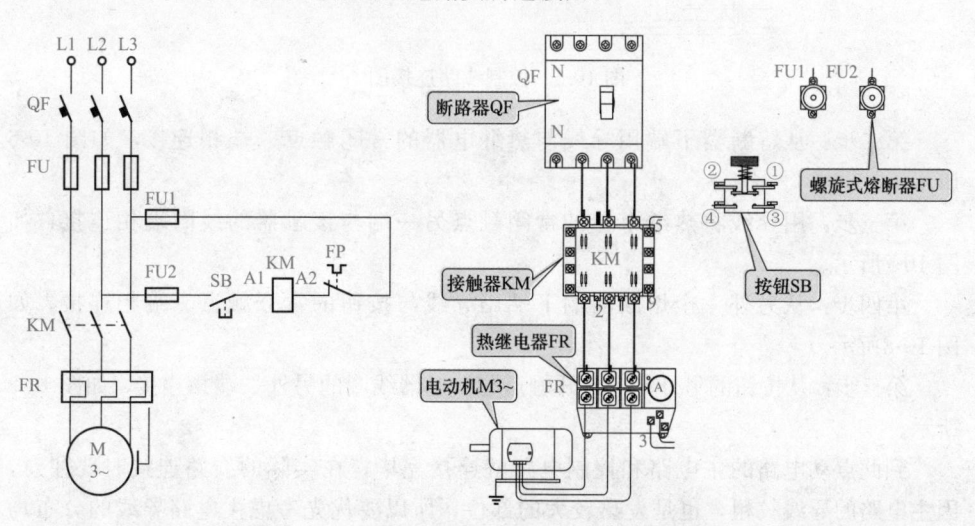

图 10-4　安装了热继电器的主电路实物连接图

按照电路原理图"从上到下、从左到右、以能耗元件为分界点"进行控制线路的连接，要注意电路原理图与实物图是同步的，原理图上的粗线为要连接的导线位置。具体接线的步骤如下：

第一步：从主电路将控制电路的两个熔断器的上端接上电源，如图10-5所示。

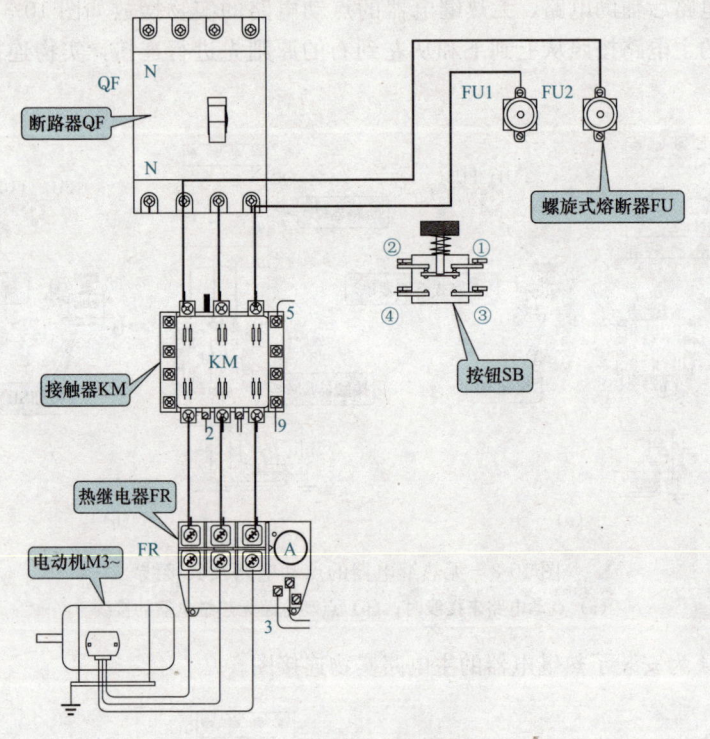

图 10-5　控制线路连接图一

第二步：从熔断器下端用导线与热继电器的常闭触点一端相连接，如图10-6所示。

第三步：用导线将热继电器的常闭触点另一端与接触器的线圈端相连接，如图10-7所示。

第四步：从另外一个熔断器的下端用导线与按钮的常开触点一端相连接，如图10-8所示。

第五步：从按钮的另外一个常开触点与接触器线圈的另外一端相连接，如图10-9所示。

到此点动电路的主电路和控制电路就连接完毕，在实际的线路连接时要注意，因主电路的导线较粗，也是发热较大的部位，所以要优先考虑主电路导线的分布均匀和散热，主电路的导线要不与控制电路等的导线相交叉或重叠。用导线连接电器

第十章
电气控制电路的实训及操作

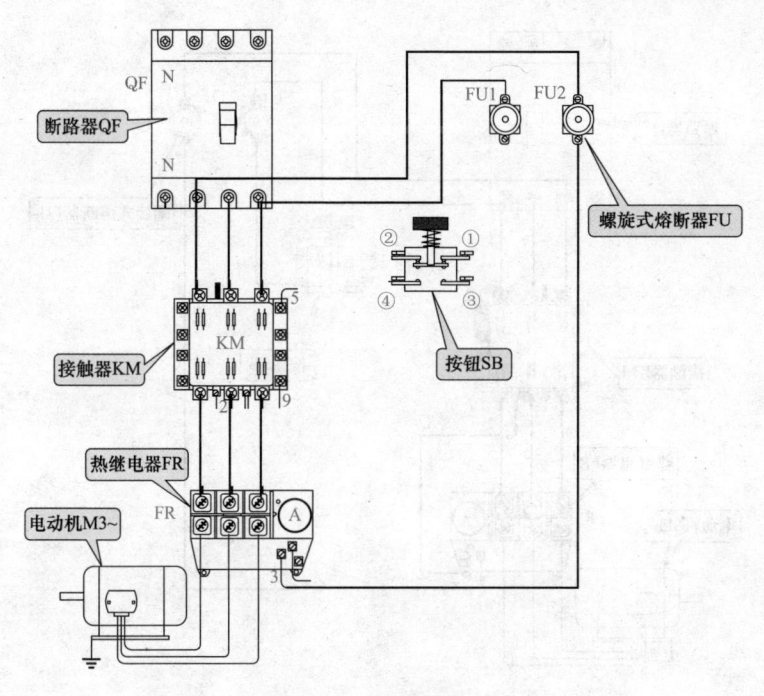

图 10-6　控制线路连接图二

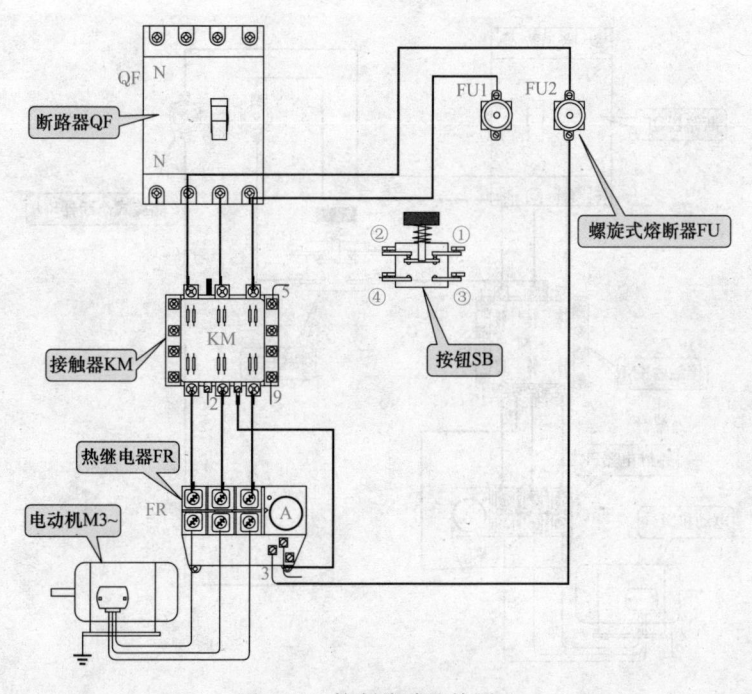

图 10-7　控制线路连接图三

345

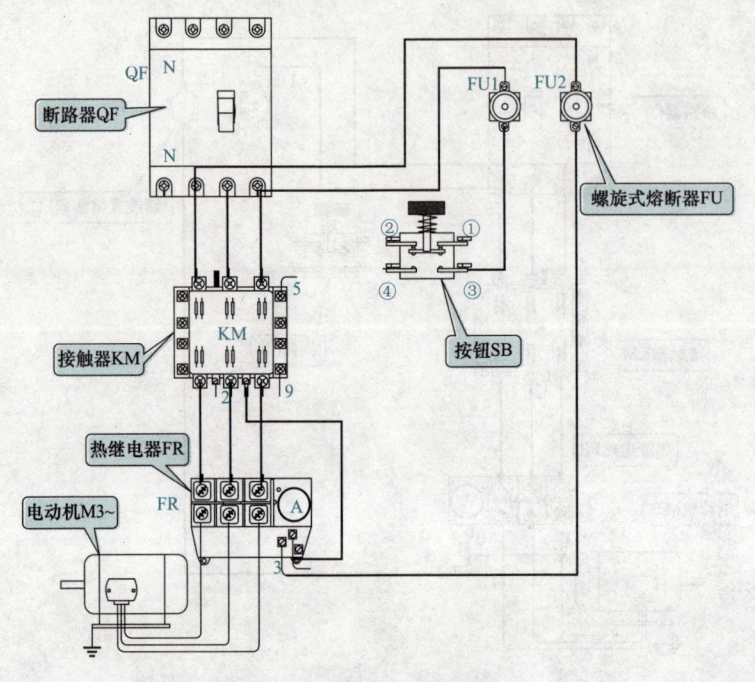

图 10-8　控制线路连接图四

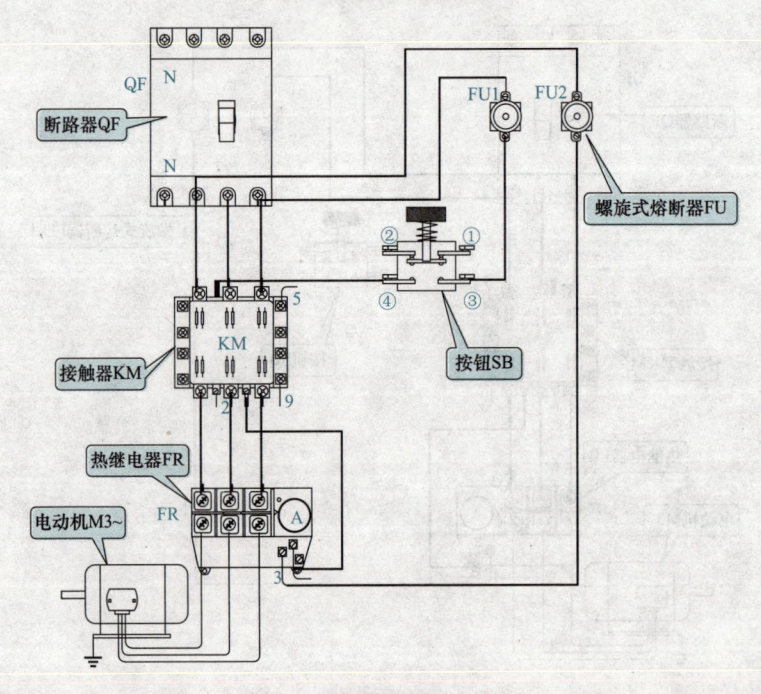

图 10-9　控制线路连接图五

的端子时，在不影响整体美观的情况下，应该先接电器端子上的小数字编号（如93），后接电器端子上的大数字编号（如94），以便于今后维修查线时的便利。

点动电路因无导线的交叉"点"，也无信号电路和照明电路等，"接线中遇点优先连接、各单元电路依次接完"的规则就用不上了。

5. 线路连接完毕后的测量

点动电路连接完毕以后，还要进行电路的测量，因电工新手对线路还不了解、电器的使用还不熟悉、接线的工艺还不熟练等原因，还要用万能表对电路进行检查。这类检查电工新手是必须要做的，以后对电工接线工艺熟练了、经验丰富了就不一定每个电路都要检查了。电路的检查分为主电路和控制电路两部分。

我们就以下面的电路原理图来讲解，有部分学员在做电路检查时，喜欢一个电器或一根线地去检查，这样会浪费很多的时间和精力，主电路可以从来电源的断路器的下面3个端子开始检查。将万能表先校完表正常后，将其两个表笔放在断路器的下面3个端子中的任意两端，这时万能表应无反映。用手按压接触器使其常开触点强行闭合，这时万能表应有几欧姆到几百欧姆之间的电阻（电动机功率越大电阻越小）；再将其中一只万能表的表笔换到另外一相去，再用手按压接触器使其常开触点强行闭合，这时万能表应显示与上次测量电阻差不多的阻值，这就说明电动机的绕组、接触器常开触点、连接的导线、接线端子等均没有问题，不必再测量第3次了。

如果测量主电路万能表无反映，数值无穷大说明线路中有断路的地方，这时可用万能表沿着线路一段段地进行检查，应该很容易就能够找到断路点了。

控制电路测量时将万能表的两表笔放在控制电路熔断器的下端，按下按钮 SB 后，万能表会显示几百到上千欧姆的电阻数值（接触器的额定电流越大其线圈电阻值越小），此电阻值就是接触器线圈的电阻值，说明控制电路是没有问题的。如果按下按钮 SB 后，万能表会显示无穷大，说明控制电路中有断路的地方，用万能表沿着线路一段段地进行检查，应很容易就能够找到断路点了。还要注意的一点就是熔断器到电源线的线路也要检查一下，记住，用万能表来检查，要比用手和眼睛来检查快捷和可靠得多。具体测量的位置与步骤如图 10-10 所示。

6. 电路连接中容易出现的错误

点动电路因为电路很简单，使用的元器件也较少，所以此电路线路连接错的并不多，但因接线工艺不佳，造成线路断路的情况还是有的，加上测量检查的步骤没有到位，几个原因加起来才可能出现接线失败。选用起动按钮时应选择绿色键的按钮。

二、单向连续运转电路

单向连续运转电路，就是电动机只能往一个方向运转，与上面点动电路的区别在于：电路使用了起动和停止两个按钮，用手按压起动按钮电动机运转，但手松开起动按钮后电动机继续运转，电动机停止运转必须要按压停止按钮。

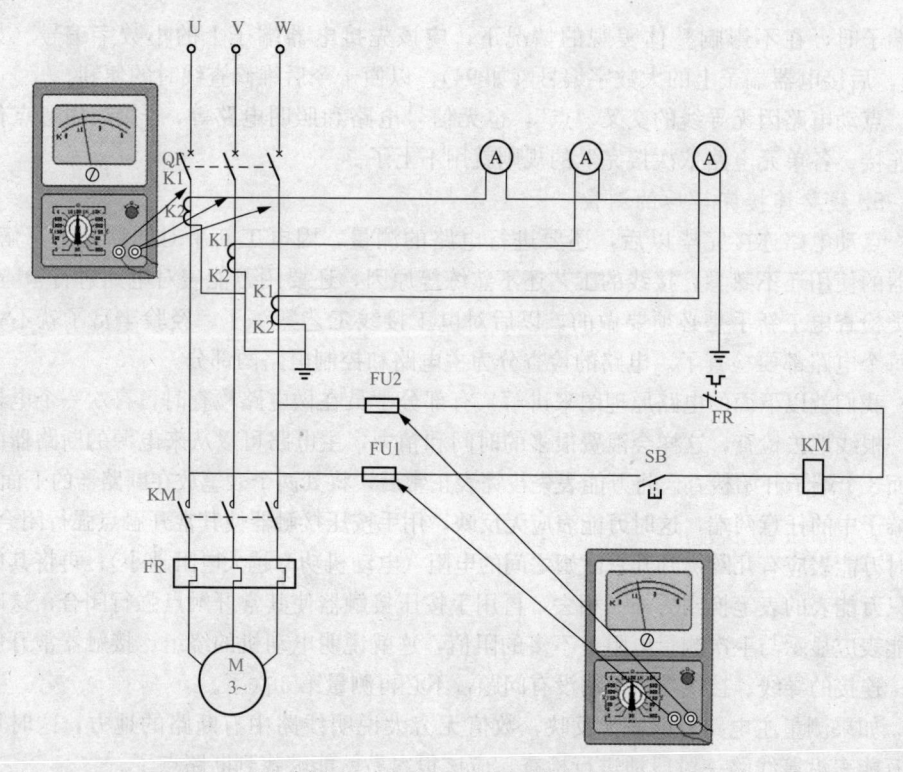

图 10-10 用万能表测量电路

1. 单向连续运转电路工作原理

断路器 QF 闭合后，主电路的电送到了接触器主常开触点处，因控制电路起动按钮 SB2 没有导通，所以就没有形成回路，接触器的线圈没有得电，接触器不会动作，电动机就不会转动。单向连续运转电路原理如图 10-11 所示。

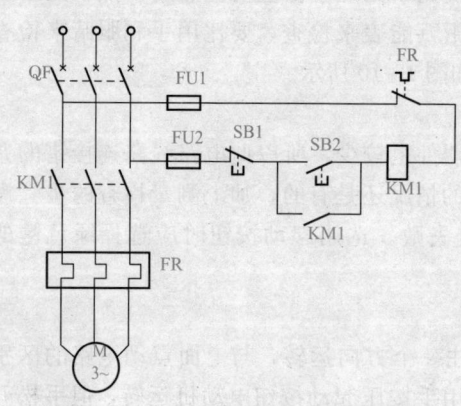

图 10-11 单向连续运转电路原理图

当按下启动按钮 SB2 后，控制电路就形成了回路，接触器的线圈就得电闭合，这时接触器的主常开触点闭合导通，电源通过断路器 QF、接触器主常开触点、热继电器 FR 的热元件到达电动机，电动机得电开始转动。这时要注意的是，接触器主常开触点闭合的同时，它的辅助常开触点也同时闭合了。

为什么当手松开起动按钮 SB2 后，接触器没有像点动电路一样断开，这就是我们所说的电路有"自锁"或"自保"

的功能，其电路的原理如下：

当按下起动按钮 SB2 后，控制电路的电流路径的走向如图 10-12 所示。按钮 SB2 导通后，接触器 KM1 线圈得电吸合，接触器主常开触点闭合而电动机开始转动。

电动机转动以后，这时松开按下起动按钮的手，这时起动按钮就会恢复原位，起动按钮的常开触点就会从导通变为断开。这时，因为接触器的辅助常开触点已经闭合了，接触器的辅助常开触点是并联在起动按钮上的，控制电路的电流就会通过已经闭合的接触器辅助常开触点形成回路，保证接触器的线圈继续得电，电动机就可以连续转动了。松开起动按钮 SB2 后控制电路的电流路径的走向如图 10-13 所示。

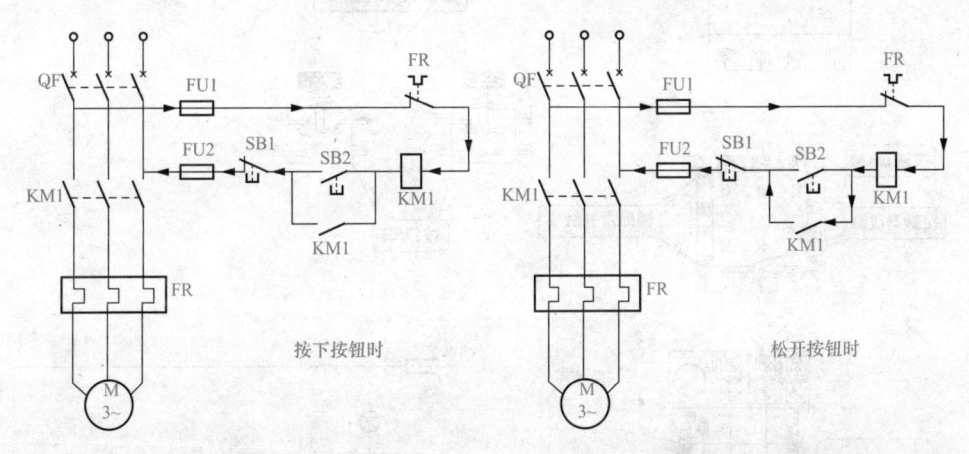

图 10-12 按下起动按钮 SB2 后控制电路的电流路径的走向

图 10-13 松开起动按钮 SB2 后控制电路电流路径的走向

通过上面两个按下和松开起动按钮后控制电路电流形成的回路走向图，并将两个电路的电流路径图进行对比，就可以很容易理解为什么起动按钮松开后，电动机还可以连续转动的原理了。在起动按钮松开后，维持电流的接触器辅助常开触点叫做"自锁触点"或"自保触点"，这种功能简称为"自锁"或"自保"。

单向连续运转电路同时还具有零压、欠电压、短路和过载保护。

2. 单向连续运转电路的用途

单向连续运转电路广泛地应用于各种电气设备上，各种机床上如车床、铣床、刨床、磨床等基本上都有单向连续运转的电路。还有其他的机械加工设备、生产流水线、通风机、抽水泵等。所以说，单向连续运转电路是电气设备使用得最多的电路。

3. 单向连续运转电路线路连接前元器件的检查

单向连续运转电路比点动电路多一个用于停止的按钮，用于停止的按钮主要是

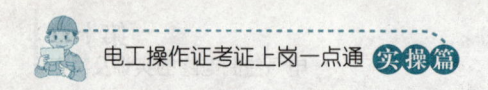

检查常闭触点，用万能表检查时常闭触点应处于导通状态，用手按压按钮应能断开即可。其他的元器件检查同上。

4. 单向连续运转电路的线路连接步骤

图 10-14 为单向连续运转电路的实物图，为了较清楚地了解电路的连接步骤，将电路原理图放在了同一张图上。

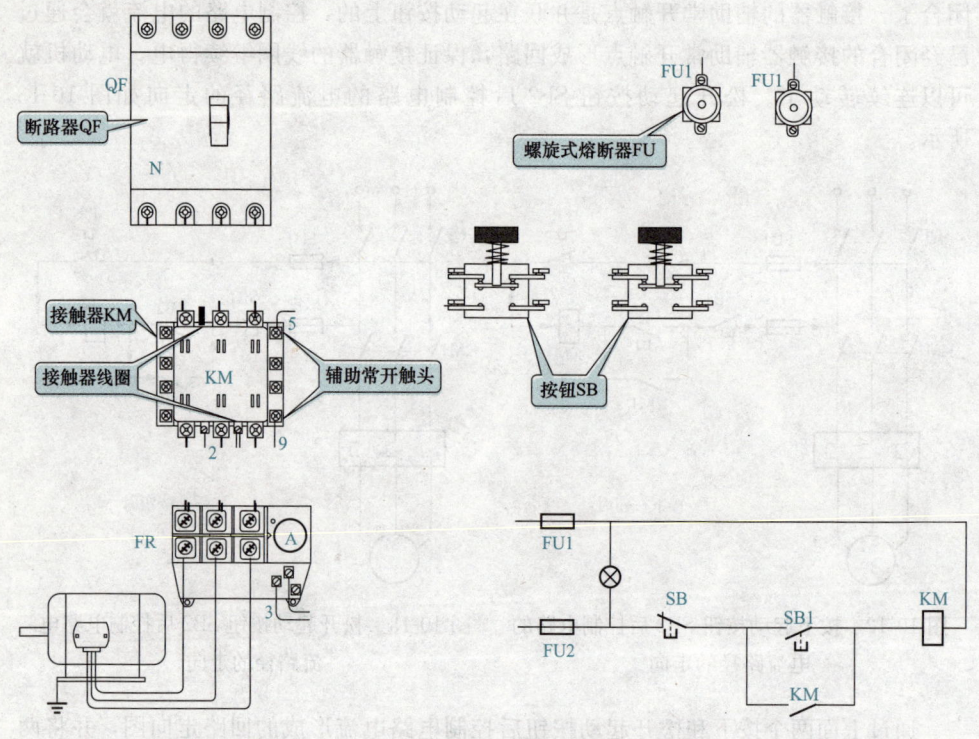

图 10-14 单向连续运转电路实物图与原理图

（1）主电路的连接。主电路的连接较为简单，如图 10-15 所示。

（2）在连接控制电路时，先从断路器下端用两根导线连接到控制电路两个熔断器的上端，如图 10-16 所示。

（3）注意下面控制电路的连接原理图上的粗线条与实物图的连接是同步的，用一根导线从熔断器的下端连接到热继电器辅助常闭触点的一端，如图 10-17 所示。

（4）用一根导线从热继电器辅助常闭触点的另一端连接到接触器线圈的一端，如图 10-18 所示。

（5）在这里就要注意了，要"以能耗元件为分界点"，将电器线圈的一端接完后，不可越过线圈自行接线，而要从电路的另外一端开始接线。用一根导线从熔断器的下端连接到停止按钮 SB 常闭触点的一端，如图 10-19 所示。

第十章
电气控制电路的实训及操作

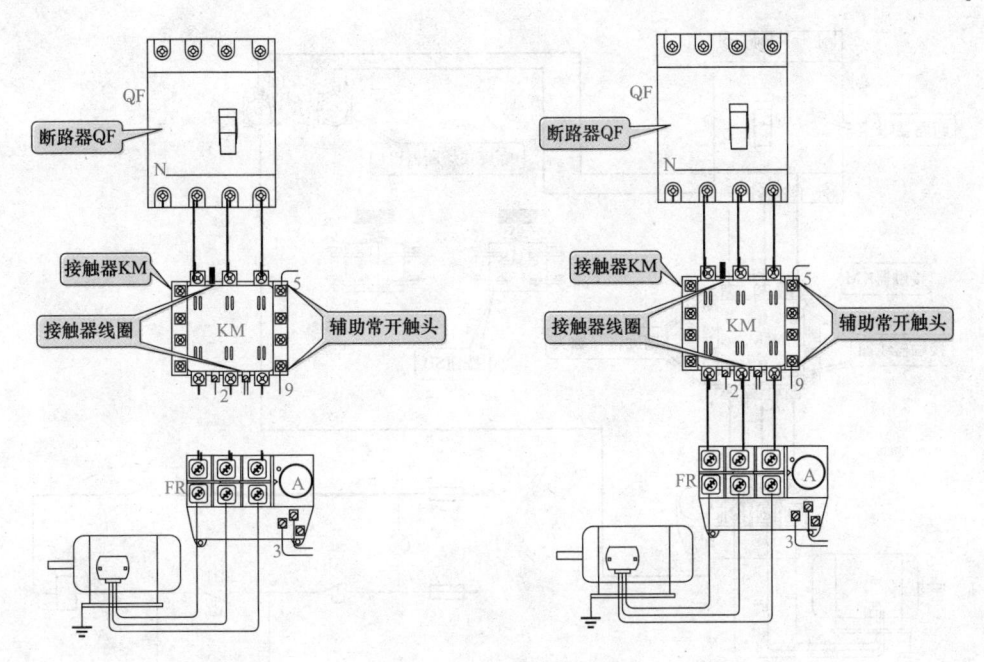

图 10-15 主电路的连接

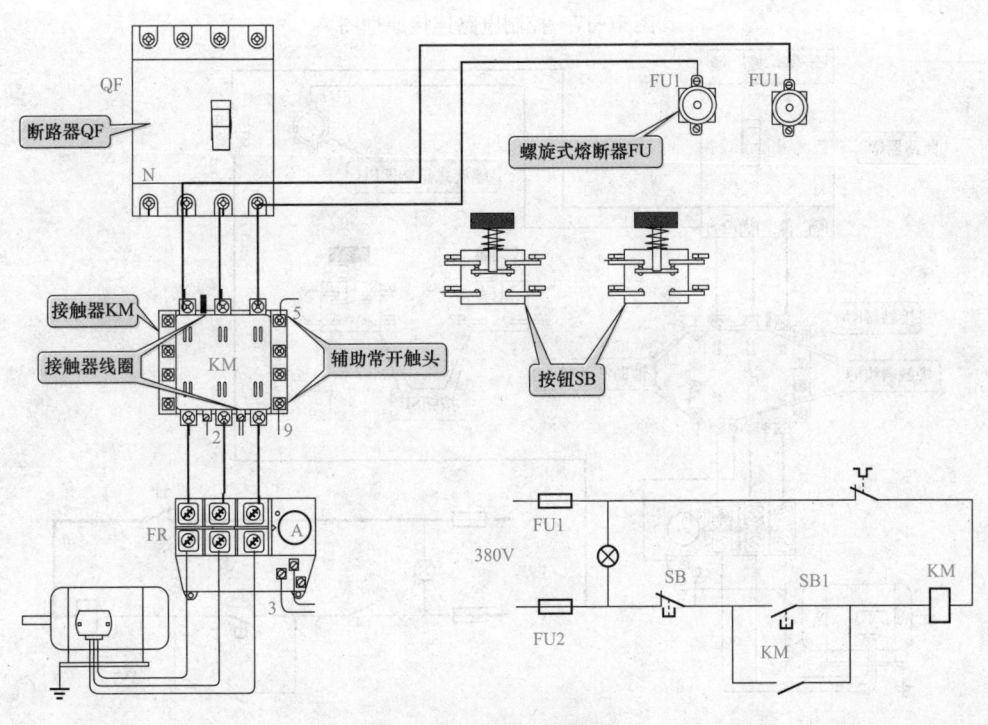

图 10-16 连接控制电路

351

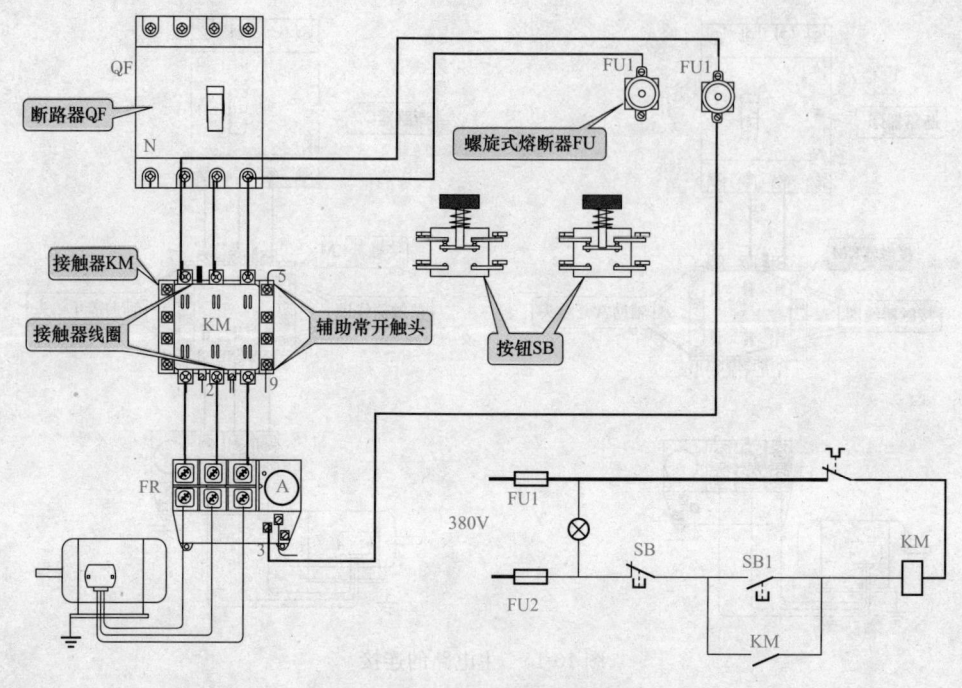

图 10-17 控制电路连接原理图

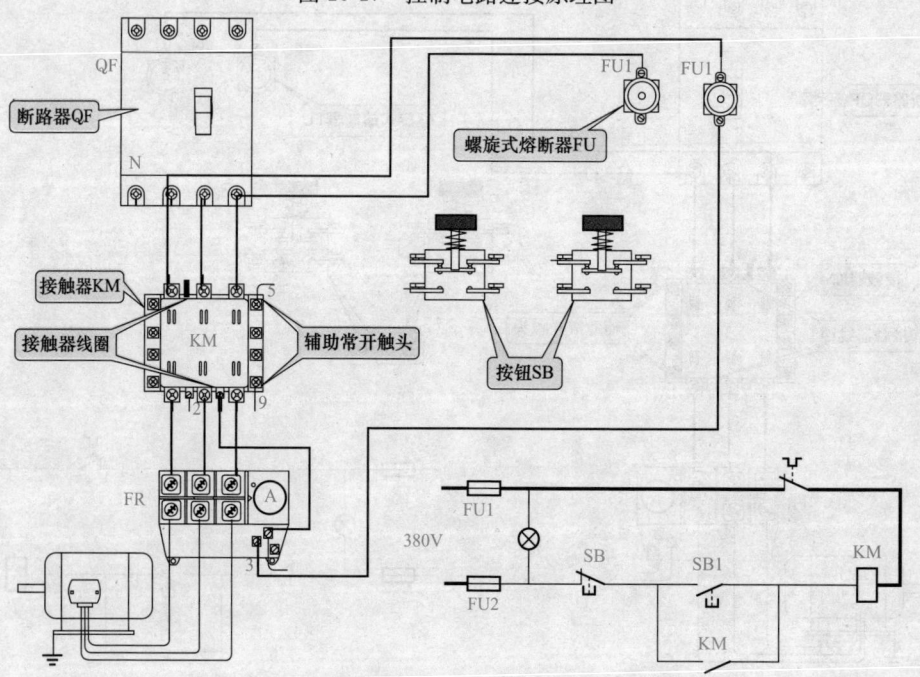

图 10-18 用导线连接热继电器辅助常闭触点与接触器线圈

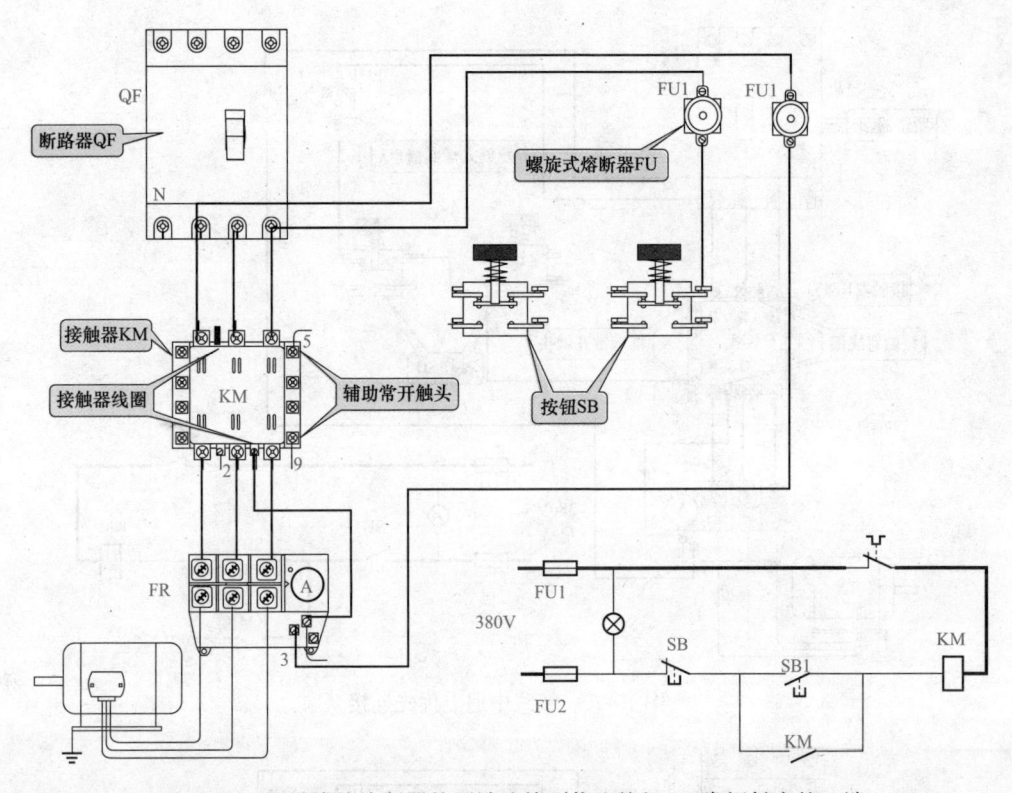

图 10-19　用导线从熔断器的下端连接到停止按钮 SB 常闭触点的一端

（6）这一步要按照"接线中遇点优先连接"的原则，将这个"点"用两根导线一次性地连接完，这也是"五步接线法"中较重要的地方，也是很多电工新手电路连接失败的重要原因之一。两根导线的连接顺序，尽量采用先接近后接远的原则，就是用一根导线从停止按钮的常闭触点端子，连接到起动按钮的常开触点端子上；再从起动按钮的常开触点端子上，用导线连接到接触器的辅助常开触点的端子上，如图 10-20 所示。

（7）这一步连接的也是 3 个端子的"点"，也是按照"接线中遇点优先连接"的原则来进行连接的。两根导线的连接顺序也是尽量采用先接近后接远的原则，就是用一根导线从起动按钮的常开触点的另一端子连接到接触器的辅助常开触点的另一端子上；再从接触器的辅助常开触点的另一端子上，用导线连接到接触器线圈的另外一个端子上，如图 10-21 所示。因电路原理图已无下方的电路了，所以，控制电路至此就接完了，在实际的电路图的线路连接时，如果电路图的下方还有电路，就依次地用此方法连接完为止。

5. 线路连接完毕后的测量

此电路的测量还是分为主电路与控制电路两部分，主电路的测量步骤同上不再

353

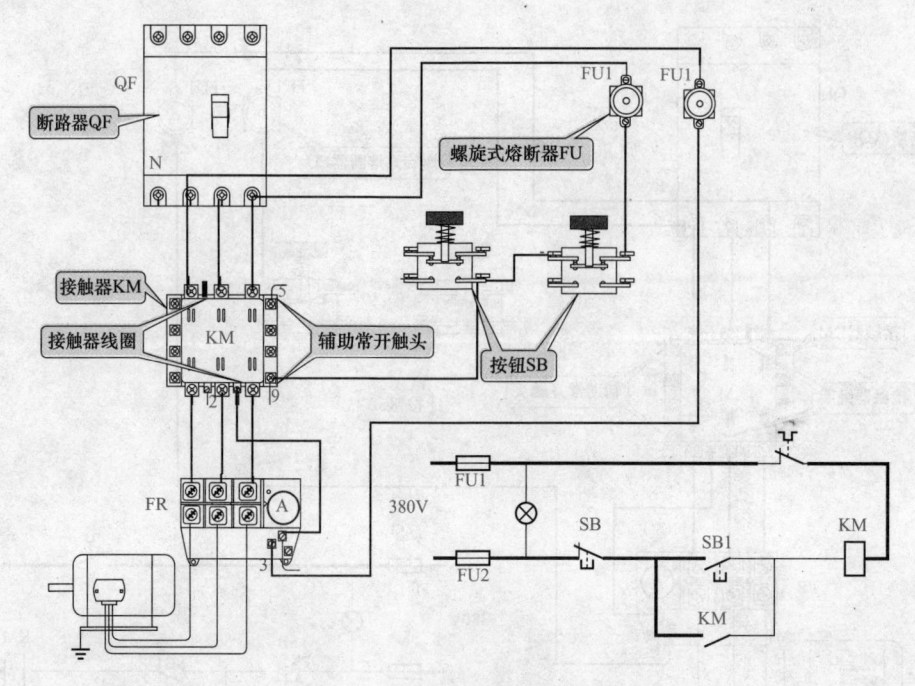

图 10-20 接线中遇点优先连接

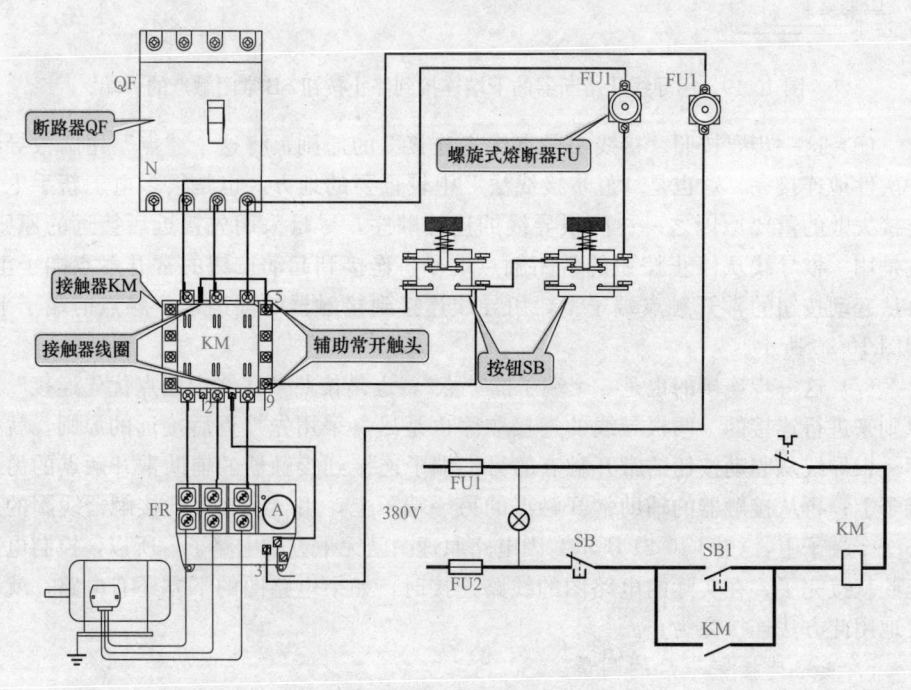

图 10-21 连接 3 个端子的"点"

重复。控制电路测量时将万能表的两表笔放在控制电路熔断器的下端，按下按钮 SB 后，万能表会显示几百到上千欧姆的电阻数值（接触器的额定电流越大，其线圈电阻值越小），此电阻值就是接触器线圈的电阻值，说明控制电路按钮部分没有问题，也就是说控制电路的点动部分已没有问题，但不代表电路自锁的功能正常。

在测量电路自锁功能时，要将接触器用手按压强制性地闭合，来测量控制电路接触器辅助常开触点及连接的相关导线是否正常。但接触器辅助常开触点闭合时，其主常开触点也同时闭合了，从图 10-22 可以看出，在图 10-22（a）中按下按钮测量时，对测量的结果是没有影响的。但在按压下接触器后，因接触器的主常开触点和辅助常开触点是同时闭合的，万能表的测量路径为：万能表的红表笔→熔断器 FU1→接触器 W 相的主常开触点→热继电器 W 相热元件→电动机 W 相绕组→电动机 U 相绕组→热继电器 U 相热元件→热继电器 U 相热元件→接触器 U 相的主常开触点→熔断器 FU2→万能表的黑表笔而形成回路，因电动机绕组的电阻值大大小于接触器的线圈电阻值，而万能表在测量时有两个电阻值时，只会显示出电阻小的电阻值（两个电阻并联后电阻值会更小些），所以就无法显示我们要测量的自锁电路的电阻值了（接触器的线圈电阻值）。为了能够正常地测量及显示自锁电路的电阻值，这时就必须取下控制电路中的任意一个熔断器，人为地将主电路与控制电路分开，以保证控制电路的正常测量。今后除了点动的电路，其他的电路在测量控制电路时，均要将控制电路中任意一个熔断器取下，后面在测量时就不再重复讲述了。

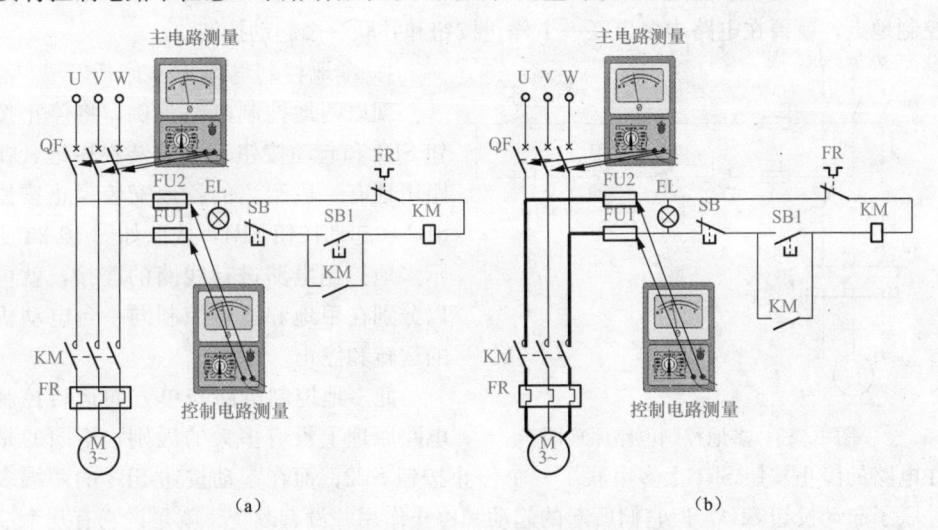

图 10-22 测量电路自锁功能
(a) 测量按钮时对测量结果无影响；(b) 测量接触器触点时对测量结果的影响

还要注意的是，在控制电路测量完毕后，要记住将熔断器复位，复位完成后，一定要记住要用万能表测量熔断器的两端是否能够正常地导通，特别是在使用螺旋

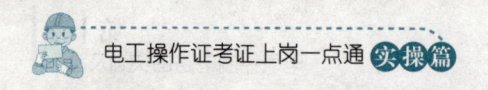

式熔断器时，更不可省略此步骤，后面在测量时就不再重复讲述了。

如果按压按钮时有电阻值，按压接触器时万能表显示无穷大时，说明自锁电路有问题，这时千万不要去乱查，出了此问题只要查接触器的辅助常开触点是否正常，以及接触器辅助常开触点连接到起动按钮 SB1 的两根导线是否连接可靠即可只要检查这两个地方，与其他任何地方都没有关系。

记住，我们测量控制电路通断的电阻值其实就是接触器线圈的电阻值，如果测量的结果接近于零，就说明控制电路已经短路了，这时万不可有侥幸心理去通电，一定要检查出短路点。

6. 电路连接中容易出现的错误

此电路最常见的故障为：在按下起动按钮 SB1 后，电路变为"点动"电路了，没有自保或自锁的功能，那就是接触器的辅助常开触点没有与起动按钮 SB1 并联连接好，只要去检查这个常开触点的连接线和接线端子是否连接可靠就可以了，记住不要单纯地依靠眼睛去看，必要时要用万能表去测量。这也是接线方法和测量技术不熟练的表现。另外要注意的就是选择和安装时按钮时，红颜色的按钮只能用于停止操作，绿颜色的按钮只能用于起动操作，在连接其他的电路时也要遵守此原则。

三、多地控制电路

多地控制电路是在两个以上的地点，对同一台三相异步电动机进行控制的电路，两地或多地的起动按钮是并联在一起的，停止按钮是串联在一起的。即每增加一个控制地点，就要在电路中多串联一个停止按钮和并联一个起动按钮。

1. 多地控制电路工作原理

现以两地控制电路为例，将停止按钮 SB1 和起动按钮 SB3 安装在甲地，在距甲地有一段距离的乙地安装停止按钮 SB2 和起动按钮 SB4，按照如图 10-23 所示多地控制电路进行线路的连接，就可以分别在甲地和乙地控制同一台电动机的运转和停止。

此多地控制电路与单方向运转控制电路原理上没有多大的区别，不同的是在电路的停止按钮 SB1 上多串联了一个停止按钮 SB2；而在起动按钮 SB3 的两端多并联了起动按钮 SB4，但它们所起的起动和停止作用并没有改变。就是说它有几个控制点，就可以在电路中多加几个起动和停止的按钮就可以了。多地控制电路的原理图如图 10-23 所示。

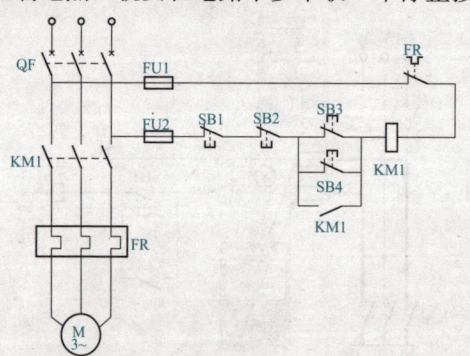

图 10-23　多地控制电路原理图

2. 多地控制电路的用途

多地控制电路在工矿企业内，主要用于生产流水线的两端、较大的机械设备的不同操作点、长度较长的烘干流水线等，需要在较远距离两处以上地点控制电动机及设备的场所。还有的如抽水的水泵房，其抽水的水泵电动机安装在水井或水源处，此处有一套起动和停止抽水的控制装置，因为水井或水源处距离使用水的地方太远，平常不可能每一次抽水都跑到抽水泵处起动水泵，这样也不是很方便。所以在经常有人的值班室安装了一套起动与停止水泵抽水的按钮，这样就不需要经常跑到抽水泵处起动水泵了。这样，水泵房的起动与停止水泵抽水的按钮可以作为维护时或临时使用，值班室起动与停止水泵抽水的按钮就作为正常时使用。当然，如果有使用上的需要，也可以在第 3 个地方、第 4 个地方等，再进行水泵控制按钮的安装。

3. 多地控制电路线路连接前元器件的检查

多地控制电路与上面的电路相比，只多用了两个按钮，对于两个红颜色的按钮只检查其常闭触点，对于两个绿颜色的按钮只检查其常开触点，其他的元器件同上。

4. 多地控制电路的线路连接

多地控制电路的主电路连接同上。这里只进行控制电路连接步骤描述，要注意电路原理图与实物图是同步的。控制电路熔断器的上端已连接 380V 的电源。

第一步：用一根导线将熔断器的下端与热继电器常闭触点的一端相连接，如图 10-24 所示。

第二步：用一根导线将热继电器常闭触点的另一端与接触器的线圈端相连接，如图 10-25 所示。

第三步：以能耗元件为分界点，从另外一个熔断器开始，用一根导线将另外一个熔断器的下端与停止按钮 SB1 常闭触点的一个端子相连接，如图 10-26 所示。

第四步：用一根导线将停止按钮 SB1 剩下的一个端子与停止按钮 SB2 常闭触点的一个端子相连接，如图 10-27 所示。

第五步：注意看电路图，这是要连接 4 个端子的"点"，"接线中遇点优先连接"，要用 3 根导线将这 4 个端子连接起来：停止按钮 SB2 常闭触点剩下的一个端子、起动按钮 SB3 常开触点的一个端子、起动按钮 SB4 常开触点的一个端子、接触器辅助常开触点的一个端子。连接的顺序为先连接距离最近的 SB2、SB3、SB4 的 3 个端子（因按钮一般都是安装在面板上的），最后连接接触器辅助常开触点的端子，这样便于节省导线和美观，如图 10-28 所示。

第六步：这也是要连接 4 个端子的"点"，要用 3 根导线将这 4 个端子连接起来：起动按钮 SB3 常开触点剩下的一个端子、起动按钮 SB4 常开触点剩下的一个端子、接触器辅助常开触点剩下的一个端子、接触器线圈剩下的一个端子。连接的顺序为先连接距离最近的 SB3、SB4 的两个端子，最后连接接触器辅助常开触点和接触器线圈的端子，控制电路连接完毕，如图 10-29 所示。

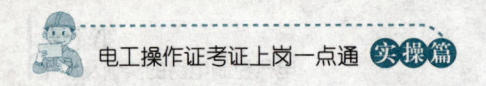

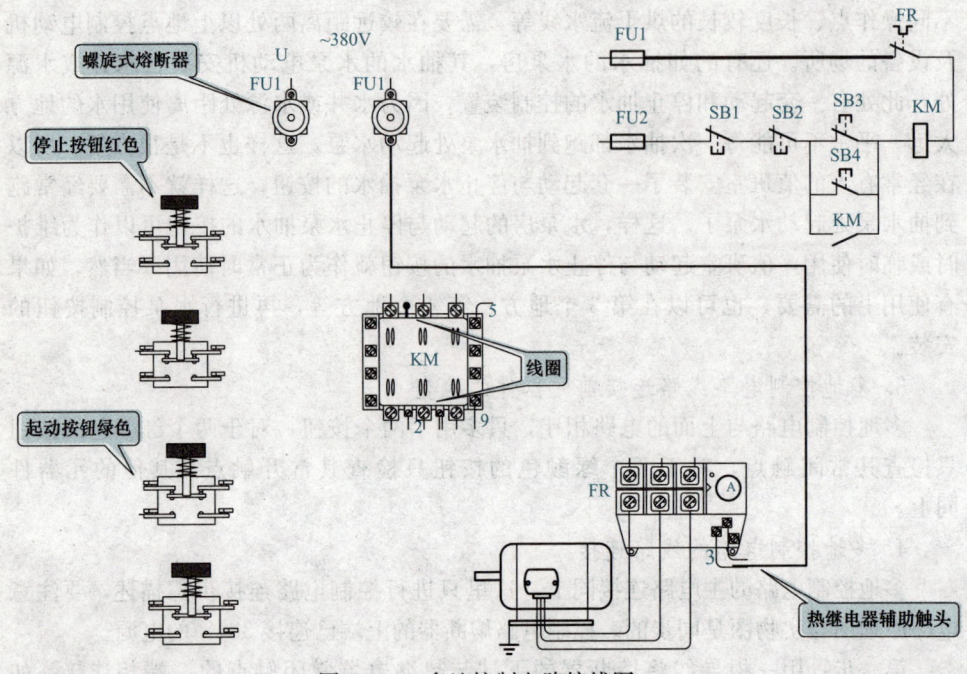

图 10-24　多地控制电路接线图一

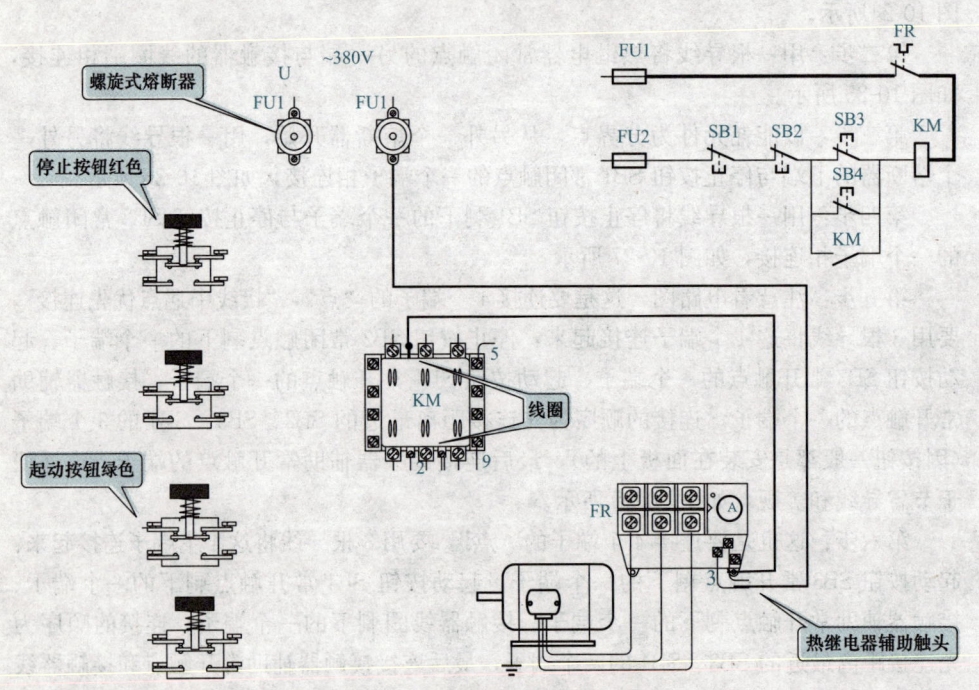

图 10-25　多地控制电路接线图二

第十章
电气控制电路的实训及操作

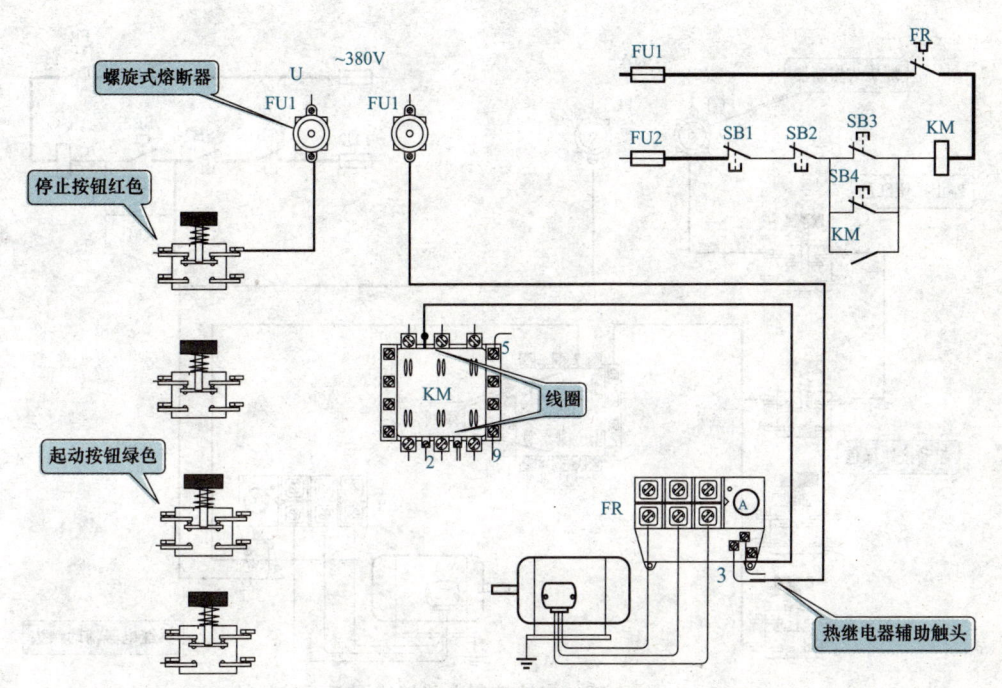

图 10-26　多地控制电路接线图三

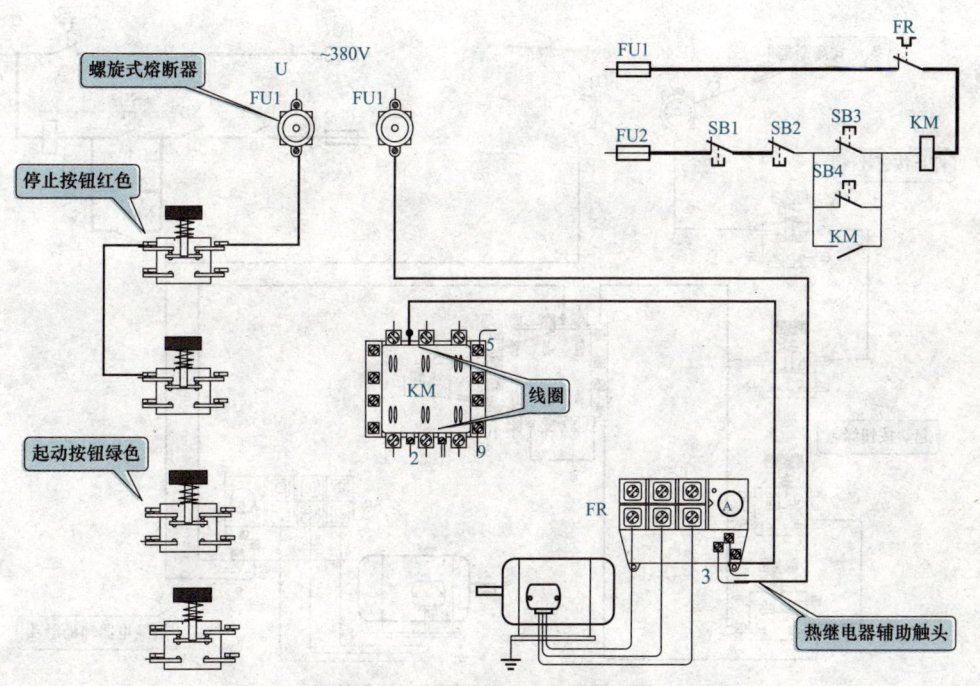

图 10-27　多地控制电路接线图四

359

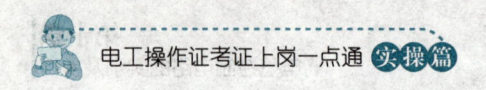

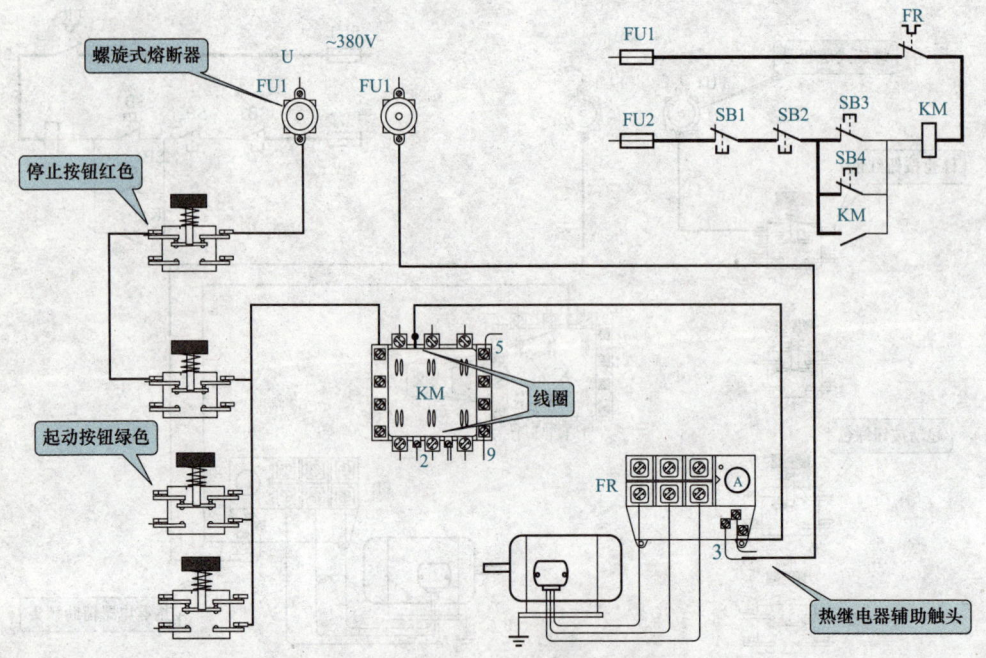

图 10-28　多地控制电路接线图五

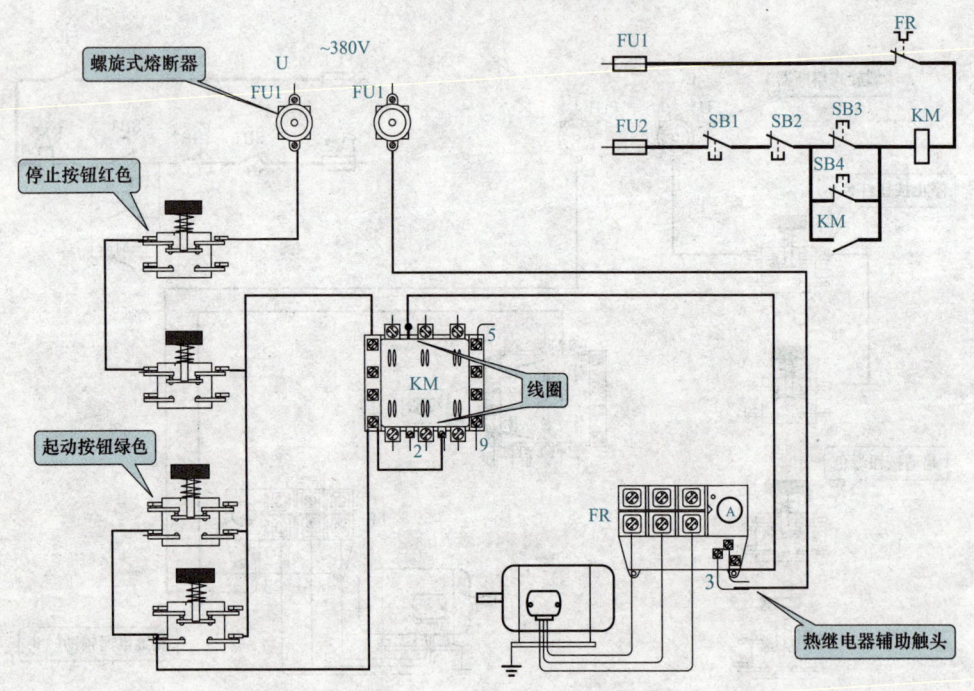

图 10-29　多地控制电路接线图六

5. 线路连接完毕后的测量

同上的不再重复，此控制电路用万能表测量时，只多了一个起动按钮的按压测量，测量的数据同图10-29。

6. 电路连接中容易出现的错误

多地控制电路最容易出现错误的地方就是在连接第五步和第六步两个"点"的连接，要么是导线少连接了或导线多连接了。在这里教电工新手们一个最简单和最有效的检查方法，就是在每一个"点"连接完以后，数一下这个"点"连接了几个端子，此图的两个"点"为4个端子。要学会数一二三四，很多人接完线后图快就没有数，这就是电工新手们最容易出错的原因，许多经验丰富的电工查线时也都是这样数的，这一点很关键，越是复杂的电路，查线时越是要数清楚，这一点很关键。

四、正反转控制电路

有时三相异步电动机除了单方向转动外，很多时候还要求有正反方向的旋转，电动机的正反转控制电路，就可以控制三相异步电动机实现正转、反转和直接停止，并具有零电压、欠电压、短路和过载保护。

1. 正反转控制电路工作原理

三相异步电动机的正反转控制电路要使用两个交流接触器，一个控制三相异步电动机实现正转，一个控制三相异步电动机实现反转。但因主电源在两个交流接触器主电路进行了换相，所以，不允许正反转的两个接触器同时得电动作，否则将造成主电源短路。这就要在电路中加互锁的电路，在控制正向转动的接触器得电工作后，就会切断控制反向转动接触器的控制电路，以保证在正向转动的接触器得电工作后，反向转动的接触器不可能再得电工作。在控制反向转动的接触器得电工作后，也会切断控制正向转动的接触器的控制电路。我们把这种互相控制对方的电路，保证各自电路工作唯一性的功能叫作电路的互锁功能，将起这个作用的触头叫做互锁触头。电路的互锁使用接触器或按钮的常闭触点完成，电路的互锁有两种形式，一种称为接触器触头互锁，另一种称为按钮互锁，有时将这两种互锁同时使用，这就称为电路的双重互锁。

（1）接触器触头互锁。

图10-30为接触器触头互锁正反转控制电路，此触头互锁正反转控制电路可实现按钮的正反转控制。但它也有一定的缺点，就是电动机做反向操作控制时，必须要先按停止按钮，让电动机停止后，然后才可再按反向起动按钮让电动机反转。接触器触头互锁的电路使用得多一些。

（2）双重互锁正反转电路。

图10-31为双重互锁正反转控制电路，它的特点为：电动机在正向转动时，如要电动机做反向转动时，可直接按下反转起动按钮，使电动机直接反向转动，不同于图10-30必须要先按下停止按钮。

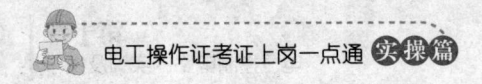

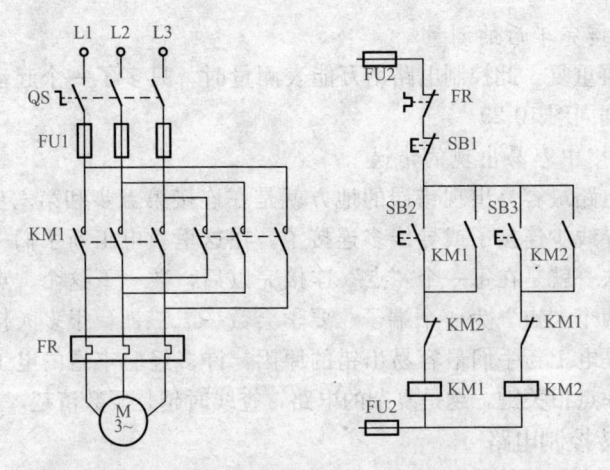

图 10-30　接触器触头互锁正反转控制电路

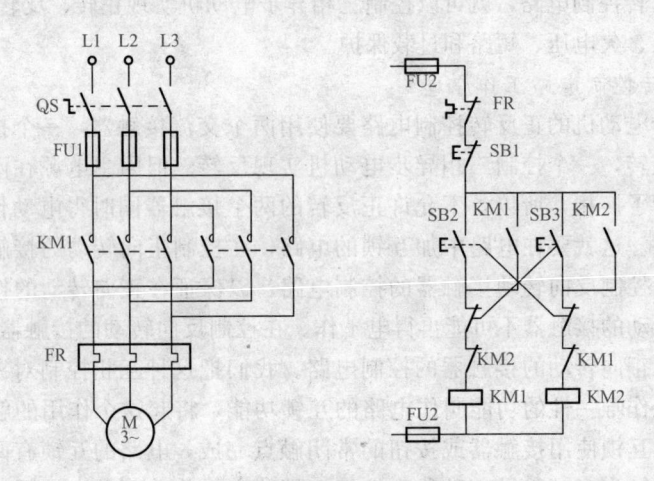

图 10-31　双重互锁正反转控制电路

2. 正反转电路的用途

正反转控制电路常用于生产机械要求运动部件能向正反两个方向运动的场合，如机床工作台电动机前进与后退的控制、攻螺纹机前进与后退的控制、行车前进与后退的控制、电动葫芦上升与下降的控制、万能铣床主轴正反转的控制、电梯和起重机上升与下降的控制等场所。

3. 正反转电路线路连接前元器件的检查

正反转控制电路使用得最多的是接触器触头互锁，这就要使用万能表对正反转接触器的辅助常闭触点进行测量检查。今后如果要连接双重互锁的电路时，还要检查正反转的两个起动按钮的常闭触点。其他元器件的检查同图 10-31 的内容。

4. 正反转电路的线路连接步骤

正反转控制电路因为要使用两个接触器来控制电动机的正反方向的转动，主电路的连接有所不同，电源从左到右的 U、V、W 相依次连接，要注意 KM1 与 KM2 连接时相序的变化。

（1）主电路的线路连接

第一步：用导线将电源的 U 相连接到接触器 KM1 上端最左的端子上，再用导线与接触器 KM2 上端最右的端子相连接，注意这两个接触器的主触点已错开换相，如图 10-32 所示。

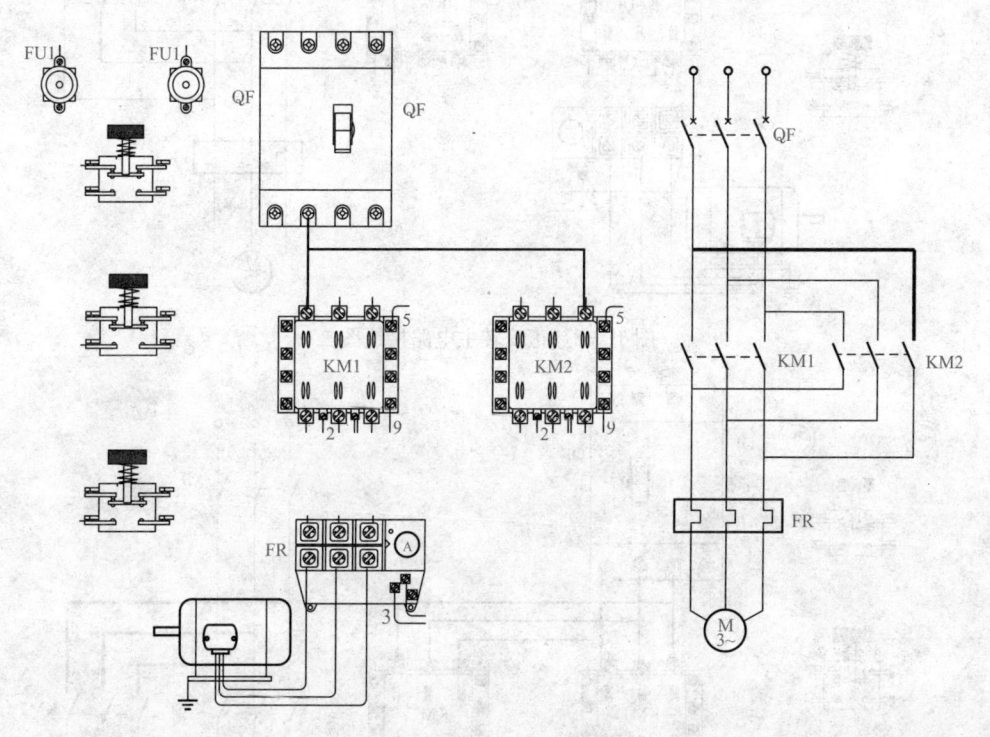

图 10-32 正反转主电路接线图一

第二步：用导线将电源的 V 相连接到接触器 KM1 上端中间的端子上，再用导线与接触器 KM2 上端中间的端子相连接，如图 10-33 所示，注意这两个接触器的主触点是同相的。

第三步：用导线将电源的 W 相连接到接触器 KM1 上端最右的端子上，再用导线与接触器 KM2 上端最左的端子相连接，如图 10-34 所示，注意这两个接触器的主触点已错开换相的。

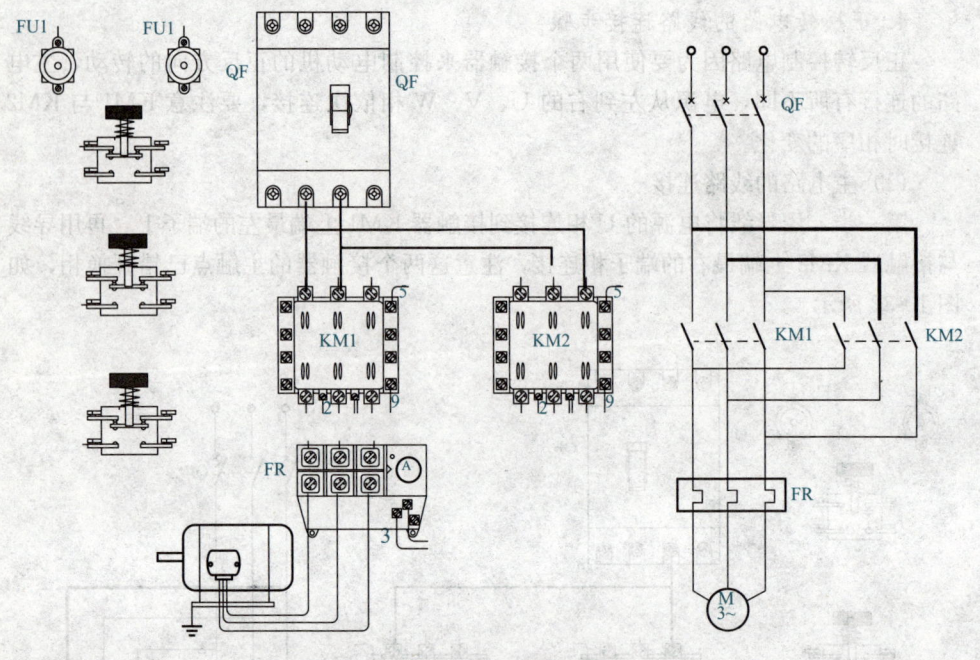

图 10-33　正反转主电路接线图二

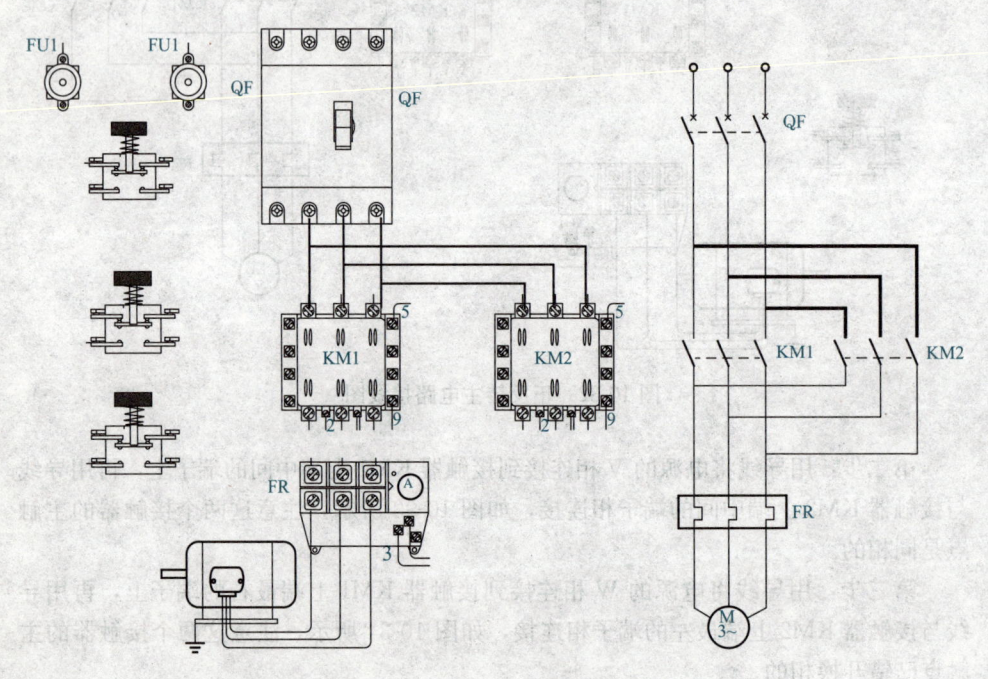

图 10-34　正反转主电路接线图三

第四步：用导线将电源的 U 相连接到接触器 KM1 下端最左的端子上，再用导线与接触器 KM2 下端最左的端子相连接，如图 10-35 所示，注意这两个接触器的主触点是同相的。

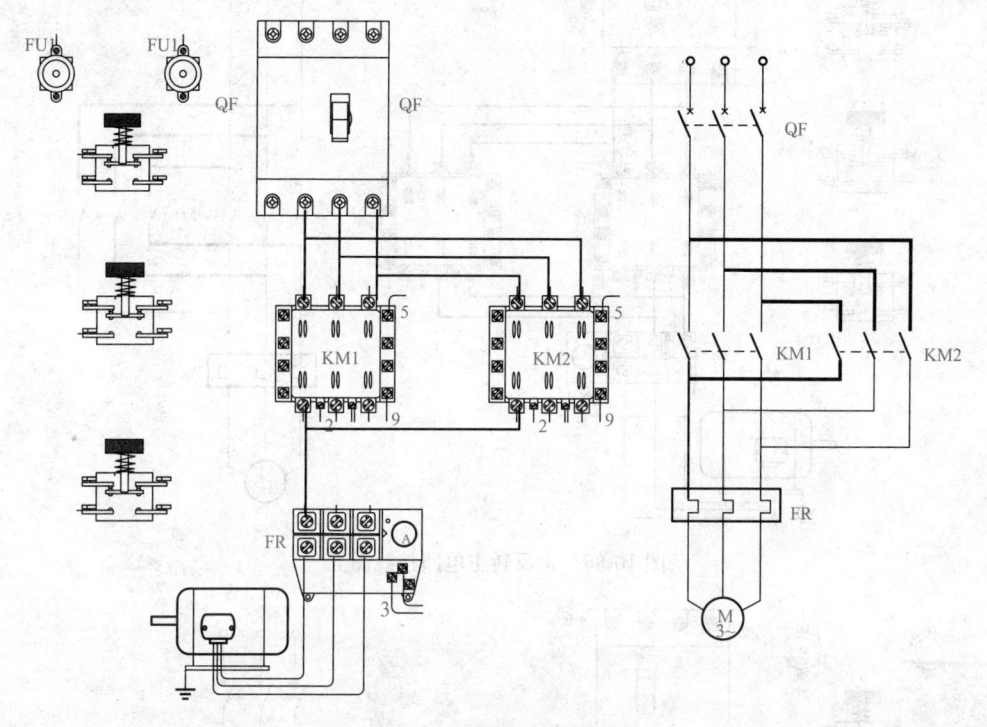

图 10-35　正反转主电路接线图四

第五步：用导线将电源的 V 相连接到接触器 KM1 下端中间的端子上，再用导线与接触器 KM2 下端中间的端子相连接，如图 10-36 所示，注意这两个接触器的主触点是同相的。

第六步：用导线将电源的 W 相连接到接触器 KM1 下端最右的端子上，再用导线与接触器 KM2 下端最右的端子相连接，注意这两个接触器的主触点是同相的。再将电动机连接上，主电路连接完毕，如图 10-37 所示。此主电路的接法为工厂企业使用的，叫做主电路的"上换下不换"。

（2）控制电路的线路连接

第一步：控制电路两个熔断器已经连接 380V 电源，用导线将熔断器下端与热继电器常闭触点的一端相连接，如图 10-38 所示。

第二步：此处为 3 个端子的"点"，要一次性地连接完。用两根导线将热继电器常闭触点的另一端、接触器 KM1 的线圈端子、接触器 KM2 的线圈端子用导线依次相连接，如图 10-39 所示。

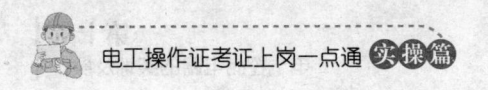

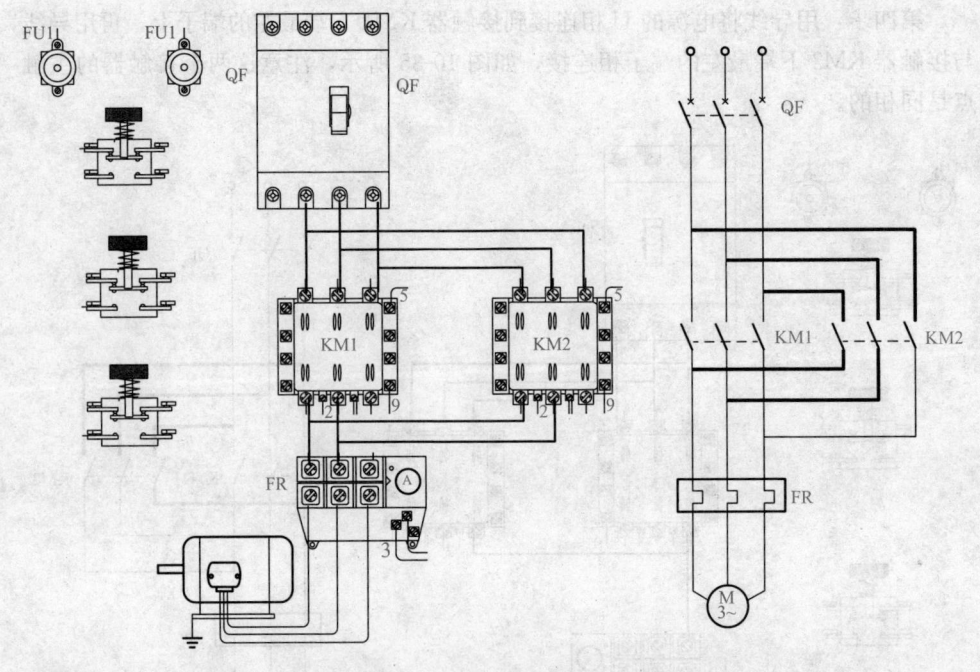

图 10-36　正反转主电路接线图五

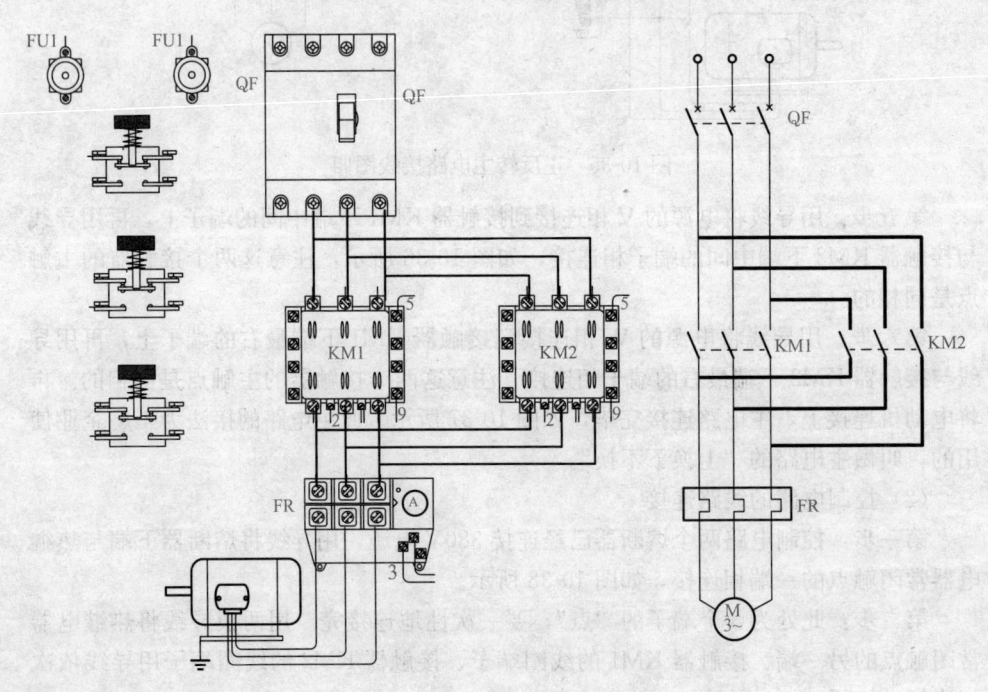

图 10-37　正反转主电路接线图六

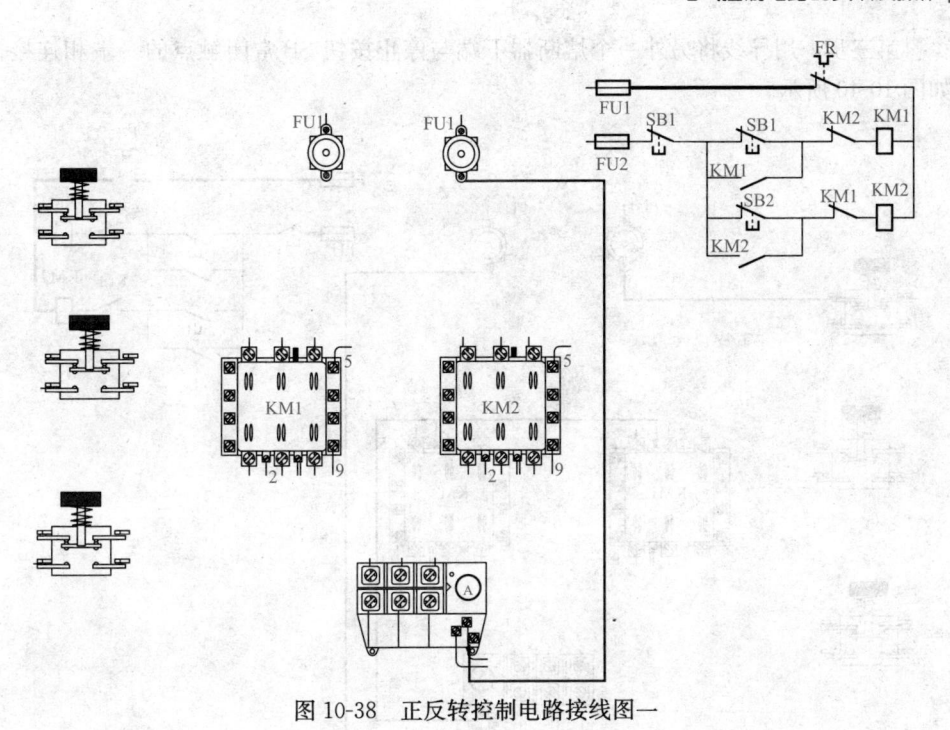

第十章
电气控制电路的实训及操作

图 10-38　正反转控制电路接线图一

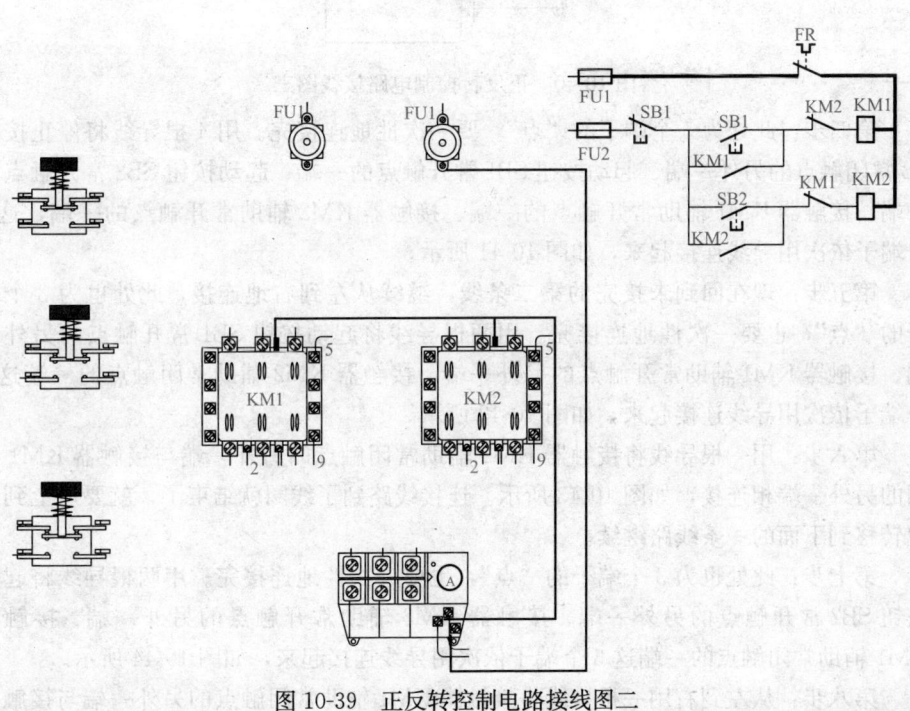

图 10-39　正反转控制电路接线图二

367

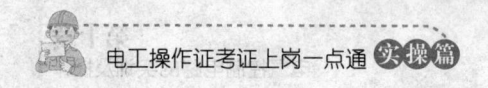

第三步：用导线将另外一个熔断器下端与停止按钮 SB 常闭触点的一端相连接，如图 10-40 所示。

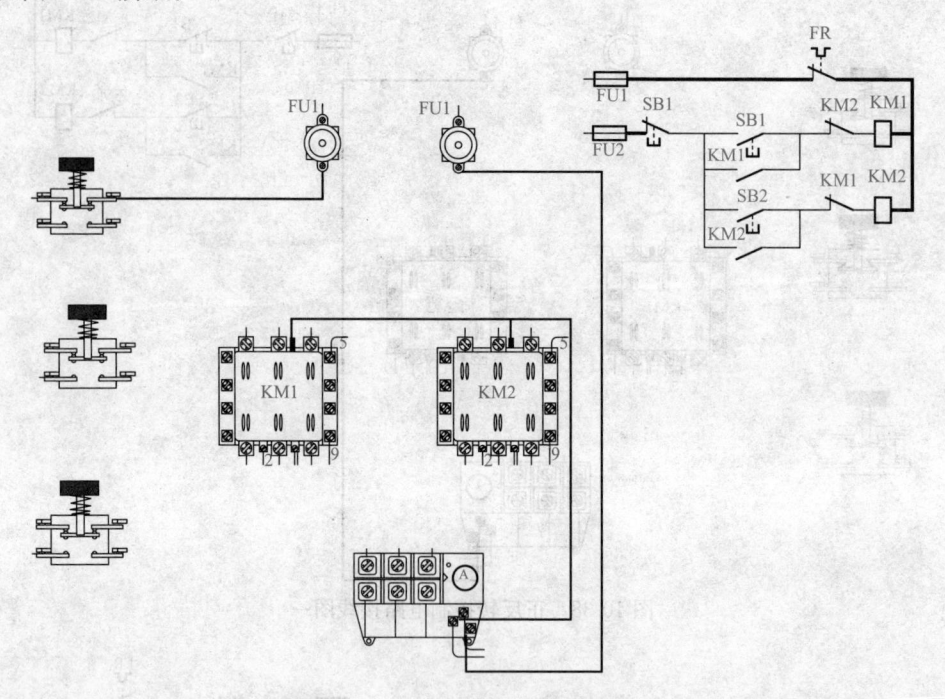

图 10-40　正反转控制电路接线图三

第四步：此处为 5 个端子的"点"，要一次性地连接完。用 4 根导线将停止按钮 SB 常闭触点的另外一端、起动按钮 SB1 常开触点的一端、起动按钮 SB2 常开触点的一端、接触器 KM1 辅助常开触点的一端、接触器 KM2 辅助常开触点的一端，这 5 个端子依次用导线连接起来，如图 10-41 所示。

第五步：现在回到未接完的第二条线，继续从左到右地连接，此处也为 3 个端子的"点"，也要一次性地连接完。用两根导线将起动按钮 SB1 常开触点的另外一端、接触器 KM1 辅助常开触点的另外一端、接触器 KM2 辅助常闭触点的一端这 3 个端子依次用导线连接起来，如图 10-42 所示。

第六步：用一根导线将接触器 KM2 辅助常闭触点的另外一端与接触器 KM1 线圈的另外一端相连接，如图 10-43 所示。连接线路到了线圈就结束了，就要从上到下地转移到下面的一条线路继续。

第七步：此处也为 3 个端子的"点"，也要一次性地连接完。用两根导线将起动按钮 SB2 常开触点的另外一端、接触器 KM2 辅助常开触点的另外一端、接触器 KM1 辅助常闭触点的一端这 3 个端子依次用导线连接起来，如图 10-44 所示。

第八步：从左到右用一根导线将接触器 KM1 辅助常闭触点的另外一端与接触器

KM2线圈的另外一端相连接，图10-45所示。这时再向下已无线路可以连接了，控制线路就全部连接完了。

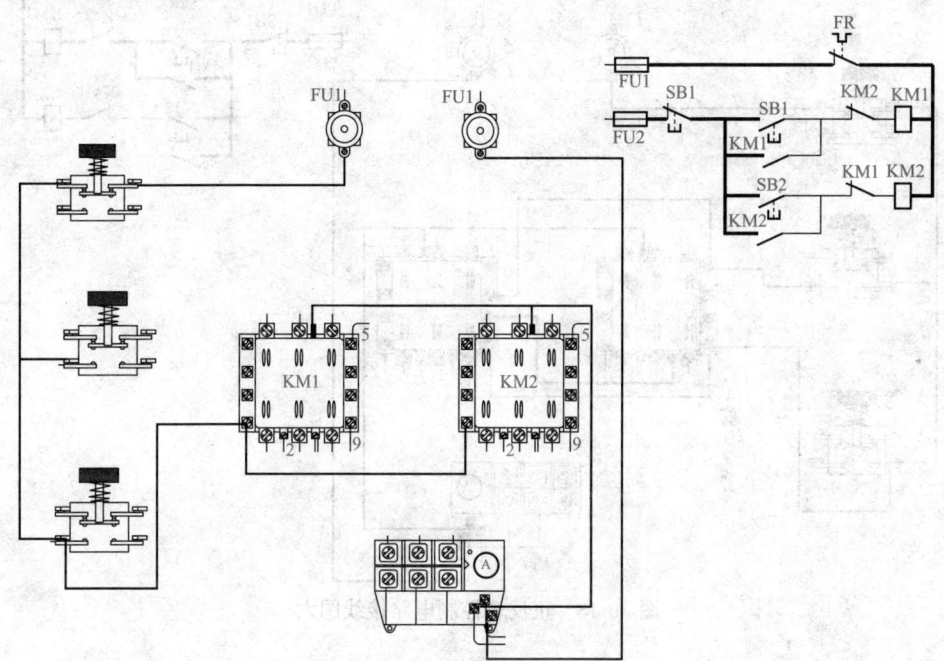

图 10-41　正反转控制电路接线图四

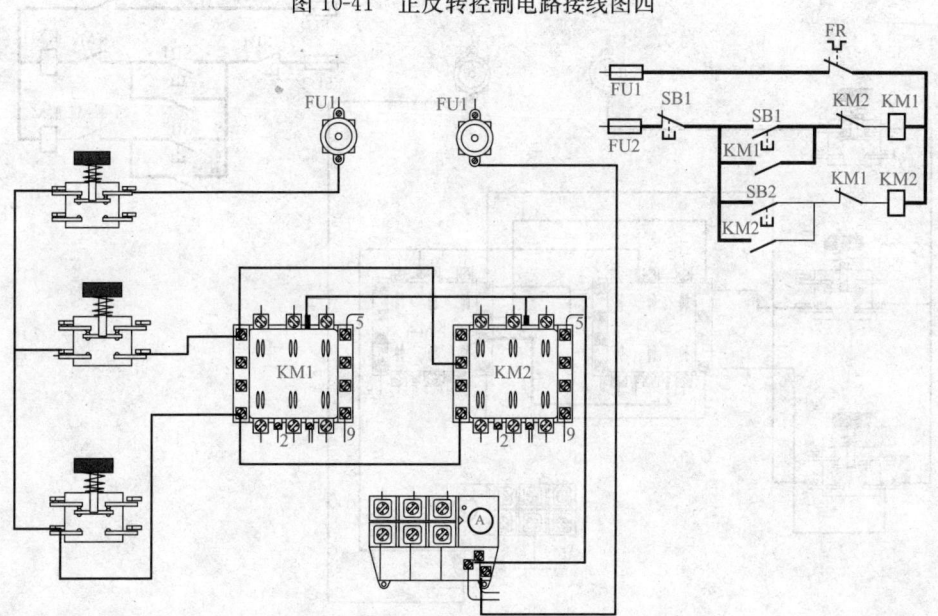

图 10-42　正反转控制电路接线图五

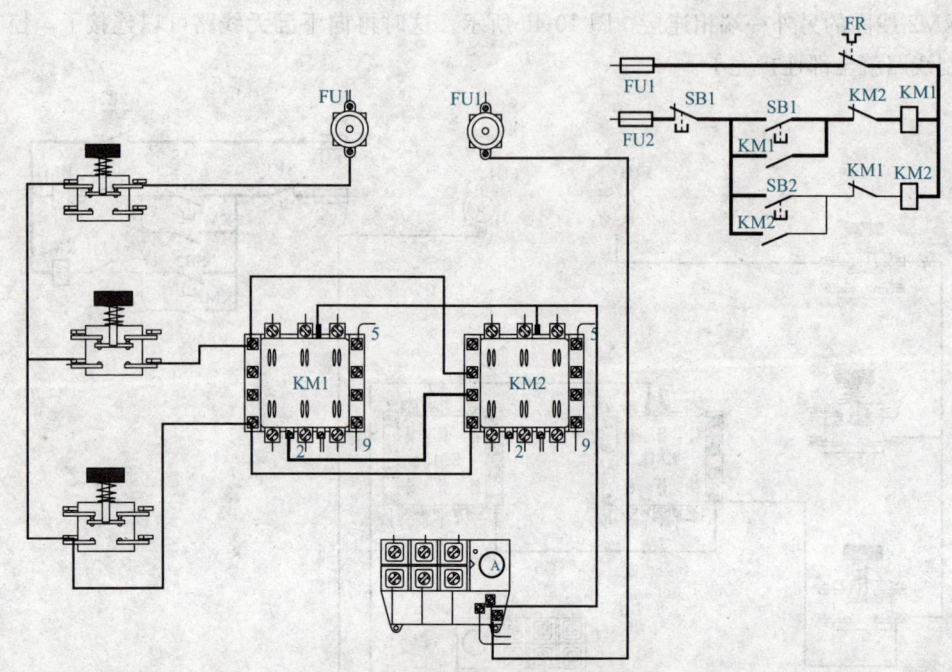

图 10-43　正反转控制电路接线图六

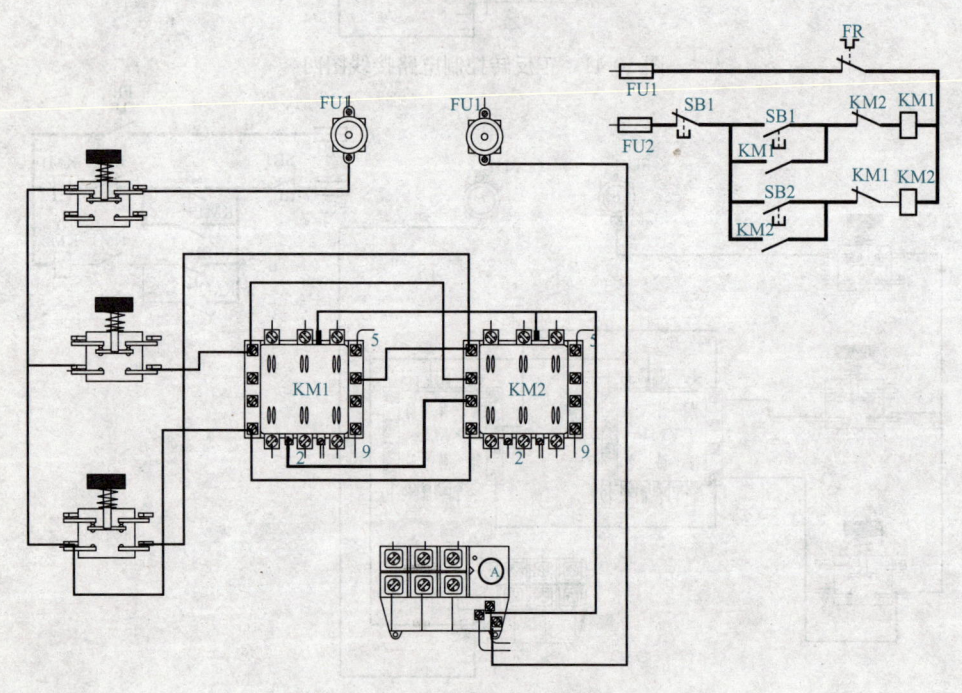

图 10-44　正反转控制电路接线图七

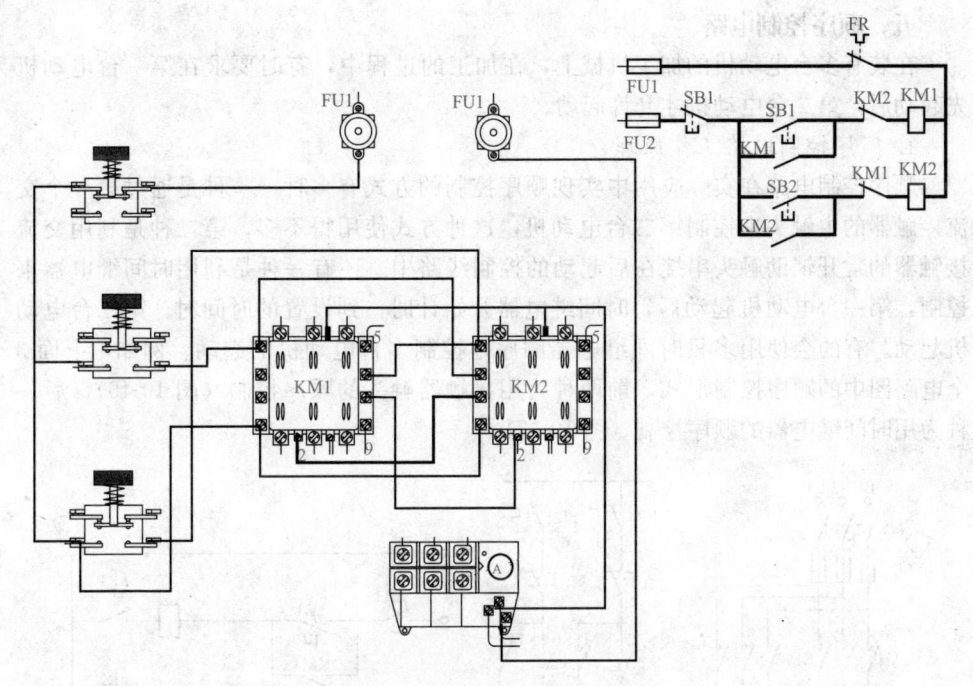

图 10-45　正反转控制电路接线图八

5．线路连接完毕后的测量

主电路的测量要分别测量两次，就是按下接触器 KM1，如果测量数据正常后，还要按下接触器 KM2，两个接触器的全部测量数据均要相等才算正常。

控制电路相当于要测量两个单向连续运转的电路，但要检查一下互锁的功能，如按下正转的 SB1 和 KM1，待能够显示出接触器线圈数值的电阻后，再用另一只手按压一下接触器 KM2，如果数据显示无穷大，就说明电路已切断有互锁的功能。反转的电路也是同理。

6．电路连接中容易出现的错误

正反转的电路，主电路最容易出现的错误，就是主电路接触器的上端换了相以后，在连接接触器的下端又换了相，这样电动机就没有正反转了。有个别学员干脆就没有换相。

控制电路最容易出问题的地方还是在电路中第四步、第五步和第七步的"点"的连接上，这里还是强调要学会数一二三四，还要记得去数，就这么简单的事。

还有就是互锁的两个接触器常闭触点，有的学员将 KM1 和 KM2 的常闭触点接反了，一按按钮就"嗡、嗡"地乱跳。

还有的学员干脆就将接触器这两个常闭触点漏接了，这主要是没有看图就去接造成的。在正转后如果先按停止按钮，再去按反转的按钮，还可以正常地工作，如果正转后直接去按反转的按钮，就会造成主电路短路跳闸的故障。

五、顺序控制电路

在装有多台电动机的加工机械上，在加工的过程中，有时要求在第一台电动机先起动后，第二台电动机才允许起动。

1. 顺序控制电路工作原理

顺序控制电路在实际应用中实现顺序控制的方式有多种，一种是通过第一个交流接触器的主触头来控制第二台电动机，这种方式使用得不多。第二种是利用交流接触器的常开辅助触头串接在后起动的控制线路中。还有一种是利用时间继电器来控制，第一台电动机起动后，时间继电器开始计时，到设置的时间时，第二台电动机起动。有的会使用多只时间继电器顺序地控制多台电动机的起动。例如，下面3个电路图中的顺序控制形式，前两种为用接触器触头的顺序控制（图10-46），后一种为用时间继电器的顺序控制（图10-47）。

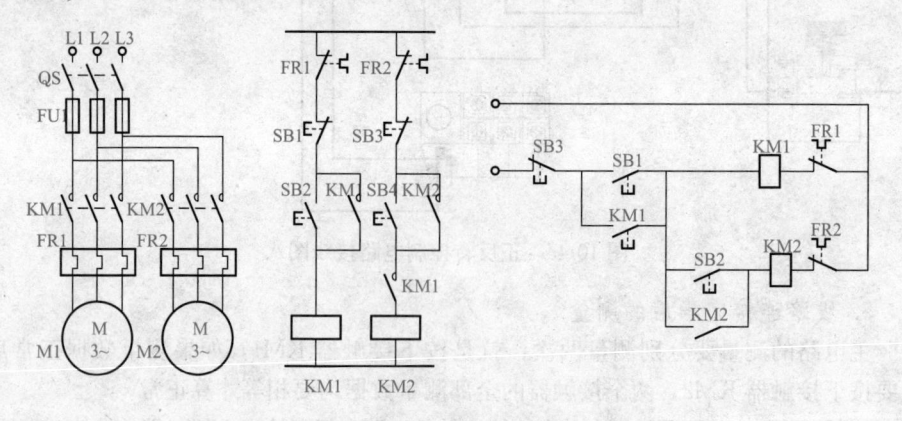

图10-46 用接触器触头的顺序控制电路

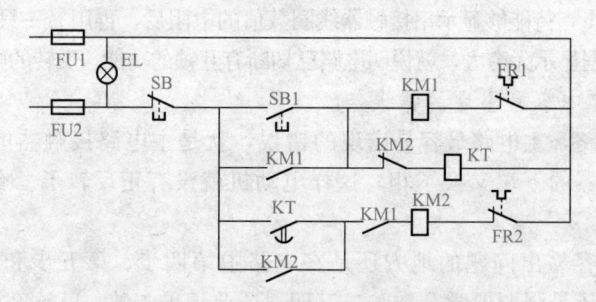

图10-47 用时间继电器的顺序控制电路

本书只讲述使用时间继电器的顺序控制电路，在按下起动按钮 SB1 后，接触器 KM1 的线圈和时间继电器 KT 的线圈同时得电，第一台电动机运转及时间继电器开始计时，时间继电器定时时间暂定为3s。3s后时间继电器定时时间到后，其常闭触点闭合，接触器 KM2 的线圈得电并自锁，第二台电动机运转。接触器 KM2 的辅助常闭触点同时切断时间继电器 KT 的线圈供电，以节省电能。如要停止电路的工作，按压停止按钮 SB2 即可。

上面讲的顺序控制电路就是一些基本的电路，其他的电路为达到同一功能，可有几种不同的电路，对于这一类的电路，虽说电路的变化不是很大，但因不是唯一的电路，或是相似的电路，这里就不多讲了。

2. 顺序控制电路的用途

顺序控制电路一般用于不可同时进行加工的电气设备。例如，自动攻螺纹机在攻螺纹加工时，同一部位横向与纵向的攻螺纹不能同时进行，否则将会造成螺纹的碰撞损坏，只能在横向或纵向加工结束后，才可以进行另一个方向的加工，这就需要顺序控制电路来完成。又如，有液压的机床设备，只能先起动液压泵的电动机，后起动动力加工的电动机，这也需要顺序控制电路来完成。

3. 顺序控制电路线路连接前元器件的检查

接触器 KM1 的两个辅助常闭触点因都要使用，所以这两个辅助常闭触点必须都是正常的，如果接触器只有一个是好的，必须要更换接触器，否则，在电路连接时将无法完成。

此电路只多用了一个时间继电器，时间继电器有较多的种类，常用的有阻容式和电子式的。如果使用的是空气阻尼式的时间继电器，如 JS7、JS23 等型号，可用万能表测量其线圈和延时常开触点是否正常。如果使用的是电子式的时间继电器，如 JS13、JS14 等型号时，若使用的为电源变压器的，则可从电源端测量有 1000Ω 左右的电阻，若为电子电源就无法测量了。但其常开触点和常闭触点一定要测量，一是判断两个触点的好坏，二是确定其触点的位置是否连接正确。其他的电气元件检查方法同上。

4. 顺序控制电路的线路连接步骤

顺序控制电路的两台电动机的主电路连接因与上面的主电路相同，故不再重复。下面介绍控制电路的连接。

第一步：因热继电器常闭触点和接触器线圈的一侧电路基本相同，为节省篇幅就一次性的连接完了（图 10-48），主要介绍控制电路的控制电器端。

第二步：用一根导线将熔断器的下端与停止按钮 SB 常闭触点的一端连接起来，如图 10-49 所示。

第三步：此处是 5 个端子的"点"，要一次性地接完。用 4 根导线将停止按钮 SB 常闭触点的另外一端、起动按钮 SB1 常开触点的一端、接触器 KM1 常开触点的一端、接触器 KM2 常开触点的一端、时间继电器 KT 常开触点的一端用导线依次先近后远地顺序连接完，如图 10-50 所示。要注意美观和导线长短的使用。

第四步：此处是 4 个端子的"点"，要一次性地接完。用 3 根导线将起动按钮 SB1 常开触点的另外一端、接触器 KM1 常开触点的另外一端、接触器 KM1 线圈的另外一端、接触器 KM2 常闭触点的一端用导线依次先近后远地顺序连接完，如图 10-51 所示。

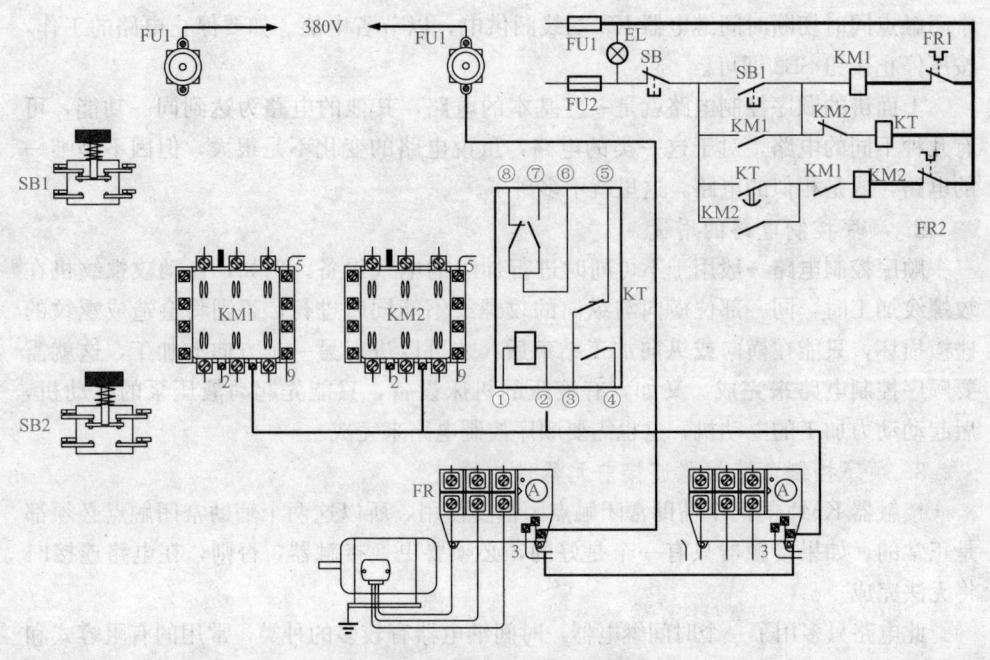

图 10-48 顺序控制电路接线图一

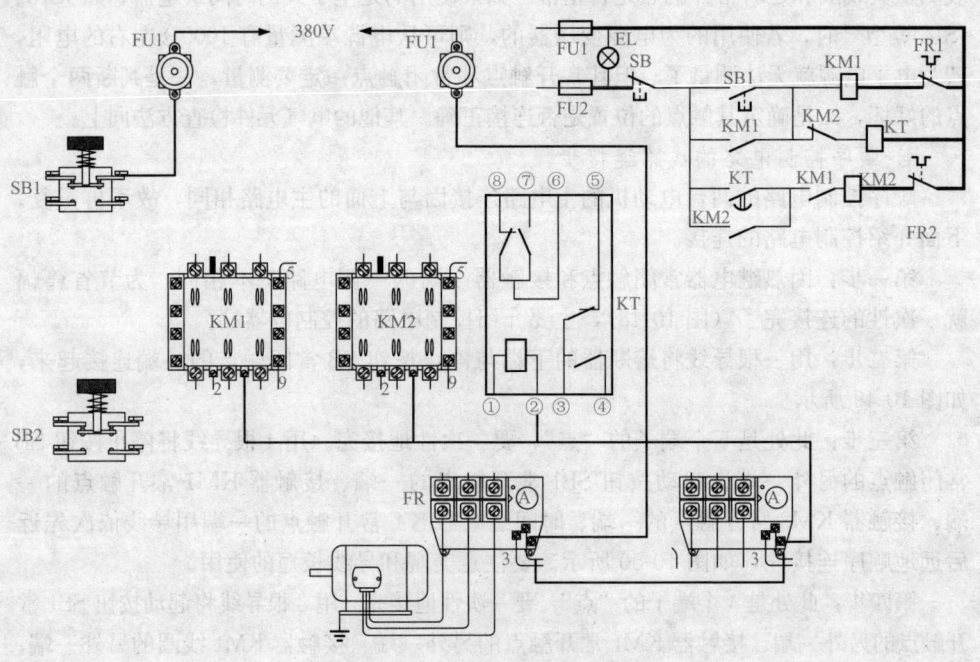

图 10-49 顺序控制电路接线图二

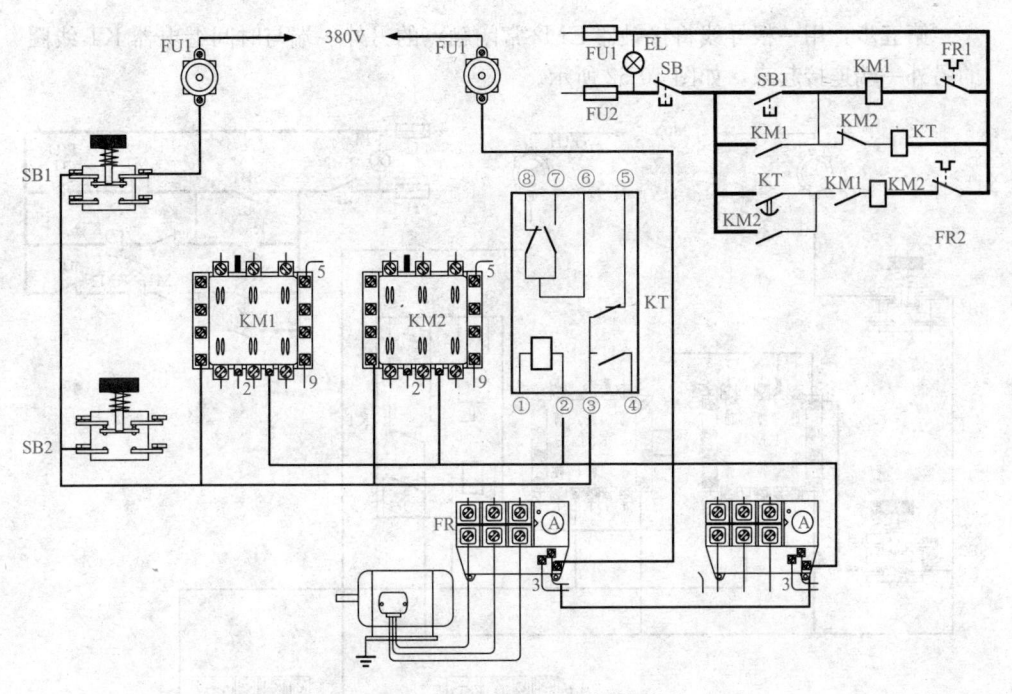

图 10-50　顺序控制电路接线图三

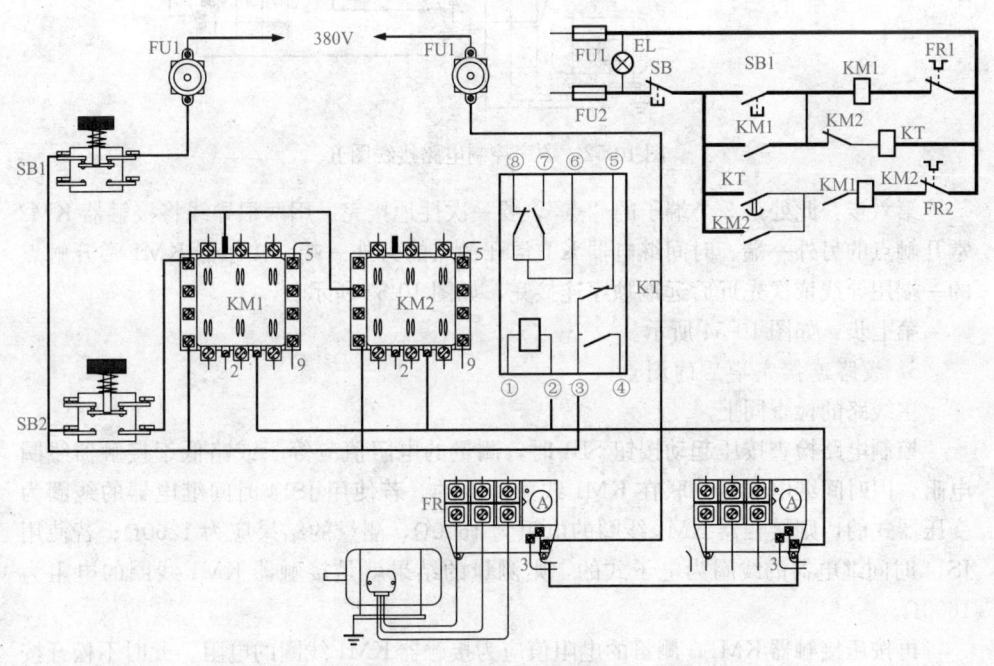

图 10-51　顺序控制电路接线图四

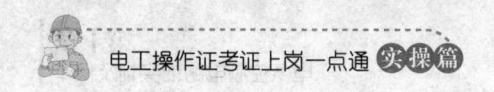

第五步：用一根导线将接触器 KM2 常闭触点的另外一端与时间继电器 KT 线圈的另外一端连接起来，如图 10-52 所示。

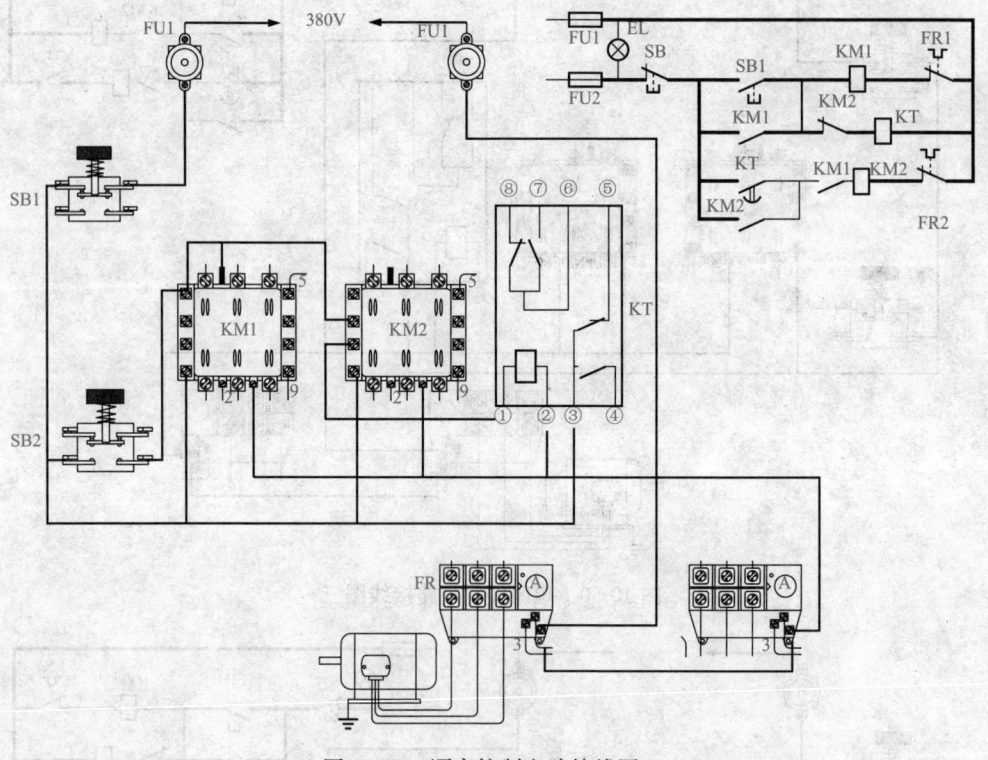

图 10-52　顺序控制电路接线图五

第六步：此处是 3 个端子的"点"，要一次性地接完。用两根导线将接触器 KM2 常开触点的另外一端、时间继电器 KT 常开触点的另外一端、接触器 KM1 常开触点的一端用导线依次先近后远地顺序连接完，如图 10-53 所示。

第七步：如图 10-54 所示。

5. 线路连接完毕后的测量

主线路的检查同上。

控制电路检查按压起动按钮 SB1 时，测量的电阻值应等于或略低于接触器线圈电阻，因时间继电器是并联在 KM1 线圈两端的。若使用 JS14 时间继电器的线圈为变压器式的，则接触器 KM1 线圈的电阻为 1600Ω，测量的结果应为 1200Ω。若使用 JS14 时间继电器的线圈为电子式的，则测量的结果就是接触器 KM1 线圈的电阻为 1600Ω。

再按压接触器 KM1，测量的电阻值应为接触器 KM1 线圈的电阻。此时不松开按压接触器 KM1 的手，另外一只手按压接触器 KM2，此时测量的电阻值应为接触器线

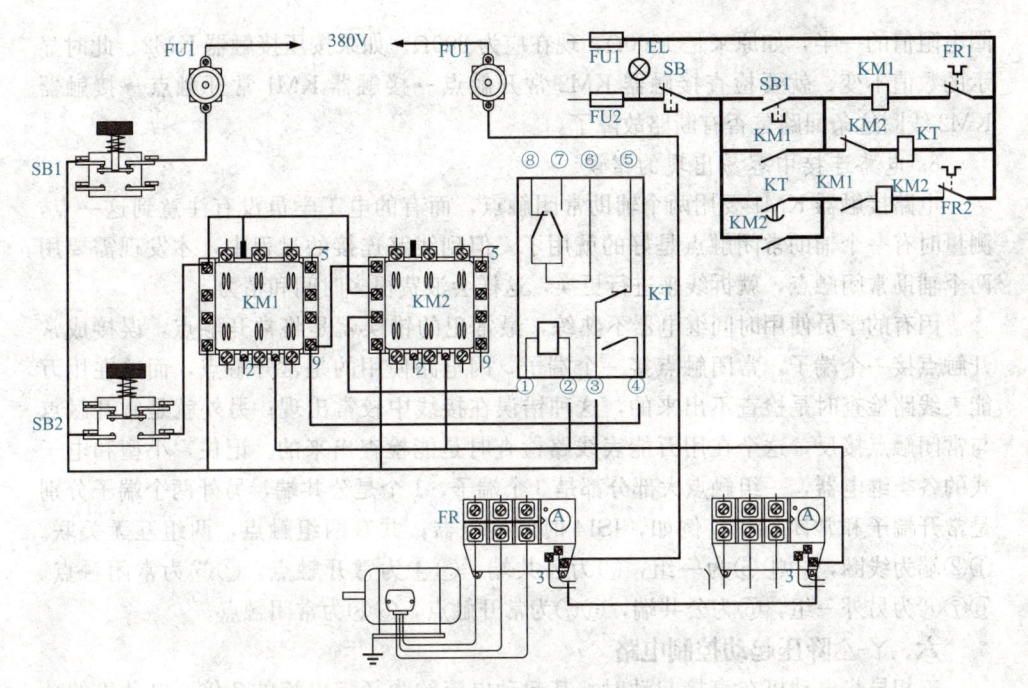

图 10-53　顺序控制电路接线图六

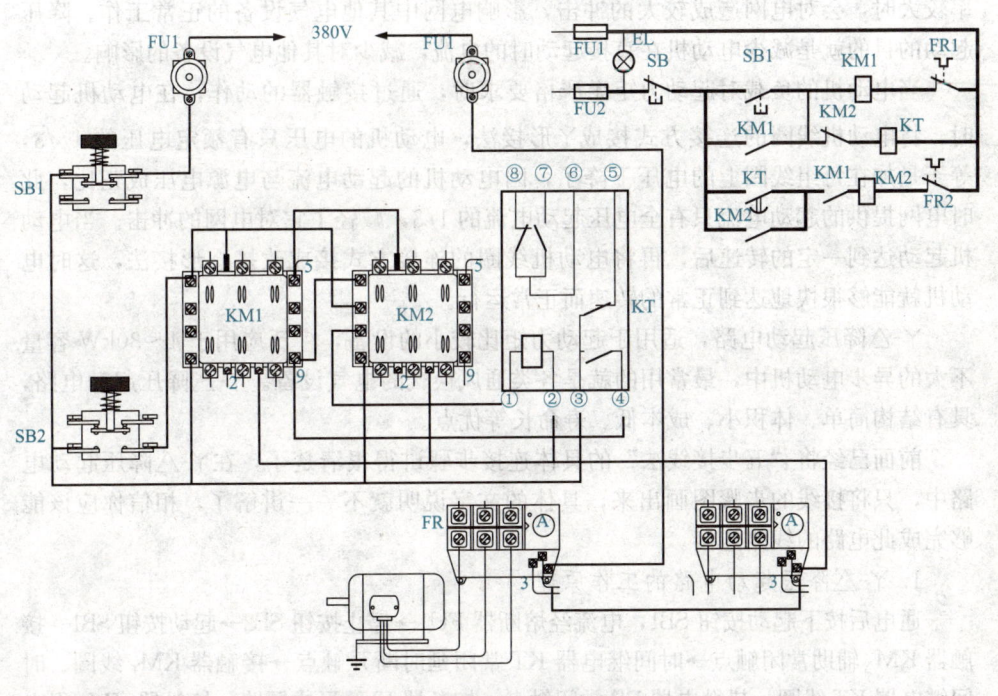

图 10-54　顺序控制电路接线图七

377

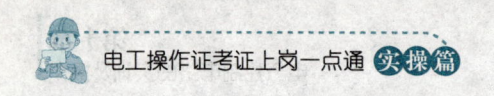

圈电阻值的一半，如原来是 1600Ω，现在应为 800Ω。如果按压接触器 KM2，此时显示的数值不变，就要检查接触器 KM2 常开触点→接触器 KM1 常开触点→接触器 KM2 线圈这条回路是否有断路故障了。

6. 电路连接中容易出现的错误

电路接触器 KM1 要用两个辅助常闭触点，而有的电工学员没有注意到这一点，测量时有一个辅助常闭触点是好的就用了，但到线路连接的过程中，才发现需要用两个辅助常闭触点，就拆线来进行更换，这样会浪费很多时间和精力。

因有的学员使用时间继电器不熟练，最常犯的错误就是将常开触点，误接成常开触点接一个端子，常闭触点接一个端子，因电路使用的是常开触点，而这在用万能表线路检查时是检查不出来的，这种错误在接线中较常出现；另外就是常开触点与常闭触点接反，这个在用万能表线路检查时是能检查出来的。记住，小型和电子式的各类继电器，一组触点大部分都是 3 个端子，1 个是公共端，另外两个端子分别是常开端子和常闭端子。例如，JS14 时间继电器，共有两组触点，两组互无关联。①②端为线圈，③④⑤为一组，③为公共端，③④为常开触点，③⑤为常闭触点。⑥⑦⑧为另外一组，⑥为公共端，⑥⑦为常开触点，⑥⑧为常闭触点。

六、丫-△降压起动控制电路

三相异步电动机在直接起动时，其起动电流约为额定电流的 7 倍，电动机的功率较大时，会对电网造成较大的冲击，影响电网中其他电气设备的正常工作。降压起动的目的就是减少电动机在直接起动时的电流，减少对其他电气设备的影响。

当电动机的负载对起动力矩无严格要求时，通过接触器的动作，在电动机起动时，将电动机线圈的连接方式接成丫形接法，电动机的电压只有额定电压的 $1/\sqrt{3}$，等于是加在每组线圈上的电压下降了，因电动机的起动电流与电源电压成正比，此时电网提供的起动电流只有全电压起动电流的 1/3，减轻了它对电网的冲击。当电动机起动达到一定的转速后，再将电动机线圈的连接方式接成改接△形接法，这时电动机就能够很快地达到正常的转速而正常运行。

丫-△降压起动电路，适用于起动力矩比较小的设备，广泛应用于 4～30kW 容量不大的异步电动机中，最常用的就是各类通风换气的电气设备。丫-△降压起动电路，具有结构简单、体积小、成本低、寿命长等优点。

前面已经将"五步接线法"的具体连接步骤讲得很清楚了，在丫-△降压起动电路中，只将接线的步骤图画出来，具体的文字说明就不一一讲解了，相信你应该能够完成此电路的线路连接。

1. 丫-△降压起动电路的工作原理

通电后按下起动按钮 SB1，电流经熔断器 FU1→停止按钮 SB2→起动按钮 SB1→接触器 KM△辅助常闭触点→时间继电器 KT 常闭延时断开触点→接触器 KM丫 线圈、时间继电器 KT 线圈→热继电器 FR 常闭触点→熔断器 FU2 形成回路；接触器 KM丫 得电闭合,其辅助常闭触点断开切断接触器 $KM_\triangle$ 的线圈电路,同时其辅助常开触点闭合接通接触器 KM 线圈,接触器 KM 得电闭合;接触器 KM 和接触器 KM_Y 同时得电闭合后,将电动机的绕组接成Y形接法运行,电动机在 220V 的低电压下缓慢地开始转动。

接触器 KM_Y 线圈和时间继电器 KT 线圈是同时得电的,从时间继电器 KT 线圈得电开始,时间继电器开始定时时间的计时,如定时时间设定为 8s,从线圈得电开始到 8s 时,时间继电器的常闭触点将由常闭变为常开。

经过 8s 后,电动机已经达到了一定的转速,这时时间继电器的常闭触点将由常闭变为常开,断开接触器 KM_Y 线圈电源,接触器 KM_Y 线圈失电断开,电动机脱离Y形的接法;在此瞬间接触器 KM_Y 断开的辅助常闭触点闭合,接触器 $KM_\triangle$ 的线圈得电,接触器 $KM_\triangle$ 将电动机的绕组接成△形接法而继续运行,此时电动机的绕组电压为其额定电压 380V,电动机进入正常运行的状态。

2. 主电路的连接步骤

按照实物图与原理图中,粗线条的同步连接所示,将主电路逐步地连接完,如图 10-55 所示。

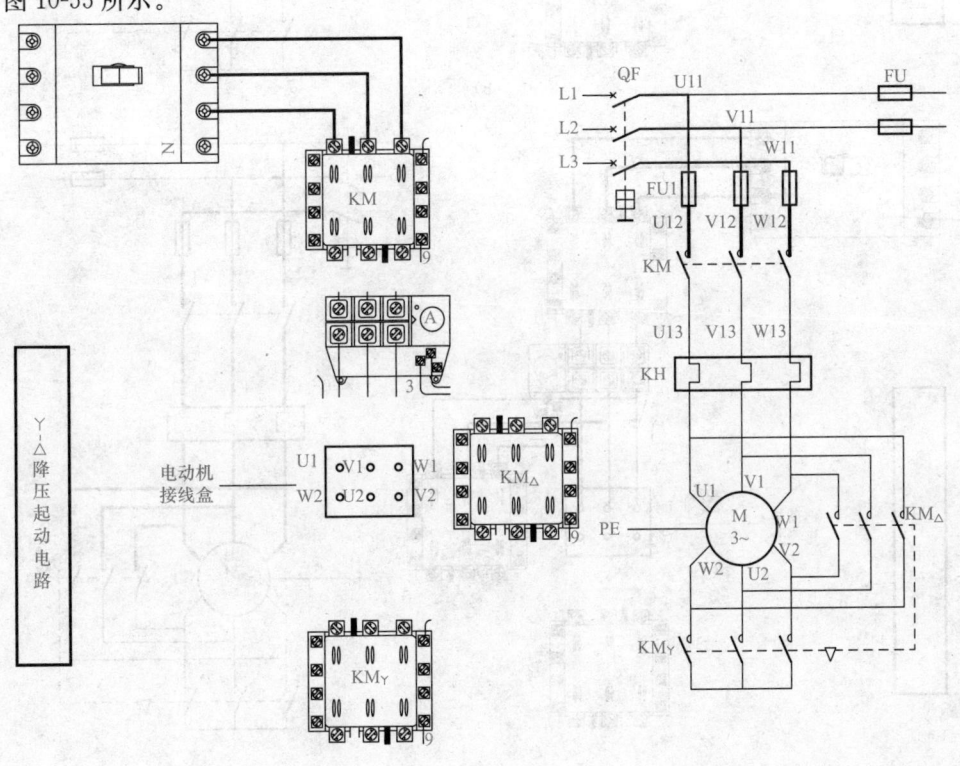

(a)

图 10-55 主电路连接步骤(一)

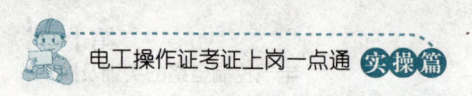

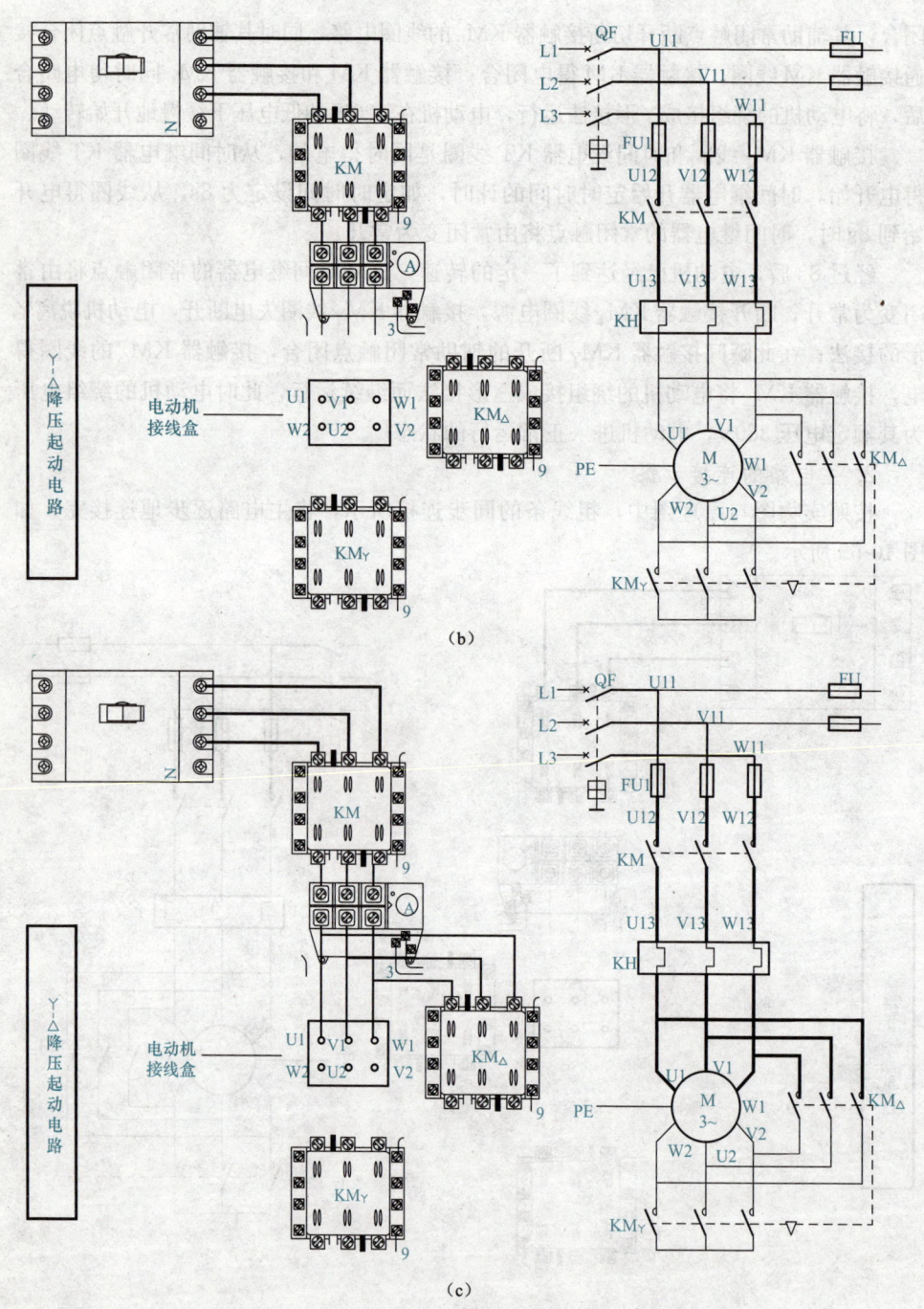

图 10-55　主电路连接步骤（二）

第十章 电气控制电路的实训及操作

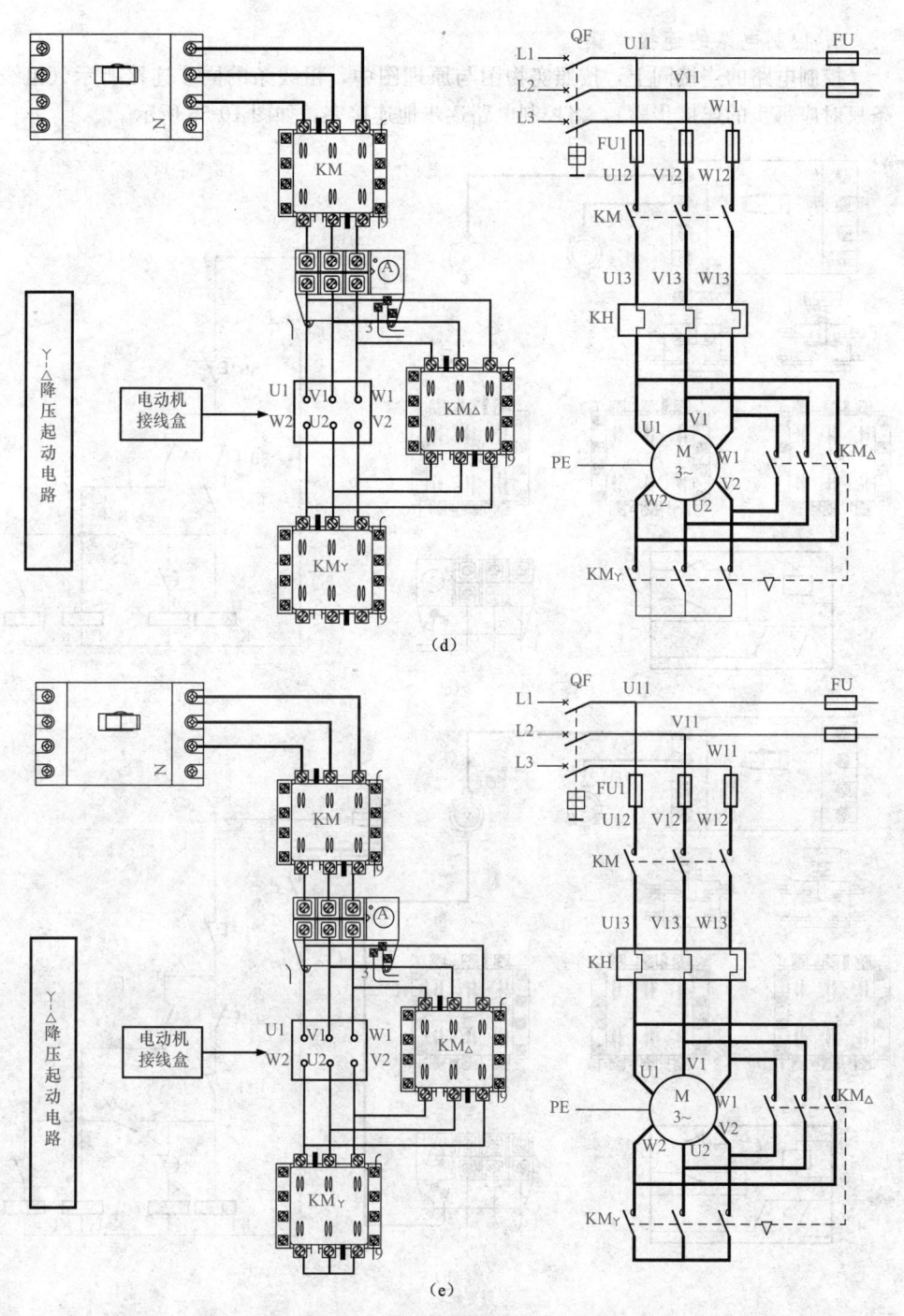

(d)

(e)

图 10-55 主电路连接步骤（三）

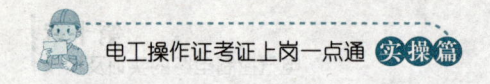

3. 控制电路的连接步骤

控制电路的连接同上，按照实物图与原理图中，粗线条的同步连接所示（粗线条只对应每步的连接步骤），将控制电路逐步地连接完，如图10-56所示。

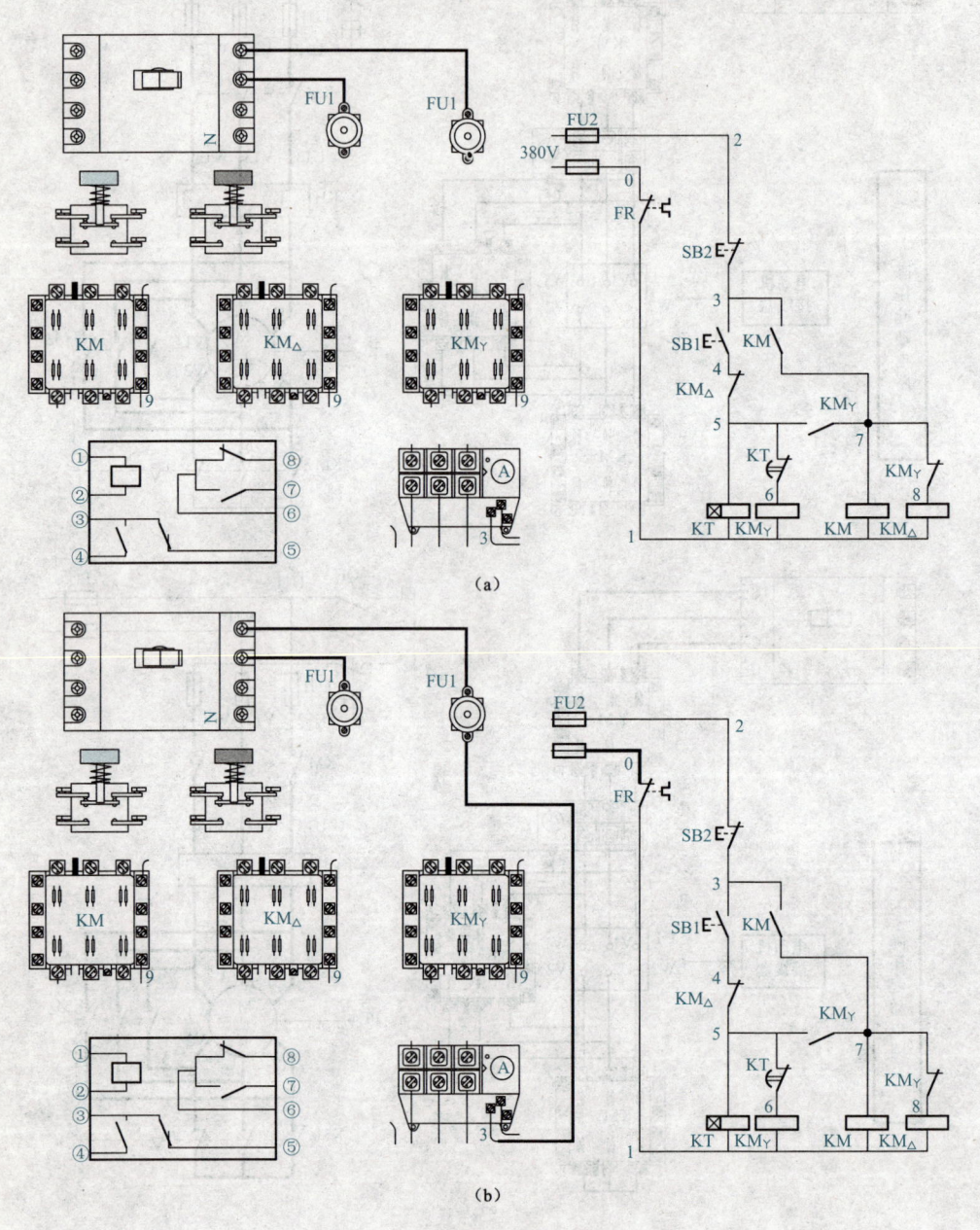

(a)

(b)

图10-56 控制电路连接步骤（一）

第十章
电气控制电路的实训及操作

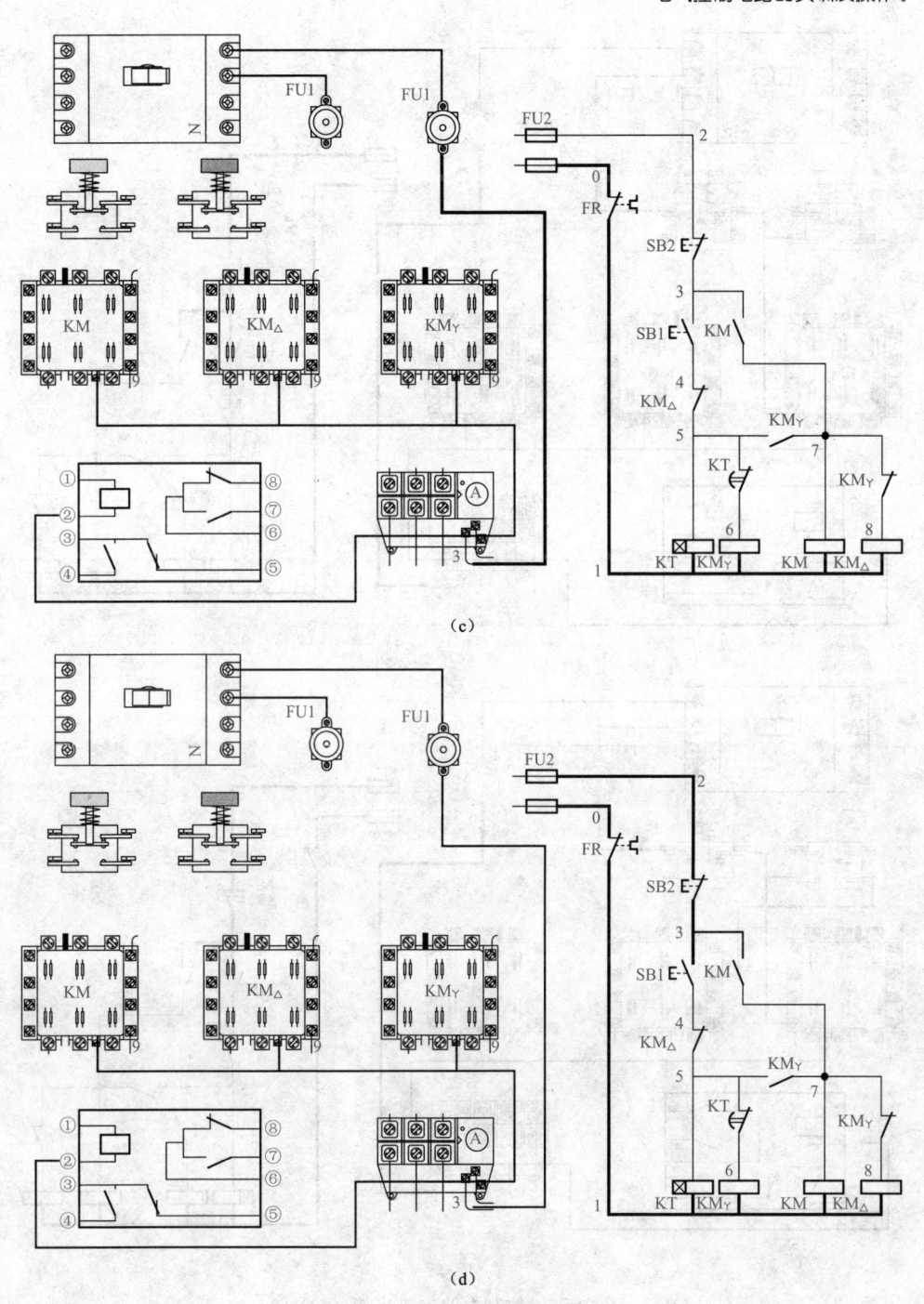

（c）

（d）

图 10-56　控制电路连接步骤（二）

(e)

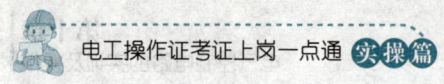

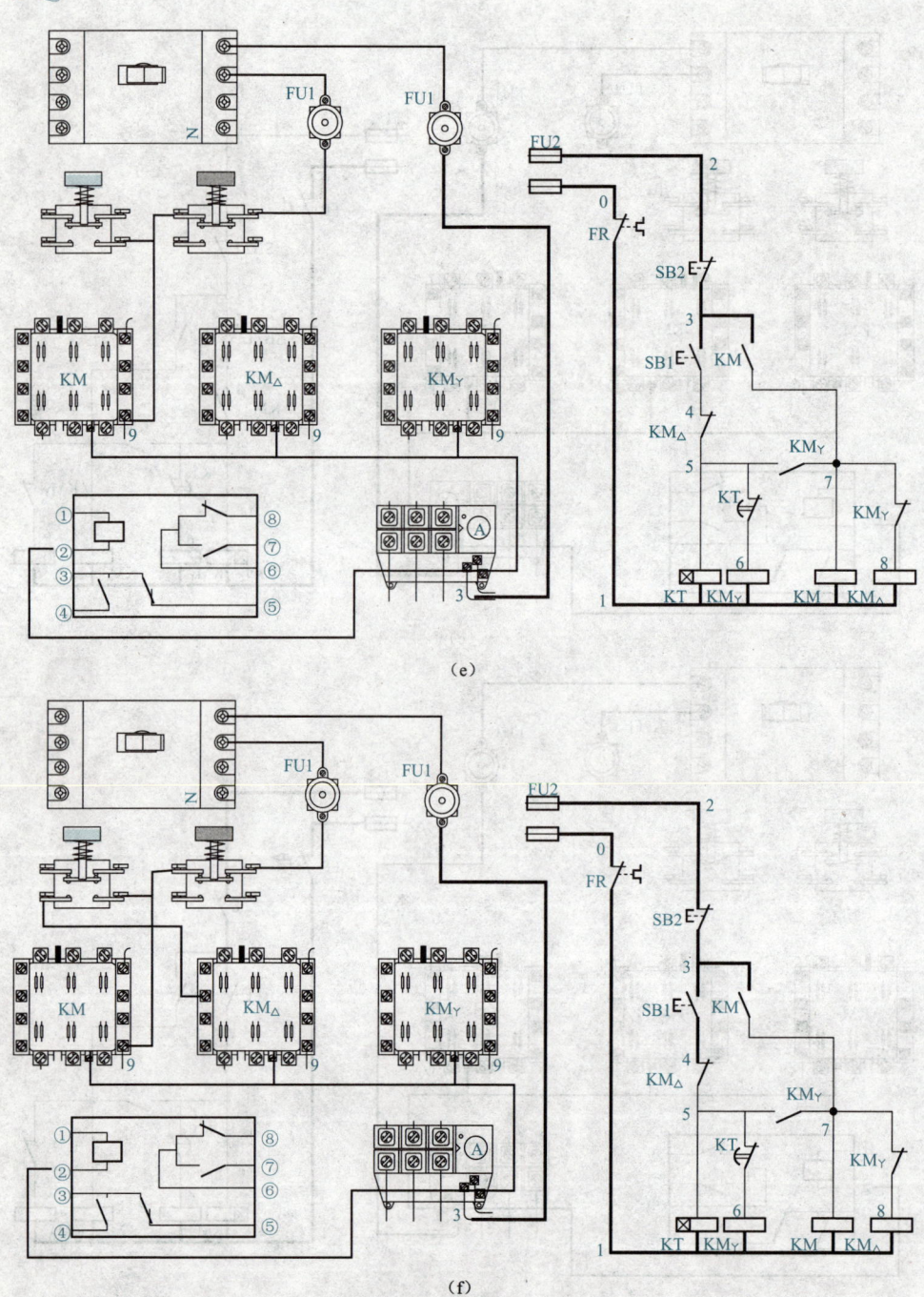

(f)

图 10-56 控制电路连接步骤（三）

第十章 电气控制电路的实训及操作

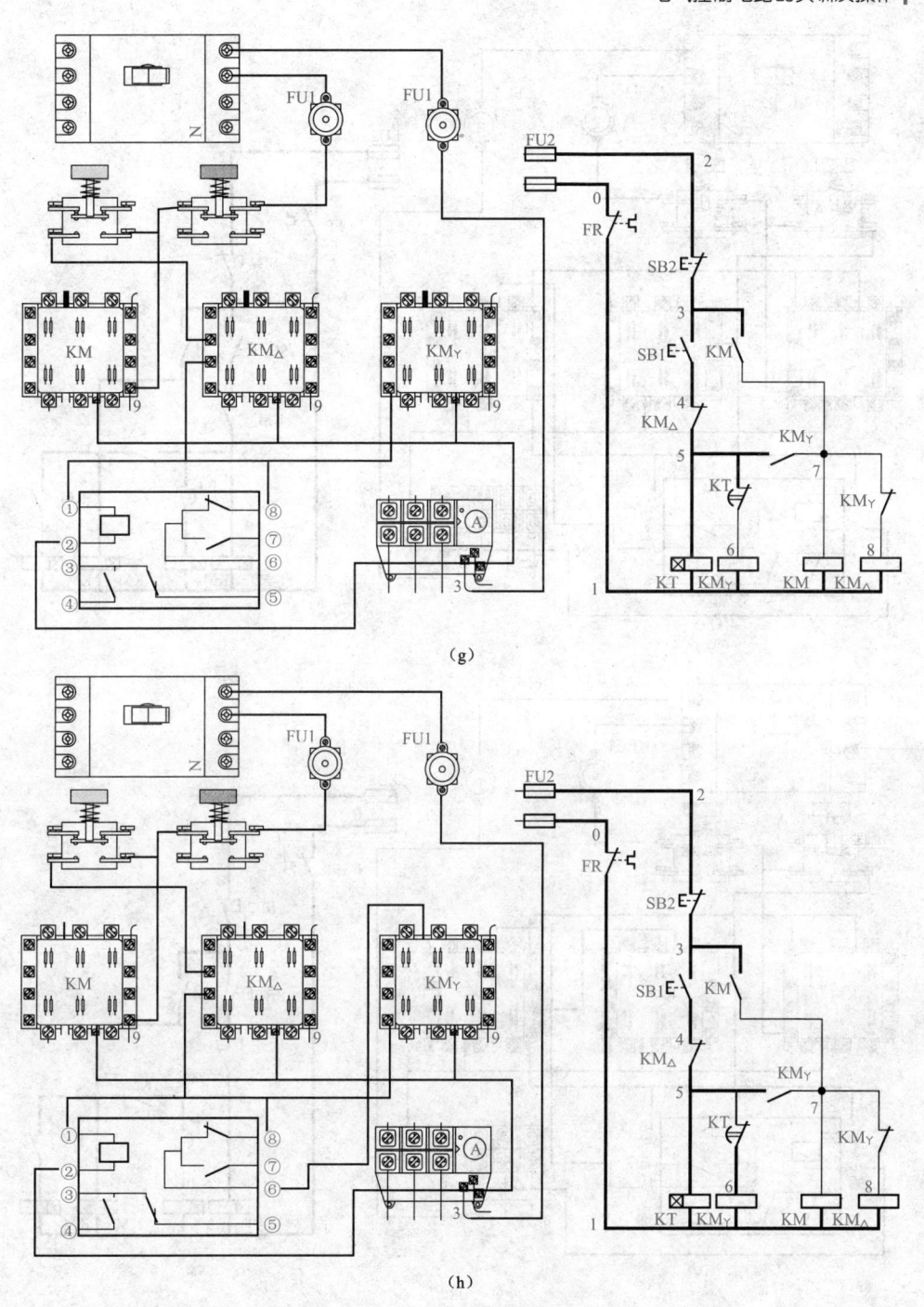

(g)

(h)

图 10-56 控制电路连接步骤（四）

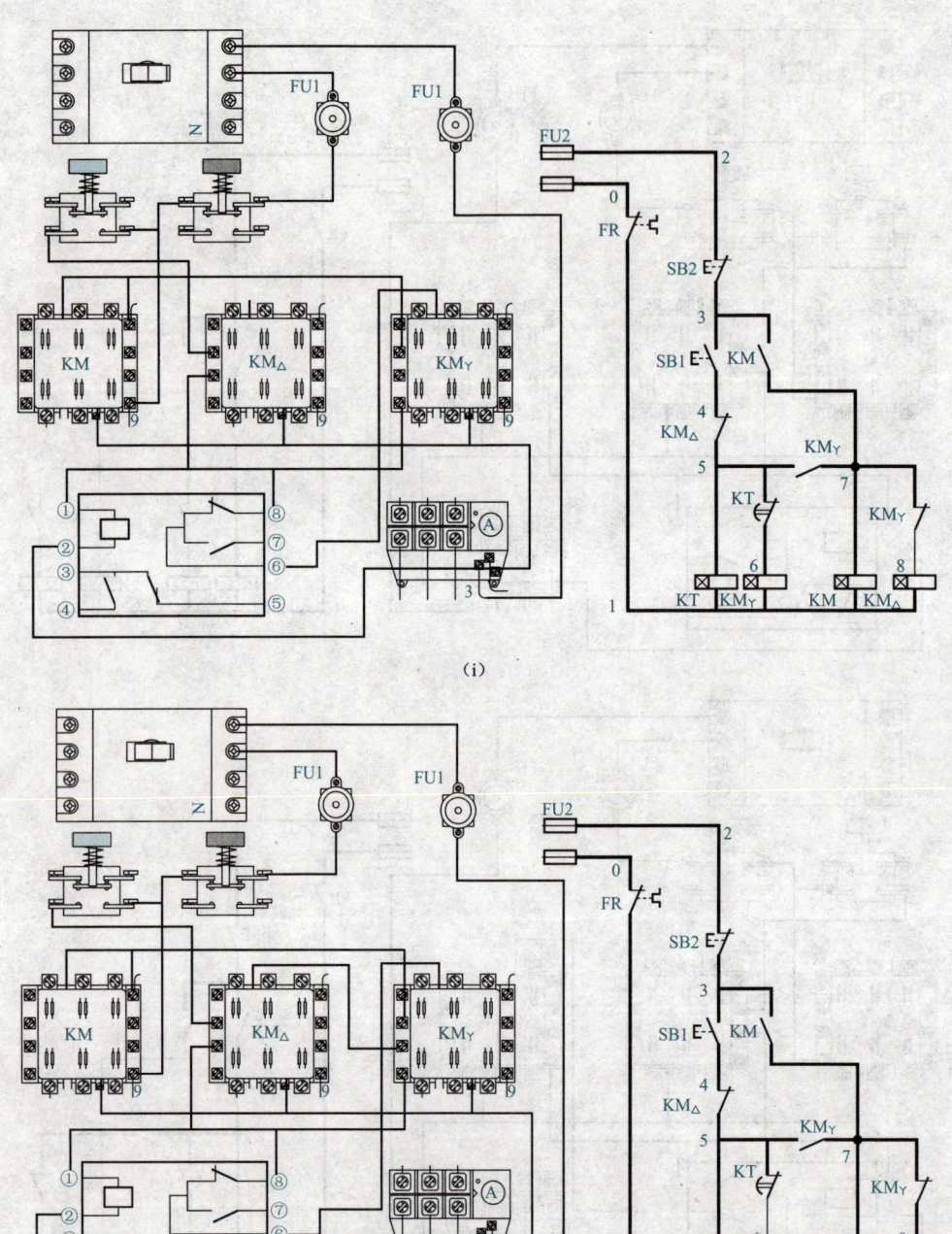

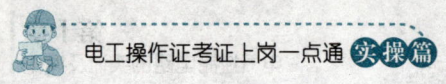

图 10-56 控制电路连接步骤（五）

七、自动往返控制电路

自动往返控制电路就是使用行程开关来代替按钮，使加工机械自动地往返运动的电路。如图10-57所示。当按下任一方向的起动按钮后，电动机开始向一方向运动，在工作台碰撞块碰压到行程开关后，电动机这时就向另一方向运动，实现工作台的自动正反方向的循环运动，此控制电路具有零压、欠电压、短路和过载保护。自动往返控制电路动作原理为：SQ1为左换向行程开关，SQ2为右换向行程开关；KM1为正向接触器，KM2为反向接触器。如按下正转按钮SB2，KM1通电吸合并自锁，电动机做正向旋转带动机床工作台向左移动。当工作台移动至左端并碰到行程开关SQ1时，将行程开关SQ1压下，行程开关SQ1常闭触头断开，切断接触器KM1线圈电路，同时行程开关SQ1常开触头闭合，接通反转接触器KM2线圈电路，此时电动机由正向旋转变为反向旋转，工作台就向右移动，直到碰到行程开关SQ2时，电动机由反转又变成正转，这样驱动工作台自动进行往复循环运动。

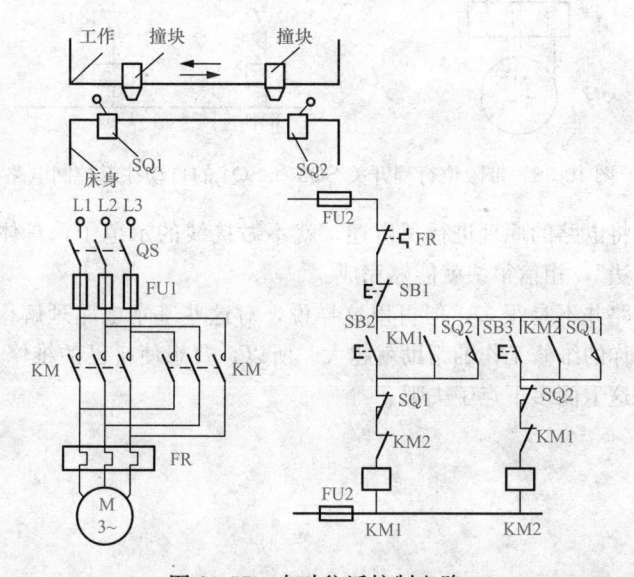

图10-57 自动往返控制电路

有的自动往返控制电路，在换向行程开关SQ1或SQ2失灵的情况下，工作台就会越过换向行程开关SQ3或SQ4的位置继续向前运动，这样就容易造成机械部件的损坏。虽说在机械的设计上，一般都会设置防越位机械挡块进行预防。但我们在设计电路时，为了防止换向行程开关SQ1或SQ2失灵，会在换向行程开关的后面另外安装了两个起限位作用的行程开关SQ3与SQ4。在换向行程开关SQ1或SQ2失灵时，工作台就会越过换向行程开关SQ3或SQ4的位置继续向前运动，这时就会碰到起限位作用的行程开关SQ3或SQ4，限位行程开关SQ3或SQ4就会切断交流接触器

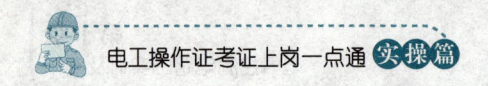

线圈的电源回路，使电动机停止转动，以防止在换向行程开关 SQ1 或 SQ2 失灵的情况下造成对机械装置的损坏。带限位行程开关 SQ3 和 SQ4 的自动往返控制电路如图 10-58 所示。

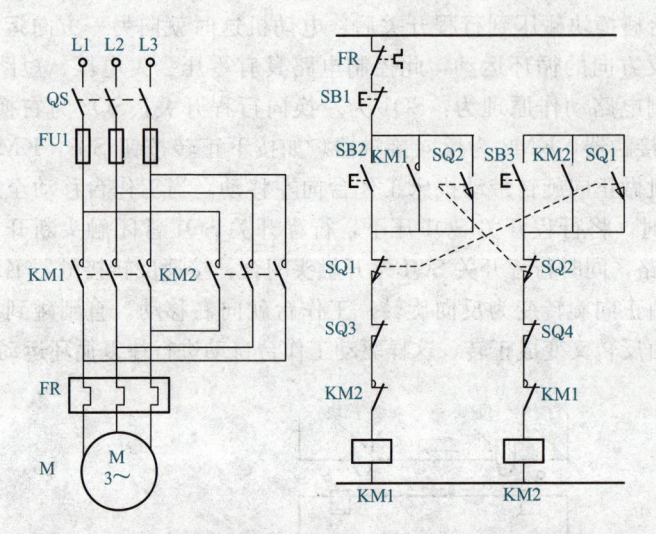

图 10-58　带限位行程开关 SQ3 和 SQ4 的自动往返控制电路

　　此电路只将电路的原理进行了讲述，就不做接线的示范了，具体的线路连接依照"五步接线法"，相信很快就能够完成。

　　基本的电路并不是很多，但可以这样说，对这些基本电路理解得越透彻，记忆得越牢固，对你的维修工作的帮助就越大。所以，要想使自己的维修工作做得越好、越快，就请在这上面多下点工夫吧。